A Quantum Computation Workbook

Mahn-Soo Choi

혼자서 풀어보는

양자컴퓨팅

역자 **이민철, 최만수**

학생들에게

머리말

이 책은 양자컴퓨팅 소개서이다. 대학 강의 등에 쓰이거나 스스로 배우는 데 가이드가 되어 줄 것이다. 양자계산 및 양자정보 분야의 근본원리나 기본적인 방법 등을 간결하고 체계적인 형태로 재구성하려고 했다. 양자계산 및 양자정보에 관한 주제를, 특히 대학생에게, 가르치는 것은 상당히 까다롭다. 물리학 분야의 양자역학, 수학 분야의 선형대수학 및 대수학, 컴퓨터공학의 정보이론 등 여러 분야의 주제를 다뤄야 하기 때문이다. 더구나 각 분야마다 각기 선호하는 표현방식과 전문용어가 있어서 이렇게 여러 분야의 주제를 일관된 언어로 표현하는 것이 또 하나 큰 어려움이다.

이 책은 Wolfram Language로 쓰여진 두 가지 디지털 자료를 함께 제공한다. 각각 아래 GitHub 저장소에서 무료로 내려받을 수 있다.

- Q3, 양자컴퓨팅 시뮬레이션 패키지 (부록 D 참조):
  `https://github.com/quantum-mob/Q3App`
- QuantumWorkbook, 이 책에 들어 있는 모든 예제 코드 묶음 (부록 E 참조):
  `https://github.com/quantum-mob/QuantumWorkbook`

Q3는 양자컴퓨팅, 양자 다체계, 양자 스핀계 등을 공부하거나 연구할 때 유용한 심볼릭 계산이나 수치적 시뮬레이션을 도와주는 유틸리티와 툴을 제공한다. Q3를 이용하면 양자이론의 원리와 정리 등을 공부할 때 필요한 장황하고 지루한 많은 계산을 피할 수 있다. 뿐만 아니라, 수 많은 시각화 및 시뮬레이션 툴은 핵심 개념을 더 깊이 이해하는 데 도움을 줄 것이다. QuantumWorkbook은 이 책에 들어 있는 예제 코드를 Mathematica(R) 노트북 형태로 모은 것이다. 독자들은 단순히 이 예제 코드를 실행하거나, 혹은 예제 코드를 직접 수정해가며 자기 자신의 예를 만들고 새로운 아이디어를 실험해볼 수 있다. 두 자료 모두 이 책에서 다루는 양자컴퓨팅 주제뿐만 아니라, 양자 다체계 및 양자 스핀계 등 이 책에 포함되지 않은 다른 흥미로운 양자물리학 주제를 연구할 때 좋은 동반자가 되어 줄 것이다.

이 책은 수 년 동안 대학에서 양자계산과 양자정보를 강의한 경험을 바탕으로 쓰여졌다. 대학 고학년이나 대학원 저학년 수준에서 양자계산 및 양자정보 분야의 주제를 골라 강의하려 할 때 도움이 될 것이다. 여러 가지 개념과 주제를 기초부터 설명하고 있지만, 일부 대학 양자역학 수준의 지식은 이미 갖고 있으리라 간주하고 쓰여졌다. 제 1장은 양자역학의 기본 가정을 요약함으로써 양자역학의 기본적인 개념과 근본원리를 간략하게 복습한다. 제 2장은 보편적인 양자컴퓨팅에 필요한 기본 양자게이트들을 소개하고 중요한 특징과 성질을 설명한다. 이러한 기본 양자게이트들은 양자 알고리즘 및 양자 통신 프로토콜 등을 구성하는 편리한 요소가 된다. 제 3장은 기본 양자게이트 혹은 더 나아가 양자 컴퓨터를 구현하는데 필요한 물리적인 원리와 방법을 설명하고 여러 가지 양자계산 모형을 소개한다. 제 4장은 양자우월성에 관한 아이디어를 이해하는 데 도움이 될 만한, 그리고 지금까지 널리 알려진 양자 알고리즘을 소개한다. 제 5장은 양자잡음과 결깨짐 현상을 설명하고, 초연산자나 양자 으뜸 방정식 등 이러한 현상을 기술하기 위해 필요한 수학적 방법을 소개한다. 제 6장은 양자 오류정정 코드의 기본 원리, 수학적 체계 등을 소개하고 여러 가지 실제 예를 살펴본다. 제 7장은 양자정보이론을 소개한다. 양자 엔트로피에 관한 수학적 성질을 살펴보고, 양자얽힘의 특성과 양자얽힘 척도를 통해 양자얽힘이 양자정보처리 및 양자 통신의 얼마나 중요한 자원이 되는지 설명한다. 일관된 체계를 유지하고 물리적인 주요 주제에 집중하기 위해 수학적인 이론 등은 부록에 수록하고 필요한 경우 본문에서 부록 중 정확한 위치를 참조하였다.

영문으로 쓰여진 원본 도서를 한글로 번역하는 데 상당한 어려움을 겪었다. 국내 과학 전문용어는 아직도 쓰는 사람마다 다를 뿐만 아니라 정리되어 있지 않은 것도 많다. 양자정보과학이 전문용어에 대한 선호도가 다른 물리학, 수학, 컴퓨터공학 등 여러 분야에 걸쳐 있고, 특히 최근에 급속한 발전을 보인 터라, 일관된 전문용어 선택에 많은 어려움을 겪었다. 그나마 한국물리학회와 대한수학회가 각각 온라인으로 제공하는 물리학용어집과 수학용어집이 큰 도움이 되었다. 되도록 한자어보다는 한글용어를 사용하려고 노력했으며, 학문 분야간 선호도 차이가 있는 용어는 일상용어에 가까운 쪽을 택하였다. 서로 대응되는 영문용어와 한글용어를 쉽게 찾아볼 수 있도록 모든 용어의 찾아보기는 '양자정보(quantum information)'와 'quantum information (양자정보)'의 예와 같이 영문용어와 한글용어를 함께 적을 뿐만 아니라 영문용어가 먼저 나오는 찾아보기와 한글용어가 먼저 나오는 찾아보기를 모든 전문용어 별로 동시에 실었다.

서울 | 이민철
2022년 10월 | 최만수

저자 소개

저자 최만수(Mahn-Soo Choi)는 고려대학교 물리학과 교수이다. 그는 포스텍에서 수학했으며 1998년 이학박사를 받았다. 스위스 바젤대학교에서 박사후연구원과 고등과학원에서 연구원을 역임한 후, 2002년부터 고려대학교 물리학과에 재직중이다. 그는 응집물질물리학이론으로 연구경력을 쌓기 시작해서, 곧 이어 양자컴퓨팅 및 양자정보이론으로 연구영역을 확대하였다. 그는 중시계 양자수송현상, 양자점에서 스핀 큐비트, 초전도 큐비트, 초전도 회로전기역학(QED) 및 하이브리드계, 양자측정이론, 결깨짐 방지 부분공간 등을 연구해왔다.

차 례

제 1 장

양자역학의 기본 가정

기원전 300년경 프톨레마이오스 이집트 시대에 살던 알렉산드리아의 유클리드는 그가 편찬한 위대한 문헌 "기하학 원론"(Elements, 그림 1.1 참조)을 통해, 독특한 논리적 구조를 확립하였다. 이에 따르면, 모든 수학이론은 공리와 정의를 바탕으로 명제와 증명을 유도한다. 물리이론도 비슷한 구조를 갖는다. 예를 들어, 고전역학은 아이작 뉴턴(Issac Newton) 경의 세 운동법칙에 바탕을 두고 있다. '법칙'이라 불리지만, 이는 기본 가설, 즉 공리와 다름없다. 수학적 체계와 비교해볼 때 물리학의 방식은 현저하게 다르게 보일 수 있지만, 가설을 법칙이나 원리로 부르는 것은 전혀 놀라운 일이 아니다. 이는 그 가설들이 논리적 구조를 갖춘 물리이론을 제공할 뿐만 아니라 자연을 올바르게 기술하는지 아니면 단순히 지적 틀로서만 존재하는지 판가름하는 기능을 하기 때문이다. 결국, 물리학의 진정한 가치는 자연을 이해하는 데 있다.

파동-입자 이중성(wave-particle duality)과 상보성 원리(complementarity principle)를 수용하는 양자역학은 세 가지 기본 가정을 기초로 세워졌다. 양자역학의 창시자들이 이를 단순 가정이 아니라 더 야심차게 법칙이라 부를 수도 있었겠지만, 이 세 가정 각각은 '가정'이라 부르는 게 더 자연스러울 정도로 우리의 직관과 크게 어긋난다. 양자역학의 기본 가정들을 소개하면 다음과 같다.

가정 1 어떤 계의 양자상태는 힐베르트 공간의 상태벡터로 완벽하게 기술된다.

가정 2 닫힌 양자계의 상태는 시간이 흐를 때 슈뢰딩거 방정식에 따라 진행한다.

가정 3 물리량은 일종의 에르미트 연산자인 관측가능량(observable)으로 기술된다. 어떤 물리량을 측정하는 순간, 관측값은 관측가능량의 고유값(eigenvalue) 중 하나로 확률적

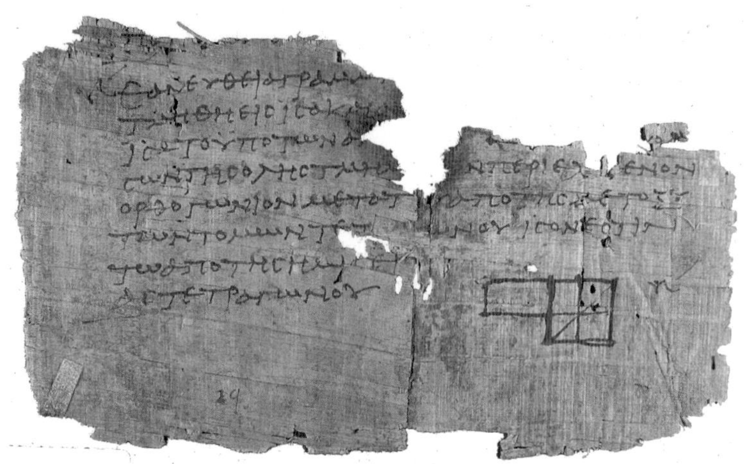

그림 1.1: 펜실베니아 대학에 있는 옥시린쿠스 파피루스(Oxyrhynchus papyri) 일부에 있는 기하학 원론(Elements) 조각. WikiMedia Commons 제공.

으로 결정되고, 측정 직후 양자계의 상태는 관측값에 대응하는 관측가능량의 고유상태(eigenstate)로 '붕괴'된다.

본 장에서는 각 가정의 물리적 측면과 양자계산 및 양자정보와의 관련성을 자세히 설명하고자 한다.

1.1　양자상태

가정 1은 양자계의 운동 상태를 수학적으로 기술한다. 고전역학에서는 운동중인 입자의 상태는 단순히 입자의 위치와 운동량(또는 속도)의 값으로 기술할 수 있다. 양자역학의 경우는 물리적 상황에 따라 두 가지 다른 수준에서 기술한다.

1.1.1　순수상태

가정 1 어떤 계의 양자상태는 힐베르트 공간의 상태벡터로 완벽하게 기술된다.

상태벡터의 가장 일반적인 예는, 본래 슈뢰딩거(Schrödinger, E.)가 제안한 '파동함수'이다. 파동함수는 힐베르트 공간의 구성원으로서, 제곱적분이 가능한 함수이다. 현대적 접근 방식은 양자계를 추상적인 벡터공간에 대응시킨다. 그리고 벡터공간의 기저(basis)를 적절하게 선택함으로 계의 구체적 특성을 파악한다(부록 A.1 참조). 계의 상태를 정확히 알고 있는 경우, 계는 순수상태(pure state)에 있다고 한다. 이 경우, 계에 대해 가능한 모든 정보를 알 수 있으므로, 위 기술방법은 완벽하다고 할 수 있다. 그러나 많은 경우에 계의 정확한 상태를 알기 어렵다. 따라서, 좀 더 일반적인 기술이 필요하고, 이는 다음 절에서 다룬다.

가정 1은 여러 가지로 마음을 심란하게 하는 질문을 제기한다. 상태벡터, 또는 주어진 기저에서 벡터의 성분(또는 파동함수)의 물리적 의미는 무엇인가? 양자역학은 상태벡터의 물리적 의미를 직접적으로 제공하지 않는다. 본(Born, M.)이 이 문제에 대해 부분적인 해결방법을 제안하였고(Born, 1926), 측정에 관한 가정 3에 공식화된 양자역학의 확률적 해석은 바로 여기서 영감을 얻은 것이다. 본은 이 업적으로 1954년 노벨 물리학상을 수상하였다.

가정 1은 또 다른 당혹스러운 질문을 남긴다. 어떤 물리계가 주어졌을 때, 그 계에 대한 힐베르트 공간을 알아내는 일반적인 처방은 존재하지 않는다. 이는 다소 기술적인 문제이지만, 그럼에도 불구하고 새로운 계(또는 아직 이해되지 않은 계)를 양자역학적으로 설명하려고 할 때 피할 수 없는 중요하고 심각한 문제이다.

큐비트(qubit), 즉 이상적인 이준위 양자계(two-level system)의 경우, 힐베르트 공간은 이차원이다. 이때, 흔히 두 논리상태 $|0\rangle$과 $|1\rangle$을 기저상태로 가정하는데, 해당 기저를 큐비트의 논리기저(logical basis)라 부른다.

Consider a group of two-level quantum systems, indicated by the symbol S.

In[ ]:=
```
Let[Qubit, S]
```

Different qubits can be specified by the flavor indices, the last of which has a special meaning (see the documentation of Qubit).

In[ ]:=
```
{S[1, None], S[2, None]}
S[{1, 2}, None]
```

Out[ ]= $\{S_1, S_2\}$

Out[ ]= $\{S_1, S_2\}$

The associated Hilbert space is two dimensional. For many functions dealing with qubits, the final index None can be dropped.

In[ ]:=
```
bs = Basis[S[1, None]]
bs = Basis[S[1]]
```

Out[ ]= $\{|\_\rangle, |1_{S_1}\rangle\}$

Out[ ]= $\{|\_\rangle, |1_{S_1}\rangle\}$

For the efficiency reasons, the default value 0 of any qubit is removed from the data structure. For a more intuitively appealing form with all default values, LogicalForm can be used.

In[ ]:=
```
LogicalForm[bs]
```

```
Out[*]= {|0_{S1}⟩, |1_{S1}⟩}
```

Each state in the logical basis can also be specified manually.

```
In[*]:= vec = Ket[S[1] → 1, S[2] → 0];
        LogicalForm[vec, {S[1], S[2]}]

Out[*]= |1_{S1}0_{S2}⟩

In[*]:= vec = Ket[{S[1], S[2]} → {1, 0}];
        LogicalForm[vec, {S[1], S[2]}]

Out[*]= |1_{S1}0_{S2}⟩
```

A general quantum state of `S[1,None]` is a linear combination of the two basis states with two complex coefficients `c[0]` and `c[1]`.

```
In[*]:= Let[Complex, c]
        vec = Ket[S[1] → 0] c[0] + Ket[S[1] → 1] c[1];
        vec // LogicalForm

Out[*]= c0 |0_{S1}⟩ + c1 |1_{S1}⟩
```

이차원 상태벡터는 종종 블로흐 구(Bloch sphere) 상의 한 점, 즉 블로흐 벡터(Bloch vector)로 시각화하기도 한다. 여기서 블로흐 구는 이차원 벡터공간의 기하학적 표현이라 할 수 있다. 임의의 상태벡터 $|\psi\rangle$는 논리기저를 이용해서 다음과 같이 표현한다.

$$|\psi\rangle = |0\rangle\,\psi_0 + |1\rangle\,\psi_1 \quad (\psi_0, \psi_1 \in \mathbb{C})\,. \tag{1.1}$$

규격화 조건 $|\psi_0|^2 + |\psi_1|^2 = 1$을 이용하면, 상태벡터를 전역위상인자(global phase factor)를 제외하고

$$|\psi\rangle = |0\rangle\cos(\theta/2) + |1\rangle\sin(\theta/2)e^{i\phi} \tag{1.2}$$

로 전개할 수 있다. 여기서 θ와 ϕ는 각각 전개 계수의 크기와 상대 위상을 기술하며 모두 실수이다($\theta, \phi \in \mathbb{R}$). 상태벡터 $|\psi\rangle$와 연관된 블로흐 벡터는 $\boldsymbol{b} = (\sin\theta\cos\phi,\ \sin\theta\sin\phi,\ \cos\theta)$로 정의할 수 있다. 이런 방식으로, 이차원 힐베르트 공간 내 임의의 상태벡터는 (전역위상인자를 제외할 때) 반지름이 1인 구, 즉 블로흐 구 상의 한 점에 일대일로 대응시킬 수 있다.

블로흐 벡터는 파울리 연산자에 대한 기대값 $\boldsymbol{b} = (\langle\hat{\sigma}^x\rangle, \langle\hat{\sigma}^y\rangle, \langle\hat{\sigma}^z\rangle)$로부터 얻을 수도 있다. 실제로, $|\psi\rangle$의 식 (1.2)로부터 $\langle\hat{\sigma}^x\rangle = \sin\theta\cos\phi$, $\langle\hat{\sigma}^y\rangle = \sin\theta\sin\phi$, $\langle\hat{\sigma}^z\rangle = \cos\theta$가 성립함을 보일 수 있다. 여기서 주의해서 보아야할 점은, 양자상태를 특징짓는 파울리 연산자에 대한 기대값은 실험에서 직접적으로 측정할 수 있다는 사실이다.

A two-dimensional pure state is represented by a point on the Bloch sphere. For example, consider a pure state.

```
In[ ]:= vec = Ket[] Sqrt[2] - I Ket[S[1] → 1];
        vec // LogicalForm

Out[ ]= √2 |0_{S_1}⟩ - i |1_{S_1}⟩
```

This visualizes the state vector on a Bloch sphere. `BlochVector` converts the state vector to a three-dimensional vector. `BlochSphere` is a shortcut for `Graphics3D` with an visualization of the Bloch sphere.

```
In[ ]:= BlochSphere[{Red, Bead@BlochVector[vec]}, ImageSize → Small]
```

Out[ ]=

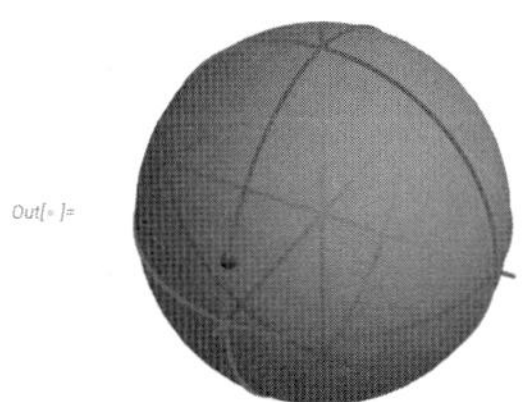

많은 양자계, 특히 많은 입자로 구성된 계는 서로 독립적인 자유도를 갖는 더 작은 부분들로 이루어져있다. 그런 경우, 전체 힐베르트 공간은 독립적인 부분들에 해당하는 힐베르트 공간들의 텐서곱(tensor product)으로 구성할 수 있다(부록 A.6 참조). 예를 들어, 계가 서로 독립적인 두 부분으로 이루어져 있고, 각 부분에 대응되는 힐베르트 공간을 $\mathcal{V}$와 $\mathcal{W}$라 하자. 그러면, 전체 힐베르트 공간은 텐서곱 $\mathcal{V} \otimes \mathcal{W}$로 주어진다. 여기서 두 벡터공간의 텐서곱이란 다음과 같이 두 벡터공간의 기저들 사이의 텐서곱들의 집합을 기저로 갖는 벡터공간을 말한다.

$$\{|v_i\rangle \otimes |w_j\rangle : i = 0, \ldots, m-1;\ j = 0, \ldots, n-1\}. \tag{1.3}$$

이때, $\{|v_i\rangle\}$와 $\{|w_j\rangle\}$는 각각 $\mathcal{V}$와 $\mathcal{W}$의 기저이고, 각각의 차원은 m과 n이다. 전체 계에 대한 텐서곱 $\mathcal{V}\otimes\mathcal{W}$의 차원은 당연히 mn으로 주어진다. 일반적으로, 전체 계의 상태벡터는 다음과 같이 mn개의 기저들의 선형 중첩으로 주어질 것이다.

$$|\Psi\rangle = \sum_{i=0}^{m-1} \sum_{j=0}^{n-1} |v_i\rangle \otimes |w_j\rangle\, \Psi_{ij}\,. \tag{1.4}$$

텐서곱 공간에 속한 상태벡터 중 어떤 것은 다음과 같이 텐서곱으로 분해할 수 있다.

$$(|v_0\rangle\, c_0 + |v_1\rangle\, c_1 + |v_2\rangle\, c_2 + \cdots) \otimes (|w_0\rangle\, d_0 + |w_1\rangle\, d_1 + |w_2\rangle\, d_2 + \cdots)\,. \tag{1.5}$$

이런 상태는 분리가능하다(separable)고 한다. 하나의 예로, 두 큐비트의 가능한 모든 논리 기저상태들의 중첩인

$$|0\rangle \otimes |0\rangle + |0\rangle \otimes |1\rangle + |1\rangle \otimes |0\rangle + |1\rangle \otimes |1\rangle \tag{1.6}$$

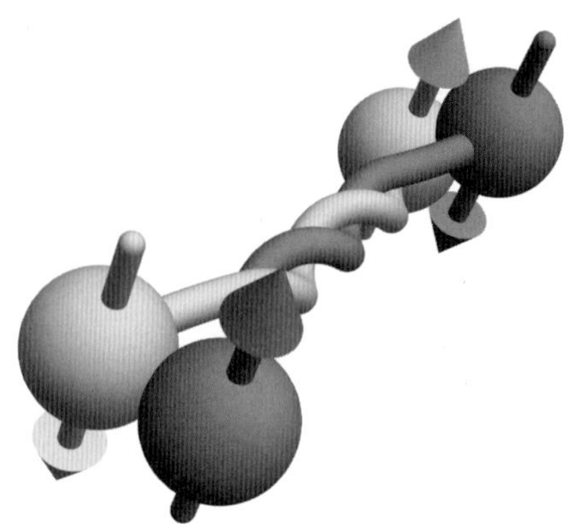

그림 1.2: 양자얽힘의 예술적 표현. 위와 아래를 향하는 두 화살표는 각각 논리기저상태, $|0\rangle$과 $|1\rangle$를 표현한다.

은

$$(|0\rangle + |1\rangle) \otimes (|0\rangle + |1\rangle) \tag{1.7}$$

과 같이 분리되므로, 이는 분리가능한 상태이다. 한편, 양자상태

$$|0\rangle \otimes |0\rangle + |0\rangle \otimes |1\rangle + |1\rangle \otimes |0\rangle \tag{1.8}$$

은 분리가능하지 않고, 이런 상태를 얽혀있다(entangled)라고 한다(그림 1.2 참조). 슈미트 분해(Schmidt decomposition)를 이용하면, 주어진 양자상태 $|\Psi\rangle$가 텐서곱 공간에서 분리가능한지 여부를 체계적으로 검사해볼 수 있다. 슈미트 분해(자세한 수학 해설은 부록 A.6.1 참조)를 간략히 설명하면, 이는 벡터공간 $\mathcal{V}$와 $\mathcal{W}$ 각각의 기저 $\{|v_i'\rangle\}$와 $\{|w_j'\rangle\}$를 적절히 선택하여, 주어진 상태벡터 $|\Psi\rangle$를 다음과 같이 가장 적은 항들로 전개하는 방법이다.

$$|\Psi\rangle = \sum_{k=0}^{R-1} |v_k'\rangle \otimes |w_k'\rangle \, s_k \,. \tag{1.9}$$

여기서 계수 s_k는 모두 양수이다. 양자상태 $|\Psi\rangle$의 슈미트 차수라 불리는 값 R은 m과 n 중 작은 수보다 클 수 없다. 즉, $R \le \min(m, n)$. 만일 슈미트 차수가 2보다 크거나 같으면, 그 상태는 얽혀 있다고 할 수 있다.

Consider the following state of a two-qubit state.

```
In[ ]:= ket = Ket[] + Ket[S[1] → 1] + Ket[S[2] → 1];
        ket // LogicalForm

Out[ ]= |0_{S1} 0_{S2}⟩ + |0_{S1} 1_{S2}⟩ + |1_{S1} 0_{S2}⟩
```

This gives the Schmidt decomposition of the state. It turns out that its Schmidt rank is two and the state is an entangled state.

In[ ]:=
```
{ww, uu, vv} = SchmidtDecomposition[ket, S[1], S[2]];
ww
```

Out[ ]= $\left\{\sqrt{\frac{1}{2}\left(3+\sqrt{5}\right)}, \sqrt{\frac{1}{2}\left(3-\sqrt{5}\right)}\right\}$

`SchmidtForm` presents the Schmidt decomposition in a more intuitively-appealing form. For a thorough analysis of the result, use `SchmidtDecomposition`.

In[ ]:=
```
new = SchmidtForm[ket, {S[1]}, {S[2]}]
```

Out[ ]=

$$\sqrt{\frac{1}{2}\left(3-\sqrt{5}\right)}\left(\frac{\left(1+\frac{1}{2}\left(1-\sqrt{5}\right)\right)\left|0_{S_1}\right\rangle}{\sqrt{\frac{1}{4}\left(1-\sqrt{5}\right)^2+\left(1+\frac{1}{2}\left(1-\sqrt{5}\right)\right)^2}}+\frac{\left(1-\sqrt{5}\right)\left|1_{S_1}\right\rangle}{2\sqrt{\frac{1}{4}\left(1-\sqrt{5}\right)^2+\left(1+\frac{1}{2}\left(1-\sqrt{5}\right)\right)^2}}\right)\otimes\left(\frac{\left(1-\sqrt{5}\right)\left|0_{S_2}\right\rangle}{2\sqrt{1+\frac{1}{4}\left(1-\sqrt{5}\right)^2}}+\frac{\left|1_{S_2}\right\rangle}{\sqrt{1+\frac{1}{4}\left(1-\sqrt{5}\right)^2}}\right)+\sqrt{\frac{1}{2}\left(3+\sqrt{5}\right)}\left(\frac{\left(1+\frac{1}{2}\left(1+\sqrt{5}\right)\right)\left|0_{S_1}\right\rangle}{\sqrt{\frac{1}{4}\left(1+\sqrt{5}\right)^2+\left(1+\frac{1}{2}\left(1+\sqrt{5}\right)\right)^2}}+\frac{\left(1+\sqrt{5}\right)\left|1_{S_1}\right\rangle}{2\sqrt{\frac{1}{4}\left(1+\sqrt{5}\right)^2+\left(1+\frac{1}{2}\left(1+\sqrt{5}\right)\right)^2}}\right)\otimes\left(\frac{\left(1+\sqrt{5}\right)\left|0_{S_2}\right\rangle}{2\sqrt{1+\frac{1}{4}\left(1+\sqrt{5}\right)^2}}+\frac{\left|1_{S_2}\right\rangle}{\sqrt{1+\frac{1}{4}\left(1+\sqrt{5}\right)^2}}\right)$$

The Schmidt decomposition is incredibly complicated for such a simple-looking system. Let us take an approximation to get an impression of how the state is entangled.

In[ ]:=
```
new // N // Simplify
```

Out[ ]=

$$0.618034\left(0.525731\left|0_{S_1}\right\rangle-0.850651\left|1_{S_1}\right\rangle\right)\otimes\left(-0.525731\left|0_{S_2}\right\rangle+0.850651\left|1_{S_2}\right\rangle\right)+1.61803\left(0.850651\left|0_{S_1}\right\rangle+0.525731\left|1_{S_1}\right\rangle\right)\otimes\left(0.850651\left|0_{S_2}\right\rangle+0.525731\left|1_{S_2}\right\rangle\right)$$

아인슈타인, 포돌스키, 로젠 등이 처음 지적한 바와 같이(Einstein et al., 1935), 얽힌 상태는 직관적으로 이해하기 어렵고, 양자역학 기반 자체에 많은 의문을 갖게 하는 여러 가지 재미있는 성질을 보인다. 비국소성(nonlocality)은 이들이 이 제기한 문제의 가장 핵심이며, 얽힌 상태의 대표적인 특성이다. 이는 4.1.1절에서 자세히 설명할 것이다. 양자얽힘(entanglement)은 양자계가 양자효과를 잃어가는 과정, 즉 양자결깨짐(quantum decoherence)에 대한 근본적인 설명 또한 제공한다. 양자계산, 양자정보, 양자통신 분야에서 양자얽힘은, 고전계에서는 불가능한 양자우월성(quantum supremacy), 무조건적인 보안(unconditional security) 등 수많은 놀라운 양자효과를 가능하게 하는 귀중한 자원으로 여겨진다.

1.1.2 혼합상태

계의 상태를 완전히 알 수 없는 상황이 종종 발생한다. 이 경우 계는 혼합상태(mixed state)에 있다고 한다. 혼합상태는 일반적으로 계가 주변 환경과 상호작용할 때 발생한다.

혼합상태는 순수상태를 통계적으로 혼합한 상태이며, 통계앙상블(statistical ensemble)을 이용하여 기술할 수 있다. 예를 들어, 서로 다른 상태벡터 $|\psi_\mu\rangle$가 각각 p_μ의 확률로 관측되는 통계앙상블을 생각해보자.[1.1] 이러한 앙상블은 밀도연산자(density operator)로 효과적으로 표현할 수 있는데, 밀도연산자는 역사적 이유로 종종 밀도행렬(density matrix)이라고도 불린다. 위 예의 경우, 밀도연산자는 다음과 같이 구성할 수 있다.

$$\hat{\rho} = \sum_\mu |\psi_\mu\rangle \, p_\mu \, \langle\psi_\mu| \,. \tag{1.10}$$

때때로 통계적으로 혼합된 상태를 비규격화된(unnormalized) 벡터

$$\{|\psi'_j\rangle := |\psi_\mu\rangle \sqrt{p_\mu}\} \tag{1.11}$$

로 기술하는 것이 더 편리할 때가 있다. 이와 같이 확률을 상태벡터에 포함해 표현하면, $\langle\psi'_\mu|\psi'_\mu\rangle$는 앙상블 내에서 상태 $|\psi'_\mu\rangle$를 발견할 확률 값을 준다. 비규격화된 상태를 이용하면, 밀도연산자는

$$\hat{\rho} = \sum_\mu |\psi'_\mu\rangle \langle\psi'_\mu| \tag{1.12}$$

와 같이 쓸 수 있고, 이는 식 (1.10)과 동일하다.

Consider a density operator representing a statistical mixture of two pure states.

In[ ]:=
```
vecs = {Ket[], (Ket[] - I Ket[S[1] → 1]) / Sqrt[2]};
vecs // LogicalForm
prbs = {1 / 3, 2 / 3}
```

Out[ ]= $\left\{|0_{S_1}\rangle, \frac{|0_{S_1}\rangle - i\,|1_{S_1}\rangle}{\sqrt{2}}\right\}$

Out[ ]= $\left\{\frac{1}{3}, \frac{2}{3}\right\}$

From the specifications of the ensemble, this constructs the density operator for the mixed state.

In[ ]:=
```
ρ = (vecs ** Dagger[vecs]).prbs // Garner;
ρ // LogicalForm
```

Out[ ]= $\frac{2}{3}\,|0_{S_1}\rangle\langle 0_{S_1}| + \frac{1}{3}\,i\,|0_{S_1}\rangle\langle 1_{S_1}| - \frac{1}{3}\,i\,|1_{S_1}\rangle\langle 0_{S_1}| + \frac{1}{3}\,|1_{S_1}\rangle\langle 1_{S_1}|$

[1.1] 여기서 혼합상태를 이루는 서로 다른 순수상태 $|\psi_\mu\rangle$들이 서로 직교하여야 하거나 힐베르트 공간 전체의 기저가 될 필요도 없다. 따라서, 위 혼합상태 표현은 가장 일반적인 형태이다.

This gives the matrix representation -- the “density matrix” -- of the density operator in the logical basis.

```
In[ ]:= Matrix@ρ // MatrixForm
```

Out[ ]//MatrixForm=

$$\begin{pmatrix} \frac{2}{3} & \frac{i}{3} \\ -\frac{i}{3} & \frac{1}{3} \end{pmatrix}$$

This gives the expression of the density operator in terms of the Pauli operators.

```
In[ ]:= Elaborate@ExpressionFor[Matrix@ρ, S[1]]
```

Out[ ]= $\frac{1}{2} - \frac{S_1^y}{3} + \frac{S_1^z}{6}$

모든 밀도연산자 $\hat{\rho}$는 정의 그 자체에 의해 에르미트 연산자, 즉 $\hat{\rho}^\dagger = \hat{\rho}$이다. 말할 것도 없이 밀도연산자는 벡터공간 $\mathcal{H}$의 상태벡터에 작용하는 연산자이다. 하지만 밀도연산자를 $\mathcal{H}$에 작용하는 모든 선형 연산자로 이루어진 벡터공간 $\mathcal{L}(\mathcal{H})$에 속하는 하나의 벡터로 간주하는 게 더 적절하다(부록 B.1 참조).

주어진 기저 $\{|v_j\rangle\}$에 대한 대각원소 $\rho_{jj} := \langle v_j| \hat{\rho} |v_j\rangle$는 분명한 물리적 의미를 갖는다. 즉, ρ_{jj}는 계를 기저상태 $|v_j\rangle$에서 발견할 확률 P_j이다. 계가 상태 $|\psi_\mu\rangle$에 있을 때, 기저상태 $|v_j\rangle$에서 발견할 확률이 $|\langle v_j|\psi_\mu\rangle|^2$임을 유의하면 이를 바로 알 수 있다. 계가 상태 $|\psi_\mu\rangle$에 있을 확률은 p_μ이므로, 따라서, 전체 확률 P_j는

$$P_j = \sum_\mu |\langle v_j|\psi_\mu\rangle|^2 p_\mu = \sum_\mu \langle v_j|\psi_\mu\rangle p_\mu \langle\psi_\mu|v_j\rangle = \langle v_j| \hat{\rho} |v_j\rangle \tag{1.13}$$

로, 기대한 결과가 나온다. 대각원소의 이러한 물리적 의미는 밀도연산자의 기본적이면서 또한 중요한 몇가지 성질을 내포한다(연습문제 1.1와 1.2 참조):

(a) 밀도연산자는 에르미트일 뿐 아니라 양연산자다(정의 1.19).

(b) 밀도연산자의 대각합은 1이다, $\mathrm{Tr}\,\hat{\rho} = 1$.

(c) 밀도연산자 $\hat{\rho}$의 고유값은 모두 0과 1 사이에 있다. 이는 종종 $0 < \hat{\rho} \le 1$과 같이 표현하기도 한다.

밀도연산자의 비대각행렬원소는 결맞음(coherence) 혹은 (역설적으로) 결깨짐(decoherence)과 밀접한 관련이 있다. 이는 이후에 다양한 간섭실험을 통해 살펴볼 것이다. 참고로, 결맞음은 기저를 어떻게 선택하느냐에 따라 영향을 받을 수 있다.

흥미롭게도, 밀도연산자와 관련된 물리적 특성은 통계앙상블의 세부적 사양에 따라 바뀌지 않는다. 어떤 의미에서, 이와 같은 특성 때문에 밀도연산자를 이용하여 혼합상태를 기술하는 방식은 매우 강력하고 효과적이다.

두 통계앙상블이 식 (1.12)에서와 같이 비규격화된 벡터들의 집합 $\{|\alpha_1\rangle, |\alpha_2\rangle, \cdots, |\alpha_m\rangle\}$과 $\{|\beta_1\rangle, |\beta_2\rangle, \cdots, |\beta_n\rangle\}$으로 각각 이루어져 있다고 가정해보자. 편의상 $m \le n$이라고 하자(그렇다고 일반성을 훼손하지는 않는다). 그러면, 어떤 $n \times n$ 유니테리 행렬 $U_{\mu\nu}$와 모든 $\nu = 1, \ldots, n$에 대해

$$|\beta_\nu\rangle = \sum_\mu |\alpha_\mu\rangle U_{\mu\nu} \tag{1.14}$$

가 성립한다면, 각 앙상블을 기술하는 두 밀도연산자는 동일하다.[1.2] 즉,

$$\sum_{\mu=1}^{m} |\alpha_\mu\rangle \langle\alpha_\mu| = \sum_{\nu=1}^{n} |\beta_\nu\rangle \langle\beta_\nu| \tag{1.15}$$

이다. 위 명제에 대한 엄밀한 증명은 이 책에서 다루고자 하는 주요 주제는 아니나, 혼합상태의 사양에서 유니테리 자유도(또는 모호성)의 파급효과는 상당히 크다. 또한 결깨짐 및 이와 관련된 효과에 대한 설명(5장)에서도 유사한 유니테리 자유도가 관찰되므로 여기에서 잠시 시간을 내어 이를 증명할 필요가 있다.

두 집합의 상태가 관계 (1.14)를 만족시킨다면, 식 (1.15)는 자명하게 성립한다. 역으로, 두 밀도연산자가 동일하고 $\hat\rho$로 주어진다고 하자. $\hat\rho$를 스텍트럼 분해된 꼴로 써보면(부록 A.4 참조),

$$\hat\rho = \sum_\lambda |\lambda\rangle \langle\lambda| \tag{1.16}$$

가 된다. 여기서 $|\lambda\rangle$는 0이 아닌 고유값 λ를 갖는 $\hat\rho$의 (규격화되지 않은) 고유상태이다. 양연산자(positive operator)의 성질(정리 1.20)을 이용하였고, 각 고유상태 $|\lambda\rangle$를 $\langle\lambda|\lambda\rangle = \lambda$가 되도록 규격화하였다. 두 기저 $\{|\alpha_\mu\rangle\}$와 $\{|\lambda\rangle\}$가 똑같은 부분공간을 전개하므로, $|\alpha_\mu\rangle$는 $|\lambda\rangle$를 이용하여 다음과 같이 표현할 수 있다.

$$|\alpha_\mu\rangle = \sum_\lambda |\lambda\rangle V_{\lambda\mu}. \tag{1.17}$$

이를 식 (1.15)에 대입하면,

$$\sum_{\lambda\lambda'} |\lambda\rangle \langle\lambda'| \sum_\mu V_{\lambda\mu} V^*_{\lambda'\mu} = \sum_\lambda |\lambda\rangle \langle\lambda| \tag{1.18}$$

가 성립해야 함을 알 수 있다. 일반적으로 서로 수직하지 않은 $|\alpha_\mu\rangle$와 달리 $|\lambda\rangle$는 서로 직교한다(부록 A.4 참조). 따라서, 식 (1.18)은 행렬 V의 행이 서로 직교해야 함을 의미한다. 필요하다면, 행렬 V에 기존 모든 행에 수직인 행을 추가함으로 행렬 V를 유니테리 행렬로

[1.2] Hughston et al. (1993)에 의해 발견된 유니테리 자유도(unitary freedom)는 혼합상태의 순수화(purification)에서의 유니테리 자유도와 밀접한 관련이 있다. 각주 1.4 참조.

확장할 수 있다. 같은 원리로 $|\beta_\nu\rangle$는

$$|\beta_\nu\rangle = \sum_\lambda |\lambda\rangle W_{\lambda\nu} \tag{1.19}$$

로 전개할 수 있고, 행렬 $W_{\lambda\nu}$는 유니테리 행렬로 확장할 수 있다. 결론적으로, $|\alpha_\mu\rangle$와 $|\beta_\nu\rangle$는 관계 (1.14)를 만족하고, 이때 행렬 U는 $U = W^\dagger V$로 주어진다.[1.3]

Consider a statistical mixture of the following three pure states.

```
In[ ]:= v1 = Ket[];
v2 = (Ket[] + I Ket[S → 1]) / Sqrt[2];
v3 = (Ket[] 2 + Ket[S → 1] I) / Sqrt[5];
LogicalForm@{v1, v2, v3}
```

Out[ ]= $\left\{|0_S\rangle, \frac{|0_S\rangle + i\,|1_S\rangle}{\sqrt{2}}, \frac{2\,|0_S\rangle + i\,|1_S\rangle}{\sqrt{5}}\right\}$

These are the associated probabilities.

```
In[ ]:= p1 = 1 / 8;
p2 = 1 / 4;
p3 = 5 / 8;
{p1, p2, p3}
```

Out[ ]= $\left\{\frac{1}{8}, \frac{1}{4}, \frac{5}{8}\right\}$

The mixed state is described by the density operator.

```
In[ ]:= ρ = Total@Multiply[{v1, v2, v3}, {p1, p2, p3}, Dagger@{v1, v2, v3}];
ρ // LogicalForm
```

Out[ ]= $\frac{3\,|0_S\rangle\langle 0_S|}{4} - \frac{3}{8}\,i\,|0_S\rangle\langle 1_S| + \frac{3}{8}\,i\,|1_S\rangle\langle 0_S| + \frac{|1_S\rangle\langle 1_S|}{4}$

Next consider another set of pure states.

```
In[ ]:= w1 = (Ket[] 2 + Ket[S → 1] I) / Sqrt[5];
w2 = Ket[S → 1];
LogicalForm@{w1, w2}
```

Out[ ]= $\left\{\frac{2\,|0_S\rangle + i\,|1_S\rangle}{\sqrt{5}}, |1_S\rangle\right\}$

The associated probabilities are as following.

```
In[ ]:= q1 = 15 / 16;
q2 = 1 / 16;
{q1, q2}
```

Out[ ]= $\left\{\frac{15}{16}, \frac{1}{16}\right\}$

The mixture leads to the same density operator.

[1.3] 이 증명에서 은연 중에 $m = n$을 가정하였다. 하지만, 이 증명은 $m = n$이 될 때까지 $\{\alpha_\mu\}$나 $\{\beta_\nu\}$에 영벡터를 추가하여 $m \neq n$인 경우까지 확장할 수 있다.

```
In[ ]:= σ = Total@Multiply[{w1, w2}, {q1, q2}, Dagger@{w1, w2}]
```

Out[ ]= $\frac{3\,|\_\rangle\langle\_|}{4} - \frac{3\,i\,|\_\rangle\langle 1_S|}{8} + \frac{3\,i\,|1_S\rangle\langle\_|}{8} + \frac{|1_S\rangle\langle 1_S|}{4}$

The two sets are related by the following unitary matrix

```
In[ ]:= U = Topple@{
      {1, 1, 2} / Sqrt[6],
      {1, -1, 0} / Sqrt[2],
      {1, 1, -1} / Sqrt[3]
     };
    U // MatrixForm
```

Out[ ]//MatrixForm=

$$\begin{pmatrix} \frac{1}{\sqrt{6}} & \frac{1}{\sqrt{2}} & \frac{1}{\sqrt{3}} \\ \frac{1}{\sqrt{6}} & -\frac{1}{\sqrt{2}} & \frac{1}{\sqrt{3}} \\ \sqrt{\frac{2}{3}} & 0 & -\frac{1}{\sqrt{3}} \end{pmatrix}$$

이차원 순수상태는 블로흐 구(Bloch sphere) 상에서 시각화될 수 있음을 상기해보자. 순수상태와 마찬가지로, 혼합상태 $\hat{\rho}$에 대응하는 블로흐 벡터 $\boldsymbol{b}$는 $\boldsymbol{b} = (\langle\hat{\sigma}^x\rangle, \langle\hat{\sigma}^y\rangle, \langle\hat{\sigma}^z\rangle)$로 정의된다. 이차원 벡터공간 내 임의의 (에르미트) 연산자는 파울리 연산자의 선형 결합으로 표현할 수 있음을 이용하면, 밀도연산자를

$$\hat{\rho} = \frac{1}{2}\left(\hat{\sigma}^0 + x\hat{\sigma}^x + y\hat{\sigma}^y + z\hat{\sigma}^z\right) \tag{1.20}$$

꼴로 전개할 수 있다. 여기서 x, y 및 z는 모두 실수이다. 밀도연산자 $\hat{\rho}$에 대한 파울리 연산자의 평균 $\langle\hat{\sigma}^\mu\rangle = \mathrm{Tr}\,\hat{\rho}\hat{\sigma}^\mu$를 구하면, $\hat{\rho}$에 대응하는 블로흐 벡터가 단순히 $\boldsymbol{b} = (x, y, z)$로 주어짐을 쉽게 알 수 있다. 당연하게도 $\sqrt{x^2+y^2+z^2} \le 1$이므로, 벡터 $\boldsymbol{b}$는 일반적으로 블로흐 구의 내부에 놓인다.

This gives a visualization of the mixed state by a point -- Bloch vector -- in a Bloch sphere.

```
In[ ]:= BlochSphere[{Red, Bead@BlochVector@ρ}, "Opacity" → 0.4, ImageSize → Small]
```

Out[ ]=

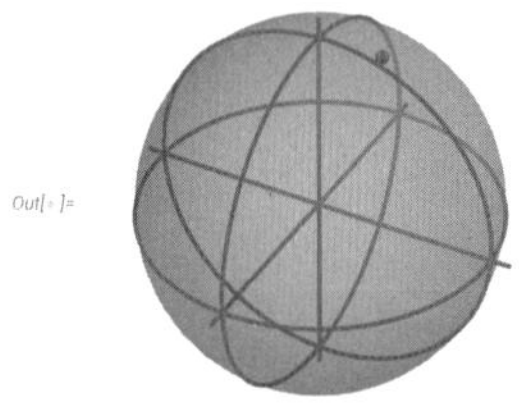

혼합상태는 주로 계가 주변의 다른 계와 상호작용할 때 발생한다. 주변까지 포함하면 전체 계는 닫혀있고, 따라서, $\mathcal{H}\otimes\mathcal{E}$에 속하는 순수상태 $|\Psi\rangle$로 기술된다. 여기서 $\mathcal{H}$와 $\mathcal{E}$는

각각 계와 주변에 대응하는 힐베르트 공간이다. 슈미트 분해(부록 A.6 참조)를 이용하면, 순수상태 $|\Psi\rangle$는 항상 다음과 같이 표현할 수 있다.

$$|\Psi\rangle = \sum_{\mu=1}^{R} |\alpha_\mu\rangle \otimes |\beta_\mu\rangle \sqrt{p_\mu}. \tag{1.21}$$

여기서 $0 < p_\mu < 1$이고 $|\alpha_\mu\rangle$와 $|\beta_\nu\rangle$는 각각 $\mathcal{H}$와 $\mathcal{E}$ 내 직교맞춤 상태들이고, R은 $|\Psi\rangle$의 슈미트 차수이다. 주변에 관한 정보 없이는 계가 $|\alpha_\mu\rangle$ 중 어느 상태에 있는지 알 수 없다. 단지 확률만 말할 수 있다. 계가 상태 $|\alpha_\mu\rangle$에서 발견될 확률은 $\langle\beta_\mu|\beta_\mu\rangle\, p_\mu = p_\mu$로 주어진다. 따라서, 위와 같은 상황에 해당하는 계의 밀도연산자를 구하면

$$\hat{\rho} = \sum_{\mu} |\alpha_\mu\rangle\, p_\mu\, \langle\alpha_\mu| \tag{1.22}$$

가 된다. 그러면 $\langle\beta_\mu|\beta_\nu\rangle = \delta_{\mu\nu}$와

$$|\Psi\rangle\langle\Psi| = \sum_{\mu\nu} |\alpha_\mu\rangle\langle\alpha_\nu| \otimes |\beta_\mu\rangle\langle\beta_\nu| \sqrt{p_\mu p_\nu} \tag{1.23}$$

를 이용하여, 식 (1.22)의 밀도연산자는 벡터공간 $\mathcal{E}$에 대해 부분대각합(partial trace)을 취한 것과 동등함을 알 수 있다(부록 B.3 참조). 즉,

$$\hat{\rho} = \operatorname*{Tr}_{\mathcal{E}} |\Psi\rangle\langle\Psi|. \tag{1.24}$$

이런 의미에서 전체 계의 특정 부분에 대해 부분대각합을 취하는 것은 물리적으로 그 부분을 무시하는 셈이다.

위에서는 어떤 순수상태가 주어져 있을 때, 전체 계의 한 부분에 대해 부분대각합을 취하면 나머지 부분에 대한 혼합상태를 얻게 됨을 보았다. 그 역도 가능하다. 즉, 혼합상태가 정해지면, 부분대각합을 취하였을 때 그 혼합상태가 나오는 더 큰 계의 순수상태를 항상 찾을 수 있다. 확장된 힐베르트 공간 $\mathcal{H}\otimes\mathcal{E}$에 속하는 이러한 규격화된 순수상태 $|\Psi\rangle$를 혼합상태 $\hat{\rho}$의 벡터공간 $\mathcal{H}\otimes\mathcal{E}$로의 순수화(purification)라고 부른다. 다시 말해, 이 순수상태 $|\Psi\rangle$는 벡터공간 $\mathcal{E}$에 대한 부분대각합을 취하면, 다음과 같이 $\hat{\rho}$가 나온다.

$$\hat{\rho} = \operatorname*{Tr}_{\mathcal{E}} |\Psi\rangle\langle\Psi|. \tag{1.25}$$

어느 한 혼합상태 $\hat{\rho}$에 대한 순수화(purification)를 짜맞추기 위해 스펙트럼분해

$$\hat{\rho} = \sum_{j} |r_j\rangle\, r_j\, \langle r_j| \tag{1.26}$$

를 취해보자(부록 A.4.1). 여기서 r_j와 $|r_j\rangle$는 $\hat{\rho}$의 고유값과 그에 해당하는 고유벡터이다. $\hat{\rho}$가 양연산자이므로, 어떤 고유값 r_j도 음수가 될 수 없다. 그러면 $\mathcal{E}$ 내 직교맞춤 기저

$\{|\epsilon_j\rangle\}$를 이용해 순수상태

$$|\Psi\rangle = \sum_j |r_j\rangle \otimes |\epsilon_j\rangle \sqrt{r_j} \tag{1.27}$$

를 정의할 수 있다. 위 상태가 $\hat{\rho}$의 순수화임은 쉽게 확인할 수 있다. 즉, $\hat{\rho} = \mathrm{Tr}_{\mathcal{E}} |\Psi\rangle\langle\Psi|$가 됨을 확인해보면 된다.

순수화 방법은 유일하지 않다. 서로 다른 순수화라도 부분대각합을 취하고 나면 똑같은 혼합상태

$$\hat{\rho} = \mathrm{Tr}_{\mathcal{E}} |\Psi\rangle\langle\Psi| = \mathrm{Tr}_{\mathcal{E}} |\Phi\rangle\langle\Phi| \tag{1.28}$$

를 줄 수도 있다(연습문제 1.3와 1.4 참조). 이는 $\mathcal{E}$에서 정의된 유니테리 연산자 $\hat{U}$를 통해 두 순수상태가

$$|\Phi\rangle = (\hat{I} \otimes \hat{U}) |\Psi\rangle \tag{1.29}$$

와 같은 관계식을 만족하기만 하면 된다.[1.4]

Suppose that two qubits are coupled and that the total system is in the following state. We can regard the first qubit as the "system" and the second as the "reservoir".

```
In[•]:= total = (Ket[] - Ket[S[1] → 1] + Ket[S[2] → 1]) / Sqrt[3];
        LogicalForm[total]
```

Out[•]= $\dfrac{|0_{S_1}0_{S_2}\rangle + |0_{S_1}1_{S_2}\rangle - |1_{S_1}0_{S_2}\rangle}{\sqrt{3}}$

The first qubit is in a mixed state. The density operator is given by the partial trace over the second qubit.

```
In[•]:= rho = Elaborate@PartialTrace[total ** Dagger[total], S[2]]
```

Out[•]= $\frac{1}{2} - \frac{S_1^x}{3} + \frac{S_1^z}{6}$

This is the matrix representation of the density operator in the logical basis.

```
In[•]:= MatrixForm@Matrix@rho
```

Out[•]//MatrixForm=

$$\begin{pmatrix} \frac{2}{3} & -\frac{1}{3} \\ -\frac{1}{3} & \frac{1}{3} \end{pmatrix}$$

A purification is a pure state of an extended system composed of the "system" and the "environment". Here `S[2,None]` is regarded as the environment.

```
In[•]:= ket = Purification[rho, S[1], S[2]]
```

[1.4] 이는 Gisin (1989)와 Hughston et al. (1993)에 따라 쥐생-휴스톤-조사-우터스 정리(Gisin-Hughston-Jozsa-Wooters theorem) 또는 줄여서 GHJW 정리라 알려져 있다. 순수화의 유니테리 자유도는 식 (1.15)에서 논의한 혼합상태의 앙상블 사양에 대한 유니테리 자유도와 밀접히 연관되어 있다.

Out[ ]= $-\frac{1}{2}\left(1+\sqrt{5}\right)\sqrt{\frac{1}{30}\left(5+\sqrt{5}\right)}\;\left|\_\right\rangle+\sqrt{\frac{1}{30}\left(5+\sqrt{5}\right)}\;\left|1_{S_1}\right\rangle+\sqrt{\frac{1}{30}\left(5-\sqrt{5}\right)}\;\left|1_{S_1}1_{S_2}\right\rangle+\frac{1}{2}\sqrt{\frac{1}{30}\left(5-\sqrt{5}\right)}\left(-1+\sqrt{5}\right)\left|1_{S_2}\right\rangle$

As purification is not unique, the above purification is not the same as the total state above.

However, upon tracing out the environmental degrees of freedom, the purification reproduces the density operator.

In[ ]=
```
new = PartialTrace[ket, S[2]] // Elaborate
```

Out[ ]= $\frac{1}{2}-\frac{S_1^x}{3}+\frac{S_1^z}{6}$

앞 결과에서 간단하지만 주목할 만한 중요한 점은, 전체 계의 순수상태 $|\Psi\rangle$가 분리가능할 때, 즉 $|\Psi\rangle = |\alpha\rangle \otimes |\beta\rangle$로 쓸 수 있을 때, 환원상태(reduced state)는

$$\hat{\rho} = \operatorname*{Tr}_{\mathcal{E}} |\alpha\rangle\langle\alpha| \otimes |\beta\rangle\langle\beta| = |\alpha\rangle\langle\alpha| \tag{1.30}$$

로 여전히 순수상태로 남아 있고, 또한 완벽한 결맞음을 유지한다는 점이다. 계와 주변 사이의 양자얽힘이 바로 결깨짐의 원인이 됨을 알려주는 대목이다. 양자물리학 역사에서, 양자효과가 미시계에서만 관측되고 거시계에서는 관측되지 않는 이유는 쉽게 밝혀지지 않는 궁금증으로 남아 있었다. 최근에 와서 양자얽힘이 바로 이 궁금증을 해결할 열쇠가 된다는 점이 밝혀졌다. 우리는 양자얽힘이 양자정보 처리와 양자통신에도 크게 기여한다는 것을 차차 보게 될 것이다(4.1절 참조).

계가 순수상태 $|\psi\rangle$에 있을 때, 밀도연산자는 $\hat{\rho} = |\psi\rangle\langle\psi|$이다. 순수상태가 $|\psi\rangle = |0\rangle c_0 + |1\rangle c_1$로 주어진다면, $\hat{\rho}$를 행렬로 표현할 때

$$\hat{\rho} \doteq \begin{bmatrix} c_0 c_0^* & c_0 c_1^* \\ c_1 c_0^* & c_1 c_1^* \end{bmatrix} \tag{1.31}$$

를 얻는다. 밀도연산자 $\hat{\rho}$를 알고 있을 때, 그 상태가 순수상태인지 아니면 혼합상태인지를 결정하는 간단한 방법이 있다. 만일 $\mathrm{Tr}\,\hat{\rho}^2 = 1$이라면 그 계는 순수상태에 있다(연습문제 1.5 참조). 만일 혼합상태에 있다면, $\mathrm{Tr}\,\hat{\rho}^2$는 1보다 작아야 한다.

Let us examine the density operator corresponding to a pure state. As an example, consider the following pure state.

In[ ]=
```
vec = Ket[S[1] → 0] c[0] + Ket[S[1] → 1] c[1];
vec // LogicalForm
```

Out[ ]= $c_0\left|0_{S_1}\right\rangle + c_1\left|1_{S_1}\right\rangle$

This gives the density operator corresponding to the pure state.

```
In[ ]:= ρ = vec ** Dagger[vec];
        ρ // LogicalForm
```

Out[ ]= $c_0 c_0^* |0_{S_1}\rangle\langle 0_{S_1}| + c_0 c_1^* |0_{S_1}\rangle\langle 1_{S_1}| + c_1 c_0^* |1_{S_1}\rangle\langle 0_{S_1}| + c_1 c_1^* |1_{S_1}\rangle\langle 1_{S_1}|$

The matrix representation of the density operator gives the typical form of the density matrix for a pure state.

```
In[ ]:= mat = Matrix[ρ];
        mat // MatrixForm
```

Out[ ]//MatrixForm=

$$\begin{pmatrix} c_0 c_0^* & c_0 c_1^* \\ c_1 c_0^* & c_1 c_1^* \end{pmatrix}$$

This illustrates that $\mathrm{Tr}[\rho^2] = 1$ for pure states.

```
In[ ]:= Tr[mat.mat] // Simplify // MatrixForm
```

Out[ ]//MatrixForm=

$$\left(c_0 c_0^* + c_1 c_1^*\right)^2$$

폰 노이만 엔트로피(von Neumann entropy)는 혼합상태 $\hat{\rho}$를 특징지을 수 있는 매우 일반적인 방법을 제공한다. 밀도연산자 $\hat{\rho}$의 폰 노이만 엔트로피는

$$S(\hat{\rho}) := -\operatorname{Tr}\hat{\rho}\log_2\hat{\rho} = -\sum_j \lambda_j \log_2 \lambda_j \tag{1.32}$$

로 정의할 수 있는데, 여기서 λ_j는 $\hat{\rho}$의 고유값 중 양인 값들이다. 이는 고전적으로 정의된 섀넌 엔트로피(Shannon entropy) 개념의 확장이라고 할 수 있다. 여기서 식 (1.32)에 나오는 로그 함수의 밑수(base)는 어떤 값을 택해도 무방하다. 하지만, 양자정보이론에서는 관습적으로 또 편의성을 위해 로그함수 밑으로 2를 선택한다. 순수상태의 폰 노이만 엔트로피는 영이다. 왜냐하면, 순수상태에 대한 밀도연산자의 유일한 고유값은 1뿐이기 때문이다. 차원이 N인 힐베르트 공간에서 완전히 무작위적인 상태의 밀도연산자는 $\hat{\rho} = \hat{I}/N$이다. 따라서, 이 경우는 폰 노이만 엔트로피가 $\log_2 N$이 된다. 사실상 $\log_2 N$은 임의의 밀도연산자에 대해 폰 노이만 엔트로피 $S(\hat{\rho})$가 가질 수 있는 최대값이다. 폰 노이만 엔트로피는 밀도연산자를 이용하여 통계적으로 혼합된 양자상태의 불확정성을 잴 수 있는 방법을 제공한다.

순수상태와 마찬가지로, 혼합상태를 기술하는 밀도연산자 또한 분리가능한지 여부를 살펴볼 필요가 있다. 두 하위계(subsystem) A와 B로 이루어진 계를 생각해보자. 이 경우, 만일 밀도연산자 $\hat{\rho}$가 분리가능한 밀도연산자들의 볼록선형결합(convex linear combination)

$$\hat{\rho} = \sum_j \hat{\sigma}_j \otimes \hat{\tau}_j\, p_j\,, \quad 0 \le p_j \le 1\,, \quad \sum_j p_j = 1 \tag{1.33}$$

꼴로 표현될 수 있다면, 밀도연산자와 이와 결부된 혼합상태는 분리가능하다고 할 수 있다. 여기서 $\hat{\sigma}_j$와 $\hat{\tau}_j$는 각각 하위계 A와 B의 밀도연산자이다. 슈미트 분해를 이용해 손쉽게 얽힘 여부를 밝힐 수 있는 순수상태(부록 A.6 참조)와 다르게, 일반적으로 혼합상태는 분리가능한지 아니면 얽혀있는지 밝히기 어렵고, 이에 대한 해법은 아직 발견되지 않았다. 혼합상태의 얽힘 여부를 알아내기 위해 식 (A.89)와 같이 연산자를 슈미트 분해하는 식의 유사한 방법을 제안하고 싶을 수도 있다. 하지만, 합내에 들어가 있는 연산자 $\hat{A}_\mu$와 $\hat{B}_\mu$는 일반적으로 밀도연산자가 아니다.

1.2 양자상태의 시간진행

뉴튼의 운동 제2법칙에 따르면, 고전계의 상태는 매우 잘 알려진 운동방정식 $F = ma$에 의해 시간에 따라 진행된다. 양자역학에서 슈뢰딩거 방정식이 뉴튼의 운동방정식의 역할을 대신한다.

1.2.1 유니테리 동역학

가정 2 닫힌 양자계의 상태는 시간이 흐를 때 슈뢰딩거 방정식

$$i\hbar \frac{d}{dt} |\psi\rangle = \hat{H} |\psi\rangle \tag{1.34}$$

에 따라 진행한다. 여기서 $\hbar$는 플랑크 상수이고, $\hat{H}$는 계의 해밀토니안이다.

이 책에서는 $\hbar = 1$로 놓는 단위계를 사용한다. 이런 단위계에서는 에너지와 진동수가 같은 차원, 즉 시간의 역수에 해당되는 차원을 갖는다. 물리적으로, 해밀토니안은 계의 에너지를 기술하는 에르미트 연산자이다. 일반적으로 특정계의 정확한 해밀토니안을 구하기는 어렵다. 대부분의 경우, 해밀토니안 모형은 실험적 관찰을 거듭하여 만들고 검증한다. 실험 관찰 결과에 따라 필요하면, 해밀토니안의 기존 항을 변화시키거나 새로운 항을 추가하여 다시금 실험적 관찰과 비교하는 과정을 거쳐 수정한다.

가정 2는 양자상태의 시간에 따른 진행을 미분방정식을 이용하여 표현한다. 이와 동등한 방법으로, 유니테리 변환을 이용하여 시간진행을 기술할 수도 있다. 계가 초기에 상태 $|\psi(0)\rangle$에 있었다고 해보자. 그러면, 이후 시간 $t > 0$에서의 상태 $|\psi(t)\rangle$는 초기상태 $|\psi(0)\rangle$과 유니테리 연산자 $\hat{U}(t)$에 의해

$$|\psi(t)\rangle = \hat{U}(t) |\psi(0)\rangle \tag{1.35}$$

으로 결정된다. 이 유니테리 연산자 $\hat{U}(t)$는 시간진행연산자(time-evolution operator)라 불린다. 해밀토니안 $\hat{H}$가 시간의 함수가 아닌 경우, 그리고 $\hbar = 1$로 놓는 단위계에서 시간

진행연산자는 다음과 같이 구해진다.

$$\hat{U}(t) = \exp[-it\hat{H}]\,. \tag{1.36}$$

정규연산자(normal operator)에 대한 지수함수를 계산하는 가장 좋은 방법은 연산자의 스펙트럼분해를 이용하는 것이다(부록 A.3 참조). $\hat{H}$의 고유값 E와 이에 대응하는 고유상태 $|E\rangle$를 알고 있으면, 해밀토니안은 $\hat{H} = \sum_E |E\rangle\, E\, \langle E|$와 같이 쓸 수 있다. 따라서, 이에 대한 지수 함수는 $\exp(-it\hat{H}) = \sum_E |E\rangle\, e^{-itE}\, \langle E|$로 구해진다. 가령 양자정보를 처리하기 위해서라든지 외부에 의해 계가 구동될 때, 일반적으로 해밀토니안은 시간에 따라 변한다. 이 경우 시간진행연산자와 해밀토니안 사이의 관계는 훨씬 복잡한데, 이는 나중에 논의하도록 하겠다.

Consider a two - level quantum state, denoted by symbol **S**. Some real parameters will be denoted by the symbol **B**.

```
In[ ]:= Let[Qubit, S]
        Let[Real, B]
```

A time-independent Hamiltonian can be expressed in terms of the Pauli operators.

```
In[ ]:= H = B[0] + S[1] B[1] + S[2] B[2] + S[3] B[3]
```

Out[ ]= $B_0 + B_1 S^x + B_2 S^y + B_3 S^z$

In this case, the time-evolution operator is given by

```
In[ ]:= Clear[U]
        U[t_] = MultiplyExp[-I t H]
```

Out[ ]= $e^{-i\,t\,(B_0+B_1 S^x+B_2 S^y+B_3 S^z)}$

The exponential function of operators can be evaluated by means of the spectral decomposition. Q3 has an internal mechanism to facilitate the spectral decomposition method. It is implemented through the function **Elaborate**.

```
In[ ]:= Elaborate[U[t]] // ExpToTrig // Garner
```

Out[ ]= $\text{Cos}\left[t\sqrt{B_1^2+B_2^2+B_3^2}\right](\text{Cos}[t\,B_0]-i\,\text{Sin}[t\,B_0]) - \dfrac{i\,B_1 S^x (\text{Cos}[t\,B_0]-i\,\text{Sin}[t\,B_0])\,\text{Sin}\left[t\sqrt{B_1^2+B_2^2+B_3^2}\right]}{\sqrt{B_1^2+B_2^2+B_3^2}} - \dfrac{i\,B_2 S^y (\text{Cos}[t\,B_0]-i\,\text{Sin}[t\,B_0])\,\text{Sin}\left[t\sqrt{B_1^2+B_2^2+B_3^2}\right]}{\sqrt{B_1^2+B_2^2+B_3^2}} - \dfrac{i\,B_3 S^z (\text{Cos}[t\,B_0]-i\,\text{Sin}[t\,B_0])\,\text{Sin}\left[t\sqrt{B_1^2+B_2^2+B_3^2}\right]}{\sqrt{B_1^2+B_2^2+B_3^2}}$

For simplicity, consider the following specific case. We have assumed a ceratin choice of units.

```
In[ ]:= B[0] = 0; B[1] = B[3] = 1; B[2] = -1;
```

```
In[ ]:= Clear[op]
        op[t_] = Elaborate[U[t]] // ExpToTrig // Garner
```

Out[ ]= $\text{Cos}[\sqrt{3}\,t] - \frac{i\,S^x\,\text{Sin}[\sqrt{3}\,t]}{\sqrt{3}} + \frac{i\,S^y\,\text{Sin}[\sqrt{3}\,t]}{\sqrt{3}} - \frac{i\,S^z\,\text{Sin}[\sqrt{3}\,t]}{\sqrt{3}}$

Suppose that the initial state is the eigenstate of the Pauli X operator, here denoted by `S[1]`.

```
In[ ]:= v0 = (Ket[] + Ket[S → 1]) / Sqrt[2];
        v0 // LogicalForm
```

Out[ ]= $\frac{|0_S\rangle + |1_S\rangle}{\sqrt{2}}$

This is the state vector at a later time `t>0`.

```
In[ ]:= Clear[vec]
        vec[t_] = op[t] ** v0;
        vec[t] // LogicalForm
```

Out[ ]= $|1_S\rangle \left(\frac{\text{Cos}[\sqrt{3}\,t]}{\sqrt{2}} - \frac{\text{Sin}[\sqrt{3}\,t]}{\sqrt{6}}\right) + |0_S\rangle \left(\frac{\text{Cos}[\sqrt{3}\,t]}{\sqrt{2}} + \frac{(1-2\,i)\,\text{Sin}[\sqrt{3}\,t]}{\sqrt{6}}\right)$

This visualizes the evolution of the state under the Hamiltonian on the Bloch sphere.

```
In[ ]:= vv = Bead /@ BlochVector /@ Table[vec[t], {t, 0, 1, 0.1}] // Chop;
        BlochSphere[{Red, vv}, ImageSize → Small]
```

Out[ ]=

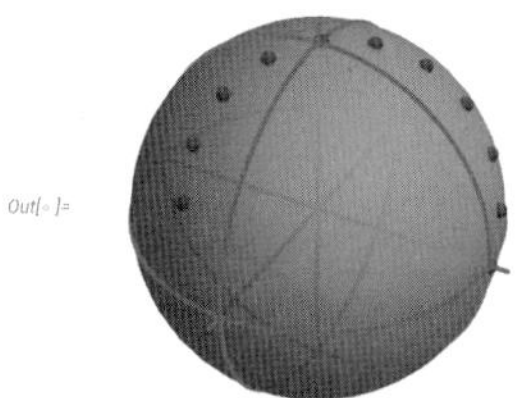

유니테리 동역학에 대해 유념할 점은 자취(history)에 무관하다는 사실이다. 이는 시간 무관 해밀토니안(time-independent Hamiltonian)에 대한 시간진행연산자의 명백한 특성, 즉 임의의 시간 t, t'에 대해

$$\hat{U}(t+t') = \hat{U}(t)\hat{U}(t') \tag{1.37}$$

이라는 사실을 보면 알 수 있다. 물리적으로, 이는 시간진행이 시간 간격에만 의존하고, 시작 시점이나 마지막 시점과는 무관함을 의미한다. 이런 관점에서, 시간진행연산자가 $\hat{U}^\dagger(t) = \hat{U}(-t)$를 만족하는 것도 자연스러운 성질이다.

지금까지 순수상태의 시간진행에 대해 알아보았다. 그렇다면, 계가 $\hat{\rho}(0)$으로 주어진 혼합상태에 있다면 시간에 따라 어떻게 변해갈까? 혼합상태는 순수상태의 통계적 혼합

$$\hat{\rho}(0) = \sum_j |\psi_j(0)\rangle \langle\psi_j(0)|\, p_j \tag{1.38}$$

로 표현할 수 있다. 여기서 $0 \le p_j \le 1$이다. 계가 닫혀있다면, 각 순수상태 $|\psi_j(0)\rangle$은 $\hat{U}(t)\,|\psi_j(0)\rangle$으로 시간진행한다. 이를 종합해보면, 시간 t에서의 양자상태 $\hat{\rho}(t)$는

$$\hat{\rho}(t) = \hat{U}(t)\hat{\rho}(0)\hat{U}^\dagger(t) \tag{1.39}$$

로 주어진다. 정리하면, 계가 닫혀있다면, 계가 초기에 순수상태에 있든지 아니면 혼합상태에 있든지 상관없이, 동역학은 여전히 유니테리하다.

Let us consider the same system and Hamiltonian as before. However, the initial state is now a mixed state.

```
In[ ]:= ρ0 = v0 ** Dagger[v0] * 3 / 4 + Ket[] ** Bra[] ** 1 / 4 // LogicalForm // Garner
```

Out[ ]= $\frac{5\,|0_S\rangle\langle 0_S|}{8} + \frac{3\,|0_S\rangle\langle 1_S|}{8} + \frac{3\,|1_S\rangle\langle 0_S|}{8} + \frac{3\,|1_S\rangle\langle 1_S|}{8}$

Its matrix representation in the logical basis is given by the following.

```
In[ ]:= mat = Matrix[ρ0];
        mat // MatrixForm
```

Out[ ]//MatrixForm= $\begin{pmatrix} \frac{5}{8} & \frac{3}{8} \\ \frac{3}{8} & \frac{3}{8} \end{pmatrix}$

This is the state vector at a later time t>0.

```
In[ ]:= Let[Real, t]; Clear[rho]
        rho[t_] = op[t] ** ρ0 ** Dagger[op[t]];
        rho[t] // LogicalForm
```

Out[ ]= $\frac{5}{8}\mathrm{Cos}[\sqrt{3}\,t]^2\,|0_S\rangle\langle 0_S| + \frac{17}{24}\,|0_S\rangle\langle 0_S|\,\mathrm{Sin}[\sqrt{3}\,t]^2 + \frac{1}{8}\sqrt{3}\,|0_S\rangle\langle 0_S|\,\mathrm{Sin}[2\sqrt{3}\,t] +$
$\frac{1}{48}\,i\,|0_S\rangle\langle 1_S|\left((16+2\,i)\,\mathrm{Sin}[\sqrt{3}\,t]^2 - (6+3\,i)\sqrt{3}\,\mathrm{Sin}[2\sqrt{3}\,t]\right) +$
$\frac{1}{48}\,|1_S\rangle\langle 0_S|\left(18\,\mathrm{Cos}[\sqrt{3}\,t]^2 - (5+2\,i)\sqrt{3}\,\mathrm{Sin}[2\sqrt{3}\,t]\right) +$
$\frac{1}{48}\,|0_S\rangle\langle 1_S|\left(18\,\mathrm{Cos}[\sqrt{3}\,t]^2 - (5-2\,i)\sqrt{3}\,\mathrm{Sin}[2\sqrt{3}\,t]\right) +$
$\frac{1}{24}\,|1_S\rangle\langle 1_S|\left(8+\mathrm{Cos}[2\sqrt{3}\,t] - 3\sqrt{3}\,\mathrm{Sin}[2\sqrt{3}\,t]\right) +$
$\frac{1}{48}\,|1_S\rangle\langle 0_S|\left((-2-16\,i)\,\mathrm{Sin}[\sqrt{3}\,t]^2 + (3+6\,i)\sqrt{3}\,\mathrm{Sin}[2\sqrt{3}\,t]\right)$

This visualizes the evolution of the state under the Hamiltonian on the Bloch sphere. Note that the magnitude of the Bloch vectors are preserved by the unitary dynamics.

```
In[ ]:= ρρ = Bead /@ BlochVector /@ Table[rho[t], {t, 0, 1, 0.1}] // Chop;
        BlochSphere[{Red, ρρ}, "Opacity" → 0.4, ImageSize → Small]
```

Out[ ]=

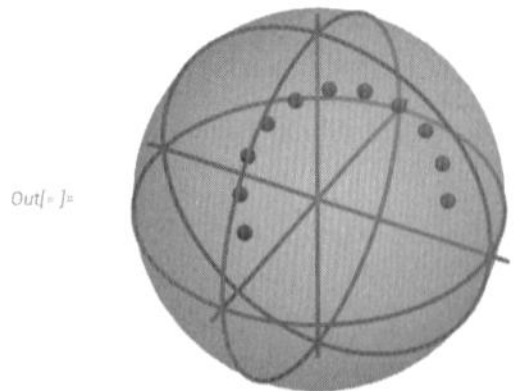

1.2.2 양자잡음 동역학

계가 환경과 상호작용하면 계의 동역학은 더이상 슈뢰딩거 방정식으로 기술되지 않는다. 더 나아가, 동역학은 더이상 유니테리하지 않다. 고전역학에서도 비슷한 효과가 발생한다는 점에서, 얼핏 보기에 이상하지 않을 수 있다. 예를 들어, 공기 중에 던져진 공은 다양한 분자나 작은 입자들과 상호작용하고, 이로 인해 (중력만을 고려한) 뉴튼 운동방정식을 따르지 않는다. 동역학은 더이상 에너지를 보존하지 않는데, 이는 운동방정식에 감쇠항을 추가하여 기술할 수 있다. 사실상 감쇠항은 공의 움직임을 방해하는 작은 분자나 입자들을 무시했기 때문에 발생한다. 하지만, 양자이론에서 주변계의 자유도를 무시하는 것은 훨씬 더 심오한 효과를 일으킨다. 이는 계에서 주변으로의 에너지 손실을 일으킬 뿐만 아니라, 소위 결깨짐, 즉 양자됨(quantumness)의 상실을 가져온다(Zurek, 1991, 2002). 본 절에서는 결깨짐에 대한 기본 체계만 설명하고, 더 자세한 내용은 5.2절에서 다루도록 하겠다.

계가 초기에 $\mathcal{H}$ 내 상태 $|\psi\rangle$에, 주변계는 $\mathcal{E}$ 내 상태 $|\epsilon\rangle$에 있었다고 하자. 그러면 전체계의 초기 상태는 $\mathcal{H}\otimes\mathcal{E}$에 속하는 $|\Psi(0)\rangle = |\psi\rangle \otimes |\epsilon\rangle$가 된다. 그리고나서 계가 주변계와 상호작용한다. 전체 계는 닫혀있으므로, 가정 2에 따라 전체 계의 시간진행은 유니테리 시간진행연산자 $\hat{U}_{\rm tot}(t)$에 따라 이루어져, $|\Psi(t)\rangle = \hat{U}_{\rm tot}(t)\,|\psi\rangle \otimes |\epsilon\rangle$이 된다. 계와 주변계의 상호작용은 둘 사이가 얽히도록 할 것이다. 따라서, 일반적으로 상태 $|\Psi(t)\rangle$는 분리가능하지 않다. 1.1.2절에서 논의하였듯이, 주변계에 대한 완전한 지식이 없이는, 계의 상태는 혼합상태로 기술된다. 구체적으로 말해, 전체 상태 $|\Psi(t)\rangle$에서 주변계 정보를 대각합을 통해 없애버리면 혼합상태를 나타내는 밀도연산자

$$\hat{\rho}(t) = \operatorname*{Tr}_{\mathcal{E}} |\Psi(t)\rangle\,\langle\Psi(t)| = \operatorname*{Tr}_{\mathcal{E}} \hat{U}_{\rm tot}(t)\,(|\psi\rangle\,\langle\psi| \otimes |\epsilon\rangle\,\langle\epsilon|)\,\hat{U}^{\dagger}_{\rm tot}(t) \tag{1.40}$$

를 얻을 수 있다. 주변계에 대해 부분대각합을 취하는 것은 물리적으로 보면 주변계의 자유도를 무시하는 것과 동일하다. 일반적으로, $\hat{\rho}(t)$의 동역학은 매우 복잡하다. 하지만 핵심적인 내용은 두 가지이다. 첫째, 동역학은 더이상 유니테리하지 않다. 둘째, 주변계와의 양자얽힘을 통해, 계의 양자상태는 결맞음(또는 양자됨)을 잃게 된다.

주변계와 상호작용하는 계의 비유니테리 동역학은 양자연산체계(quantum operation formalism)를 써서 가장 효과적으로 기술할 수 있고, 이는 5장의 주제이다.

1.3 양자상태 측정하기

고전역학에서는, 운동상태와 마찬가지로, 스칼라 양은 단순한 값으로, 벡터 양은 숫자의 집합으로 기술한다. 따라서, 측정은 이러한 숫자들을 할당할 뿐이며, 그외에는 난시 측성

장치에 관한 기술적인 문제만 남는다. 양자역학에서 측정은 이와 완전히 달라서 양자이론 자체와 깊이 연관되어 있다.

1.3.1 투영측정

가정 3 물리량은 일종의 에르미트 연산자인 관측가능량으로 기술된다. 관측가능량 $\hat{A}$를 측정하는 순간 관측값은 $\hat{A}$의 고유값 중 하나 a로 확률적으로 결정된다. 계가 측정 직전 상태 $|\psi\rangle$에 있었다면, 측정 결과 a를 얻을 확률은 $P_a = |\langle a|\psi\rangle|^2$이고, 여기서 $|a\rangle$는 $\hat{A}$의 고유값 a에 해당하는 고유상태이다. 측정 직후, 계의 상태는 관측값 a에 대응하는 고유상태 $|a\rangle$로 '붕괴'된다.

위 가정은 양자역학과 고전역학을 구별짓는 몇가지 두드러진 특징들을 생생하게 보여준다. 첫째, 측정가능한 물리량(즉, 관측가능량)은 단순한 숫자가 아니라, 계의 양자상태를 나타내는 벡터에 작용하는 연산자로 기술된다(가정 1 참조).

둘째, 측정은 상태벡터의 갑작스런 붕괴를 초래한다. 따라서, 측정자체만으로도 교란을 피할 수 없으며, 이러한 교란 때문에 양자상태를 단순히 살펴보는 것조차 어렵다. 이는 동시에 안전한 양자통신을 달성하는 것과 같은, 실용적인 응용을 위한 새로운 기회를 열어준다. 더욱이 위와 같은 붕괴는 양자상태의 독특한 동역학으로 슈뢰딩거 방정식(가정 2 참조)에 의한 동역학과 확연이 구별된다. 이는 측정기반 양자컴퓨팅(measurement-based quantum computing) 아키텍처를 구성하는 데 매우 유용한 것으로 판명되었다(3.4절 참조). 양자계산의 일반적인 동적방식에서도 측정은 종종 양자레지스터를 논리기저상태 중의 하나로 초기화하는 데 사용된다. 고전적인 통신과 결합하여 사용하면, 측정은 사용 가능한 게이트 연산을 풍부하게 해준다.

셋째, 위 가정은 가정 1에 따라 상태를 완벽히 기술하는 상태벡터 $|\psi\rangle$를 알고 있을지라도, 원리적으로조차 측정결과를 예측할 수 없고, 가능한 결과를 오로지 확률적으로밖에 추정할 수 없다는 점을 분명히 하고 있다. 즉, 양자역학의 기술방식은 본질상 통계적이며, 관측가능량의 값을 기대값이나 그와 유사한 통계모멘트 값을 통해 추정해야 한다. 그러기 위해서는 똑같은 상태로 준비된 앙상블에 대해 측정을 여러 번 되풀이할 수밖에 없다. 상태벡터 $|\psi\rangle$가 주어졌을 때, 연산자 $\hat{A}$에 대한 기대값은 기본적인 확률 이론을 이용하여 다음과 같이 얻어진다(부록 A.3에서 브라켓 표기법 참조).

$$\langle\hat{A}\rangle = \sum_a qP_a = \sum_a \langle\psi|a\rangle\, a\, \langle a|\psi\rangle = \langle\psi|\, \hat{A}\, |\psi\rangle\,. \tag{1.41}$$

측정에 관한 이러한 특징과 밀접한 관련이 있는 양자상태의 성질이 바로 복제불가 정리(no-cloning theorem)에 잘 나타나 있다. 복제불가 정리에 따르면 알려지지 않은 양자상태를 복제하는 것은 불가능하다. 이를 두고 주렉(Zurek, W. H.)은 '양을 복제할 수는 있어도,[1.5] 양자상태는 복제할 수 없다'고 선언했다(Zurek, 2000). 만일 복제가 가능하다고 전제하면, 같은 양자상태를 갖는 동일한 사본을 많이 생성할 수 있다. 그런 다음 이 복사본들에 대해 호환되지 않는 관측가능량들(예를 들어, 켤레 변수들)을 측정하면, 불확정성 원리(uncertainty principle)를 위반하여, 양자상태에 관한 정확한 정보를 밝혀낼 수 있게 된다. 또한, (알지 못하는) 양자상태의 복제가 가능하다고 하면, 빛보다 빠른 통신이 가능하게 된다. 더 나아가, 양자상태의 복제불가는 양자통신에서 무조건적인 보안을 제공하는 양자역학의 핵심 특징 중 하나이다.

그러면, 양자상태는 왜 복제할 수 없는 걸까? 양자상태를 복제할 수 있는 장치가 존재한다고 가정해보자. 이 장치는 양자상태 원본 $|\psi\rangle$를 저장하고 있는 양자레지스터와 이 양자상태의 복사본을 저장할 양자레지스터 등으로 구성되어 있다. 우선, 복사본을 저장할 양자레지스터는 정해진 기준상태, 즉 $|0\rangle$으로 초기화한다. 전체 계의 상태는 텐서곱 상태 $|\psi\rangle \otimes |0\rangle$로 표현할 수 있다. $\hat{U}$가 복제 연산를 수행하는 유니테리 연산자라 해보자. 복제 연산 가정에 따라, $|\psi\rangle$에 $\hat{U}$를 작용한 결과는

$$\hat{U}(|\psi\rangle \otimes |0\rangle) = |\psi\rangle \otimes |\psi\rangle \tag{1.42}$$

가 된다. 이 연산을 서로 직교하는 두 상태 $|\alpha\rangle$와 $|\beta\rangle$에 가해보자. 그러면,

$$\hat{U}(|\alpha\rangle \otimes |0\rangle) = |\alpha\rangle \otimes |\alpha\rangle\,, \quad \hat{U}(|\beta\rangle \otimes |0\rangle) = |\beta\rangle \otimes |\beta\rangle \tag{1.43}$$

를 얻는다. 여기까지는 아무런 문제가 없다. 이제 이 연산을 선형 중첩 상태 $|\alpha\rangle a + |\beta\rangle b$에 가해보자. 여기서 a와 b는 임의의 (알려져 있지 않은) 복소수이다. $\hat{U}$가 선형 연산자이므로 다음과 같은 결과를 얻을 수 있다.

$$\hat{U}\left[(|\alpha\rangle a + |\beta\rangle b) \otimes |0\rangle\right] = \hat{U}(|\alpha\rangle \otimes |0\rangle a + |\beta\rangle \otimes |0\rangle b) = |\alpha\rangle \otimes |\alpha\rangle a + |\beta\rangle \otimes |\beta\rangle b. \tag{1.44}$$

a나 b 중 하나가 0이 아닌 한, 이는 복제 연산 가정에서 기대되는 결과

$$(|\alpha\rangle a + |\beta\rangle b) \otimes (|\alpha\rangle a + |\beta\rangle b) \tag{1.45}$$

와 분명히 다르다. 따라서, 양자상태는 복제할 수 없다는 결론을 내릴 수 있다. 위 증명 과정에서의 핵심 요소는 바로 양자역학의 선형성(linearity)이다.

가정 3에 대한 현재까지의 서술은 계가 초기에 순수상태에 있는 경우만을 다루었다. 물론, 이 논의는 혼합상태로 확장할 수 있다. 계가 측정 직전에 혼합상태 $\hat{\rho}$에 있었다고 해보자. 그러면, 측정 직후에 상태 $|a\rangle\langle a|$로 될 확률은 $P_a = \langle a|\hat{\rho}|a\rangle$이다. 1.1.2장에서 이미 본

[1.5] 이는 한 연구그룹에 의해 복제된 양 돌리(Dolly)를 지칭한다(Wilmut et al., 1997).

바와 같이, 기본적인 확률이론에 따라, $0 \leq \hat{\rho} \leq 1$이고, $\mathrm{Tr}\,\hat{\rho} = 1$ 이다. 더 나아가, 관측가능량의 기대값은

$$\langle \hat{A} \rangle = \sum_a a P_a = \sum_a a \langle a| \hat{\rho} |a\rangle = \mathrm{Tr}\,\hat{A}\hat{\rho} \tag{1.46}$$

이다.

폰 노이만(von Neumann, J.)은 물리계에 투영측정(projective measurement)을 구현하는 이상적인 과정을 구상하였다. 이러한 이유로 투영측정은 폰 노이만 측정(von Neumann measurement)이라고도 불린다. 폰 노이만 측정방식은 양자측정이론의 기초를 마련하였고, 양자역학의 근본적인 한계까지 측정 정밀도를 향상시키는 다양한 방법에 영감을 주었다. 투영측정에 대한 폰 노이만 방식은 양자회로모형으로 구현할 수 있다(4.4절 참조). 여기서는 그 과정을 간략하게 요약한다.

에르미트 연산자 $\hat{A}$로 기술되는 물리량을 측정한다고 해보자. $|a\rangle$를 $\hat{A}$의 고유값 a에 대응하는 고유벡터라 하면, $\hat{A}$는 다음과 같이 스펙트럼분해할 수 있다(부록 A.3 참조).

$$\hat{A} = \sum_a |a\rangle\, a \,\langle a|\,. \tag{1.47}$$

계가 상태 $|\psi\rangle$에 있으면, $\hat{A}$의 고유벡터를 기저로 삼아,

$$|\psi\rangle = \sum_a |a\rangle\, \psi_a \tag{1.48}$$

로 전개할 수 있다. 대개의 경우에 확률분포 $P_a := |\psi_a|^2$는 어떤 (알지 못하는) 고유상태 $|a_*\rangle$ 주위로 뾰족한 봉우리 꼴을 이루고 있다고 가정할 수 있고, 이 경우 측정을 수행하면 대체로 a_*값이 관측된다.

적절한 측정장치를 선택하고 이 장치의 탐침을 '위치' $\hat{X}$로 묘사하자. 측정을 수행하기 전해, 탐침이 $\hat{X}$의 특정한 고유상태와 매우 유사한 상태 $|\xi\rangle$로 맞춰놓는다. $\hat{X}$의 고유값 x에 대한 고유상태 $|x\rangle$를 기저로 하여 탐침의 상태 $|\xi\rangle$를 다음과 같이 전개할 수 있다.

$$|\xi\rangle = \int dx\, |x\rangle\, \xi(x). \tag{1.49}$$

여기서 $\xi(x)$는 어떤 고정된 지점 x_0 주위로 뾰족한 봉우리 꼴을 가지고 있다고 하자. 잠시 후, 위치 분포 $|\xi(x)|^2$가 더 좁아질수록 더 정확한 측정이 어떻게 가능해지는지 분명해질 것이다. 현 단계에서 $|\psi\rangle \otimes |\xi\rangle$는 관측되는 계와 측정장치를 포함하는 전체 계의 상태를 나타낸다.

이제 알고자 하는 관측가능량 $\hat{A}$를 측정장치의 ($\hat{X}$가 아니라) '운동량' $\hat{P}$에 결합시켜보자. $\hat{P}$와 $\hat{X}$는 서로 바른틀 켤레(canonical conjugates)이며, 따라서 $[\hat{X}, \hat{P}] = i$가 성립한

다($\hbar = 1$인 단위계를 사용하고 있음을 상기하라). 이 결합은

$$\hat{H}_{\text{int}} = J\hat{P} \otimes \hat{A} \tag{1.50}$$

와 같은 상호작용 해밀토니안으로 기술된다. 여기서 J는 결합 세기를 나타낸다. 계와 측정장치는 충분히 긴 시간 τ 동안, 즉 구체적으로 말해 측정장치의 '위치'가 초기값과 분명하게 달라질 때까지 상호작용하도록 해야 한다. $g := J\tau$를 차원없는 결합 상수라 해보자. 결합 때문에 측정 대상인 계와 측정장치로 이루어진 전체 계는 유니테리 연산자

$$\hat{U}_{\text{int}} = \exp\left(-ig\hat{P} \otimes \hat{A}\right). \tag{1.51}$$

에 의해 시간진행을 한다. 이 상황을 도식적으로 나타내면 다음과 같다.

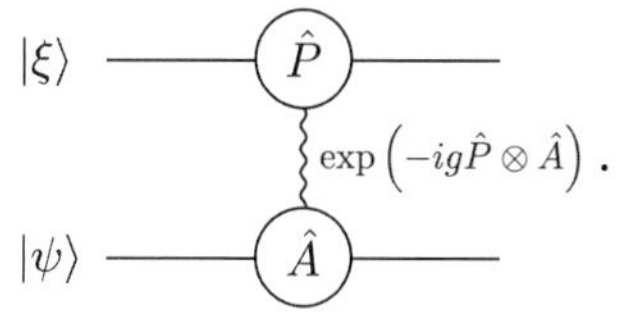

$|\xi\rangle$ —($\hat{P}$)—
exp $\left(-ig\hat{P} \otimes \hat{A}\right)$.
$|\psi\rangle$ —($\hat{A}$)—

유니테리 상호작용 연산자 $\hat{U}_{\text{int}}$를 관측가능량 $\hat{A}$의 스펙트럼분해[식 (A.53) 참조]를 이용해 전개해보자.

$$\hat{U}_{\text{int}} = \sum_a e^{-iga\hat{P}} \otimes |a\rangle\langle a|. \tag{1.52}$$

연산자 $\hat{T}_a := e^{-iga\hat{P}}$는 $\hat{A}$의 고유값 a에 대해서 ga만큼 평행이동 연산을 수행한다. 유니테리 상호작용 연산자를 다음과 같은 꼴로 다시 써보자.

$$\hat{U}_{\text{int}} = \sum_a \hat{T}_a \otimes |a\rangle\langle a|. \tag{1.53}$$

이런 물리적 묘사는 다음 개략도에서 더 생생하게 나타나 있다.

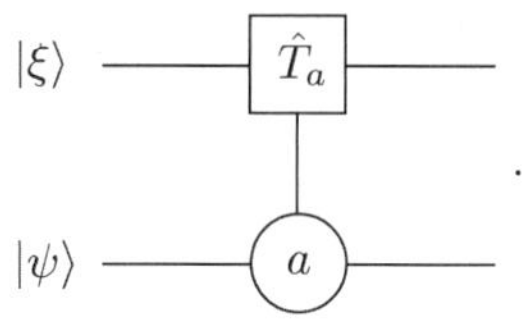

$|\xi\rangle$ —[$\hat{T}_a$]—
$|\psi\rangle$ —(a)— . (1.54)

상호작용 후에 전체 계의 상태벡터는

$$\hat{U}_{\text{int}}|\Psi\rangle = \sum_a \left(\hat{T}_a|\xi\rangle\right) \otimes (|a\rangle\psi_a) = \int dx\, |x\rangle \otimes \left(\sum_a |a\rangle\xi(x - ga)\psi_a\right) \tag{1.55}$$

가 된다. 일반적으로 최종 상태는 얽힌 상태이다. 측정장치를 통한 측정으로 값 x가 기록될

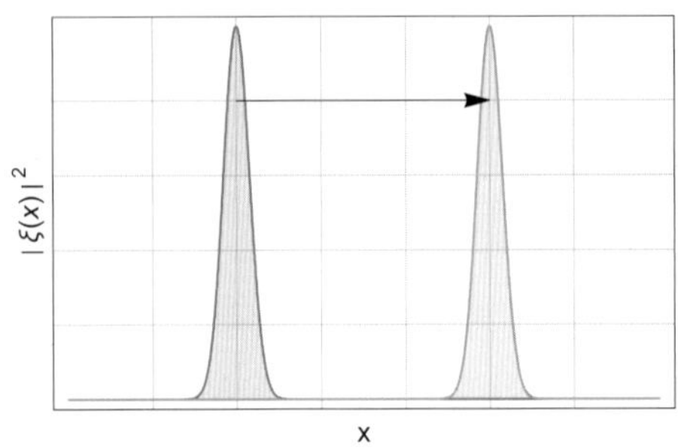

그림 1.3: 측정장치가 계와 상호작용한 후, 초기 상태(파랑)에서 최종 상태(주황)로 측정 기구의 파동함수 $\xi(x)$가 변화된다. 위 그림은 측정 과정에서 계가 관측가능량 $\hat{A}$의 정확한 고유상태 $|a\rangle$에 있는 경우의 예를 보여준다. 평행이동 정도는 ga로, 결합 상수와 $|a\rangle$에 대한 고유값의 곱으로 주어진다.

확률은

$$P(x) = \sum_a |\xi(x - ga)|^2 \, |\psi_a|^2 \tag{1.56}$$

이다. 만일 계가 $\hat{A}$의 정확한 고유상태 $|a\rangle$로부터 시작했다면, 계와 측정장치가 상호작용을 주고받은 후에도 계와 측정장치는 분리가능한 상태로 남아있고, 확률분포

$$P(x) = |\xi(x - ga)|^2 \tag{1.57}$$

는 주어진 고유값 a에 의해서만 결정될 것이다. 분명 이 경우에 측정 정확도가 가장 좋다. 그림 1.3에 예시된대로, 결합 세기 g를 알고 있다고 가정하면(이는 별도로 보정할 수 있다) 초기 파동함수에 비해 최종 파동함수가 평행이동한 양 ga로부터 관측가능량의 고유값 a를 추정할 수 있다.

그림 1.3은 측정장치의 초기 파동함수가 더 날카로울수록 a의 값을 더 정확하게 추출할 수 있음을 시사한다. 대략적으로 말하자면, 이는 실제로 측정 정밀도를 향상시키는 방법 중의 한 가지이다(Caves, 1981). 그림 1.3에 명백히 보여지는대로, 정밀한 측정을 방해하는 장애물은 양자역학에 내재된 통계적 특성이다. 확률분포가 유한한 너비를 가짐을 감안하면, 양자역학의 모든 측정은 여러 번 반복되어야 한다. 반복된 측정 횟수 N이 증가하면서 통계오차는 $1/\sqrt{N}$에 비례해 감소한다. 이를 표준 양자한계(standard quantum limit)라 한다. 흥미롭게도, 적절하게 얽힌 상태로 측정장치 세트를 준비하면, 통계오차를 $1/N$으로 향상시킬 수 있다(Giovannetti et al., 2006). 양자얽힘을 이용해 향상된 정확도를 하이젠베르크 한계(Heisenberg limit)라고 하며, 이것이 바로 양자역학이 허용하는 측정 정밀도의 궁극적인 한계다.

1.3.2 일반화된 측정

지금까지 측정과 관련한 양자역학의 기본 가정의 내용을 소개하였다. 대부분의 양자역학 교과서에서 가정 3을 소개할 때 설명하는 내용이기도 하다. 하지만 양자정보 맥락에서는 가정 3보다 더 확장되고 일반화된 형태를 다룰 필요가 있다. 곧 논의할 여러 가지 다른 이유도 이에 대한 동기를 뒷받침한다.

가정 3′ 일반화된 측정은 측정연산자(measurement operators) $\hat{M}_m$의 집합으로 기술된다. 측정결과 m에 해당하는 측정연산자 $\hat{M}_m$은 완전성 관계(completeness relation), 즉 $\sum_m \hat{M}_m^\dagger \hat{M}_m = \hat{I}$를 만족한다. 측정 직전에 계가 양자상태 $\hat{\rho}$에 있었다면, 측정 결과 m이 실제로 관측될 확률 P_m은

$$P_m = \mathrm{Tr}\, \hat{M}_m \hat{\rho} \hat{M}_m^\dagger \tag{1.58}$$

로 주어지고, 측정 직후 상태는

$$\frac{1}{P_m} \hat{M}_m \hat{\rho} \hat{M}_m^\dagger = \frac{\hat{M}_m \hat{\rho} \hat{M}_m^\dagger}{\mathrm{Tr}\, \hat{M}_m \hat{\rho} \hat{M}_m^\dagger} \tag{1.59}$$

가 된다.

앞에서 논의한 투영측정은 일반화된 측정의 특수한 경우에 해당한다. 관측가능량 $\hat{A}$를 측정한다고 가정해보자. 이 경우 측정 가능한 결과는 $\hat{A}$의 고유값들 a이다. 측정결과 a에 대응되는 측정연산자는 고유값 a에 해당하는 고유상태 $|a\rangle$로의 투영연산자 $|a\rangle\langle a|$이다.

일반적으로 측정연산자 $\hat{M}_m$의 물리적 의미는 해당 측정에 대한 세부 사항이 명시되기 전에는 명확하지 않다. 주어진 측정연산자들의 집합에 해당하는 측정을 위해 물리적 장치를 어떻게 설정해야 할지 결정하기는 훨씬 더 어렵다. 그럼에도 불구하고 일반화된 측정은 투영측정과 물리적으로 다를 바 없다. 이는 해당 측정을 더 큰 시스템으로 확장하고 추가 유니테리 연산으로 보완하는 방법으로 증명할 수 있다. 그러나 일반화된 측정은 수학적인 제한이 덜하기 때문에, 여러 가지 응용 상황에서 사용하기 훨씬 더 편리하다.

예를 들어, 서로 직교하는 양자상태 $|\psi_1\rangle, \cdots, |\psi_n\rangle$을 고려해보자(이들이 힐베르트 공간 전체를 전개할 필요는 없다). 이 중에서 한 상태를 선택했을 때, 선택된 상태의 번호 k가 무엇인지 알아맞춰보자. 이를 위해 n개의 연산자 $\hat{M}_k := |\psi_k\rangle\langle\psi_k|$ $(k = 1, \ldots, n)$와 연산자 $\hat{M}_0 := \hat{I} - \sum_k \hat{M}_k$를 정의한다. 이 연산자들은 완전성 관계 $\sum_{k=0}^n \hat{M}_k^\dagger \hat{M}_k = \hat{I}$를 만족하므로, 앞에서 논의한 방식대로 측정을 기술할 수 있다. 한편, 특정 상태 $|\psi_k\rangle$가 선택되었을 때, 측정결과 k를 얻을 확률 P_k는 1이다. 왜냐하면, $P_k = \langle\psi_k| \hat{M}_k |\psi_k\rangle = 1$이기 때문이다.

가정 3과 $3'$은 특정 측정결과에 대한 확률뿐만 아니라 측정 후 결과에 해당하는 측정후 상태(post-measurement state)를 기술한다. 그러나 많은 실험은 계를 한 번만 조사하기 때문에, 측정 후 상태는 그다지 중요하지 않다. 확률이 가장 중요하다. 측정 후 상태를 시스템에 할당할 수 없는 경우도 종종 발생한다. 예를 들어 빛알의 위치를 측정하는 실험에서 빛알은 포토스크린에서 파괴되기 때문에 측정 후 빛알의 파동함수를 묻는 것은 무의미하다.

확률에 초점을 맞추는 한, 가정 $3'$을 훨씬 더 간단하게 서술할 수 있다. 대각합은 연산자의 순환순열에 대해 변하지 않으므로, 결과 m에 대한 확률은 다음과 같이 주어진다.

$$P_m = \mathrm{Tr}\, \hat{M}_m \hat{\rho} \hat{M}_m^\dagger = \mathrm{Tr}\, \hat{M}_m^\dagger \hat{M}_m \hat{\rho}\,. \tag{1.60}$$

따라서, 확률만 고려하는 한, 측정연산자 $\hat{M}_m$보다 연산자 $\hat{E}_m := \hat{M}_m^\dagger \hat{M}_m$이 더 편리하다. $\hat{M}_m$에는 $\hat{E}_m$에서는 얻을 수 없는 훨씬 더 자세한 정보가 담겨져 있을 수 있다. 무한히 많은 서로 다른 측정연산자들이 동일한 $\hat{E}_m$에 대응될 수 있기 때문이다. 그럼에도 불구하고 측정 후 상태에 대해 신경쓰지 않기 때문에, $\hat{M}_m$에 담긴 세부사항은 버리고 더 간결한 연산자 $\hat{E}_m$만 있어도 충분하다. 정의에 의해 $\hat{E}_m$은 양의 준정부호 연산자(positive semi-definite operator)이며, $\sum_m \hat{E}_m = \hat{I}$를 만족한다. 그런 연산자의 집합 $\{\hat{E}_m\}$은 양연산자값 척도(positive operator-valued measure) 또는, 더 자주 POVM이라 불린다. 개별 연산자 $\hat{E}_m$은 POVM 요소(POVM element)라 한다. 많은 실험에서 POVM 체계(POVM formalism)를 사용하면 측정을 훨씬 더 효율적으로 설명할 수 있다.

POVM 체계를 응용한 재밌는 예로, 서로 직교하지 않는 양자상태를 분별하는 문제를 생각해보자(Bergou et al., 2004; Chefles, 2004). 구체적으로, 다음 두 상태 중 하나가 주어졌다고 하자.

$$|v\rangle = |0\rangle\ , \quad |w\rangle = \frac{|0\rangle + |1\rangle}{\sqrt{2}}\,. \tag{1.61}$$

우리가 해야할 일은 둘 중 어느 상태인지를 맞추는 것이다. 두 상태는 서로 직교하지 않기 때문에, 즉 $\langle v|w\rangle \neq 0$, 확실하게 구별하기는 불가능하다. 대신, 측정을 통해 둘 중 어떤 상태인지 판별하지 못하는 일은 있더라도 잘못 판별하는 일은 결코 없도록 하는 것이 목표이다. 이를 위해 다음 세 요소들을 포함하는 POVM을 고려해보자.

$$\hat{E}_1 = \frac{1}{\sqrt{1+\langle v|w\rangle}}\,|1\rangle\langle 1|\ , \tag{1.62a}$$

$$\hat{E}_2 = \frac{1}{\sqrt{1+\langle v|w\rangle}}\left(\frac{|0\rangle - |1\rangle}{\sqrt{2}}\right)\left(\frac{\langle 0| - \langle 1|}{\sqrt{2}}\right)\ , \tag{1.62b}$$

$$\hat{E}_3 = \hat{I} - \hat{E}_1 - \hat{E}_2\,. \tag{1.62c}$$

이들이 POVM을 이룬다는 것은 쉽게 확인할 수 있다. 상태 $|v\rangle$가 주어졌다고 하자. 이 상태는 $|1\rangle$에 수직하기 때문에, POVM 요소 $\hat{E}_1$에 대응하는 측정 결과 $m = 1$은 절대 발생하지 않는다. 이는 $\hat{E}_2$에 대응하는 $m = 2$가 한 번 발생했음을 의미하므로, 양자상태는 $|w\rangle$임에 틀림없다. 같은 이유로, 측정 결과 $m = 1$을 얻었다면, 상태가 반드시 $|v\rangle$에 있음을 의미한다. 물론, $m = 3$이라는 결과를 얻을 수도 있다. 이 경우에는 측정으로 아무 것도 알 수 없다. 그러나 중요한 점은 절대 실수하지는 않는다는 사실이다.

1.4 연습문제

1.1. 한 벡터공간에서 임의의 상태벡터 집합 $\{|\psi_\mu\rangle : \mu = 0, 1, \ldots, n-1\}$ 을 선택한다. 벡터들은 규격화되어 있지도 않고 서로 수직하지도 않는다. $\hat{A}$를

$$\hat{A} = \sum_{\mu=0}^{n-1} |\psi_\mu\rangle \langle\psi_\mu| \tag{1.63}$$

와 같이 정의된 선형 연산자라 할 때, $\hat{A}$의 고유값이 모두 0 이상임을 증명하라.

1.2. 밀도연산자 $\hat{\rho}$에 대해 다음을 증명하라.

a) $\operatorname{Tr}\hat{\rho} = 1$.

b) $\hat{\rho}$는 양연산자이다(정의 1.19 참조).

c) $\hat{\rho}$의 임의의 고유값 λ는 $0 \le \lambda \le 1$을 만족한다.

1.3. $|\Psi\rangle$와 $|\Phi\rangle$가 텐서곱 공간 $\mathcal{H} \otimes \mathcal{E}$ 상의 양자상태일 때,

$$\operatorname*{Tr}_{\mathcal{E}} |\Psi\rangle \langle\Psi| = \operatorname*{Tr}_{\mathcal{E}} |\Phi\rangle \langle\Phi| \tag{1.64}$$

와

$$|\Phi\rangle = (\hat{I} \otimes \hat{U}) |\Psi\rangle \tag{1.65}$$

가 동치임을 증명하라. 여기서 $\hat{U}$는 $\mathcal{E}$에 작용하는 유니테리 연산자이다.

1.4. $\{|v_i\rangle\}$와 $\{|w_j\rangle\}$는 각각 같은 차원의 벡터공간 $\mathcal{V}$와 $\mathcal{W}$의 직교맞춤 기저이다. $\mathcal{V} \otimes \mathcal{W}$에서 (비규격화된) 최대로 얽힌 상태(maximally entangled state)

$$|\Phi\rangle := \sum_j |v_j\rangle \otimes |w_j\rangle \tag{1.66}$$

를 구성한다. $\hat{\rho}$를 벡터공간 $\mathcal{V}$에 가해지는 밀도연산자라 하면, $\hat{\rho}$의 공간 $\mathcal{V} \otimes \mathcal{W}$로의 순수화는 반드시

$$|\Psi\rangle = \left((\sqrt{\hat{\rho}}\,\hat{U}) \otimes \hat{V} \right) |\Phi\rangle \tag{1.67}$$

꼴임을 증명하라. 여기서, $\hat{U}$와 $\hat{V}$는 각각 $\mathcal{V}$와 $\mathcal{W}$에 가해지는 유니테리 연산자이다.

힌트: 연습문제 1.3의 정리를 이용하라.

1.5. 순수상태에 대한 밀도연산자 $\hat{\rho}$는 $\operatorname{Tr}\hat{\rho}^2 = 1$을 만족하고, 그 역도 성립함을 증명하라.

1.6. 이준위 양자계를 잡고, $|0\rangle$과 $|1\rangle$을 이 계의 힐테르트 공간의 논리기저라 하자. $\hat{S}^\mu$ $(\mu = 0, x, y, z)$는 다음과 같이 정의된 파울리 연산자(Pauli operators)이다.

$$\hat{S}^x |0\rangle = |1\rangle\,, \qquad \hat{S}^y |0\rangle = +i\,|1\rangle\,, \qquad \hat{S}^z |0\rangle = +\,|0\rangle\,, \tag{1.68a}$$

$$\hat{S}^x |1\rangle = |0\rangle\,, \qquad \hat{S}^y |1\rangle = -i\,|0\rangle\,, \qquad \hat{S}^z |1\rangle = -\,|1\rangle\,, \tag{1.68b}$$

그리고 $\hat{S}^0 = \hat{I}$이다.

a) 논리기저에 대해 $\hat{S}^\mu$ $(\mu = 0, x, y, z)$의 행렬표현을 구하라.

b) 다음의 새로운 기저에 대해 $\hat{S}^\mu$의 행렬표현을 구하라.

$$|\pm\rangle := \frac{|0\rangle \pm |1\rangle}{\sqrt{2}}. \tag{1.69}$$

1.7. 스핀-1/2의 한 스핀이 자기장 하에 놓여있다. 스핀의 상태는 논리기저 $|0\rangle \equiv |\uparrow\rangle$와 $|1\rangle \equiv |\downarrow\rangle$로 전개되는 벡터공간 내의 한 벡터로 표현할 수 있다. 식 (1.68)에 정의된 파울리 연산자를 이용할 때, 해밀토니안은

$$\hat{H} = B_x \hat{S}^x + B_y \hat{S}^y + B_z \hat{S}^z \tag{1.70}$$

로 주어지는데, 여기서 B_μ $(\mu = x, y, z)$는 외부 자기장에 비례하는 매개변수들이다. 이 식에서 매개변수들은 모두 에너지 차원이다. 그리고, $B_0 > 0$ 및 $\theta, \phi \in \mathbb{R}$를 이용하여,

$$B_x = B_0 \sin\theta \cos\phi\,, \quad B_y = B_0 \sin\theta \sin\phi\,, \quad B_z = B_0 \cos\theta \tag{1.71}$$

와 같이 표현할 수도 있다.

a) $\hat{H}$의 고유값들과 대응하는 고유상태들을 구하라.

힌트: 식 (1.70)의 해밀토니안을 직접 대각화할 수 있고, 또는 파울리 연산자의 교환관계를 이용할 수도 있다.

b) 두 고유상태를 블로흐 구 위에 표시하라.

1.8. $|\psi\rangle$는 이차원 벡터공간 상의 한 벡터이다. 블로흐 벡터 $\boldsymbol{b} := (\langle \hat{S}^x \rangle, \langle \hat{S}^y \rangle, \langle \hat{S}^z \rangle) \in \mathbb{R}^3$의 크기가 1임을, 즉 $|\boldsymbol{b}| = 1$임을 증명하라.

1.9. $\hat{\rho}$를 이차원 벡터공간에 작용하는 밀도연산자라 하자. 이는

$$\hat{\rho} = \frac{1}{2}\left(\hat{S}^0 + x\hat{S}^x + y\hat{S}^y + z\hat{S}^z\right) \tag{1.72}$$

와 같이 파울리 연산자 $\hat{S}^\mu$ [식 (1.69) 참조]와 $x, y, z \in \mathbb{R}$를 이용하여 기술할 수 있다.

a) 블로흐 벡터 $\boldsymbol{b} := (\langle \hat{S}^x \rangle, \langle \hat{S}^y \rangle, \langle \hat{S}^z \rangle)$는 단순히 $\boldsymbol{b} = (x, y, z)$가 됨을 증명하라.

b) $|\boldsymbol{b}| \leq 1$임을 증명하라.

c) $|\boldsymbol{b}| = 1$이면 $\hat{\rho}$가 순수상태이고, 그 역도 성립함을 증명하라.

힌트: 연습문제 1.7를 참조하라.

1.10. 두 큐비트로 이루어진 계가 다음과 같은 상태에 있다.

$$|\psi\rangle = \frac{|0\rangle \otimes |0\rangle + |0\rangle \otimes |1\rangle + |1\rangle \otimes |0\rangle)}{\sqrt{3}}. \tag{1.73}$$

a) (둘째 큐비트 상태에 상관없이) 첫째 큐비트가 상태 $|0\rangle$에서 발견될 확률 p_0는 얼마인가? 마찬가지로 첫째 큐비트가 상태 $|1\rangle$에서 발견될 확률 p_1은 얼마인가?

b) 첫째 큐비트가 상태 $(|0\rangle + |1\rangle)/\sqrt{2}$에서 발견된 확률 p_0'는 얼마인가? 첫째 큐비트가 상태 $|0\rangle$에서 발견된 확률 p_1'은 얼마인가?

c) 둘째 큐비트에는 접근할 수 없고, 이런 상황에서 첫째 큐비트에 대한 밀도연산자 $\hat{\rho}$를 만들려고 한다. 밀도연산자 $\hat{\rho}$ 구성을 위해 (1.10a)와 (1.10b) 중 어느 데이터 집합을 사용하면 좋겠는가? 즉, 두 밀도연산자가 다르다면 어떤 게 옳고 그 이유는 무엇인가?

d) (b)의 밀도연산자에 대한 블로흐 벡터 $\boldsymbol{b}$를 구하고, 이를 블로흐 구에 표시하라.

1.11. 두 개의 이준위 양자계를 고려해보자. 각 계의 논리기저와 파울리 연산자는 연습문제 1.6에 있는 정의와 동일하다.

a) 표준 텐서곱 기저 $\{|i\rangle \otimes |j\rangle : i, j = 0, 1\}$에 대해 다음 연산자의 행렬표현을 구하라.

$$\hat{H} = \hat{S}^x \otimes \hat{S}^x + \hat{S}^y \otimes \hat{S}^y + \hat{S}^z \otimes \hat{S}^z. \tag{1.74}$$

b) $\hat{H}$의 모든 고유값들과 고유벡터들을 구하라.

c) 물리적으로 시간진행연산자에 해당하는 다음 유니테리 연산자를 구하라.

$$\hat{U} = \exp(-it\hat{H}), \quad t \in \mathbb{R}. \tag{1.75}$$

이를 $\hat{S}^\mu \otimes \hat{S}^\nu$ 나 또는 외적(diadic product) $|i\rangle \langle j| \otimes |k\rangle \langle l|$ $(i, j, k, l = 0, 1)$을 이용하여 표현하라.

d) 양자상태

$$|\psi(t)\rangle := \hat{U}(t) |+\rangle \otimes |-\rangle \tag{1.76}$$

를 계산하라. 여기서 $|\pm\rangle$는 식 (1.69)의 정의를 따른다.

e) 각 $\mu = x, y, z$에 대해 기대값

$$S_1^\mu(t) := \langle\psi(t)| \hat{S}^\mu \otimes \hat{S}^0 |\psi(t)\rangle \tag{1.77}$$

를 구하고, t의 함수로 그래프로 그려보라.

f) 각 $\mu = x, y, z$에 대해 기대값

$$S^\mu(t) := \langle\psi(t)| \left(\hat{S}^\mu \otimes \hat{S}^0 + \hat{S}^0 \otimes \hat{S}^\mu\right) |\psi(t)\rangle \tag{1.78}$$

를 구하고, 그 그래프를 t의 함수로 그려보라.

1.12. 두 큐비트로 이루어진 계가 다음과 같은 상태에 있다고 한다.

$$|\psi\rangle = \frac{1}{2}\sum_{x=0}^{3} |x\rangle\ . \tag{1.79}$$

여기서 약식 표기법 $|x\rangle := |x_1\rangle \otimes |x_2\rangle$을 사용하는데, x_j $(j = 1, 2)$는 x의 이진법 표현 $x = (x_1 x_2)_2$의 각 자리수이다. 예를 들어, $|2\rangle = |1\rangle \otimes |0\rangle$이다. 파울리 연산자 $\hat{S}^\mu$ $(\mu = x, y, z)$로 표현된, 관측가능량

$$\hat{H} = \sum_{\mu \in \{x,y\}} \hat{S}^\mu \otimes \hat{S}^\mu \tag{1.80}$$

를 측정한다고 해보자.

a) 양자역학 가정에 따라 측정결과로 가능한 모든 값을 구하라.

b) (a)에서 구한 각 값에 대해, 측정결과로 그 값을 실제로 관측할 확률을 구하라. 확률을 측정값의 함수로 그래프로 나타내라. 예를 들어, 막대 차트를 사용해 확률을 직접 비교할 수 있다.

c) (a)에서 구한 각 값에 대해, 각 값이 측정결과로 등록되는 순간, 계의 측정 후 상태를 구하라.

제 2 장

양자계산 둘러보기

간단히 말하자면, 양자계산이란 일정한 수의 양자비트(quantum bit) 또는 짧게 줄여 큐비트(qubit)라고 불리는 이준위 양자계들에 작용하는 임의의 유니테리 연산의 구현이라 할 수 있다. 일반적으로, 양자계산은 다음과 같은 양자회로(quantum circuit)로 묘사된다.

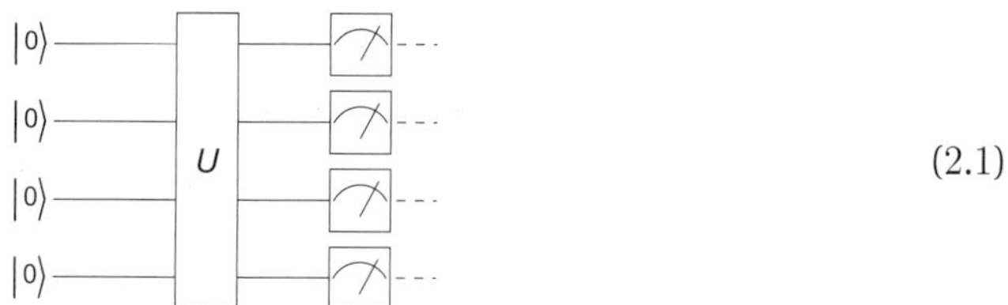

(2.1)

각 큐비트마다 맨 왼쪽에 지정된 상태의 시간진행을 나타내는 선이 대응되며, 시간은 왼쪽에서 오른쪽으로 흐른다. 단일 또는 다중 큐비트들에 대한 양자논리게이트(quantum logic gate) 또는 줄여서 게이트는 그 유형을 나타내는 이름표가 붙은 직사각형 상자로 표시된다. 측정은 바늘이 있는 정사각형 상자로 표시된다. 측정 후 시간진행은 점선으로 표현되는데, 이는 정보가 더이상 중첩이 일어나지 않는 고전적 상태에 있음을 명시하기 위해서이다.

입력상태는 논리기저 중의 한 상태로 설정하는데, $|0\rangle \otimes \cdots \otimes |0\rangle$으로 설정하는 것이 보통이다. 전체 유니테리 연산 후에, 출력상태는 논리기저에 맞추어 측정되며 판독값(readout)이 계산결과로 간주된다.

양자컴퓨터에서 프로그래밍이 가능하려면, 주어진 유니테리 연산자 $\hat{U}$가 더 기본적인 다른 유니테리 연산자들의 조합, 즉

$$\hat{U} = \hat{U}_1 \hat{U}_2 \cdots \hat{U}_L \tag{2.2}$$

의 꼴로 구현되어야 한다. 여기서 각 $\hat{U}_j$는 적은 수의 기본적인 게이트들로 이루어진 일정한 집합에서 선택된다. $\hat{U}_j$는 양자컴퓨터의 기본 양자논리게이트이다. 이 장에서는 널리 사용되고 있는 기본 게이트들을 살펴보고, 기본 게이트 집합을 이용하여 임의의 유니테리 연산을 달성하는, 소위 보편적 양자계산(universal quantum computation)을 실현하는 방법을 설명하려고 한다.

본 장 전반에서 $\mathcal{S}$는 단일 큐비트에 해당하는 힐베르트 공간을 의미한다. n 큐비트 시스템의 힐베르트 공간은, 여러 개의 $\mathcal{S}$의 텐서곱 공간을 의미하는 $\mathcal{S}^{\otimes n}$로 표시된다. $\mathcal{S}^{\otimes n}$의 논리기저의 각 원소 $|x\rangle$는 정수 $x = 0,\ 1,\ \cdots,\ 2^n - 1$로 이름을 붙이는데, 이는

$$|x\rangle \equiv |x_1 x_2 \cdots x_n\rangle := |x_1\rangle \otimes |x_2\rangle \otimes \cdots \otimes |x_n\rangle \tag{2.3}$$

과 같은 텐서곱 꼴을 뜻한다. 여기서 $x_j (j = 1, 2, \cdots, n)$는 x의 이진법 표현 $x \equiv (x_1 x_2 \cdots x_n)_2$의 각 자리수이다.

2.1 단일 큐비트 게이트

단일 큐비트에 해당하는 이차원 벡터공간 $\mathcal{S}$에 작용하는 유니테리 연산자는 유니테리군 U(2)를 이룬다. 이들은 표준 논리기저에 대해 2×2 유니테리 행렬로 표현된다. 먼저, 몇 가지 특별한 예들을 살펴보고 단일 큐비트 유니테리 연산의 일반적인 특성에 대해 논의해보자.

2.1.1 파울리 게이트

파울리 게이트(Pauli gate) 연산들은 각각에 대응하는 파울리 행렬들,

$$\hat{X} \doteq \begin{bmatrix} 0 & 1 \\ 1 & 0 \end{bmatrix}, \quad \hat{Y} \doteq \begin{bmatrix} 0 & -i \\ i & 0 \end{bmatrix}, \quad \hat{Z} \doteq \begin{bmatrix} 1 & 0 \\ 0 & -1 \end{bmatrix} \tag{2.4}$$

로 정의된다. 이들은 가장 기본적인 단일 큐비트 게이트연산을 이루며, 많은 양자 알고리즘에 자주 사용된다. 이 책에서는 파울리 게이트들을 문맥에 따라 $\hat{X}$, $\hat{Y}$, $\hat{Z}$나 $\hat{S}^x$, $\hat{S}^y$, $\hat{S}^z$로 표기할 것이다. 양자회로모형에서 파울리 게이트들은 보통 회로원소들

$$—\boxed{X}—, \quad —\boxed{Y}—, \quad —\boxed{Z}— \tag{2.5}$$

로 나타낸다.

파울리 연산자 $\hat{X}$는 논리기저상태를 다음과 같이 변환한다.

$$\hat{X} : |0\rangle \mapsto |1\rangle, \quad |1\rangle \mapsto |0\rangle \tag{2.6}$$

이는 고전적 논리게이트 NOT과 유사하다. 또한 $\hat{X}$를 브라켓 표기법(bra-ket notation)으로 표기하면,

$$\hat{X} = |1\rangle\langle 0| + |0\rangle\langle 1| \tag{2.7}$$

이 된다. 다른 양자 게이트연산들과 마찬가지로 선형 중첩을 입력으로 취할 수 있으며, 다음과 같이 두 논리기저상태를 '동시에' 변환할 수 있음을 알아두어야 한다.

$$\hat{X}(|0\rangle c_0 + |1\rangle c_1) = |1\rangle c_0 + |0\rangle c_1 \tag{2.8}$$

고전적 논리연산 NOT가 $\hat{X}$와 유사한 면이 있으나, 이런 연산을 수행할 수는 없다.

The Pauli X gate is represented by `S[...,1]`.

In[ ]:=
```
S[1]
```

Out[ ]=

S^x

It corresponds to the Pauli X matrix.

In[ ]:=
```
Matrix[S[1]] // MatrixForm
```

Out[ ]//MatrixForm=

$$\begin{pmatrix} 0 & 1 \\ 1 & 0 \end{pmatrix}$$

In the quantum circuit model, it is denoted by the following quantum circuit element.

In[ ]:=
```
QuantumCircuit[S[1]]
```

Out[ ]=

—[X]—

Operating on the logical basis states, it flips the states and is similar to the classical logical gate NOT.

In[ ]:=
```
bs = Basis[S];
out = S[1] ** bs;
Thread[bs → out] // LogicalForm // TableForm
```

Out[ ]//TableForm=

$|0_S\rangle \to |1_S\rangle$
$|1_S\rangle \to |0_S\rangle$

Operating on a superposition state, it flips the state "simultaneously".

In[ ]:=
```
in = Ket[] × c[0] + Ket[S → 1] × c[1];
in // LogicalForm
out = S[1] ** in;
out // LogicalForm
```

Out[ ]=

$c_0 |0_S\rangle + c_1 |1_S\rangle$

Out[ ]=

$c_1 |0_S\rangle + c_0 |1_S\rangle$

파울리 연산자 $\hat{Z}$는 논리기저상태에 가해지면 아래와 같이 $|1\rangle$의 상대위상만 뒤집는다.

$$\hat{Z} : |0\rangle \mapsto |0\rangle\,, \quad |1\rangle \mapsto -\,|1\rangle\,. \tag{2.9}$$

따라서, 브라켓 표기법에서는

$$\hat{Z} = |0\rangle\,\langle 0| - |1\rangle\,\langle 1| \tag{2.10}$$

과 같이 표기된다. 이와 같은 위상뒤집기는 고전 비트에는 전혀 의미가 없지만, 다음 예에서 보듯이 중첩된 양자상태에서는 상당한 차이를 낼 수 있다.

$$\hat{Z}(|0\rangle\, c_0 + |1\rangle\, c_1) = |0\rangle\, c_0 - |1\rangle\, c_1\,. \tag{2.11}$$

The Pauli Z gate is represented by `S[...,3]`.

```
In[•]:= S[3]
Out[•]=
S^z
```

It corresponds to the Pauli Z matrix.

```
In[•]:= Matrix[S[3]] // MatrixForm
Out[•]//MatrixForm=
```

$$\begin{pmatrix} 1 & 0 \\ 0 & -1 \end{pmatrix}$$

In the quantum circuit model, it is denoted by the following quantum circuit element.

```
In[•]:= QuantumCircuit[S[3]]
Out[•]=
```

—[Z]—

Operating on the logical basis states, it "flips the phase", that is, it changes the phase factor to `-1` of the logical basis state $|1\rangle$.

```
In[•]:= bs = Basis[S];
out = S[3] ** bs;
Thread[bs → out] // LogicalForm // TableForm
Out[•]//TableForm=
```

$|0_S\rangle \to |0_S\rangle$
$|1_S\rangle \to -|1_S\rangle$

Here is an example how the Pauli Z gate acts on a superposition state.

```
In[•]:= in = Ket[] × c[0] + Ket[S → 1] × c[1];
in // LogicalForm
out = S[3] ** in;
out // LogicalForm
Out[•]=
```

$c_0 |0_S\rangle + c_1 |1_S\rangle$

Out[ ]=
$c_0 |0_S\rangle - c_1 |1_S\rangle$

파울리 연산자 $\hat{Y}$는 $\hat{X}$의 비트뒤집기와 $\hat{Z}$의 위상뒤집기 특성 모두를 가지고 있다.

$$|0\rangle \mapsto i|1\rangle , \quad |1\rangle \mapsto -i|0\rangle . \tag{2.12}$$

이 특성은 연산자 항등식 $\hat{Y} = i\hat{X}\hat{Z}$에서도 잘 볼 수 있다. 브라켓 표기법으로 쓰면

$$\hat{Y} = i|1\rangle\langle 0| - i|0\rangle\langle 1| \tag{2.13}$$

이 된다.

The Pauli Y gate is represented by `S[...,2]`.

```
In[ ]:= S[2]
```

Out[ ]=
S^y

It corresponds to the Pauli Y matrix.

```
In[ ]:= Matrix[S[2]] // MatrixForm
```

Out[ ]//MatrixForm=
$\begin{pmatrix} 0 & -i \\ i & 0 \end{pmatrix}$

In the quantum circuit model, it is denoted by the following quantum circuit element.

```
In[ ]:= QuantumCircuit[S[2]]
```

Out[ ]=
—[Y]—

Pauli Y is a combination of the bit-flip (Pauli X) and phase-flip (Pauli Z) operation

```
In[ ]:= qc = QuantumCircuit[S[1], S[3]]
op = ExpressionFor[qc]
```

Out[ ]=
—[X]—[Z]—

Out[ ]=
$i\, S^y$

This shows more explicitly how Pauli Y "flips" both the bit and phase of the logical basis states.

```
In[ ]:= bs = Basis[S];
out = S[2] ** bs;
Thread[bs → out] // LogicalForm // TableForm
```

Out[ ]//TableForm=
$|0_S\rangle \to i\, |1_S\rangle$
$|1_S\rangle \to -i\, |0_S\rangle$

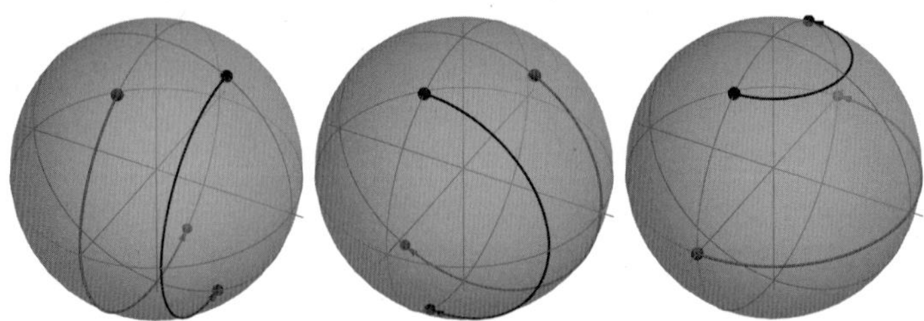

그림 2.1: 파울리 게이트들의 동작을 각도 π만큼의 회전으로 나타낸 그림. 왼쪽부터 순서대로 파울리 X, Y, Z 연산자의 동작들을 나타낸다.

Here is an example how the Pauli Y gate acts on a superposition state.

```
In[ ]:= in = Ket[] × c[0] + Ket[S → 1] × c[1];
        in // LogicalForm
        out = S[2] ** in;
        out // LogicalForm

Out[ ]= c0 |0S⟩ + c1 |1S⟩

Out[ ]= -i c1 |0S⟩ + i c0 |1S⟩
```

파울리 게이트는 그림 2.1에서 보듯이 블로흐 구(Bloch sphere)상에서 각각 x, y, z축을 중심으로 π만큼 회전하는 동작으로 해석할 수도 있고, 이는 다음과 같이 입증할 수 있다.

The Pauli gates also correspond, up to a global phase factor (−*i*), to rotations by the corresponding axes by angle π. Here `Rotation[ϕ,S[...,μ]]` represents the rotation operator around the μ-axis by angle ϕ.

```
In[ ]:= Rotation[Pi, S[1]]
        Rotation[Pi, S[1]] // Elaborate

Out[ ]= Rotation[π, S^x]

Out[ ]= -i S^x

In[ ]:= Rotation[Pi, S[2]] // Elaborate

Out[ ]= -i S^y

In[ ]:= Rotation[Pi, S[3]] // Elaborate

Out[ ]= -i S^z
```

여기서는 주로 파울리 연산자의 유니테리 연산자로서의 역할에 초점을 맞췄다. 그러나 파울리 연산자는 또 이차원 벡터공간에 작용하는 모든 선형 연산자로 이루어진 벡터공간의 서로 수직한 기저벡터이기도 한데, 이러한 역할도 여러 가지 면에서 매우 중요하다(2.1.3절과 부록 B.1 참조).

2.1.2 하다마드 게이트

하다마드 게이트(Hadamard gate)는[2.1] 많은 양자 알고리즘에서 가장 자주 사용되는 기본 게이트들 중 하나이다. 하다마드 게이트 $\hat{H}$는 다음과 같은 대응관계로 정의한다.

$$\hat{H} : |0\rangle \mapsto \frac{|0\rangle + |1\rangle}{\sqrt{2}}, \quad |1\rangle \mapsto \frac{|0\rangle - |1\rangle}{\sqrt{2}}. \tag{2.14}$$

즉, 하다마드 게이트는 $|0\rangle$과 $|1\rangle$, 두 논리기저상태의 선형 중첩을 생성한다. 이것이 바로 하다마드 게이트를 매우 유용하게 만드는 특성으로, 하다마드 게이트가 다양한 양자 알고리즘에서 활용되는 이유이다. 논리기저에 대해 하다마드 게이트는 2×2 하다마드 행렬

$$\hat{H} \doteq \frac{1}{\sqrt{2}} \begin{bmatrix} 1 & 1 \\ 1 & -1 \end{bmatrix} \tag{2.15}$$

로 표현된다. 양자회로모형에서 하다마드 게이트는 이름표 'H'를 가진 요소,

$$—\boxed{H}— \tag{2.16}$$

로 표시한다. 식 (2.14)의 출력상태는 파울리 X 연산자의 고유상태라는 점에 유의하라. 따라서, 하다마드 게이트는 논리기저를 파울리 X 게이트의 고유기저로 바꾸어주는 기저변환으로도 간주할 수 있다.

The Hadamard gate is represented by S[..., 6].

```
In[ ]:= S[1, 6]
```

```
Out[ ]= S^H_1
```

Let us consider all the logical basis states.

```
In[ ]:= bs = Basis[S[1]];
        bs // LogicalForm
```

```
Out[ ]= {|0_{S_1}⟩, |1_{S_1}⟩}
```

Operating the Hadamard gate on them gives the two superposition states.

```
In[ ]:= out = S[1, 6] ** bs;
        out // LogicalForm
```

$$\left\{\frac{|0_{S_1}\rangle}{\sqrt{2}} + \frac{|1_{S_1}\rangle}{\sqrt{2}}, \frac{|0_{S_1}\rangle}{\sqrt{2}} - \frac{|1_{S_1}\rangle}{\sqrt{2}}\right\}$$

[2.1] 하다마드 게이트는 프랑스 수학자 Jacques Hadamard의 이름을 딴 것으로, '아다마르'가 원어 발음에 더 가깝다. 그러나 영어권 등에서 '하다마드'라는 발음으로 이미 널리 통용되고 있어, 이 책에서도 '하다마드'로 통일하였다.

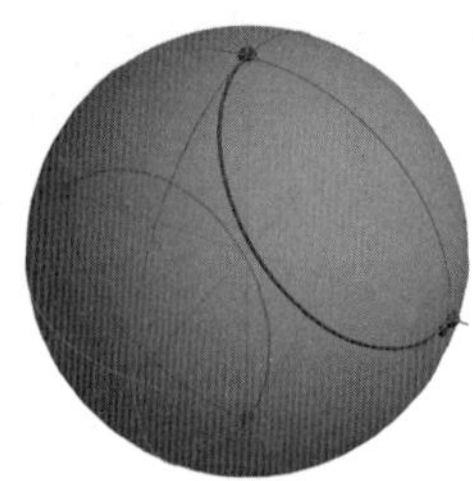

그림 2.2: 블로흐 구 상에서 하다마드 게이트의 동작을 예시한 그림 설명. 하다마드 게이트는 xz 평면에서 축 $(1, 0, 1)$을 중심으로 각도 π만큼의 회전에 대응된다.

In the quantum circuit model, it is denoted by the following circuit element.

```
In[]:= QuantumCircuit[S[1, 6]]
```

Out[]=

—[H]—

하다마드 게이트가 (전역위상인자를 무시할 때) 블로흐 구에서 축$(1, 0, 1)$을 중심으로 각도 π만큼의 회전으로 간주할 수 있다는 점에 주목한다면 하다마드 게이트를 더 잘 이해할 수 있다. 이 관계는 다음과 같이 확인할 수 있다.

$$\hat{H} = \frac{1}{\sqrt{2}}\left(\hat{X} + \hat{Z}\right) = i\exp\left[-i\frac{\pi}{2}(\hat{X} + \hat{Z})\right]. \tag{2.17}$$

하다마드 게이트의 이 특성은 그림 2.2에 그림으로 설명되어있다.

Geometrically, the Hadamard gate can be regarded as a rotation around the axis `{1,0,1}` in the Pauli space by angle π.

```
In[]:= op = I Rotation[π, S, {1, 0, 1}] // Elaborate
mat = Matrix[op];
mat // MatrixForm
```

Out[]=

$$\frac{S^x}{\sqrt{2}} + \frac{S^z}{\sqrt{2}}$$

Out[]//MatrixForm=

$$\begin{pmatrix} \frac{1}{\sqrt{2}} & \frac{1}{\sqrt{2}} \\ \frac{1}{\sqrt{2}} & -\frac{1}{\sqrt{2}} \end{pmatrix}$$

하다마드 게이트의 뻔하지만 널리 쓰이는 특징으로, 논리기저의 모든 원소들의 선형 중첩을 만든다는 점을 꼽을 수 있다. n개의 큐비트로 구성된 양자레지스터를 생각해 보자. 논리기저상태 $|0\rangle$에 있는 각 큐비트에 하다마드 게이트를 적용하면 논리기저 내 모든 양자상태의 선형 중첩

$$\hat{H}^{\otimes n}|0\rangle^{\otimes n} = \frac{|0\rangle + |1\rangle}{\sqrt{2}} \otimes \cdots \otimes \frac{|0\rangle + |1\rangle}{\sqrt{2}} = \frac{1}{2^{n/2}} \sum_{x=0}^{2^n-1} |x\rangle \tag{2.18}$$

를 생성한다. 여기서 $|x\rangle := |x_1\rangle \otimes |x_2\rangle \otimes \cdots \otimes |x_n\rangle$이고 정수 x는 이진법으로 표현해 $x = (x_1 x_2 \ldots x_n)_2$이다. 더 일반적으로, 논리기저상태 $|y\rangle$에 하다마드 게이트를 가하면,

$$\hat{H}^{\otimes n} |y\rangle = \frac{1}{2^{n/2}} \sum_{x=0}^{2^n-1} |x\rangle (-1)^{x \cdot y} \tag{2.19}$$

가 성립한다. 여기서 단축 표기법

$$x \cdot y := x_1 y_1 + \cdots + x_n y_n \pmod 2 \tag{2.20}$$

을 사용하였다. 식 (2.18)과 (2.19)로 요약되는 하다마드 게이트의 특성은 거의 모든 양자 알고리즘에서 보편적으로 사용된다.

Suppose the Hadamard gates are applied to three qubits.

In[ ]:=
```
op = HoldForm@Multiply[S[1, 6], S[2, 6], S[3, 6]]
```

Out[ ]=

$S_1^H S_2^H S_3^H$

This shows the overall operation in the quantum circuit model.

In[ ]:=
```
qc = QuantumCircuit[S[{1, 2, 3}, 6]]
```

Out[ ]=

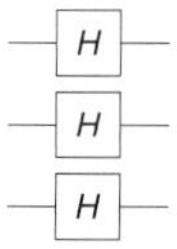

Operating the Hadamard gate on each qubit produces a superposition state consisting all logical basis states.

In[ ]:=
```
out = ReleaseHold[op] ** Ket[];
out // LogicalForm
```

Out[ ]=

$$\frac{|0_{S_1}0_{S_2}0_{S_3}\rangle}{2\sqrt{2}} + \frac{|0_{S_1}0_{S_2}1_{S_3}\rangle}{2\sqrt{2}} + \frac{|0_{S_1}1_{S_2}0_{S_3}\rangle}{2\sqrt{2}} + \frac{|0_{S_1}1_{S_2}1_{S_3}\rangle}{2\sqrt{2}} + \frac{|1_{S_1}0_{S_2}0_{S_3}\rangle}{2\sqrt{2}} + \frac{|1_{S_1}0_{S_2}1_{S_3}\rangle}{2\sqrt{2}} + \frac{|1_{S_1}1_{S_2}0_{S_3}\rangle}{2\sqrt{2}} + \frac{|1_{S_1}1_{S_2}1_{S_3}\rangle}{2\sqrt{2}}$$

This show the same result in the quantum circuit model.

In[ ]:=
```
qc = QuantumCircuit[LogicalForm[Ket[], S@{1, 2, 3}], S[{1, 2, 3}, 6]]
ExpressionFor[qc] // LogicalForm
```

Out[ ]=

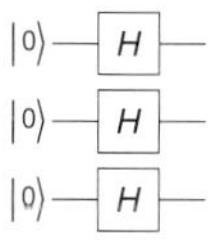

Out[ ]=

$$\frac{|0_{S_1}0_{S_2}0_{S_3}\rangle}{2\sqrt{2}}+\frac{|0_{S_1}0_{S_2}1_{S_3}\rangle}{2\sqrt{2}}+\frac{|0_{S_1}1_{S_2}0_{S_3}\rangle}{2\sqrt{2}}+\frac{|0_{S_1}1_{S_2}1_{S_3}\rangle}{2\sqrt{2}}+\frac{|1_{S_1}0_{S_2}0_{S_3}\rangle}{2\sqrt{2}}+\frac{|1_{S_1}0_{S_2}1_{S_3}\rangle}{2\sqrt{2}}+\frac{|1_{S_1}1_{S_2}0_{S_3}\rangle}{2\sqrt{2}}+\frac{|1_{S_1}1_{S_2}1_{S_3}\rangle}{2\sqrt{2}}$$

Let us compare it with an explicit construction. To do it first prepare the indices of the logical basis states in binary digits.

In[ ]:=
```
nn = Range[0, 2^3 - 1];
bit = IntegerDigits[nn, 2, 3]
```

Out[ ]=
```
{{0, 0, 0}, {0, 0, 1}, {0, 1, 0},
 {0, 1, 1}, {1, 0, 0}, {1, 0, 1}, {1, 1, 0}, {1, 1, 1}}
```

This gives an explicit construction (unnormalized) of the superposition of all local basis states.

In[ ]:=
```
vec = Total[Ket[S@{1, 2, 3} → #] & /@ bit];
vec // LogicalForm
```

Out[ ]=

$$|0_{S_1}0_{S_2}0_{S_3}\rangle+|0_{S_1}0_{S_2}1_{S_3}\rangle+|0_{S_1}1_{S_2}0_{S_3}\rangle+|0_{S_1}1_{S_2}1_{S_3}\rangle+|1_{S_1}0_{S_2}0_{S_3}\rangle+|1_{S_1}0_{S_2}1_{S_3}\rangle+|1_{S_1}1_{S_2}0_{S_3}\rangle+|1_{S_1}1_{S_2}1_{S_3}\rangle$$

On other elements of the logical basis, the sign of each term is determined by the bitwise dot product of the its bit-string with that of the input state.

In[ ]:=
```
in = Ket[S[{1, 2, 3}] → {1, 0, 1}];
in = LogicalForm[in, S@{1, 2, 3}]
```

Out[ ]=

$$|1_{S_1}0_{S_2}1_{S_3}\rangle$$

In[ ]:=
```
out = ReleaseHold[op] ** in;
out // LogicalForm
```

Out[ ]=

$$\frac{|0_{S_1}0_{S_2}0_{S_3}\rangle}{2\sqrt{2}}-\frac{|0_{S_1}0_{S_2}1_{S_3}\rangle}{2\sqrt{2}}+\frac{|0_{S_1}1_{S_2}0_{S_3}\rangle}{2\sqrt{2}}-\frac{|0_{S_1}1_{S_2}1_{S_3}\rangle}{2\sqrt{2}}-\frac{|1_{S_1}0_{S_2}0_{S_3}\rangle}{2\sqrt{2}}+\frac{|1_{S_1}0_{S_2}1_{S_3}\rangle}{2\sqrt{2}}-\frac{|1_{S_1}1_{S_2}0_{S_3}\rangle}{2\sqrt{2}}+\frac{|1_{S_1}1_{S_2}1_{S_3}\rangle}{2\sqrt{2}}$$

2.1.3 회전

모든 유니테리 연산자 $\hat{U}$는 항상 에르미트 연산자 $\hat{H}$를 사용하여 $\hat{U} = \exp(-i\hat{H})$ 꼴로 쓸 수 있다. 큐비트에 해당하는 이차원 벡터공간 $\mathcal{S}$에서, 임의의 에르미트 연산자 $\hat{H}$는 파울리 연산자 $\hat{S}^\mu$들로 전개할 때,

$$\hat{H} = \hat{I}\phi_0 + \hat{S}^x B_x + \hat{S}^y B_y + \hat{S}^z B_z \tag{2.21}$$

로 표현할 수 있다. 여기서 매개변수 ϕ_0, B_x, B_y, B_z는 실수이다. $\boldsymbol{B} := (B_x, B_y, B_z)$를 삼차원 벡터로 간주하면, $\boldsymbol{B}$와 같은 방향을 가리키는 단위벡터 $\boldsymbol{n}$과 실수 매개변수 $\phi := 2|\boldsymbol{B}|$

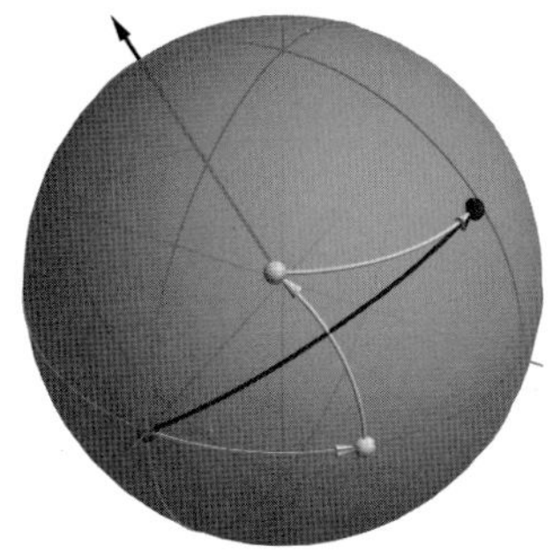

그림 2.3: 단일 큐비트 연산에 의한 상태 변환의 시각화. 전역위상인자를 무시할 때, 단일 큐비트 유니테리 연산은 블로흐 구 상에서의 회전에 해당한다. 검은 화살표로 표시된 축을 중심으로한 회전은 파란 화살표로 표시된다. 노란색 화살표로 표시된 y축 또는 z축을 중심으로 한 세 번의 회전들을 조합하면 동일한 회전을 달성할 수 있다.

가 정해진다. 여기서 인자 2는 나중 편의를 위해 도입되었다. 새로운 매개변수들을 이용하여 $\hat{H}$을 표현하면, $\hat{\boldsymbol{S}} := (\hat{S}^x, \hat{S}^y, \hat{S}^z)$라 할 때,

$$\hat{H} = \hat{I}\phi_0 + \hat{\boldsymbol{S}} \cdot \boldsymbol{n}\,\phi/2 \tag{2.22}$$

가 된다. 한 마디로 정리하면, $\mathcal{S}$에 작용하는 임의의 유니테리 연산자는 $\hat{U} = e^{-i\phi_0}\hat{U}_{\boldsymbol{n}}(\phi)$ 꼴로 표현할 수 있고, 여기서 $\hat{U}_{\boldsymbol{n}}(\phi)$는

$$\hat{U}_{\boldsymbol{n}}(\phi) := \exp(-i\hat{\boldsymbol{S}} \cdot \boldsymbol{n}\,\phi/2) \tag{2.23}$$

로 주어진다. $e^{-i\phi_0}$는 전역위상인자에 영향을 미치지만 물리적으로는 아무런 작용을 하지 않는다. 더 중요하고 흥미로운 부분은, 아래에서 볼 수 있듯이, $\hat{U}_{\boldsymbol{n}}(\phi)$가 축 $\boldsymbol{n}$을 중심으로 각도 ϕ만큼의 '회전'을 기술하고 있다는 점이다. 이 회전은 실제 삼차원 세계가 아니라, 그림 2.3에서 보듯이, 이차원 벡터공간 $\mathcal{S}$에 대응하는 블로흐 구 위에서 일어난다. 지금부터 블로흐 구 상에서 μ축(즉, $\boldsymbol{n}$이 μ축에 평행)을 중심으로 한 회전을 $\hat{U}_\mu(\phi)$로 표기한다.

식 (2.23)의 유니테리 연산 $\hat{U}_{\boldsymbol{n}}(\phi)$이 회전에 대응됨을 살펴보기 위해, 먼저 파울리 연산자 $\hat{S}^\mu$가 스핀 1/2의 스핀 각운동량 연산자임을 상기할 필요가 있다. 즉, 파울리 연산자는 회전의 생성원이고, 교환관계

$$[\hat{S}^\mu, \hat{S}^\nu] = 2i\sum_\lambda \hat{S}^\lambda \epsilon_{\lambda\mu\nu} \tag{2.24}$$

를 만족한다. 여기서 $\epsilon_{\lambda\mu\nu}$는 레비 시비타 기호이다. 유니테리 연산자 $\hat{U}_\lambda(\phi)$와 회전 사이의 관계는 위 교환관계와 동치인

$$\hat{U}_\lambda(\phi)\hat{S}^\nu\hat{U}_\lambda^\dagger(\phi) = \sum_\mu \hat{S}^\mu[R_\lambda(\phi)]_{\mu\nu} \tag{2.25}$$

에서 보다 분명히 드러난다. 여기서 $R_\lambda(\phi)$은 3×3 직교행렬로, 삼차원 좌표를 λ축을 중심으로 각도 ϕ만큼 회전시킨다.

The Pauli operators are generators of the rotational transformations in a two-dimensional complex vector space, and hence satisfy the fundamental commutation relations of angular momentum operators (up to a normalization factor).

```
In[ ]:= op = S[All]

Out[ ]= {Sˣ, Sʸ, Sᶻ}

In[ ]:= in = Outer[HoldForm@*Commutator, op, op];
        out = ReleaseHold[in];
        Thread[Flatten[in] → Flatten[out]] // TableForm

Out[ ]//TableForm=
  Commutator[Sˣ, Sˣ] → 0
  Commutator[Sˣ, Sʸ] → 2 i Sᶻ
  Commutator[Sˣ, Sᶻ] → -2 i Sʸ
  Commutator[Sʸ, Sˣ] → -2 i Sᶻ
  Commutator[Sʸ, Sʸ] → 0
  Commutator[Sʸ, Sᶻ] → 2 i Sˣ
  Commutator[Sᶻ, Sˣ] → 2 i Sʸ
  Commutator[Sᶻ, Sʸ] → -2 i Sˣ
  Commutator[Sᶻ, Sᶻ] → 0
```

삼차원 실공간 $\mathbb{R}^3$에서 3×3 회전행렬은

$$R = R_z(\alpha)R_y(\beta)R_z(\gamma) \tag{2.26}$$

와 같이 세 인자로 분해할 수 있고, 여기서 α, β, γ는 소위 오일러 각(Euler angles)이라 불리며, 이러한 회전 조합을 오일러 회전(Euler rotation)이라고 한다. 마찬가지로, $\mathcal{S}$에 작용하는 임의의 유니테리 연산자 또한

$$\hat{U} = e^{-i\phi_0}\hat{U}_z(\alpha)\hat{U}_y(\beta)\hat{U}_z(\gamma) \tag{2.27}$$

와 같이, y축과 z축에 대한 기본 '회전'과 추가적인 전역위상인자의 조합으로 쓸 수 있다. 유니테리 연산자 $\hat{U}(\alpha,\beta,\gamma) := \hat{U}_z(\alpha)\hat{U}_y(\beta)\hat{U}_z(\gamma)$는 이차원 벡터공간 $\mathcal{S}$ 상의 오일러 회전이라 불린다. 그림 2.3은 오일러 회전의 한 예, $\hat{U}(\pi/3, -\pi/3, \pi/4)$를 보여준다. 이 회전은 $|v\rangle = (|0\rangle + |1\rangle)/\sqrt{2}$(그림 2.3에서 빨간 점)을 $|w\rangle = \hat{U}\,|v\rangle$(그림 2.3에서 파란 점)으로 변환한다. 파란 화살표는 이 변환을 나타내며, 노란 점들과 노란 화살표들은 오일러 회전의 기본 회전들, $\hat{U}_z(\alpha)$, $\hat{U}_y(\beta)$, $\hat{U}_z(\gamma)$에 해당하는 변환들을 의미하며, 이 세 변환이 결합하여 $\hat{U}$를 만들어낸다.

Consider a unitary operator represented by the following matrix.

```
In[ ]:= mat = {
          {3 - I Sqrt[3], I - Sqrt[3]},
          {I + Sqrt[3], 3 + I Sqrt[3]}
        } / 4;
      mat // MatrixForm
```

Out[ ]//MatrixForm=

$$\begin{pmatrix} \frac{1}{4}\left(3-i\sqrt{3}\right) & \frac{1}{4}\left(i-\sqrt{3}\right) \\ \frac{1}{4}\left(i+\sqrt{3}\right) & \frac{1}{4}\left(3+i\sqrt{3}\right) \end{pmatrix}$$

This gives its expression in terms of the Pauli operators.

```
In[ ]:= op = Elaborate@ExpressionFor[mat, S]
```

Out[ ]=

$$\frac{3}{4}+\frac{i\,S^x}{4}-\frac{1}{4}\,i\,\sqrt{3}\,S^y-\frac{1}{4}\,i\,\sqrt{3}\,S^z$$

```
In[ ]:= Dagger[op] ** op
```

Out[ ]=

1

This gives the Euler angles of the unitary operator.

```
In[ ]:= angs = TheEulerAngles[mat]
```

Out[ ]=

$$\left\{\frac{\pi}{3},\frac{\pi}{3},0\right\}$$

Indeed, the Euler angles reproduces the original unitary operator.

```
In[ ]:= new = EulerRotation[angs, S] // Elaborate
      op - new
```

Out[ ]=

$$\frac{3}{4}+\frac{i\,S^x}{4}-\frac{1}{4}\,i\,\sqrt{3}\,S^y-\frac{1}{4}\,i\,\sqrt{3}\,S^z$$

Out[ ]=

0

블로흐 공간(Bloch space)상에서 z축을 중심으로 한 회전 $\hat{U}_z(\phi)$는 두 논리기저상태, $|0\rangle$와 $|1\rangle$ 사이에 상대적인 위상 차이 ϕ를 일으킨다. 이런 의미에서, $\hat{U}_z(\phi)$는 위상각도 ϕ만큼의 (상대적) 위상게이트(phase gate)라 불린다. 위상각도 $2\pi/4$와 $2\pi/8$의 두 위상게이트 $\hat{Q}$와 $\hat{O}$는 특히 자주 이용되어, 각각 사분(quadrant), 팔분(octant) 위상게이트라 불리기도 한다. 논리기저에 대해 두 위상게이트는 각각

$$\hat{Q} \doteq \begin{bmatrix} 1 & 0 \\ 0 & i \end{bmatrix}, \quad \hat{O} \doteq \begin{bmatrix} 1 & 0 \\ 0 & e^{i\pi/4} \end{bmatrix} \tag{2.28}$$

와 같이 대각행렬로 표현되며, $\hat{O}^2 = \hat{Q}$와 $\hat{Q}^2 = \hat{Z}$가 성립함을 쉽게 확인해볼 수 있다.

Among (relative) phase gates, the quadrant and octant phase gates are most common.

```
In[∘]:= qd = S[1, 7]
        Matrix[qd] // MatrixForm
```

Out[∘]=

S_1^S

Out[∘]//MatrixForm=

$$\begin{pmatrix} 1 & 0 \\ 0 & i \end{pmatrix}$$

```
In[∘]:= qd ** qd
```

Out[∘]=

S_1^Z

```
In[∘]:= oc = S[1, 8]
        Matrix[oc] // MatrixForm
```

Out[∘]=

S_1^T

Out[∘]//MatrixForm=

$$\begin{pmatrix} 1 & 0 \\ 0 & e^{\frac{i\pi}{4}} \end{pmatrix}$$

```
In[∘]:= oc ** oc
```

Out[∘]=

S_1^S

2.2 두 큐비트 게이트

다음으로, 두 큐비트에 작용하는 양자논리게이트들을 살펴보자. 이 연산들은 4 × 4 유니테리 행렬로 표현된다. 본 절에서, 모든 두 큐비트 게이트연산들을 제어 유니테리 게이트(controlled-unitary gate)들의 조합으로 분해할 수 있음을 살펴볼 것이다. 제어 유니테리 게이트(controlled-unitary gate)는 둘 중 한 큐비트의 논리상태에 따라 다르게 작동하는 유니테리 연산을 다른 큐비트에 가한다. 두 큐비트에 작동하는 제어 유니테리 게이트는 CNOT 게이트와 단일 큐비트 회전 게이트만을 포함하는 요소로 더 분해할 수 있다. 이러한 의미에서 CNOT 게이트(CNOT gate)만으로도 임의의 두 큐비트 게이트연산을 구성하는 데에 충분하다.

제어 유니테리 게이트 및 CNOT 게이트는 양자 알고리즘을 구현하는 데 유용한, 다양하고 흥미로운 속성들을 가지고 있다. 이 절에서는 먼저 CNOT 게이트의 기본 속성들, 특히 두 큐비트 간의 양자얽힘을 생성하기 위해 CNOT 게이트가 사용되는 방법을 살펴본다. 그런 다음 제어 유니테리 게이트의 속성을 논의하고 CNOT 게이트와 단일 큐비트 회전을 이용하여 제어 유니테리 게이트를 구현하는 방법을 설명한다. 마지막으로, 어떻게 임의의 두 큐비트 유니테리 연산을 제어 유니테리 게이트들로 분해할 수 있는지 살펴볼 것이다.

2.2.1 CNOT, CZ 및 SWAP

CNOT 게이트 또는 제어 NOT 게이트는 두 큐비트에 작용하는 양자논리게이트로서, 논리 기저상태를 다음과 같이 대응시킨다.

$$|c\rangle \otimes |t\rangle \mapsto |c\rangle \otimes |c \oplus t\rangle \ ; \quad c, t \in \{0, 1\} \tag{2.29}$$

첫째 큐비트는 보통 제어큐비트(control qubit, c), 둘째 큐비트는 대상큐비트(target qubit, t)라 불린다. 이 게이트는 논리기저에 대해 행렬로 표현하면

$$\text{CNOT} \doteq \begin{bmatrix} 1 & & & \\ & 1 & & \\ & & 0 & 1 \\ & & 1 & 0 \end{bmatrix} \tag{2.30}$$

이 되고, 제어큐비트와 대상큐비트에 각각 작용하는 파울리 연산자들로 전개하면

$$\text{CNOT} = \frac{1}{2}\left(\hat{I} + \hat{S}_c^z + \hat{S}_t^x - \hat{S}_c^z \hat{S}_t^x\right) \tag{2.31}$$

가 된다. 양자회로모형에서 CNOT 게이트는

(2.32)

과 같은 회로요소로 표현되는데, 작은 점은 제어큐비트 상태에 대한 의존성을 나타내고, 더하기 기호가 들어있는 원은 대상큐비트에 대한 조건부 NOT 동작을 나타낸다.

CNOT[*control*, *target*] denotes the CNOT gate in the quantum circuit model.

In[ ]:=
```
op = CNOT[S[1], S[2]]
```

Out[ ]=
```
CNOT[{S1}, {S2}]
```

This displays a quantum circuit including the CNOT gate.

In[ ]:=
```
qc = QuantumCircuit[op]
```

Out[ ]=

This is the explicit expression of the CNOT gate in terms of the Pauli operators.

In[ ]:=
```
op = ExpressionFor[qc]
```

Out[ ]=

$$\frac{1}{2}-\frac{1}{2}S_1^z S_2^x+\frac{S_1^z}{2}+\frac{S_2^x}{2}$$

This is the matrix representation of the CNOT gate in the logical basis.

In[ ]:=
```
Matrix[op] // MatrixForm
```

Out[ ]//MatrixForm=

$$\begin{pmatrix} 1 & 0 & 0 & 0 \\ 0 & 1 & 0 & 0 \\ 0 & 0 & 0 & 1 \\ 0 & 0 & 1 & 0 \end{pmatrix}$$

This shows how the CNOT gate operates on the logical basis states.

In[ ]:=
```
in = Basis[S@{1, 2}];
out = op ** in;
Thread[in → out] // LogicalForm // TableForm
```

Out[ ]//TableForm=

$$\begin{array}{l} |0_{S_1}0_{S_2}\rangle \to |0_{S_1}0_{S_2}\rangle \\ |0_{S_1}1_{S_2}\rangle \to |0_{S_1}1_{S_2}\rangle \\ |1_{S_1}0_{S_2}\rangle \to |1_{S_1}1_{S_2}\rangle \\ |1_{S_1}1_{S_2}\rangle \to |1_{S_1}0_{S_2}\rangle \end{array}$$

CNOT의 단순하면서도 중요한 특성은 대상큐비트가 초기에 상태 $|0\rangle$에 있었다면, 제어큐비트의 논리상태가 그대로 대상큐비트로 복사된다는 점이다. 반대로, 대상큐비트가 초기에 상태 $|1\rangle$에 있었다면, 제어큐비트를 뒤집은 상태가 대상큐비트로 복사된다. 이는 제어큐비트가 중첩된 상태에 있으면 CNOT이 아래와 같이 얽힌 상태를 생성한다는 중요한 의미를 담고있다.

$$(|0\rangle c_0 + |1\rangle c_1) \otimes |0\rangle \mapsto |0\rangle \otimes |0\rangle c_0 + |1\rangle \otimes |1\rangle c_1. \tag{2.33}$$

CNOT 게이트를 가하기 전에 제어큐비트에 하다마드 게이트와 같은 단일 큐비트 회전을 적용하면, 논리기저상태에서 시작하여 얽힌 상태를 생성할 수 있다. 이러한 회로를 그래서 양자얽힘회로(quantum entangler circuit)라고 한다.

As an example of the application of the CNOT gate, this shows an entangler quantum circuit.

In[ ]:=
```
entangler = QuantumCircuit[S[1, 6], CNOT[S[1], S[2]]]
```

Out[ ]=

H

일례로, 입력상태가 $|0\rangle \otimes |0\rangle$일 때 회로의 출력상태는 소위 벨 상태(Bell state) 중 하나가 된다.

This demonstrates the generation of an entangled state from a product state.

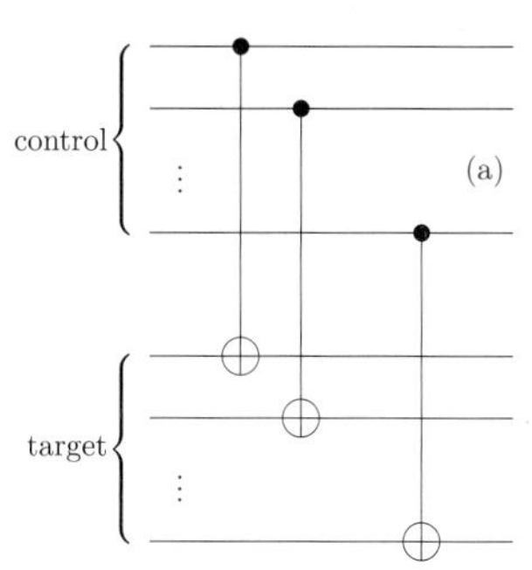

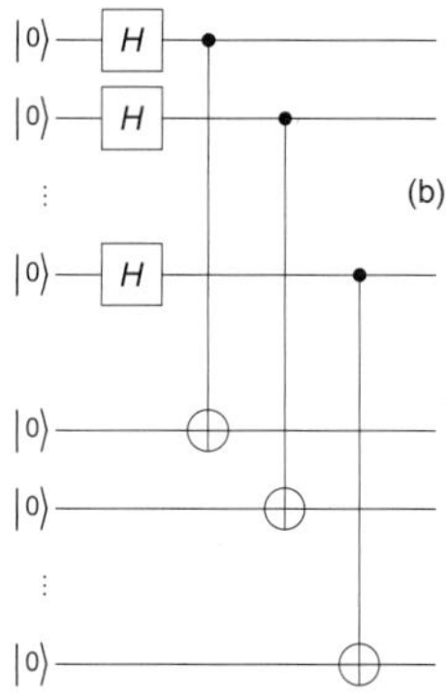

그림 2.4: (a) '제어레지스터'의 논리상태를 '대상레지스터'로 복사하는 양자회로. 이 양자회로는 논리상태를 $|c\rangle \otimes |t\rangle \mapsto |c\rangle \otimes |c \oplus t\rangle$에 따라 변환한다. 여기서 c와 t는 각각 n개의 비트로 이루어져 있다. (b) 각각 n개의 큐비트로 구성된 두 양자레지스터 사이에 최대로 얽힌 상태를 만들어내는 양자회로.

In[ ]:=
```
new = QuantumCircuit[LogicalForm[Ket[S@{1, 2} → {0, 0}], S@{1, 2}], entangler]
vec = ExpressionFor[new];
vec // LogicalForm
```

Out[ ]=

Out[ ]=

$$\frac{|0_{S_1}0_{S_2}\rangle}{\sqrt{2}} + \frac{|1_{S_1}1_{S_2}\rangle}{\sqrt{2}}$$

일반적으로 논리기저상태들의 곱은 각각 서로 다른 벨 상태로 변환된다.

This lists the mapping between the standard tensor-product basis states and the Bell states.

In[ ]:=
```
bs = Basis@S@{1, 2};
op = ExpressionFor[entangler];
out = op ** bs;
table = Thread[bs → out];
table // LogicalForm // TableForm
```

Out[ ]//TableForm=

$$|0_{S_1}0_{S_2}\rangle \to \frac{|0_{S_1}0_{S_2}\rangle}{\sqrt{2}} + \frac{|1_{S_1}1_{S_2}\rangle}{\sqrt{2}}$$
$$|0_{S_1}1_{S_2}\rangle \to \frac{|0_{S_1}1_{S_2}\rangle}{\sqrt{2}} + \frac{|1_{S_1}0_{S_2}\rangle}{\sqrt{2}}$$
$$|1_{S_1}0_{S_2}\rangle \to \frac{|0_{S_1}0_{S_2}\rangle}{\sqrt{2}} - \frac{|1_{S_1}1_{S_2}\rangle}{\sqrt{2}}$$
$$|1_{S_1}1_{S_2}\rangle \to \frac{|0_{S_1}1_{S_2}\rangle}{\sqrt{2}} - \frac{|1_{S_1}0_{S_2}\rangle}{\sqrt{2}}$$

두 큐비트 이상으로 이루어진 큰 양자레지스터들 사이에 최대로 얽힌 상태를 생성하려면 위의 방법을 일반화하면 된다. 각각 n개의 큐비트로 구성된 두 양자레지스터를 잡고, 각각을 '제어레지스터'와 '대상레지스터' 라 이름붙여보자. 이렇게 이름붙이는 이유는 이후에 분명해질 것이다. 그림 2.4 (a)의 양자회로와 같이, 두 양자레지스터 내의 서로 대응하는

큐비트들 각 쌍에 CNOT 게이트를 적용하면, 논리기저상태들이

$$|c\rangle \otimes |t\rangle \mapsto |c\rangle \otimes |c \oplus t\rangle \tag{2.34}$$

에 따라 변환된다. 위 대응관계는 단일 큐비트 쌍에 대한 식 (2.29)의 규칙과 형식적으로 동일하다. 하지만 여기서는 n 비트열 $c \equiv (c_1, c_2, \ldots, c_n)$과 $t \equiv (t_1, t_2, \ldots, t_n)$에 대해, $|c\rangle := |c_1\rangle \otimes |c_2\rangle \otimes \cdots \otimes |c_n\rangle$과 $|t\rangle := |t_1\rangle \otimes |t_2\rangle \otimes \cdots \otimes |t_n\rangle$이고, $c \oplus t$는 비트단위 배타적 OR(exclusive OR) (또는 XOR) 연산,

$$c \oplus t := (c_1 \oplus t_1, c_2 \oplus t_2, \ldots, c_n \oplus t_n) \tag{2.35}$$

을 의미한다. 대상레지스터가 상태 $|0\rangle \equiv |0\rangle^{\otimes n}$에 있었다면, 짝지어진 큐비트들에 가해진 CNOT 게이트들에 의해 제어레지스터의 논리기저상태는 대상레지스터로 복사된다.[2.2]

$$|x\rangle \otimes |0\rangle \mapsto |x\rangle \otimes |x\rangle\,. \tag{2.36}$$

더 나아가, 제어레지스터가 중첩된 상태, 예를 들어 $2^{-n/2}\sum_{x=0}^{2^n-1}|x\rangle$에 있고 대상레지스터는 상태 $|0\rangle \equiv |0\rangle^{\otimes n}$에 있었다면, 식 (2.34)의 변환은 제어레지스터의 각 논리상태를 대상레지스터로 복사하여

$$\frac{1}{2^{n/2}}\sum_{x=0}^{2^n-1}|x\rangle \otimes |0\rangle \mapsto |\Phi\rangle := \frac{1}{2^{n/2}}\sum_{x=0}^{2^n-1}|x\rangle \otimes |x\rangle \tag{2.37}$$

와 같이 (단일 큐비트 사이가 아니라) 두 레지스터 사이에 최대로 얽힌 상태를 만든다. 중첩상태 $2^{-n/2}\sum_{x=0}^{2^n-1}|x\rangle$는 식 (2.18)에 따라 하다마드 게이트만을 이용해서 만들 수 있기 때문에, 식 (2.37)의 최대로 얽힌 상태는 논리상태 $|0\rangle \otimes |0\rangle$으로부터 시작하여 그림 2.4 (b)에 그려진 양자회로를 이용하여 만들어 낼 수 있다. $|\Phi\rangle$는 제어레지스터와 대상레지스터 사이의 최대로 얽힌 상태이지만, 이는 또한 n개의 최대로 얽힌 쌍의 곱

$$\frac{1}{2^{n/2}}\sum_{x=0}^{2^n-1}|x\rangle \otimes |x\rangle = \bigotimes_{j=1}^{n}\left(\frac{|0\rangle_j \otimes |0\rangle_{n+j} + |1\rangle_j \otimes |1\rangle_{n+j}}{\sqrt{2}}\right) \tag{2.38}$$

라는 점도 흥미롭다. 양자얽힘은 어떻게 계를 분할하느냐에 따라 크게 달라진다.

Here we want to generate a maximally entangled state between two quantum *registers* (not just qubits) each of which is consisting of two qubits.

```
In[-]:= qc = QuantumCircuit[LogicalForm[Ket[], S@{1, 2, 3, 4}],
          S[{1, 2}, 6], CNOT[S[1], S[3]], CNOT[S[2], S[4]], "Invisible" → S[2.5]]
```

[2.2] 여기서 단지 논리기저상태만 복사가능하고, 이들의 중첩된 상태는 복사할 수 없음을 주목할 필요가 있다. 일반적인 상태의 복사는 1.3절에서 논의했듯이 복제불가 정리에 따라 불가능하다(Wooters & Zurek, 1982; Zurek, 2000).

Out[ ]=

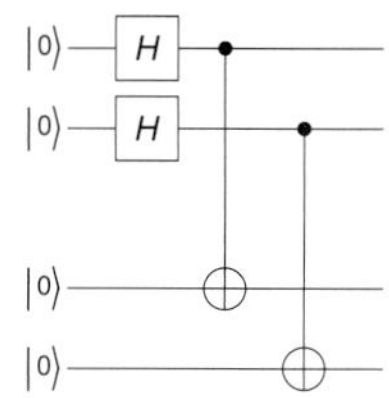

In[ ]:=
```
out = ExpressionFor[qc];
out // LogicalForm
```

Out[ ]=

$$\frac{1}{2}\left|0_{S_1}0_{S_2}0_{S_3}0_{S_4}\right\rangle + \frac{1}{2}\left|0_{S_1}1_{S_2}0_{S_3}1_{S_4}\right\rangle + \frac{1}{2}\left|1_{S_1}0_{S_2}1_{S_3}0_{S_4}\right\rangle + \frac{1}{2}\left|1_{S_1}1_{S_2}1_{S_3}1_{S_4}\right\rangle$$

This example illustrate that the entanglement depends on the partition of the system. Indeed, the above system is a product state for the partition (1,3) and (2,4) qubits.

In[ ]:=
```
KetFactor[out]
```

Out[ ]=

$$\frac{1}{2}\left(\left|0_{S_1}0_{S_3}\right\rangle + \left|1_{S_1}1_{S_3}\right\rangle\right) \otimes \left(\left|0_{S_2}0_{S_4}\right\rangle + \left|1_{S_2}1_{S_4}\right\rangle\right)$$

The above construction can be generalized for a pair of n-qubit registers.

In[ ]:=
```
n = 3;
qc = QuantumCircuit[LogicalForm[Ket[], S@Range[2 n]], S[Range[n], 6],
  Sequence @@ Table[CNOT[S[j], S[n + j]], {j, 1, n}], "Invisible" → S[n + 1 / 2]]
```

Out[ ]=

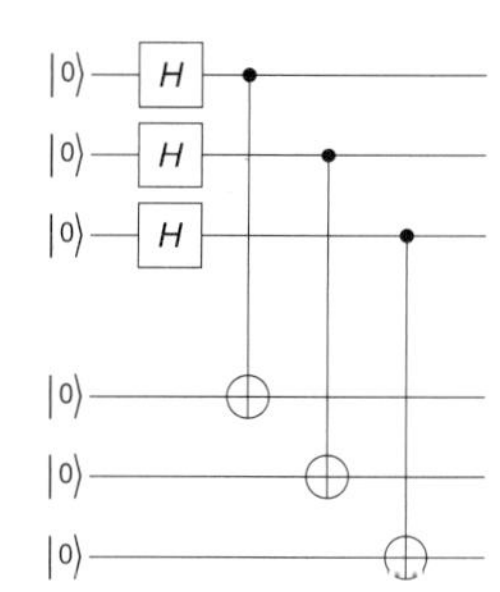

In[ ]:=
```
out = ExpressionFor[qc];
out // LogicalForm
```

Out[ ]=

$$\frac{\left|0_{S_1}0_{S_2}0_{S_3}0_{S_4}0_{S_5}0_{S_6}\right\rangle}{2\sqrt{2}} + \frac{\left|0_{S_1}0_{S_2}1_{S_3}0_{S_4}0_{S_5}1_{S_6}\right\rangle}{2\sqrt{2}} + \frac{\left|0_{S_1}1_{S_2}0_{S_3}0_{S_4}1_{S_5}0_{S_6}\right\rangle}{2\sqrt{2}} + \frac{\left|0_{S_1}1_{S_2}1_{S_3}0_{S_4}1_{S_5}1_{S_6}\right\rangle}{2\sqrt{2}} +$$
$$\frac{\left|1_{S_1}0_{S_2}0_{S_3}1_{S_4}0_{S_5}0_{S_6}\right\rangle}{2\sqrt{2}} + \frac{\left|1_{S_1}0_{S_2}1_{S_3}1_{S_4}0_{S_5}1_{S_6}\right\rangle}{2\sqrt{2}} + \frac{\left|1_{S_1}1_{S_2}0_{S_3}1_{S_4}1_{S_5}0_{S_6}\right\rangle}{2\sqrt{2}} + \frac{\left|1_{S_1}1_{S_2}1_{S_3}1_{S_4}1_{S_5}1_{S_6}\right\rangle}{2\sqrt{2}}$$

앞에 기술한 큐비트 복사를 일반화하여 한 큐비트의 논리기저상태를 일련의 큐비트들에 복사할 수도 있는데, 제어큐비트는 같으면서 대상큐비트만 다른 여러 CNOT 게이트를 순차적으로 작용해 얻을 수 있다. 해당 양자회로는 그림 2.5 (a)에 있다. 같은 결과를 얻을

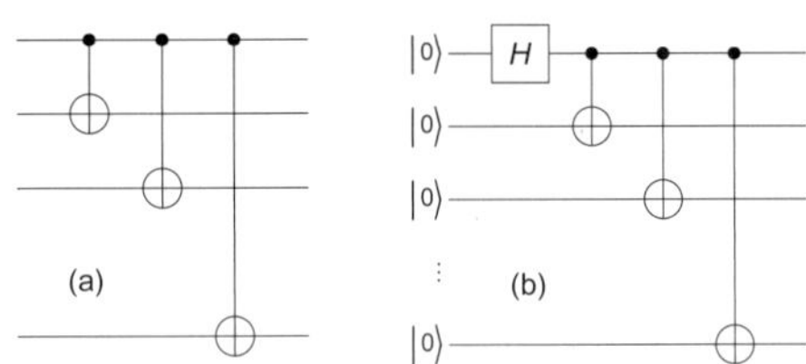

그림 2.5: (a) 단일 제어큐비트의 논리기저상태를 여러 대상큐비트로 복사하는 양자회로. (b) 여러 큐비트에 그린버거-혼-자일링거 상태(Greenberger-Horne-Zeilinger state)를 생성하는 양자회로모형.

수 있는 또 다른 양자회로는 연습문제 2.5에서 다룬다. 대상큐비트가 모두 논리기저상태 $|0\rangle$으로 준비된 경우에 일련의 CNOT 게이트들은, $x = 0, 1$에 대해

$$|x\rangle \otimes |0\rangle \otimes \cdots \otimes |0\rangle \mapsto |x\rangle \otimes |x\rangle \otimes \cdots \otimes |x\rangle \tag{2.39}$$

와 같은 변환을 수행한다. 따라서, CNOT 게이트를 가하기 이전에, 하다마드 게이트를 제어큐비트에 수행하여 간단하게 다음과 같은 상태를 생성할 수 있다.

$$|\mathrm{GHZ}\rangle = \frac{|0\rangle \otimes |0\rangle \otimes \cdots \otimes |0\rangle + |1\rangle \otimes |1\rangle \otimes \cdots \otimes |1\rangle}{\sqrt{2}}. \tag{2.40}$$

식 (2.40)의 양자상태는 그린버거-혼-자일링거 상태(Greenberger-Horne-Zeilinger state) 또는 GHZ 상태(GHZ state)(Greenberger et al., 1989)라 불리며, 세 개 이상의 입자들 사이의 양자얽힘을 나타낸다. 이 양자상태는 벨 부등식을 초월하는 방식으로 양자역학의 비국소성을 검증하려는 많은 연구를 촉발시켰다(Bouwmeester et al., 1999; Pan et al., 2000).

양자얽힘은 양자정보처리 및 양자통신에서 없어서는 안되는 귀중한 자원이다. 가장 유명한 예는 4.1절에서 논의될 양자원격이동(quantum teleportation)이다. 식 (2.36), (2.37) 및 (2.39)에서 설명된 기능과 그림 2.4과 2.5의 해당 양자회로는 이 책에서 자주 사용될 것이다.

위에서는 동일한 제어큐비트를 가진 CNOT 게이트가 서로 다른 여러 대상큐비트들에 작용한다. 이와 정반대인 설정은, 연습문제 2.9에 설명된 대로, CNOT 게이트의 또 다른 응용방식을 보여준다.

CNOT 게이트의 흥미로운 변형 중 하나는 소위 CZ 게이트(CZ gate) 또는 제어 Z 게이트이다. 이는 또 다른 두 큐비트 양자논리게이트로, 논리기저상태를

$$\mathrm{CZ} : |c\rangle \otimes |t\rangle \mapsto |c\rangle \otimes |t\rangle\,(-1)^{ct} \tag{2.41}$$

로 본뜬다. 논리기저에 대한 CZ 게이트의 행렬표현은

$$\mathrm{CZ} \doteq \begin{bmatrix} 1 & & & \\ & 1 & & \\ & & 1 & \\ & & & -1 \end{bmatrix} \tag{2.42}$$

이다. 이 연산은 두 큐비트에 대해 대칭적이다. 즉, 제어큐비트와 대상큐비트 사이 구분이 없다. 따라서, 양자회로모형에서 이 게이트는 다음과 같은 양자회로요소로 표시된다.

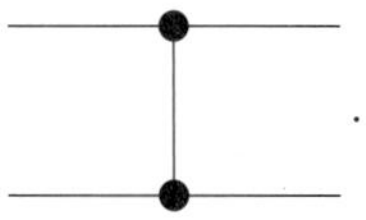

(2.43)

두 개의 큐비트 선들에 있는 (정사각형 상자가 아니라) 점들은 두 큐비트의 값이 바뀌지 않음을 의미한다. 항등식 $\hat{H}\hat{Z}\hat{H} = \hat{X}$를 보면, CZ 게이트는 대상큐비트에 하다마드 게이트를 가한 CNOT 게이트와 같다고 생각할 수 있다. CNOT 게이트와 CZ 게이트 사이의 관계는 양자회로들 사이의 관계

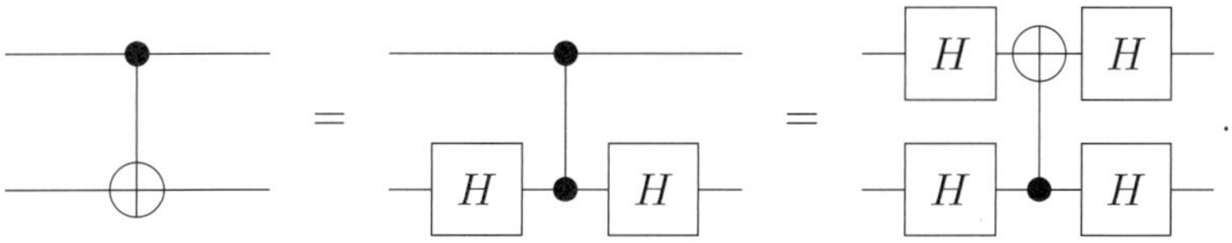

(2.44)

에 잘 나타나있다. 특정한 물리계를 선택하고 그 계의 해밀토니안을 이용하여 CNOT 게이트를 직접적으로 구현하기는 상당히 어려울 수 있는 반면, CZ 게이트의 구현은 상대적으로 더 쉽다. 이러한 경우 식 (2.44)는 CNOT 게이트를 물리적으로 구현하는 간단한 해결 방법을 제공한다.

The CZ (or controlled-Z) gate is a variant of the CNOT gate.

```
In[•]:= op = CZ[S[1], S[2]]

Out[•]= CZ[{S₁}, {S₂}]
```

This shows how it transforms the logical basis states.

```
In[•]:= bs = Basis@S@{1, 2};
        out = op ** bs;
        Thread[bs → out] // LogicalForm // TableForm
```

Out[ ]//TableForm=

$$\begin{array}{l}
\left|0_{S_1}0_{S_2}\right\rangle \rightarrow \left|0_{S_1}0_{S_2}\right\rangle \\
\left|0_{S_1}1_{S_2}\right\rangle \rightarrow \left|0_{S_1}1_{S_2}\right\rangle \\
\left|1_{S_1}0_{S_2}\right\rangle \rightarrow \left|1_{S_1}0_{S_2}\right\rangle \\
\left|1_{S_1}1_{S_2}\right\rangle \rightarrow -\left|1_{S_1}1_{S_2}\right\rangle
\end{array}$$

Here is the matrix representation of the CZ gate.

```
In[ ]:= mat = Matrix[Elaborate@op];
        mat // MatrixForm
```

Out[ ]//MatrixForm=

$$\begin{pmatrix} 1 & 0 & 0 & 0 \\ 0 & 1 & 0 & 0 \\ 0 & 0 & 1 & 0 \\ 0 & 0 & 0 & -1 \end{pmatrix}$$

This is the quantum circuit model of the CZ gate.

```
In[ ]:= cz = QuantumCircuit[CZ[S[1], S[2]]]
```

Out[ ]=

Note the following identity.

```
In[ ]:= expr = HoldForm[S[1, 6] ** S[1, 3] ** S[1, 6] == S[1, 1]]
        ReleaseHold[expr] // Elaborate
```

Out[ ]=

$S_1^H ** S_1^z ** S_1^H == S_1^x$

Out[ ]=

```
True
```

It leads to the following relation between the CNOT gate and CZ gate.

```
In[ ]:= new = QuantumCircuit[S[2, 6], cz, S[2, 6]]
```

Out[ ]=

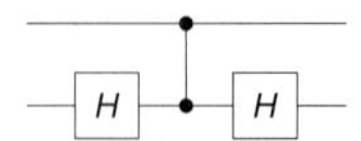


```
In[ ]:= cnot = QuantumCircuit[CNOT[S[1], S[2]]]
```

Out[ ]=

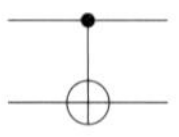

```
In[ ]:= Elaborate[new - cnot]
```

Out[ ]=

```
0
```

또 다른 두 큐비트 게이트의 재미있는 예는 SWAP 게이트(SWAP gate)로, 이 게이트는 두 큐비트의 논리기저상태를 서로 맞바꾼다. 즉, 이 게이트는 논리기저상태를

$$\text{SWAP} : |x_1\rangle \otimes |x_2\rangle \mapsto |x_2\rangle \otimes |x_1\rangle \tag{2.45}$$

과 같이 본뜬다. 상태 $|0\rangle \otimes |0\rangle$과 $|1\rangle \otimes |1\rangle$은 이 연산에 의해 변경되지 않음을 감안할 때, 이 게이트의 행렬표현은

$$\text{SWAP} \doteq \begin{bmatrix} 1 & & & \\ & 0 & 1 & \\ & 1 & 0 & \\ & & & 1 \end{bmatrix} \tag{2.46}$$

로 주어짐을 알 수 있다. 양자회로모형에서 이 게이트는

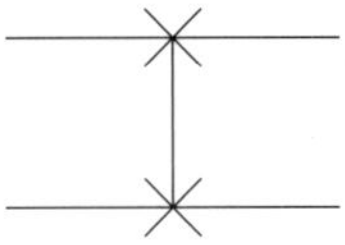

(2.47)

로 표시된다. SWAP 게이트는 CNOT 게이트를 이용하여 구현할 수 있다. 이를 보기 위해, 먼저 행렬 (2.46)의 둘째와 넷째 열과 행들을 동시에 맞바꾸면

$$\begin{bmatrix} 1 & & & \\ & 1 & & \\ & & 0 & 1 \\ & & 1 & 0 \end{bmatrix} \tag{2.48}$$

이 됨을 주목하라. 이 행렬은 정확히 CNOT 게이트의 행렬표현이다. 한편, 둘째와 넷째 열과 행들을 맞바꾸는 것은 변환행렬

$$\begin{bmatrix} 1 & & & \\ & 0 & & 1 \\ & & 1 & \\ & 1 & & 0 \end{bmatrix} \tag{2.49}$$

로 기술할 수 있는데, 이 행렬은 둘째 큐비트가 상태 $|1\rangle$일 때만 첫째 큐비트의 비트 값을 뒤집는다. 따라서, 이는 둘째 및 첫째 큐비트를 각각 제어큐비트와 대상큐비트로 사용하는 CNOT 게이트에 해당한다. 간단히 정리하면, SWAP 게이트는 다음과 같이 CNOT 게이

트들을 조합하여 얻을 수 있다.

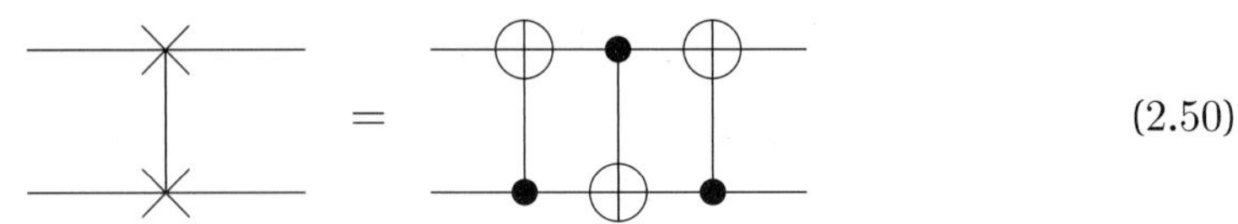

(2.50)

The SWAP gate exchanges the states of two qubits.

```
In[ ]:= op = SWAP[S[1], S[2]]
Out[ ]=
SWAP[S1, S2]
```

```
In[ ]:= bs = Basis@S@{1, 2};
new = op ** bs;
Thread[bs → new] // LogicalForm // TableForm
```

Out[ ]//TableForm=

$|0_{S_1}0_{S_2}\rangle \to |0_{S_1}0_{S_2}\rangle$
$|0_{S_1}1_{S_2}\rangle \to |1_{S_1}0_{S_2}\rangle$
$|1_{S_1}0_{S_2}\rangle \to |0_{S_1}1_{S_2}\rangle$
$|1_{S_1}1_{S_2}\rangle \to |1_{S_1}1_{S_2}\rangle$

This is the matrix representation of the SWAP gate in the logical basis.

```
In[ ]:= Matrix[Elaborate@op] // MatrixForm
```

Out[ ]//MatrixForm=

$$\begin{pmatrix} 1 & 0 & 0 & 0 \\ 0 & 0 & 1 & 0 \\ 0 & 1 & 0 & 0 \\ 0 & 0 & 0 & 1 \end{pmatrix}$$

In the quantum circuit model, the SWAP gate is represented as following.

```
In[ ]:= qc = QuantumCircuit[SWAP[S[1], S[2]]]
Out[ ]=
```

The SWAP gate can be implemented by means of the CNOT gate.

```
In[ ]:= new = QuantumCircuit[CNOT[S[1], S[2]], CNOT[S[2], S[1]], CNOT[S[1], S[2]]]
Out[ ]=
```

```
In[ ]:= Elaborate[qc - new]
Out[ ]=
0
```

흥미롭게도, SWAP 게이트 자체는 보편적이지 않지만 $\sqrt{\text{SWAP}}$ 게이트, 즉 제곱할 때 SWAP과 동일하게 되는 게이트는 보편적이다. 다시 말해, 다중 큐비트 계에 대한 임의의 양자 게이트는 $\sqrt{\text{SWAP}}$ 게이트와 단일 큐비트 회전들을 결합하여 구현할 수 있다(2.4절과 3.2.2절 참조). 실제로, $\sqrt{\text{SWAP}}$ 게이트를 단일 큐비트 회전과 결합하여 CZ 게이트를 구성할 수 있다(3.2.2절). 위에서 논의한 바와 같이, CZ 게이트는 CNOT 게이트를 구현하기 위해 두 개의 하다마드 게이트들만 더 필요하므로, $\sqrt{\text{SWAP}}$ 게이트는 보편적이다.

Let us construct the CZ gate with the $\sqrt{\text{SWAP}}$ gate. This is the matrix representation of the the $\sqrt{\text{SWAP}}$ gate.

```
In[ ]:= mat = MatrixPower[Matrix@Elaborate@SWAP[S[1], S[2]], 1/2];
        mat // MatrixForm
```

Out[ ]//MatrixForm=

$$\begin{pmatrix} 1 & 0 & 0 & 0 \\ 0 & \frac{1}{2}+\frac{i}{2} & \frac{1}{2}-\frac{i}{2} & 0 \\ 0 & \frac{1}{2}-\frac{i}{2} & \frac{1}{2}+\frac{i}{2} & 0 \\ 0 & 0 & 0 & 1 \end{pmatrix}$$

This is an explicit operator expression of the $\sqrt{\text{SWAP}}$ gate in terms of the Pauli operators.

```
In[ ]:= sqrtSWAP = {ExpressionFor[mat, S@{1, 2}], "Label" → "√U"}
```

Out[ ]=

$$\left\{\left(\frac{3}{4}+\frac{i}{4}\right)+\left(\frac{1}{4}-\frac{i}{4}\right) S_1^z S_2^z+\left(\frac{1}{2}-\frac{i}{2}\right) S_1^+ S_2^- +\left(\frac{1}{2}-\frac{i}{2}\right) S_1^- S_2^+,\ \text{Label} \to \sqrt{U}\right\}$$

This is a quantum circuit model to construct the CZ gate from the $\sqrt{\text{SWAP}}$ gate and single-qubit rotation gates. In this diagram, $\sqrt{U}$ denotes the $\sqrt{\text{SWAP}}$ gate and S the quadrant phase gate (or, equivalently, the rotation around the z-axis by angle $\pi/2$).

```
In[ ]:= qc = QuantumCircuit[sqrtSWAP, S[1, 3], sqrtSWAP, {S[1, 7], Dagger@S[2, 7]}]
```

Out[ ]=

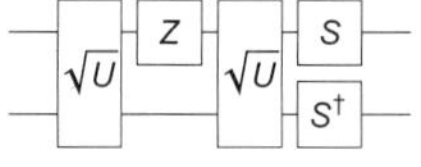

To check if it indeed implements the CZ gate, take a look at the matrix representation of the quantum circuit model.

```
In[ ]:= Matrix[qc] // MatrixForm
```

Out[ ]//MatrixForm=

$$\begin{pmatrix} 1 & 0 & 0 & 0 \\ 0 & 1 & 0 & 0 \\ 0 & 0 & 1 & 0 \\ 0 & 0 & 0 & -1 \end{pmatrix}$$

2.2.2 제어 유니테리 게이트

다시 한번 두 개의 큐비트가 있다고 하고, 각각을 제어큐비트와 대상큐비트라 부르자. $\hat{U}$를 대상큐비트에 작용하는 유니테리 연산이라 하자. 제어 $\hat{U}$ 게이트(controlled-$\hat{U}$ gate)는 CNOT 게이트와 유사하게 두 큐비트 힐베르트 공간에 작용하는 유니테리 연산으로,

$$\mathrm{Ctrl}(\hat{U}) : |c\rangle \otimes |t\rangle \mapsto |c\rangle \otimes \hat{U}^c |t\rangle \tag{2.51}$$

와 같이 정의된다. 또는, 동등하게

$$\mathrm{Ctrl}(\hat{U}) := |0\rangle\langle 0| \otimes \hat{I} + |1\rangle\langle 1| \otimes \hat{U} \tag{2.52}$$

라 정의할 수 있다. 만일 제어큐비트가 상태 $|0\rangle$에 있으면, 이는 아무 작용을 하지 않는다. 한편, 제어큐비트가 상태 $|1\rangle$에 있으면, 유니테리 연산 $\hat{U}$를 대상 큐비트에 가한다. 따라서, CNOT 게이트와 유사하게, 제어 유니테리 게이트의 행렬표현은

$$\mathrm{Ctrl}(\hat{U}) \doteq \begin{bmatrix} 1 & & & \\ & 1 & & \\ & & U_{11} & U_{12} \\ & & U_{21} & U_{22} \end{bmatrix} \tag{2.53}$$

가 되는데, 여기서 U는 $\hat{U}$의 행렬표현이다. 양자회로모형에서 제어 유니테리 게이트는

(2.54)

로 표시된다. 대상큐비트에 대응하는 양자회로요소와 이와 수직선으로 연결된 점은 제어큐비트의 상태에 따라 그 양자회로요소를 대상큐비트에 조건부로 작용함을 의미한다.

Consider a single-qubit rotation acting on the qubit `S[2,None]`. It is a rotation around the y-axis by angle ϕ.

In[ ]:=
```
Let[Real, ϕ]
U = Rotation[ϕ, S[2, 2], "Label" → "U"];
U // Elaborate // Matrix // MatrixForm
```

Out[ ]//MatrixForm=

$$\begin{pmatrix} \mathrm{Cos}\left[\frac{\phi}{2}\right] & -\mathrm{Sin}\left[\frac{\phi}{2}\right] \\ \mathrm{Sin}\left[\frac{\phi}{2}\right] & \mathrm{Cos}\left[\frac{\phi}{2}\right] \end{pmatrix}$$

This is a quantum circuit featuring the controlled-unitary gate.

In[ ]:=
```
qc = QuantumCircuit[ControlledU[S[1], U]]
```

Out[ ]=

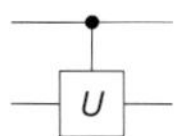

This is the explicit expression of the controlled-U gate operation in terms of the Pauli operators.

In[ ]:=
```
op = Elaborate[qc]
```

Out[ ]=

$$\mathrm{Cos}\left[\frac{\phi}{4}\right]^2 + S_1^z\,\mathrm{Sin}\left[\frac{\phi}{4}\right]^2 + \frac{1}{2}\,i\,S_1^z\,S_2^y\,\mathrm{Sin}\left[\frac{\phi}{2}\right] - \frac{1}{2}\,i\,S_2^y\,\mathrm{Sin}\left[\frac{\phi}{2}\right]$$

The controlled-U gate maps the logical basis states as follows.

In[ ]:=
```
in = Basis[S@{1, 2}];
out = op ** in;
Thread[in → out] // LogicalForm // TableForm
```

Out[ ]//TableForm=

$$\left|0_{S_1}0_{S_2}\right\rangle \to \left|0_{S_1}0_{S_2}\right\rangle$$
$$\left|0_{S_1}1_{S_2}\right\rangle \to \left|0_{S_1}1_{S_2}\right\rangle$$
$$\left|1_{S_1}0_{S_2}\right\rangle \to \mathrm{Cos}\left[\frac{\phi}{2}\right]\left|1_{S_1}0_{S_2}\right\rangle + \left|1_{S_1}1_{S_2}\right\rangle \mathrm{Sin}\left[\frac{\phi}{2}\right]$$
$$\left|1_{S_1}1_{S_2}\right\rangle \to \mathrm{Cos}\left[\frac{\phi}{2}\right]\left|1_{S_1}1_{S_2}\right\rangle - \left|1_{S_1}0_{S_2}\right\rangle \mathrm{Sin}\left[\frac{\phi}{2}\right]$$

Let us take a look at the mapping more closely. When the first qubit is set to `Ket[0]`, it does nothing.

In[ ]:=
```
Let[Complex, c]
vec = Ket[] × c[0] + Ket[S[2] → 1] × c[2];
LogicalForm[vec, S@{1, 2}]
```

Out[ ]=

$$c_0\left|0_{S_1}0_{S_2}\right\rangle + c_2\left|0_{S_1}1_{S_2}\right\rangle$$

In[ ]:=
```
new = op ** vec;
LogicalForm[new, S@{1, 2}]
```

Out[ ]=

$$c_0\left|0_{S_1}0_{S_2}\right\rangle + c_2\left|0_{S_1}1_{S_2}\right\rangle$$

When the control qubit -- the first qubit in this case -- is set to $|1\rangle$, it operates the unitary operator on the second qubit.

In[ ]:=
```
vec = Ket[S[1] → 1] ** (Ket[] × c[0] + Ket[S[2] → 1] × c[2]);
LogicalForm[vec, S@{1, 2}]
```

Out[ ]=

$$c_0\left|1_{S_1}0_{S_2}\right\rangle + c_2\left|1_{S_1}1_{S_2}\right\rangle$$

In[ ]:=
```
new = op ** vec;
LogicalForm[new, S@{1, 2}]
```

Out[ ]=

$$\left|1_{S_1}1_{S_2}\right\rangle\left(c_2\,\mathrm{Cos}\left[\frac{\phi}{2}\right] + c_0\,\mathrm{Sin}\left[\frac{\phi}{2}\right]\right) + \left|1_{S_1}0_{S_2}\right\rangle\left(c_0\,\mathrm{Cos}\left[\frac{\phi}{2}\right] - c_2\,\mathrm{Sin}\left[\frac{\phi}{2}\right]\right)$$

When the control qubit is in a superposition, the resulting state is an entangled state in general.

In[ ]:=
```
vec = Ket[] + Ket[S[1] → 1];
LogicalForm[vec, S@{1, 2}]
```

Out[ ]=

$$\left|0_{S_1}0_{S_2}\right\rangle + \left|1_{S_1}0_{S_2}\right\rangle$$

```
In[ ]:= new = op ** vec;
        LogicalForm[new, S@{1, 2}]
Out[ ]=
        |0S1 0S2⟩ + Cos[ϕ/2] |1S1 0S2⟩ + |1S1 1S2⟩ Sin[ϕ/2]
```

제어 유니테리 연산자의 중요한 특성으로, 대상큐비트를 $\hat{U}$의 고유상태들 중 하나에 준비해 놓았을 때 (대상큐비트가 아니라) 제어큐비트에 상대적 위상변화를 일으킬 수 있다는 점이다. 정의 (2.51)에 따르면 제어큐비트의 상태에 따라 대상큐비트만 변화하고 제어큐비트 상태는 그대로 유지되기 때문에, 얼핏 보기에 이는 직관적인 예상과 반대로 들릴 수 있다. 바로 이것이 양자 게이트를 고전적인 게이트와 구별하는 또 다른 특징이다. 이것이 어떻게 작동하는지 자세히 살펴보도록 하자. 제어큐비트를 중첩상태 $|\psi\rangle = |0\rangle + |1\rangle$로, 대상큐비트는 $\hat{U}$의 고유상태들 중 하나 $|\phi\rangle$로 준비해 놓자. 고유상태 $|\phi\rangle$의 고유값을 $e^{i\phi}$라 하면, 제어 유니테리 게이트는 큐비트의 상태를

$$\begin{aligned}|\psi\rangle \otimes |\phi\rangle &\to |0\rangle \otimes |\phi\rangle + |1\rangle \otimes \hat{U}\,|\phi\rangle \\ &= |0\rangle \otimes |\phi\rangle + |1\rangle \otimes |\phi\rangle\, e^{i\phi} = \left(|0\rangle + |1\rangle\, e^{i\phi}\right) \otimes |\phi\rangle \end{aligned} \tag{2.55}$$

로 변환한다. 이 기능은 다중제어 유니테리 게이트(multi-control unitary gates)로 확장해도 성립하는 특징으로, 많은 양자 알고리즘에서 중요한 역할을 한다. 특히, 양자위상추정(quantum phase estimation) 알고리즘(4.4절)은 이 기능을 직접적으로 적용하여 얻은 결과이다.

When the target qubit is set to an eigenstate of the unitary operator, it does not change but the control qubit acquires the phase factor given by the eigenvalue of the target state.

```
In[ ]:= vec = (Ket[] + Ket[S[1] → 1]) ** (Ket[] - I Ket[S[2] → 1]);
        LogicalForm[KetFactor@vec, S@{1, 2}]
Out[ ]=
        (|0S1⟩ + |1S1⟩) ⊗ (|0S2⟩ - i |1S2⟩)

In[ ]:= new = op ** vec // TrigToExp;
        LogicalForm[KetFactor@new, S@{1, 2}]
Out[ ]=
        (|0S1⟩ + e^(iϕ/2) |1S1⟩) ⊗ (|0S2⟩ - i |1S2⟩)
```

CNOT 게이트와 제어 유니테리 게이트를 결합하여 다양한 조건부 게이트연산을 수행할 수 있다. 예를 들어, n개의 큐비트로 이루어진 제어레지스터와 단일 큐비트로 이루어진 대상레지스터로 구성된 계를 고려해보자. 홀수 개의 제어큐비트만 상태 $|1\rangle$에 있을 때, 대상큐비트에 유니테리 게이트 $\hat{U}$를 작동하려고 한다. 이에 대한 사상은

$$|c\rangle \otimes |t\rangle \mapsto |c\rangle \otimes \hat{U}^{c_1 \oplus \cdots \oplus c_n}\,|t\rangle \tag{2.56}$$

로 기술할 수 있다. 먼저, 제어레지스터의 처음 $(n-1)$ 개의 큐비트를 제어큐비트로 사용하고 제어레지스터의 마지막 큐비트를 대상큐비트로 사용하여 CNOT 게이트를 연속적으로 작동시킨다. 이는 n번째 큐비트를 $|c_1 \oplus \cdots \oplus c_n\rangle$로 변환시킨다(연습문제 2.9). 그런 다음, n번째 큐비트에 의해 제어되는 제어 $\hat{U}$ 게이트를 적용하면 원하는 동작을 구현할 수 있다. 제어큐비트를 원래 상태로 되돌리려면 CNOT 게이트를 역순으로 작동하면된다. 종합하여 정리하면, 다음 양자회로를 이용하여 $n = 3$인 경우의 조건부 연산을 구현할 수 있다.

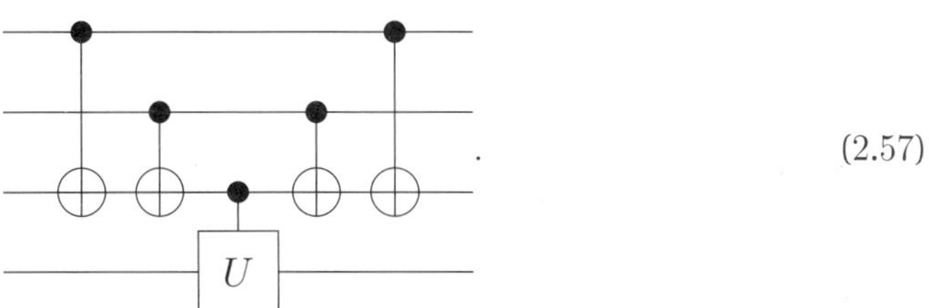

(2.57)

이 방법을 이용하여 그레이 코드(Gray code)를 기반으로 하는 다중제어 유니테리 게이트를 구현할 수 있다 (2.3절 참조).

This shows a quantum circuit model conditionally operating the logic gate U on the target qubit.

In[ ]:=
```
$n = 3;
cc = Table[CNOT[S[j], S[$n]], {j, 1, $n - 1}];
op = Rotation[ϕ, S[$n + 1, 2]];
cU = ControlledU[S[$n], op];
qc = QuantumCircuit[Sequence @@ Flatten@{cc, cU, Reverse@cc}]
```

Out[ ]=

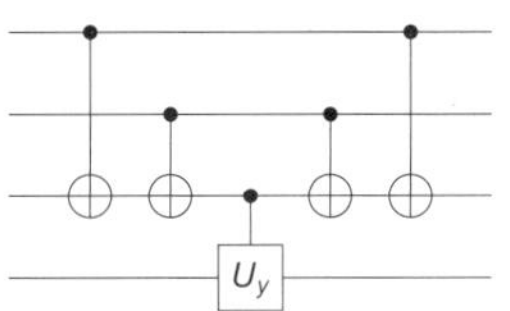

This shows how the above quantum circuit model maps the logical basis states. It affects the target qubit only when $c_1 \oplus c_2 \oplus c_3 = 1$.

In[ ]:=
```
ss = S[Range[$n], None];
bs = Basis[S@Range[$n + 1]];
out = Elaborate[qc] ** bs;
new = KetFactor[#, ss] & /@ out;
tbl = Thread[bs → new] // LogicalForm;
tbl⟦ ;; 5⟧ // TableForm
```

Out[ ]//TableForm=

$|0_{S_1}0_{S_2}0_{S_3}0_{S_4}\rangle \to |0_{S_1}0_{S_2}0_{S_3}\rangle \otimes |0_{S_4}\rangle$

$|0_{S_1}0_{S_2}0_{S_3}1_{S_4}\rangle \to |0_{S_1}0_{S_2}0_{S_3}\rangle \otimes |1_{S_4}\rangle$

$|0_{S_1}0_{S_2}1_{S_3}0_{S_4}\rangle \to |0_{S_1}0_{S_2}1_{S_3}\rangle \otimes \left(\mathrm{Cos}\left[\frac{\phi}{2}\right] |0_{S_4}\rangle + |1_{S_4}\rangle \mathrm{Sin}\left[\frac{\phi}{2}\right]\right)$

$|0_{S_1}0_{S_2}1_{S_3}1_{S_4}\rangle \to |0_{S_1}0_{S_2}1_{S_3}\rangle \otimes \left(\mathrm{Cos}\left[\frac{\phi}{2}\right] |1_{S_4}\rangle - |0_{S_4}\rangle \mathrm{Sin}\left[\frac{\phi}{2}\right]\right)$

$|0_{S_1}1_{S_2}0_{S_3}0_{S_4}\rangle \to |0_{S_1}1_{S_2}0_{S_3}\rangle \otimes \left(\mathrm{Cos}\left[\frac{\phi}{2}\right] |0_{S_4}\rangle + |1_{S_4}\rangle \mathrm{Sin}\left[\frac{\phi}{2}\right]\right)$

그럼, 제어 유니테리 게이트를 실제로 어떻게 구현할 수 있을까? 이 연산은 두 개의 큐비트에만 작용한다. 따라서, 원리적으로만 보면, 어떠한 제어 유니테리 게이트라도 구현할 수 있어야 한다. 그러나 제 3장에서 곧 명백하게 볼 수 있듯이, 실제 현실적인 상황에서 두 큐비트 게이트를 물리적으로 구현하기 위한 요구사항은 단일 큐비트 게이트의 경우보다 충족시키기가 훨씬 어렵다. 다행히도, CNOT 게이트와 단일 큐비트 게이트들만 사용하여 임의의 제어 유니테리 게이트를 구현할 수 있다. 이것이 바로 보편적 양자계산을 확립하는 기본 단계들 중 하나이다.

$\hat{U}$가 첫 번째 큐비트(제어큐비트)의 상태에 따라 두 번째 큐비트(대상큐비트)에 가해지는 유니테리 게이트라 하자. 오일러 각 α, β, γ와 추가적인 위상인자 $e^{i\varphi}$에 의해 $\hat{U}$가 $\hat{U} = e^{i\varphi}\hat{U}_z(\alpha)\hat{U}_y(\beta)\hat{U}_z(\gamma)$로 정의된다고 하자[식 (2.27) 참조]. 그러면,

$$\hat{U} = e^{i\varphi}\hat{A}\hat{X}\hat{B}\hat{X}\hat{C}\,, \quad \hat{A}\hat{B}\hat{C} = \hat{I} \tag{2.58}$$

를 만족시키는 세 개의 유니테리 연산자들 $\hat{A}$, $\hat{B}$, $\hat{C}$를 항상 찾아낼 수 있다. 여기서 $\hat{X}$는 파울리 X 연산자이다. 보다 명시적으로 표현하면, 흔한 선택 중 하나는

$$\hat{A} = \hat{U}_z(\alpha)\hat{U}_y(\beta/2)\,, \tag{2.59a}$$

$$\hat{B} = \hat{U}_y(-\beta/2)\hat{U}_z(-(\alpha+\gamma)/2)\,, \tag{2.59b}$$

$$\hat{C} = \hat{U}_z(-(\alpha-\gamma)/2) \tag{2.59c}$$

이다. 임의의 ϕ에 대해 $\hat{U}_{y/z}(\phi) = \hat{X}\hat{U}_{y/z}(-\phi)\hat{X}$이므로, 위 선택은 식 (2.58)에서 기대되는 특성들을 만족시킨다. 이러한 특성들은 제어 유니테리 게이트를 다음 양자회로와 같이 구현할 수 있음을 의미한다.

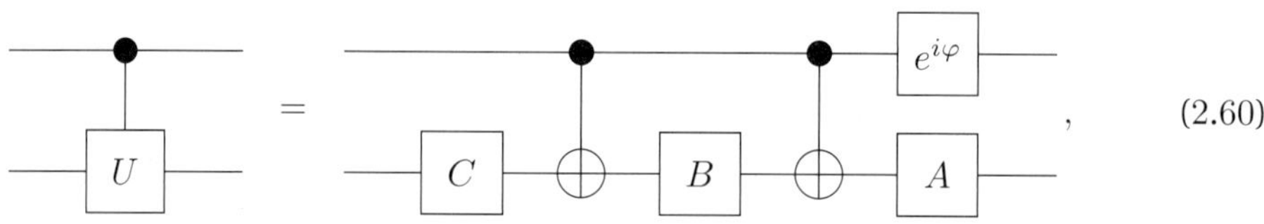

, (2.60)

여기서 첫 번째 큐비트에 가해진 마지막 게이트는 $|0\rangle\langle 0| + |1\rangle\langle 1|\, e^{i\varphi}$ 를 뜻하며, φ만큼의 상대적 위상변화를 일으킨다. 실제로, 제어큐비트가 $|0\rangle$에 있을 때엔 중간에 있는 두 CNOT 게이트들은 아무 것도 수행하지 않으며, 대상큐비트에 작용하는 연산자들을 결합한 $\hat{A}\hat{B}\hat{C}$는 항등연산자가 되어버린다. 반면에, 제어큐비트가 $|1\rangle$에 있으면, 두 CNOT 게이트들이 작동하여 대상큐비트에 작용하는 전체 연산자는 $\hat{A}\hat{X}\hat{B}\hat{X}\hat{C} = e^{-i\varphi}\hat{U}$가 된다. 여기서 위상인자 $e^{-i\varphi}$는 (제어큐비트에 작용하는 마지막 게이트로부터 발생하는) 반대 위상에 의해

상쇄된다.

Consider a controlled-unitary gate.

```
In[ ]:= matU = RandomUnitary[2];
        matU // MatrixForm

Out[ ]//MatrixForm=
 ( 0.534026 - 0.581256 i  -0.0590349 + 0.611123 i )
 ( 0.598418 - 0.137307 i   0.50758 - 0.604488 i   )
```

```
In[ ]:= opU = ExpressionFor[matU, S[2]];
        qc1 = QuantumCircuit[ControlledU[S[1], opU, "Label" → "U"]]

Out[ ]=
```

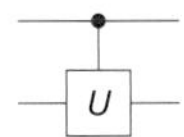

For the decomposition, first find the Euler angles of the unitary operator.

```
In[ ]:= detU = Det[matU];
        vphi = Arg[detU] / 2;
        {a, b, c} = TheEulerAngles[matU / Sqrt[detU]]

Out[ ]=
        {0.602175, 1.32216, -0.646774}
```

From the Euler angles, choose the component operators.

```
In[ ]:= opA = EulerRotation[{a, b / 2, 0}, S[2], "Label" → "A"];
        opB = EulerRotation[{0, -b / 2, - (a + c) / 2}, S[2], "Label" → "B"];
        opC = EulerRotation[{0, 0, - (a - c) / 2}, S[2], "Label" → "C"];
        opD = Phase[vphi, S[1]];
```

Finally, construct the equivalent quantum circuit model.

```
In[ ]:= qc2 = QuantumCircuit[opC, CNOT[S[1], S[2]], opB, CNOT[S[1], S[2]], opA, opD]

Out[ ]=
```

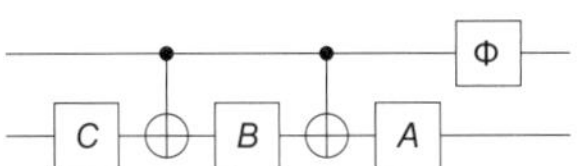

Check the result.

```
In[ ]:= Elaborate[qc1 - qc2] // Chop

Out[ ]=
        0
```

2.2.3 일반 유니테리 게이트

이 절에서는 임의의 두 큐비트 유니테리 게이트를 제어 유니테리 게이트들만의 곱으로 분해한다. 이는 양자컴퓨터를 구축하려고 할 때 놀라운 이점이 되는데, CNOT 게이트와 단일 큐비트 게이트들을 구현하는 방법에만 집중할 수 있기 때문이다. 더 나아가, 이와 같은 아이디어를 이용하여 더 큰 계에서도 보편적 양자계산이 성립함을 증명할 수 있다. 이는 2.4절에서 논의될 것이다.

임의의 두 큐비트 유니테리 연산자 $\hat{U}$는 논리기저에 대해 유니테리 행렬

$$U = \begin{bmatrix} U_{11} & U_{12} & U_{13} & U_{14} \\ U_{21} & U_{22} & U_{23} & U_{24} \\ U_{31} & U_{32} & U_{33} & U_{34} \\ U_{41} & U_{42} & U_{43} & U_{44} \end{bmatrix} \tag{2.61}$$

로 표현된다. 유니테리 연산 $\hat{U}$를 더 기본적인 양자논리게이트들로 쪼개기 위해 이준위 유니테리 변환(two-level unitary transformation)을 사용한다. 이준위 유니테리 변환은 행렬로 표현했을 때, 작용 대상이 되는 행렬 또는 열/행 벡터의 두 열과 행에만 작용한다. 여기서 '이준위'(two-level)를 '두 큐비트'(two-qubit)와 혼동하여서는 안 된다. 이준위 유니테리 변환은 여러 큐비트들에 가해지지만 행렬표현에서 한 번에 두 행 또는 열에만 작용한다. 예를 들어, 다음과 같은 꼴의 이준위 유니테리 변환을 생각해보자.

$$T_1 = \begin{bmatrix} 1 & & & \\ & 1 & & \\ & & \tilde{U}_{13}^* & \tilde{U}_{14} \\ & & \tilde{U}_{14}^* & -\tilde{U}_{13} \end{bmatrix}. \tag{2.62}$$

여기서 $\tilde{U}_{ij} \propto U_{ij}$이고, $\tilde{U}_{ij}$는 $T_1^\dagger T_1 = T_1 T_1^\dagger = I$를 만족시키도록 규격화되어 있다. T_1을 U의 오른쪽에 곱하면 U의 처음 두 열들은 변하지 않고, 나중 두 열들만 변한다. 그래서 '이준위 변환'이라는 이름이 붙여졌다. T_1의 오른쪽 아래 블럭에 있는 행렬원소들은 다음과 같이 마지막 열의 첫째 원소가 상쇄되도록 선택되었다.

$$UT_1 = \begin{bmatrix} U_{11} & U_{12} & U'_{13} & 0 \\ U_{21} & U_{22} & U'_{23} & U'_{24} \\ U_{31} & U_{32} & U'_{33} & U'_{34} \\ U_{41} & U_{42} & U'_{43} & U'_{44} \end{bmatrix}. \tag{2.63}$$

이번에는 다음과 같은 꼴의 또 다른 이준위 유니테리 변환을 가해보자.

$$T_2 = \begin{bmatrix} 1 & & & \\ & \tilde{U}_{12}^* & \tilde{U}_{13}' & \\ & \tilde{U}_{13}'^* & -\tilde{U}_{12} & \\ & & & 1 \end{bmatrix}. \tag{2.64}$$

이는 UT_1의 첫 번째와 마지막 열을 유지하면서 U_{13}'을 없앤다.

$$UT_1T_2 = \begin{bmatrix} U_{11} & U_{12}'' & 0 & 0 \\ U_{21} & U_{22}'' & U_{23}'' & U_{24}' \\ U_{31} & U_{32}'' & U_{33}'' & U_{34}' \\ U_{41} & U_{42}'' & U_{43}'' & U_{44}' \end{bmatrix}. \tag{2.65}$$

비슷한 방식으로, 이준위 유니테리 행렬

$$T_3 = \begin{bmatrix} \tilde{U}_{11}^* & \tilde{U}_{12}'' & & \\ \tilde{U}_{12}''^* & -\tilde{U}_{11} & & \\ & & 1 & \\ & & & 1 \end{bmatrix} \tag{2.66}$$

을 이용하여 행렬원소 U_{12}'를 없애면

$$UT_1T_2T_3 = \begin{bmatrix} U_{11}''' & 0 & 0 & 0 \\ 0 & U_{22}''' & U_{23}'' & U_{24}' \\ 0 & U_{32}''' & U_{33}'' & U_{34}' \\ 0 & U_{42}''' & U_{43}'' & U_{44}' \end{bmatrix} \tag{2.67}$$

를 얻는다. 이 단계에서 첫 번째 열의 첫 번째 원소를 제외한 나머지는 모두 0이 되는데 ($U_{21}'' = U_{31}'' = U_{41}'' = 0$), 이는 행렬곱 $UT_1T_2T_3$이 유니테리 행렬이기 때문이다. 이 과정을 반복하면, 모든 비대각원소를 없애고,

$$UT_1T_2 \ldots T_L = I \tag{2.68}$$

를 얻을 수 있다. T_j가 모두 유니테리임을 이용하면, U를 이준위 유니테리 변환들의 조합, 즉

$$U = T_L^\dagger \ldots T_2^\dagger T_1^\dagger \tag{2.69}$$

로 쓸 수 있다.

Consider a Hermitian operator on a two-qubit system. Physically, it corresponds to a transverse-field Ising model.

In[ ]:=
```
H = S[1, 1] ** S[2, 1] + S[1, 2] + S[2, 2] + S[1, 3] + S[2, 3]
matH = Matrix[H];
matH // MatrixForm
```

Out[ ]=

$$S_1^x S_2^x + S_1^y + S_1^z + S_2^y + S_2^z$$

Out[ ]//MatrixForm=

$$\begin{pmatrix} 2 & -i & -i & 1 \\ i & 0 & 1 & -i \\ i & 1 & 0 & -i \\ 1 & i & i & -2 \end{pmatrix}$$

This is the unitary operator generated by the above Hermitian operator.

In[ ]:=
```
U = MultiplyExp[-I H Pi / 4]
```

Out[ ]=

$$e^{-\frac{1}{4} i \pi \left(S_1^x S_2^x + S_1^y + S_1^z + S_2^y + S_2^z\right)}$$

This shows the matrix representation of `U` in the logical basis.

In[ ]:=
```
matU = Matrix[U] // Simplify;
matU // MatrixForm
```

Out[ ]//MatrixForm=

$$\begin{pmatrix} -\frac{\frac{1}{2}+\frac{5i}{6}}{\sqrt{2}} & -\frac{\frac{1}{6}-\frac{i}{2}}{\sqrt{2}} & -\frac{\frac{1}{6}-\frac{i}{2}}{\sqrt{2}} & \frac{\frac{1}{2}-\frac{i}{2}}{\sqrt{2}} \\ \frac{\frac{1}{6}-\frac{i}{2}}{\sqrt{2}} & \frac{\frac{1}{2}+\frac{i}{6}}{\sqrt{2}} & -\frac{\frac{1}{2}+\frac{5i}{6}}{\sqrt{2}} & -\frac{\frac{1}{2}+\frac{i}{2}}{\sqrt{2}} \\ \frac{\frac{1}{6}-\frac{i}{2}}{\sqrt{2}} & -\frac{\frac{1}{2}+\frac{5i}{6}}{\sqrt{2}} & \frac{\frac{1}{2}+\frac{i}{6}}{\sqrt{2}} & -\frac{\frac{1}{2}+\frac{i}{2}}{\sqrt{2}} \\ \frac{\frac{1}{2}-\frac{i}{2}}{\sqrt{2}} & \frac{\frac{1}{2}+\frac{i}{2}}{\sqrt{2}} & \frac{\frac{1}{2}+\frac{i}{2}}{\sqrt{2}} & -\frac{\frac{1}{2}-\frac{i}{2}}{\sqrt{2}} \end{pmatrix}$$

This shows the decomposition of the unitary matrix into two-level matrices (displaying the first three elements). For the purpose of efficiency, the resulting list is given in terms of `TwoLevelU`.

In[ ]:=
```
twl = TwoLevelDecomposition[matU] // Simplify;
twl⟦ ;; 3⟧
```

Out[ ]=

$$\left\{\text{TwoLevelU}[\{\{1, 0\}, \{0, 1\}\}, \{3, 4\}, 4],\right.$$
$$\text{TwoLevelU}\left[\left\{\left\{\frac{\frac{1}{2}-\frac{3i}{2}}{\sqrt{7}}, -\frac{\frac{3}{2}+\frac{3i}{2}}{\sqrt{7}}\right\}, \left\{\frac{\frac{3}{2}-\frac{3i}{2}}{\sqrt{7}}, \frac{\frac{1}{2}+\frac{3i}{2}}{\sqrt{7}}\right\}\right\}, \{3, 4\}, 4\right],$$
$$\left.\text{TwoLevelU}\left[\left\{\left\{-\frac{1-3i}{\sqrt{38}}, \sqrt{\frac{14}{19}}\right\}, \left\{-\sqrt{\frac{14}{19}}, -\frac{1+3i}{\sqrt{38}}\right\}\right\}, \{2, 3\}, 4\right]\right\}$$

For a more intuitive form, you can convert `TwoLevelU` into the normal matrix form using `Matrix`. Here the first three are shown.

In[ ]:=
```
MatrixForm /@ Matrix /@ twl⟦ ;; 3⟧
```

Out[ ]=

$$\left\{\begin{pmatrix} 1 & 0 & 0 & 0 \\ 0 & 1 & 0 & 0 \\ 0 & 0 & 1 & 0 \\ 0 & 0 & 0 & 1 \end{pmatrix}, \begin{pmatrix} 1 & 0 & 0 & 0 \\ 0 & 1 & 0 & 0 \\ 0 & 0 & \frac{\frac{1}{2}-\frac{3i}{2}}{\sqrt{7}} & -\frac{\frac{3}{2}+\frac{3i}{2}}{\sqrt{7}} \\ 0 & 0 & \frac{\frac{3}{2}-\frac{3i}{2}}{\sqrt{7}} & \frac{\frac{1}{2}+\frac{3i}{2}}{\sqrt{7}} \end{pmatrix}, \begin{pmatrix} 1 & 0 & 0 & 0 \\ 0 & -\frac{1-3i}{\sqrt{38}} & \sqrt{\frac{14}{19}} & 0 \\ 0 & -\sqrt{\frac{14}{19}} & -\frac{1+3i}{\sqrt{38}} & 0 \\ 0 & 0 & 0 & 1 \end{pmatrix}\right\}$$

Indeed, they reconstruct the original matrix.

```
In[ ]:= new = Dot @@ Matrix /@ twl;
        matU - new // Simplify // MatrixForm
```

```
Out[ ]//MatrixForm=
 0 0 0 0
 0 0 0 0
 0 0 0 0
 0 0 0 0
```

이제 이준위 유니테리 변환을 제어 유니테리 게이트를 이용해 표현해보자. 식 (2.62)의 T_1과 같은

$$\begin{bmatrix} 1 & & & \\ & 1 & & \\ & & U_{11} & U_{12} \\ & & U_{21} & U_{22} \end{bmatrix} \tag{2.70}$$

꼴의 이준위 유니테리 행렬은 이미 식 (2.53)의 제어 유니테리 게이트의 행렬표현과 같고,

$$\begin{bmatrix} 1 & & & \\ & 1 & & \\ & & U_{11} & U_{12} \\ & & U_{21} & U_{22} \end{bmatrix} = \tag{2.71}$$

와 같은 하나의 제어 유니테리 게이트에 해당한다.

Consider a two-level matrix of the form.

```
In[ ]:= matU = TheHadamard[];
        code = TwoLevelU[matU, {3, 4}, 4];
        full = Matrix[code];
        full // MatrixForm
```

$$\text{Out[ ]//MatrixForm=}\begin{pmatrix} 1 & 0 & 0 & 0 \\ 0 & 1 & 0 & 0 \\ 0 & 0 & \frac{1}{\sqrt{2}} & \frac{1}{\sqrt{2}} \\ 0 & 0 & \frac{1}{\sqrt{2}} & -\frac{1}{\sqrt{2}} \end{pmatrix}$$

It corresponds to a single controlled-unitary gate.

```
ctrlU = FromTwoLevelU[matU, {3, 4}, S@{1, 2}];
QuantumCircuit[ctrlU]
```

Out[ ]=

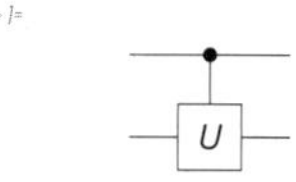

다른 형태의 이준위 유니테리 행렬

$$\begin{bmatrix} 1 & & & \\ & U_{11} & & U_{12} \\ & & 1 & \\ & U_{21} & & U_{22} \end{bmatrix} \tag{2.72}$$

는 제어큐비트와 대상큐비트가 뒤바뀐 제어 유니테리 게이트에 해당한다. 즉, 다음 양자회로에서와 같이, 첫째 큐비트는 대상큐비트, 둘째 큐비트는 제어큐비트가 된다.

$$\begin{bmatrix} 1 & & & \\ & U_{11} & & U_{12} \\ & & 1 & \\ & U_{21} & & U_{22} \end{bmatrix} = \tag{2.73}$$

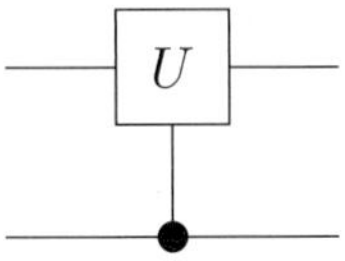

Consider a two-level matrix of the form.

```
In[◦]:= matU = TheHadamard[];
code = TwoLevelU[matU, {2, 4}, 4];
full = Matrix[code];
full // MatrixForm
```

Out[◦]//MatrixForm=

$$\begin{pmatrix} 1 & 0 & 0 & 0 \\ 0 & \frac{1}{\sqrt{2}} & 0 & \frac{1}{\sqrt{2}} \\ 0 & 0 & 1 & 0 \\ 0 & \frac{1}{\sqrt{2}} & 0 & -\frac{1}{\sqrt{2}} \end{pmatrix}$$

It corresponds to a single controlled-unitary gate with the control and target qubit exchanged.

```
ctrlU = FromTwoLevelU[matU, {2, 4}, S@{1, 2}];
QuantumCircuit[ctrlU]
```

Out[◦]=

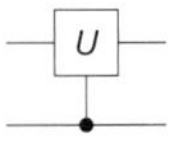

다음과 같은 형태의 이준위 유니테리 행렬은 좀더 복잡하다.

$$\begin{bmatrix} 1 & & & \\ & U_{11} & U_{12} & \\ & U_{21} & U_{22} & \\ & & & 1 \end{bmatrix}. \tag{2.74}$$

이는 두 큐비트 모두에 영향을 미치기 때문에 하나의 제어 유니테리 게이트로 나타낼 수 없다. 그러나 마지막 두 열과 행들을 동시에 맞바꾸어 식 (2.72) 꼴로 만드는 것은 가능하다.

$$\begin{bmatrix} 1 & & & \\ & U_{11} & U_{12} & \\ & U_{21} & U_{22} & \\ & & & 1 \end{bmatrix} \rightarrow \begin{bmatrix} 1 & & & \\ & U_{11} & & U_{12} \\ & & 1 & \\ & U_{21} & & U_{22} \end{bmatrix}. \tag{2.75}$$

이때 마지막 두 열과 행을 동시에 바꾸는 것은 첫째 큐비트의 값이 1인 경우에만 둘째 큐비트의 값을 뒤집는 것에 해당하며, 첫째 큐비트를 제어큐비트로, 둘째 큐비트를 대상큐비트로 삼는 CNOT 게이트를 적용하여 구현할 수 있다. 이러한 사실들로부터 다음과 같은 항등식이 성립함을 알 수 있다.

$$\begin{bmatrix} 1 & & & \\ & U_{11} & U_{12} & \\ & U_{21} & U_{22} & \\ & & & 1 \end{bmatrix} = \tag{2.76}$$

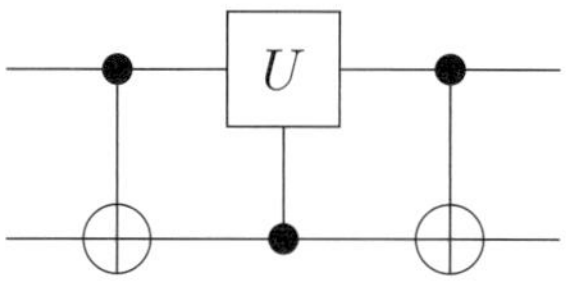

이러한 항등식을 이용하여 이준위 유니테리 변환을 두개의 CNOT 게이트와 하나의 제어 유니테리 게이트로 구현할 수 있게 한다. 물론, 이런 식의 방법은 유일하지 않다. 예를 들어, 이번에는 두 번째와 네 번째 행과 열을 동시에 맞바꾸어 동일한 이준위 유니테리 행렬을 식 (2.71) 꼴로 바꿀 수도 있다.

$$\begin{bmatrix} 1 & & & \\ & U_{11} & U_{12} & \\ & U_{21} & U_{22} & \\ & & & 1 \end{bmatrix} \rightarrow \begin{bmatrix} 1 & & & \\ & 1 & & \\ & & U_{22} & U_{21} \\ & & U_{12} & U_{11} \end{bmatrix}. \tag{2.77}$$

이러한 맞바꿈은 두 번째 큐비트의 값이 1인 경우에만 첫 번째 큐비트의 값을 뒤집는 것에 해당한다. 따라서, 두 번째 큐비트를 제어큐비트로, 첫 번째 큐비트를 대상큐비트로 삼는 CNOT 게이트를 작용하여 구현할 수 있다. 이 경우 유니테리 행렬 U 자체가 위 맞바꿈 도중에 수정되어 U의 행과 열이 뒤바뀐다는 점에 유의할 필요가 있다. 이는 파울리 X 행렬에 의해 기저를 바꾸는 것, 즉 $U \rightarrow U' = XUX$와 동일하다. 종합하면, 위 이준위 유니테리 행렬은

$$\begin{bmatrix} 1 & & & \\ & U_{11} & U_{12} & \\ & U_{21} & U_{22} & \\ & & & 1 \end{bmatrix} = \tag{2.78}$$

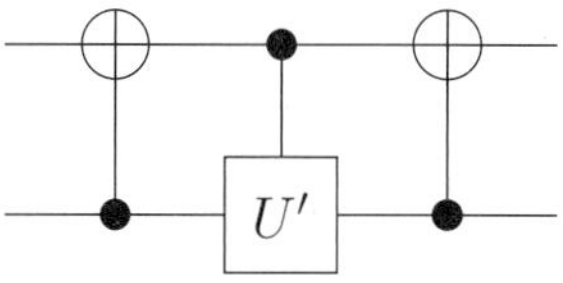

과 같이 구현할 수 있다.

Consider a two-level matrix of the form.

```
In[ ]:= matU = TheHadamard[];
code = TwoLevelU[matU, {2, 3}, 4];
full = Matrix[code];
full // MatrixForm
```

Out[ ]//MatrixForm=

$$\begin{pmatrix} 1 & 0 & 0 & 0 \\ 0 & \frac{1}{\sqrt{2}} & \frac{1}{\sqrt{2}} & 0 \\ 0 & \frac{1}{\sqrt{2}} & -\frac{1}{\sqrt{2}} & 0 \\ 0 & 0 & 0 & 1 \end{pmatrix}$$

In this case, we need to apply the CNOT gate before and after the controlled-unitary gate.

```
ctrlU = FromTwoLevelU[matU, {2, 3}, S@{1, 2}];
QuantumCircuit@@ctrlU
```

Out[ ]=

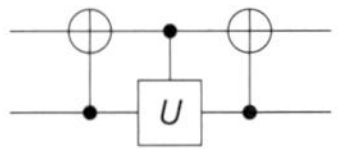

U

비슷한 방식으로, 또 다른 꼴의 이준위 유니테리 행렬도

$$\begin{bmatrix} U_{11} & & & U_{12} \\ & 1 & & \\ & & 1 & \\ U_{21} & & & U_{22} \end{bmatrix} = \tag{2.79}$$

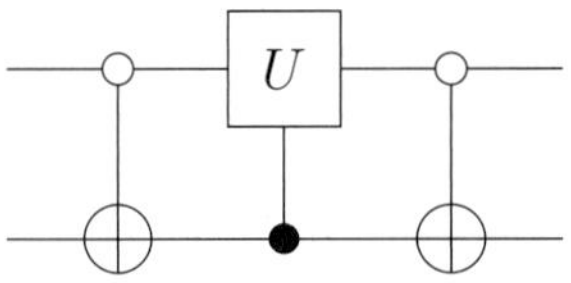

U

와 같이 구현할 수 있다. 여기서 제어큐비트가 ($|1\rangle$이 아니라) $|0\rangle$에 있을 때 대상큐비트의 값을 뒤집는 수정된 CNOT 게이트의 간략화된 표시법을 채택했다. 이는 일반적인 CNOT 게이트 전후에 파울리 X 게이트들을 작용하여

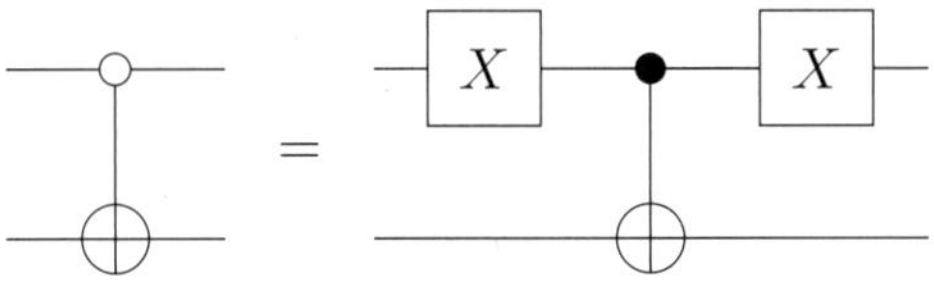

$$= \tag{2.80}$$

X X

와 같이 구현할 수 있다.

Consider a two-level matrix of the form.

```
In[ ]:= matU = TheHadamard[];
code = TwoLevelU[matU, {1, 4}, 4];
full = Matrix[code];
full // MatrixForm
```

Out[ ]//MatrixForm=

$$\begin{pmatrix} \frac{1}{\sqrt{2}} & 0 & 0 & \frac{1}{\sqrt{2}} \\ 0 & 1 & 0 & 0 \\ 0 & 0 & 1 & 0 \\ \frac{1}{\sqrt{2}} & 0 & 0 & -\frac{1}{\sqrt{2}} \end{pmatrix}$$

```
ctrlU = FromTwoLevelU[matU, {1, 4}, S@{1, 2}];
QuantumCircuit @@ ctrlU
```

Out[ ]=

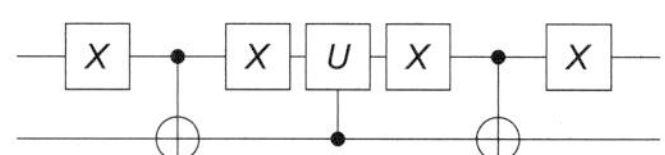

지금까지, 우리는 여러 다른 꼴의 4×4 이준위 유니테리 행렬들을 각각의 형태를 고려해 그 구현 방법을 임기응변 식(ad hoc)으로 찾아보았다. 큐비트가 세 개 이상일 경우 이준위 유니테리 행렬의 크기는 훨씬 커서 이런 방법으로는 적절한 구현 방법을 찾기가 어렵다. 다행히 그레이 코드를 바탕으로 하는 체계적인 방법이 있다. 이에 관해서는 나중에 2.4절에서 설명할 것이다.

정리하자면, 임의의 두 큐비트 유니테리 게이트는 먼저 행렬표현을 이준위 유니테리 행렬들로 분해하고, 이준위 유니테리 행렬을 CNOT 게이트와 제어 유니테리 게이트를 이용하여 구현할 수 있다.

Let us consider again the two-qubit model demonstrated before.

In[ ]:=
```
H = S[1, 1] ** S[2, 1] + S[1, 2] + S[2, 2] + S[1, 3] + S[2, 3]
U = MultiplyExp[-I H Pi / 4]
```

Out[ ]=

$$S_1^x S_2^x + S_1^y + S_1^z + S_2^y + S_2^z$$

Out[ ]=

$$e^{-\frac{1}{4} i \pi \left(S_1^x S_2^x + S_1^y + S_1^z + S_2^y + S_2^z\right)}$$

This is the decomposition of `matU`, the matrix representation of *U*, into two-level unitary matrices, just showing the first three.

In[ ]:=
```
matU = Matrix[U];
twl = TwoLevelDecomposition[matU] // Simplify;
MatrixForm /@ Matrix /@ twl[[ ;; 3]]
```

Out[ ]=

$$\left\{ \begin{pmatrix} 1 & 0 & 0 & 0 \\ 0 & 1 & 0 & 0 \\ 0 & 0 & 1 & 0 \\ 0 & 0 & 0 & 1 \end{pmatrix}, \begin{pmatrix} 1 & 0 & 0 & 0 \\ 0 & 1 & 0 & 0 \\ 0 & 0 & \frac{\frac{1}{2}-\frac{3 i}{2}}{\sqrt{7}} & -\frac{\frac{3}{2}+\frac{3 i}{2}}{\sqrt{7}} \\ 0 & 0 & \frac{\frac{3}{2}-\frac{3 i}{2}}{\sqrt{7}} & \frac{\frac{1}{2}+\frac{3 i}{2}}{\sqrt{7}} \end{pmatrix}, \begin{pmatrix} 1 & 0 & 0 & 0 \\ 0 & -\frac{1-3 i}{\sqrt{38}} & \sqrt{\frac{14}{19}} & 0 \\ 0 & -\sqrt{\frac{14}{19}} & -\frac{1+3 i}{\sqrt{38}} & 0 \\ 0 & 0 & 0 & 1 \end{pmatrix} \right\}$$

The two-level unitary matrices are rewritten in terms of the CNOT and controlled-unitary gates, again showing the first three. The first element of list `twl` happens to be the identity matrix in this case, and it is excluded in the further analysis.

```
gates = FromTwoLevelU[#, S@{1, 2}] & /@ Rest[twl];
gates[[ ;; 3]]
```

Out[ ]=

$$\left\{\left\{\texttt{ControlledU}\left[\{S_1\},\ \frac{1}{2\sqrt{7}}-\frac{3\,i\,S_2^z}{2\sqrt{7}}-\frac{\left(\frac{3}{2}+\frac{3\,i}{2}\right)S_2^+}{\sqrt{7}}+\frac{\left(\frac{3}{2}-\frac{3\,i}{2}\right)S_2^-}{\sqrt{7}},\ \texttt{Label}\to\texttt{U}\right]\right\},\right.$$

$$\left\{\texttt{CNOT}[\{S_2\},\{S_1\}],\right.$$

$$\left.\texttt{ControlledU}\left[\{S_1\},\ -\frac{1}{\sqrt{38}}-i\sqrt{\frac{14}{19}}\,S_2^y-\frac{3\,i\,S_2^z}{\sqrt{38}},\ \texttt{Label}\to\texttt{U}\right],\ \texttt{CNOT}[\{S_2\},\{S_1\}]\right\},$$

$$\left.\left\{\texttt{ControlledU}\left[\{S_1\},\ -\frac{5}{14\sqrt{2}}-\frac{5\,i\,S_2^z}{14\sqrt{2}}+\frac{3}{14}\sqrt{19}\,S_2^+-\frac{3}{14}\sqrt{19}\,S_2^-,\ \texttt{Label}\to\texttt{U}\right]\right\}\right\}$$

This shows the overall quantum circuit model. Here the same label "U" has been used for different controlled-unitary gates just for convenience. Do not forget to reverse the order before plugging the gates in the quantum circuit model.

In[ ]:=
```
qc = QuantumCircuit @@ Reverse@Flatten[gates]
```

Out[ ]=

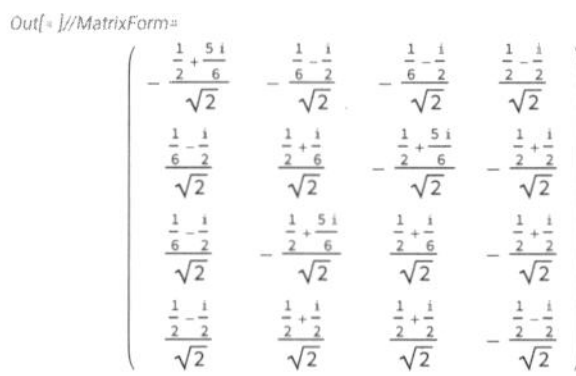

Check the above quantum circuit by converting it into the matrix representation.

In[ ]:=
```
new = Matrix[qc] // Normal // Simplify;
new // MatrixForm
```

Out[ ]//MatrixForm=

$$\begin{pmatrix} -\frac{\frac{1}{2}+\frac{5i}{6}}{\sqrt{2}} & -\frac{\frac{1}{6}-\frac{i}{2}}{\sqrt{2}} & -\frac{\frac{1}{6}-\frac{i}{2}}{\sqrt{2}} & \frac{\frac{1}{2}-\frac{i}{2}}{\sqrt{2}} \\ \frac{\frac{1}{6}-\frac{i}{2}}{\sqrt{2}} & \frac{\frac{1}{2}+\frac{i}{6}}{\sqrt{2}} & -\frac{\frac{1}{2}+\frac{5i}{6}}{\sqrt{2}} & -\frac{\frac{1}{2}+\frac{i}{2}}{\sqrt{2}} \\ \frac{\frac{1}{6}-\frac{i}{2}}{\sqrt{2}} & -\frac{\frac{1}{2}+\frac{5i}{6}}{\sqrt{2}} & \frac{\frac{1}{2}+\frac{i}{6}}{\sqrt{2}} & -\frac{\frac{1}{2}+\frac{i}{2}}{\sqrt{2}} \\ \frac{\frac{1}{2}-\frac{i}{2}}{\sqrt{2}} & \frac{\frac{1}{2}+\frac{i}{2}}{\sqrt{2}} & \frac{\frac{1}{2}+\frac{i}{2}}{\sqrt{2}} & -\frac{\frac{1}{2}-\frac{i}{2}}{\sqrt{2}} \end{pmatrix}$$

In[ ]:=
```
new - matU // Simplify // MatrixForm
```

Out[ ]//MatrixForm=

$$\begin{pmatrix} 0 & 0 & 0 & 0 \\ 0 & 0 & 0 & 0 \\ 0 & 0 & 0 & 0 \\ 0 & 0 & 0 & 0 \end{pmatrix}$$

2.3 다중제어 유니테리 게이트

$\mathcal{S}^{\otimes m}$과 $\mathcal{S}^{\otimes n}$을 각각 m개와 n개의 큐비트들로 이루어진 제어레지스터와 대상레지스터의 힐베르트 공간이라고 하자. 그리고 대상레지스터에 유니테리 연산자 $\hat{U}$를 가한다고 하자. 그러면, 다중제어 유니테리 게이트(multi-control unitary gate)는

$$\mathrm{Ctrl}(\hat{U}) : |c\rangle \otimes |t\rangle \mapsto |c\rangle \otimes \hat{U}^{c_1 c_2 \cdots c_m} |t\rangle \tag{2.81}$$

로 정의한다. 여기서 $c \equiv (c_1 c_2 \ldots c_m)_2$이고 $t \equiv (t_1 t_2 \cdots t_n)_2$이다. 유니테리 변환 $\hat{U}$는 모든 제어큐비트가 $|1\rangle$일 때만 대상큐비트에 작용한다. 가장 자주 접하게 될 $n = 1$인 경우에,

행렬표현은

$$\mathrm{Ctrl}(\hat{U}) \doteq \begin{bmatrix} 1 & & & & \\ & 1 & & & \\ & & \ddots & & \\ & & & U_{11} & U_{12} \\ & & & U_{21} & U_{22} \end{bmatrix} \tag{2.82}$$

꼴을 갖는다. 위 행렬은 $(m+1)$ 큐비트에 대한 이준위 유니테리 행렬의 기본꼴이다. 실제로, 모든 이준위 유니테리 행렬은 (기저변환과 마찬가지로) 열과 행을 동시에 맞바꾸어 이 형태로 만들 수 있다. 따라서, 다중제어 유니테리 게이트는 2.4절에서 보편적 양자계산을 논의할 때 자연스럽게 고려하게 된다.

This is a three-qubit-control unitary gate.

```
In[ ]:= qc = QuantumCircuit[ControlledU[S@{1, 2, 3}, S[4, 1], "Label" → "U"]]
Out[ ]=
```

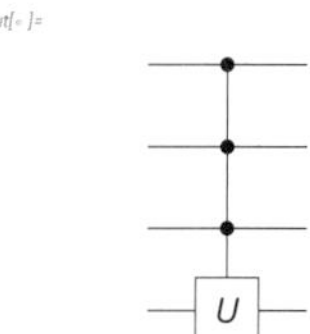

다중제어 유니테리 게이트를 안정적으로 구현하는 것은 많은 양자 알고리즘들에서 필수적인 조건이다. 주목할만한 예는, 양자 판정 문제와 양자 검색 문제의 핵심 구성요소인 양자 오라클(quantum oracle)이다(4.2.1절 참조). 여기에서는 이를 체계적으로 구현하기 위한 방법 중 널리 알려진 몇 가지를 소개한다.

2.3.1 그레이 코드 방법

먼저, 그레이 코드(Gray code)를 써서 다중제어 유니테리 게이트를 단일 큐비트 제어 유니테리 또는 CNOT 게이트의 곱으로 체계적으로 분해하는 방법에 대해 논의한다. 예를 들어,

다음 양자회로와 같은 삼제어 유니테리 게이트를 고려해보자(Barenco et al., 1995).

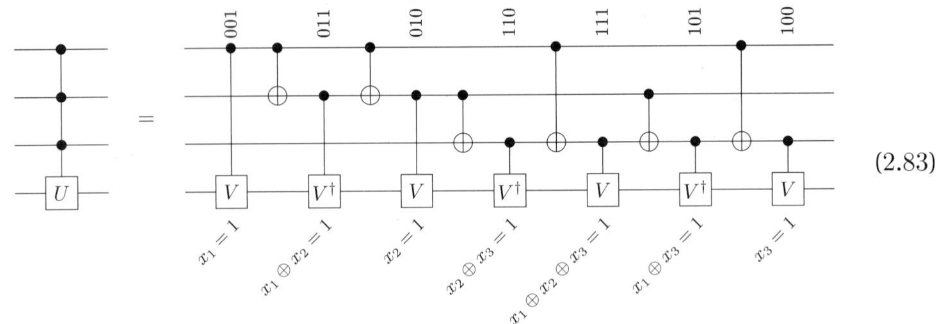

(2.83)

여기서 $\hat{V}$는 $\hat{V}^4 = \hat{U}$를 만족하는 유니테리 연산자이다. 모든 제어큐비트가 상태 $|1\rangle$로 맞춰지면, 양자회로에 있는 $\hat{V}$ 게이트들이 모두 대상큐비트에 작용하게 되고, 반면에 $\hat{V}^\dagger$ 게이트들은 하나도 작용하지 않는다. 대상큐비트에 대한 각 게이트들이 작용하는 조건들을 양자회로 밑에 비트값들로 표시했다[식 (2.57) 참조]. 제어큐비트가 논리기저상태 $|x_1\rangle \otimes \cdots \otimes |x_n\rangle$에 있는 경우를 살펴보자. 이 조건들은 그레이 코드 배열을 따라 체계적으로 충족되는데, 양자회로 상단에 표시되어 있듯이, 그레이 코드 배열에서는 연속된 두 비트열이 하나의 비트에서만 다르도록 배열되어 있다. 비트단위 AND에 관한 항등식

$$\begin{aligned} 2^{n-1}(x_1 x_2 \cdots x_n) &= \sum_{k_1} x_{k_1} - \sum_{k_1<k_2} (x_{k_1} \oplus x_{k_2}) \\ &\quad + \sum_{k_1<k_2<k_3} (x_{k_1} \oplus x_{k_2} \oplus x_{k_3}) - \cdots + (-1)^{n-1}(x_1 \oplus x_2 \oplus \cdots \oplus x_n) \end{aligned} \tag{2.84}$$

으로부터 식 (2.83) 오른편의 양자회로가 왼편의 다중제어 유니테리 게이트와 똑같이 작동함을 알 수 있다.

일반적으로, 유니테리 연산자 $\hat{V}$가 $\hat{V}^{2^{n-1}} = \hat{U}$을 만족할 때, n 제어 유니테리 게이트는 2^{n-1} 개의 제어 $\hat{V}$ 게이트들과 $(2^{n-1} - 1)$ 개의 제어 $\hat{V}^\dagger$ 게이트들, $(2^n - 2)$ 개의 CNOT 게이트들을 결합하여 구현할 수 있다. n이 상대적으로 작으면($n \leq 8$), 그레이 코드가 가장 효율적이다. 그러나 n이 증가함에 따라, 이 코드는 기하급수적으로 증가하고 결국에는 실용적이지 않게 된다. 이러한 경우를 위해 제어레지스터의 크기에 따라 계산 비용이 이차함수적으로 증가하는 몇 가지 대체 방법들이 제안되었다(Barenco et al., 1995; Nielsen & Chuang, 2011).

Consider a three-qubit register as an example.

```
In[•]:= $L = 3;
jj = Range[$L];
cc = S[jj, None];
```

This is the gate to operate on the target qubit.

```
In[ ]:= T = S[$L + 1, None];
        op = Rotation[Pi / 3, T[1]] // Elaborate
```

Out[ ]=

$$\frac{\sqrt{3}}{2} - \frac{i\, S_4^x}{2}$$

This decomposes the multi-control unitary gate based on the Gray code -- showing only a part of it. Each component is either CNOT or a two-qubit-control unitary gate.

```
In[ ]:= gc = GrayControlledU[cc, op]; gc[[ ;; 3]]
```

Out[ ]=

$$\Big\{\text{ControlledU}\Big[\{S_1\},\ \frac{2^{1/4}\, e^{-\frac{i\pi}{24}} + 2^{1/4}\, e^{\frac{i\pi}{24}}}{2\sqrt{2^{1/4}}} + \frac{\left(2^{1/4}\, e^{-\frac{i\pi}{24}} - 2^{1/4}\, e^{\frac{i\pi}{24}}\right) S_4^{+}}{2\sqrt{2^{1/4}}} + \frac{\left(2^{1/4}\, e^{-\frac{i\pi}{24}} - 2^{1/4}\, e^{\frac{i\pi}{24}}\right) S_4^{-}}{2\sqrt{2^{1/4}}},\ \text{Label} \to V\Big],$$

$$\text{CNOT}[\{S_1\}, \{S_2\}],\ \text{ControlledU}\Big[\{S_2\},\ \frac{2^{1/4}\, e^{-\frac{i\pi}{24}} + 2^{1/4}\, e^{\frac{i\pi}{24}}}{2\times 2^{1/4}} + \frac{\left(-2^{1/4}\, e^{-\frac{i\pi}{24}} + 2^{1/4}\, e^{\frac{i\pi}{24}}\right) S_4^{+}}{2\sqrt{2^{1/4}}} + \frac{\left(-2^{1/4}\, e^{-\frac{i\pi}{24}} + 2^{1/4}\, e^{\frac{i\pi}{24}}\right) S_4^{-}}{2\times 2^{1/4}},\ \text{Label} \to V^{\dagger}\Big]\Big\}$$

This is a quantum circuit model of the decomposition.

```
In[ ]:= qc = QuantumCircuit @@ gc
```

Out[ ]=

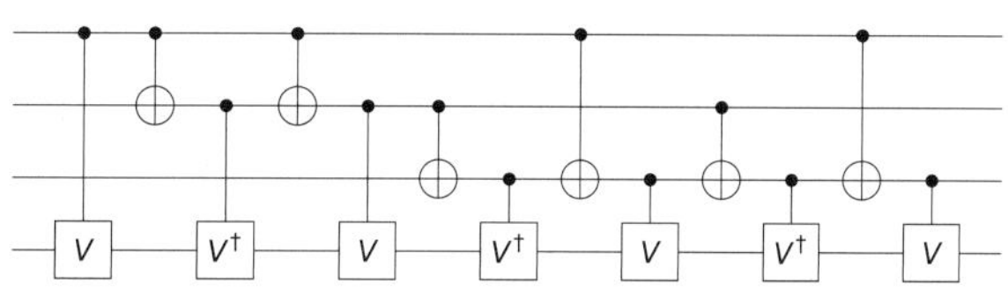

Finally check the result.

```
In[ ]:= expr = ExpressionFor[qc];
        expr2 = ControlledU[cc, op] // Elaborate;
        expr - expr2 // Simplify
```

Out[ ]=

```
0
```

2.3.2 다중제어 NOT 게이트

다중제어 NOT 게이트(multi-control NOT gate)는 다중제어 유니테리 게이트의 중요하고 특별한 경우로, 이 경우 유니테리 연산자 $\hat{U}$가 파울리 $\hat{X}$ 연산자와 같다. 이는 논리기저상태를 [식 (2.81) 참조]

$$|c\rangle \otimes |t\rangle \mapsto |c\rangle \otimes \hat{X}^{c_1 c_2 \cdots c_m} |t\rangle \tag{2.85a}$$

또는, 동등하게,

$$|c\rangle \otimes |t\rangle \mapsto |c\rangle \otimes |(c_1 c_2 \cdots c_n) \oplus t\rangle \tag{2.85b}$$

로 변환시킨다. 다중제어 NOT 게이트는 일반적으로 두 개가 넘는 큐비트들에 작용하는 이준위 유니테리 변환을 기본 양자논리게이트로 구현하려고 할 때 흔히 나온다(2.2.3절 참조). 실제로, 2.4절에서 그 과정을 일반화하고 그레이 코드에 기반하는 체계적인 변환 방법을 논의할 것이다.

This shows a generalized CNOT gate, controlled by three qubits rather than a single qubit.

```
In[ ]:= qc = QuantumCircuit[CNOT[S@{1, 2, 3}, S[4]]]
```

Out[ ]=

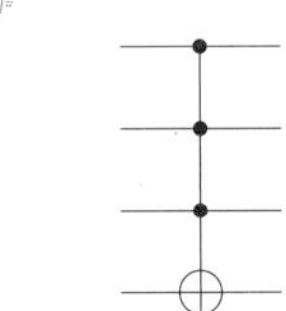

Here is the explicit expression of the multi-control NOT gate in terms of the Pauli operators.

```
In[ ]:= op = ExpressionFor[qc]
```

Out[ ]=

$$\frac{7}{8}-\frac{1}{8}S_1^z S_2^z-\frac{1}{8}S_1^z S_3^z-\frac{1}{8}S_1^z S_4^x-\frac{1}{8}S_2^z S_3^z-\frac{1}{8}S_2^z S_4^x-\frac{1}{8}S_3^z S_4^x+\frac{1}{8}S_1^z S_2^z S_3^z+\frac{1}{8}S_1^z S_2^z S_4^x+\frac{1}{8}S_1^z S_3^z S_4^x+\frac{1}{8}S_2^z S_3^z S_4^x-\frac{1}{8}S_1^z S_2^z S_3^z S_4^x+\frac{S_1^z}{8}+\frac{S_2^z}{8}+\frac{S_3^z}{8}+\frac{S_4^x}{8}$$

Here we compare it with the expression explicitly constructed in terms of a projection operator.

```
In[ ]:= prj = Multiply @@ S[{1, 2, 3}, 11];
new = (1 - prj) + prj ** S[4, 1]
op - new // Elaborate
```

Out[ ]=

$$1-\frac{1}{8}S_1^z S_2^z-\frac{1}{8}S_1^z S_3^z-\frac{1}{8}S_1^z S_4^x-\frac{1}{8}S_2^z S_3^z-\frac{1}{8}S_2^z S_4^x-\frac{1}{8}S_3^z S_4^x+\frac{1}{8}S_1^z S_2^z S_3^z+\frac{1}{8}S_1^z S_2^z S_4^x+\frac{1}{8}S_1^z S_3^z S_4^x+\frac{1}{8}S_2^z S_3^z S_4^x-\frac{1}{8}S_1^z S_2^z S_3^z S_4^x+\frac{S_1^z}{8}+\frac{S_2^z}{8}-\frac{1}{4}\left(|1\rangle\langle 1|\right)_{S_3}+\frac{S_4^x}{8}$$

Out[ ]=

```
0
```

다중제어 NOT 게이트를 효율적으로 구현하기 위해 양자회로

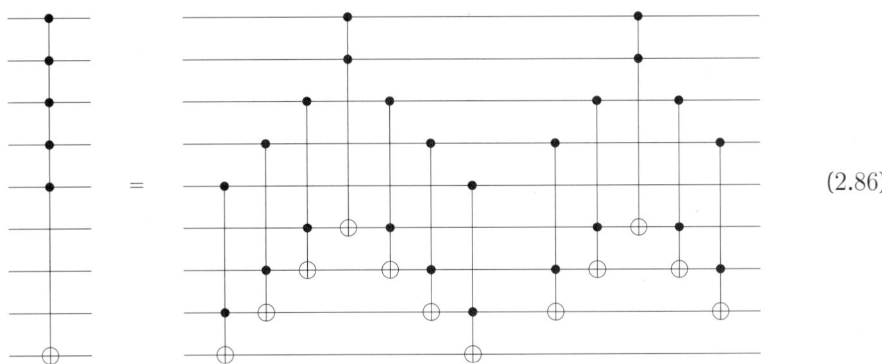

(2.86)

에서와 같이 게이트 작동에 직접 관여하지 않는 큐비트들을 추가하여 사용한다(Barenco et al., 1995). 추가된 큐비트들은 소위 보조큐비트와 혼동하지 말아야 하는데, 보조큐비트와 달리 여기서 추가된 큐비트들의 양자상태는 특정하게 고정된 양자상태로 초기화될 필요가 없고 그 상태가 변경되지도 않기 때문이다. 추가 큐비트가 어떤 초기 상태에 있었는지 상관없이 게이트연산은 예정된 작업을 수행하고, 초기 양자상태는 게이트연산 후 원래대로 복원된다.

Here we demonstrate a multi-control NOT gate.

```
In[ ]:= $n = 4;
        $m = 2;
        cc = Range[$n];
        aa = Range[$n + 1, $n + $m];
        tt = $n + $m + 1;
```

```
In[ ]:= qc = QuantumCircuit[CNOT[S[cc], S[tt]], "Visible" → S[aa]]
```

Out[ ]=

```
In[ ]:= tofa = Table[Toffoli[S[$n - j + 1], S[$n + $m - j + 1], S[tt - j + 1]], {j, 1, $m}];
        tofb = Toffoli[S[1], S[2], S[$n + 1]];
        tofc = Rest@tofa;
        new = QuantumCircuit[
          Sequence @@ Flatten@{tofa, tofb, Reverse@tofa, tofc, tofb, Reverse@tofc}]
```

Out[ ]=

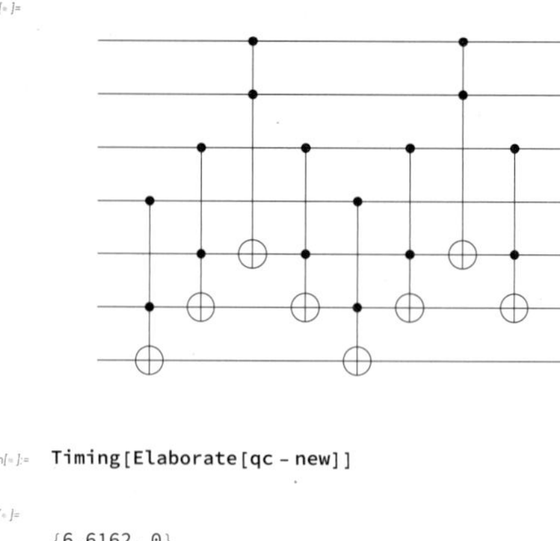

In[ ]:=
```
Timing[Elaborate[qc - new]]
```

Out[ ]=
```
{6.6162, 0}
```

양자회로 (2.86)에서 다중제어 NOT 게이트의 또 다른 중요한 예인 토폴리 게이트(Toffoli gate)를 사용하였는데, 이는 다음과 같은 양자회로 요소로 표시된다.

토폴리 게이트는 고전적인 가역계산에 대해 보편적이기 때문에 관심을 끌었지만, 불행히도 양자계산에 대해서는 보편적이지 않다.

This is a quantum circuit model of the Toffoli gate.

In[ ]:=
```
qc = QuantumCircuit[Toffoli[S[1], S[2], S[3]]]
```

Out[ ]=

It can be implemented by a combination of two-qubit gates.

In[ ]:=
```
gray = GrayControlledU[S@{1, 2}, S[3, 1]];
new = QuantumCircuit[Sequence @@ gray]
```

Out[ ]=

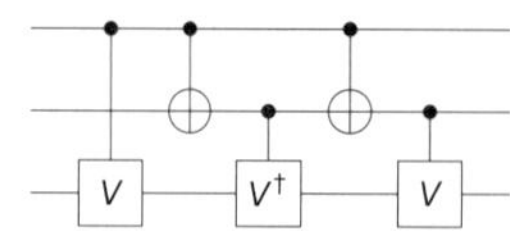

In[ ]:=
```
qc - new // Elaborate
```

Out[ ]=
```
0
```

Here $V = \sqrt{X}$, and its matrix representation looks like this.

In[ ]:=
```
matV = MatrixPower[ThePauli[1], 1 / 2];
matV * 2 / (1 + I) // MatrixForm
opV = Elaborate@ExpressionFor[matV, S[3]]
```

Out[ ]//MatrixForm=

$$\begin{pmatrix} 1 & -i \\ -i & 1 \end{pmatrix}$$

Out[ ]=

$$\left(\frac{1}{2}+\frac{i}{2}\right)+\left(\frac{1}{2}-\frac{i}{2}\right) S_3^x$$

Reversing the above circuit gives the identical result.

In[ ]:=
```
qc = QuantumCircuit @@ Reverse@gray
expr = ExpressionFor[qc]
toff - expr
```

Out[ ]=

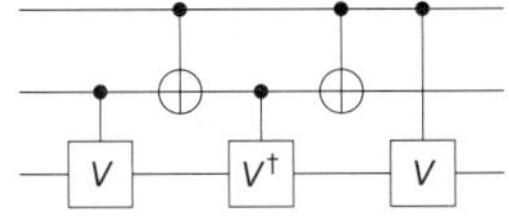

Out[ ]=

$$\frac{3}{4}-\frac{1}{4} S_1^z S_2^z-\frac{1}{4} S_1^z S_3^x-\frac{1}{4} S_2^z S_3^x+\frac{1}{4} S_1^z S_2^z S_3^x+\frac{S_1^z}{4}+\frac{S_2^z}{4}+\frac{S_3^x}{4}$$

Out[ ]=

0

위 회로를 다음과 같이 재정렬할 수도 있으며(Smolin & DiVincenzo, 1996), 이 재정렬은 고전적인 가역계산을 위한 또 다른 보편적 게이트인 프레드킨 게이트(Fredkin gate)를 최적화하는 데 유용하다.

This shows another slightly different implementation of the Toffoli gate.

In[ ]:=
```
qc = QuantumCircuit @@ Permute[gray, Cycles[{{4, 3, 2, 1}}]]
expr = ExpressionFor[qc]
toff - expr
```

Out[ ]=

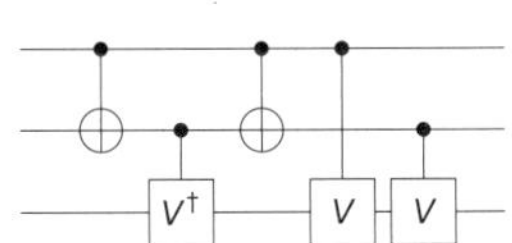

Out[ ]=

$$\frac{3}{4}-\frac{1}{4} S_1^z S_2^z-\frac{1}{4} S_1^z S_3^x-\frac{1}{4} S_2^z S_3^x+\frac{1}{4} S_1^z S_2^z S_3^x+\frac{S_1^z}{4}+\frac{S_2^z}{4}+\frac{S_3^x}{4}$$

Out[ ]=

0

프레드킨 게이트는 제어큐비트가 상태 $|1\rangle$에 있을 때 두 개의 대상큐비트 논리기저상태들을 맞바꾼다. 이는 다음의 서로 등가인 두 양자회로 요소들로 표시된다.

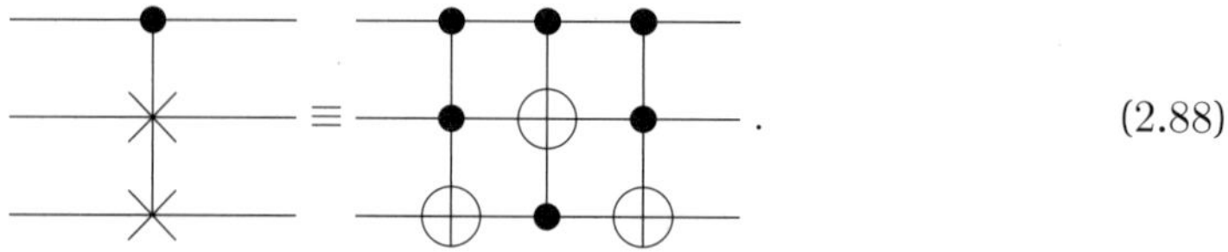

(2.88)

사실 SWAP 게이트와 CNOT 게이트 사이의 관계는 프레드킨 게이트의 또 다른 등가 양자회로

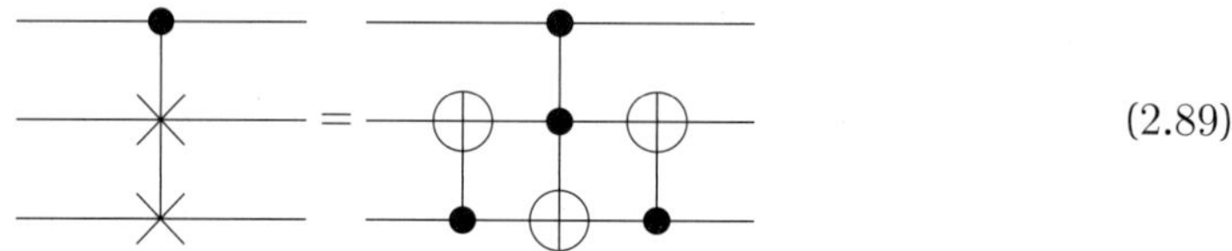

(2.89)

가 있음을 시사하고, 이 등가회로는 이전 양자회로보다 더 간단하다. 이 등가양자회로는 기본 양자논리게이트를 써서 프레드킨 게이트를 효율적으로 구현하려 할 때 편리하다(Smolin & DiVincenzo, 1996). 토폴리 게이트와 마찬가지로 프레드킨 게이트는 양자계산에 대해 보편적이지 않다.

This shows the quantum circuit model of the quantum Fredkin gate.

```
In[ ]:= qc = QuantumCircuit[Fredkin[S[1], S[2], S[3]]]
```

Out[ ]=

This is an explicit operator expression of the Fredkin gate in terms of the Pauli operators.

```
In[ ]:= op = Elaborate[qc]
```

Out[ ]=

$$\frac{3}{4}+\frac{1}{4}S_2^x S_3^x+\frac{1}{4}S_2^y S_3^y+\frac{1}{4}S_2^z S_3^z-\frac{1}{4}S_1^z S_2^x S_3^x-\frac{1}{4}S_1^z S_2^y S_3^y-\frac{1}{4}S_1^z S_2^z S_3^z+\frac{S_1^z}{4}$$

This is the matrix representation of the Fredkin gate in the logical basis.

```
In[ ]:= mat = Matrix[qc];
        mat // MatrixForm
```

Out[ ]//MatrixForm=

$$\begin{pmatrix} 1&0&0&0&0&0&0&0\\ 0&1&0&0&0&0&0&0\\ 0&0&1&0&0&0&0&0\\ 0&0&0&1&0&0&0&0\\ 0&0&0&0&1&0&0&0\\ 0&0&0&0&0&0&1&0\\ 0&0&0&0&0&1&0&0\\ 0&0&0&0&0&0&0&1 \end{pmatrix}$$

The Fredkin gate is equivalent to a combination of three Toffoli gates.

In[ ]:=
```
qc2 = QuantumCircuit[
  Toffoli[S[1], S[2], S[3]],
  Toffoli[S[1], S[3], S[2]],
  Toffoli[S[1], S[2], S[3]]]
```

Out[ ]=

In[ ]:=
```
op2 = Elaborate[qc2]
```

Out[ ]=

$$\frac{3}{4}+\frac{1}{4}S_2^x S_3^x+\frac{1}{4}S_2^y S_3^y+\frac{1}{4}S_2^z S_3^z-\frac{1}{4}S_1^z S_2^x S_3^x-\frac{1}{4}S_1^z S_2^y S_3^y-\frac{1}{4}S_1^z S_2^z S_3^z+\frac{S_1^z}{4}$$

In[ ]:=
```
op - op2
```

Out[ ]=

0

In fact, the relation between the SWAP gate and the CNOT gate suggests that there is another equivalent quantum circuit model of the Fredkin gate.

In[ ]:=
```
new = QuantumCircuit[
  CNOT[S[3], S[2]],
  Toffoli[S[1], S[2], S[3]],
  CNOT[S[3], S[2]]
 ]
```

Out[ ]=

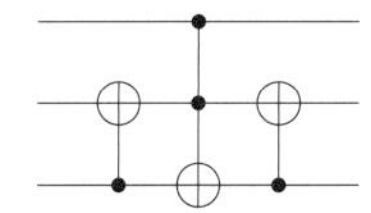

In[ ]:=
```
qc - new // Elaborate
```

Out[ ]=

0

2.4 보편적 양자계산

고전 계산에서는 일반적으로 AND, OR 및 NOT을 포함하는 논리게이트들의 유한한 집합이 이진 함수를 계산하기에 충분함이 알려져 있다. 이 집합은 고전 계산에 대해 보편적(universal)이라 한다. 그렇다면, 임의의 양자 유니테리 연산을 구현할 수 있는 양자계산을 위한 기본 양자논리게이트들의 보편적 집합이 존재할까? 이 절에서 이 질문을 검토해본다.

n 큐비트 레지스터에 작용하는 임의의 유니테리 연산 $\hat{U}$를 구현한다고 해보자. 먼저, $\hat{U}$를 이준위 유니테리 변환 $\hat{T}_k$를 이용해 $\hat{U} = \hat{T}_L \cdots \hat{T}_2 \hat{T}_1$ 꼴로 분해할 수 있다. 두 큐비트계에 대해 이 분해과정을 어떻게 수행할 수 있는지는 2.2.3절에서 이미 논의하였다. 이 과정은 더 많은 수의 큐비트들로 이루어진 계에 대해 동일한 방식으로 적용할 수 있다. 먼저

$\hat{U}$의 오른쪽에 이준위 유니테리 변환 $\hat{T}_1^\dagger$을 곱하여 $\hat{U}$의 행렬표현에서 오른쪽 제일 위 구석에 있는 비대각 원소 U_{1n}를 제거하고, 이 과정을 제일 위에 있는 행과 그 다음엔 그 밑에 있는 행들에 반복 적용하여 모든 비대각원소들이 0이 되게 하고 대각원소들은 1이 되게 한다. 정리하여 말하면, $\hat{U}\hat{T}_1^\dagger\hat{T}_2^\dagger\cdots\hat{T}_L^\dagger = \hat{I}$이다. 그러면, $\hat{U}$는 기대한 대로 $\hat{U} = \hat{T}_L\cdots\hat{T}_2\hat{T}_1$로 분해된다.

Consider a three-qubit system, and an arbitrary unitary operation on it.

In[ ]:=
```
$n = 3;
SS = S[Range[$n], None];
mat = RandomUnitary[2^$n];
mat⟦ ;; 3, ;; 3⟧ // MatrixForm
```

Out[ ]//MatrixForm=

$$\begin{pmatrix} -0.0394109+0.298858\,i & -0.169212-0.530373\,i & 0.105654-0.469469\,i \\ -0.295389+0.0625766\,i & -0.310104+0.289566\,i & 0.0152336+0.295724\,i \\ -0.315498-0.279878\,i & -0.0866186-0.201536\,i & -0.161459+0.0770453\,i \end{pmatrix}$$

In[ ]:=
```
op = ExpressionFor[mat, SS];
qc = QuantumCircuit[{op, "Label" → "U"}]
```

Out[ ]=

U

In[ ]:=
```
twl = TwoLevelDecomposition[mat];
twl⟦3⟧ // Matrix // MatrixForm
```

Out[ ]//MatrixForm=

$$\begin{pmatrix} 1 & 0 & 0 & 0 & 0 & 0 & 0 & 0 \\ 0 & 1 & 0 & 0 & 0 & 0 & 0 & 0 \\ 0 & 0 & 1 & 0 & 0 & 0 & 0 & 0 \\ 0 & 0 & 0 & 1 & 0 & 0 & 0 & 0 \\ 0 & 0 & 0 & 0 & 1 & 0 & 0 & 0 \\ 0 & 0 & 0 & 0 & 0 & 0.0879404-0.109594\,i & 0.990079 & 0 \\ 0 & 0 & 0 & 0 & 0 & -0.990079 & 0.0879404+0.109594\,i & 0 \\ 0 & 0 & 0 & 0 & 0 & 0 & 0 & 1 \end{pmatrix}$$

어떤 이준위 유니테리 변환들은 그 자체로 다중제어 유니테리 게이트들이기 때문에, 2.3절에서 보았듯이 기본 게이트들로 쉽게 구현할 수 있다. 가장 일반적인 예는 식 (2.82)이다.

큐비트가 세개인 경우, 또 다른 예는

$$\begin{bmatrix} 1 &&&&&&& \\ & 1 &&&&&& \\ && 1 &&&&& \\ &&& 1 &&&& \\ &&&& 1 &&& \\ &&&&& V_{11} && V_{12} \\ &&&&&& 1 & \\ &&&&& V_{21} && V_{22} \end{bmatrix} \doteq \tag{2.90}$$

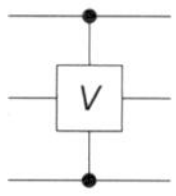

로 둘째 큐비트에 가해진 'V'란 이름표의 게이트는 유니테리 연산

$$\hat{V} \doteq \begin{bmatrix} V_{11} & V_{12} \\ V_{21} & V_{22} \end{bmatrix} \tag{2.91}$$

을 수행한다. 다른 이준위 유니테리 변환들은 그자체가 바로 다중제어 유니테리 게이트는 아니나, 이의 간단한 변형이라 할 수 있다. 변형의 한가지 예는

$$\begin{bmatrix} 1 &&&&&&& \\ & 1 &&&&&& \\ && V_{11} &&&& V_{12} & \\ &&& 1 &&&& \\ &&&& 1 &&& \\ &&&&& 1 && \\ && V_{21} &&&& V_{22} & \\ &&&&&&& 1 \end{bmatrix} \doteq \tag{2.92}$$

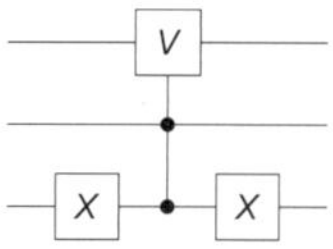

이다. 이 경우 유니테리 연산자 $\hat{V}$는 둘째 큐비트가 상태 $|1\rangle$에, 셋째 큐비트는 상태 ($|1\rangle$이 아닌) $|0\rangle$에 있을 때만 작동한다. 그림에서 알 수 있듯이, 위의 이준위 유니테리 변환은 다중제어 유니테리 게이트의 단순 변형이다. 이러한 예들을 통해 한 큐비트에서만 비트값이 다른 두개의 논리기저상태들에 대응되는 두 (사소하지 않은) 열과 행을 가진 이준위 유니테리 게이트는 다중제어 유니테리 게이트이거나 또는 이의 단순 변형임을 알 수 있다. 따라서, 이러한 이준위 유니테리 변환은 분명 기본 게이트들만을 이용하여 구현할 수 있다.

위 분류에 들지않는 이준위 유니테리 변환은 추가적인 조작을 필요로 한다. 2.2.3절에서 우리는 두 큐비트의 구현 방법을 살펴보았다. 핵심 아이디어는 열과 행을 동시에 맞바꾸어 그 결과로 얻은 행렬이 제어 유니테리 게이트 (2.62)에 해당되도록 하는 것이다. 열과 행의

맞바꿈은 CNOT 게이트 또는 그 변형꼴을 이용하여 구현할 수 있다. 임의의 개수의 큐비트에 대해서도 아이디어는 본질적으로 똑같다. 즉, 일련의 열과 행들을 맞바꾸어 임의의 이준위 유니테리 변환을 다중제어 유니테리 게이트로 바꾸고, 행과 열의 맞바꿈은 다중제어 NOT 게이트 또는 이의 단순 변형으로 수행한다. 예를 들어, 다음과 같은 꼴의 세 큐비트에 작용하는 이준위 유니테리 변환 $\hat{T}$를 살펴보자.

$$\hat{T} \doteq \begin{bmatrix} 1 &&&&&&& \\ & 1 &&&&&& \\ && 1 &&&&& \\ &&& 1 &&&& \\ &&&& 1 &&& \\ &&&&& V_{11} & V_{12} & \\ &&&&& V_{21} & V_{22} & \\ &&&&&&& 1 \end{bmatrix}. \tag{2.93}$$

마지막 두 열과 행을 동시에 맞바꾸면 위 이준위 유니테리 행렬은 식 (2.90) 꼴로 바뀐다. 한편, 행렬표현의 마지막 두 열(또는 행)이 각각 논리기저상태 $|110\rangle$와 $|111\rangle$에 해당하므로, 마지막 두 열과 행을 동시에 맞바꾸는 것은 처음 두 큐비트를 제어큐비트로 셋째 큐비트를 대상큐비트로 사용하는 다중제어 NOT 게이트로 구현할 수 있다. 위 두 결과를 종합하면,

$$\hat{T} = \tag{2.94}$$

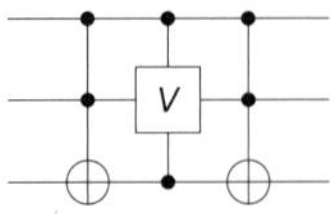

임을 알 수 있다.

지금까지 열과 행들의 맞바꿈을 임기응변 식의 방법으로 수행해왔다. 성가신 문제는 열 또는 행들의 모든 맞바꿈을 하나의 다중제어 NOT 게이트나 그 변형된 꼴로 수행할 수 없다는 점이다. 그러나 다행히도 다중제어 NOT 게이트(또는 이의 간단한 변형)로 수행할 수 있는 여러 맞바꿈 절차를 결합하여 우리가 원하는 임의의 맞바꿈을 이루어낼 수 있다. 예를 들어, 여섯 번째와 일곱 번째 열과 행을 맞바꾼다고하자. 행렬표현에서 이 열(행)들은 각각 논리기저상태 $|101\rangle$과 $|110\rangle$에 해당하므로, 이 맞바꿈은 분명 하나의 다중제어 NOT 게이트로 수행할 수 없다. 그러나 먼저 여섯 번째와 여덟 번째 열과 행(각각 논리기저상태 $|101\rangle$과 $|111\rangle$에 대응)을 맞바꾼 다음 여덟 번째와 일곱 번째 열과 행(각각 $|111\rangle$와 $|110\rangle$에 대응)을 맞바꾸어 달성할 수 있다. 첫 번째 맞바꿈은 첫 번째와 세 번째 큐비트를 제어큐비트로 사용하고 두 번째 큐비트를 대상큐비트로 삼는 다중제어 NOT 게이트로 수행할 수 있으며, 두 번째 맞바꿈은 처음 두 큐비트를 제어큐비트로 사용하고 세 번째 큐비트를 대상큐비트로 삼는 다중제어 NOT 게이트로 구현할 수 있다. 요점은 각 맞바꿈은 한 큐비트에서만 비트

값이 다른 두 논리기저상태들에 해당하는 한 쌍의 열(과 행) 사이에 행해져야 한다는 점이다. 그레이 코드 배열을 사용하여 이를 체계적이고 효율적으로 수행할 수 있다. 고전적인 비트로 볼 때, 이는 바로 이웃하는 두 비트열이 한 비트에서만 비트값이 다른 비트열들의 배열이다.[2.3] 예를 들어, $|010\rangle$에서 $|101\rangle$까지의 그레이 코드 배열은

$$|010\rangle \to |110\rangle \to |111\rangle \to |101\rangle \tag{2.95}$$

이다. 위 배열의 첫째 단계는 둘째 큐비트가 $|1\rangle$이고 셋째 큐비트는 $|0\rangle$일 때 첫째 큐비트에 작용하는 NOT 게이트에 해당한다. 이는 마지막 두 개의 큐비트를 제어큐비트로 첫째 큐비트는 대상큐비트로 삼는 다중제어 NOT 게이트의 단순 변형이다. 이 변형은 단지 다중제어 NOT 게이트 전과 후에 셋째 비트에 작용하는 NOT 게이트들을 추가하면 된다. 다른 단계들은 다중제어 NOT 게이트들로 간단하게 수행할 수 있다.

Let us consider a particular two-level unitary matrix on a three-qubit system. We want to implement it in terms of elementary quantum logic gates.

```
In[ ]:= U = TheRotation[Pi / 3, 2];
        U // MatrixForm
```

Out[ ]//MatrixForm=

$$\begin{pmatrix} \frac{\sqrt{3}}{2} & -\frac{1}{2} \\ \frac{1}{2} & \frac{\sqrt{3}}{2} \end{pmatrix}$$

```
In[ ]:= mat = Matrix@TwoLevelU[U, {4, 5}, 2^$n];
        mat // MatrixForm
```

Out[ ]//MatrixForm=

$$\begin{pmatrix} 1 & 0 & 0 & 0 & 0 & 0 & 0 & 0 \\ 0 & 1 & 0 & 0 & 0 & 0 & 0 & 0 \\ 0 & 0 & 1 & 0 & 0 & 0 & 0 & 0 \\ 0 & 0 & 0 & \frac{\sqrt{3}}{2} & -\frac{1}{2} & 0 & 0 & 0 \\ 0 & 0 & 0 & \frac{1}{2} & \frac{\sqrt{3}}{2} & 0 & 0 & 0 \\ 0 & 0 & 0 & 0 & 0 & 1 & 0 & 0 \\ 0 & 0 & 0 & 0 & 0 & 0 & 1 & 0 \\ 0 & 0 & 0 & 0 & 0 & 0 & 0 & 1 \end{pmatrix}$$

```
In[ ]:= op = ExpressionFor[mat, SS]
```

Out[ ]=

$$\frac{1}{8}\left(6+\sqrt{3}\right)+\frac{1}{8}\left(2-\sqrt{3}\right) S_1^z S_2^z + \frac{1}{8}\left(2-\sqrt{3}\right) S_1^z S_3^z + \frac{1}{8}\left(-2+\sqrt{3}\right) S_2^z S_3^z - \frac{1}{2} S_1^+ S_2^- S_3^- + \frac{1}{2} S_1^- S_2^+ S_3^+$$

Our implementation is based on the Gray code sequence. Notice the function `Reverse`.

```
gates = Flatten@FromTwoLevelU[U, {4, 5}, SS]
```

[2.3] 2.3.1절에서, 같은 방법이 조금 다른 문맥에서 사용되었다.

Out[ ]=

```
{S₁ˣ, CNOT[{S₁, S₂}, {S₃}], S₁ˣ, S₃ˣ, CNOT[{S₂, S₃}, {S₁}],
 S₃ˣ, CNOT[{S₁, S₂}, {S₃}], CNOT[{S₁, S₃}, {S₂}], S₂ˣ,
 ControlledU[{S₁, S₂}, √3/2 + i S₃ʸ/2, Label → U], S₂ˣ, CNOT[{S₁, S₃}, {S₂}],
 CNOT[{S₁, S₂}, {S₃}], S₃ˣ, CNOT[{S₂, S₃}, {S₁}], S₃ˣ, S₁ˣ, CNOT[{S₁, S₂}, {S₃}], S₁ˣ}
```

In[ ]:=

```
new = Apply[Dot, Matrix[#, SS] & /@ Elaborate /@ gates] // Normal // Simplify;
new // MatrixForm
```

Out[ ]//MatrixForm=

$$\begin{pmatrix} 1 & 0 & 0 & 0 & 0 & 0 & 0 & 0 \\ 0 & 1 & 0 & 0 & 0 & 0 & 0 & 0 \\ 0 & 0 & 1 & 0 & 0 & 0 & 0 & 0 \\ 0 & 0 & 0 & \frac{\sqrt{3}}{2} & -\frac{1}{2} & 0 & 0 & 0 \\ 0 & 0 & 0 & \frac{1}{2} & \frac{\sqrt{3}}{2} & 0 & 0 & 0 \\ 0 & 0 & 0 & 0 & 0 & 1 & 0 & 0 \\ 0 & 0 & 0 & 0 & 0 & 0 & 1 & 0 \\ 0 & 0 & 0 & 0 & 0 & 0 & 0 & 1 \end{pmatrix}$$

In[ ]:=

```
qc1 = QuantumCircuit @@ gates[[ ;; 10]]
qc2 = QuantumCircuit @@ gates[[11 ;;]]
```

Out[ ]=

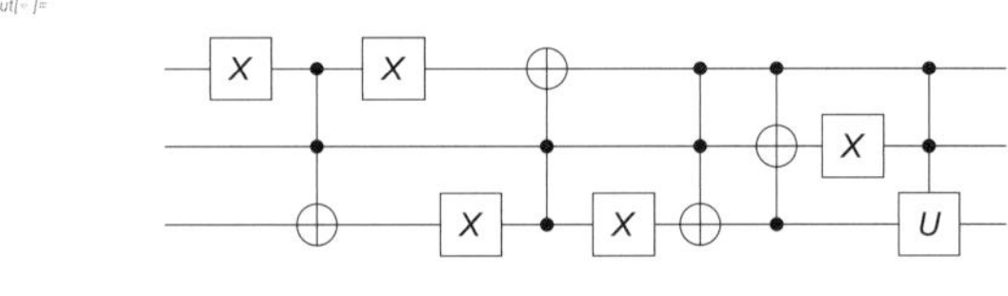

Out[ ]=

In[ ]:=

```
new = Matrix[qc2].Matrix[qc1] // Normal // Simplify;
new // MatrixForm
```

Out[ ]//MatrixForm=

$$\begin{pmatrix} 1 & 0 & 0 & 0 & 0 & 0 & 0 & 0 \\ 0 & 1 & 0 & 0 & 0 & 0 & 0 & 0 \\ 0 & 0 & 1 & 0 & 0 & 0 & 0 & 0 \\ 0 & 0 & 0 & \frac{\sqrt{3}}{2} & -\frac{1}{2} & 0 & 0 & 0 \\ 0 & 0 & 0 & \frac{1}{2} & \frac{\sqrt{3}}{2} & 0 & 0 & 0 \\ 0 & 0 & 0 & 0 & 0 & 1 & 0 & 0 \\ 0 & 0 & 0 & 0 & 0 & 0 & 1 & 0 \\ 0 & 0 & 0 & 0 & 0 & 0 & 0 & 1 \end{pmatrix}$$

지금까지 CNOT 게이트와 단일 큐비트 게이트들을 결합하여 임의의 유니테리 연산을 구현할 수 있음을 살펴보았다. 미묘한 문제는 단일 큐비트 게이트들이 유니테리 연산자들의 연속체를 형성한다는 점이다. 이들을 무한한 정확도로 구현하는 것은 실용적이지 않다. 다행히도, 보편적 양자계산을 수행하기에 유한 개의 원소들로 이루어진 게이트 집합만으로도 충분하다는 사실이 알려져 있다. 하다마드 게이트, 사분위상게이트, 팔분위상게이트 및 CNOT 게이트들은 보편적 집합을 이루어, 이 게이트들로만 구성된 양자회로를 사용하여 임의의 n 큐비트 게이트를 임의의 정확도로 구현할 수 있다. 더 나아가, 팔분위상게이트를 토폴리 게이트로 대체하더라도 이 집합은 보편성을 유지한다.

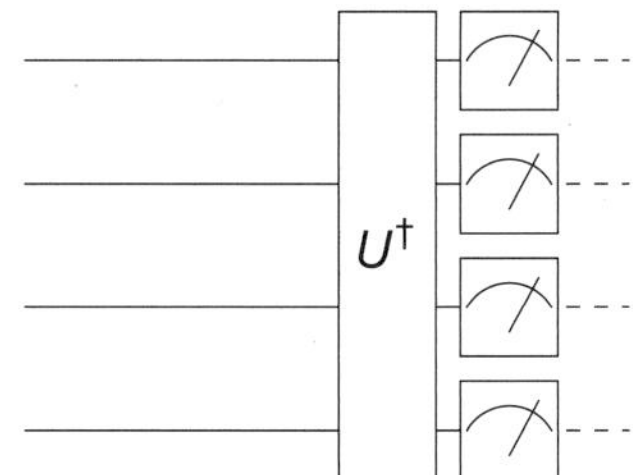

그림 2.6: 논리기저가 아닌 기저 $\{|\alpha_x\rangle\}$에 대한 측정. 여기서 유니테리 연산자 $\hat{U}$는 기저변환 $|\alpha_y\rangle = \hat{U}|y\rangle = \sum_x |x\rangle\langle x|\alpha_y\rangle$을 수행한다.

2.5 측정의 계산모형

측정에 대한 몇가지 논의를 하고 이 장을 마무리하려고 한다. 양자컴퓨터에서 측정은 논리기저 $\{|x\rangle : x = 0, 1, \ldots, 2^n - 1\}$에 대하여 개개의 큐비트에 독립적으로 수행된다. 만일 다른 기저(예를 들어, 파울리 X 연산자의 고유벡터)에 대한 측정이 요구된다면 어떻게 할 것인가? 또한, (개개의 큐비트가 아니라) 큐비트 집합에 대해 집단적인 측정(collective measurement)이 필요하다면 어떻게 하면 되는가?

임의의 기저 $\{|\alpha_x\rangle := \hat{U}|x\rangle\}$에 대해 측정하려고 한다. 입력상태 $|\alpha_x\rangle$는 확률 1로 논리기저상태 $|x\rangle$로 귀결되어 측정 결과가 x가 되어야 한다. 이 과정은 측정 연산자 $\hat{M}_x := |x\rangle\langle\alpha_x| = |x\rangle\langle x|\hat{U}^\dagger$로 기술된다. 분명, 이 측정 연산자들은 $\sum_x \hat{M}_x^\dagger \hat{M}_x = \hat{I}$를 만족한다(가정 1.3 참조). 여기서 연산자 $\hat{P}_x := |x\rangle\langle x|$는 논리기저에 대한 측정만을 기술함에 유의하자. 이는 단순히 측정 전에 유니테리 역변환 $\hat{U}^\dagger$를 추가하고 논리기저에 대해 측정함으로써 새로운 기저 $\{|\alpha_x\rangle\}$에 대한 측정을 수행할 수 있음을 의미한다(그림 2.6 참조).

예를 들어, 한 큐비트가 상태 $|\psi\rangle = |0\rangle c_0 + |1\rangle c_1$에 있다고 해보자. 기본적으로 측정은 논리기저에 대해 행해지고, 측정 통계는 아래에 시연된 것처럼 확률 분포가 $P_0 = |c_0|^2$과 $P_1 = |c_1|^2$임을 보여준다.

First consider a measurement in the logical basis.

```
In[ ]:= Let[Complex, c]
vec = ProductState[S[1] → {c[0], c[1]}];
qc = QuantumCircuit[vec, "Spacer", Measurement@S[1, 3], "PortSize" → {2, 0.2}]
```

Out[ ]=

$|0\rangle c_0 + |1\rangle c_1$ ——[측정]- - -

```
In[ ]:= Block[
 {c, data},
 c[0] = 1 / 2;
 c[1] = Sqrt[3] / 2;
 data = Table[ExpressionFor[qc]; Readout@S[1, 3], 1000];
 Histogram[data, FrameLabel → {"Readout", "Counts"}]
]
Out[ ]=
```

이번에는 파울리 X 연산자의 고유상태들 $\{|\pm\rangle\}$로 이루어진 기저에 대해 측정을 해보자. 이 경우 하다마드 게이트를 이용해 원하는 기저변환을 수행할 수 있다. 새 기저에서 상태 벡터 $|\psi\rangle$는

$$|\psi\rangle = |+\rangle \frac{c_0 + c_1}{\sqrt{2}} + |-\rangle \frac{c_0 - c_1}{\sqrt{2}} \tag{2.96}$$

으로 쓰여진다. 따라서, 이 경우 측정 통계는 확률분포 $P_\pm = |c_0 \pm c_1|^2/2$를 따른다.

Now consider a measurement in the eigen-basis of the Pauli X operator.

```
In[ ]:= Let[Complex, c]
vec = ProductState[S[1] → {c[0], c[1]}];
qc = QuantumCircuit[vec, S[1, 6], Measurement@S[1, 3], "PortSize" → {2, 0.2}]
Out[ ]=
```

$|0\rangle c_0 + |1\rangle c_1$ — H

```
In[ ]:= Block[
 {c, data},
 c[0] = 1 / 2;
 c[1] = Sqrt[3] / 2;
 data = Table[ExpressionFor[qc]; Readout@S[1, 3], 1000];
 Histogram[data, FrameLabel → {"Readout", "Counts"}]
]
Out[ ]=
```

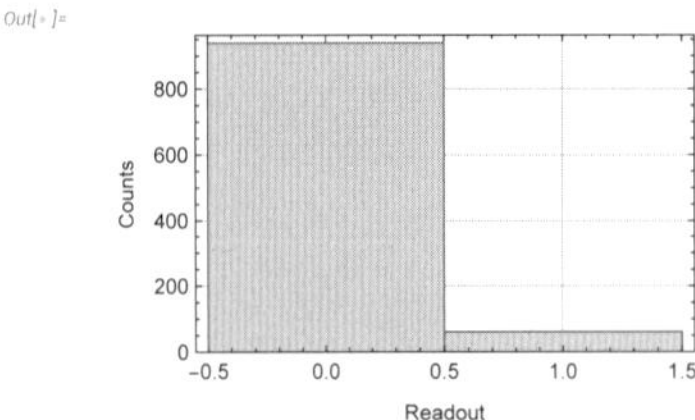

또 다른 흥미로운 예는 벨 측정(Bell measurement)이다. 벨 측정은 두 큐비트에 대한 측정으로, 벨 상태(Bell state),

$$
\begin{aligned}
|\beta_0\rangle &= \frac{|00\rangle + |11\rangle}{\sqrt{2}}, \\
|\beta_1\rangle &= \frac{|01\rangle + |10\rangle}{\sqrt{2}}, \\
|\beta_2\rangle &= \frac{|01\rangle - |10\rangle}{\sqrt{2}}, \\
|\beta_3\rangle &= \frac{|00\rangle - |11\rangle}{\sqrt{2}}
\end{aligned} \tag{2.97}
$$

를 기저로 한다. 벨 상태는 하다마드 게이트와 CNOT 게이트를 조합한 소위 양자얽힘회로를 이용하여, 논리기저상태로부터 생성할 수 있음을 2.2.1절에서 이미 논의하였다. 따라서, 양자얽힘 연산의 역을 적용하여 벨 측정을 수행할 수 있다.

This is the "disentangler" quantum circuit, which is the inverse of the entangler quantum circuit .

```
In[ ]:= disentangler = QuantumCircuit[CNOT[S[1], S[2]], S[1, 6]]
```

Out[ ]=

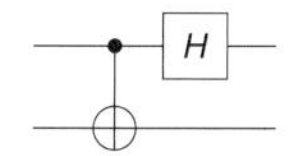

This shows that the disentangler quantum circuit maps the Bell states into the logical basis states.

```
In[ ]:= op = ExpressionFor[disentangler];
bs = BellState@S@{1, 2};
Thread[bs → op ** bs] // LogicalForm // TableForm
```

Out[ ]//TableForm=

$$
\begin{aligned}
\frac{|0_{S_1}0_{S_2}\rangle + |1_{S_1}1_{S_2}\rangle}{\sqrt{2}} &\to |0_{S_1}0_{S_2}\rangle \\
\frac{|0_{S_1}1_{S_2}\rangle + |1_{S_1}0_{S_2}\rangle}{\sqrt{2}} &\to |0_{S_1}1_{S_2}\rangle \\
\frac{|0_{S_1}1_{S_2}\rangle - |1_{S_1}0_{S_2}\rangle}{\sqrt{2}} &\to |1_{S_1}1_{S_2}\rangle \\
\frac{|0_{S_1}0_{S_2}\rangle - |1_{S_1}1_{S_2}\rangle}{\sqrt{2}} &\to |1_{S_1}0_{S_2}\rangle
\end{aligned}
$$

6장에서 논의할 양자 오류정정 코드(quantum error-correction codes)와 안정자회로(stabilizer circuits)에서 단일 큐비트 파울리 연산자들의 텐서곱에 해당하는 물리량을 측정하는 소위 파울리 측정(Pauli measurements)을 종종 접하게 될 것이다. 구체적으로, n 큐비트에 $\hat{Z} \otimes \hat{Z} \otimes \cdots \otimes \hat{Z}$ 측정을 한다고 하자. 일반적인 파울리 연산자 측정은 위에서 논의한 기저 변경 방법을 통합하여 수행할 수 있다. 계속 진행하기 앞서 $\hat{Z} \otimes \hat{Z} \otimes \cdots \otimes \hat{Z}$

측정은 집단적 측정이며 개별 큐비트들에 $\hat{Z}$ 측정을 순차적으로 수행한 것과는 구별된다는 점을 명심해야 한다. 예를 들어, 짝수 개의 큐비트들이 양자상태

$$|\psi\rangle = |00\cdots 0\rangle\, c_0 + |11\cdots 1\rangle\, c_1 \tag{2.98}$$

로 준비되었을 때, $\hat{Z}\otimes\hat{Z}\otimes\cdots\otimes\hat{Z}$ 측정은 항상 (관측가능량의 두 고유값 ± 1 중에) 1을 측정값으로 얻고, 측정에 의해 양자 상태는 변하지 않는다. 한편, $\hat{Z}$ 측정을, 예를 들어 첫째 큐비트에 수행하면, 측정값은 (각각 $\hat{Z}$의 고유값 ± 1에 대응하여) 0 또는 1을 얻고, 그에 따라 양자 상태는 $|00\cdots 0\rangle$이나 $|11\cdots 1\rangle$ 둘 중의 하나로 붕괴한다.

$\hat{Z}\otimes\hat{Z}\otimes\cdots\otimes\hat{Z}$ 측정은 하나의 보조큐비트를 상태 $|0\rangle$으로 초기화하고 측정 대상이 되는 양자레지스터에 포함된 큐비트들을 보조큐비트와 결합한 양자회로

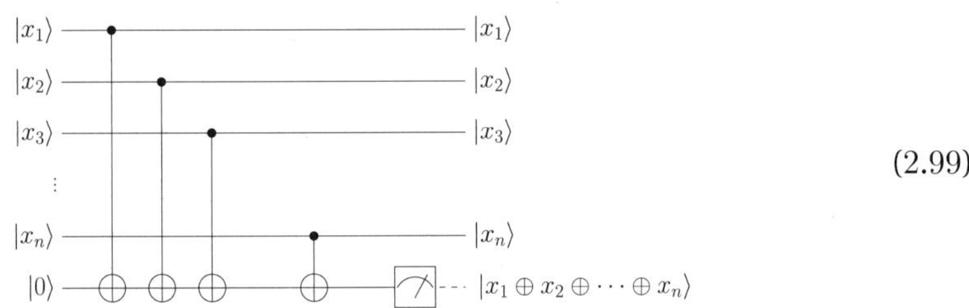

(2.99)

를 이용하여 구현할 수 있다. CNOT 게이트는 보조큐비트 상태를 초기 상태 $|0\rangle$에서부터, 양자레지스터 내 n 큐비트의 논리값과 연관된 최종 상태 $|x_1\oplus x_2\oplus\cdots\oplus x_n\rangle$로 변환한다 (연습문제 2.9 참조). 따라서, 단순히 보조큐비트를 계산기저에 대해 측정하는 것만으로 원하는 결과를 얻을 수 있다.

효과적인 양자 알고리즘과 양자 오류정정을 위해서는 보다 정교한 측정이 필요할 수도 있다. 한 예로 양자 인수분해 알고리즘(quantum factorization algorithm)의 핵심 부분 중 하나인 양자위상추정(quantum phase estimation)을 들 수 있다. 이는 4.4절에서 논의될 것이다.

2.6 연습문제

2.1. $\hat{\Phi}(\phi)$를 다음과 같이 $\phi\in[0,2\pi)$만큼의 상대적 위상변화를 일으키는 위상게이트라 하자.

$$\hat{\Phi}(\phi) : |0\rangle \mapsto |0\rangle\ , \quad |1\rangle \mapsto |1\rangle\, e^{i\phi}\,. \tag{2.100}$$

a) 이 위상게이트를 n 큐비트 레지스터에 가할 때, 임의의 $x = 0, 1, \ldots, 2^n - 1$에 대해

$$[\hat{\Phi}(\phi)]^{\otimes n} |x\rangle = |x\rangle\, e^{i\phi(x_1 + \cdots + x_n)} \tag{2.101}$$

임을 보여라.

b) $\hat{H}$가 하다마드 게이트라 할 때, 상태 $[\hat{\Phi}(\phi)]^{\otimes n} \hat{H}^{\otimes n} |0\rangle$를 구체적으로 계산하라.

2.2. $\hat{U}_x(\phi)$가 x축을 중심으로 각도 ϕ만큼 회전시키는 단일 큐비트 연산자라 하자. 다음 양자회로를 구체적으로 분석하고 계산하라.

$$\begin{array}{l} |x_1\rangle - H - U_x - H - \\ |x_2\rangle - H - U_x - H - \\ |x_3\rangle - H - U_x - H - \end{array} \tag{2.102}$$

여기서 $|x\rangle := |x_1\rangle \otimes |x_2\rangle \otimes |x_3\rangle$는 삼큐비트 논리기저 상태이고, 이름표 '$H$'와 '$U_x$'는 각각 하다마드 게이트 $\hat{H}$와 회전게이트 $\hat{U}_x(\phi)$를 가리킨다. 결과를 일반화하고, 임의의 $x = 0, 1, \ldots, 2^n - 1$에 대해

$$\hat{H}^{\otimes n} [\hat{U}_x(\phi)]^{\otimes n} \hat{H}^{\otimes n} |x\rangle = |x\rangle\, e^{-i\phi n/2} e^{i\phi(x_1 + \cdots x_n)} \tag{2.103}$$

임을 보여라.

2.3. $\hat{S}^\mu$를 파울리 연산자라 할 때,

$$e^{i\hat{S}^\mu \phi/2} \hat{S}^\nu e^{-i\hat{S}^\mu \phi/2} = \hat{S}^\nu \cos(\phi) - \sum_\lambda \hat{S}^\lambda \epsilon_{\lambda\mu\nu} \sin(\phi) \tag{2.104}$$

임을 보여라. 여기서 $\mu, \nu = x, y, z$이고, $\mu \neq \nu$이다.

2.4. 밥의 양자컴퓨터에 있는 지렛대는 '앞으로' 위치에 고정되어 있어, 큐비트 1을 제어큐비트로하고 큐비트 2를 대상큐비트로 하는 CNOT 게이트만 수행할 수 있다. 다만, 밥의 양자컴퓨터는 단일 큐비트 작업들은 정상적으로 수행할 수 있다. 큐비트 2을 제어큐비트로하고 큐비트 1을 대상큐비트로 하는 CNOT 게이트를 어떻게 수행할 수 있는가?[2.4]

[2.4] 이 문제는 고테스만이 처음 공개하였다(Gottesman, 1999).

2.5. 다음과 같은 n 큐비트 양자회로를 생각해보자.

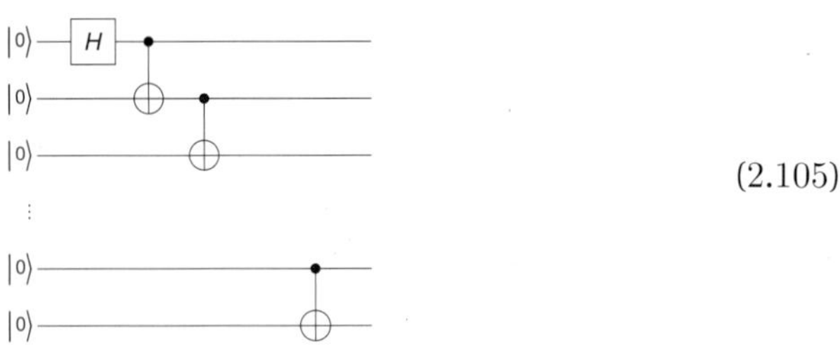

(2.105)

이 회로가 그림 2.5 (b)에 있는 양자회로와 마찬가지로 식 (2.40)의 그린버거-혼-자일링거 상태를 생성함을 보여라.

2.6. 네 개의 큐비트들로 이루어진 양자레지스터를 고려해보자.

a) 다음 양자회로를 분석하고, 그 결과로 얻어지는 상태 $|\Psi\rangle$를 구체적으로 구하라.

(2.106)

이 상태는 소위 클러스터 상태(cluster state) 또는 그래프 상태(graph state)라 불리며, 측정기반 양자계산(measurement-based quantum computation)의 중요한 자원이다(3.4절 참조).

b) (a)에서 구한 상태 $|\Psi\rangle$는 각 큐비트가 나머지 큐비트들과 최대로 얽혀 있음을 보여라. 즉, j번째 큐비트에 대한 환산밀도행렬 $\hat{\rho}_j := \mathrm{Tr}_{k\neq j}\,|\Psi\rangle\langle\Psi|$가 $\hat{\rho}_j = \hat{I}/2$로 주어져 어떠한 기저에 대해서도 결맞음이 없다.

2.7. 단일 큐비트가 유니테리 연산자

$$\hat{U} = \hat{\sigma}^0 \cos(\phi/2) - i\hat{\sigma}^x \sin(\phi/2) \tag{2.107}$$

의 두 고유상태들 중 하나에 있다고 한다. 여기서 각도 ϕ의 값은 이미 알고 있다. 큐비트를 하나 추가하여 원래 큐비트의 상태를 알아내는 양자회로를 만들라.

힌트: 단일 비트 정보를 얻어내는 제어 유니테리 게이트를 이용하라. 이는 양자위상추정(quantum phase estimation) 과정을 단순화한 것이지만, 이런 점을 고려하지 않더라도 해결할 수 있다.

2.8. 두 큐비트로 이루어진 계가 유니테리 연산자

$$\hat{U} = e^{i\phi}\left(|0\rangle\langle 0| + i\,|1\rangle\langle 1| - |2\rangle\langle 2| - i\,|3\rangle\langle 3|\right) \tag{2.108}$$

의 네 고유상태들 중 하나에 있다고 한다. 두 개의 큐비트를 추가하여 위 계의 양자상태를 알아내는 양자회로를 만들라.

힌트: 하다마드 게이트의 특성 (2.18)과 제어 유니테리 게이트의 특성들을 이용하라. 여기서 유니테리 연산자는 하나의 큐비트에 의해 제어되며 두 큐비트 계에 작용한다.

2.9. n 큐비트로 이루어진 양자레지스터에 작용하는 양자회로가 다음과 같이 CNOT 게이트들로 이루어져 있다고 하자.

(2.109)

a) 논리기저상태 $|x_1\rangle \otimes \cdots \otimes |x_n\rangle \in \mathcal{S}^{\otimes n}$를 입력하였을 때 나오는 출력상태를 구하라.

b) 양자상태 $|+\rangle \otimes \cdots \otimes |+\rangle \otimes |-\rangle$를 입력하였을 때 나오는 출력상태를 구하라. 여기서 $|\pm\rangle := (|0\rangle \pm |1\rangle)/\sqrt{2}$이다.

2.10. $\hat{U}$를 단일 큐비트에 가해지는 유니테리 연산자라 하자. 다음 세 명제가 서로 동치임을 증명하라.

a) 등식

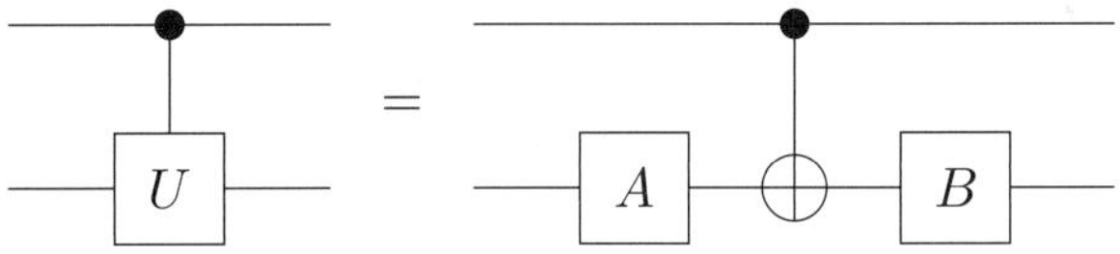

U = A B (2.110)

을 만족시키는 두 유니테리 게이트 $\hat{A}$와 $\hat{B}$가 존재한다.

b) $\hat{U} = \hat{W}\hat{Z}\hat{W}^\dagger$를 만족하는 유니테리 연산자 $\hat{W}$가 존재한다.

c) $\mathrm{Tr}\,\hat{U} = 0$이고 $\det \hat{U} = -1$이다.

2.11. $P(i \leftrightarrow j)$를 벡터/행렬의 i 번째와 j 번째 행(열)을 맞바꾸는 행렬이라고 하자. 예를 들어, 4차원 공간에서

$$P(1 \leftrightarrow 2) = \begin{bmatrix} 0 & 1 & & \\ 1 & 0 & & \\ & & 1 & \\ & & & 1 \end{bmatrix} \tag{2.111}$$

이다. $\hat{P}(i \leftrightarrow j)$는 이에 대응하는 연산자이다.

a) CNOT 게이트만을 사용하여 두 큐비트계(4차원 벡터공간 $\mathcal{S} \otimes \mathcal{S}$)에 $\hat{P}(2 \leftrightarrow 3)$을 수행하는 양자회로를 만들라.

b) 다중제어 NOT 게이트만을 사용하여 세 큐비트로 이루어진 계($\mathcal{S}^{\otimes 3}$)에 $\hat{P}(2 \leftrightarrow 3)$를 수행하는 양자회로를 만들라.

c) 다중제어 NOT 게이트만을 사용하여 세 큐비트로 이루어진 계($\mathcal{S}^{\otimes 3}$)에 $\hat{P}(4 \leftrightarrow 7)$를 수행하는 양자회로를 만들라.

2.12. $\hat{U} = e^{i\phi}\hat{I}$는 단일 큐비트 유니테리 연산자로 ϕ만큼 위상을 논리기저상태에 상관없이 동일하게 변화시킨다. 아울러, 상대적 위상을 ϕ만큼 변화시키는 또 다른 연산자 $\hat{T}$를

$$\hat{T} = |0\rangle\langle 0| + e^{i\phi}|1\rangle\langle 1| \doteq \begin{bmatrix} 1 & 0 \\ 0 & e^{i\phi} \end{bmatrix} \tag{2.112}$$

와 같이 정의하자.

a) 이름표 'U'와 'T'가 각각 유니테리 연산자 $\hat{U}$와 $\hat{T}$를 나타낼 때,

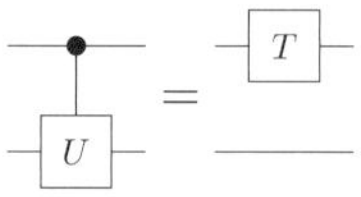

(2.113)

가 성립함을 보여라.

b) 다음 등식들이 성립함을 보여라.

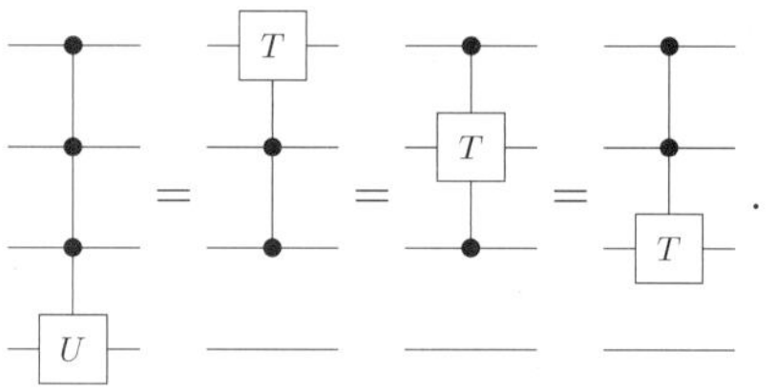

(2.114)

제 3 장

양자컴퓨터 구현하기

이전 장에서 기본 양자논리게이트들이 사용가능하다는 가정 하에 양자계산을 어떻게 실행할 수 있는지 살펴보았다. 그러나 양자컴퓨터, 즉 그러한 양자논리게이트들을 실행할 수 있는 기계는 실제로 어떻게 만들 수 있을까? 양자컴퓨터는 물리계이며, 따라서 모든 양자논리게이트들은 물리법칙에 따라 구현되어야 한다. 이 장에서는 양자논리게이트의 구현과 직접적으로 관련된 기본적인 물리법칙과 원리에 대해 논의한다. 논의 과정을 통해 양자 컴퓨터를 구축하기 위해 충족해야 하는 몇 가지 기본 조건과 요구 사항을 알게 될 것이다.

지금까지 개발된 양자컴퓨터 아키텍처들에는 단지 연구 수준에서 검증된 것 뿐만 아니라 실제 상용화 단계에서 실행되고 있는 것들도 많다. 그러나 각 아키텍처를 이해하려면 물리계에 대한 일정 수준의 지식이 필요하다. 예를 들어, 초전도회로에 기반한 양자컴퓨터를 이해하려면 먼저 초전도, 조셉슨 효과, 선다발 양자화, 조셉슨 인덕턴스(일종의 비선형 운동 인덕턴스), 초전도회로와 전자기장과의 상호작용 등을 이해해야 한다. 이런 세세한 논의를 하다보면 양자컴퓨터의 작동에 관한 핵심 원리를 이해하는데 방해가 되기 쉬워 이 책에서는 다루지 않는다.

여기서는 양자계산에 적합하다고 여겨지는 이상적이면서 간단한 양자계가 갖춰야 할 조건들을 알아보고, 원하는 양자논리게이트를 구현하기 위해 이를 제어하는 방법에 대해 논의한다. 이러한 계는 당연히 비현실적이지만, 물리계와 장치를 기반으로 양자컴퓨터를 실제로 개발하고자 할 때 요구되는 핵심 사항에 집중하는 데 도움이 된다. 이런 논의를 통해 실제 양자컴퓨터 구조와 여러 가지 기능을 담당하는 각 부분들이 어떻게 연관되어 있는지 알아갈 것이다.

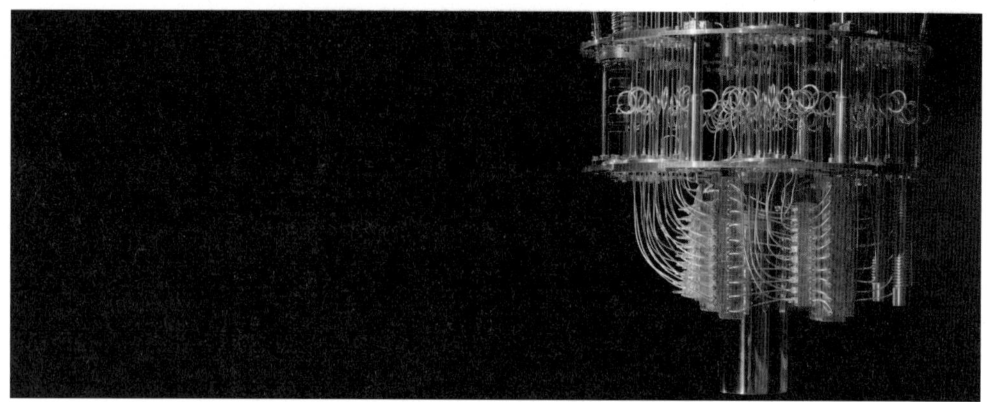

그림 3.1: 초전도회로에 기반한 IBM Q 양자컴퓨터. Graham Carlow/IBM 사진 제공.

3.1 양자비트

양자컴퓨터가 건물이라면 건물을 구성하는 '벽돌'에 해당하는 양자컴퓨터의 기본 계산 단위가 바로 양자비트(quantum bit) 혹은 줄여서 큐비트(qubit)라는 점은 이미 여러 번 언급했다. 이상적으로 큐비트는 이차원 힐베르트 공간으로 기술된다. 하지만 실제 물리계에 해당하는 모든 힐베르트 공간은 무한 차원이며, 따라서 현실적으로, 큐비트는 다른 자유도들에 상대적으로 독립적인 특정 자유도를 지칭한다. 예를 들어, 전자의 스핀이나 빛알의 편광은 정확히 이차원 힐베르트 공간에서 표현된다. 또한, 큐비트가 큰 힐베르트 공간 안에서 아예 결합되어 있지 않거나 나머지 부분과 비교적 잘 분리된 특정한 이차원 부분공간에 해당되는 경우도 많다. 예를 들어, 초전도 전하 큐비트는 크기가 수백 나노미터 정도로 작은 초전도 덩어리에서 에너지가 가장 낮은 두 전하 상태에 해당된다.

그러나 이차원 힐베르트 공간(또는 부분공간)이 잘 정의된다고 해서 반드시 그 안의 자유도를 큐비트로 활용할 수 있는 것은 아니다. 예를 들어, 중성자의 스핀을 생각해보자. 이것에 해당하는 힐베르트 공간의 차원은 확실히 둘이지만, 양자계산을 위해 중성자 스핀을 사용하기란 여간 어려운 것이 아니다. 중성자 하나를 분리해내기가 어렵고, 안정적이면서 통제가능한 방식으로 중성자 스핀을 조절하기는 더욱 어렵다. 그렇다면 실용적인 양자컴퓨터를 구축하기 위해 큐비트는, 개별적 또한 전체 집단적으로, 어떤 필요조건들을 충족해야 할까? 특정 계에만 결부된 특정한 기술적 문제들은 제외하고, 양자계산에 사용하려는 어떤 특정한 아키텍처가 양자계산에 적합한지 판단하기 위해 확인해야 할 기본적인 필요조건들이 있는데, 흔히 디빈첸조 기준(DiVincenzo criteria)이라 부른다.

(a) 큐비트는 그 특성들이 잘 분석되어 있어야 하며, 확장성(scalability)이 커야 한다. 각 큐비트에 대한 힐베르트 공간은 위에서 언급한대로 잘 정의되어야 하며, 매개변수를

포함한 내부 해밀토니안이 정확하게 알려져 있어야 한다. 또한, 큐비트는 그들 사이에 진짜(genuine) 상호작용을 허용해야 하며, 실제 계산을 위해 그 규모가 충분히 커질 때까지도 그러한 특성들을 유지해야 한다.

(b) 큐비트는 고정된 논리기저상태로 초기화할 수 있어야 한다. 모든 양자 알고리즘이 계산 중간에 중첩된 상태를 허용하더라도, 모든 계산은 알려진 값에서 시작해야 한다. 뻔해 보이는 이러한 요구사항은 고전컴퓨터에서도 동일하게 적용된다. 초기화하는 흔한 방식 중 하나는 계를 냉각시켜 계가 바닥상태로 떨어질 때까지 기다리는 것이다. 또 다른 방법은 논리기저에 대해 투영측정(projective measurement)을 수행하여 계의 상태가 측정 결과에 상응하는 논리기저상태로 붕괴되도록 하는 것이다.

(c) 큐비트는 원하는 게이트연산을 수행하기에 충분히 오랫동안 결맞음(coherence)을 유지해야 한다. 서로 다른 논리기저상태들을 중첩할 수 있다는 점이 양자컴퓨터를 고전컴퓨터와 구별하는 결정적인 차이이다. 불행히도 큐비트는 외부 제어회로나 측정장치로 인한 여러 가지 결깨짐 효과의 영향으로 결국 양자특성을 잃는다. 신뢰할 수 있는 계산결과를 얻기까지 요구되는 게이트연산을 수행하는 동안 계는 결맞음을 유지해야 한다.

(d) 큐비트들로 이루진 계는 양자게이트연산들의 보편적 집합을 이루어야 한다. 2장에서 논의한 바와 같이, 양자계산은 한 번에 하나의 단일 큐비트 또는 두 큐비트에 작용하는 기본 양자논리게이트들을 조합하여 원하는 유니테리 변환을 달성하는 것을 목표로 한다. 이후에 이러한 기본 양자논리게이트들을 물리적으로 어떻게 구현하는지에 대해 논의할 것이다.

(e) 논리기저에 대해 계를 측정할 수 있어야 한다. 계산이 끝나면 결과를 읽어내야 하며 이는 지정된 큐비트들에 대해 측정을 수행하여 얻어진다. 정확하게 측정할 수 있는 능력을 양자효율이라 한다. 이상적인 측정은 양자효율이 100%이다. 측정에서 양자효율이 100% 미만이면 다른 자원들과 절충할 필요가 생긴다. 예를 들어, 신뢰도가 97%인 계산이 필요한데 측정의 양자효율이 90%에 불과하다면, 계산을 세 번 이상 반복해야 한다.

본 장에서는 큐비트의 양자상태를 어떻게 섬세하게 조작하는지에 초점을 맞출 것이다. 이는 당연히 양자계산의 가장 큰 부분을 차지한다.

어떤 양자컴퓨터가 n 큐비트로 이루어져있다고 해보자. $\mathcal{S}_j(j=1,\ldots,n)$를 j번째 단일 큐비트에 해당하는 이차원 힐베르트 공간이라 하면, 이상적인 양자컴퓨터는 $\mathcal{S}_1\otimes\cdots\otimes\mathcal{S}_n$에

작용하는 해밀토니안

$$\hat{H}(t) = \sum_j \sum_\mu B_j^\mu(t)\hat{S}_j^\mu + \sum_{ij}\sum_{\mu\nu} J_{ij}^{\mu\nu}(t)\hat{S}_i^\mu \hat{S}_j^\nu \tag{3.1}$$

를 실현하는 셈이다. 여기서 $\hat{S}_j^\mu$ $(\mu = x, y, z)$는 $\mathcal{S}_j$에 작용하는 파울리 연산자이다(2.1.1절 참조).

매개변수 B_j^μ는 j 번째 큐비트를 직접 제어한다. 물리적으로 보자면, 이 변수는 마치 스핀에 가해진 자기장과 같은 역할을 한다. 실제 계에서는 각 단일 큐비트를 개별적으로 다루기 힘들 수 있다. 단일 큐비트들을 얼마나 자유롭게 다룰 수 있는지 여부는 얼마나 많은 매개변수 B_j^μ를 정확하게 조절할 수 있느냐에 달려있다. 곧 논의할 3.2절에서 예를 보도록 하자.

매개변수 $J_{ij}^{\mu\nu}$는 i 번째와 j 번째 큐비트 사이의 (가상의) 교환결합(exchange coupling)을 기술한다. 원칙적으로, 두 큐비트 사이의 상호작용만 있다면 그 유형에 상관없이 모두 CNOT 게이트를 구현하는 데 사용할 수 있다(이에 대한 예제들은 3.2절 참조). 그러나 실제로 이를 구현하려면, 큐비트들이 여러 번 상호작용을 주고받게 해야 하고, 특정 유형의 상호작용에 대해서는 많은 단일 큐비트 연산들이 추가로 필요할 수도 있다. 따라서, 보편적 양자 계산을 달성하기 위해서는 지정된 큐비트 쌍 사이의 결합 매개변수 $J_{ij}^{\mu\nu}$를 정확하게 제어할 수 있어야 한다. 하지만 실제 계에서 결합 매개변수 $J_{ij}^{\mu\nu}$를 구현하기는 B_j^μ보다 훨씬 더 어렵다. 우선, 많은 아키텍처에서 공간적으로 멀리 떨어져 있는 큐비트들을 결합하기는 매우 어렵다. 더 나아가, 결합을 동적으로 켜고 끄는 것이 불가능할 경우가 많다. 대개 교환결합은 적절한 세기를 유지하기 위해 전체 계산이 이루어지는 동안 계속 켜진 상태로 둔다. 이러한 어려움과 불완전한 제어는 모두 계산결과에 오류를 일으키게 된다.

We will be denoting each qubit by the symbol S and accompanying indices .

```
In[◦]:= Let[Qubit, S]
```

The Pauli operators are specified by the last index. For example, the Pauli operator S_j^x is denoted by S[j,1].

```
In[◦]:= S[j, 1]

Out[◦]= S^x_j

In[◦]:= S[j, 1] ** S[j, 2]
        S[j, 1] ** S[k, 2]

Out[◦]= i S^z_j

Out[◦]= S^x_j S^y_k
```

3.2 동적 방식

동적 방식은 양자컴퓨터에서 물리적 큐비트의 동역학을 결정하는 시간진행 연산자를 이용하여 원하는 양자게이트들을 구현한다. 따라서, 동적 방식이라 이름지어졌다. 이것은 양자계산의 가장 일반적인 방식로서, 지금까지 시연된 대부분의 양자컴퓨터들이 이 방식을 기반으로 한다. 이 절에서는 동적 방식에서 기본적인 단일 큐비트 및 두 큐비트 양자게이트들을 실현시키기 위한 기본 원리들과 일반적인 방법들을 간략하게 살펴볼 것이다.

3.2.1 단일 큐비트 게이트 구현하기

개념적으로 단일 큐비트를 제어하는 가장 간단한 방법은 원하는 연산시간 τ 동안 매개변수 B^x, B^y, B^z를 (시간에 따라 변하지 않고) 일정하게 가하는 것이다. 앞으로 이 매개변수들을 집단적으로 하나의 벡터 $\boldsymbol{B} = (B^x, B^y, B^z)$로 나타낸다. 이 벡터를 가상의 자기장으로 간주할 수 있지만, $\boldsymbol{B}$는 실제 자기장과 달리 에너지의 차원을 가진다는 점에 주의해야 한다. 이 큐비트의 해밀토니안은

$$\hat{H} = \frac{1}{2}\boldsymbol{B} \cdot \hat{\boldsymbol{S}} \tag{3.2}$$

와 같고, 여기서 $\hat{\boldsymbol{S}} := (\hat{S}^x, \hat{S}^y, \hat{S}^z)$는 벡터공간 $\mathcal{S}$에 작용하는 파울리 연산자이다. 그럼 가정 2 대로, 이 큐비트의 양자상태는 유니테리 연산자

$$\hat{U}(t) = \exp(-it\hat{H}) = \exp(-it\boldsymbol{B} \cdot \hat{\boldsymbol{S}}/2) \tag{3.3}$$

에 따라 진행된다. 이는 블로흐 공간에서 벡터 $\boldsymbol{B}$에 평행한 축을 중심으로 각도 $\phi(t) = |\boldsymbol{B}|t$ 만큼의 회전에 해당하는 단일 큐비트 회전연산자 (2.23)과 동일한 꼴이다. 해당 이준위 양자계가 진짜 스핀이라면, 블로흐 공간에서의 이러한 회전은 라머 축돌기(Larmor precession) 혹은 라머 세차운동이라 불린다.

Consider a qubit. Let us apply a (fictitious) magnetic field.

```
In[◦]:= Let[Real, B]
        opH = Dot[B@{1, 2, 3}, S@{1, 2, 3}] / 2
```

Out[◦]= $\frac{1}{2}\left(B_1 S^x + B_2 S^y + B_3 S^z\right)$

To be specific, we consider the case with the magnetic field between the *x*- and *z*-axis in the *xz*-plane. The factor of $1/\sqrt{2}$ is to set the energy (frequency) scale to unit.

```
In[◦]:= B[1] = B[3] = 1 / Sqrt[2]; B[2] = 0;
        opH
```

Out[◦]= $\frac{1}{2}\left(\frac{S^x}{\sqrt{2}} + \frac{S^z}{\sqrt{2}}\right)$

```
In[•]:= Clear[opU]
        opU[t_] = MultiplyExp[-I t opH]
        opU[t] // Elaborate
```

Out[•]= $e^{-\frac{1}{2} i t \left(\frac{S^{+}}{\sqrt{2}}+\frac{S^{z}}{\sqrt{2}}\right)}$

Out[•]= $\text{Cos}\left[\frac{t}{2}\right]-\frac{i\, S^{z}\, \text{Sin}\left[\frac{t}{2}\right]}{\sqrt{2}}-\frac{i\, S^{+}\, \text{Sin}\left[\frac{t}{2}\right]}{\sqrt{2}}-\frac{i\, S^{-}\, \text{Sin}\left[\frac{t}{2}\right]}{\sqrt{2}}$

```
In[•]:= Clear[vec]
        vec[t_] = opU[t] ** Ket[] // Elaborate
```

Out[•]= $-\frac{i\, |1_S\rangle\, \text{Sin}\left[\frac{t}{2}\right]}{\sqrt{2}}+|\_\rangle\left(\text{Cos}\left[\frac{t}{2}\right]-\frac{i\, \text{Sin}\left[\frac{t}{2}\right]}{\sqrt{2}}\right)$

This illustrates the Larmor precession (with the qubit regarded as a “spin”).
Technical Note: You need `Chop` because numerical errors sometimes give `0.+Ket[...]`, which cannot be handled properly by `BlochVector`.

```
In[•]:= vv = BlochVector /@ Table[Chop@vec[t], {t, 0, 8, 0.5}];
        BlochSphere[{Red, Bead /@ vv}, ImageSize → Small]
```

Out[•]=
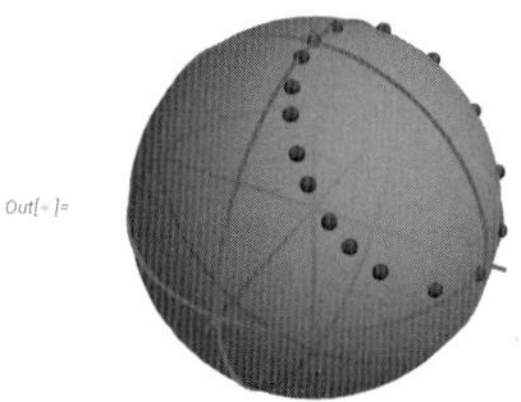

Let us now examine the probabilities for the qubit to be found in the logical basis states.

```
In[•]:= prob[t_] = Abs[Normal@Matrix@vec[t]] ^ 2
```

Out[•]= $\left\{\left|\text{Cos}\left[\frac{t}{2}\right]-\frac{i\, \text{Sin}\left[\frac{t}{2}\right]}{\sqrt{2}}\right|^{2}, \frac{1}{2}\left|\text{Sin}\left[\frac{t}{2}\right]\right|^{2}\right\}$

```
In[•]:= Plot[Evaluate@prob[2 Pi t], {t, 0, 2},
         FrameLabel → {"t / (2πB)", "Probability"}]
```

Out[•]=
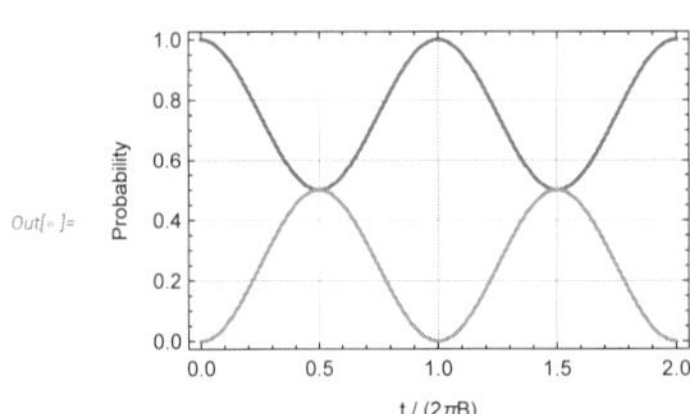

위에서 서술한 방법은 개념적으로는 간단하지만 실제 계에 적용하기에는 제한이 많다. 예를 들어, 두 준위 외에도 다른 준위들이 있는 경우에는 위 방법을 해당 두 준위들 사이에만 선택적으로 적용할 수 없다. 더 광범위하게 활용할 수 있는 방법은 일정한 주파수로 진동하는 매개변수(가령, 외부 자기장)를 가하는 것이다. 다음과 같이 시간에 따라 변하는 매개변수들을 고려해보자.

$$B^x = B_\perp \cos(\omega t)\,, \quad B^y = B_\perp \sin(\omega t)\,, \quad B^z = B_0\,. \tag{3.4}$$

이는 z축을 중심으로 진동수 ω로 축돌기하는 가상의 자기장으로 간주할 수 있다. 해밀토니안은 이제 시간에 따라 변하고,

$$\hat{H}(t) = \frac{1}{2}B_\perp \left[\cos(\omega t)\hat{S}^x + \sin(\omega t)\hat{S}^y\right] + \frac{1}{2}B_0\hat{S}^z \tag{3.5}$$

가 된다. 회전 생성원으로서의 파울리 연산자의 특성 (2.25)를 이용하면,

$$\hat{U}_z^\dagger(\omega t)\hat{H}(t)\hat{U}_z(\omega t) = \frac{1}{2}B_\perp\hat{S}^x + \frac{1}{2}B_0\hat{S}^z \tag{3.6}$$

가 되고, 더이상 시간에 따라 변하지 않는다. 이 사실로부터 동역학이 회전기준계에서 더 간단하다는 것을 알 수 있다. 회전기준계는 관성기준계가 아니므로, 고전적으로 관성력이라 불리는 비관성 효과를 고려해야 한다. 고정기준계와 회전기준계에서의 상태벡터를 각각 $|\psi(t)\rangle$와 $|\psi_R(t)\rangle$라 하면, 이 두 상태벡터는

$$|\psi_R(t)\rangle = \hat{U}_z^\dagger(\omega t)\,|\psi(t)\rangle \tag{3.7}$$

와 같은 관계식을 만족한다. 이를 $|\psi(t)\rangle$에 대한 슈뢰딩거 방정식

$$i\partial_t\,|\psi\rangle = \hat{H}(t)\,|\psi\rangle \tag{3.8}$$

에 대입하고, 양변에 왼쪽에서 $\hat{U}_z^\dagger(t)$를 가하면, 회전기준계에서의 슈뢰딩거 방정식

$$i\partial_t\,|\psi_R\rangle = \hat{H}_R\,|\psi_R\rangle \tag{3.9}$$

을 얻을 수 있다. 회전기준계에서의 해밀토니안은

$$\hat{H}_R(t) := U_z^\dagger(\omega t)\hat{H}(t)\hat{U}_z(\omega t) - \hat{U}_z^\dagger(\omega t)[i\partial_t\hat{U}_z(\omega t)] \tag{3.10}$$

로 주어진다. $\hat{H}_R$의 둘째 항은 비관성 효과를 기술한다. 위 계산과정에서 이미 예상한 대로, 회전기준계 해밀토니안은 더 이상 시간에 의존하지 않으며

$$\hat{H}_R = \frac{1}{2}B_\perp\hat{S}^x + \frac{1}{2}(B_0 - \omega)\hat{S}^z \tag{3.11}$$

가 된다. 회전기준계에서의 시간진행 연산자는

$$\hat{U}_R(t) = \exp(-it\hat{H}_R) \tag{3.12}$$

로 고정기준계에서의 시간진행 연산자 (3.3)과 같은 꼴이다. 이는 $\boldsymbol{B}_R := (B_\perp, 0, B_0 - \omega)$에

평행한 축을 중심으로 진동수

$$\Omega_R := \sqrt{B_\perp^2 + (B_0 - \omega)^2} \tag{3.13}$$

로 축돌기함을 가리킨다. 회전기준계에서의 축돌기는 라비 진동(Rabi oscillation)이라 하고, 식 (3.13)의 진동수는 라비 진동수라 불린다. 회전기준계에서 가상의 자기장(식 (3.2)와 (3.10)을 비교)은 $\omega \approx B_0$인 경우, 거의 x축을 향한다. 즉, 회전기준계에서의 시간진행연산자 $\hat{U}_R(t)$은 블로흐 구에서 x축을 중심으로 하는 회전에 해당한다. 이 경우 연산시간이나 매개변수 $B_\perp$를 적절히 조정하면, 큐비트가 초기 상태 $|0\rangle$에서 직교 상태 $|1\rangle$로 완전히 전이하게 할 수 있다. 이러한 의미에서 $\omega \approx B_0$이면 계는 공명 상태에 있다고 할 수 있다. 구동진동수 ω가 공명조건에서 멀어짐에 따라, 최대 전이확률은 점점 작아진다. 이러한 공명현상을 이용하면 많은 준위들 중에서 특정한 한 쌍의 두 준위 사이에서만 전이가 일어나도록 할 수 있다.

Let us now apply a time-dependent field. It precesses around the z-axis. Note that typically, $B_3 \gg B_1, B_2$.

```
In[ ]:= ω = 2 Pi;
B[1] = Cos[ω t];
B[2] = Sin[ω t];
B[3] = 1.1 ω; (* near resonance *)
Graphics3D[
 {Blue, Table[Arrow@Tube@{{0, 0, 0}, B@{1, 2, 3}}, {t, 0, 1, 0.1}]},
 PlotRange → ω {{-1, 1}, {-1, 1}, {-1, 1}}]
```

Out[ ]=

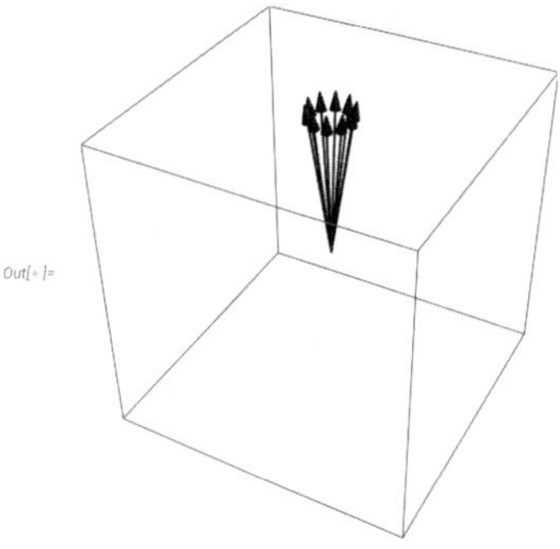

```
In[ ]:= opH = Dot[B@{1, 2, 3}, S@{1, 2, 3}] / 2
```

Out[ ]= $\frac{1}{2}\left(\text{Cos}[2\pi t]\, S^x + 6.9115\, S^z + S^y\, \text{Sin}[2\pi t]\right)$

```
In[ ]:= opHR =
 Rotation[-ω t, S[3]] ** opH ** Rotation[ω t, S[3]] - ω S[3] / 2 // Elaborate // Chop
```

Out[ ]= $\frac{S^x}{2} + 0.314159\, S^z$

```
In[ ]:= opUR[t_] = MultiplyExp[-I t opHR]
```

Out[ ]= $e^{-i t \left(\frac{S^x}{2} + 0.314159\, S^z\right)}$

```
In[ ]:= Clear[vec]
        vec[t_] = opUR[t] ** Ket[] // Elaborate;
```

This illustrates the precession in the rotating frame, which is called the Rabi oscillation.

```
In[ ]:= vv = BlochVector /@ Table[Chop@vec[t], {t, 0, 8, 0.5}];
        BlochSphere[{Red, Bead /@ vv}, ImageSize → Small]
```

Out[ ]=

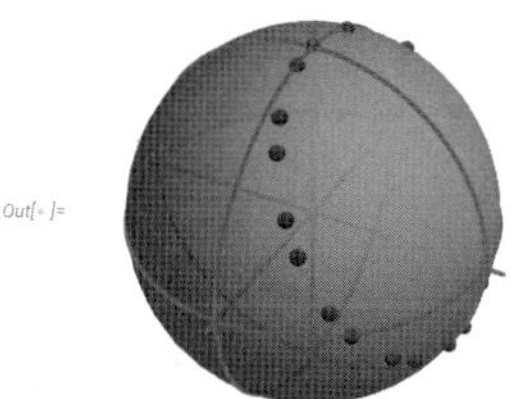

This shows the transition probabilities in the logical basis states. Note that the probabilities are the same both in the lab and rotating frame. The Rabi oscillation frequency is in this particular example is close to one---it is exactly one at resonance.

```
In[ ]:= prob[t_] = Abs[Normal@Matrix@vec[t]]^2;

In[ ]:= Plot[Evaluate@prob[2 Pi t], {t, 0, 2},
         FrameLabel → {"t / (2π)", "Probability"}]
```

Out[ ]=

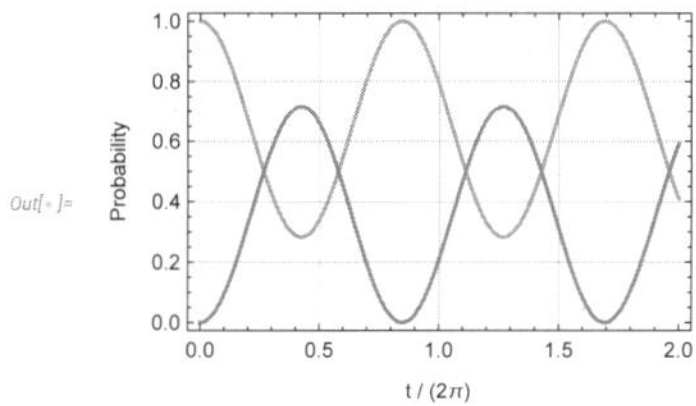

Let us consider the case exactly at the resonance.

```
In[ ]:= ω = 2 Pi;
        B[1] = Cos[ω t];
        B[2] = Sin[ω t];
        B[3] = ω; (* resonance *)

In[ ]:= opH = Dot[B@{1, 2, 3}, S@{1, 2, 3}] / 2
        opHR =
         Rotation[-ω t, S[3]] ** opH ** Rotation[ω t, S[3]] - ω S[3] / 2 // Elaborate // Chop
        opUR[t_] = MultiplyExp[-I t opHR]
```

Out[ ]= $\frac{1}{2}\left(\mathrm{Cos}[2\pi t]\, S^x + 2\pi S^z + S^y\, \mathrm{Sin}[2\pi t]\right)$

Out[ ]= $\frac{S^x}{2}$

Out[ ]= $e^{-\frac{1}{2} i t S^x}$

The Rabi oscillation now corresponds to the Larmor precession around the x-axis in the rotating frame.

```
In[ ]:= Clear[vec]
        vec[t_] = opUR[t] ** Ket[] // Elaborate;
        vv = BlochVector /@ Table[Chop@vec[t], {t, 0, 8, 0.5}];
        BlochSphere[{Red, Bead /@ vv}, ImageSize → Small]
```

Out[ ]=

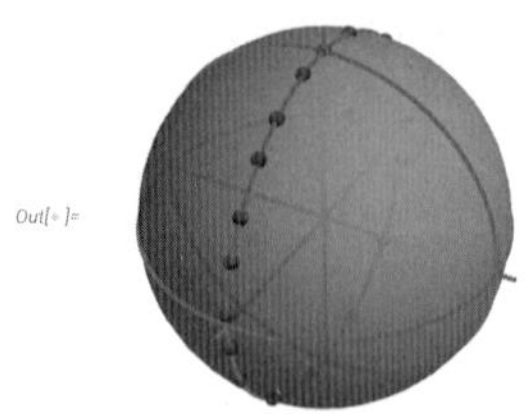

As the precession axis is exactly along the x-axis, the maximum transition probability can reach unity.

In[ ]:=

```
prob[t_] = Abs[Normal@Matrix@vec[t]]^2;
Plot[Evaluate@prob[2 Pi t], {t, 0, 2},
 FrameLabel → {"t / (2π)", "Probability"}]
```

Out[ ]=

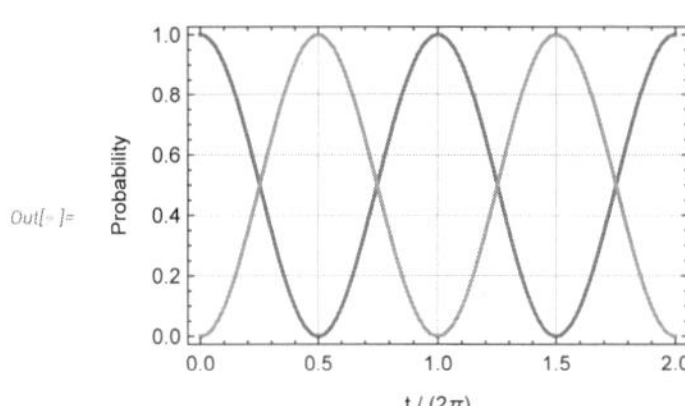

라비 진동에 대한 위 논의에서, 두 매개변수는 진동하는 동안 $\pi/2$만큼의 상대 위상차이가 유지되도록 정교하게 제어된다고 가정하였다. 이런 조작은 실제 실험 상황에서 항상 가능한 것은 아니지만, 다행히도 이런 요구사항을 만족하지 않더라도 미치는 영향이 그리 크지는 않다. 하나의 매개변수만을 주기적으로 변화시키고 있다고 해보자. 예를 들어, $B_y(t) = 2B_\perp \sin(\omega t)$라 하자(인자 2는 편의상 추가하였다). 시간의존 해밀토니안

$$\hat{H}(t) = B_\perp \sin(\omega t)\hat{S}^y + \frac{1}{2}B_0\hat{S}^z \tag{3.14}$$

는 해밀토니안 (3.5)에 비해 더 간단해보이지만, 정확한 해는 구할 수 없다. 대신, 이 해밀토니안을

$$\hat{H}(t) = \frac{1}{2}B_0\hat{S}^z + \frac{1}{2}B_\perp\left[\cos(\omega t)\hat{S}^x + \sin(\omega t)\hat{S}^y\right] - \frac{1}{2}B_\perp\left[\cos(-\omega t)\hat{S}^x + \sin(-\omega t)\hat{S}^y\right] \tag{3.15}$$

와 같이 써보자. 당연히 이는 식 (3.14)과 동일하다. 둘째 항은 반시계 방향으로 회전하는 가상의 자기장을 의미하는 반면, 마지막 항의 자기장은 시계 방향으로 회전한다. 반시계 방향으로 회전하는 기준계에서 해밀토니안은

$$\hat{H}_R(t) = \frac{1}{2}(B_0 - \omega)\hat{S}^z + \frac{1}{2}B_\perp\hat{S}^x - \frac{1}{2}B_\perp\left[\cos(-2\omega t)\hat{S}^x + \sin(-2\omega t)\hat{S}^y\right] \tag{3.16}$$

로 쓰여지는데, 첫 두 항은 앞에서 논의한 라비 진동을 기술한다. 반면 마지막 항은 보통 Ω_R보다 훨씬 큰 주파수 2ω로 빠르게 진동한다. 따라서, 이러한 진동은 계가 반응하기에

는 너무 빠르며, 계의 일반적 시간 척도가 식 (3.13)의 라비 진동수 Ω_R 정도임을 감안하면 이렇게 빠른 진동의 효과는 무시할 수 있다. 이러한 근거로, $\omega \approx B_0$일 때, 종종 해밀토니안 (3.16)에서 빠른 진동 항을 빼버리고

$$\hat{H}(t) = B_\perp \sin(\omega t)\hat{S}^y + \frac{1}{2}B_0\hat{S}^z \approx \frac{1}{2}B_\perp \left[\cos(\omega t)\hat{S}^x + \sin(\omega t)\hat{S}^y\right] + \frac{1}{2}B_0\hat{S}^z \tag{3.17}$$

로 어림한다. 이런 어림을 회전파동근사(rotating-wave approximation)라 하며, 이 어림은 $B_0 \gg \Omega_R$인 조건에서만 성립한다.

3.2.2 CNOT 구현하기

CNOT 게이트(CNOT gate)는 모든 양자 알고리즘에 꼭 들어가는 핵심적인 게이트연산이다. 이 게이트는 간단해 보이지만 실제 계에서 물리적으로 구현하기는 쉽지 않다. 흔히 발생하는 어려움은 해밀토니안, 특히 두 큐비트 간의 결합이 특정한 꼴들로 제한된다는 점이다. 본 절에서는 두 큐비트 간 상호작용의 몇 가지 예들을 살펴보고, 이를 사용하여 CNOT 게이트를 구현하는 방법을 살펴볼 것이다. 이러한 예들을 통해 주어진 실제 물리계에서 CNOT 또는 유사한 게이트를 구현하려면 무엇이 요구되는지 전반적인 영감을 얻을 수 있다.

두 큐비트 간 교환상호작용의 가장 흔한 꼴은 소위 하이젠베르크 교환상호작용(Heisenberg exchange interaction),

$$\hat{H} = J(\hat{S}_1^x\hat{S}_2^x + \hat{S}_1^y\hat{S}_2^y + \hat{S}_1^z\hat{S}_2^z) \tag{3.18}$$

이다. 이의 행렬표현

$$\hat{H} \doteq J\begin{bmatrix} 1 & & & \\ & -1 & 2 & \\ & 2 & -1 & \\ & & & 1 \end{bmatrix} \tag{3.19}$$

에서 볼 수 있듯이, 이 결합은 2.2.1절, 특히 식 (2.46)에서 논의한 SWAP 게이트와 같이 $|01\rangle$과 $|10\rangle$으로 전개되는 부분공간 안에서만 의미있게 작동한다. 이는 하이젠베르크 교환상호작용이 전체 각운동량을 보존하기 때문이다. 더 구체적으로 말하자면, 상수만큼의 차이나 곱인자를 무시하면, 하이젠베르크 해밀토니안은 다음과 같이 SWAP 게이트와 동일

하다.

$$\frac{J+\hat{H}}{2J} \doteq \begin{bmatrix} 1 & & & \\ & 0 & 1 & \\ & 1 & 0 & \\ & & & 1 \end{bmatrix} \doteq \text{SWAP}. \tag{3.20}$$

SWAP 게이트는 $|01\rangle$과 $|10\rangle$을 기저로 하는 부분공간 내에서 NOT 게이트처럼 동작한다. 따라서, 그 부분공간에 해당하는 블로흐 공간 안에서 x축을 중심으로 각도 π만큼 회전하면 NOT 게이트와 같은 결과를 준다. 이는 $J\tau = \pi/4$가 되도록 교환결합 세기와 연산 시간 τ를 조정하면, 아래 식과 같이 SWAP 게이트를 달성할 수 있음을 의미한다(Loss & DiVincenzo, 1998).

$$\text{SWAP} = \exp\left[-\frac{i\pi}{4}\left(\hat{S}_1^x\hat{S}_2^x + \hat{S}_1^y\hat{S}_2^y + \hat{S}_1^z\hat{S}_2^z - 1\right)\right]. \tag{3.21}$$

2.2.1절에서 지적했듯이 SWAP 게이트 자체는 보편적이지 않다. 이런 한계는 하이젠베르크 교환상호작용이 전체 각운동량을 보존하기 때문에 발생한다. 그러나 $\sqrt{\text{SWAP}}$ 게이트는 보편적이다. 2.2.1절에서 논의한 바와 같이, $\sqrt{\text{SWAP}}$ 게이트를 단일 큐비트 게이트들과 결합하여 CZ 게이트를 만들 수 있다. 식 (2.44)의 등식에서 알 수 있듯이, 두 개의 하다마드 게이트를 이용하여 CZ 게이트에서부터 CNOT 게이트를 만들 수 있다.

위 논의를 정리해보자. 하이젠베르크 교환상호작용을 큐비트 계에서 사용할 수 있다면, 두 개의 $\sqrt{\text{SWAP}}$ 게이트와 세 개의 단일 큐비트 게이트를 사용하여 CZ 게이트를 실현할 수 있다. 원한다면 두 개의 하다마드 게이트를 추가하여 CNOT 게이트를 구현할 수도 있다.

Consider the Heisenberg exchange coupling.

```
In[•]:= op = MultiplyDot[S[1, All], S[2, All]]
```

Out[•]= $S_1^x S_2^x + S_1^y S_2^y + S_1^z S_2^z$

This is the matrix representation.

```
In[•]:= mat = Matrix[(1 + op) / 2];
        mat // MatrixForm
```

Out[•]//MatrixForm=

$$\begin{pmatrix} 1 & 0 & 0 & 0 \\ 0 & 0 & 1 & 0 \\ 0 & 1 & 0 & 0 \\ 0 & 0 & 0 & 1 \end{pmatrix}$$

```
In[•]:= opU = MultiplyExp[-I (Pi / 4) * (op - 1)]
        opU // Elaborate
```

Out[•]= $e^{-\frac{1}{4} i \pi \left(-1 + S_1^x S_2^x + S_1^y S_2^y + S_1^z S_2^z\right)}$

Out[ ]= $\frac{1}{2}+\frac{1}{2}S_1^z S_2^z + S_1^+ S_2^- + S_1^- S_2^+$

In[ ]:=
```
matU = Matrix[opU];
matU // MatrixForm
```

Out[ ]//MatrixForm=

$$\begin{pmatrix} 1 & 0 & 0 & 0 \\ 0 & 0 & 1 & 0 \\ 0 & 1 & 0 & 0 \\ 0 & 0 & 0 & 1 \end{pmatrix}$$

두 큐비트 교환상호작용에는 또 다른 두 가지 형태, 즉 XY 및 이징 교환상호작용(Ising exchange interaction)이 있다. XY 교환상호작용은 평면 교환상호작용(planar exchange interaction)이라고도 불리며, 해밀토니안

$$\hat{H} = J(\hat{S}_1^x \hat{S}_2^x + \hat{S}_1^y \hat{S}_2^y) \tag{3.22}$$

로 기술되며, 이의 행렬표현

$$\hat{H} \doteq \begin{bmatrix} 0 & & & \\ & 0 & 2 & \\ & 2 & 0 & \\ & & & 0 \end{bmatrix} \tag{3.23}$$

은 XY 교환상호작용을 하이젠베르크 교환상호작용과 본질적으로 동일한 방식으로 다룰 수 있음을 시사한다. XY 교환상호작용을 어떻게 구현할 수 있는지는 연습문제로 남겨둔다(연습문제 3.2).

Next, consider the XY exchange interaction.

In[ ]:=
```
op = MultiplyDot[S[1, {1, 2}], S[2, {1, 2}]]
```

Out[ ]= $S_1^x S_2^x + S_1^y S_2^y$

In[ ]:=
```
mat = Matrix[op];
mat // MatrixForm
```

Out[ ]//MatrixForm=

$$\begin{pmatrix} 0 & 0 & 0 & 0 \\ 0 & 0 & 2 & 0 \\ 0 & 2 & 0 & 0 \\ 0 & 0 & 0 & 0 \end{pmatrix}$$

In[ ]:=
```
opU = MultiplyExp[-I ϕ op]
```

Out[ ]= $e^{-i\phi\,(S_1^x S_2^x + S_1^y S_2^y)}$

In[ ]:=
```
Matrix[opU] // MatrixForm
```

```
Out[ ]//MatrixForm=
(1   0            0            0)
(0   Cos[2 ϕ]     -i Sin[2 ϕ]  0)
(0   -i Sin[2 ϕ]  Cos[2 ϕ]     0)
(0   0            0            1)
```

이징 교환상호작용은 해밀토니안

$$\hat{H} = J\hat{S}_1^z\hat{S}_2^z \tag{3.24}$$

로 기술되며, 여기서 z성분 표기 자체는 특별한 의미가 없다. 이를 x나 y성분으로 교체해도 아무런 차이가 없다. 이징 교환 상호작용을 이용하면 CZ 게이트를 더욱 쉽게 구현할 수 있다. 직접적인 증명도 가능하지만, 여기서는 직관적으로 살펴보기 위해 CZ 게이트를 조금 다른 관점에서 살펴보자. CZ 게이트는

$$\mathrm{CZ} = \sum_{x=0,1} |x\rangle\langle x| \otimes \hat{Z}^x = i\sum_x |x\rangle\langle x| \otimes e^{-i\pi x\hat{Z}/2} \tag{3.25}$$

꼴로 정의할 수도 있다. 그러면, $x = 0, 1$이 $|1\rangle\langle 1| = (\hat{I} - \hat{Z})/2$의 고유값임을 이용하여,

$$\mathrm{CZ} = e^{i\pi/4}\exp\left[-\frac{i\pi}{4}\left(\hat{Z}\otimes\hat{I} + \hat{I}\otimes\hat{Z} - \hat{Z}\otimes\hat{Z}\right)\right] \tag{3.26}$$

로 쓸 수 있다. 위 식의 지수부분은 두 큐비트 사이의 이징 교환상호작용을 포함한다. 따라서, 첫째와 둘째 큐비트를 각각 제어큐비트와 대상큐비트로 사용하는 CZ 게이트를 다음과 같은 해밀토니안 형태로 구현할 수 있다.

$$\hat{H} = B(\hat{S}_1^z + \hat{S}_2^z) - J\hat{S}_1^z\hat{S}_2^z\,. \tag{3.27}$$

단, 여기서 별다른 역할을 하지 않는 전역위상인자 $e^{i\pi/4}$는 무시한다. 여기서 (단일 큐비트 항들을 제외하면) 교환결합은 이징 유형임에 유의하라. $B = J$로 놓으면, 위 해밀토니안에 의한 시간진행 연산자는

$$\hat{U}(t) = \exp\left[-iJt(\hat{S}_1^z + \hat{S}_2^z - \hat{S}_1^z\hat{S}_2^z)\right] \tag{3.28}$$

로 주어진다. 따라서, 매개변수 B, J와 연산시간을

$$J\tau = B\tau = \frac{\pi}{4} \tag{3.29}$$

가 되도록 조정하여 CZ 게이트를 구현할 수 있다.

Let us now consider the Ising exchange interaction. Here we have introduced an additional single-qubit term controlling the second qubit.

```
In[ ]:= op = S[1, 3] + S[2, 3] - S[1, 3] ** S[2, 3]
```

Out[ ]= $-S_1^z S_2^z + S_1^z + S_2^z$

```
In[ ]:= mat = Matrix[op];
        mat // MatrixForm
```

Out[ ]//MatrixForm=

$$\begin{pmatrix} 1 & 0 & 0 & 0 \\ 0 & 1 & 0 & 0 \\ 0 & 0 & 1 & 0 \\ 0 & 0 & 0 & -3 \end{pmatrix}$$

```
In[ ]:= opU = MultiplyExp[-I ϕ op]
        opU // Matrix // MatrixForm
```

Out[ ]= $e^{-i\phi\left(-S_1^z S_2^z + S_1^z + S_2^z\right)}$

Out[ ]//MatrixForm=

$$\begin{pmatrix} e^{-i\phi} & 0 & 0 & 0 \\ 0 & e^{-i\phi} & 0 & 0 \\ 0 & 0 & e^{-i\phi} & 0 \\ 0 & 0 & 0 & e^{3i\phi} \end{pmatrix}$$

```
In[ ]:= opU = Exp[I Pi / 4] × MultiplyExp[-I Pi / 4 op]
        opU // Matrix // MatrixForm
```

Out[ ]= $e^{\frac{i\pi}{4}}\, e^{-\frac{1}{4} i\pi\left(-S_1^z S_2^z + S_1^z + S_2^z\right)}$

Out[ ]//MatrixForm=

$$\begin{pmatrix} 1 & 0 & 0 & 0 \\ 0 & 1 & 0 & 0 \\ 0 & 0 & 1 & 0 \\ 0 & 0 & 0 & -1 \end{pmatrix}$$

3.3 기하학적/위상학적 방식

지금까지 대개 (기준기준계 또는 회전기준계를 기준으로) 각 시간 구간에서 해밀토니안이 시간에 따라 변하지 않는다고 가정해왔다. 하지만, 해밀토니안이 시간에 대해 연속적으로 변할 수도 있다. 계가 해밀토니안의 한 특정한 고유상태에서 시작하여 순환 단열과정을 따르면, 다른 에너지 준위로 전이하지 않고 동일한 에너지 준위를 유지한다. 그러나 계의 양자상태의 위상인자는 두 가지 요인에 따라 변한다. 하나는 보통의 동적인 요인에 의해 쌓이고, 다른 하나는 매개변수 공간의 기하학적 특성에서 발생한다. 이중 후자를 순환 단열과정의 기하학적 위상이라고 한다(Berry, 1984). 에너지 준위가 겹쳐있어 다차원 고유부분공간을 이루면 이때 발생하는 기하학적 위상은 비 아벨이 된다. 즉, 양자상태는 이 부분공간 안의 독립적인 다른 상태로 진행한다. 이 경우, 초기와 최종 상태 사이의 유니테리 변환을 비 아벨 기하학적 위상(non-Abelian geometric phase)이라 한다(Berry, 1984). 비 아벨 기하학적 위상은 단열조건에 구속되지 않고 모든 순환과정에서 발생할 수 있다.

양자계산의 기하학적 방식(또는 간단히 기하학적 양자계산)은 비 아벨 기하학적 위상을 이용하여 유니테리 게이트연산을 구현하는 방식이다(Zanardi & Rasetti, 1999; Sjöqvist et al., 2012). 기하학적 방식은 매개변수의 세세한 시간의존보다 매개변수 공간에서의 기하

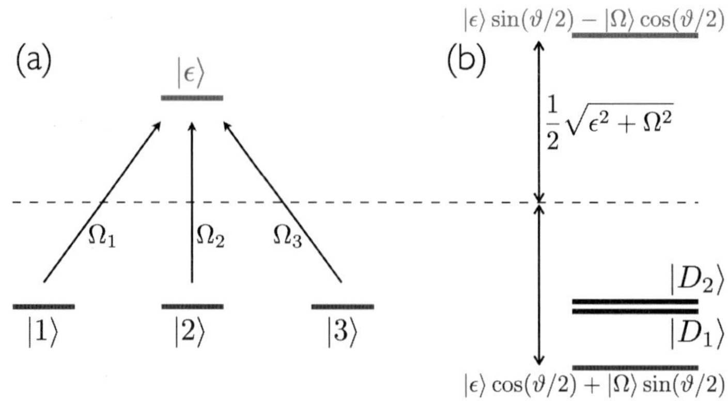

그림 3.2: 기하학적 양자계산을 위한 간단한 모형에서 에너지 준위 개략도(본문 참조). (a) 바닥상태와 들뜬 상태 준위 사이의 결합. (b) 모형 해밀토니안의 고유상태들과 이에 대응되는 고유에너지들. 여기서 $|\Omega\rangle := \Omega^{-1}\sum_{j=1}^{3}|j\rangle\,\Omega_j$, $\Omega := \sqrt{\Omega_1^2+\Omega_2^2+\Omega_3^2}$이고, $\tan\vartheta := \Omega/\epsilon$이다. $|D_1\rangle$과 $|D_2\rangle$는 어두운 상태들(dark states)을 의미한다.

학적 경로에 의존하기 때문에 매개변수의 마구잡이 변동에 대해 안정적이다. 이 절에서는 기하학적 방식을 간략하게 살펴보고자 한다.

3.3.1 간단한 모형

간단한 모형으로 시작해보자(Choi, 2003). 이 모형은 네 개의 준위 $|1\rangle, |2\rangle, |3\rangle$, $|\epsilon\rangle$을 가지고 있고, 그림 3.2 (a)에 묘사된 구조로 준위들이 배열되어 있다고 하자. 세 바닥상태 $|1\rangle, |2\rangle, |3\rangle$은 모두 에너지가 0이다. 들뜬상태 $|\epsilon\rangle$의 (교란되지 않은) 에너지는 ϵ이다. 각 바닥상태 $|j\rangle$는 들뜬상태 $|\epsilon\rangle$와 Ω_j의 세기로 결합되어있지만 바닥상태들 사이에는 직접적인 결합이 없다. 이를 정리하면, 이 모형의 해밀토니안은 다음과 같이 쓸 수 있다.

$$\hat{H} = \epsilon\,|\epsilon\rangle\langle\epsilon| - \frac{1}{2}\sum_{j=1}^{3}\Omega_j(|j\rangle\langle\epsilon| + |\epsilon\rangle\langle j|). \tag{3.30}$$

논의를 단순하게 하기 위해 Ω_j는 모두 실수라고 가정하지만, 이후 행해질 분석은 Ω_j가 복소수인 경우로 쉽게 확장할 수 있다. 겹치지 않는 바닥상태들을 갖는 계에 대해서는, 구동 주파수를 적절히 조정한 상호작용 묘사를 이용하면 위와 같은 형태의 모형으로 변환할 수 있다.

$\Omega_j(t)$가 시간에 따라 연속적으로 변하고, $\Omega_j(t)$에 따라 해밀토니안 $\hat{H}(t)$도 시간에 대해 변한다고 해보자. 시간 변화를 정확히 고려해보기 전에, 고정된 어느 한 순간 시간 t에서 해밀토니안 $\hat{H}(t)$의 매 순간 고유상태를 먼저 살펴보자. 먼저 새로운 중첩 상태

$$|\Omega\rangle := \frac{1}{\Omega}\sum_{j=1}^{3}|j\rangle\,\Omega_j \tag{3.31}$$

를 정의하자. 여기서 $\Omega := \sqrt{\Omega_1^2+\Omega_2^2+\Omega_3^2}$이다. 이를 이용하면, 해밀토니안은

$$\hat{H} = \epsilon \left|\epsilon\right\rangle \left\langle\epsilon\right| - \frac{1}{2}\Omega(\left|\Omega\right\rangle \left\langle\epsilon\right| + \left|\epsilon\right\rangle \left\langle\Omega\right|) \tag{3.32}$$

로 쓸 수 있다. 해밀토니안은 이제 단지 두 상태 $|\epsilon\rangle$와 $|\Omega\rangle$만에 대해서만 정의된다. 즉, 형태적으로 이준위 해밀토니안이 된다. 이 해밀토니안은 기저 $\{|\Omega\rangle, |\epsilon\rangle\}$에 대해

$$\hat{H} \doteq \begin{bmatrix} 0 & -\Omega/2 \\ -\Omega/2 & \epsilon \end{bmatrix} \tag{3.33}$$

로 표현할 수 있다. 이를 이용하면, 두 고유상태

$$|\epsilon\rangle \cos(\vartheta/2) + |\Omega\rangle \sin(\vartheta/2)\,, \quad |\epsilon\rangle \sin(\vartheta/2) - |\Omega\rangle \cos(\vartheta/2) \tag{3.34}$$

를 바로 구할 수 있다. 여기서 ϑ는 $\tan\vartheta := \Omega/\epsilon$로 정의되고, 위 두 고유상태에 해당하는 고유에너지값은 각각 $\left(\epsilon \mp \sqrt{\epsilon^2+\Omega^2}\right)/2$이다. 해밀토니안의 고유에너지들, 즉 고유상태들의 상대적 위치는 그림 3.2 (b)에 그려진 대로다.

매우 재미있게도, 두 상태 $|\epsilon\rangle$와 $|\Omega\rangle$, 또는 다른 말로 위에 언급한 두 고유상태들은 사차원 힐베르트 공간의 일부만을 전개한다. 즉, 전체 힐베르트 공간을 전개하려면 두 개의 고유상태들이 더 있어야 한다. $|D_1\rangle$과 $|D_2\rangle$로 표시할 이러한 여분의 상태들은 해밀토니안에 전혀 나타나지 않는다. 이 상태들은 나머지 상태들과 완전히 분리되어 있으며 이러한 의미에서 $|D_1\rangle$과 $|D_2\rangle$는 '어두운 상태'(dark state)라 부른다. 반면, 들뜬상태 $|\epsilon\rangle$과 결합한 상태 $|\Omega\rangle$는 '밝은 상태'(bright state)이다. 어두운 상태들은 $|\Omega\rangle$와 $|\epsilon\rangle$에 반드시 직교해야 한다. 다시 말해, 집합 $\{|D_1\rangle, |D_2,\rangle, |\Omega\rangle\}$는 바닥상태 $|1\rangle, |2\rangle, |3\rangle$에 의해 전개되는 공간의 또 다른 직교 기저이다. 어두운 상태들과 밝은 상태 사이의 이러한 관계는 그림 3.3에 개략적으로 설명되어 있다.

이 간단한 모형에서 두 어두운 상태 $|D_1\rangle$과 $|D_2\rangle$는 겹친 부분공간 $\mathcal{K}$를 전개한다. 이는 주의 깊게 눈여겨볼 바인데, 어두운 상태의 에너지가 Ω_j의 값에 상관없이 겹친 상태로 유지되기 때문이다. 이후 계산을 편하게 하기 위해 다음과 같이 새로운 매개변수를 도입한다.

$$\Omega_1 = \Omega \sin\theta \cos\phi\,, \quad \Omega_2 = \Omega \sin\theta \sin\phi\,, \quad \Omega_3 = \Omega \cos\theta\,. \tag{3.35}$$

이를 이용하면

$$|\Omega\rangle = |1\rangle \sin\theta \cos\phi + |2\rangle \sin\theta \sin\phi + |3\rangle \cos\theta \tag{3.36}$$

와 같이 쓸 수 있다. 이미 언급했듯이, $|\Omega\rangle$에 직교한 부분공간에서 임의의 서로 직교하는 두 상태를 선택하여 $|D_1\rangle$과 $|D_2\rangle$로 삼을 수 있다. 어두운 상태들로 사용하기 가장 편리한

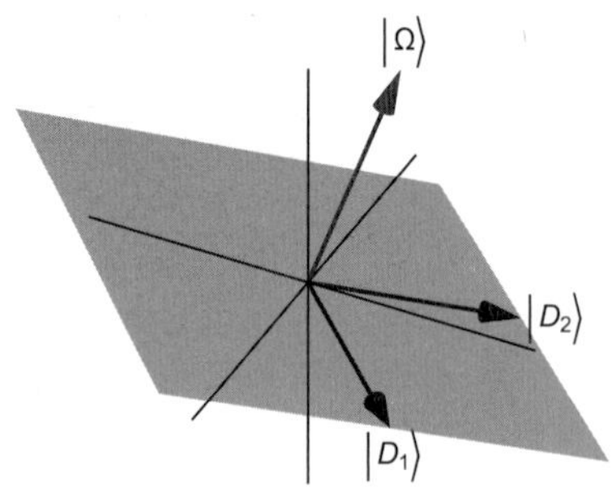

그림 3.3: 본문에서 논의한 간단한 모형의 어두운 상태들의 개략적인 표현. 어두운 상태들 $|D_1\rangle$과 $|D_2\rangle$는 밝은 상태 $|\Omega\rangle$와 직교하는 부분공간에 존재한다. 바닥상태들 $|1\rangle$, $|2\rangle$, $|3\rangle$에 의해 전개되는 공간은 삼차원 공간 $\mathbb{R}^3$에 나타낼 수 있다.

선택은

$$|D_1\rangle = |1\rangle \sin\phi - |2\rangle \cos\phi\,, \tag{3.37a}$$

$$|D_2\rangle = |1\rangle \cos\theta \cos\phi + |2\rangle \cos\theta \sin\phi - |3\rangle \sin\theta \tag{3.37b}$$

이다. 위 기저상태 $|D_1\rangle$과 $|D_2\rangle$는 매개변수 θ와 ϕ에 따라 (따라서, 시간 t에 따라) 변한다는 사실을 반드시 명심해야 한다.

지금까지 $\theta(t)$과 $\phi(t)$의 시간의존성을 이용하여 시간에 따라 변하는 기저상태 $|D_1(t)\rangle$와 $|D_2(t)\rangle$를 구성하였다. 이제 $|\psi(t)\rangle$가 어두운 상태 부분공간 $\mathcal{K}$내의 한 물리적 상태로 초기화되었다고 하자. 그리고 단열조건이 만족될 만큼 매개변수가 충분히 느리게 변한다고 가정하자.[3.1] 그러면 $|\psi(t)\rangle$는 항상 $\mathcal{K}$내에 유지된다. 이때, 시간 t에서의 $|\psi(t)\rangle$를 $|D_1(t)\rangle$와 $|D_2(t)\rangle$로 전개할 수 있다.

$$|\psi(t)\rangle = |D_1(t)\rangle\, c_1(t) + |D_2(t)\rangle\, c_2(t). \tag{3.38}$$

여기서 $c_1(t)$와 $c_2(t)$는 복소수 계수들이다. $|\psi(t)\rangle$는 슈뢰딩거 방정식

$$i\frac{d}{dt}|\psi(t)\rangle = \hat{H}(t)\,|\psi(t)\rangle = 0 \tag{3.39}$$

을 만족한다. 둘째 등식은 $\hat{H}(t)$가 부분공간 $\mathcal{K}$내에서 0이 된다는 점, 즉 $\hat{H}(t)\,|D_j(t)\rangle = 0$

[3.1] 복소수 결합 세기 $\Omega_j(t) = \Delta_j e^{i\varphi_j(t)}$의 위상들 $\varphi_j(t)$만 조정한다면 이러한 가정이나 단열조건도 필요없다.

이라는 사실로부터 나온 것이다. 식 (3.38)을 식 (3.39)에 대입하면,

$$\sum_j \left[|\dot{D}_j(t)\rangle\, c_j(t) + |D_j(t)\rangle\, \dot{c}_j(t) \right] = 0 \tag{3.40}$$

을 얻는다. 기호 위의 점은 시간 t에 대한 미분을 의미한다. 양변의 왼편에 $\langle D_i(t)|$를 곱하면, $c_j(t)$에 대한 미분방정식

$$\frac{d}{dt}\begin{bmatrix} c_1(t) \\ c_2(t) \end{bmatrix} + \begin{bmatrix} \langle D_1(t)|\dot{D}_1(t)\rangle & \langle D_1(t)|\dot{D}_2(t)\rangle \\ \langle D_2(t)|\dot{D}_1(t)\rangle & \langle D_2(t)|\dot{D}_2(t)\rangle \end{bmatrix} \begin{bmatrix} c_1(t) \\ c_2(t) \end{bmatrix} = 0 \tag{3.41}$$

을 유도할 수 있다. 식 (3.41)에 나온 2×2 행렬을 $\boldsymbol{A}(t)$라고 하면, 이 행렬의 원소는

$$A_{ij}(t) := \langle D_i(t)|\, \frac{d}{dt}\, |D_j(t)\rangle \tag{3.42}$$

이다. 그러면, 방정식 (3.41)은

$$\frac{d\boldsymbol{c}}{dt} + \boldsymbol{A}(t) \cdot \boldsymbol{c}(t) = 0 \tag{3.43}$$

으로 쓰여지는데, 벡터 $\boldsymbol{c}$는 계수 c_1과 c_2를 합쳐서 $\boldsymbol{c} := (c_1, c_2)^T$로 쓴 것이다.

θ는 상수로 유지되고 ϕ만 시간에 따라 변하는 특별한 경우를 고려하여 문제를 더 간단히 해보자. 그러면 연쇄법칙(chain rule)을 이용하여 행렬 $A(t)$를

$$\boldsymbol{A}(t) = \frac{d\phi}{dt}\boldsymbol{A}^{\phi} \tag{3.44}$$

꼴로 다시 쓸 수 있다. 여기서 행렬 $\boldsymbol{A}^{\phi}$는 행렬원소가

$$A^{\phi}_{ij} := \langle D_i(\phi)|\, \frac{d}{d\phi}\, |D_j(\phi)\rangle \tag{3.45}$$

가 되도록 정의된다. 비슷한 방식으로 연쇄법칙을 $d\boldsymbol{c}/dt$에 적용하여 식 (3.43)을 다시 쓰면

$$\frac{d\boldsymbol{c}}{d\phi} + \boldsymbol{A}^{\phi}(\phi) \cdot \boldsymbol{c}(\phi) = 0 \tag{3.46}$$

을 얻는다. 방정식으로부터 $d\phi/dt$를 인자로 빼내었기에, 방정식은 더이상 시간 t에 직접적으로 의존하지 않는다. 위 방정식의 해 $\boldsymbol{c}(\phi)$는 매개변수 공간 내 기하학적인 경로에 의해 완벽히 결정된다.

$\boldsymbol{Y}$가 파울리 Y 행렬이라 할 때, 식 (3.37)를 식 (3.45)에 대입하면

$$\boldsymbol{A}^{\phi} = \begin{bmatrix} 0 & -\cos\theta \\ \cos\theta & 0 \end{bmatrix} = -i\cos\theta\,\boldsymbol{Y} \tag{3.47}$$

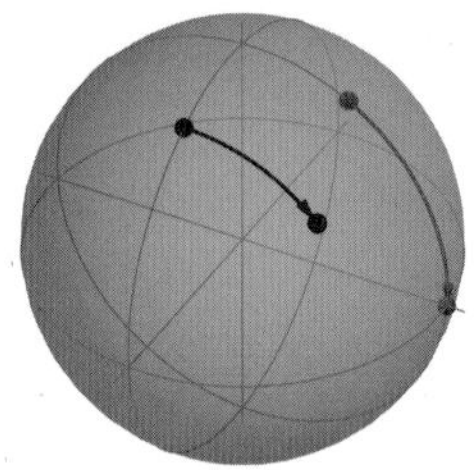

그림 3.4: 비 아벨 기하학적 위상을 기반으로 구현한 블로흐 구 상에서 y축을 중심으로 한 회전.

가 된다. ϕ를 0에서 2π까지 한 주기만큼 변화시키면, 계수들은

$$\boldsymbol{c}(2\pi) = \exp(-2\pi \boldsymbol{A}^{\phi})\boldsymbol{c}(0) = \boldsymbol{U}_y(-4\pi\cos\theta)\boldsymbol{c}(0) \tag{3.48}$$

이 된다. 여기서, $\boldsymbol{U}_y(\varphi) = \exp(-i\boldsymbol{Y}\varphi/2)$는 2×2 행렬로, 그림 3.4에 예시된 것처럼 $|D_1\rangle$과 $|D_2\rangle$에 연관된 블로흐 구(Bloch space)내에서 y축을 중심으로 각도 φ만큼 회전한 연산을 기술한다. 즉, θ를 유지한 채 ϕ만을 바꾸어가면 y축을 중심으로 한 회전에 해당하는 특정한 유형의 양자게이트를 구현해낸다. 매개변수 공간에서 다른 경로를 따라 가도록 매개변수를 조작하면, 다양한 단일 큐비트 게이트들, 특히 서로 평행하지 않는 두 축을 중심으로 한 회전을 구현할 수 있다. 두 큐비트 게이트연산들도 비슷한 방법으로 구현할 수 있다(Choi, 2003). 이러한 사실들은 기하학적 방식에 기반한 보편적 양자계산이 가능함을 뒷받침하기 충분하다.

Consider a four-level system.

In[ ]:=
```
Let[Qudit, A, Dimension → 4]
```

Here is the standard basis of the Hilbert space associated with the system. We will regard $|0\rangle$ as the excited level and $|1\rangle$, $|2\rangle$, $|3\rangle$ as the ground-state levels.

In[ ]:=
```
bs = Basis[A];
bs // LogicalForm
```

Out[ ]= $\{|0_A\rangle, |1_A\rangle, |2_A\rangle, |3_A\rangle\}$

The ground states are coupled (each $|j\rangle$ with an amplitude Ω_j) to the excited level.

In[ ]:=
```
Let[Real, Ω, ϵ]
H = ϵ A[0 → 0] - (1 / 2) * PlusDagger@Sum[Ω[j] * A[0 → j], {j, 1, 3}]
```

Out[ ]= $\epsilon\,(|0\rangle\langle 0|) + \frac{1}{2}\left(-(|1\rangle\langle 0|)\,\Omega_1 - (|0\rangle\langle 1|)\,\Omega_1 - (|2\rangle\langle 0|)\,\Omega_2 - (|0\rangle\langle 2|)\,\Omega_2 - (|3\rangle\langle 0|)\,\Omega_3 - (|0\rangle\langle 3|)\,\Omega_3\right)$

We choose a parameterization. This parameterization is convenient to normalize various states.

```
In[ ]:= Let[Real, θ, ϕ]
        Ω[1] = Sin[θ] × Cos[ϕ];
        Ω[2] = Sin[θ] × Sin[ϕ];
        Ω[3] = Cos[θ];
```

Here is the "bright" state in the parameterization.

```
In[ ]:= ketΩ = Sum[Ket[A → j] * Ω[j], {j, 1, 3}]

Out[ ]= Cos[θ] |3_A⟩ + Cos[ϕ] |1_A⟩ Sin[θ] + |2_A⟩ Sin[θ] Sin[ϕ]
```

Here is a choice of two "dark" states.

```
In[ ]:= ketD1 = Ket[A → 1] * Sin[ϕ] - Ket[A → 2] * Cos[ϕ]
        ketD2 =
         Ket[A → 1] * Cos[θ] * Cos[ϕ] + Ket[A → 2] * Cos[θ] * Sin[ϕ] - Ket[A → 3] * Sin[θ]

Out[ ]= -Cos[ϕ] |2_A⟩ + |1_A⟩ Sin[ϕ]

Out[ ]= Cos[θ] Cos[ϕ] |1_A⟩ - |3_A⟩ Sin[θ] + Cos[θ] |2_A⟩ Sin[ϕ]
```

Let us check if they are indeed "dark" with respect to the Hamiltonian.

```
In[ ]:= H ** ketD1
        H ** ketD2

Out[ ]= 0

Out[ ]= 0
```

The two dark state must be orthogonal to the bright state. Let us check it.

```
In[ ]:= new = {ketD1, ketD2, ketΩ};
        Outer[Multiply, Dagger[new], new] // Simplify // MatrixForm

Out[ ]//MatrixForm=
        (1 0 0)
        (0 1 0)
        (0 0 1)
```

Finally, we calculate the non-Abelian gauge potential.

```
In[ ]:= dark = {ketD1, ketD2};
        matA = Outer[Multiply, Dagger[dark], D[dark, ϕ]] // Simplify;
        matA // MatrixForm

Out[ ]//MatrixForm=
        (   0      -Cos[θ])
        (Cos[θ]       0   )
```

3.3.2 기하학적 위상

이제 일반적인 경우를 논의해보자. 제어 매개변수 $\lambda_\mu(\mu = 1, 2, \ldots)$를 통해 시간에 따라 변하는 해밀토니안

$$\hat{H}(t) = \hat{H}(\boldsymbol{\lambda}(t)) \tag{3.49}$$

에 의해 기술되는 순환 과정을 고려해보자. 여기서 제어 매개변수를 집단적으로 표시하기 위해 행벡터 표기법 $\boldsymbol{\lambda} = (\lambda_1, \ldots, \lambda_\mu, \ldots)$을 사용한다. 물론, 해밀토니안 $\hat{H}(t)$가 식 (3.1)과 같이 큐비트에 작용하는 이상적인 해밀토니안일 때에는 제어 매개변수들 $\boldsymbol{\lambda}$는 매개변수 B_j^μ와 J_{ij}^μ가 된다. 그러나 기하학적 양자계산을 위한 해밀토니안은 보통 훨씬 더 일반적이어서, 특정한 형태의 큐비트를 염두에 둔 요소들은 사용할 필요가 없다. 기하학적 방식의 논리 큐비트들은 대개 암묵적으로 순환 진행이 일어나는 부분공간에 부호화된다.

양자상태 $|\alpha_j(t)\rangle(j = 1, 2, \ldots)$가 주어진 한 순간 t에 힐베르트 공간 $\mathcal{H}$의 기저를 이룬다고 하자. 이 상태들은 흔히 해밀토니안 $\hat{H}(t)$의 시간의존 고유에너지 $E_j(t)$에 대한 순간 고유상태들

$$\hat{H}(t)\,|\alpha_j(t)\rangle = E_j(t)\,|\alpha_j(t)\rangle \tag{3.50}$$

로 정한다. 하지만 기저들이 $|\alpha_j(\tau)\rangle = |\alpha_j(0)\rangle$과 같이 순환하고, 시간에 대해 (따라서, 매개변수들 λ_μ에 대해) 미분할 수 있을 만큼 매끄럽게(smooth) 변하는 한, 어떤 기저를 선택해도 상관없다. 기저가 시간에 따라 변하기 때문에, 서로 다른 순간 t와 t'에서의 기저들은

$$|\alpha_j(t')\rangle = \sum_i |\alpha_i(t)\rangle\, U_{ij}(t, t') \tag{3.51}$$

과 같은 관계를 만족하며, 여기서 유니테리 행렬 $U_{ij}(t, t') := \langle\alpha_i(t)|\alpha_j(t')\rangle$은 식 (A.12)와 식 (A.13)에 나타낸 바와 같다. 서로 다른 시간에 서로 다른 기저를 선택하는 것은, 그림 3.5에 보여지듯이, 서로 다른 위치에서 서로 다른 기준계를 선택하는 것과 유사하다. 서로 다른 기준계들 사이의 관계를 인식하는 것은 중요하다. 당연히 유니테리 행렬 $U(t)$는 시간의존 문제에서의 동역학을 기술할 때 중요한 역할을 한다.

기저 선택은 임의적이므로 매 순간 기저상태 $|\alpha_j(t)\rangle$는 물리적인 상태에 직접적으로 연관되지 않는다. 반면, 물리적인 상태는 슈뢰딩거 방정식

$$i\frac{d}{dt}\,|\psi(t)\rangle = \hat{H}(t)\,|\psi(t)\rangle \tag{3.52}$$

를 만족해야 한다. 주어진 시간 t'에서의 물리 상태 $|\psi(t')\rangle$을 그 순간 기저상태 $|\alpha_j(t')\rangle$을

이용하여 다음과 같이 전개했다고 해보자.

$$|\psi(t')\rangle = \sum_j |\alpha_j(t')\rangle \langle\alpha_j(t')|\psi(t')\rangle\,. \tag{3.53}$$

이후 시간 $t > t'$에서 이 양자상태는 다른 순간의 기저상태 $|\alpha_i(t)\rangle$를 쓰면

$$|\psi(t)\rangle = \sum_{ij} |\alpha_i(t)\rangle\, U_{ij}(t,t')\, \langle\alpha_j(t')|\psi(t')\rangle \tag{3.54}$$

로 전개되는데, $U_{ij}(t,t')$는 식 (3.51)의 유니테리 행렬로서 $|\alpha_j(t')\rangle$에서 $|\alpha_i(t)\rangle$로의 기저 변환을 기술한다. 식 (3.54)를 시간의존 슈뢰딩거 방정식 (3.52)에 대입하면, 유니테리 행렬 $U(t,t')$이 동적 방정식

$$i\frac{\partial}{\partial t}U(t,t') = [H(t) - iA(t)]U(t,t') \tag{3.55}$$

을 만족함을 알 수 있다. 여기서 $H(t)$는 그 순간의 기저상태 $|\alpha_j(t)\rangle$에 대한 해밀토니안 $\hat{H}(t)$의 행렬표현 $H_{ij}(t) := \langle\alpha_i(t)|\,\hat{H}(t)\,|\alpha_j(t)\rangle$이고, 행렬 $A(t)$는

$$A_{ij}(t) := \langle\alpha_i(t)|\,\frac{d}{dt}\,|\alpha_j(t)\rangle \tag{3.56}$$

로 정의된다. 식 (3.55)에 추가로 나타난 $-iA(t)$는 라비 진동 문제에서 회전기준계에 대한 식 (3.10)에서 본 비관성 효과와 유사하다. 방정식 (3.55)의 해는 형식적으로

$$U(t,t') = \mathrm{Texp}\left[-\int_{t'}^{t} ds\,\{A(s) + iH(s)\}\right] \tag{3.57}$$

로 구할 수 있는데, 여기서 T는 시간정렬(time ordering)을 의미한다.[3.2]

지금까지는 완전히 일반적인 경우를 다루었다. 다음과 같이 동적 부분공간 $\mathcal{K}(t) \subset \mathcal{H}$를 정해두면 기하학적 양자계산에 편리하다.

(a) $\mathcal{K}(t)$는 $\mathcal{K}(\tau) = \mathcal{K}(0)$인 순환진행을 따른다.

(b) 시간 $0 < t < \tau$ 동안 $\hat{H}(t)$는 $\mathcal{K}(t)$에 아무런 작용을 하지 않는다(즉, 이 벡터공간에 속하는 어떤 벡터에 작용해도 0이 된다).

위 두 조건이 만족된다면, 상태벡터 $|\psi(t)\rangle$의 시간진행 (3.54)을 관장하는 유니테리 행렬

$$U(t,t') = \mathrm{Texp}\left[-\int_{t'}^{t} ds\,A(s)\right] \tag{3.58}$$

[3.2] 주어진 행렬 $M(t)$에 대해, 시간정렬된 지수함수는 급수

$$\mathrm{Texp}\left[\int_0^t ds\,M(s)\right] := I + \int_0^t ds\,M(s) + \int_0^t ds_1 \int_0^{s_1} ds_2\,M(s_1)M(s_2) + \cdots\,.$$

로 정의한다. 적분들의 위끝들에 유의하라.

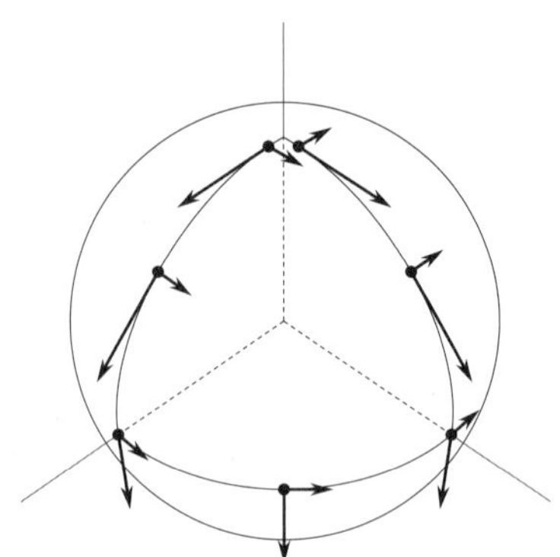

그림 3.5: 단위 구 상에서 평행 운송의 예시.

는 순전히 행렬 $A(t)$에 의해 결정된다. 또한, 시간 t에 대한 완전미분에 연쇄법칙을 적용하면, 행렬 $A(t)$를

$$A_{ij}(t) = \sum_{\mu} \frac{d\lambda_\mu}{dt} \langle\alpha_i|\tfrac{\partial}{\partial\lambda_\mu}|\alpha_j\rangle = \sum_{\mu} \frac{d\lambda_\mu}{dt} A^\mu_{ij} \tag{3.59}$$

꼴로 다시 쓸 수 있다. 여기서

$$A^\mu_{ij} := \langle\alpha_i|\tfrac{\partial}{\partial\lambda_\mu}|\alpha_j\rangle \tag{3.60}$$

로 정의하였다. 식 (3.59)의 $A(t)$를 식 (3.58)에 다시 대입하면, 한 주기에 대한 유니테리 행렬 $U(\tau, 0)$은 매개변수 공간에서 매개변수 $\lambda_\mu(t)$가 가로지르는 닫힌 경로에 의해 완전히 결정됨을 알 수 있다. 즉, 매개변수 공간에서 주어진 둥근 테 $\mathcal{C}$에 대해 유니테리 행렬 $U(\tau, 0) = U(\mathcal{C})$는

$$U(\mathcal{C}) = \mathrm{Pexp}\left[-\sum_{\mu} \oint_{\mathcal{C}} d\lambda_\mu\, A^\mu\right] \tag{3.61}$$

로 주어지고, 여기서 P는 경로정렬(path ordering)을 표시한다. 이 유니테리 행렬을 식 (3.54)에 나온 양자상태의 시간진행에 다시 대입하면, 동적 효과도 없고(즉, 부분공간 $\mathcal{K}$ 내에서 $H = 0$) 해밀토니안이 원래 값으로 돌아감에도 불구하고, $U(\mathcal{C})$가 부분공간 $\mathcal{K}$내의 상태들 사이에 실질적인 전이를 일으킨다는 것을 알 수 있다.

$\hat{A}^\mu$와 $U(\mathcal{C})$를 더 깊이 이해하기 위해 다른 기저, 예를 들어

$$\{|\beta_j\rangle := \hat{V}\,|\alpha_j\rangle = \sum_i |\alpha_i\rangle\, V_{ij}\} \tag{3.62}$$

를 선택했다고 해보자. 여기서 $\hat{V}$는 유니테리 연산자이고, V는 기존의 기저상태 $\{|\alpha_j\rangle\}$에

대한 이 연산자의 행렬표현이다. 이 기저변환에 의해 행렬 A^μ는

$$A^\mu \mapsto V^\dagger A^\mu V + V^\dagger \frac{\partial V}{\partial \lambda_\mu} \tag{3.63}$$

와 같이 변환되는데, 이는 양자역학에서 게이지변환에 의해 벡터포텐셜이 변화하는 전형적인 방식과 동일하다. 이런 의미에서 A^μ는 비 아벨 게이지 포텐셜(non-Abelian gauge potential)이라 불리고, 이는 매개변수 공간 안에 있는 경로 $\mathcal{C}$ 위에서 무한소만큼 다른 점들에 해당하는 기저 $\{|\alpha_i(\lambda_\mu)\rangle\}$와 $\{|\alpha_j(\lambda_\mu + \delta\lambda_\mu)\rangle\}$가 서로 어떻게 연결되는지, 즉 두 기저 사이의 연결성을 기술한다. 게이지 연결성(gauge connection) A^μ와 이에 대응하는 비 아벨 기하학적 위상 $U(\mathcal{C})$는 그림 3.5에 설명된 휜 공간에서의 평행 운송(parallel transport)과 매우 유사하다.

정리하자면, 기하학적 양자계산은 식 (3.61)의 유니테리 변환 $U(\mathcal{C})$를 통해 양자논리게이트를 구현한다. 순환 진행이 일어나는 부분공간 $\mathcal{K}$가 계산 공간이 된다. 어떤 닫힌 경로 $\mathcal{C}$를 선택하느냐에 따라 다른 양자논리게이트가 얻어진다.

양자계산의 위상학적 방식(topological scheme)은 기하학적 방식의 특별한 경우이다. 나중에 6.5절에서 위상양자계산의 한 예를 엿볼 수 있을 것이다.

3.4 측정기반 방식

이 책의 맨 처음에 논의된 양자역학의 기본 가정들에 따르면, 계의 양자상태는 두 가지 다른 원인에 의해 변한다. 하나는 슈뢰딩거 방정식에 의해 관장되는 시간진행이다. 양자계산의 동적 및 기하학적 방식이 본질적으로 이러한 시간진행을 바탕으로 한다. 양자상태의 변화를 일으키는 또 다른 요인은 가정 3에 명시된 측정 후 양자상태의 붕괴이다. 그러면, 이를 양자계산에도 사용할 수 있을까? 측정 시 양자상태의 붕괴가 제어되지 않고 마구잡이로 일어난다는 특성을 고려할 때, 이는 언뜻 보기에 터무니없어 보일 수 있다. 그럼에도 불구하고, 계가 클러스터 상태(cluster state) 또는 보다 일반적으로 그래프 상태(graph state)라고 하는 특수한 양자상태로 준비되기만 한다면, 단지 측정기저를 바꿔가며 측정하는 것만으로 양자계산이 가능하다는 사실이 최근에 밝혀졌다(Raussendorf & Briegel, 2001; Raussendorf et al., 2002). 이러한 양자계산 방식을 측정기반 양자계산(measurement-based quantum computation) 또는 단방향 양자계산(one-way quantum computation)이라 한다. '단방향'이라 이름 짓는 이유는 이후 논의에서 곧 명확해질 것이다. 측정기반 양자계산을 구현하는 몇 가지 기술적인 방법들이 있다. 여기서는 기본적인 아이디어를 소개한다. 관심있는 독자들은 앞서 언급한 논문들과 그 후속 문헌들을 참조하기를 바란다.

측정기반 방식이 어떻게 작동하는지 엿보기 위해 먼저 다음과 같은 간단한 꼴의 양자회로를 살펴보자.

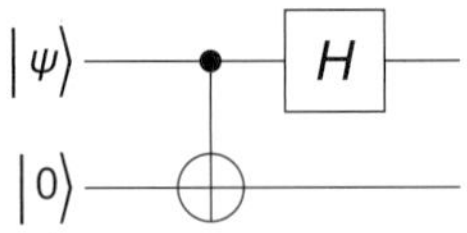

(3.64)

여기서 첫 번째 큐비트의 입력상태 $|\psi\rangle = |0\rangle\, c_0 + |1\rangle\, c_1$은 어떤 양자상태라도 된다. 식 (2.33)에서와 같이, CNOT 게이트는 제어큐비트의 논리기저상태를 대상큐비트로 '복사'함을 떠올려보자. 위 CNOT 게이트는 입력상태 $|\psi\rangle \otimes |0\rangle$를 $|00\rangle\, c_0 + |11\rangle\, c_1$로 변환한다. 그러면 첫 번째 큐비트에 하다마드 게이트를 추가하여 최종상태

$$\frac{|0\rangle \otimes |\psi\rangle + |1\rangle \otimes (\hat{Z}\, |\psi\rangle)}{\sqrt{2}} \tag{3.65}$$

를 얻는다. 첫 번째 큐비트가 측정될 때, 측정결과에 따라 두 번째 큐비트는 다른 상태로 설정된다. 측정결과가 0이면 두 번째 큐비트의 상태는 첫 번째 큐비트의 입력상태와 동일하고, 결과가 1이면 그 상태는 $\hat{Z}\, |\psi\rangle$이 된다. 어찌되었든 (첫 번째 큐비트에 대한) 측정결과를 알고 있기 때문에 두 번째 큐비트에서 나오는 상태는 (필요하다면 연산 $\hat{Z}$를 추가하여) 첫 번째 큐비트의 (알지 못하는) 입력상태로 설정할 수 있다.

CNOT와 CZ 사이의 관계 (2.44)를 이용하여 양자회로 (3.64)를

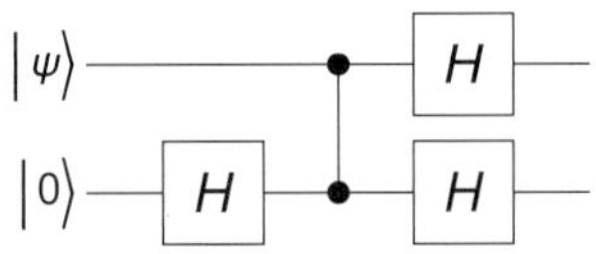

(3.66)

꼴로 바꿀 수 있다. 이 단계에서 CNOT 게이트보다 CZ 게이트를 특별히 선호할 이유는 없다. 그러나 이후 논의에서 CZ 게이트가 측정기반 방식에 더 적합하다는 것을 알 수 있을 것이다. 더 중요한 점은, 하다마드 게이트를 작용한 후 논리기저에 대해 첫 번째 큐비트를 측정하는 과정은 이는 파울리 X 연산자의 고유기저에 대한 측정으로 간주할 수 있다는 사실이다. 2.5절에서 논의한대로, 물리적으로 이런 측정은 보통 측정 설정을 회전하여 구현된다. 사실상 파울리 X 연산자의 고유기저에 대해 첫 번째 큐비트를 측정하여 첫 번째 큐비트의 양자상태를 두 번째 큐비트로 전송한다.

Consider the following quantum circuit model.

In[ ]:=
```
qc = QuantumCircuit[ProductState[S[1] → c@{0, 1}, "Label" → "|ψ⟩"],
  LogicalForm[Ket[], S[2]], S[2, 6], CZ[S[1], S[2]], S[{1, 2}, 6]]
```

Out[ ]=
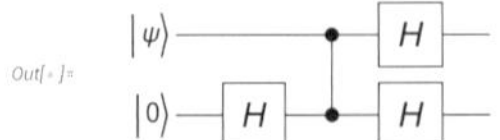

This is the output state.

```
out = Elaborate[qc]
```

$$\frac{c_0 |\_\rangle}{\sqrt{2}} + \frac{c_0 |1_{S_1}\rangle}{\sqrt{2}} - \frac{c_1 |1_{S_1}1_{S_2}\rangle}{\sqrt{2}} + \frac{c_1 |1_{S_2}\rangle}{\sqrt{2}}$$

As you can see here, when the first qubit is measured and the outcome is 0, then the second qubit is identical to the input state of the first qubit. In case the measurement outcome is 1, the second qubit is set to the initial state of the first qubit with the Pauli Z operated.

```
KetFactor[out, S[1]] // LogicalForm
```

$$|0_{S_1}\rangle \otimes \left(\frac{c_0 |0_{S_2}\rangle}{\sqrt{2}} + \frac{c_1 |1_{S_2}\rangle}{\sqrt{2}}\right) + |1_{S_1}\rangle \otimes \left(\frac{c_0 |0_{S_2}\rangle}{\sqrt{2}} - \frac{c_1 |1_{S_2}\rangle}{\sqrt{2}}\right)$$

According to the above observation, we undo the byproduct operator depending on the outcome of the measurement on the first qubit.

```
qc2 = QuantumCircuit[qc, Measurement[S[1, 3]], ControlledU[S[1], S[2, 3]]]
```

```
new = Elaborate[qc2] /. {c[0] * Conjugate[c[0]] + c[1] * Conjugate[c[1]] → 1};
KetFactor[new, S[1]] // LogicalForm
```

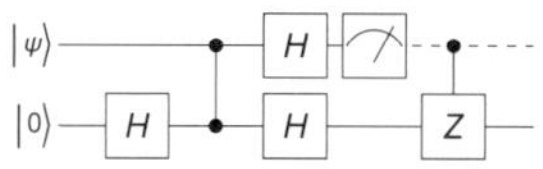

```
Measurement: Probability half is assumed for a non-numeric state vector.
```

$$|0_{S_1}\rangle \otimes (c_0 |0_{S_2}\rangle + c_1 |1_{S_2}\rangle)$$

다음으로, 조금 다른 양자회로

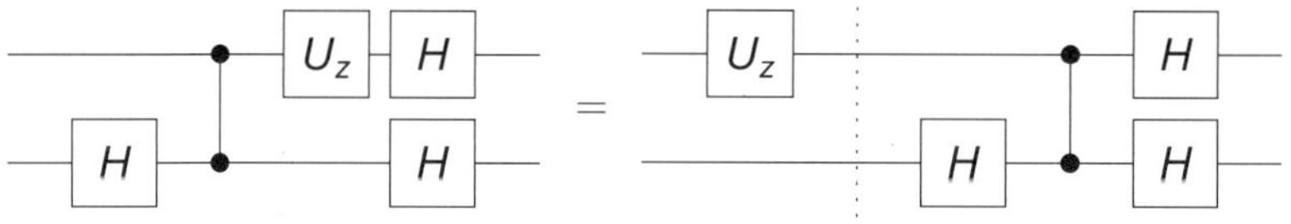

(3.67)

를 살펴보자. 이전 회로와 비교하면, 위 회로는 첫 번째 큐비트에 z축을 중심으로 회전을 일으키는 단일 큐비트 회전 $\hat{U}_z$가 추가되었다. $\hat{U}_z$가 CZ 게이트와 맞바꿀 수 있기 때문에 식 (3.67)의 등호가 성립한다. 식 (3.67)의 우변에 있는 양자회로에 이전 결과를 적용하면, 출력상태가

$$\frac{|0\rangle \otimes (\hat{U}_z |\psi\rangle) + |1\rangle \otimes (\hat{Z}\hat{U}_z |\psi\rangle)}{\sqrt{2}} \tag{3.68}$$

임을 바로 알 수 있다. 첫 번째 큐비트를 측정하면 두 번째 큐비트의 출력상태는 측정결과에 따라 $\hat{U}_z |\psi\rangle$와 $\hat{Z}\hat{U}_z |\psi\rangle$ 중 하나가 된다. 어느 경우든, 필요하다면 $\hat{Z}$ 연산을 추가로 가하여, 두 번째 큐비트는 양자상태 $\hat{U}_z |\psi\rangle$로 된다. 다시 말하지만, 여기서 핵심은 유니테리 연산 $\hat{U}_z$를 가한 다음에 논리기저에 대해 첫 번째 큐비트를 측정하는 것은 회전한 기저에 대한 하

나의 측정으로 간주할 수 있다는 사실이다(2.5절 참조). 결국 (회전) 측정을 통해 유니테리 게이트 $\hat{U}_z$를 가한 상태를 얻게 된다.

Consider the following quantum circuit model.

In[ ]:=
```
Let[Real, ϕ]
qc = QuantumCircuit[LogicalForm[Ket[], S[2]],
  S[2, 6], CZ[S[1], S[2]], Rotation[ϕ, S[1, 3]], S[{1, 2}, 6]]
```

Out[ ]=

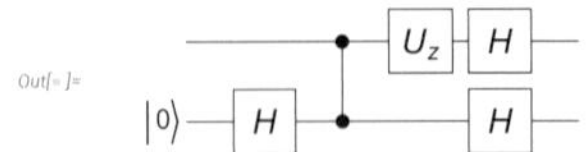

This shows how the logical basis states in the first qubit is transformed through the above quantum circuit model.

In[ ]:=
```
bs = Basis[S[1]];
out = qc ** bs // TrigToExp // Garner;
Thread[LogicalForm[bs] →
   LogicalForm[KetFactor[#, S[1]] & /@ out, S@{1, 2}]] // TableForm
```

Out[ ]//TableForm=

$$|0_{S_1}\rangle \to \frac{e^{-\frac{i\phi}{2}}\left(|0_{S_1}0_{S_2}\rangle + |1_{S_1}0_{S_2}\rangle\right)}{\sqrt{2}}$$

$$|1_{S_1}\rangle \to |0_{S_1}\rangle \otimes \left(\frac{e^{\frac{i\phi}{2}}|1_{S_2}\rangle}{\sqrt{2}}\right) + |1_{S_1}\rangle \otimes \left(-\frac{e^{\frac{i\phi}{2}}|1_{S_2}\rangle}{\sqrt{2}}\right)$$

When the first qubit is measured, the output state of the second qubit depends on the measurement outcome. In either case, however, the input state of the first qubit with the unitary gate operated can be recovered in the second qubit with an operation of the Pauli Z if the measurement outcome is 1.

In accordance with the above argument, the byproduct operator can be fixed as follows.

In[ ]:=
```
qc2 = QuantumCircuit[qc, Measurement[S[1, 3]], ControlledU[S[1], S[2, 3]]]
```

Out[ ]=

In[ ]:=
```
new = qc2 ** bs // TrigToExp;
Thread[LogicalForm[bs] →
   LogicalForm[KetFactor[#, S[1]] & /@ new, S@{1, 2}]] // TableForm
```

Out[ ]//TableForm=

$$|0_{S_1}\rangle \to |1_{S_1}\rangle \otimes \left(e^{-\frac{i\phi}{2}}|0_{S_2}\rangle\right)$$

$$|1_{S_1}\rangle \to |0_{S_1}\rangle \otimes \left(e^{\frac{i\phi}{2}}|1_{S_2}\rangle\right)$$

하다마드 게이트의 역은 자기 자신, 즉 $\hat{H}^{-1} = \hat{H}$이므로 두 번째 큐비트에 $\hat{H}$를 가하여 두 번째 하다마드 게이트를 없애버릴 수 있다. 그 결과 양자회로는

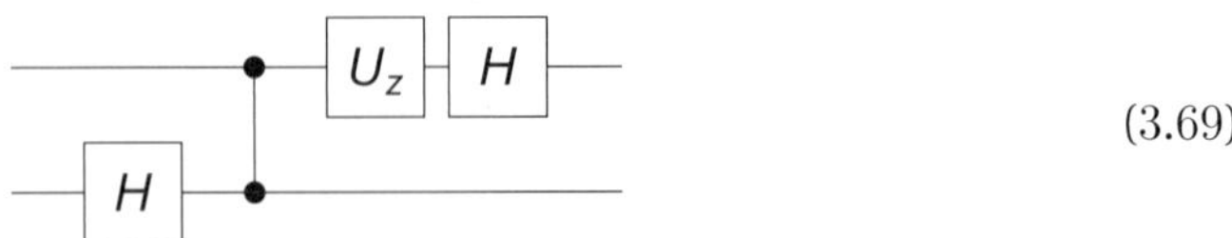

(3.69)

가 된다. 추가된 하다마드 게이트에 의한 연산을 고려하면, 위 양자회로의 출력상태는

$$\frac{1}{\sqrt{2}} \sum_{x_1=0,1} |x_1\rangle \otimes (\hat{H}\hat{Z}^{x_1}\hat{U}_z |\psi\rangle) \tag{3.70}$$

가 됨을 알 수 있다. 이제 CZ 게이트에 의해 양자얽힘이 만들어지면, 양자회로는 더이상 양자논리게이트를 필요로 하지 않고 오로지 측정만 할 수 있으면 된다. 이러한 방법의 단점은 출력큐비트에 하다마드 게이트가 부산물로 나타나는 것이다. 그러나 아래에서 보게 되듯이, 측정기반 방식에서 두 번째 큐비트에 부산물처럼 가해지는 하다마드 게이트가 임의의 단일 큐비트 회전을 달성하는 데 중요한 역할을 한다.

3.4.1 단일 큐비트 회전

측정만을 이용하여 임의의 단일 큐비트 회전을 구현하는 방법을 면밀히 살펴보자. 이를 위해 다음과 같은 양자회로를 고려하자.

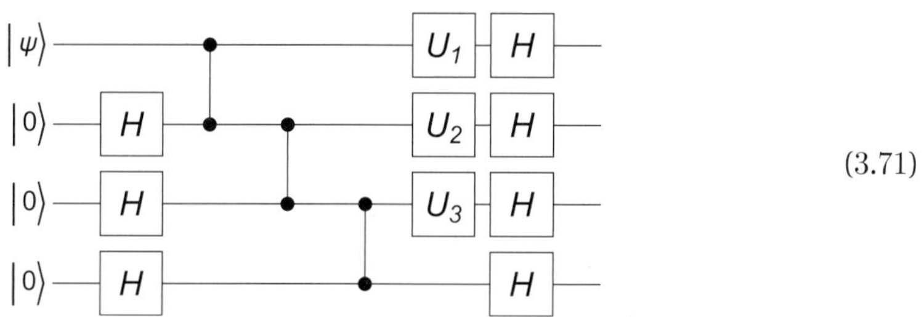

(3.71)

여기서 이름표 U_j는, z축을 중심으로 각도 ϕ_j 만큼의 회전을 일으키는 단일 큐비트 회전 $\hat{U}_z(\phi_j)$를 표시한다. 위 양자회로의 출력상태는 회로 (3.69)에서 얻은 출력상태 (3.70)을 연속적으로 적용하여 얻을 수 있고, 그 결과

$$\sum_{x_1,x_2,x_3} |x_1\rangle \otimes |x_2\rangle \otimes |x_3\rangle \otimes \left(\hat{Z}^{x_3}\hat{U}_z(\phi_3)\hat{H}\hat{Z}^{x_2}\hat{U}_z(\phi_2)\hat{H}\hat{Z}^{x_1}\hat{U}_z(\phi_1)|\psi\rangle\right) \tag{3.72}$$

를 얻는다. 항등식 $\hat{H}\hat{Z}\hat{H} = \hat{X}$를 이용하면, 네 번째 큐비트의 최종 상태는

$$|\Psi\rangle_4 = \hat{Z}^{x_3}\hat{U}_z(\phi_3)\hat{X}^{x_2}\hat{U}_x(\phi_2)\hat{Z}^{x_1}\hat{U}_z(\phi_3)|\psi\rangle \tag{3.73}$$

로 쓸 수 있다. 또한, 항등식 $\hat{X}\hat{Z}\hat{X} = -\hat{Z}$와 $\hat{Z}\hat{X}\hat{Z} = -\hat{X}$를 이용하면, 다음과 같은 결과를 얻는다.

$$|\Psi\rangle_4 = \hat{Z}^{x_3}\hat{X}^{x_2}\hat{Z}^{x_1}\hat{U}_z((-1)^{x_2}\phi_3)\hat{U}_x((-1)^{x_1}\phi_2)\hat{U}_z(\phi_1)|\psi\rangle\ . \tag{3.74}$$

여기서 눈여겨볼 핵심은 첫 세 큐비트들을 측정하면, 네 번째 큐비트의 상태가 첫 번째 큐비트의 초기 상태 $|\psi\rangle$에 단일 큐비트 회전

$$\hat{U}_z((-1)^{x_2}\phi_3)\hat{U}_x((-1)^{x_1}\phi_2)\hat{U}_z(\phi_3) \tag{3.75}$$

을 작용한 상태로 바뀐다는 점이다. 이 회전은 서로 수직한 두 축을 중심으로 한 세 번의 회전들로 구성되며, 이는 임의의 단일 큐비트 회전을 실현하기에 충분하다(2.1.3절 참조).

이러한 회전 (3.75)의 방향(시계 방향 또는 반시계 방향)은 처음 세 큐비트들의 측정 결과 x_1, x_2, x_3에 확률적으로 결정된다. 그러나 두 번째 큐비트에 대한 연산은 첫 번째 큐비트 측정 이후로 미루고 세 번째 큐비트에 대한 연산은 두 번째 큐비트 측정 이후로 미룸으로써 방향을 미리 정한 대로 만들 수 있다. 이에 따라 수정된 양자회로는 다음과 같다.

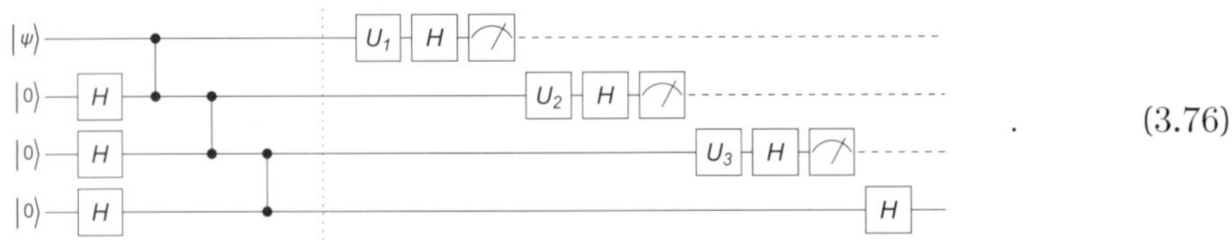

. (3.76)

단일 큐비트 오일러 회전

$$\hat{U}(\alpha,\beta,\gamma) := \hat{U}_z(\alpha)\hat{U}_x(\beta)\hat{U}_z(\gamma)\,. \tag{3.77}$$

을 구현한다고 하자.[3.3] 먼저, $\phi_1 = \gamma$로 놓는다. 첫 번째 큐비트에 대한 측정 결과 x_1에 따라 $\phi_2 = (-1)^{x_1}\beta$로 설정한다. 비슷한 방식으로, 두 번째 큐비트에 대한 측정 결과 x_2에 따라 $\phi_3 = (-1)^{x_2}\alpha$로 놓는다. 그러면, 네 번째 큐비트의 최종 상태는

$$|\Psi\rangle_4 = \hat{Z}^{x_3}\hat{X}^{x_2}\hat{Z}^{x_1}\hat{U}(\alpha,\beta,\gamma)\,|\psi\rangle \tag{3.78}$$

가 될 것이다. 여기서 단일 큐비트 회전은 미리 정한 대로 고정된다. 하지만, 여전히 의도하지 않은 연산 $\hat{Z}^{x_3}\hat{X}^{x_2}\hat{Z}^{x_1}$이 남아 있다. 그러나 이러한 연산들은 양자계산이 끝나는 시점에서 무의미하며, 따라서서 수정하거나 제거할 필요가 없다. 예를 들어 최종 상태를 논리기저에 대해 측정하면 $\hat{Z}$는 판독에 전혀 영향을 미치지 않으며 $\hat{X}$에 의한 영향은 고전적인 후처리 과정을 통해 처리할 수 있다.

Let us construct a quantum circuit model for an arbitrary single-qubit rotation in the measurement-based scheme.

This will simplify the analysis below.

[3.3] 여기서는 오일러 회전의 조금 다른 형태를 채택하였다. 물리에서 가장 흔하게 사용되는 형태는 $\hat{U}_z(\alpha)\hat{U}_y(\beta)\hat{U}_z(\gamma)$와 같은 조합을 이용하는 것이다.

```
In[ ]:= Let[Real, c, ϕ]
```

Here is the overall quantum circuit model. It is built in two steps divided by the vertical dashed line. The first step corresponds to the preparation, and the second to the operation.

```
In[ ]:= qc = QuantumCircuit[ProductState[S[1] → {c[0], c[1]}, "Label" → Ket["ψ"]],
          LogicalForm[Ket[], S@{2, 3, 4}], S[{2, 3, 4}, 6],
          CZ[S[1], S[2]], CZ[S[2], S[3]], CZ[S[3], S[4]], "Separator",
          Rotation[ϕ[1], S[1, 3], "Label" → "U₁"], S[1, 6],
          Measurement[S[1, 3]], Rotation[ϕ[2], S[2, 3], "Label" → "U₂"],
          S[2, 6], Measurement[S[2, 3]], Rotation[ϕ[3], S[3, 3], "Label" → "U₃"],
          S[3, 6], Measurement[S[3, 3]], S[{4}, 6]]
```

Out[ ]=

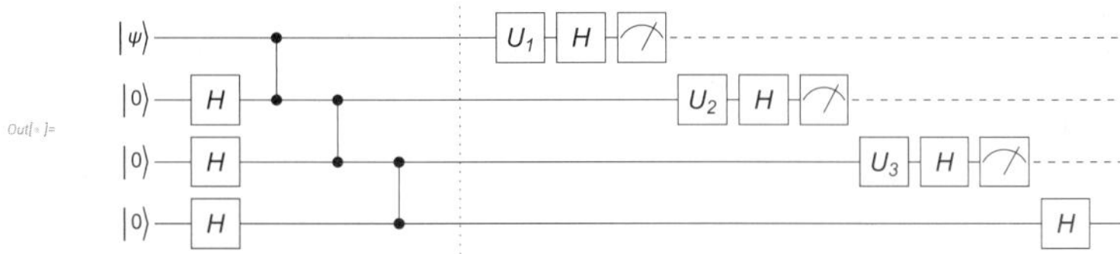

For the sake of analysis, we build the first part of the above quantum circuit model separately.

```
In[ ]:= qc0 = QuantumCircuit[
          ProductState[S[1] → {c[0], c[1]}, "Label" → Ket["ψ"]],
          LogicalForm[Ket[], S@{2, 3, 4}],
          S[{2, 3, 4}, 6], CZ[S[1], S[2]], CZ[S[2], S[3]], CZ[S[3], S[4]]]
```

Out[ ]=

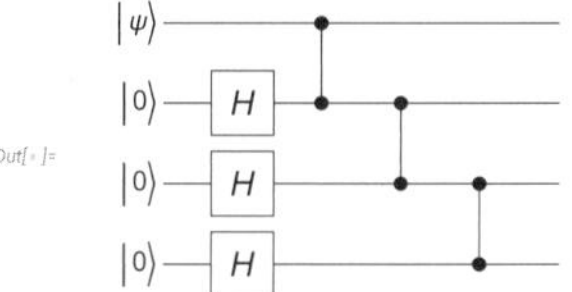

Perform a measurement on the first qubit in a properly rotated basis.

```
In[ ]:= out1 = QuantumCircuit[qc0, Rotation[ϕ[1], S[1, 3], "Label" → "U₁"],
            S[1, 6], Measurement[S[1, 3]]] // Elaborate;
        x1 = Readout@S[1, 3]

        Measurement: Probability half is assumed for a non-numeric state vector.

Out[ ]= 1
```

Depending on the outcome `x1` out of the measurement on the first qubit, rotate suitable the measurement setup for the second qubit and perform the measurement.

```
In[ ]:= out2 = QuantumCircuit[out1, Rotation[(-1)^x1 * ϕ[2], S[2, 3], "Label" → "U₂"],
            S[2, 6], Measurement[S[2, 3]]] // Elaborate;
        x2 = Readout@S[2, 3]

        Measurement: Probability half is assumed for a non-numeric state vector.

Out[ ]= 0
```

Similarly, depending on the measurement outcome `x2` on the second qubit, adjust the measurement setup for the third qubit and take the measurement.

```
In[]:= out3 = QuantumCircuit[out2, Rotation[(-1)^x2 * ϕ[3], S[3, 3], "Label" → "U₃"],
          S[3, 6], Measurement[S[3, 3]], S[4, 6]] // Elaborate;
       out3 = out3 /. {c[0]^2 + c[1]^2 → 1};
       x3 = Readout@S[3, 3]

       Measurement: Probability half is assumed for a non-numeric state vector.

Out[]= 0
```

Check the result.

```
In[]:= expr = MultiplyPower[S[4, 3], x3] **
         MultiplyPower[S[4, 1], x2] ** MultiplyPower[S[4, 3], x1] **
         Rotation[ϕ[3], S[4, 3]] ** Rotation[ϕ[2], S[4, 1]] **
         Rotation[ϕ[1], S[4, 3]] ** (Ket[S[1] → x1, S[2] → x2, S[3] → x3] **
           ProductState[S[4] → {c[0], c[1]}]) // Elaborate
```

Out[]= $|1_{S_1}\rangle \left(\text{Cos}\left[\frac{\phi_1}{2}\right]\left(c_0\,\text{Cos}\left[\frac{\phi_2}{2}\right] - i\,c_1\,\text{Sin}\left[\frac{\phi_2}{2}\right]\right) + \text{Sin}\left[\frac{\phi_1}{2}\right]\left(-i\,c_0\,\text{Cos}\left[\frac{\phi_2}{2}\right] + c_1\,\text{Sin}\left[\frac{\phi_2}{2}\right]\right)\right)$
$\left(\text{Cos}\left[\frac{\phi_3}{2}\right] - i\,\text{Sin}\left[\frac{\phi_3}{2}\right]\right) + |1_{S_1}1_{S_4}\rangle$
$\left(\text{Cos}\left[\frac{\phi_1}{2}\right]\left(-c_1\,\text{Cos}\left[\frac{\phi_2}{2}\right] + i\,c_0\,\text{Sin}\left[\frac{\phi_2}{2}\right]\right) + \text{Sin}\left[\frac{\phi_1}{2}\right]\left(-i\,c_1\,\text{Cos}\left[\frac{\phi_2}{2}\right] + c_0\,\text{Sin}\left[\frac{\phi_2}{2}\right]\right)\right)$
$\left(\text{Cos}\left[\frac{\phi_3}{2}\right] + i\,\text{Sin}\left[\frac{\phi_3}{2}\right]\right)$

```
In[]:= out3 - expr

Out[]= 0
```

3.4.2 CNOT 게이트

이제 측정기반 방식에 따라 CNOT 게이트를 구현하는 양자회로를 만들어보자. 이를 위한 방법들은 여러 가지가 있는데, 여기에서는 다음과 같은 양자회로로 기술된 예를 소개한다.

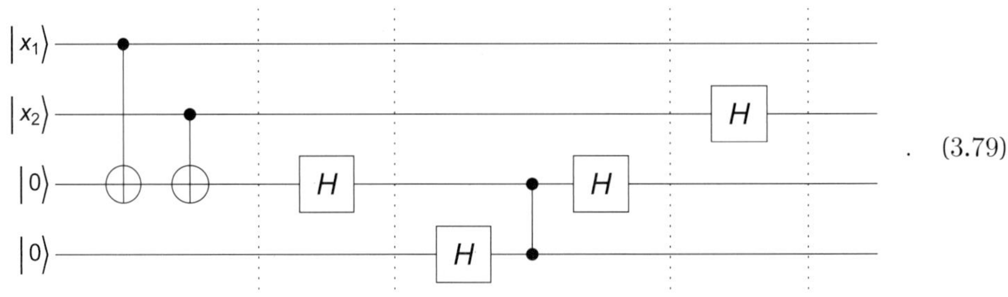

(3.79)

첫 두 CNOT 게이트는 입력상태를 (식 (2.29)와 식 (2.56)을 참조)

$$|x_1\rangle \otimes |x_2\rangle \otimes |x_1 \oplus x_2\rangle \otimes |0\rangle \tag{3.80}$$

으로 바꾼다. 위 양자회로에서 첫 번째 세로 점선으로 표시된 순간의 상태가 바로 이 상태이다. 두 번째 세로 점선에 해당하는 순간에는 양자상태가

$$|x_1\rangle \otimes |x_2\rangle \otimes \left(\hat{H}\,|x_1 \oplus x_2\rangle\right) \otimes |0\rangle \tag{3.81}$$

이 된다. 이제 양자회로 (3.69)를 이용하여 사실상 세 번째 큐비트 상태를 네 번째 큐비트로 전송한다. 이 연산으로 상태가

$$\begin{aligned}\sum_{y_3} |x_1\rangle \otimes |x_2\rangle \otimes |y_3\rangle \otimes \left(\hat{H}\hat{Z}^{y_3}\hat{H}\,|x_1 \oplus x_2\rangle\right) \\ = \sum_{y_3} |x_1\rangle \otimes |x_2\rangle \otimes |y_3\rangle \otimes \left(\hat{X}^{y_3}\,|x_1 \oplus x_2\rangle\right)\end{aligned} \tag{3.82}$$

로 바뀐다. 마지막으로 두 번째 큐비트에 하다마드 게이트를 가하면 식 (2.19)에 따라 상태

$$\sum_{y_2 y_3} |x_1\rangle \otimes |y_2\rangle \otimes |y_3\rangle \otimes \left(\hat{X}^{y_3}\,|x_1 \oplus x_2\rangle\right)(-1)^{y_2 x_2} \tag{3.83}$$

를 얻는다. 위상인자 -1은 $x_2 = y_2 = 1$일 때 발생한다. 면밀히 살펴보면, 첫 번째 및 네 번째 큐비트에 다 $\hat{Z}$ 연산을 가하면 똑같은 인자가 발생함을 알 수 있다. 이를 이용하면, 양자회로의 최종 상태는

$$|\Psi\rangle_{\text{out}} = \sum_{y_2, y_3} \left(\hat{Z}^{y_2}\,|x_1\rangle\right) \otimes |y_2\rangle \otimes |y_3\rangle \otimes \left(\hat{X}^{y_3}\hat{Z}^{y_2}\,|x_1 \oplus x_2\rangle\right) \tag{3.84}$$

라 할 수 있다. 두 번째와 세 번째 큐비트들을 측정하여 측정 결과 y_2와 y_3를 얻으면, 첫 번째와 네 번째 큐비트에 저장되어있는 최종 상태는

$$|\Psi\rangle_{14} = \left(\hat{Z}^{y_2}\,|x_1\rangle\right) \otimes \left(\hat{X}^{y_3}\hat{Z}^{y_2}\,|x_1 \oplus x_2\rangle\right) \tag{3.85}$$

가 된다. 지금 당장은 부산물로 생긴 연산자 $\hat{X}$나 $\hat{Z}$는 무시하자. 그러면 이 양자회로에서 첫 번째 큐비트가 제어큐비트 역할을 함을 알 수 있다. 대상큐비트의 입력상태는 두 번째 큐비트에 입력되고, 출력상태는 네 번째 큐비트에 나타난다.

CZ와 CNOT 게이트들 사이의 관계 (2.44)를 이용하면, 양자회로 (3.79)를

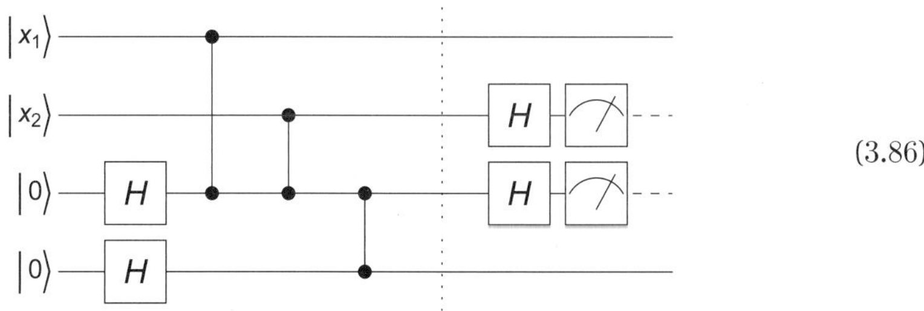

(3.86)

꼴로 다시 그릴 수 있다. 네 큐비트 사이에 양자얽힘이 발생하면 CNOT 게이트를 구현하기 위해서 두 번째와 세 번째 큐비트를 측정하기만 하면 된다. $y_2 = 1$일 때는 첫 번째 및 네 번째 큐비트에 다 $\hat{Z}$를 가해야 하고, $y_3 = 1$이면 $\hat{X}$도 적용해야 한다. 그러나, 다시 말하자면, 많은 경우에 이 추가 단계는 필요하지 않거나 간단한 고전적 후처리 과정을 통해 해결할 수 있다.

Here we demonstrate the CNOT gate based on the measurement-based scheme.

Let us consider the following quantum circuit model. The first qubit plays a role of the control qubit. The input state of the target qubit enters the second qubit and comes out on the forth qubit.

```
In[ ]:= qc1 = QuantumCircuit[LogicalForm[Ket[], S@{3, 4}],
          S[{3, 4}, 6], CZ[S[1], S[3]], CZ[S[2], S[3]], CZ[S[3], S[4]],
          "Separator", S[{2, 3}, 6], Measurement@S[{2, 3}, 3]]
```

Out[ ]=

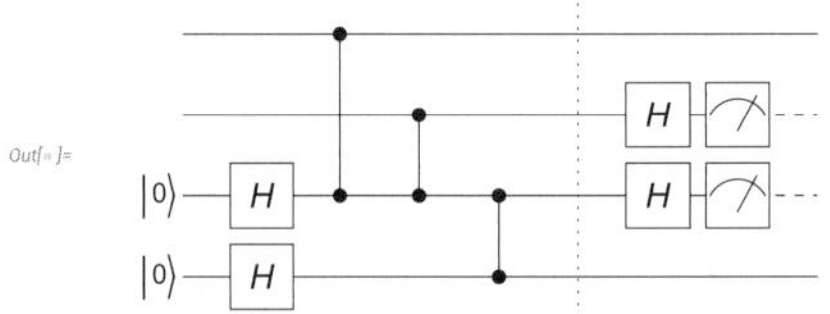

This shows how the logical basis states on the first two qubits are transformed to the first and forth qubit. The result is not exactly what we expect from the CNOT gate since we have not corrected the byproduct operators.

```
In[ ]:= bs = Basis[S@{1, 2}];
        out = qc1 ** bs;
        Thread[LogicalForm[bs] → LogicalForm[out, S@{1, 2, 3, 4}]] // TableForm
```

Out[ ]//TableForm=

$|0_{S_1}0_{S_2}\rangle \to |0_{S_1}1_{S_2}1_{S_3}1_{S_4}\rangle$

$|0_{S_1}1_{S_2}\rangle \to -|0_{S_1}1_{S_2}1_{S_3}0_{S_4}\rangle$

$|1_{S_1}0_{S_2}\rangle \to |1_{S_1}0_{S_2}0_{S_3}1_{S_4}\rangle$

$|1_{S_1}1_{S_2}\rangle \to -|1_{S_1}1_{S_2}1_{S_3}1_{S_4}\rangle$

The following quantum circuit model includes the correction of the byproduct operators.

```
In[ ]:= qc2 = QuantumCircuit[qc1, ControlledU[S[3], S[4, 1]],
          ControlledU[S[2], S[4, 3]], ControlledU[S[2], S[1, 3]]]
```

Out[ ]=

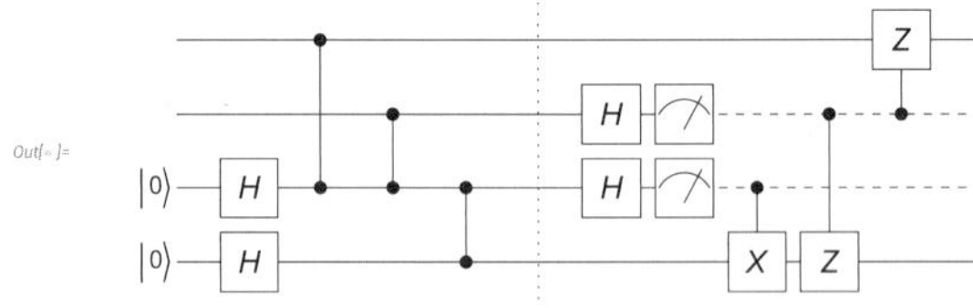

We see that the output state stored on the first and forth qubit is the state we expect.

```
In[ ]:= bs = Basis[S@{1, 2}];
        out = qc2 ** bs;
        Thread[LogicalForm[bs] → LogicalForm[out, S@{1, 2, 3, 4}]] // TableForm
```

Out[ ]//TableForm=

$|0_{S_1}0_{S_2}\rangle \to |0_{S_1}0_{S_2}1_{S_3}0_{S_4}\rangle$
$|0_{S_1}1_{S_2}\rangle \to |0_{S_1}0_{S_2}1_{S_3}1_{S_4}\rangle$
$|1_{S_1}0_{S_2}\rangle \to |1_{S_1}0_{S_2}0_{S_3}1_{S_4}\rangle$
$|1_{S_1}1_{S_2}\rangle \to |1_{S_1}0_{S_2}0_{S_3}0_{S_4}\rangle$

위 예에서 제어큐비트의 입력 및 출력상태는 모두 동일한 큐비트에 저장되는 반면 대상큐비트의 상태는 한 큐비트에서 다른 큐비트로 전송된다. 실제로, 많은 경우, 특히 양자계산을 수행하는 중간에는 대상큐비트를 다른 큐비트로 전송하는 것이 더 편리하다. 10 또는 15 개의 큐비트를 이용한 유사한 방법으로도 이를 이룰 수 있다(Raussendorf & Briegel, 2001; Raussendorf et al., 2003).

3.4.3 그래프 상태

측정기반 양자계산에서 중요한 자원은 양자회로 (3.76)에서 세로 점선 왼쪽에 있는 양자회로요소들을 써서 마련한 양자상태이다. 이러한 양자상태가 준비되기만 하면, 그때부터는 모든 양자논리게이트를 회전된 기저에 대한 측정만으로 구현할 수 있다. 이러한 상태를 그래프 상태(graph state)라 한다. 구체적으로 기술하기 위해, 꼭지점들이 모서리들로 연결된 그래프 $\mathcal{G}$를 고려해보자. 각 꼭지점마다 하나의 큐비트가 놓여진다. 꼭지점 a와 b에 해당하는 두 큐비트들에 가해지는 CZ 게이트를 $\hat{U}_{ab}$라고 하자. 그래프 $\mathcal{G}$에 대한 그래프 상태 $|\mathcal{G}\rangle$를 생성하려면 먼저 각 큐비트를 양자상태 $|+\rangle := (|0\rangle + |1\rangle)/\sqrt{2}$로 준비한다. 그런 다음 모서리로 연결된 꼭지점 a와 b의 각 쌍 $\langle ab\rangle$마다 CZ 게이트 $\hat{U}_{ab}$를 가한다. 요약하면,

$$|\mathcal{G}\rangle := \prod_{\langle ab\rangle} \hat{U}_{ab} |+\rangle^{\otimes n} \tag{3.87}$$

이고, 그래프에 있는 모든 모서리에 대해 곱을 수행해야한다.

A graph state is created by applying the CZ gate on the two qubits linked by the graph.

For example, consider a linear graph.

In[ ]:=
```
gr = Graph[{S[1] ↔ S[2], S[2] ↔ S[3], S[3] ↔ S[4]}, VertexLabels → "Index"]
```

Out[ ]= 1 — 2 — 3 — 4

The corresponding graph state is created by the following quantum circuit model.

In[ ]:=
```
qc = QuantumCircuit[LogicalForm[Ket[], S@{1, 2, 3, 4}], gr]
```

Out[ ]=

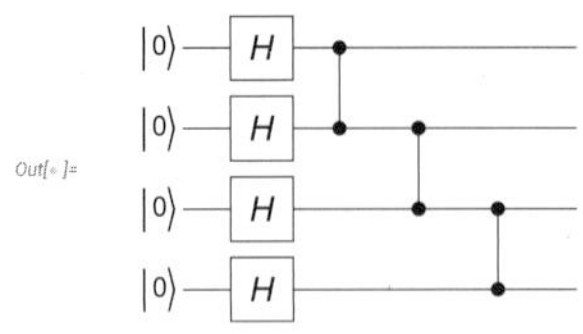

```
In[ ]:= vec = Elaborate[qc];
        vec // LogicalForm
```

Out[ ]=

$$\begin{aligned}&\frac{1}{4}\left|0_{S_1}0_{S_2}0_{S_3}0_{S_4}\right\rangle+\frac{1}{4}\left|0_{S_1}0_{S_2}0_{S_3}1_{S_4}\right\rangle+\frac{1}{4}\left|0_{S_1}0_{S_2}1_{S_3}0_{S_4}\right\rangle-\frac{1}{4}\left|0_{S_1}0_{S_2}1_{S_3}1_{S_4}\right\rangle+\\&\frac{1}{4}\left|0_{S_1}1_{S_2}0_{S_3}0_{S_4}\right\rangle+\frac{1}{4}\left|0_{S_1}1_{S_2}0_{S_3}1_{S_4}\right\rangle-\frac{1}{4}\left|0_{S_1}1_{S_2}1_{S_3}0_{S_4}\right\rangle+\frac{1}{4}\left|0_{S_1}1_{S_2}1_{S_3}1_{S_4}\right\rangle+\\&\frac{1}{4}\left|1_{S_1}0_{S_2}0_{S_3}0_{S_4}\right\rangle+\frac{1}{4}\left|1_{S_1}0_{S_2}0_{S_3}1_{S_4}\right\rangle+\frac{1}{4}\left|1_{S_1}0_{S_2}1_{S_3}0_{S_4}\right\rangle-\frac{1}{4}\left|1_{S_1}0_{S_2}1_{S_3}1_{S_4}\right\rangle-\\&\frac{1}{4}\left|1_{S_1}1_{S_2}0_{S_3}0_{S_4}\right\rangle-\frac{1}{4}\left|1_{S_1}1_{S_2}0_{S_3}1_{S_4}\right\rangle+\frac{1}{4}\left|1_{S_1}1_{S_2}1_{S_3}0_{S_4}\right\rangle-\frac{1}{4}\left|1_{S_1}1_{S_2}1_{S_3}1_{S_4}\right\rangle\end{aligned}$$

The same state can be directly obtained using **GraphState**.

```
In[ ]:= new = GraphState[gr]
```

Out[ ]=

$$\begin{aligned}&\frac{\left|\_\right\rangle}{4}+\frac{\left|1_{S_1}\right\rangle}{4}-\frac{1}{4}\left|1_{S_1}1_{S_2}\right\rangle+\frac{1}{4}\left|1_{S_1}1_{S_2}1_{S_3}\right\rangle-\frac{1}{4}\left|1_{S_1}1_{S_2}1_{S_3}1_{S_4}\right\rangle-\\&\frac{1}{4}\left|1_{S_1}1_{S_2}1_{S_4}\right\rangle+\frac{1}{4}\left|1_{S_1}1_{S_3}\right\rangle-\frac{1}{4}\left|1_{S_1}1_{S_3}1_{S_4}\right\rangle+\frac{1}{4}\left|1_{S_1}1_{S_4}\right\rangle+\frac{\left|1_{S_2}\right\rangle}{4}-\\&\frac{1}{4}\left|1_{S_2}1_{S_3}\right\rangle+\frac{1}{4}\left|1_{S_2}1_{S_3}1_{S_4}\right\rangle+\frac{1}{4}\left|1_{S_2}1_{S_4}\right\rangle+\frac{\left|1_{S_3}\right\rangle}{4}-\frac{1}{4}\left|1_{S_3}1_{S_4}\right\rangle+\frac{\left|1_{S_4}\right\rangle}{4}\end{aligned}$$

```
In[ ]:= vec - new // Simplify

Out[ ]= 0
```

그래프 상태는 측정기반 양자계산을 위한 귀중한 자원으로서의 가치 뿐만 아니라 그 자체로도 꽤 흥미롭다. 그래프 상태의 양자얽힘 정도는 상당히 강하다. 그래프 상태는 이분할 또는 다중분할 양자얽힘의 구조에 대해 광범위하게 연구되었다. 그래프 상태를 기반으로 하여 양자 오류정정 코드를 구성할 수도 있다(6장 참조). 이를 이용하면 결함 감내 방식으로 양자정보를 안전하게 저장하고 처리할 수 있다. 그래프 상태의 이러한 모든 기능들은 다음 속성에 기인한다고 할 수 있다. $\mathcal{G}$의 각 꼭지점 a에 대해 연산자

$$\hat{C}_a := \hat{X}_a \prod_{b\in\mathcal{N}_a} \hat{Z}_b \tag{3.88}$$

를 정의해보자. 여기서 곱은 a에 연결된 모든 꼭지점 b로 이루어진 집합 $\mathcal{N}_a$에 걸쳐 행한다. $\mathcal{G}$에 대한 그래프 상태 $|\mathcal{G}\rangle$는 모든 $\hat{C}_a$의 고유상태이며 고유값이 $+1$이다. 이러한 양자상태는 유일하다. 달리 표현하면, 그래프 $\mathcal{G}$의 모든 꼭지점 a에 대해

$$\hat{C}_a \left|\mathcal{G}\right\rangle = \left|\mathcal{G}\right\rangle \tag{3.89}$$

이다. 연산자 $\hat{C}_a$는 그래프 상태를 안정화한다. 6.3절에서 논의할 안정자체계는 안정화하는 연산자의 성질에 바탕을 둔 강력한 도구를 제공한다.

As another example, consider the following graph and corresponding quantum circuit model.

```
In[ ]:= gr = Graph[{S[1] ↔ S[2], S[2] ↔ S[3], S[1] ↔ S[3], S[1] ↔ S[4]},
          ImageSize → Small, VertexLabels → "Index"]
        QuantumCircuit[LogicalForm[Ket[], S@{1, 2, 3, 4}], gr]
```

Out[ ]=

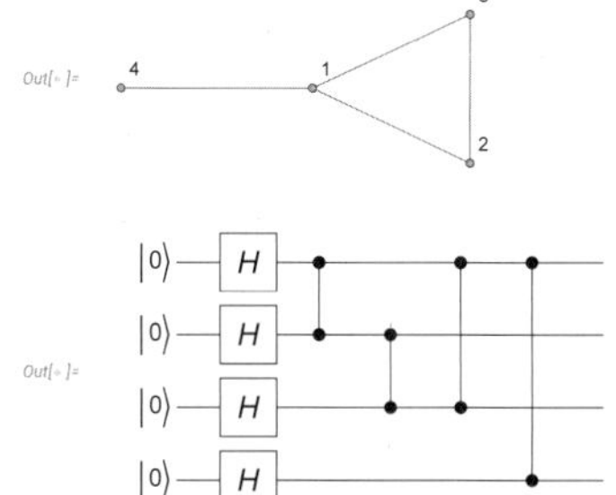

Out[ ]=

This is the graph state associated with the above graph.

```
In[ ]:= vec = GraphState[gr]
```

Out[ ]=

$$\frac{|\_\rangle}{4}+\frac{|1_{S_1}\rangle}{4}-\frac{1}{4}|1_{S_1}1_{S_2}\rangle-\frac{1}{4}|1_{S_1}1_{S_2}1_{S_3}\rangle+\frac{1}{4}|1_{S_1}1_{S_2}1_{S_3}1_{S_4}\rangle+$$
$$\frac{1}{4}|1_{S_1}1_{S_2}1_{S_4}\rangle-\frac{1}{4}|1_{S_1}1_{S_3}\rangle+\frac{1}{4}|1_{S_1}1_{S_3}1_{S_4}\rangle-\frac{1}{4}|1_{S_1}1_{S_4}\rangle+\frac{|1_{S_2}\rangle}{4}-$$
$$\frac{1}{4}|1_{S_2}1_{S_3}\rangle-\frac{1}{4}|1_{S_2}1_{S_3}1_{S_4}\rangle+\frac{1}{4}|1_{S_2}1_{S_4}\rangle+\frac{|1_{S_3}\rangle}{4}+\frac{1}{4}|1_{S_3}1_{S_4}\rangle+\frac{|1_{S_4}\rangle}{4}$$

Here are the correlation operators associate with the vertices in the graph.

```
In[ ]:= gnr = Stabilizer[gr]
```

Out[ ]= $\{S_1^x S_2^z S_3^z S_4^z,\ S_1^z S_2^x S_3^z,\ S_1^z S_2^z S_3^x,\ S_1^z S_4^x\}$

The graph state is the simultaneous eigenstate with eigenvalue +1 of all correlation operators.

```
In[ ]:= (gnr ** vec) / vec

Out[ ]= {1, 1, 1, 1}
```

수학적으로만 보면, 임의의 그래프에 대해 그래프 상태를 대응시킬 수 있다. 그러나 그러한 상태는 대체로 실제계에서 생성하기 어렵다. 그렇게 하려면 공간적으로 분리되어 있는 두 큐비트에 CZ 게이트를 적용해야 한다. 클러스터 상태(cluster state)는 특수한 종류의 그래프 상태들로, 해당 그래프가 d 차원 정사각형 격자무늬 형태를 띈다. 해당 그래프의 규칙적인 연결성 때문에 그에 대한 그래프 상태가 훨씬 더 실현하기 수월하다. 실제로, 클러스터 상태를 생성하기 위한 여러 가지 물리적 방법들이 제안되었다.

3.5 연습문제

3.1. 단일 매개변수로 제어되는 해밀토니안 (3.16)에는 반대 방향으로 회전하는 두 개의 가상 자기장이 있다. 이는 두 자기장 중 하나를 임의로 선택할 수 있다는 인상을 준다. 시계 방향으로 회전하는 기준계를 선택하면, 물리적으로 어떤 문제가 있는지 논하라.

3.2. XY 교환결합 (3.22)를 통해 서로 상호작용하는 두 큐비트로 이루어진 계를 고려해보자. 결합 상수 J가 주어졌을 때, 연산시간 τ를 조정하여 물리적으로 SWAP 게이트를 구현하는 방법을 찾으라. 필요하다면, 단일 큐비트 게이트들을 추가하여 적용할 수 있다. 전역위상인자는 (발생하면) 무시하라. 일단 SWAP 게이트가 구현되면, $\sqrt{\text{SWAP}}$ 게이트와 단일 큐비트 게이트들을 결합하여 CZ 게이트를 구성할 수 있다 (2.2.1절 참조).

3.3. 식 (3.30)과 그림 3.2에 기술된 간단한 모형과 유사하지만, 바닥상태가 둘 뿐인 모형

$$\hat{H} = \epsilon \left|\epsilon\right\rangle \left\langle\epsilon\right| - \frac{1}{2}\sum_{j=1}^{2}(\Omega_j \left|j\right\rangle \left\langle\epsilon\right| + h.c.) \tag{3.90}$$

을 고려해보자. 여기서

$$\Omega_1 = \Omega\cos(\theta/2)e^{-i\phi/2}, \quad \Omega_2 = \Omega\sin(\theta/2)e^{+i\phi/2} \quad (\theta, \phi \in \mathbb{R}) \tag{3.91}$$

이라 가정한다.

a) 해밀토니안 $\hat{H}$의 모든 고유상태들과 이에 대응되는 고유값들을 구하라. Ω_1과 Ω_2에 상관없이 항상 고유값이 0인 고유상태 $|D\rangle$가 하나 존재함을 증명하라. $|D\rangle$는 이 모형의 '어두운 상태'이다.

b) θ가 고정되어 있는 경우, $|D\rangle$에 의해 전개되는 일차원 부분공간에서 (아벨) 게이지 포텐셜 $A^\phi(\theta, \phi)$를 구하라. A^ϕ를 θ와 ϕ의 함수로 그림으로 나타내라.

c) θ가 고정되어 있고, ϕ가 0부터 2π까지 변하는 경로 $\mathcal{C}$에 대한 (아벨) 기하학적 위상 $U(\mathcal{C})$를 구하라.

3.4. 다음 양자회로를 고려해보자.

$$\Qcircuit @C=1em @R=1em { \lstick{|\psi\rangle} & \qw & \targ & \qw \\ \lstick{|0\rangle} & \gate{H} & \ctrl{-1} & \qw } \quad = \quad \Qcircuit @C=1em @R=1em { \lstick{|\psi\rangle} & \gate{H} & \ctrl{1} & \gate{H} & \qw \\ \lstick{|0\rangle} & \gate{H} & \control\qw & \qw & \qw } \quad . \tag{3.92}$$

출력상태가

$$\frac{|0\rangle \otimes |\psi\rangle + |1\rangle \otimes (\hat{X}\,|\psi\rangle)}{\sqrt{2}} \tag{3.93}$$

로 주어짐을 증명하라.

3.5. 다음 양자회로를 고려해보자.

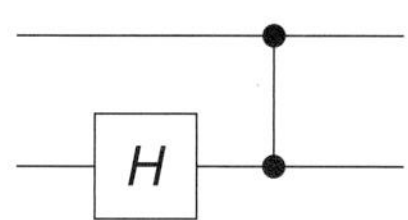

a) 입력상태가 $(|0\rangle\, c_0 + |1\rangle\, c_1) \otimes |0\rangle$로 주어질 때, 출력상태가 $|0\rangle \otimes |+\rangle\, c_0 + |1\rangle \otimes |-\rangle\, c_1$이 됨을 보여라. 여기서 $|\pm\rangle := (|0\rangle \pm |1\rangle)/\sqrt{2}$는 파울리 X 연산자의 고유상태(고유값 ± 1)들이다.

b) 입력상태가 $(|0\rangle\, c_0 + |1\rangle\, c_1) \otimes |1\rangle$일 때, 출력상태를 구하라.

3.6. $\hat{U}_\mu(\phi)$는 블로흐 공간에서 μ축을 중심으로 각도 ϕ만큼 회전시키는 단일 큐비트 연산자이다.

a) $\hat{X}$가 파울리 X 연산자일 때,

$$\hat{X}\hat{U}_z(\phi)\hat{X} = \hat{U}_z(-\phi) \tag{3.94}$$

임을 보여라.

b) 하다마드 연산자 $\hat{H}$에 대해

$$\hat{H}\hat{U}_z(\phi)\hat{H} = \hat{U}_x(\phi) \tag{3.95}$$

임을 보여라.

제 4 장

양자 알고리즘

제 2장에서 임의의 양자계산을 수행하기 위한 기본적인 양자논리게이트들의 사용법에 대해 논의했으며, 제 3장에서는 이러한 기본적인 양자논리게이트들을 물리적으로 구현하기 위한 요구사항들을 살펴보았다. 이러한 논의들은 양자계산의 물리적이고 현실적인 모형을 확립하기에 충분하다. 그러나 우리는 지금까지 '효율성'이라는 중요한 문제는 논의하지 않았다. 기술적으로 볼 때, 양자컴퓨터는 구축하기 어렵다. 또한, 고전컴퓨터는 원칙적으로 오류가 발생하더라도 앞서 언급한 계산들을 어떻게든 수행할 수 있지만, 양자컴퓨터는 오류 발생 비율이 아직도 근본적인 문제로 남아 있다. 그럼에도 불구하고, 양자계산이 여전히 매력적인 이유는 무엇인가?

2000년대에 들어서면서 피터 쇼어(Shor, P.)의 양자 인수분해 알고리즘(quantum factorization algorithm)이 대중들에게도 양자계산에 큰 관심을 불러일으켰다(Shor, 1994, 1997). 큰 수의 인수분해는 현실적으로 중요한 문제 중 처음으로 양자 알고리즘이 개발된 것으로, 고전컴퓨터에서는 풀기 어려운데 양자컴퓨터에서는 효율적으로 풀 수 있다.

본 장에서는 고전 알고리즘으로는 기하급수적으로 어렵다고 알려진 문제들을 효율적으로 해결하는 몇 가지 기본적인 양자 알고리즘 예를 탐구한다. 그 중 일부는 실제 응용 측면에서는 거의 쓸모가 없을 수 있지만, 이러한 예들은 고전 알고리즘과 구별되는 양자 알고리즘 이면에 숨어있는 아이디어와 속성들을 설명하는 데 있어서 여전히 많은 흥미를 불러일으킨다.

본 장에서는 양자원격이동도 다루게 된다. 양자원격이동은 양자 알고리즘이라기보다 양자통신규약이라 할 수 있다. 그럼에도 불구하고, 고전 정보로는 아예 불가능한데 양자 상태를 이용하면 가능한 일들에 어떤 것들이 있는지 보여주는 간단하면서도 매혹적인 예이기 때문에 여기에 포함시킨다. 양자원격이동은 많은 양자 알고리즘들의 핵심 부분이기도 하다.

본 장 전체에 걸쳐 2장에서 사용한 동일한 표기법, 특히 식 (2.3)을 계속 따른다.

4.1 양자원격이동

양자원격이동(quantum teleportation)은 미리 공유된 얽힌 입자 쌍을 활용하여 멀리 있는 상대에게 양자정보를 보내는 통신규약이다.[4.1] 이 규약은 (소설에서나 가능한) 원격이동과 유사하기 때문에 대중들의 관심을 끌었다. 공상 과학소설에 나오는 (가상의) 원격이동은 공간을 가로질러 물질이나 에너지를 즉시 전송한다. 양자원격이동은 물리적 실체가 아니라 양자정보만 전달한다. 양자원격이동은 팩스에 의한 전송과도 개념적으로 구별된다. 팩스 전송은 문서의 사본을 만들고 이를 전송하기 때문에, 원본 문서는 그 자리에 남아있다. 양자원격이동에서는 양자상태가 전송되고나면 원래 계에는 더이상 남아있지 않다.

물론, 당사자 간에 신뢰할 수 있는 양자채널이 있다면 양자정보를 전송하기는 간단할 것이다. 그러나 양자원격이동은 신뢰할 수 있는 양자채널이 없다고 가정한다. 두 당사자가 서로 직접 접촉하고 있다면 이 작업은 간단하다. 예를 들어, 한 당사자가 단순히 SWAP 게이트(SWAP gate) (2.45)를 사용하기만 하면 된다. 또 다른 예로, 측정기반 방법을 사용하여 식 (3.64)에서와 같이 양자상태를 전달할 수 있다. 그러나, 다시 언급하지만, 양자원격이동에서는 두 당사자가 이런 결합연산을 수행할 수 없을 만큼 멀리 떨어져 있다고 가정한다.

When one has access to both qubits, a SWAP gate for example is enough to send state from one qubit to the other.

In[ ]:=
```
Let[Complex, c]
qc =
 QuantumCircuit[{LogicalForm[Ket[], S[1]], ProductState[S[2] → {c[0], c[1]}]},
  SWAP[S[1], S[2]], {LogicalForm[Ket[], S[2]],
   ProductState[S[1] → {c[0], c[1]}]}, "PortSize" → 2]
```

Out[ ]=

$|0\rangle$ ——×—— $|0\rangle c_0 + |1\rangle c_1$

$|0\rangle c_0 + |1\rangle c_1$ ——×—— $|0\rangle$

In[ ]:=
```
out = KetFactor@ExpressionFor[qc]
```

Out[ ]=

$$\left(c_0 |0_{S_1}\rangle + c_1 |1_{S_1}\rangle\right) \otimes |0_{S_2}\rangle$$

[4.1] 따라서, 엄밀히 말해, 양자원격이동은 양자 알고리즘이라 하기 어렵다. 어쨌든 그 자체로 흥미로울 뿐만 아니라 다양한 양자 알고리즘들의 일부로 사용되기 때문에 여기에 포함한다.

양자원격이동은 양자얽힘이 물리적 자원으로서 얼마나 귀중하고 중요한지를 생생하게 보여주는 양자정보 규약들 중 하나이다. 이 절에서는 양자원격이동의 물리적 원리에 대해 논의하고 그 규약을 설명한다. 밀접하게 관련된 또 다른 양자통신 규약으로 소위 초고밀도부호화(superdense coding)가 있다. 초고밀도부호화의 아이디어와 규약은 양자원격이동 규약과 결이 같기 때문에 여기에서는 논의하지는 않고 대신 독자에게 원작(Bennett & Wiesner, 1992)을 소개한다.

4.1.1 얽힘의 비국소성

양자얽힘은 곧 보게 될 양자원격이동의 핵심 자원이다. 그러나 이는 양자역학의 또 다른 흥미로운 특성인 비국소성(nonlocality)을 드러내기도 한다. 양자얽힘과 이에 수반되는 비국소성은 아무도 예상치 못하다가 아인슈타인이 처음 지적한 현상으로(Einstein et al., 1935), 양자상태의 중첩 원리에 의해 발생한다. 양자원격이동의 구현에 대해 논의하기 전에 양자얽힘에 담겨진 비국소성에 대해 간략히 살펴보도록 하자.

앨리스와 밥이 얽힌 상태

$$|\Psi\rangle = \frac{|0\rangle \otimes |0\rangle + |1\rangle \otimes |1\rangle}{\sqrt{2}} \tag{4.1}$$

에 있는 한 쌍의 큐비트들을 공유하고 있다고 하자. 이 양자상태는 2.2.1절에 나온 양자얽힘회로(quantum entangler circuit)로 생성할 수 있다. 밥이 그의 큐비트를 측정하면, 그 측정결과는 마구잡이로 0과 1 중 하나가 나온다. 하지만, 밥이 측정하기 전에 앨리스가 그녀의 큐비트를 먼저 측정했다면, 밥의 결과는 앨리스의 측정결과에 따라 완벽하게 결정된다.

This is the quantum entangler circuit. It generates a maximally entagnled state.

```
In[]:= qc = QuantumCircuit[LogicalForm[Ket[], S@{1, 2}], S[1, 6], CNOT[S[1], S[2]]]
```

Out[]=

$|0\rangle$ — H — ● ; $|0\rangle$ ——— ⊕

Here is the output state. It is indeed a maximally entangled state.

```
In[]:= vec = ExpressionFor[qc];
vec // LogicalForm
```

Out[]=

$$\frac{|0_{S_1}0_{S_2}\rangle}{\sqrt{2}} + \frac{|1_{S_1}1_{S_2}\rangle}{\sqrt{2}}$$

Now Bob measure on his qubit.

```
In[]:= qc2 = QuantumCircuit[qc, "Spacer", Measurement@S[2, 3]]
```

Out[ ]=

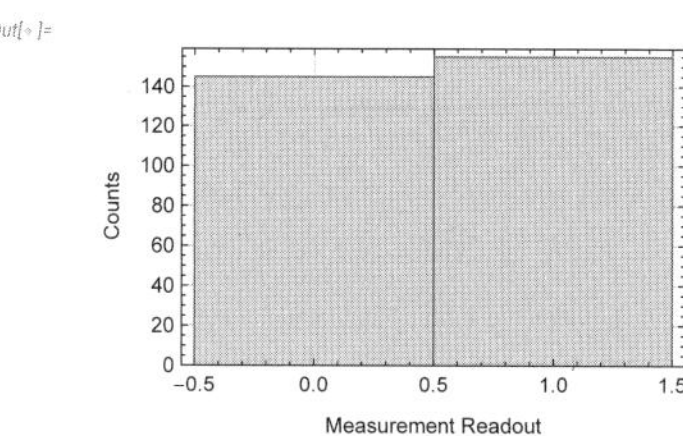

This shows that the measurement outcome is just random.

In[ ]:=
```
val = Table[Elaborate[qc2]; Readout[S[2, 3]], {300}];
Histogram[val, FrameLabel → {"Measurement Readout", "Counts"}]
```

Out[ ]=

Here Alice, possessing the first qubit, measures her qubit before Bob measures his qubit.

In[ ]:=
```
qc3 = QuantumCircuit[qc, "Spacer",
  Measurement@S[1, 3], "Separator", Measurement@S[2, 3]]
```

Out[ ]=

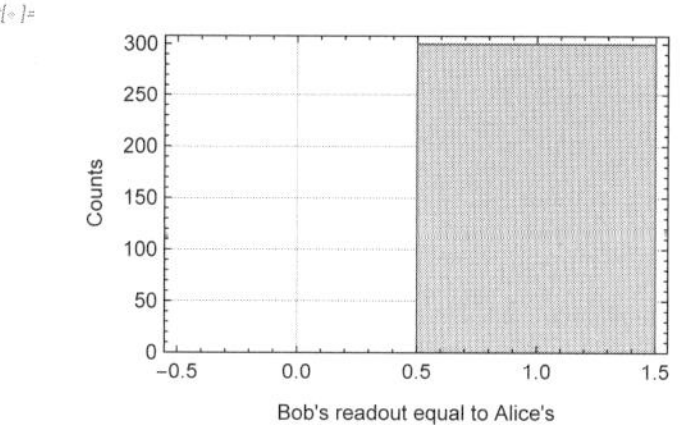

This shows that the measurement outcomes of Alice's and Bobs' are perfectly correlated. This illustrates that Bob's measurement results have affected by Alice measurement.

In[ ]:=
```
val = Boole@Table[Elaborate[qc3];
    Equal @@ Readout[S[{1, 2}, 3]], {300}];
Histogram[val, {-0.5, 1.5, 1},
 FrameLabel → {"Bob's readout equal to Alice's", "Counts"}]
```

Out[ ]=

위의 결론은 앨리스와 밥이 얼마나 멀리 떨어져 있는지, 또 앨리스가 측정한 후 밥이 얼마나 금방 측정했는지에 상관없다. 어쨌든 앨리스의 측정은 밥의 측정에 '순간적으로' 영향을 미친다. 이는 빛보다 빠른 것은 없다는 아인슈타인의 특수상대성 이론을 위배하는 듯이 보인다. 이런 고찰은 많은 사람들이 양자역학을 받아들이기를 주저하게 만들었다. 이런 주저함은 벨(Bell, J.)이 후에 그의 이름을 따서 명명된 부등식에 대한 검증실험을 제안한 후에야 해소되었다(Bell, 1966). 벨 부등식을 위반하는 실험결과는 양자역학이 '국소적'이고(local) '실재론적'인(realistic) 이론이 아니라는 점을 시사한다. 아스페(Aspect, A.)는

	$(\hat{Z},\hat{Z})$	$(\hat{Z},\hat{X})$	$(\hat{X},\hat{Z})$	$(\hat{X},\hat{X})$
$(+1,+1)$				
$(+1,-1)$		0		
$(-1,+1)$			0	
$(-1,-1)$	0			P

표 4.1: 부등식 없이 비국소성을 검증하는 하디 테스트(Hardy's test). 첫 번째 행에는 측정할 관찰가능량들의 조합들이 나열되어 있다. 첫 번째 열에는 가능한 측정 결과들이 적혀있다. 세 개의 0은 주어진 계의 상태에 대해 알려진 사실, 즉 해당 관측가능량 조합을 측정하면 대응하는 결과가 나오지 않음을 가리킨다. 그러면, 국소적이고 실재론적인 논증은 $(\hat{X},\hat{X})$에 대한 측정결과가 $(-1,-1)$이 될 확률 P가 0임을 예측한다.

양자역학의 비국소성을 뒷받침하는 실제 실험 결과를 보고했다(Aspect et al., 1981). 벨의 선구적인 업적 이후, 양자역학의 비국소성을 검증하기 위한 많은 다른 부등식들이 제안되어왔다. 가장 잘 알려진 것 중 하나는 클라우저-혼-시모니-홀트 부등식이다(Clauser et al., 1969).

비국소성 테스트는, 그린버거(Greenberger, D. M.), 혼(Horn, M. A.), 시모니(Shimony, A.), 자이링거(Zeilinger, A.) 등의 연구자가 3개의 스핀-1/2 입자(즉, 세 개의 큐비트)를 사용하여 부등식을 사용하지 않는 새로운 검증법을 제안하면서 다시 관심을 끌었다(Greenberger et al., 1990). 지금은 저자들의 이름을 따서 GHZ 테스트로 알려져 있다. 벨 부등식 꼴의 비국소성 테스트와 달리, 이는 부등식을 사용하지 않고 항등식을 기반으로 한다. 나중에 하디(Hardy, L.)는 두 큐비트에 대해 부등식이 없는 유사한 테스트를 제안했다(Hardy, 1992, 1993). GHZ 테스트는 특정한 꼴로 얽힌 상태를 사용하는 반면, 하디 테스트는 거의 모든 얽힌 상태로도 가능하여 더욱 흥미롭다.

여기서는 하디 테스트를 소개한다. 하디의 초기 증명보다는 골드슈타인(Goldstenin, S.)의 논거를 따라 설명하려고 한다(Goldstein, 1994).

앨리스(A)와 밥(B)이 공간적으로 떨어져 있고, 다음과 같은 꼴의 얽힌 상태에 있는 한 쌍의 큐비트들을 공유하고 있다고 하자.[4.2]

$$|\Psi\rangle = \frac{|0\rangle \otimes |0\rangle + |0\rangle \otimes |1\rangle + |1\rangle \otimes |0\rangle}{\sqrt{3}}. \tag{4.2}$$

각 사람은 $\hat{Z}$나 $\hat{X}$ 중 하나를 선택하여 자신의 큐비트에서 측정한다.

(a) 앨리스와 밥 모두 $\hat{Z}$를 선택하면, $|\Psi\rangle$에는 기저상태 $|1\rangle \otimes |1\rangle$가 포함되어 있지 않기 때문에 둘 다 결과 -1을 얻는 일은 일어나지 않는다.

[4.2] 여기서는 간단하게 소개하기 위해 특정하게 얽힌 상태를 가정하지만 하디 테스트에는 그런 제한이 거의 없다.

(b) 앨리스가 $\hat{Z}$를 측정하고 밥은 $\hat{X}$를 측정하다고 하면, 앨리스가 1을 얻고 밥이 -1을 얻는 사건은 발생하지 않는다. 이는 $|\Psi\rangle$를

$$|\Psi\rangle = \frac{\sqrt{2}}{\sqrt{3}}|0\rangle \otimes |+\rangle + \frac{1}{\sqrt{3}}|1\rangle \otimes |0\rangle \tag{4.3}$$

와 같이 쓰면 명백하다. 여기서 $|\pm\rangle = (|0\rangle \pm |1\rangle)/\sqrt{2}$는 $\hat{X}$의 고유상태들로 고유값은 각각 ± 1이다. 앨리스의 큐비트가 상태 $|0\rangle$에 있다면, 밥의 큐비트는 반드시 상태 $|+\rangle$에 있다. 따라서, 그들은 각각 1와 -1인 결과를 절대 얻지 못한다.

(c) 앨리스가 $\hat{X}$를 측정하고 밥은 $\hat{Z}$를 측정한다면, 유사한 이유로, 그들이 측정결과로 각각 -1과 1을 얻는 일은 절대 없다. 이는 $|\Psi\rangle$를

$$|\Psi\rangle = \frac{1}{\sqrt{3}}|0\rangle \otimes |1\rangle + \frac{\sqrt{2}}{\sqrt{3}}|+\rangle \otimes |0\rangle \tag{4.4}$$

꼴로 쓰면 명백하다.

표 4.1에 예측되는 측정결과들을 정리해놓았다.

이제 앨리스와 밥이 모두 자신의 큐비트에 대해 $\hat{X}$를 측정하면 어떻게 될까? (a)-(c)의 알려진 사실로부터 국소적이고 실재론적인 논거를 따른다면 어떤 결과를 예측할까? 아인슈타인은 다음과 같이 주장한다(Einstein et al., 1935). "계를 교란하지 않으면서 물리량의 값을 확실하게 예측할 수 있다면, 이 물리량에 해당하는 물리적 실재의 요소가 존재한다." 이를 실재론적 요구조건이라고 한다. 또한 "측정 시점에 두 계가 더 이상 상호작용하고 있지 않기 때문에, 첫 번째 계에 행해진 임의의 작용의 결과로 인해 두 번째 계에 실질적인 변화가 일어날 수 없다"라고 주장한다. 이를 국소성 요구조건이라고 한다.

위 두 요구조건들에 따라 관측가능량 조합 $(\hat{X}, \hat{X})$에 대한 결과를 추론해보자. 사실 (a)는 앨리스 또는 밥의 큐비트 중 하나는 상태 $|0\rangle$에 있어야 함을 의미한다. 앨리스의 큐비트가 $|0\rangle$에 있었다고 가정해보자. 그러면, 사실 (b)는 밥의 큐비트가 $|+\rangle$에 있어야 함을 의미한다. 따라서, 이는 $(\hat{X}, \hat{X})$를 측정할 때 결과 $(-1, -1)$를 관찰하지 못할 것임을 예측한다. 다음으로 밥의 큐비트가 $|0\rangle$에 있다고 해보자. 그러면, 사실 (c)에 따라 앨리스의 큐비트는 $|+\rangle$에 있어야 한다. 따라서, $(\hat{X}, \hat{X})$ 측정은 결과 $(-1, -1)$을 얻지 못할 것이다. 따라서, 어떤 경우에도 앨리스와 밥이 $(\hat{X}, \hat{X})$ 측정에서 결과 $(-1, -1)$을 얻을 확률은 0이다.

반면, 양자역학은 어떻게 예측하는가? $(\hat{X}, \hat{X})$ 측정에서 결과 $(-1, -1)$을 얻을 확률은

$$P = |\langle - - |\Psi\rangle|^2 = \frac{1}{12} \tag{4.5}$$

이다. 이는 위에 기술한 국소적이고 실재론적인 논거와 모순된다! 이는 양자이론은 그자체로 비국소적임을 의미한다.

4.1.2 양자원격이동 구현하기

이제 양자원격이동 규약으로 다시 돌아가자. 밥이 찰리(C)의 큐비트에 저장된 한 비트의 양자정보, 예를 들어 $|\psi\rangle_C = |0\rangle_C \psi_0 + |1\rangle_C \psi_1$을 밥과 찰리에게서 멀리 떨어진 앨리스에게 보내려고 한다고 하자. 양자상태 $|\psi\rangle$는 아직 알려져 있지 않다는 점에 주의하라. 복제 불가 정리(1.3.1절 참조)에 따라 고지식하게 양자상태를 복사하여 전송하는 방식은 통하지 않는다.

양자상태를 원격이동하기 위해서는 앨리스와 밥이 미리 얽혀 있는 한 쌍의 큐비트들을 공유할 필요가 있다. 공유된 한 쌍의 큐비트들이 다음과 같은 상태, 즉 네 가지 벨 상태 중 하나

$$|\beta_0\rangle_{AB} = \frac{|00\rangle_{AB} + |11\rangle_{AB}}{\sqrt{2}} \tag{4.6}$$

에 있다고 하자. 얽힌 상태는 하다마드 게이트와 CNOT 게이트를 조합하여 생성할 수 있음을 기억하라(2.2.1절 참조). 따라서, 원격이동 절차를 시작할 때 세 큐비트들의 초기 상태 $|\Psi\rangle$는

$$|\Psi\rangle = |\beta_0\rangle_{AB} \otimes |\psi\rangle_C = \frac{|000\rangle \psi_0 + |110\rangle \psi_0 + |001\rangle \psi_1 + |111\rangle \psi_1}{\sqrt{2}} \tag{4.7}$$

이다. 큐비트 B와 C로 이루어진 부분을 벨 기저, 즉 네 개의 벨 상태 (2.97)로 이루어진 기저로 고쳐 쓰면,

$$\begin{aligned} |\Psi\rangle = {} & (|0\rangle \psi_0 + |1\rangle \psi_1)_A \otimes |\beta_0\rangle_{BC} + (|0\rangle \psi_1 + |1\rangle \psi_0)_A \otimes |\beta_1\rangle_{BC} \\ & + (|0\rangle \psi_1 - |1\rangle \psi_0)_A \otimes |\beta_2\rangle_{BC} + (|0\rangle \psi_0 - |1\rangle \psi_1)_A \otimes |\beta_3\rangle_{BC} \end{aligned} \tag{4.8}$$

가 된다. 여기서 주목할 부분은 첫 번째 항의 A의 양자상태가 양자상태 $|\psi\rangle$와 동일하다는 점이다. 또한, 나머지 항들에서도 A의 양자상태가 원래 양자상태 $|\psi\rangle$에 파울리 연산자를 가해준 것에 해당한다. 더 구체적으로 보면, 전체 상태벡터를

$$\begin{aligned} |\Psi\rangle = {} & |\psi\rangle_A \otimes |\beta_0\rangle_{BC} + \left(\hat{S}^x_A |\psi\rangle_A\right) \otimes |\beta_1\rangle_{BC} \\ & + \left(i\hat{S}^y_A |\psi\rangle_A\right) \otimes |\beta_2\rangle_{BC} + \left(\hat{S}^z_A |\psi\rangle_A\right) \otimes |\beta_3\rangle_{BC} \end{aligned} \tag{4.9}$$

로 바꿔 쓸 수 있다. 이제 밥이 벨 기저에 대해 자신이 소유한 두 큐비트 B와 C를 측정한다. 이 측정으로 $\mu = 0, 1, 2, 3$ 중 한 결과가 나오고, 전체 상태벡터는 이 결과에 대응되는 항 $\hat{S}^\mu_A |\psi\rangle_A \otimes |\beta_\mu\rangle$로 붕괴될 것이다($\mu = 2$의 경우 인자 i가 추가적으로 붙으나 전역위상 인자는 물리적으로 아무런 의미가 없다). 남은 일은 밥이 앨리스에게 측정결과 μ를 알려주고 앨리스가 자신의 큐비트에 역 연산자 $\hat{S}^\mu_A$를 가하여 전송하려던 양자상태 $|\psi\rangle$를 복구하는 것이다. 측정결과에 대한 정보는 두 비트이고, 이는 고전적인 채널을 이용하여 전송한다.

요약하자면, 양자원격이동 규약은 다음 단계들로 이루어져 있다.

1. 앨리스와 밥은 얽힌 한 쌍의 큐비트 A와 B를 생성하고 그 쌍을 공유한다. 이 과정은 원격이동 절차가 실제로 시작되기 전에 언제든지 수행해놓을 수 있다. 밥은 전송할 양자상태를 별도의 큐비트 C에 준비해둔다.
2. 밥이 그가 가지고 있는 두 큐비트 B와 C에 벨 측정, 즉 벨 기저에 대한 측정을 한다.
3. 밥이 측정 결과에 대한 두 비트짜리 정보를 고전적인 통신채널을 통해 앨리스에게 보낸다.
4. 앨리스는 적절한 역 연산을 수행하여 원하는 양자상태를 복원한다.

Here is a simulation of the quantum teleportation protocol using Q3.

The initial state of the total system at the beginning of the protocol.

```
In[ ]:= Let[Complex, ψ]
vec = Ket[] × ψ[0] + Ket[S[3] → 1] × ψ[1];
vec // LogicalForm
```

Out[ ]=

$$\left|0_{S_3}\right\rangle \psi_0 + \left|1_{S_3}\right\rangle \psi_1$$

```
In[ ]:= tot = BellState[S@{0, 2}, 0] ** vec;
tot // LogicalForm
```

Out[ ]=

$$\frac{\left|0_{S_0}0_{S_2}0_{S_3}\right\rangle \psi_0}{\sqrt{2}} + \frac{\left|1_{S_0}1_{S_2}0_{S_3}\right\rangle \psi_0}{\sqrt{2}} + \frac{\left|0_{S_0}0_{S_2}1_{S_3}\right\rangle \psi_1}{\sqrt{2}} + \frac{\left|1_{S_0}1_{S_2}1_{S_3}\right\rangle \psi_1}{\sqrt{2}}$$

The total state is rewritten in the Bell basis for qubits `S[2,None]` and `S[3,None]`.

```
In[ ]:= bs = BellState[S@{2, 3}];
prj = Dyad[#, #] & /@ bs;
KetFactor /@ (prj ** tot) // TableForm
```

Out[ ]//TableForm=

$$\frac{\left(\left|0_{S_2}0_{S_3}\right\rangle + \left|1_{S_2}1_{S_3}\right\rangle\right)\otimes\left(\left|0_{S_0}\right\rangle \psi_0 + \left|1_{S_0}\right\rangle \psi_1\right)}{2\sqrt{2}}$$

$$\frac{\left(\left|0_{S_2}1_{S_3}\right\rangle + \left|1_{S_2}0_{S_3}\right\rangle\right)\otimes\left(\left|1_{S_0}\right\rangle \psi_0 + \left|0_{S_0}\right\rangle \psi_1\right)}{2\sqrt{2}}$$

$$\frac{\left(-\left|0_{S_2}1_{S_3}\right\rangle + \left|1_{S_2}0_{S_3}\right\rangle\right)\otimes\left(\left|1_{S_0}\right\rangle \psi_0 - \left|0_{S_0}\right\rangle \psi_1\right)}{2\sqrt{2}}$$

$$\frac{\left(\left|0_{S_2}0_{S_3}\right\rangle - \left|1_{S_2}1_{S_3}\right\rangle\right)\otimes\left(\left|0_{S_0}\right\rangle \psi_0 - \left|1_{S_0}\right\rangle \psi_1\right)}{2\sqrt{2}}$$

Step 1. Alice and Bob generates an entangled pair. Bob prepares a quantum state in a separate qubit.

```
In[ ]:= qc1 = QuantumCircuit[LogicalForm[Ket[], S@{1, 2}],
  ProductState[S[3] → {ψ[0], ψ[1]}, "Label" → Ket[ψ]], S[1, 6],
  CNOT[S[1], S[2]], "Separator", "Invisible" → S[1.5]]
```

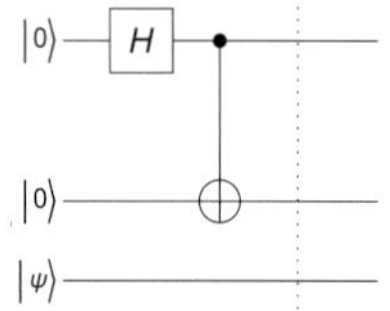

Step 2. Bob performs a Bell measurement on his qubits. This can be done by reversing the entangler circuit.

```
qc2a = QuantumCircuit[CNOT[S[2], S[3]], S[2, 6]];
op = ExpressionFor[qc2a];
bs = BellState[S@{2, 3}];
ls = op ** bs;
LogicalForm@Transpose@Thread[bs → ls] // TableForm
```

$$\frac{|0_{S_2}0_{S_3}\rangle + |1_{S_2}1_{S_3}\rangle}{\sqrt{2}} \rightarrow |0_{S_2}0_{S_3}\rangle$$
$$\frac{|0_{S_2}1_{S_3}\rangle + |1_{S_2}0_{S_3}\rangle}{\sqrt{2}} \rightarrow |0_{S_2}1_{S_3}\rangle$$
$$\frac{|0_{S_2}1_{S_3}\rangle - |1_{S_2}0_{S_3}\rangle}{\sqrt{2}} \rightarrow |1_{S_2}1_{S_3}\rangle$$
$$\frac{|0_{S_2}0_{S_3}\rangle - |1_{S_2}1_{S_3}\rangle}{\sqrt{2}} \rightarrow |1_{S_2}0_{S_3}\rangle$$

This is the corresponding quantum circuit model.

```
qc2 = QuantumCircuit["Separator", qc2a,
  Measurement@S[{2, 3}, 3], "Visible" → S[1], "Invisible" → S[1.5]]
```

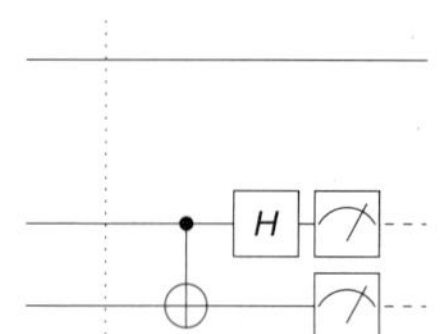

Step 3. Bob sends the measurement outcome to Alice through a classical channel.
Step 4. Alice applies a proper unitary gate on her qubit in accordance with Bob's message. These two steps are simulated by a feedback control.

```
qc2 = QuantumCircuit[Measurement@S[{2, 3}, 3], "Separator",
  ControlledU[S[2], S[1, 3]], ControlledU[S[3], S[1, 1]], "Invisible" → S[1.5]]
```

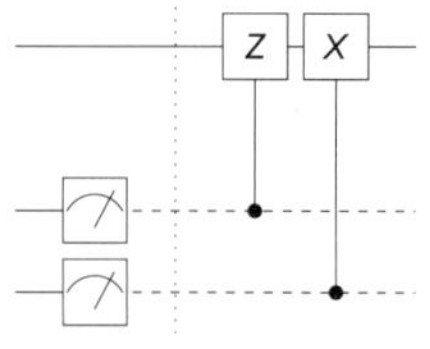

Combining all the steps, one can transmit a quantum state to a remote party without a quantum channel.

```
qc = QuantumCircuit[in = ProductState[S[3] → {ψ[0], ψ[1]}, "Label" → Ket[ψ]],
  LogicalForm[Ket[], S@{1, 2}], S[1, 6], CNOT[S[1], S[2]], "Separator",
  "Spacer", CNOT[S[2], S[3]], S[2, 6], Measurement[S[{2, 3}, 3]],
  "Separator", ControlledU[S[2], S[1, 3]], ControlledU[S[3], S[1, 1]],
  ProductState[S[1] → {ψ[0], ψ[1]}, "Label" → Ket[ψ]], "Invisible" → S[1.5]]
```

Out[ ]=

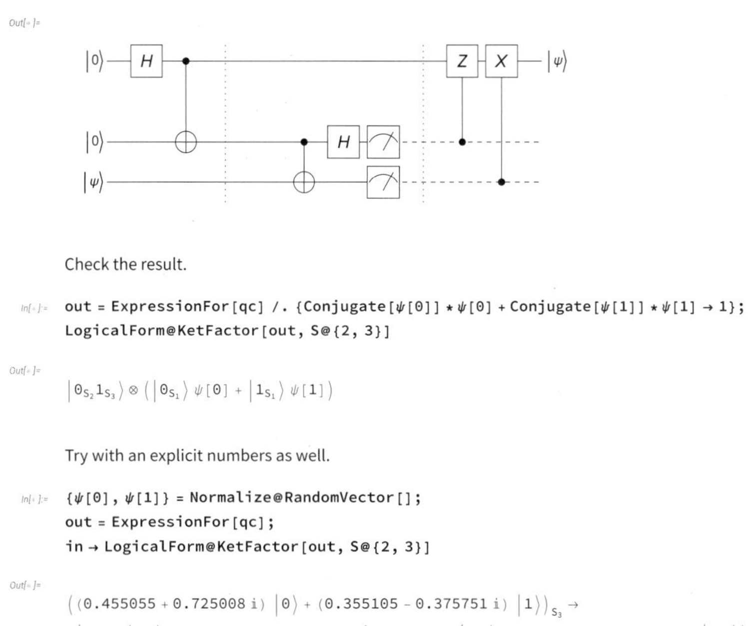

Check the result.

In[ ]:=
```
out = ExpressionFor[qc] /. {Conjugate[ψ[0]] * ψ[0] + Conjugate[ψ[1]] * ψ[1] → 1};
LogicalForm@KetFactor[out, S@{2, 3}]
```

Out[ ]=

$$|0_{S_2} 1_{S_3}\rangle \otimes \left(|0_{S_1}\rangle\, \psi[0] + |1_{S_1}\rangle\, \psi[1]\right)$$

Try with an explicit numbers as well.

In[ ]:=
```
{ψ[0], ψ[1]} = Normalize@RandomVector[];
out = ExpressionFor[qc];
in → LogicalForm@KetFactor[out, S@{2, 3}]
```

Out[ ]=

$$\left((0.455055 + 0.725008\, i)\, |0\rangle + (0.355105 - 0.375751\, i)\, |1\rangle\right)_{S_3} \to$$
$$|0_{S_2} 0_{S_3}\rangle \otimes \left((0.455055 + 0.725008\, i)\, \left((1. + 0.\, i)\, |0_{S_1}\rangle - (0.15126 + 0.584734\, i)\, |1_{S_1}\rangle\right)\right)$$

4.2 양자 판정 알고리즘

판정 문제는 어떤 판정이 내려졌는지 알아내는 작업이다. 즉, 현재 상황과 양립할 수 있는 몇 가지 가능한 안들이 주어진 상황에서, 과거의 한 시점에 이 중 어떤 것이 선택되었는지 알아내야 한다. 이런 문제는 통신 또는 알고리즘 시나리오에서 발생할 수 있고, 상태 식별, 양자 행보 및 복잡한 네트워크, 기능 속성 테스트 영역들을 망라한다.

이 절에서는 몇 가지 예들을 간략하게 소개한다. 도이치-조사 알고리즘(Deutsch-Jozsa algorithm)은 같은 문제에 해당하는 가장 좋은 고전적 알고리즘보다 더 빠르다는 것이 입증된 최초의 양자 알고리즘으로 알려져 있다(Deutsch, 1985; Deutsch & Jozsa, 1992). 실제 응용 면에서는 그리 유용하지 않지만, 이 알고리즘은 양자병렬성(quantum parallelism)의 측면을 일부 보여주고 양자컴퓨터가 고전컴퓨터보다 빠른 이유에 대한 힌트를 제공하기 때문에 여전히 흥미롭다. 이 알고리즘은 번스타인-바지라니 알고리즘(Bernstein-Vazirani algorithm)과 사이먼 알고리즘(Simon's algorithm)에 영감을 주었는데, 두 알고리즘 모두 이 알고리즘을 변형한 꼴이다.

4.2.1 양자 오라클

컴퓨터과학에서 오라클(oracle)은 알려지지 않은 속성을 가진 '블랙박스' 연산이다. 도이치-조사 및 관련 문제들과 같은 판정 문제에서는 오라클을 실행하여 미지의 속성을 파악하게 된다. 먼저, 양자 오라클(quantum oracle), 즉 오라클의 양자역학적 구현을 살펴보도록 한다.

일반적으로, 고전적인 오라클은 m-비트 입력을 n 비트 출력에 대응시키는 이항함수

$$f : \{0,1\}^m \to \{0,1\}^n \tag{4.10}$$

으로 기술된다. 일반적으로, 함수 $f(x)$는 역함수가 존재하지 않아도 된다.

주어진 고전적인 오라클 f를 양자역학적으로 양자구현하려면 큐비트로 이루어진 계에 작용할 수 있어야 하고, 입력상태에 중첩을 허용해야 한다. 한 가지 단순한 방법은 m-큐비트 양자레지스터의 논리기저상태에 대해 $\hat{O}\,|x\rangle = |f(x)\rangle$를 만족하는 연산자 $\hat{O}$을 정의하는 것이다. 하지만, 이 방법은 올바르지 않다. 그 이유는 위에서 언급했듯이 함수 $f(x)$가 일반적으로는 역함수를 않으므로 연산자 $\hat{O}$가 유니테리일 수 없기 때문이다.

이 문제를 해결하기 위해, 먼저 입력레지스터에 n 개의 비트로 이루어진 보조레지스터를 추가하고 원래 레지스터의 입력상태를 유지하여 입력레지스터와 출력레지스터 모두 $(m+n)$ 비트가 되도록 함수 f를 확장한다. 그러면, 확장된 함수 $\{0,1\}^{m+n} \to \{0,1\}^{m+n}$은

$$(x, y) \mapsto (x, f(x) \oplus y) \tag{4.11}$$

와 같이 정의할 수 있다. 여기서 $x \in \{0,1\}^m$과 $y \in \{0,1\}^n$은 각각 m-비트 기본레지스터와 n 비트 보조레지스터의 비트열이다. 함수 $f(x)$ 자체는 역함수가 존재하지 않을 수 있지만, 확장된 함수 (4.11)은, 함수 $f(x)$에 상관없이 일대일 대응을 이룬다(연습문제 4.1 참조). 이 속성으로 인해 확장된 함수 (4.11)은 (고전) 코드를 (고전적인) 가역계산(reversible computation)에 적합한 형태로 변환하는 데 널리 사용된다.[4.3]

고전 오라클 f에 대응되는 양자 오라클은 단순히 확장된 함수 (4.11)을 양자레지스터에 구현하는 것이다. 이는 대응관계

$$\hat{U}_f : |x\rangle \otimes |y\rangle \mapsto |x\rangle \otimes |f(x) \oplus y\rangle \tag{4.12}$$

로 정의된 양자게이트연산이다. 여기서 $|x\rangle$와 $|y\rangle$는 각각 m 큐비트 기본레지스터와 n 큐비트 보조레지스터에 속하는 양자논리기저상태이다. 확장된 함수 (4.11)이 일대일 대응을

[4.3] 완벽한 가역계산을 위해서는 소위 쓰레기 비트(garbage bit)들을 제거하는 또 다른 중요한 단계가 필요하다.

이루고 양자논리기저상태가 직교맞춤이므로, (연습문제 4.1에서 증명된대로) 연산 $\hat{U}_f$는 유니테리이다. $\hat{U}_f$는 선형 연산자로, 임의의 중첩된 상태에 가해질 수 있음을 상기하자. 양자회로모형에서 양자 오라클은

(4.13)

와 같은 양자회로로 묘사된다. 이 특정한 예에서는 첫 세 큐비트가 기본레지스터에 속하고, 나중 두 큐비트는 보조레지스터에 속한다. $f(x)$는 기본큐비트들의 비트값 x의 함수이고, 보조큐비트들의 비트값은 $f(x)$의 값에 따라 조건부로 뒤집힌다.

Here is a simple example, which is used in the Deutsch-Jozsa algorithm.

Consider a balanced function *f* as a classical oracle.

In[ ]:=
```
Clear[f];
f[0, 0] = f[1, 1] = 0;
f[0, 1] = f[1, 0] = 1;
```

Here is the corresponding quantum oracle.

In[ ]:=
```
cc = S@{1, 2};
tt = S[3];
qc = QuantumCircuit[Oracle[f, cc, tt]]
```

Out[ ]=

In[ ]:=
```
op = ExpressionFor[qc]
```

Out[ ]=

$$\frac{1}{2} + \frac{1}{2} S_1^z S_2^z - \frac{1}{2} S_1^z S_2^z S_3^x + \frac{S_3^x}{2}$$

In[ ]:=
```
bs = Basis@Join[cc, {tt}];
bs // LogicalForm
```

Out[ ]=

$\{|0_{S_1}0_{S_2}0_{S_3}\rangle, |0_{S_1}0_{S_2}1_{S_3}\rangle, |0_{S_1}1_{S_2}0_{S_3}\rangle, |0_{S_1}1_{S_2}1_{S_3}\rangle, |1_{S_1}0_{S_2}0_{S_3}\rangle, |1_{S_1}0_{S_2}1_{S_3}\rangle, |1_{S_1}1_{S_2}0_{S_3}\rangle, |1_{S_1}1_{S_2}1_{S_3}\rangle\}$

In[ ]:=
```
out = op ** bs;
out // LogicalForm
```

Out[ ]=

$\{|0_{S_1}0_{S_2}0_{S_3}\rangle, |0_{S_1}0_{S_2}1_{S_3}\rangle, |0_{S_1}1_{S_2}1_{S_3}\rangle, |0_{S_1}1_{S_2}0_{S_3}\rangle, |1_{S_1}0_{S_2}1_{S_3}\rangle, |1_{S_1}0_{S_2}0_{S_3}\rangle, |1_{S_1}1_{S_2}0_{S_3}\rangle, |1_{S_1}1_{S_2}1_{S_3}\rangle\}$

In[ ]:= Thread[bs → out] // LogicalForm // TableForm

Out[ ]//TableForm=

$|0_{S_1}0_{S_2}0_{S_3}\rangle \to |0_{S_1}0_{S_2}0_{S_3}\rangle$
$|0_{S_1}0_{S_2}1_{S_3}\rangle \to |0_{S_1}0_{S_2}1_{S_3}\rangle$
$|0_{S_1}1_{S_2}0_{S_3}\rangle \to |0_{S_1}1_{S_2}1_{S_3}\rangle$
$|0_{S_1}1_{S_2}1_{S_3}\rangle \to |0_{S_1}1_{S_2}0_{S_3}\rangle$
$|1_{S_1}0_{S_2}0_{S_3}\rangle \to |1_{S_1}0_{S_2}1_{S_3}\rangle$
$|1_{S_1}0_{S_2}1_{S_3}\rangle \to |1_{S_1}0_{S_2}0_{S_3}\rangle$
$|1_{S_1}1_{S_2}0_{S_3}\rangle \to |1_{S_1}1_{S_2}0_{S_3}\rangle$
$|1_{S_1}1_{S_2}1_{S_3}\rangle \to |1_{S_1}1_{S_2}1_{S_3}\rangle$

Let us consider another example, which is used in Simon's algorithm.

Consider a two-to-one function as a classical oracle.

In[ ]:=
```
Clear[f];
f[0, 0] = f[1, 1] = {0, 1};
f[0, 1] = f[1, 0] = {1, 1};
```

Here is an implementation of the corresponding quantum oracle.

In[ ]:=
```
cc = S@{1, 2};
tt = S@{3, 4};
qc = QuantumCircuit[Oracle[f, cc, tt]]
```

Out[ ]=

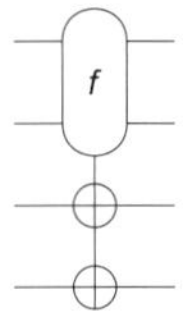

In[ ]:=
```
op = Elaborate@Oracle[f, cc, tt]
```

Out[ ]=

$$\frac{1}{2} S_3^x S_4^x + \frac{1}{2} S_1^z S_2^z S_4^x - \frac{1}{2} S_1^z S_2^z S_3^x S_4^x + \frac{S_4^x}{2}$$

In[ ]:=
```
bs = Basis@Join[cc, tt];
bs // LogicalForm
```

Out[ ]=

$\{|0_{S_1}0_{S_2}0_{S_3}0_{S_4}\rangle, |0_{S_1}0_{S_2}0_{S_3}1_{S_4}\rangle, |0_{S_1}0_{S_2}1_{S_3}0_{S_4}\rangle, |0_{S_1}0_{S_2}1_{S_3}1_{S_4}\rangle,$
$|0_{S_1}1_{S_2}0_{S_3}0_{S_4}\rangle, |0_{S_1}1_{S_2}0_{S_3}1_{S_4}\rangle, |0_{S_1}1_{S_2}1_{S_3}0_{S_4}\rangle, |0_{S_1}1_{S_2}1_{S_3}1_{S_4}\rangle,$
$|1_{S_1}0_{S_2}0_{S_3}0_{S_4}\rangle, |1_{S_1}0_{S_2}0_{S_3}1_{S_4}\rangle, |1_{S_1}0_{S_2}1_{S_3}0_{S_4}\rangle, |1_{S_1}0_{S_2}1_{S_3}1_{S_4}\rangle,$
$|1_{S_1}1_{S_2}0_{S_3}0_{S_4}\rangle, |1_{S_1}1_{S_2}0_{S_3}1_{S_4}\rangle, |1_{S_1}1_{S_2}1_{S_3}0_{S_4}\rangle, |1_{S_1}1_{S_2}1_{S_3}1_{S_4}\rangle\}$

In[ ]:=
```
out = op ** bs;
out // LogicalForm
```

Out[ ]=

$\{|0_{S_1}0_{S_2}0_{S_3}1_{S_4}\rangle, |0_{S_1}0_{S_2}0_{S_3}0_{S_4}\rangle, |0_{S_1}0_{S_2}1_{S_3}1_{S_4}\rangle, |0_{S_1}0_{S_2}1_{S_3}0_{S_4}\rangle,$
$|0_{S_1}1_{S_2}1_{S_3}1_{S_4}\rangle, |0_{S_1}1_{S_2}1_{S_3}0_{S_4}\rangle, |0_{S_1}1_{S_2}0_{S_3}1_{S_4}\rangle, |0_{S_1}1_{S_2}0_{S_3}0_{S_4}\rangle,$
$|1_{S_1}0_{S_2}1_{S_3}1_{S_4}\rangle, |1_{S_1}0_{S_2}1_{S_3}0_{S_4}\rangle, |1_{S_1}0_{S_2}0_{S_3}1_{S_4}\rangle, |1_{S_1}0_{S_2}0_{S_3}0_{S_4}\rangle,$
$|1_{S_1}1_{S_2}0_{S_3}1_{S_4}\rangle, |1_{S_1}1_{S_2}0_{S_3}0_{S_4}\rangle, |1_{S_1}1_{S_2}1_{S_3}1_{S_4}\rangle, |1_{S_1}1_{S_2}1_{S_3}0_{S_4}\rangle\}$

In[ ]:=
```
tbl = Thread[Rule[bs, out]] // LogicalForm;
tbl⟦ ;; 8⟧ // TableForm
```

Out[ ]//TableForm=

$|0_{S_1}0_{S_2}0_{S_3}0_{S_4}\rangle \to |0_{S_1}0_{S_2}0_{S_3}1_{S_4}\rangle$
$|0_{S_1}0_{S_2}0_{S_3}1_{S_4}\rangle \to |0_{S_1}0_{S_2}0_{S_3}0_{S_4}\rangle$
$|0_{S_1}0_{S_2}1_{S_3}0_{S_4}\rangle \to |0_{S_1}0_{S_2}1_{S_3}1_{S_4}\rangle$
$|0_{S_1}0_{S_2}1_{S_3}1_{S_4}\rangle \to |0_{S_1}0_{S_2}1_{S_3}0_{S_4}\rangle$
$|0_{S_1}1_{S_2}0_{S_3}0_{S_4}\rangle \to |0_{S_1}1_{S_2}1_{S_3}1_{S_4}\rangle$
$|0_{S_1}1_{S_2}0_{S_3}1_{S_4}\rangle \to |0_{S_1}1_{S_2}1_{S_3}0_{S_4}\rangle$
$|0_{S_1}1_{S_2}1_{S_3}0_{S_4}\rangle \to |0_{S_1}1_{S_2}0_{S_3}1_{S_4}\rangle$
$|0_{S_1}1_{S_2}1_{S_3}1_{S_4}\rangle \to |0_{S_1}1_{S_2}0_{S_3}0_{S_4}\rangle$

정의 (4.12)에서 바로 알 수 있는 양자 오라클의 몇 가지 흥미로운 속성들이 있다. 2.2.1절에서 살펴보았듯이, CNOT 게이트는 식 (2.36)에 따라 대상레지스터가 상태 $|0\rangle$으로 초기화되어있을 때 제어레지스터의 논리상태를 대상레지스터로 복사한다. 이 속성은 많은 응용 상황에 이용되는데, 특히 식 (2.33)과 (2.37)에서와 같이 양자얽힘을 생성하기 위해 사용된다. 양자 오라클도 비슷한 속성을 가지고 있는데, 대신 상태 $|x\rangle$ 자체보다 함수를 적용한 결과에 해당하는 $|f(x)\rangle$의 복사본을 기본레지스터에서 보조레지스터로 옮긴다.

$$|x\rangle \otimes |0\rangle \mapsto |x\rangle \otimes |f(x)\rangle \ . \tag{4.14}$$

기본 양자레지스터가 중첩된 상태 $\frac{1}{2^{m/2}}\sum_{x=0}^{2^m-1}|x\rangle$에 있고 보조 양자레지스터는 상태 $|0\rangle \equiv |0\rangle^{\otimes n}$에 있다고 해보자. 그러면, 양자 오라클은 이 양자상태를

$$\frac{1}{2^{m/2}}\sum_{x=0}^{2^m-1}|x\rangle \otimes |0\rangle \mapsto \frac{1}{2^{m/2}}\sum_{x=0}^{2^m-1}|x\rangle \otimes |f(x)\rangle \tag{4.15}$$

로 변환한다. CNOT 게이트로 얻는 상태 (2.33)과 똑같이, f가 상수가 아닌 한 양자 오라클로 얻은 상태 (4.15) 또한 얽혀있다. 이 경우에 양자얽힘은 (고전) 오라클 f에 의해 제어된다.

Here is demonstrate the feature of quantum oracle that makes a copy of the image f(x) of the native register to the ancillary qubit.

In this particular example, we consider a one-to-one function, but it can be arbitrary (but not constant if an entanglement is necessary).

In[ ]:=
```
Clear[f];
f[0, 0] = {1, 1};
f[0, 1] = {1, 0};
f[1, 0] = {0, 1};
f[1, 1] = {0, 0};
```

In[ ]:=
```
cc = {1, 2};
tt = {3, 4};
qc = QuantumCircuit[
  LogicalForm[Ket[], Join[S@cc, S@tt]], S[cc, 6], Oracle[f, S@cc, S@tt]]
```

Out[ ]=

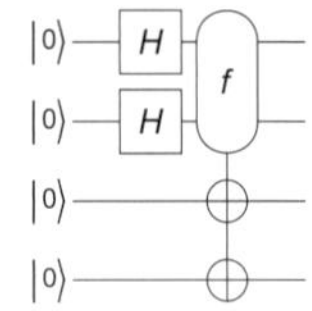

The output state is an entangled state (unless the classical oracle f is constant).

In[ ]:=
```
out = ExpressionFor[qc];
LogicalForm[out, Join[S@cc, S@tt]]
```

Out[ ]=

$$\frac{1}{2}\left|0_{S_1}0_{S_2}1_{S_3}1_{S_4}\right\rangle+\frac{1}{2}\left|0_{S_1}1_{S_2}1_{S_3}0_{S_4}\right\rangle+\frac{1}{2}\left|1_{S_1}0_{S_2}0_{S_3}1_{S_4}\right\rangle+\frac{1}{2}\left|1_{S_1}1_{S_2}0_{S_3}0_{S_4}\right\rangle$$

To make clearer the copies made tot the ancillary register, it may be useful to rewrite the state vector in a form that distinguishes the native and ancillary register.

In[ ]:=
```
KetFactor[out, S@cc] // LogicalForm
```

Out[ ]=

$$\left|0_{S_1}0_{S_2}\right\rangle\otimes\left(\frac{1}{2}\left|1_{S_3}1_{S_4}\right\rangle\right)+\left|0_{S_1}1_{S_2}\right\rangle\otimes\left(\frac{1}{2}\left|1_{S_3}0_{S_4}\right\rangle\right)+\left|1_{S_1}0_{S_2}\right\rangle\otimes\left(\frac{1}{2}\left|0_{S_3}1_{S_4}\right\rangle\right)+\left|1_{S_1}1_{S_2}\right\rangle\otimes\left(\frac{1}{2}\left|0_{S_3}0_{S_4}\right\rangle\right)$$

대상레지스터가 유니테리 연산자의 고유상태에 있을 때, 제어 유니테리 게이트는 (대상레지스터가 아니라) 제어레지스터에 위상변화를 일으킨다(2.2.2절 참조). 특정 조건을 만족하는 모든 항에 조건부로 위상변화를 일으키려 할 때에도 유사한 방법을 사용할 수 있다. 예를 들어, $f:\{0,1\}^n\to\{0,1\}$이 고전 오라클이고, n 큐비트 양자레지스터가 양자상태

$$|\psi\rangle=\sum_{x=0}^{2^n-1}|x\rangle\,\psi_x \tag{4.16}$$

에 있다고 하자. $f(x)=1$을 만족하는 모든 항 $|x\rangle$에 해당 계수 ψ_x를 $-\psi_x$로 뒤집어 새로운 양자상태

$$|\psi'\rangle=\sum_{x=0}^{2^n-1}|x\rangle\,(-1)^{f(x)}\psi_x \tag{4.17}$$

를 얻고자 한다. 다시 말하면, 양자논리기저상태를

$$|x\rangle\mapsto|x\rangle\,(-1)^{f(x)},\quad x=0,1,2,\ldots,2^n-1 \tag{4.18}$$

로 변환하는 유효 양자게이트를 만들려고 한다. 이는, 아래 양자회로에 묘사된대로, 함수 f에 대응하는 양자 오라클을 이용하여 구현할 수 있다.

$$|x\rangle\{\;[f]\;\}|x\rangle\,(-1)^{f(x)} \qquad |-\rangle \;\oplus\; |-\rangle \tag{4.19}$$

이때, 보조큐비트를 파울리 X 연산자의 고유상태 중 고유값이 -1인 상태, 즉 $|-\rangle := (|0\rangle - |1\rangle)/\sqrt{2}$로 초기화해놓아야 한다. 실제로, $f(x) = 1$인 양자논리기저상태 $|x\rangle$에 대해

$$|x\rangle \otimes |-\rangle = \frac{|x\rangle \otimes |0\rangle - |x\rangle \otimes |1\rangle}{\sqrt{2}} \mapsto \frac{|x\rangle \otimes |1\rangle - |x\rangle \otimes |0\rangle}{\sqrt{2}} = -|x\rangle \otimes |-\rangle \tag{4.20}$$

인 반면에, $f(x) = 0$인 경우에는 $|x\rangle$에 어떠한 변화도 생기지 않는다. 연습문제 4.2에서 더 일반적인 조건부 위상변화의 예를 볼 수 있다.

This is an interesting twist of the quantum oracle. It is useful in Grover's search algorithm.

The classical oracle mark the solutions, `{0,0}=0` and `{1,1}=1` in this particular case.

```
In[∘]:= Clear[f];
        f[0, 0] = 1; f[0, 1] = 0; f[1, 0] = 0; f[1, 1] = 1;
```

This quantum circuit model implements the desired mapping.

```
In[∘]:= cc = {1, 2};
        tt = {3};
        ct = Join[cc, tt];
        qc = QuantumCircuit[LogicalForm[Ket[S[tt] → 1], S[ct]],
          S[ct, 6], Oracle[f, S@cc, S@tt], S[tt, 6]]
```

Out[∘]=

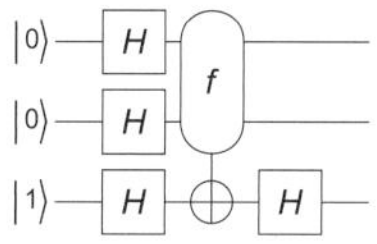

```
In[∘]:= out = ExpressionFor[qc];
        KetFactor[out, S[tt]] // LogicalForm
```

Out[∘]=

$$-\frac{1}{2}\left(|0_{S_1}\rangle - |1_{S_1}\rangle\right) \otimes \left(|0_{S_2}\rangle - |1_{S_2}\rangle\right) \otimes |1_{S_3}\rangle$$

Check the result.

```
In[∘]:= bs = Basis[S@cc];
        ff = f @@@ IntegerDigits[Range[0, 2^2 - 1], 2, 2];
        Thread[bs → Power[-1, ff]] // LogicalForm
```

Out[∘]=

$$\{|0_{S_1}0_{S_2}\rangle \to -1,\ |0_{S_1}1_{S_2}\rangle \to 1,\ |1_{S_1}0_{S_2}\rangle \to 1,\ |1_{S_1}1_{S_2}\rangle \to -1\}$$

```
In[∘]:= new = bs.Power[-1, ff] / 2;
        new // LogicalForm
```

Out[∘]=

$$\frac{1}{2}\left(-|0_{S_1}0_{S_2}\rangle + |0_{S_1}1_{S_2}\rangle + |1_{S_1}0_{S_2}\rangle - |1_{S_1}1_{S_2}\rangle\right)$$

4.2.2 도이치-조사 알고리즘

이제 도이치-조사 알고리즘(Deutsch-Jozsa algorithm)을 살펴보자. 도이치(Deutsch, D.)와 조사(Jozsa, R.)가 처음 제안한 이 알고리즘은 주어진 함수가 균형함수, 즉 $f(x) = 0$인 x의 개수와 $f(x) = 1$인 x의 개수가 같은 함수인지, 또는 상수함수인지 판정한다(Deutsch & Jozsa, 1992). 이는 응용 측면에서 거의 쓸모가 없지만, 해당 문제에 대해 어떤 고전 알고리즘보다 기하급수적으로 빠른 양자 알고리즘의 첫 번째 예들 중 하나이다. 뿐만 아니라, 양자병렬성의 일부 측면과 양자 오라클의 작동 원리를 명확하게 드러낼 정도로 이 알고리즘은 매우 간단하다.

도이치-조사 문제는 다음과 같이 정의된다. 먼저 고전 함수 $f : \{0,1\}^n \to \{0,1\}$를 고려한다. 이는 n 비트 입력을 받아서 0 또는 1을 출력하는 고전 오라클이다. 이 함수는 반드시 모든 입력에 대해 0 또는 1을 주는 상수함수이거나 가능한 입력들의 절반에 대해서는 0을 나머지 절반에 대해서는 1을 출력하는 균형함수이다. 도이치-조사 문제의 목표는 오라클을 가장 적은 횟수만큼 사용하여 f가 상수함수인지 혹은 균형함수인지 알아맞추는 것이다.

고전 알고리즘에서는 최악의 경우 오라클을 $(2^{n-1} + 1) \approx 2^n/2$ 번 계산해야 한다. 즉, 오라클의 속성을 확실하게 판정하기까지 가능한 입력값 중 거의 절반을 시도해야 한다. 이제 살펴보겠지만 도이치-조사 알고리즘은 양자 오라클을 단 한번 구동하여 그 속성을 알아맞출 수 있다.

도이치-조사 알고리즘은 양자회로

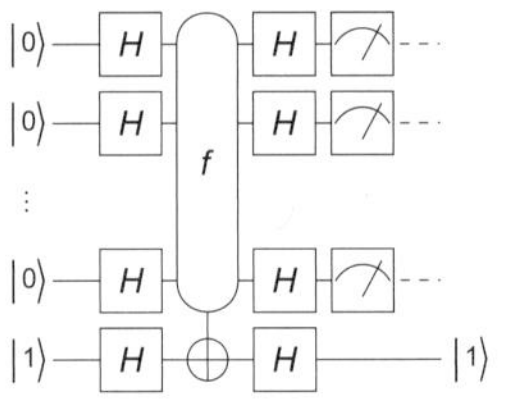

$$\begin{array}{l} |0\rangle - H - [\;\;] - H - \text{(measure)} \cdots \\ |0\rangle - H - [\; f \;] - H - \text{(measure)} \cdots \\ \vdots \\ |0\rangle - H - [\;\;] - H - \text{(measure)} \cdots \\ |1\rangle - H - \oplus - H - |1\rangle \end{array} \tag{4.21}$$

에 요약되어 있다. 마지막 큐비트는 처음 n 개의 큐비트에 조건부 위상변화를 일으키는 보조큐비트이다. 이에 가해지는 하다마드 게이트는 양자 오라클이 작동하기 직전에 보조큐비트가 파울리 X 연산자의 고유상태 $|-\rangle$에 있도록 한다. 양자 오라클 이전에 n 큐비트 기본레지스터에 가해지는 하다마드 게이트들은, 식 (2.18)에 따라, 모든 가능한 양자논리 기저상태들의 선형 중첩

$$|0\rangle \xrightarrow{\hat{H}^{\otimes n}} \frac{1}{2^{n/2}} \sum_{x=0}^{2^n-1} |x\rangle \tag{4.22}$$

를 생성한다. 양자회로 (4.19)에서 보았듯이, 양자 오라클은 조건부 위상변화

$$\sum_{x=0}^{2^n-1} |x\rangle \to \sum_{x} |x\rangle (-1)^{f(x)} \tag{4.23}$$

를 일으킨다. 연이어 가해지는 하다마드 게이트들이 식 (2.19)에 따라 추가적인 위상인자들을 만들어내어, 최종 출력상태는

$$\frac{1}{2^{n/2}} \sum_{x} |x\rangle (-1)^{f(x)} \xrightarrow{\hat{H}^{\otimes n}} \frac{1}{2^n} \sum_{y=0}^{2^n-1} |y\rangle \sum_{x=0}^{2^n-1} (-1)^{f(x)+x\cdot y} \tag{4.24}$$

가 된다.

최종 양자상태에 함수 f가 일으키는 효과를 보기위해 먼저 f가 상수함수라고 가정해보자. 그러면, 출력상태는

$$\frac{(-1)^{f(0)}}{2^n} \sum_{y=0}^{2^n-1} |y\rangle \sum_{x=0}^{2^n-1} (-1)^{x\cdot y} = (-1)^{f(0)} |0\rangle \tag{4.25}$$

이 된다. n 개의 큐비트를 각각 측정하면 확률 1로 결과 0이 나온다. 분석을 좀더 명확하게 하기 위해 n 큐비트 양자레지스터가 양자상태 $|0\rangle \equiv |0\rangle \otimes |0\rangle \otimes \cdots \otimes |0\rangle$에 있을 확률

$$P_0 = \frac{1}{2^n} \left| \sum_{x=0}^{2^n-1} (-1)^{f(x)} \right|^2 \tag{4.26}$$

을 살펴보자. 확실히, 상수함수 f에 대해서는 $P_0 = 1$이다. 반면, 함수 f가 균형함수라면 1인 항과 -1인 항의 개수가 똑같다. 따라서, 위 합은 항상 0이 된다. 함수 f가 균형을 이룬다면, 적어도 한 개의 큐비트는 양자상태 $|1\rangle$에 있다. 따라서, 주어진 함수 f가 상수함수인지 혹은 균형함수인지 알려면 양자 오라클을 단 한 번 실행한 다음 측정 결과가 0인지 확인만 하면 된다. 결과가 0이면 함수는 상수함수이고, 그렇지 않으면 균형함수이다.

Consider a balanced function as an example.

```
In[ ]:= Clear[f];
f[0, 0] = f[1, 1] = 0;
f[0, 1] = f[1, 0] = 1;
```

Here is a quantum circuit model of the Deutsch-Jozsa algorithm. The final Hadamard gate on the third qubit is not necessary, but we put it here to make the output state more readable.

```
In[ ]:= cc = {1, 2};
tt = {3};
all = {1, 2, 3};
qc = QuantumCircuit[LogicalForm[Ket[S[3] → 1], S@all],
  S[all, 6], Oracle[f, S@cc, S@tt], S[all, 6]]
```

Out[ ]=

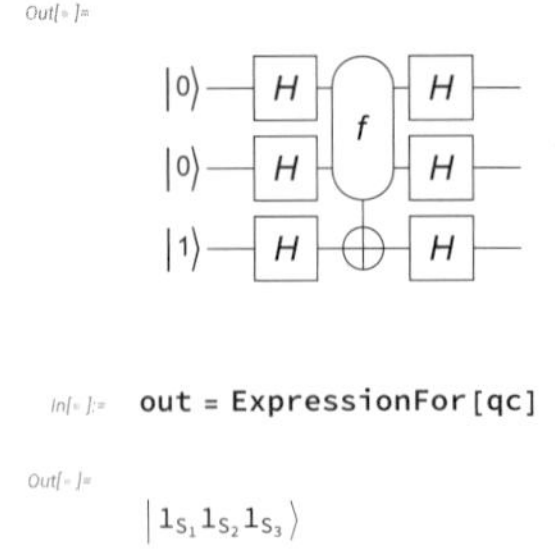

In[ ]:=
```
out = ExpressionFor[qc]
```

Out[ ]=

$\left|1_{S_1} 1_{S_2} 1_{S_3}\right\rangle$

4.2.3 번스타인-바지라니 알고리즘

다음과 같은 이항함수 $f : \{0, 1\}^n \to \{0, 1\}$이 주어졌다고 하자. 이 함수의 값은

$$f : x \mapsto x \cdot s \pmod 2 \tag{4.27}$$

에서와 같이 길이가 n 비트인 비밀 문자열 s에 의해 정해진다. 번스타인-바지라니 문제는 오라클 f에 질문들을 하여 이 비밀 문자열 s를 알아내는 것이다. 고전적으로는 함수 f를 n 번 계산해봐야 비밀 문자열 s를 유추할 수 있다.

번스타인-바지라니 알고리즘(Bernstein-Vazirani algorithm)은 도이치-조사 알고리즘과 똑같은 양자회로 (4.21)로 구현할 수 있다(Bernstein & Vazirani, 1993, 1997). 단지 최종 판독값을 분석하는 방법만 다를 뿐이다. 양자회로 (4.21)의 첫 번째 하다마드 게이트들과 양자 오라클은 n 큐비트 양자레지스터의 양자상태를

$$\sum_{x=0}^{2^n-1} |x\rangle (-1)^{x \cdot s} \tag{4.28}$$

로 변환한다. 식 (2.19)의 역을 이용하면, 두 번째 하다마드 게이트들에 의해 위 양자상태는 비밀 문자열 s에 해당하는 양자상태 $|s\rangle$로 최종 변환된다는 것을 알 수 있다. 따라서, 양자 논리기저에 대해 최종 출력상태를 측정하면 비밀 문자열을 얻을 수 있다.

Consider a secrete string of bits. The task is to find the secrete string.

In[ ]:=
```
string = {0, 1};
```

In the Bernstein-Vazirani algorithm, the value of the classical oracle *f* is determined by the given secrete string.

In[ ]:=
```
Clear[f];
f[x__] := Mod[{x}.string, 2]
```

For example, `f[1,1]=0·1 + 1·1=1`.

In[ ]:=
```
f[1, 1]
```

Out[ ]=

```
1
```

Here is a quantum circuit of the Bernstein-Vazirani algorithm. The final Hadamard gate on the third qubit is not necessary, and we put it here to make the output state more readable.

In[ ]:=

```
cc = {1, 2};
tt = {3};
all = {1, 2, 3};
qc = QuantumCircuit[LogicalForm[Ket[S[3] → 1], S@all],
  S[all, 6], Oracle[f, S@cc, S@tt], S[all, 6]]
```

Out[ ]=

|0⟩ H f H
|0⟩ H H
|1⟩ H ⊕ H

In[ ]:=

```
out = ExpressionFor[qc];
LogicalForm[out, S@cc]
```

Out[ ]=

$|0_{S_1} 1_{S_2} 1_{S_3}\rangle$

Here is the secrete string successfully retrieved.

In[ ]:=

```
answer = out[S@cc]
```

Out[ ]=

```
{0, 1}
```

4.2.4 사이먼 알고리즘

마지막으로 사이먼 알고리즘(Simon's algorithm)을 알아보자. 이 알고리즘은 어떤 특정한 문제에 대한 고전 알고리즘 중 가장 좋다고 알려진 것보다 기하급수적으로 빠른 최초의 양자 알고리즘이었다(Simon, 1997). 이 알고리즘은 양자 인수분해 알고리즘에 영감을 준 것으로도 알려져 있다. 또한 최근에는 사이먼 알고리즘을 사용하여 대칭 키 암호 시스템을 깨뜨릴 수 있음이 밝혀졌다.

사이먼 문제에서는 $f : \{0,1\}^n \to \{0,1\}^n$인 함수와 길이가 n 비트인 비밀 문자열 s가 주어져 있다. 이 함수는 모든 $x, y \in \{0,1\}^n$에 대해 $y = x \oplus s$일 때만 $f(x) = f(y)$를 만족한다. f는 ($s = 0$일 때) 일대일 함수이거나 또는 ($s \neq 0$일 때) 이대일 함수이다. 이 문제는 함수 f를 되도록 적은 횟수만큼 계산하여 비밀 문자열 s를 알아내는 것이 목표이다. 고전적으로는 $2^{n-1} + 1$ 개의 다른 입력값들에 대해 $f(x)$를 조사해야 답을 구할 수 있다.[4.4] 도이치-조사 문제와 달리, 사이먼 문제는 확률적으로도 풀기 어렵다고 알려져 있다.

[4.4] 보다 정확하게 말해, 1/2보다 큰 확률로 동일한 결과를 주는 한 쌍의 두 문자열을 찾으려면 $\sqrt{2^n}$ 회 정도의 입력값에 대해 함수를 조사해야 한다. 조사 횟수가 2^n이 아니고 $\sqrt{2^n}$임은 소위 생일 역설(birthday paradox)과 관련이 깊다.

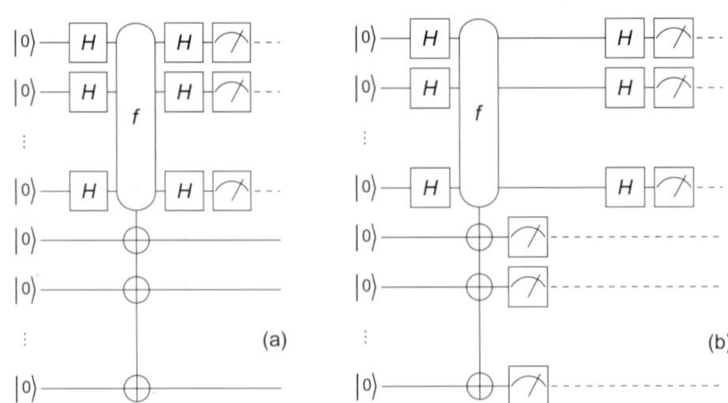

그림 4.1: 사이먼 알고리즘을 구현하는 양자회로. (b)에서 보조레지스터들에 대한 측정은 반드시 필요한 것은 아니다. 이 측정은 위 그림과 달리 기본레지스터에 작용하는 두 번째 하다마드 게이트를 연산한 후에 행해도 되고, 아니면 (a)에서와 같이 아예 하지 않아도 된다.

사이먼 알고리즘은 그림 4.1에 나타낸 조금 다른 두 양자회로에 요약되어 있다. 그림 4.1 (b)의 양자회로에서 보조(두 번째) 레지스터에 대한 측정은 기본(첫 번째) 레지스터를 측정한 후로 미룰 수도 있고, 그림 4.1 (a)의 양자회로에서와 같이 완전히 생략할 수도 있다. 즉, 필수는 아니지만 보조레지스터에 대한 측정을 하면 알고리즘 분석이 (취향에 따라) 단순해질 수 있다. 여기서는 그림 4.1 (a)의 양자회로를 살펴본다. 기본레지스터에 가해진 첫 번째 하다마드 게이트는 전체 계의 입력상태를 (식 (2.18) 참조)

$$|0\rangle \otimes |0\rangle \xrightarrow{\hat{H}^{\otimes n}} \frac{1}{2^{n/2}} \sum_{x=0}^{2^n-1} |x\rangle \otimes |0\rangle \tag{4.29}$$

으로 변환시킨다. 식 (4.15)에서 보았듯이, 양자 오라클은 기본레지스터의 양자논리기저상태 $|x\rangle$에 대해 상 $|f(x)\rangle$을 보조레지스터에 복사하기 때문에, 전체 상태는

$$\frac{1}{2^{n/2}} \sum_{x=0}^{2^n-1} |x\rangle \otimes |f(x)\rangle \tag{4.30}$$

가 된다. 최종적으로 두 번째 하다마드 게이트들 집합을 기본레지스터에 가하면 위 상태는 (식 (2.19) 참조)

$$\sum_{y=0}^{2^n-1} |y\rangle \otimes \frac{1}{2^n} \sum_{x=0}^{2^n-1} |f(x)\rangle \, (-1)^{x\cdot y} \tag{4.31}$$

로 변환된다. 이제 기본레지스터를 측정하여 길이가 n 비트인 문자열 y를 얻었다고 하자. 특정 문자열 y를 얻을 확률은 $P_y = \langle\psi_y|\psi_y\rangle$와 같이 구할 수 있다. 여기서 $|\psi_y\rangle$는 보조레지스터의 상태이고, 다음과 같이 y에 의존한다.

$$|\psi_y\rangle := \frac{1}{2^n} \sum_{x=0}^{2^n-1} |f(x)\rangle \, (-1)^{x\cdot y} \, . \tag{4.32}$$

이제 여러 경우들을 각각 살펴보자. 먼저, 비밀 문자열이 $s = 0$이라고 해보자. 이 경우, f는 일대일 함수이고, 식 (4.32)의 상태 $|\psi_y\rangle$는 양자논리기저상태들의 단순 재배열

$$|\psi_y\rangle := \frac{1}{2^n}\sum_{z=0}^{2^n-1}|z\rangle\,(-1)^{y\cdot f^{-1}(z)} \tag{4.33}$$

에 불과하다. 여기서 f^{-1}은 f의 역함수이다. 따라서, 모든 y에 대해 $P_y = 2^{-n}$이다. 다시 말하면, $s = 0$인 경우에, 임의의 문자열 y를 측정할 확률은 모두 같다. 다음으로, $s \neq 0$인 경우를 살펴보자. 이 경우, f는 $f(x) = f(x \oplus s)$를 만족하므로, 이대일 함수이다. 식 (4.32)의 합에 있는 항들은 같은 상태 $|f(x)\rangle = |f(x\oplus s)\rangle$를 주는 쌍들로 이루어진다. 보다 명시적으로 기술하기 위해, $\mathcal{B} := f(\{0,1\}^n)$를 f의 상들의 집합이라 하자. 그러면,

$$|\psi_y\rangle := \frac{1}{2^n}\sum_{z\in\mathcal{B}}|z\rangle\left\{(-1)^{y\cdot a_z} + (-1)^{y\cdot b_z}\right\} \tag{4.34}$$

이고, 여기서 a_z와 b_z는 $f(a_z) = f(b_z) = z$를 만족하는 z의 원상(또는 역상)의 원소들이다. $b_z = a_z \oplus s$이고 $(a_z \oplus s)\cdot y = (a_z \cdot y) \oplus (s \cdot y)$이므로,

$$\left\{(-1)^{a_z\cdot y} + (-1)^{b_z\cdot y}\right\} = (-1)^{y\cdot a_z}\left\{1 + (-1)^{y\cdot s}\right\} \tag{4.35}$$

가 성립한다. $y\cdot s$가 홀수, 즉 $y\cdot s = 1 \pmod 2$이면, $|\psi_y\rangle$는 영벡터가 되어 그런 문자열 y에 대해서는 $P_y = 0$이다. 반대로, $y\cdot s$가 짝수, 즉 $y\cdot s = 0 \pmod 2$이면 $|\psi_y\rangle$는 유한한 크기를 갖는 벡터이고 y값에는 무관하다. 즉, $y \cdot s$이 짝수이면, y값에 상관없이 $P_y = 2^{1-n}$이다.

정리하면, 기본레지스터를 측정하여 얻는 문자열 y는 모든 비밀 문자열 s에 대해 항상 $y \cdot s = 0 \pmod 2$를 만족한다. $s \equiv (s_1 s_2 \dots s_n)_2$를 알아내기 위해서는, 위 알고리즘을 반복 수행하여 $(n-1)$개의 선형독립인 문자열 $y^{(i)} \equiv (y_1^{(i)} y_2^{(i)} \dots y_n^{(i)})_2 (i = 1, 2, \dots, n-1)$을 구하고, 연립 방정식

$$\sum_{j=1}^{n} y_j^{(i)} s_j = 0 \pmod 2 \tag{4.36}$$

을 풀어야 한다. n 번 실행해 $n-1$ 개의 서로 선형독립인 문자열들을 구할 확률은 1/4보다 약간 크다고 입증할 수 있다. 따라서, 양자 오라클을 구동할 횟수는 n 개 정도이며 고전 알고리즘에 비해 기하급수적으로 작다.

Consider again a secrete bit string.

```
In[ ]:= string = {1, 1};
```

Consider a two-to-one function obeying the rule (specified in Simon's problem).

```
In[ ]:= Clear[f];
f[0, 0] = f[1, 1] = {0, 1};
f[0, 1] = f[1, 0] = {1, 1};
```

Here is an implementation of the corresponding quantum oracle.

```
In[ ]:= cc = {1, 2};
tt = {3, 4};
all = Join[cc, tt];
qc = QuantumCircuit[LogicalForm[Ket[], S@all], S[cc, 6],
  Oracle[f, S@cc, S@tt], S[cc, 6], Measurement[S[cc, 3]]]
```

Out[ ]=

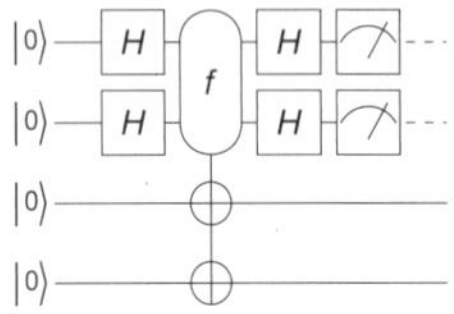

$|0\rangle$ — H — f — H — (measure)
$|0\rangle$ — H — f — H — (measure)
$|0\rangle$ — ⊕
$|0\rangle$ — ⊕

```
In[ ]:= out = ExpressionFor[qc];
LogicalForm[out, S@all]
result = Readout[S[cc, 3]]
```

Out[ ]=

$$\frac{|0_{S_1}0_{S_2}0_{S_3}1_{S_4}\rangle}{\sqrt{2}} + \frac{|0_{S_1}0_{S_2}1_{S_3}1_{S_4}\rangle}{\sqrt{2}}$$

Out[ ]=

```
{0, 0}
```

```
In[ ]:= eqs = Table[ExpressionFor[Matrix[qc], S@all]; Readout[S[cc, 3]], {2}]
```

Out[ ]=

```
{{0, 0}, {0, 0}}
```

Now let us examine a lager system. Suppose that we are given a secrete bit string.

```
In[ ]:= string = {1, 1, 0};
```

This is a function consistent with the above secrete bit string.

```
In[ ]:= Clear[f];
f[0, 0, 0] = f[1, 1, 0] = {0, 1, 1};
f[0, 0, 1] = f[1, 1, 1] = {1, 1, 1};
f[0, 1, 0] = f[1, 0, 0] = {1, 0, 0};
f[0, 1, 1] = f[1, 0, 1] = {0, 0, 1};
```

Here is an implementation of the corresponding quantum oracle.

```
In[ ]:= cc = {1, 2, 3};
tt = {4, 5, 6};
all = Join[cc, tt];
qc1 = QuantumCircuit[LogicalForm[Ket[], S@all],
   S[cc, 6], Oracle[f, S@cc, S@tt], S[cc, 6]];
qc2 = QuantumCircuit[qc1, Measurement[S[cc, 3]]]
```

Out[ ]=

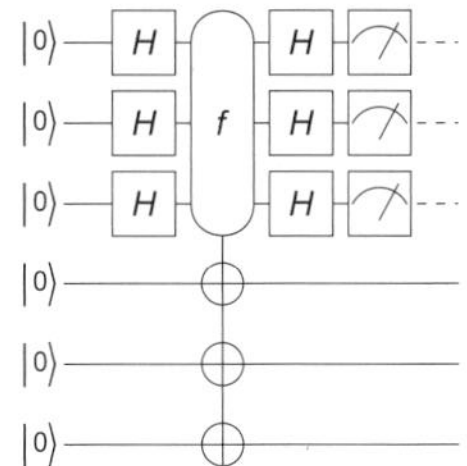

This is one way to get the measurement outcome.

```
out = ExpressionFor[qc2];
LogicalForm[out, S@all]
result = Readout[S[cc, 3]]
```

Out[ ]=

$$\frac{1}{2}\left|0_{S_1}0_{S_2}0_{S_3}0_{S_4}0_{S_5}1_{S_6}\right\rangle+\frac{1}{2}\left|0_{S_1}0_{S_2}0_{S_3}0_{S_4}1_{S_5}1_{S_6}\right\rangle+\frac{1}{2}\left|0_{S_1}0_{S_2}0_{S_3}1_{S_4}0_{S_5}0_{S_6}\right\rangle+\frac{1}{2}\left|0_{S_1}0_{S_2}0_{S_3}1_{S_4}1_{S_5}1_{S_6}\right\rangle$$

Out[ ]=

```
{0, 0, 0}
```

To make repeated measurements, it is more efficient to first compute the state just before the measurement.

```
new = ExpressionFor[qc1];
```

Now we perform the measurement repeatedly.

```
data = Table[Measurement[S[cc, 3]]@new;
   Readout[S[cc, 3]], {12}];
data // TableForm
```

Out[ ]//TableForm=

```
1  1  0
0  0  1
0  0  1
0  0  1
1  1  0
0  0  1
1  1  0
1  1  1
1  1  0
1  1  0
1  1  1
1  1  1
```

As two linearly independent vectors (bit strings), we choose these:

```
mat = {{1, 1, 0}, {0, 0, 1}}
```

Out[ ]=

```
{{1, 1, 0}, {0, 0, 1}}
```

Then, the linear equation, `mat.ss=0 (mod 2)`, for the Boolean variables `ss:={s1,s2,s3}` is given by the following, which agrees with the given secrete bit string.

```
ss = {1, 1, 0}
```

```
Out[ ]=
        {1, 1, 0}

In[ ]:= Mod[mat.ss, 2]

Out[ ]=
        {0, 0}
```

4.3 양자 푸리에 변환

양자 푸리에 변환은 양자상태들의 유니테리 변환이다. 이는 유한 개의 숫자들로 이루어진 집합의 이산 푸리에 변환과 유사하다. 양자 푸리에 변환에서는 양자상태들이 숫자들을 대신한다.

양자 푸리에 변환은 양자컴퓨터에서 효율적으로 수행될 수 있는데, n 큐비트 양자컴퓨터의 경우 단지 $\mathcal{O}(n^2)$ 번의 기본 양자논리게이트들만 수행하면 된다. 이는 이산 푸리에 변환을 수행하는 가장 잘 알려진 고전 알고리즘이 $\mathcal{O}(n2^n)$ 개의 게이트들을 필요로 함과 비교가 된다. 고전 알고리즘에 비해 기하급수적으로 빠른 양자 푸리에 변환 알고리즘은 그 유명한 양자 인수분해 알고리즘(quantum factorization algorithm)이 비슷한 효율성을 달성할 수 있게 된 핵심 요인 중의 하나이다. 양자 인수분해 알고리즘 외에도 양자 푸리에 변환은 다른 많은 양자 알고리즘들의 핵심이다. 이를 나열하면, 양자위상추정(quantum phase estimation)(4.4절), 위수찾기 문제(order-finding problem), 이산 로그(discrete logarithm), 그리고 가장 중요한 숨은 부분군 문제(hidden subgroup problem)가 있다. 양자 푸리에 변환의 이러한 광범위한 응용성은, 고전 알고리즘에 비해 기하급수적인 속도 향상을 보이는 모든 알려진 양자 알고리즘들이 숨은 부분군 문제의 변형이라는 사실에서 비롯한다. 그리고 Kitaev, A. 처음 밝혔듯이(Kitaev, 1996), 숨은 부분군 문제를 푸는 핵심 단계는 양자 푸리에 변환이다.

4.3.1 정의 및 물리적 의미

양자 푸리에 변환의 바탕이 되는 물리적 의미를 더 명확하게 하기 위해 이 절에서는 양자논리기저상태를 약간 다른 표기법을 사용하여 다음과 같이 표시한다.

$$|X_x\rangle := |x_1\rangle \otimes |x_2\rangle \otimes \cdots \otimes |x_n\rangle \,, \quad x = 0, 1, 2, \ldots, 2^n - 1\,. \tag{4.37}$$

여기서 평소대로 x_j는 첨수 $x = (x_1 x_2 \ldots x_n)_2$의 이진법 자릿수들이다. 양자 푸리에 변환(줄여서 QFT)은 다음과 같은 대응관계로 정의된 유니테리 변환이다.

$$\hat{U}_{\text{QFT}} |X_y\rangle := \frac{1}{2^{n/2}} \sum_{x=0}^{2^n-1} |X_x\rangle\, e^{ixp_y} \quad (y = 0, 1, 2, \ldots, 2^n - 1). \tag{4.38}$$

여기서 p_y는 y 번째 '파수'로

$$p_y := \frac{2\pi y}{2^n} = 2\pi(0.y_1 y_2 \ldots y_n)_2 \tag{4.39}$$

와 같이 정의한다. 식 (4.38)의 오른 편은, 각 지수인자 e^{ixp_y}에 대해 계수 대신 상태벡터가 나타난다는 점을 제외하고는, 이산 푸리에 변환의 친숙한 형태이다. 따라서, 양자 푸리에 변환을 벡터값 이산 푸리에 변환이라고 간주할 수도 있다.

하지만, 많은 물리적인 응용 예들에서, 이산 푸리에 변환과의 형식적 유사성보다 더 중요한 양자 푸리에 변환만의 특성이 있다. 양자 푸리에 변환을 기저변환, 즉 논리기저

$$\{|X_x\rangle : x = 0, 1, \ldots, 2^n - 1\} \tag{4.40}$$

에서 소위 '켤레기저'

$$\{|P_y\rangle := \hat{U}_{\text{QFT}}\,|X_y\rangle : y = 0, 1, \ldots, 2^n - 1\} \tag{4.41}$$

로의 유니테리 변환으로 인식하는 것이 더 유용하고 더 깊은 물리적 영감을 준다. 중요한 점은 '연속' 극한($L := 2^n \to \infty$)에서 논리기저는 '위치'의 고유기저에, 켤레기저는 '운동량'의 고유기저에 대응된다는 사실이다.[4.5] 실제로 다음 두 가지 관찰가능량

$$\hat{X} := \sum_x |X_x\rangle\, x\, \langle X_x|\,, \quad \hat{P} := \sum_y |P_y\rangle\, p_y\, \langle P_y| \tag{4.42}$$

는 각각 고유값 x와 p_y를 갖고, 이 둘 사이에는 관계식

$$e^{-ia\hat{P}}\hat{X}e^{+ia\hat{P}} = \hat{X} - a\hat{I} \tag{4.43}$$

가 성립한다. 이는 $e^{-ia\hat{P}}$가 평행이동 연산자이고, 따라서 $\hat{P}$는 평행이동 생성원, 즉 운동량임을 의미한다.

양자 푸리에 변환은 많은 양자 알고리즘들(특히, 4.4절의 양자위상추정 알고리즘)에 명시적이거나 변형된 형태로 자주 쓰인다. 위에서 정의한 논리기저와 켤레기저 사이의 관계는 특정한 알고리즘의 원리를 이해하는 데 도움이 된다.

[4.5] 소위 와일-하이젠베르크 군(Weyl-Heisenberg group)을 생성하는 유니테리 연산자 $\exp(-ip\hat{X})$와 $\exp(-ia\hat{P})$를 사용하여, 유한 차원 힐베르트 공간에서도 이 개념을 엄밀하게 증명할 수 있다. 예를 들어 Weyl (1931, Section IV.14)을 참조하라.

4.3.2 양자역학적으로 구현하기

양자 푸리에 변환(QFT)은 기본 게이트들을 이용하여 유니테리 연산자 (4.37)을 효율적으로 구현하는 것이다. 다시 정의로 되돌아가서, 양자 푸리에 변환은 양자상태들을

$$\hat{U}_{\mathrm{QFT}} |X_y\rangle = \frac{1}{2^{n/2}} \sum_{x=0}^{2^n-1} |X_x\rangle\, e^{ixp_y} \tag{4.44}$$

에 따라 본뜬다. 앞에서와 같이 파수는

$$p_y := \frac{2\pi y}{2^n} = 2\pi(0.y_1 y_2 \ldots y_n)_2 \tag{4.45}$$

로 정의한다. 모든 종류의 푸리에 변환이 갖는 특징적인 속성은 진동하는 위상인자 e^{ixp_y}에 기인하므로 먼저 이를 좀더 자세히 설명해보자. 지수에 나오는 곱 xp_y는

$$xp_y = \frac{2\pi xy}{2^n} = 2\pi(0.x_1 x_2 \ldots x_n)_2 y = 2\pi y \sum_{k=1}^{n} x_k 2^{-k} \tag{4.46}$$

로 전개되고, 이를 이용하면 위상인자를

$$e^{ixp_y} = \prod_{k=1}^{n} e^{2\pi i y x_k 2^{-k}} \tag{4.47}$$

꼴로 다시 쓸 수 있다. 이를 식 (4.44)에 다시 대입하고 정수값 x에 대한 합을 비트값 $x_j \in \{0,1\}$에 대한 합으로 다시 표현하면,

$$\hat{U}_{\mathrm{QFT}} |X_y\rangle = \bigotimes_{k=1}^{n} \sum_{x_k} |x_k\rangle\, e^{2\pi i x_k y/2^k} \tag{4.48}$$

를 얻는다. 고정된 k에 대해, 분수 $y/2^k$는 이진법으로 나타내면

$$y/2^k = (y_1 y_2 \cdots y_{n-k} . y_{n-k+1} \cdots y_{n-1} y_n)_2 \tag{4.49}$$

이다. 정수 부분은 합에 영향을 미치지 못한다. 왜냐하면, 임의의 정수 m에 대해 $e^{2\pi i m} = 1$이기 때문이다. 오로지 분수부분 $(0.y_{n-k+1} \cdots y_{n-1} y_n)_2$만 합에 영향을 준다. 위상인자 $e^{ix_k p_y}$에서 정수 부분을 없애면, 변환 결과에 대한 식

$$\hat{U}_{\mathrm{QFT}} |X_y\rangle = \bigotimes_{k=1}^{n} \sum_{x_k} |x_k\rangle\, e^{2\pi i x_k (0.y_{n-k+1} \cdots y_{n-1} y_n)_2} \tag{4.50}$$

에 도달할 수 있다. 비트값 x_j에 대한 합을 명시적으로 표현하면, 위 식을 다음과 같이 쓸 수 있다.

$$\hat{U}_{\mathrm{QFT}} |X_y\rangle = \left(\frac{|0\rangle + |1\rangle\, e^{2\pi i 0.y_n}}{\sqrt{2}}\right) \otimes \left(\frac{|0\rangle + |1\rangle\, e^{2\pi i 0.y_{n-1} y_n}}{\sqrt{2}}\right) \otimes$$

$$\cdots \otimes \left(\frac{|0\rangle + |1\rangle\, e^{2\pi i 0.y_1 y_2 \cdots y_n}}{\sqrt{2}} \right). \quad (4.51)$$

흥미롭게도, 양자 푸리에 변환에 의해 얻은 양자상태는 곱상태이다. 첫 번째 인자는 양자 레지스터의 첫 번째 큐비트에 저장되고 이어지는 인자들은 해당 큐비트들에 동일한 순서로 저장된다. 이후 분석에 편리하도록, 이 순서를 뒤집어보자. 이는 큐비트 뒤집기 유니테리 변환

$$\hat{U}_{\mathrm{QBR}} |y_1\rangle \otimes |y_2\rangle \otimes \cdots \otimes |y_n\rangle = |y_n\rangle \otimes \cdots \otimes |y_2\rangle \otimes |y_1\rangle \quad (4.52)$$

을 수행하는 것과 동일하다. 양자 푸리에 변환 전에 큐비트 뒤집기 유니테리 변환을 먼저 적용하면, 이후에 분석할 최종 식

$$\hat{U}_{\mathrm{QFT}} \hat{U}_{\mathrm{QBR}} |X_y\rangle = \left(\frac{|0\rangle + |1\rangle\, e^{2\pi i\, 0.y_1}}{\sqrt{2}} \right) \otimes \left(\frac{|0\rangle + |1\rangle\, e^{2\pi i\, 0.y_2 y_1}}{\sqrt{2}} \right) \otimes \cdots \otimes \left(\frac{|0\rangle + |1\rangle\, e^{2\pi i\, 0.y_n \cdots y_2 y_1}}{\sqrt{2}} \right) \quad (4.53)$$

에 도달한다.

지금까지 양자 푸리에 변환의 정의 (4.44)를 다른 꼴로 표현하는 것 외에는 아무것도 하지 않았다. 이제 변환을 구성하는 기본 양자논리게이트들을 찾아보자. 식 (4.53)에 나타낸 곱의 꼴은 이 분석에 특히 유용하다. k번째 큐비트에 저장된 상태

$$\frac{|0\rangle + |1\rangle\, e^{2\pi i\, (0.y_k \cdots y_2 y_1)_2}}{\sqrt{2}} \quad (4.54)$$

를 살펴보자.

$$2\pi\, (0.y_k \ldots y_2 y_1)_2 = \sum_{j=1}^{k} y_j 2^{j-k} \pi \quad (4.55)$$

임을 참고하면, 양자상태 (4.54)에서 큐비트 $1, 2, \ldots k$는 각기 상대적인 위상변화 $2^{1-k}\pi$, $2^{2-k}\pi$, $\cdots$, π를 일으킴을 알 수 있다. 이 중 위상변화 π는 k번째 큐비트 자체의 논리기저 상태 $|y_k\rangle$에 따라 달라지며, 이는 하다마드 게이트와 동등하다. 따라서, k번째 큐비트에 저장된 상태 (4.54)는 변환

$$|y_1\rangle \otimes \cdots \otimes |y_{k-1}\rangle \otimes |y_k\rangle \mapsto |y_1\rangle \otimes \cdots \otimes |y_{k-1}\rangle \otimes \prod_{j=1}^{k-1} \hat{T}^{y_j} (2^{j-k}\pi) \hat{H} |y_k\rangle \quad (4.56)$$

의 결과라고 볼 수 있다. 여기서 $\hat{T}(\phi)$는 상대적인 위상변화

$$\hat{T}(\phi) = |0\rangle \langle 0| + |1\rangle \langle 1|\, e^{i\phi} \doteq \begin{bmatrix} 1 & 0 \\ 0 & e^{i\phi} \end{bmatrix} \quad (4.57)$$

를 표시한다. $\hat{T}^{y_j}(2^{j-k}\pi)$의 실제 연산은 j번째 큐비트의 논리기저상태 $|y_j\rangle$에 의해 결정된다. 따라서, 이는 제어 유니테리 게이트이다. 예를 들어, 세 번째 큐비트에 저장된 상태는 양자회로에서 다음과 같이 표현된다.

(4.58)

여기서 축약된 표기법 $\hat{T}_l := \hat{T}(\pi/2^l)$을 사용하였다. 전체적으로, 양자 푸리에 변환은 양자회로

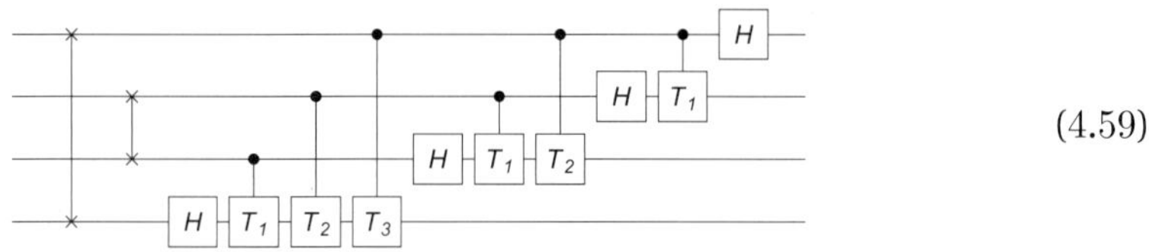

(4.59)

로 표현되는데, 양자레지스터의 전반부와 후반부의 큐비트들로 이루어진 쌍들에 SWAP 게이트를 가하여 큐비트 뒤집기 유니테리 변환 $\hat{U}_{\mathrm{QBT}}$를 구현했다. 위 양자회로에서는 $\hat{U}_{\mathrm{QBR}}$ 연산을 초기에 실행하였다. 이 연산을 제일 마지막에 실행해도 된다. $\hat{U}_{\mathrm{QBR}}$은 큐비트 순서를 단순하게 뒤집을 뿐이므로 양자회로 (4.59)는 다음 양자회로

(4.60)

와 동일하다. 사실, 이 양자회로가 양자 푸리에 변환에 관한 문헌에서 더 자주 접하는 꼴이다.

Here we simulate the quantum Fourier transform on a quantum register of 4 qubits.

```
In[ ]:= $n = 4;
```

Here defined are the controlled-phase gates.

```
In[ ]:= CP[j_, j_] := S[j, 6]
CP[j_, k_] := ControlledU[S[j],
   Phase[Pi Power[2, k - j], S[k], "Label" → Subscript["T", j - k]]
  ] /; j > k
CP[j_, k_] := ControlledU[S[j],
   Phase[Pi Power[2, j - k], S[k], "Label" → Subscript["T", k - j]]
  ] /; j < k
```

We denote by the label T_k the relative phase shift by $\pi/2^k$: $T_k := \begin{pmatrix} 1 & 0 \\ 0 & e^{i\pi/2^k} \end{pmatrix}$.

This is just a short-hand function.

```
In[ ]:= SW[j_] := SWAP[S[j], S[$n - j + 1]]
SW[All] := Table[SW[j], {j, 1, $n / 2}]
```

This is the standard implementation, which can be seen commonly in textbooks.

```
In[ ]:= gates = Flatten@Table[CP[j, k], {k, $n, 1, -1}, {j, k, 1, -1}];
qc1 = QuantumCircuit[Sequence @@ SW[All], Sequence @@ gates]
```

Out[ ]=

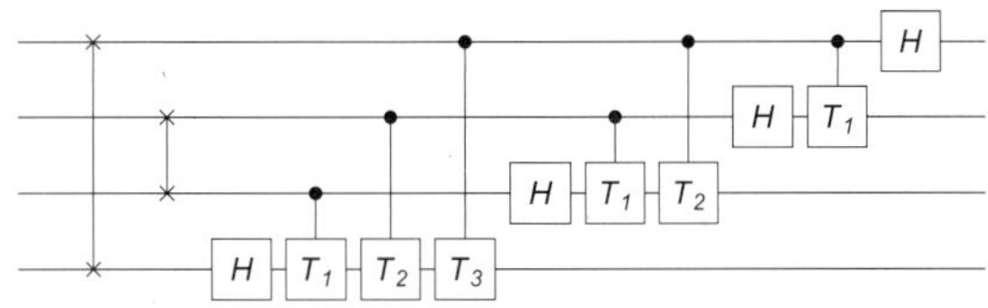

To verify the above quantum circuit model, we compare its matrix representation with the matrix for the discrete Fourier transform.

```
In[ ]:= mat = Matrix[qc1] // TrigToExp;
new = FourierMatrix[Power[2, $n]];
DeleteCases[new - mat // Simplify // Flatten, 0]
```

```
Out[ ]=
{}
```

One can also reverse the order of qubits later to get the following quantum circuit model for the quantum Fourier transform.

```
In[ ]:= gates = Flatten@Table[CP[j, k], {k, 1, $n}, {j, k, $n}];
qc2 = QuantumCircuit[Sequence @@ gates, Sequence @@ SW[All]]
```

Out[ ]=

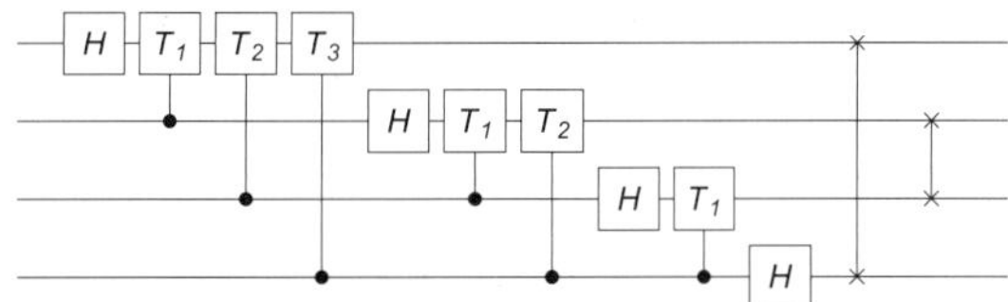

Again, verify it by comparing the matrix representation with the matrix for the discrete Fourier transform.

```
In[ ]:= mat = Matrix[qc2] // TrigToExp;
new = FourierMatrix[Power[2, $n]];
DeleteCases[new - mat // Simplify // Flatten, 0]
```

```
Out[ ]=
{}
```

4.3.3 준고전적으로 구현하기

준고전적 구현은 물리적인 관점에서 볼 때 흥미로울 뿐만 아니라 현 기술 수준을 고려할 때 더욱 흥미롭다(Griffiths & Niu, 1996). 이 구현방식은 가장 취약하고 유지하기 어려운 양자 정보 자원인 양자얽힘을 필요로 하지 않기 때문에, 많은 실험들에서 양자 푸리에 변환이나 양자위상추정(4.4절 참조)이 필요할 때마다 준고전적 구현을 사용한다(Chiaverini et al., 2005; Higgins et al., 2007).

양자 푸리에 변환의 준고전적 구현을 유도한 최초 논문(Griffiths & Niu, 1996)은 해설하는 논리 과정 그 자체로도 흥미로울 뿐만 아니라 양자 푸리에 변환 알고리즘을 물리적인 영감을 주는 색다른 방법으로 유도하기도 한다. 그러나 여기서는 이 논문의 논리를 따라가지 않을 것이다. 대신, 양자 푸리에 변환과 그 역 사이의 관계를 사용한다. 역 양자 푸리에 변환은 (연습문제 4.4에서처럼) 다음과 같이 주어진다.

$$\hat{U}_{\mathrm{QFT}}^{\dagger}\left|X_y\right\rangle = \frac{1}{2^{n/2}}\sum_x \left|X_x\right\rangle e^{-ixp_y} \tag{4.61}$$

이는 직교성관계

$$\frac{1}{2^n}\sum_y e^{i(x-x')p_y} = \delta_{xx'} \tag{4.62}$$

에서 바로 얻을 수 있다. 식 (4.61)은 역 양자 푸리에 변환이 양자 푸리에 변환의 다른 형태에 불과하다는 점을 시사하며, 실제로 이는 모든 종류의 푸리에 변환에 공통되는 특성이다. 이는 또 여러 가지 방법으로 역 양자 푸리에 변환에서 원래의 양자 푸리에 변환을 얻어낼 수 있고 그 반대로도 할 수 있음을 의미한다. 예를 들어, 모든 x와 y에 대해 $e^{-ixp_y} = e^{ix(2\pi-p_y)}$이므로, $\hat{U}_{\mathrm{QFT}}^{\dagger}\left|X_y\right\rangle$이 켤레기저의 원소임에 주목해보자. 실제로 $\hat{U}_{\mathrm{QFT}}^{\dagger}\left|X_y\right\rangle = \left|P_{2^n-y}\right\rangle$이다. 양자 푸리에 변환의 준고전적 구현이라는 맥락에서 보면, 역 양자 푸리에 변환 $\hat{U}_{\mathrm{QFT}}^{\dagger}$가 양자 푸리에 변환에서 위상인자 e^{ixp_y}를 e^{-ixp_y}로 대체한 것에 불과하다는 사실이 더 쓸모있다. 이는 양자회로 (4.59)에서 상대적 위상변화 $\hat{T}(\phi)$를 $T^{\dagger}(\phi)$로 대체하는 것에 해당한다. 반대로, 양자회로 (4.59)에서 시작하여 이의 에르미트 켤레(즉, 역)를 취하고 $\hat{T}^{\dagger}(\phi) \equiv \hat{T}(-\phi)$를 $\hat{T}(\phi)$로 바꾸면, 원래의 양자 푸리에 변환을 다시 회복해야 한다. 이 과정을 통해 다음과 같은 양자 푸리에 변환 양자회로를 얻는다.

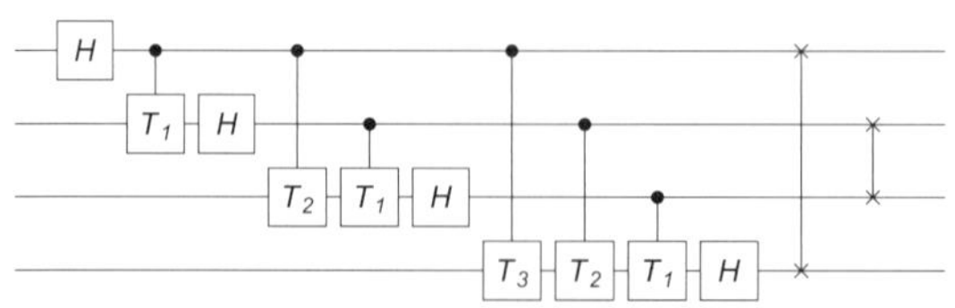

양자회로 (4.59)와 비교하면 위 양자회로에서는 특정한 큐비트가 다른 큐비트들의 상대적인 위상변화 $\hat{T}(\phi)$를 '제어'하기 전에 그 큐비트에 하다마드 게이트를 먼저 가한다. 이 차이는 매우 중요한 결과를 일으킨다. 이를 확인하기 위해 각 큐비트들을 명시적으로 측정해보자.

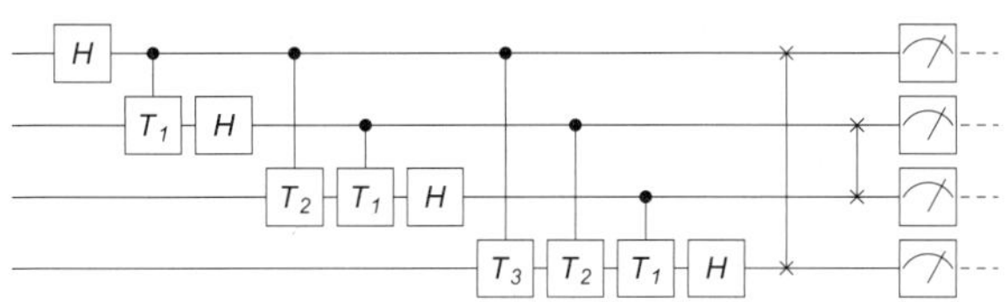

지연측정 원리(principle of deferred measurement)에 따라, 측정은 언제나 제어 유니테리 게이트보다 먼저 수행될 수 있다.

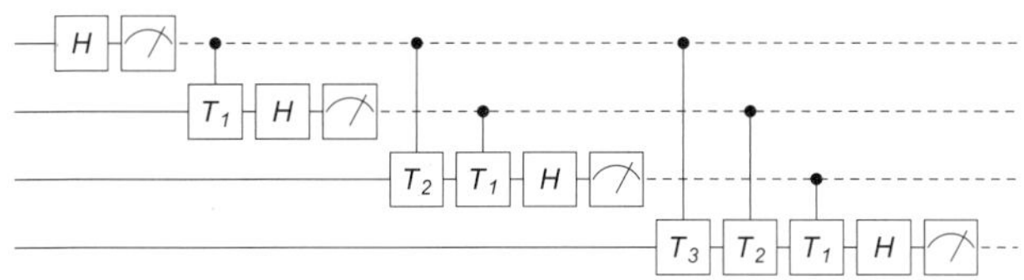

이 형태의 양자회로는 Griffiths & Niu (1996)에서 처음 유도되었다. 중요한 점은 측정 후에 제어 유니테리 게이트가 양자얽힘을 필요로 하지 않는 단순한 고전적인 피드백 제어라는 사실이다.

Here we simulate the semiclassical implementation of the quantum Fourier transform. Again, we consider a quantum register of four qubits.

```
In[ ]:= $n = 4;
SS = S[Range[$n], None];
```

Here defined are the controlled-phase gates.

```
In[ ]:= CP[j_, j_] := S[j, 6]
CP[j_, k_] := ControlledU[S[j],
    Phase[Pi Power[2, k - j], S[k], "Label" → Subscript["T", j - k]]
  ] /; j > k
CP[j_, k_] := ControlledU[S[j],
    Phase[Pi Power[2, j - k], S[k], "Label" → Subscript["T", k - j]]
  ] /; j < k
```

```
In[ ]:= in = Ket @@ Thread[SS → RandomChoice[{0, 1}, $n]];
LogicalForm[in, SS]
```

Out[ ]=

$\left|1_{S_1} 1_{S_2} 1_{S_3} 0_{S_4}\right\rangle$

This is a quantum circuit model for the quantum Fourier transformation.

```
In[ ]:= gates = Flatten@Table[CP[j, k], {k, $n, 1, -1}, {j, k, 1, -1}];
swaps = Table[SWAP[S[k], S[$n - k + 1]], {k, 1, $n / 2}];
qc1 = QuantumCircuit[LogicalForm[in, SS],
   Sequence @@ swaps, Sequence @@ gates, Measurement@Through[SS[3]]]
```

Out[ ]=

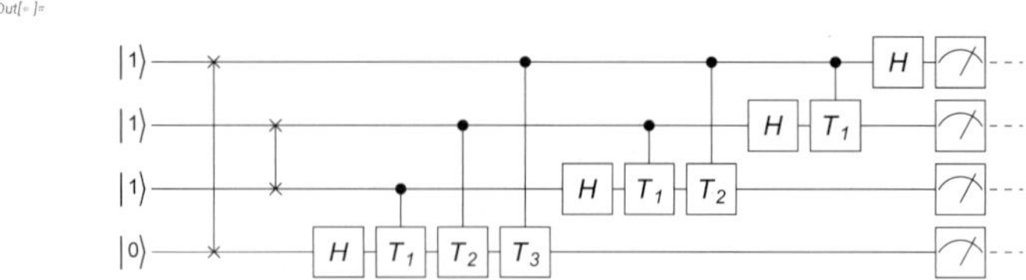

This is the semiclassical implementation of the quantum Fourier transform.

In[ ]:=
```
gates = Table[CP[j, k], {k, 1, $n}, {j, 1, k}];
gates = Flatten@MapIndexed[Append[#1, Measurement@S[#2, 3]] &, gates];
swaps = Table[SWAP[S[k], S[$n - k + 1]], {k, 1, $n / 2}];
qc2 = QuantumCircuit[LogicalForm[in, SS], Sequence @@ gates]
```

Out[ ]=

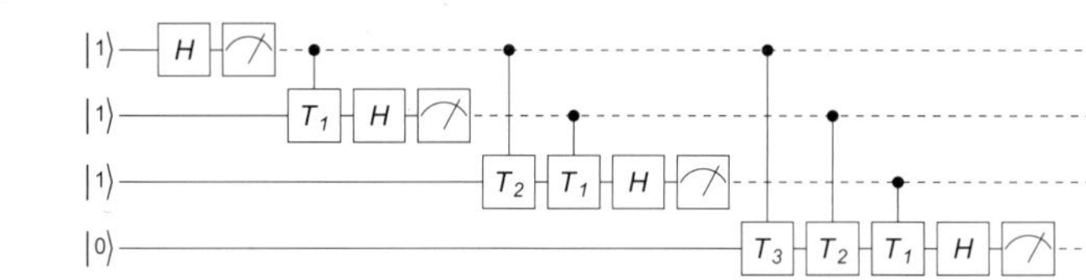

To verify the equivalence of the two quantum circuit models, we compare the probability distributions.

In[ ]:=
```
Timing[data1 = Table[ExpressionFor[qc1];
    FromDigits[Readout@Through[SS[3]], 2], {500}];]
```

Out[ ]=
```
{32.7602, Null}
```

In[ ]:=
```
Histogram[data1, FrameLabel → {"Measurement Outcome", "Counts"}]
```

Out[ ]=

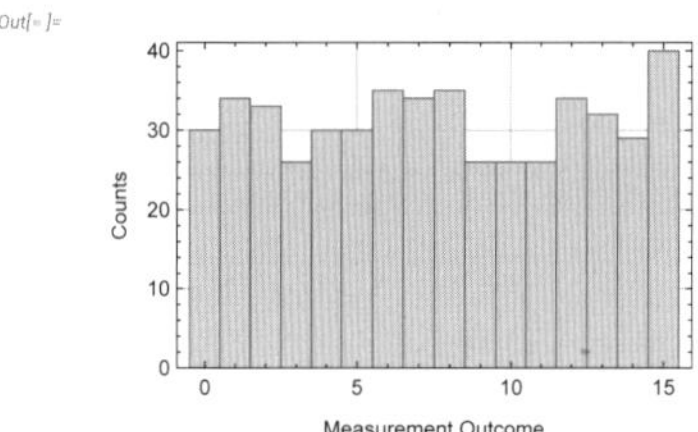

Note that the bit strings of the measurement outcomes from the semiclassical model must be reversed .

In[ ]:=
```
Timing[data2 = Table[ExpressionFor[qc2];
    FromDigits[Reverse@Readout@Through[SS[3]], 2], {500}];]
```

Out[ ]=
```
{8.82301, Null}
```

In[ ]:=
```
Histogram[data2, FrameLabel → {"Measurement Outcome", "Counts"}]
```

Out[ ]=

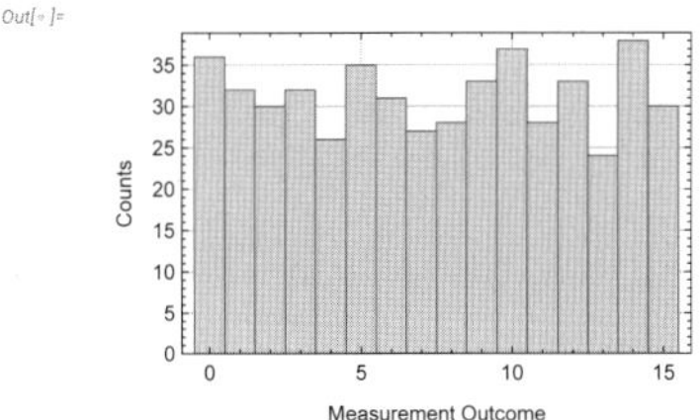

The discrepancy between the two distributions is due to the finite sample size.

Another way to test the equivalence of the fully quantum and semiclassical implementation of the quantum Fourier transformation is to take as the input state one that ends up in a product state.

In[ ]:=
```
vecs = FourierMatrix[Power[2, $n], FourierParameters → {0, -1}].Basis[SS];
in = RandomChoice[vecs];
in // LogicalForm
```

Out[ ]=

$$\frac{1}{4}\left|0_{S_1}0_{S_2}0_{S_3}0_{S_4}\right\rangle - \frac{1}{4}\left|0_{S_1}0_{S_2}0_{S_3}1_{S_4}\right\rangle + \frac{1}{4}\left|0_{S_1}0_{S_2}1_{S_3}0_{S_4}\right\rangle - \frac{1}{4}\left|0_{S_1}0_{S_2}1_{S_3}1_{S_4}\right\rangle +$$
$$\frac{1}{4}\left|0_{S_1}1_{S_2}0_{S_3}0_{S_4}\right\rangle - \frac{1}{4}\left|0_{S_1}1_{S_2}0_{S_3}1_{S_4}\right\rangle + \frac{1}{4}\left|0_{S_1}1_{S_2}1_{S_3}0_{S_4}\right\rangle - \frac{1}{4}\left|0_{S_1}1_{S_2}1_{S_3}1_{S_4}\right\rangle +$$
$$\frac{1}{4}\left|1_{S_1}0_{S_2}0_{S_3}0_{S_4}\right\rangle - \frac{1}{4}\left|1_{S_1}0_{S_2}0_{S_3}1_{S_4}\right\rangle + \frac{1}{4}\left|1_{S_1}0_{S_2}1_{S_3}0_{S_4}\right\rangle - \frac{1}{4}\left|1_{S_1}0_{S_2}1_{S_3}1_{S_4}\right\rangle +$$
$$\frac{1}{4}\left|1_{S_1}1_{S_2}0_{S_3}0_{S_4}\right\rangle - \frac{1}{4}\left|1_{S_1}1_{S_2}0_{S_3}1_{S_4}\right\rangle + \frac{1}{4}\left|1_{S_1}1_{S_2}1_{S_3}0_{S_4}\right\rangle - \frac{1}{4}\left|1_{S_1}1_{S_2}1_{S_3}1_{S_4}\right\rangle$$

In[ ]:=
```
gates = Flatten@Table[CP[j, k], {k, $n, 1, -1}, {j, k, 1, -1}];
swaps = Table[SWAP[S[k], S[$n - k + 1]], {k, 1, $n / 2}];
qc1 = QuantumCircuit[{in, "Label" → None},
  Sequence @@ swaps, Sequence @@ gates, Measurement@Through[SS[3]]]
```

Out[ ]=

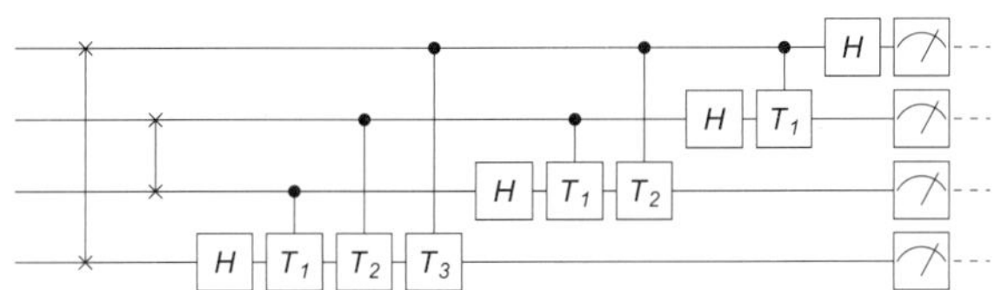

In[ ]:=
```
gates = Table[CP[j, k], {k, 1, $n}, {j, 1, k}];
gates = Flatten@MapIndexed[Append[#1, Measurement@S[#2, 3]] &, gates];
swaps = Table[SWAP[S[k], S[$n - k + 1]], {k, 1, $n / 2}];
qc2 = QuantumCircuit[{in, "Label" → None}, Sequence @@ gates]
```

Out[ ]=

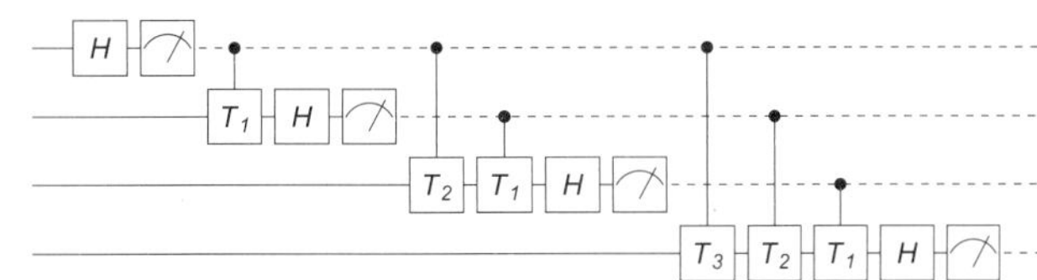

In[ ]:=
```
out1 = ExpressionFor[qc1];
LogicalForm[out1, SS]
```

Out[ ]=

$$\left|1_{S_1}0_{S_2}0_{S_3}0_{S_4}\right\rangle$$

Again, recall that the order of qubits are reversed in the semiclassical implementation.

In[ ]:=
```
out2 = ExpressionFor[N@qc2] // Chop;
LogicalForm[out2, SS]
```

Out[ ]=

1. $|0_{S_1}0_{S_2}0_{S_3}1_{S_4}\rangle$

위에서 논의한 양자회로들로부터, 양자 푸리에 변환이 n^2 개 수준의 기본 게이트들을 필요로 함을 알 수 있다. 예를 들어, 양자회로 (4.59)를 고려해보자. 큐비트당 하나씩, 총 n 개의 하다마드 게이트가 있다. 제어 유니테리 게이트의 개수는 $\sum_{k=1}^{n}(k-1) = n(n-1)/2$ 이다. 또한 $n/2$ 개의 SWAP 게이트가 있는데, 각각은 세개의 CNOT 게이트를 필요로 한다. 종합하면, $n(n+4)/2 \sim \mathscr{O}(n^2)$ 개의 게이트들이 필요하다. 이 계산 부하는 이산 푸리에 변환을 위한 가장 좋은 고전 알고리즘으로 알려진 고속 푸리에 변환에 필요한 $\mathscr{O}(n2^n)$ 개의 게이트와 비교된다.

4.4 양자위상추정

양자위상추정(quantum phase estimation)은 어느 한 유니테리 연산자의 고유상태에 해당하는 미지의 고유값의 위상을 추정하는 과정이다. 양자 푸리에 변환과 마찬가지로 양자위상추정을 위한 양자 알고리즘은 양자 인수분해 알고리즘을 비롯한 많은 양자 알고리즘들의 핵심 요소들 중 하나이다. 실제로 양자 푸리에 변환은 양자위상추정 알고리즘의 일부분이며 독립적이기보다는 거의 항상 함께 쓰인다. 이러한 의미에서 양자위상추정은 대부분의 양자 알고리즘들의 핵심 서브루틴이다. 실제로 지금까지 알려진 모든 양자 알고리즘은 일종의 양자위상추정으로 간주할 수 있다(Cleve et al., 1998).[4.6]

4.4.1 정의

n 개의 큐비트로 이루어진 양자레지스터를 설정하고, $\hat{U}$가 이 양자레지스터에 해당하는 힐베르트 공간에 작용하는 유니테리 연산자라 하자. 양자레지스터의 상태는 $\hat{U}$의 고유상태 중 하나 $|\phi\rangle$로 초기화되어 있다. 이제 이 고유상태의 미지의 고유값 $e^{-2\pi i\phi}$를 알아내고자 한다. 양자위상추정 절차는 고유값의 위상값 $2\pi\phi$를 찾는 것이 목표이다.

양자위상추정은 측정과 직접적으로 관련되어있다. 고유값 $e^{-2\pi i\phi}$를 구하는 것은 해당 고유상태 $|\phi\rangle$를 알아내는 것과 다름없다는 사실에 주목하자. 유니테리 연산자는 어떤 관찰가능량 $\hat{Q}$에 대해 $\hat{U} = e^{-2\pi i\hat{Q}}$로 쓸 수 있으므로, 위상추정은 물리량 $\hat{Q}$를 측정하는 것에

[4.6] 수학적으로 말하면, 그것들은 숨은 부분군 문제라고 불리는 부류에 속한다.

해당된다. 이러한 의미에서 양자위상추정 절차는 양자컴퓨터에서 양자측정을 구현하는 것으로 간주할 수 있다. 이런 측면은 4.4.4절에서 더 자세히 논의할 것이다.

양자위상추정 절차에 대한 일반적인 아이디어를 얻기 위해, m 개의 큐비트로 이루어진 보조레지스터를 사용한다. 이 양자레지스터를 '탐침'레지스터라 부를텐데, 그 이유는 이 절의 뒷부분에서 명확해질 것이다. 탐침레지스터는 논리기저의 모든 원소들이 중첩된 상태 $\propto \sum_x |x\rangle$에 준비한다. 이러한 중첩 상태는 식 (2.18)에서 보았듯이 하다마드 게이트를 가하여 생성할 수 있다. 그러면, 전체 계의 상태벡터는

$$\left(\hat{H}^{\otimes m}|0\rangle\right)\otimes|\phi\rangle = \frac{1}{2^{m/2}}\sum_{x=0}^{2^m-1}|x\rangle\otimes|\phi\rangle \tag{4.63}$$

와 같다. 다음으로, 전체 계에

$$\hat{U}_{\mathrm{QPE}} : |x\rangle\otimes|y\rangle \mapsto |x\rangle\otimes\left(\hat{U}^x|y\rangle\right) \tag{4.64}$$

로 정의된 유니테리 변환을 가한다. 여기서 $|x\rangle(x=0,1,\cdots,2^m-1)$은 탐침레지스터의 상태이고, $|y\rangle(y=0,1,\ldots,2^n-1)$은 기본레지스터의 상태이다. 이 변환은 제어 유니테리 게이트로, x값에 따라 기본레지스터에 변환 $\hat{U}$를 수행한다. 제어 유니테리 게이트 (controlled-unitary gate) 의해 상태벡터는

$$\begin{aligned}\frac{1}{2^{m/2}}\sum_x|x\rangle\otimes\left(\hat{U}^x|\phi\rangle\right) &= \frac{1}{2^{m/2}}\sum_x|x\rangle\otimes\left(|\phi\rangle e^{-2\pi i x\phi}\right)\\ &= \left(\frac{1}{2^{m/2}}\sum_{x=0}^{2^m-1}|x\rangle e^{-2\pi i x\phi}\right)\otimes|\phi\rangle\end{aligned} \tag{4.65}$$

가 된다. 기본레지스터는 여전히 동일한 상태 $|\phi\rangle$에 남아있는 반면 탐침레지스터는 x에 비례하는 상대적 위상변화, 즉 $e^{-2\pi i x\phi}$를 얻는다는 점에 주목하자. 따라서, 탐침레지스터에 저장된 상태 (4.65)는 형식적으로 (역) 양자 푸리에 변환과 동일하다(식 (4.38)과 (4.61) 참조). 당분간, $\phi(0\le\phi<1)$가 다음 값 중 하나를 갖는다고 가정해보자.

$$\frac{0}{2^m}, \frac{1}{2^m}, \frac{2}{2^m}, \cdots, \frac{2^m-1}{2^m}. \tag{4.66}$$

이 경우 탐침레지스터에 양자 푸리에 변환 $\hat{U}_{\mathrm{QFT}}$를 가하면, 정확히 논리기저상태 $|2^m\phi\rangle$가 된다. 연이어 논리기저에 대해 탐침레지스터를 측정하면, 결과값 ϕ를 얻게 될 것이다. 위에서 설명한 절차를 다음 그림에 양자회로 형태로 요약하였다.

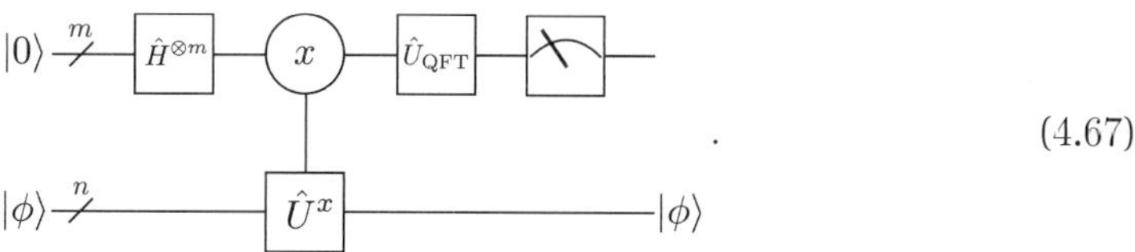

. (4.67)

규격화된 위상 ϕ는 연속적인 값을 갖는 변수이다. 일반적으로 식 (4.66)에 나열된 값들만 갖는 것이 아니다. 그 외의 값을 갖게 되는 경우, 탐침레지스터의 큐비트 개수 m은 위상 ϕ를 정확하게 추정하기에는 충분하지 않다. 따라서, 측정할 때마다 마구잡이로 다른 값들이 나오게 된다. 다행히, 특정한 한 값에 대한 확률은 $2^m\phi$ 주위로 뾰족하게 분포된다(탐침레지스터가 클수록 확률분포는 좀더 뾰족해진다). 이 점은 이후에 다시 다룰 것이다.

4.4.2 구현하기

이제 개별 단계를 실제로 어떻게 구현하는지 논의해보자. 탐침레지스터를 논리기저상태가 모두 중첩된 양자상태로 준비하는 작업은 다음과 같이 하다마드 게이트를 사용하면 된다(2.1.2절 참조).

$$|0\rangle^{\otimes m} \rightarrow \hat{H}^{\otimes m}|0\rangle^{\otimes m} = \frac{1}{2^{m/2}}\sum_{x=0}^{2^m-1}|x\rangle\ . \tag{4.68}$$

식 (4.64)의 제어 $\hat{U}^x$ 변환은 명시적으로 기술하자면

$$|x\rangle \otimes \hat{U}^x|y\rangle = |x_1\rangle \otimes |x_2\rangle \otimes \cdots \otimes |x_m\rangle \otimes \hat{U}^{x_1 2^{m-1}}\hat{U}^{x_2 2^{m-2}}\cdots\hat{U}^{x_m 2^0}|y\rangle \tag{4.69}$$

이다. 이는 탐침레지스터에 있는 j 번째 큐비트의 값 x_j에 따라 작동하는 제어 $\hat{U}^{2^j}$ 게이트들의 곱이다. 따라서, 다음 양자회로를 사용하여 구현할 수 있다.

. (4.70)

여기서 효율적인 양자위상추정 알고리즘은 제어 $\hat{U}^{2^j}$ 게이트들의 효율적인 구현을 필요로 한다는 사실에 주목할 필요가 있다. 제어 $\hat{U}^{2^j}$ 게이트를 효율적 구현할 수 있는 유니테리 변환 $\hat{U}$ 중의 한 예가 모듈러 곱셈(modular multiplication)이다. 이것은 4.5.2절에서 논의할 위수찾기 문제(order-finding problem)에 사용되기도 한다.

제어 $\hat{U}^x$ 게이트는 전체 계의 상태를

$$\frac{1}{2^{m/2}}\sum_{x=0}^{2^m-1}|x\rangle \otimes |\phi\rangle \rightarrow \left(\frac{1}{2^{m/2}}\sum_{x=0}^{2^m-1}|x\rangle\, e^{-2\pi i x\phi}\right) \otimes |\phi\rangle \tag{4.71}$$

로 변환한다. 탐침레지스터에 최종적으로 양자 푸리에 변환을 가하면, 위 양자상태는

$$\frac{1}{2^{m/2}}\sum_x |x\rangle\, e^{-2\pi i x\phi} \rightarrow \sum_y |y\rangle \left(\frac{1}{2^m}\sum_x |x\rangle\, e^{2\pi i(y-2^m\phi)x/2^m}\right) \tag{4.72}$$

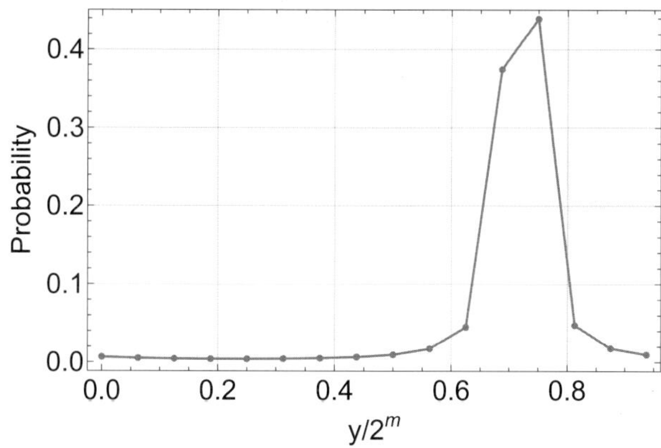

그림 4.2: 위상 ϕ의 진짜 값이 $\phi = 18/25$인 경우, $m = 4$인 '탐침' 양자레지스터를 사용하여 위상을 불연속적인 값 $y/2^m$으로 추정할 때의 확률 분포 P_y.

로 변환된다. $2^m\phi$가 $0, 1, 2, \ldots, 2^m - 1$ 중 하나일 때, 양자 푸리에 변환은 탐침레지스터를 정확히 논리기저상태 $|2^m\phi\rangle$ 중 하나로 바꾸어놓는다. 이것은 직교성관계

$$\frac{1}{2^m}\sum_{k=0}^{2^m-1} e^{2\pi i(x-y)k/2^m} = \delta_{xy} \tag{4.73}$$

로부터 부터 쉽게 알 수 있다. 그러나 $2^m\phi$가 위에 언급한 값들 외에도 임의의 연속적인 값을 갖을 수 있기 때문에, 결과가 항상 이렇게 간단하진 않고 보통 여러 논리기저상태들이 중첩되어 나온다. 따라서, 논리기저에 대해 탐침레지스터를 측정하면, 결과 y를 얻을 확률은

$$P_y = \left|\frac{1}{2^m}\sum_{x=0}^{2^m-1} e^{i2\pi(y-2^m\phi)x/2^m}\right|^2 = \frac{1}{2^{2m}}\left|\frac{1-e^{2\pi i(y-2^m\phi)}}{1-e^{2\pi i(y-2^m\phi)/2^m}}\right|^2 \tag{4.74}$$

이다. 큐비트 개수 m이 합리적으로 클 때 확률분포 P_y는 $2^m\phi$를 중심으로 뾰족한 봉우리를 이룬다(그림 4.2 참조). 위에서 언급한 바와 같이, $2^m\phi$이 $0, 1, \ldots, 2^m - 1$ 중 한 정수값을 갖는 경우에, 이 확률은 정확히 1이 된다.

We take an ancillary register consisting of four qubits, which we call the "probe" register.

```
In[ ]:= $m = 4; (* the number of qubits in the "probe" register *)
prb = Range[$m]; (* the "probe" register *)
sys = $m + 1; (* the "system" register *)
```

We consider a rotation around the z-axis for the unitary operator. In this case, the logical basis consists of the eigenstates of the unitary operator.

```
In[ ]:= ϕ = 18 / 25;
```

Here is the controlled – $U^{2^{m-j}}$ operator to be used in the phase estimation algorithm.

```
In[]:= ctrlU[j_] := ControlledU[S[j], Phase[-2 Pi ϕ * Power[2, $m - j], S[sys]],
         "Label" → Superscript["U", Superscript["2", ToString[$m - j]]],
         "LabelSize" → 0.65]
```

```
In[]:= qc = QuantumCircuit[LogicalForm[Ket[], S@prb],
         Ket[S[sys] → 1], {S[prb, 6], "LabelSize" → 0.8},
         ctrlU[1], ctrlU[2], ctrlU[3], ctrlU[4], QFT[S@prb]]
```

Out[]=

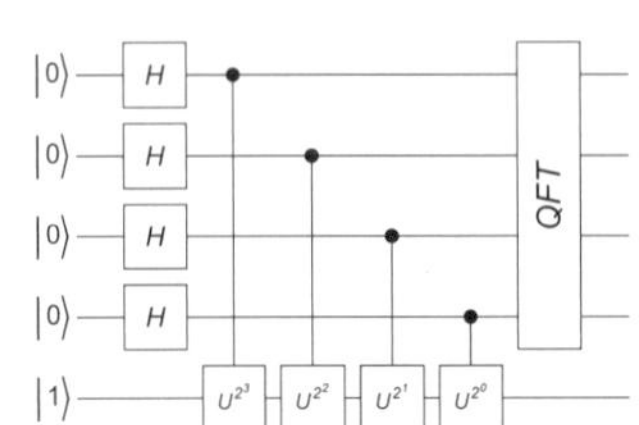

In this particular example, we already know that the "system" register remains in its initial state and what the initial state is. To make the process general, however, we take the partial trace over the system register to focus on the "probe" register.

```
In[]:= out = Matrix[N@qc];
       rho = PartialTrace[out, {sys}];
```

From the density matrix of the probe register, we can get the probability to read out the possible values of the normalized phase.

```
In[]:= probability = Transpose@{Range[0, 2^$m - 1] / 2^$m, Normal@Chop@Diagonal@rho};
       g = ListLinePlot[probability,
         PlotRange → {{0, 1}, All}, PlotMarkers → Automatic,
         FrameLabel → {"ϕ", "Probability"}]
```

Out[]=

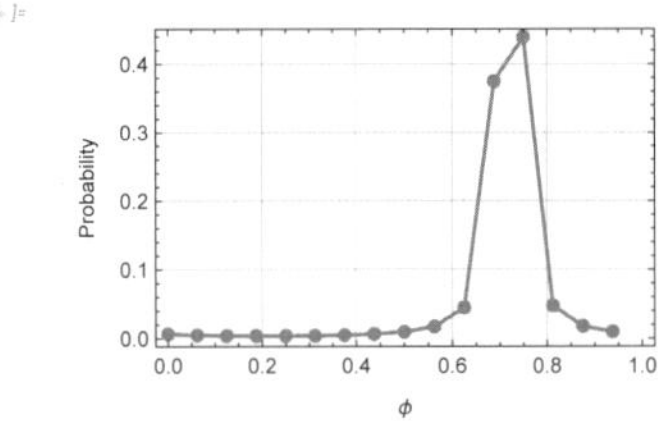

4.4.3 정확도

이제 양자추정의 오차 한계를 계산해보자.[4.7] $2^m\phi$를 정수 부분 p와 분수 부분 δ로 쪼개 $2^m\phi = p + \delta$와 같이 쓰자. 그럼 $0 \le \delta < 1$이 성립한다. 분수 부분 δ는 m 개의 큐비트로 이루어진 탐침레지스터에는 저장될 수 없으므로, 이 값이 추정된 위상값에 오차를 발생시킨다. 유한한 크기의 자원을 사용하는 한, 이런 오차의 발생은 막을 방법이 없다. 하지만, 측정결과 y가 올바르게 p나 $p+1$을 가리키게 함으로 최선의 추정값을 얻을 수는 있다. 추정된 위상값에 대한 오차 $\varepsilon := |y/2^m - \phi|$는 2^{-m}보다 작을 것이다. (m이 큰 경우) 확률

[4.7] 또 다른 방법과 확률 한계는 참고 문헌 Nielsen & Chuang (2011)에 나와 있다.

P_y는 p와 $p+1$ 주위에 뾰족하게 분포된다. $y=p$와 $y=p+1$에서의 확률값은 y의 다른 값들에서의 확률보다 더 크다. 따라서, 추정된 위상값에 대한 오차가 2^{-m}보다 작을 확률

$$P(\varepsilon < 2^{-m}) = P_p + P_{p+1} \tag{4.75}$$

의 구간을 찾으면 편리할 것이다.

안타깝게도, 확률분포 P_y는 유한한 너비를 가지고, 결과 y가 기대되는 값으로 항상 측정되지는 않는다. 그럼에도 불구하고, $y=p$와 $y=p+1$에서의 P_y 값은 y의 다른 값들에서보다 더 크다.

식 (4.74)로부터

$$P(\varepsilon < 2^{-m}) = \frac{1}{2^{2m}}\left|\frac{\sin(\pi\delta)}{\sin(\pi\delta/2^m)}\right|^2 + \frac{1}{2^{2m}}\left|\frac{\sin(\pi(1-\delta))}{\sin(\pi(1-\delta)/2^m)}\right|^2 \tag{4.76}$$

임을 알 수 있다. 이를 δ의 함수로 보면 $\delta = 1/2$를 중심으로 대칭적이다. 즉, $1/2-\delta \to \delta$으로 바꾸어도 식은 변하지 않는다. 또한, $P_p = 1$이므로 $\delta = 0$인 경우에 최대가 되고, 오차가 발생하지 않는다. $\delta = 1/2$인 경우에 $P_p = P_{p+1}$가 되고, 이때 최소이다. 따라서, 부등식

$$P(\varepsilon < 2^{-m}) \geq \frac{1}{2^{2m-1}}\left|\frac{\sin(\pi/2)}{\sin(\pi/2^{m+1})}\right|^2 = \frac{1}{2^{2m-1}\sin^2(\pi/2^{m+1})} \tag{4.77}$$

이 성립한다. m이 (무한대까지) 증가하면 $(\pi/2^{m+1})/\sin(\pi/2^{m+1})$이 단조감소하면서 1로 수렴함에 주의하라. 그러면,

$$P(\varepsilon < 2^{-m}) \geq \frac{8}{\pi^2} \approx 0.81 \tag{4.78}$$

임을 알 수 있다. 즉, m을 증가시키면, 0.81보다 큰 성공 확률로 오차가 2^{-m}보다 작도록 정확도를 향상시킬 수 있다.

4.4.4 폰 노이만 측정 시늉내기

폰 노이만 측정방식(von Neumann scheme of measurement)은 투영측정을 구현하는 이상적인 메커니즘이다(1.3.1절 참조). 이미 언급했듯이 양자위상추정 절차는 본질적으로 폰 노이만 측정방식과 동일하다. 사실, 양자위상추정은 양자컴퓨터에서 폰 노이만 방식을 시늉내기 위해 제시되었다(Kitaev, 1996, 1997). 폰 노이만 측정방식과 양자위상추정 절차가 서로 동등하다는 사실은 파동함수의 직접적인 단층촬영 및 그 변형된 형태들에도 영감을 주었다(Lundeen et al., 2011; Vallone & Dequal, 2016). 따라서, 이러한 동등성을 더 자세히 살펴보는 것은 과학적 이유에서뿐만 아니라 학습적인 측면에서도 흥미로울 것이다.

n 개의 큐비트로 구성된 '계'를 고려하고, 여기에 m 개의 큐비트로 이루어진 '탐침'을 붙여보자. 폰 노이만 방식의 물리적 특성이 잘 드러나도록 하기 위해, 탐침에 대해 두 개의 기저 $\{|X_x\rangle\}$와 $\{|P_x\rangle\}(x = 0, 1, 2, \ldots, 2^m - 1)$를 선택한다. 이 두 기저는 서로 켤레이며, $|P_x\rangle = \hat{U}_{\text{QFT}}\,|X_x\rangle$와 같이 둘 사이의 변환 관계가 바로 양자 푸리에 변환이다. 이 둘을 각각 '위치' 와 '운동량' 기저라고 부를 수 있다(4.3.1절 참조). 논의를 간단하게 하기 위해 계가 관측가능량 $\hat{A}$의 고유상태 중 하나인 $|a\rangle$에 놓여 있다고 가정한다. 단, 어떤 고유상태인지는 알지 못한다. 우리는 측정을 통해서 고유값 a를 알아내려고 한다.

폰 노이만 방식에 따라, 탐침은 위치를 명확하게 나타내는 상태 $|X_0\rangle$로 준비한다. 그런 다음, 탐침의 '운동량' 연산자 $\hat{P}$와 계의 관측가능량 $\hat{A}$를 세기 g로 결합하여 계와 탐침이 상호작용하도록 한다. 일정한 시간 동안 상호작용한 후 탐침을 다음 그림에 표시된 대로 기저 $|X_y\rangle$에 대해 측정한다.

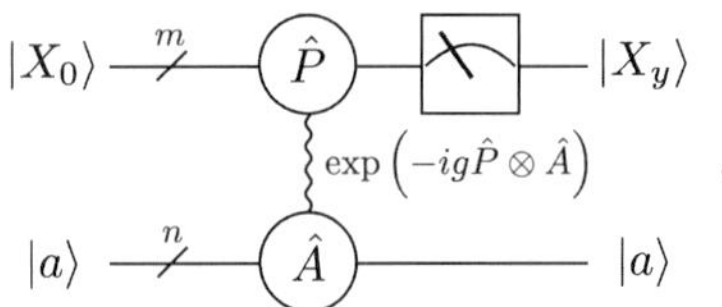

상호작용 유니테리 연산자를

$$\hat{U}_{\text{int}} = \exp\left(-ig\hat{P}\otimes\hat{A}\right) = \sum_x |P_x\rangle\langle P_x| \otimes e^{-igp_x\hat{A}} = \sum_x |P_x\rangle\langle P_x| \otimes \hat{U}^x \tag{4.79}$$

꼴로 바꿔보자[식 (1.53)과 비교]. 여기서 계에 가해지는 연산자 $\hat{U}$는

$$\hat{U} = \exp\left[-i\left(\frac{2\pi g}{2^n}\right)\hat{A}\right] \tag{4.80}$$

로 정의된다. 식 (4.79)에 의한 새로운 해석에 따르면, 연산자 $\hat{U}$는 탐침의 파수 p_x($\hat{P}$의 고유값)에 따라 계에 x 번 반복적으로 가해진다. 이 해석은 계에 작용하는 $\hat{A}$의 고유값 a에 따라 평행이동 연산자 $\hat{T}_a$를 탐침에 가하는 폰 노이만 방식의 본래 아이디어와 정반대인 듯이 보인다. 이 재해석은 다음 양자회로에 개략적으로 표시되어 있다[도표 (1.54)와 비교].

$|X_0\rangle$ — m — p_x — (측정) — $|X_y\rangle$

$|a\rangle$ — n — $\hat{U}^x$ — $|a\rangle$. (4.81)

탐침레지스터는 '운동량' 기저 $\{|P_y\rangle\}$에 따라 계에 가해지는 연산 $\hat{U}$를 제어하므로, 운동량 기저가 계산기저(논리기저)가 된다. 반면, 폰 노이만 방식은 '위치' 기저 $\{|X_y\rangle\}$에 대해 측정을 수행한다. 2.5절에서 논의된 바와 같이, 논리기저와 다른 기저에 대한 모든 측정은

기저변환에 해당하는 적절한 유니테리 변환을 적용하여 달성할 수 있다. 여기서는 해당 기저변환이 바로 양자 푸리에 변환이다. 마찬가지로, $|P_0\rangle$에 $\hat{U}^\dagger_{\mathrm{QFT}}$를 가하여 입력상태 $|X_0\rangle$를 얻을 수 있다. 이렇게 수정한 것들을 다음 양자회로와 같이 정리할 수 있다.

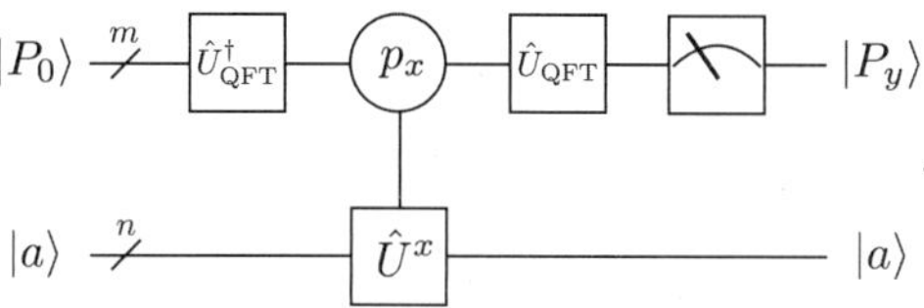

마지막으로, 모든 기저를 논리기저 $\{|P_x\rangle\}$로 변경하면, 양자상태들 및 고유값들에서 주가적인 이름표 'P' 및 'p'를 떼어버릴 수 있다. 또한 $|P_0\rangle$에 가하는 양자 푸리에 변환은 하다마드 게이트로 대체하여 간략하게 만들 수 있다. 이것은 $\hat{U}^\dagger_{\mathrm{QFT}}\,|P_0\rangle = \hat{H}^{\otimes m}\,|P_0\rangle$이기 때문이다(연습문제 4.5 참조). 따라서, 폰 노이만 방식은 다음과 같은 다이아그램으로 기술할 수 있다.

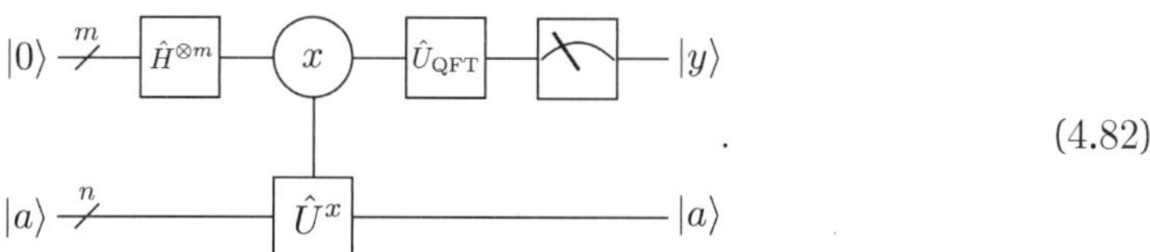

(4.82)

이는 양자위상추정 절차에 대응되는 다이아그램 (4.67)과 동일하다.

4.5 응용하기

이 장을 마치기 전에 양자 푸리에 변환과 양자위상추정을 적용할 수 있는 몇 가지 예들을 살펴보도록 하자. 푸리에 변환은 주기적인 현상을 분석하는 데 특히 유용하다. 당연히 어떤 함수의 미지의 주기를 찾기 위해 양자 푸리에 변환을 사용할 수 있다. 위수찾기 문제는, 그 함수가 모듈러 거듭제곱(modular exponentiation) 꼴인 경우에 해당하는 특별한 예이다. 그러나 앞서 언급한 것처럼 양자 푸리에 변환은 핵심 부분이지만 독립적으로 사용할 수 없다. 양자 푸리에 변환은 일정한 패턴의 상대적 위상변화를 추출하는 것인데, 이러한 상대적 위상변화를 일으키는 과정이 필요하다. 이 과정이 일종의 양자위상추정이다. 수학적으로, 주기찾기 및 위수찾기 문제는 숨은 부분군 문제로 알려진 더 넓은 종류의 문제에 속한다.

4.5.1 주기찾기 알고리즘

$f : \{0,1\}^m \to \{0,1\}^n$을 주기가 λ인 함수라 하자. 이 함수는 가정에 따라 모든 x에 대해

$$f(x + \lambda) = f(x) \tag{4.83}$$

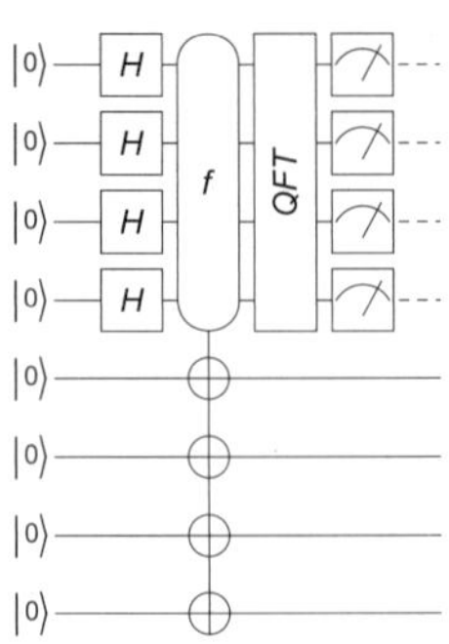

그림 4.3: 주기찾기 알고리즘을 구현하는 양자회로

를 만족한다. 주기찾기 문제의 목표는 함수 f를 되도록 적은 횟수만큼 계산하여 미지의 (기본) 주기 λ를 찾는 것이다. 논의를 간단하게 하기 위해, λ가 2^m의 인수라고 가정하자. 또한, 함수 f에 대응하는 양자 오라클, 즉 대응관계

$$\hat{U}_f : |x\rangle \otimes |y\rangle \mapsto |x\rangle \otimes |y \oplus f(x)\rangle \tag{4.84}$$

로 정의되는 유니테리 연산자 $\hat{U}_f$를 효과적으로 구현할 수 있다고 하자.

함수 값의 배열, $f(0), f(1), \ldots, f(\lambda-1)$이 주어졌을 때, 이 배열에 이산 푸리에 변환을 수행하여

$$F_k := \frac{1}{\sqrt{\lambda}} \sum_{x=0}^{\lambda-1} f(x) e^{-2\pi ikx/\lambda} \tag{4.85}$$

를 얻을 수 있다. 유사한 방법으로, 상태들 $|f(x)\rangle$ $(x = 0, 1, 2, \ldots, \lambda-1)$의 배열에 이산 푸리에 변환을 수행하여, $k = 0, 1, 2, \ldots, \lambda - 1$에 대한 새로운 상태들[4.8]

$$|F_k\rangle = \frac{1}{\sqrt{\lambda}} \sum_{x=0}^{\lambda-1} |f(x)\rangle\, e^{+2\pi ikx/\lambda} \tag{4.86}$$

를 정의할 수 있다. 일반적으로, 어떤 x, $y(0 \le x, y < \lambda)$에 대해 $|f(x)\rangle = |f(y)\rangle$일 수 있으므로, 새로운 상태들 $|F_k\rangle$은 반드시 서로 선형독립인 것은 아니다.[4.9]

주기찾기 알고리즘은 그림 4.3의 양자회로에 잘 요약되어 있다. 제어레지스터는 상태

[4.8] 여기서, 식 (4.38)의 양자 푸리에 변환과 일관되게 하기 위해, 위상인자 $e^{2\pi ikx/\lambda}$의 지수에 반대 부호를 취한다.

[4.9] 이런 점에서 위 형태의 주기찾기 문제는 숨은 부분군 문제와 약간 다르다. 숨은 부분군 문제에서는 군 $\mathcal{G}$로부터 집합 $\mathcal{S}$로의 함수 $f : \mathcal{G} \to \mathcal{S}$가 잉여류를 구분한다고 가정한다. 즉, x와 y가 주어진 부분군 $\mathcal{H} \subset \mathcal{G}$의 동일한 잉여류에 속할 때만 $f(x) = f(y)$가 성립한다.

$2^{-m/2}\sum_x |x\rangle$로 준비한다. 그 다음 양자 오라클 (4.84)가 변환

$$\frac{1}{2^{m/2}}\sum_{x=0}^{2^m-1}|x\rangle\otimes|0\rangle \to \frac{1}{2^{m/2}}\sum_{x=0}^{2^m-1}|x\rangle\otimes|f(x)\rangle \tag{4.87}$$

를 수행한다. 관계식 (4.86)의 역

$$|f(x)\rangle = \frac{1}{\sqrt{\lambda}}\sum_{k=0}^{\lambda-1}|F_k\rangle\, e^{-2\pi ikx/\lambda} \tag{4.88}$$

를 이용하여 양자상태 $|f(x)\rangle$를 식 (4.86)의 $|F_k\rangle$로 대체하면, 전체 계의 상태에 대한 식

$$\frac{1}{\sqrt{\lambda}}\sum_{k=0}^{\lambda-1}\left(\frac{1}{2^{m/2}}\sum_{x=0}^{2^m-1}|x\rangle\, e^{-2\pi ixk/\lambda}\right)\otimes|F_k\rangle \tag{4.89}$$

를 얻을 수 있다. 이 식은 양자 오라클이 제어레지스터에 일으키고 있는 논리값 x에 비례하는 상대적 위상변화를 잘 드러낸다. 이전에 4.4절에서 논의된 양자위상추정 절차에서와 같이, 양자 푸리에 변환을 사용하여 상대적인 위상변화를 추출해낼 수 있다(식 (4.71)과 (4.72) 참조). 이렇게 해서 (규격화된) '위상' k/λ를 추정해낼 수 있으며, 규격화된 위상으로부터 주기 λ를 찾아낼 수 있다(아래 참조). 이러한 의미에서 주기찾기 문제는 양자위상추정 범주에 속한다고 볼 수 있다.

물론, 한 가지 분명한 차이점은 이 경우 상대적 위상변화가 양자 오라클에 의해 발생했다는 점이다. 또한, 일반적인 양자위상추정 절차에서와 달리, 추정해내고자 하는 위상 k/λ는 $k = 0, 1, \cdots, \lambda-1$에 해당하는 값 중에서 마구잡이로 선택된다. 따라서, 측정된 k는 λ와 공약수를 가질 수 있어, 또 다른 정수 k'와 λ'의 쌍에 대해 $k/\lambda = k'/\lambda'$가 성립할 수 있다. 이러한 이유로, 기록된 값 k/λ로부터 주기 λ를 완벽하게 결정할 수는 없다. 분모(또는 그 정수배)는 주기 λ의 한 후보일 뿐이다. 그러나 몇 개의 입력값에 대해 함수를 계산하여 한 후보가 진짜 주기인지 아닌지 여부를 쉽게 확인할 수 있는 경우, 이는 큰 장애가 되지 않는다. 논의하는 김에, k가 특정 값을 가질 확률 P_k

$$P_k = \frac{\langle F_k|F_k\rangle}{\lambda} \tag{4.90}$$

가 균일하게 분포되어있지 않고 k에 따라 바뀐다는 사실에 유의하라.[4.10] 이것은 이미 언급했듯이 어떤 x, $y(0 \le x, y < \lambda)$에 대해 $|f(x)\rangle = |f(y)\rangle$일 수 있기 때문에 발생한다.

We demonstrate the basic ideas in the period-finding algorithm. More complete example follows below.

```
In[ ]:= $n = 4;
        $N = Power[2, $n];
```

[4.10] 이는 숨은 부분군 문제와의 또 다른 차이점이다.

We take an example of the modular exponential function, $f(x) = a^x \pmod{L}$ for a fixed a and L. Here a and L are assumed to be co-primes.

In[ ]:=
```
$a = 3;
Clear[f];
f[k_] := PowerMod[$a, k, $N]
```

The function is periodic.

In[ ]:=
```
ListPlot[Table[{k, f[k]}, {k, 0, $N - 1}], Joined → True,
 PlotMarkers → Automatic, FrameLabel → {"x", HoldForm@f[x]}]
```

Out[ ]=

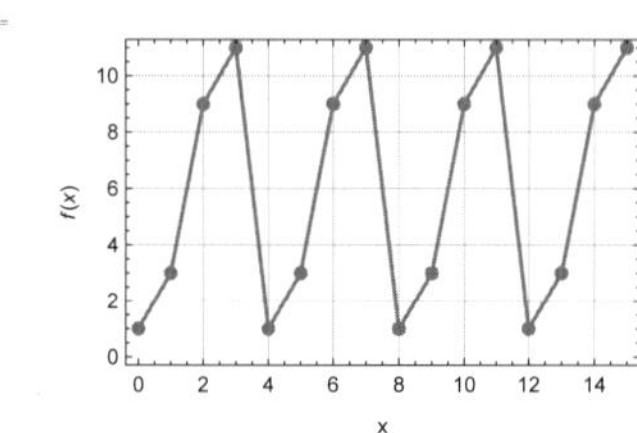

The classical oracle (in the binary form) corresponding to the function f (expressed in usual integers).

In[ ]:=
```
Clear[g]
g[x__] := IntegerDigits[f[FromDigits[{x}, 2]], 2, $n]
```

Here is the quantum circuit model of the algorithm.

In[ ]:=
```
cc = Range[$n];
tt = Range[$n + 1, $n + $n];
qc0 = QuantumCircuit[
   LogicalForm[Ket[], Join[S@cc, S@tt]], S[cc, 6], Oracle[g, S@cc, S@tt],
   QuantumFourierTransform[S@cc]];
qc = QuantumCircuit[qc0, Measurement@S[cc, 3]]
```

Out[ ]=

In[ ]:=
```
out = ExpressionFor[qc];
LogicalForm[out, Join[S@cc, S@tt]]
result = Readout@S[cc, 3]
```

Out[ ]=

$$\frac{1}{2}\left|1_{S_1}0_{S_2}0_{S_3}0_{S_4}0_{S_5}0_{S_6}0_{S_7}1_{S_8}\right\rangle - \frac{1}{2}\left|1_{S_1}0_{S_2}0_{S_3}0_{S_4}0_{S_5}0_{S_6}1_{S_7}1_{S_8}\right\rangle + \frac{1}{2}\left|1_{S_1}0_{S_2}0_{S_3}0_{S_4}1_{S_5}0_{S_6}0_{S_7}1_{S_8}\right\rangle - \frac{1}{2}\left|1_{S_1}0_{S_2}0_{S_3}0_{S_4}1_{S_5}0_{S_6}1_{S_7}1_{S_8}\right\rangle$$

Out[ ]=

```
{1, 0, 0, 0}
```

From the measurement outcome, one can find the period. In this case, the period is 4.

```
In[ ]:= frac = FromDigits[result, 2] / $N
```

Out[ ]=

$$\frac{1}{2}$$

For a more complete overview, let us examine all possible outcomes.

```
In[ ]:= new = ExpressionFor[qc0];
LogicalForm[new, Join[S@cc, S@tt]]
```

Out[ ]=

$$\begin{aligned}
&\frac{1}{4}\left|0_{S_1}0_{S_2}0_{S_3}0_{S_4}0_{S_5}0_{S_6}0_{S_7}1_{S_8}\right\rangle+\frac{1}{4}\left|0_{S_1}0_{S_2}0_{S_3}0_{S_4}0_{S_5}0_{S_6}1_{S_7}1_{S_8}\right\rangle+\\
&\frac{1}{4}\left|0_{S_1}0_{S_2}0_{S_3}0_{S_4}1_{S_5}0_{S_6}0_{S_7}1_{S_8}\right\rangle+\frac{1}{4}\left|0_{S_1}0_{S_2}0_{S_3}0_{S_4}1_{S_5}0_{S_6}1_{S_7}1_{S_8}\right\rangle+\frac{1}{4}\left|0_{S_1}1_{S_2}0_{S_3}0_{S_4}0_{S_5}0_{S_6}0_{S_7}1_{S_8}\right\rangle+\\
&\frac{1}{4}i\left|0_{S_1}1_{S_2}0_{S_3}0_{S_4}0_{S_5}0_{S_6}1_{S_7}1_{S_8}\right\rangle-\frac{1}{4}\left|0_{S_1}1_{S_2}0_{S_3}0_{S_4}1_{S_5}0_{S_6}0_{S_7}1_{S_8}\right\rangle-\\
&\frac{1}{4}i\left|0_{S_1}1_{S_2}0_{S_3}0_{S_4}1_{S_5}0_{S_6}1_{S_7}1_{S_8}\right\rangle+\frac{1}{4}\left|1_{S_1}0_{S_2}0_{S_3}0_{S_4}0_{S_5}0_{S_6}0_{S_7}1_{S_8}\right\rangle-\frac{1}{4}\left|1_{S_1}0_{S_2}0_{S_3}0_{S_4}0_{S_5}0_{S_6}1_{S_7}1_{S_8}\right\rangle+\\
&\frac{1}{4}\left|1_{S_1}0_{S_2}0_{S_3}0_{S_4}1_{S_5}0_{S_6}0_{S_7}1_{S_8}\right\rangle-\frac{1}{4}\left|1_{S_1}0_{S_2}0_{S_3}0_{S_4}1_{S_5}0_{S_6}1_{S_7}1_{S_8}\right\rangle+\frac{1}{4}\left|1_{S_1}1_{S_2}0_{S_3}0_{S_4}0_{S_5}0_{S_6}0_{S_7}1_{S_8}\right\rangle-\\
&\frac{1}{4}i\left|1_{S_1}1_{S_2}0_{S_3}0_{S_4}0_{S_5}0_{S_6}1_{S_7}1_{S_8}\right\rangle-\frac{1}{4}\left|1_{S_1}1_{S_2}0_{S_3}0_{S_4}1_{S_5}0_{S_6}0_{S_7}1_{S_8}\right\rangle+\frac{1}{4}i\left|1_{S_1}1_{S_2}0_{S_3}0_{S_4}1_{S_5}0_{S_6}1_{S_7}1_{S_8}\right\rangle
\end{aligned}$$

```
In[ ]:= data = Table[Measurement[S[cc, 3]]@new; FromDigits[Readout[S[cc, 3]], 2], {15}]
```

Out[ ]=

```
{4, 0, 8, 4, 4, 4, 8, 4, 4, 0, 0, 12, 0, 4, 8}
```

```
In[ ]:= sec = Union[data / $N]
```

Out[ ]=

$$\left\{0, \frac{1}{4}, \frac{1}{2}, \frac{3}{4}\right\}$$

The period must be 4, which agrees with the true value.

더 심각한 장애물은 레지스터의 유한한 크기 때문에 추정해낸 위상 ϕ가 정확한 값 k/λ와 정확히 같지 않고 단지 근사값일 뿐이라는 점이다. 즉, $\phi \approx k/\lambda$. 이러한 차이로 인해 추정된 위상 ϕ에서 주기 λ를 결정하기가 더 어려워진다. 다행히 연분수(continued fraction) 표현을 써서 주기를 찾는 효율적인 방법을 찾을 수 있다.

연분수는

$$a_0 + \cfrac{1}{a_1 + \cfrac{1}{a_2 + \cfrac{1}{\ddots + \cfrac{1}{a_n}}}} \tag{4.91}$$

형태의 식이다. 여기서 $a_0, a_1, \cdots, a_n$는 양의 정수들이다.[4.11] 이 표현은 종종

$$[a_0; a_1, a_2, \cdots, a_n] \tag{4.92}$$

과 같이 표시하기도 한다. 임의의 실수에 해당하는 연분수는 유일하다.[4.12] 주어진 수에 해당하는 연분수를 구하는 방법은 간단하다. 13/5을 예로 들어보자. 먼저 정수 부분인 2와 소수 부분인 3/5으로 나누어, $13/5 = 2 + 3/5$이 된다. 다음으로 3/5의 역수를 취하여 정수와 분수 부분으로 나누면, $5/3 = 1 + 2/3$이다. 이 과정을 반복하여

$$\frac{13}{5} = 2 + \frac{1}{1 + \frac{1}{1+\frac{1}{2}}}, \tag{4.93}$$

또는 동등하게,

$$\frac{13}{5} = [2; 1, 1, 2] \tag{4.94}$$

를 구한다. 어떤 수의 연분수 표현을 찾아내는데 효율적인 알고리즘으로 유클리드 알고리즘(Euclidean algorithm)이 잘 알려져 있는데, 이 알고리즘의 기원은 유클리드가 쓴 책 기하학 원론(Elements)까지 거슬러 올라간다. 연분수는 유한한 정수 n으로 끝날 수 있으며 이러한 연분수를 유한하다고 한다. 끝없이 계속되는 연분수는 무한하다고 한다. $0 \le m \le n$이라 할 때, 연분수 $[a_0; a_1, a_2, \cdots, a_m]$을 연분수 $[a_0; a_1, a_2, \cdots, a_m, a_{m+1}, \cdots, a_n]$의 m번째 수렴(convergent)이라 한다.

일상 생활에서는 그리 자주 등장하지 않지만, 연분수 표현은 여러 가지 면에서 십진법 표현이나 특정 밑수를 쓰는 유사한 표현들보다 수학적으로 더 자연스럽다. 다음 속성들을 살펴보면 이것을 볼 수 있다. 임의의 유리수에 해당하는 연분수는 항상 유한한데, 이는 십진법 소수 표현과 대조된다. 예를 들어, $5/3 = [1; 1, 2]$이나 $5/3 = 1.666\cdots$이다. 한편, 무리수에 해당하는 연분수는 무한하다. 예를 들어, 황금율은 연분수로 표현하면, $(1+\sqrt{5})/2 = [1; 1, 1, 1, \cdots]$이다. 더 나아가, 한 수와 그 역수의 연분수는 한 자리만큼의 자리이동을 제외하면 동일하다. 즉, $[a_0; a_1, a_2, \cdots, a_n]$과 $[0; a_0, a_1, a_2, \cdots, a_n]$은 서로의 역수이다.

추정해낸 위상 $\phi \approx k/\lambda$로부터 주기 λ를 결정하는 방법은 정수론의 한 정리에 바탕을

[4.11] 연분수를 구체적으로 표시할 때 몇 가지 다른 방식이 사용된다. 여기서는 소위 단순(simple) 또는 바른틀(canonical) 연분수만 다룬다.

[4.12] 유한 연분수의 경우, $[a_0; a_1, a_2, \cdots, a_n] = [a_0; a_1, a_2, \cdots, (a_n - 1), 1]$ 정도의 모호함은 있는데, 이것은 별로 중요하지 않다. 이러한 연분수들은 같다고 간주한다.

두고 있다. 이 정리에 따르면,[4.13] 임의의 정수 k와 λ에 대해

$$\left|\frac{k}{\lambda} - \phi\right| \leq \frac{1}{2\lambda^2} \tag{4.95}$$

이 성립하면 k/λ는 ϕ에 해당하는 연분수의 수렴이다. ϕ는 m 비트까지만 정확하다는 사실에 유의하라. 오차는 0.81보다 큰 확률로 2^{-m}보다 작다(4.4.3절). $\lambda \ll 2^m$이기 때문에, 조건 (4.95)는 만족된다. 따라서, 추정해낸 위상 ϕ의 연분수로부터 $k'/\lambda' = k/\lambda$를 만족하는 서로소들 k'/λ'을 찾아낼 수 있다. λ'과 λ'의 정수배에 해당하는 값들은 모두 주기의 후보들이 된다. 따라서, (고전 방식으로) 함수를 계산하여 λ'(또는 λ'의 정수배들)이 그 함수의 진짜 주기 λ인지 확인할 수 있다.

Now we consider a full period-finding problem. We consider a four-qubit system.

```
$n = 4;
$N = Power[2, $n];
```

We define an arbitrary function with period 3.

```
Clear[f];
f[0] = 1; f[1] = 5; f[2] = 4;
f[x_] := f[Mod[x, 3]]
```

This plot illustrates that the function is indeed periodic with period 3.

```
ListPlot[Table[{k, f[k]}, {k, 0, $N - 1}], Joined → True,
 PlotMarkers → Automatic, FrameLabel → {"x", HoldForm@f[x]}]
```

The classical oracle (in the binary form) corresponding to the function f (expressed in usual integers).

```
Clear[g]
g[x__] := IntegerDigits[f[FromDigits[{x}, 2]], 2, $n]
```

Here is the quantum circuit model of the algorithm.

```
cc = Range[$n];
tt = Range[$n + 1, $n + $n];
qc0 = QuantumCircuit[
   LogicalForm[Ket[], Join[S@cc, S@tt]], S[cc, 6], Oracle[g, S@cc, S@tt],
   QuantumFourierTransform[S@cc, N → True]];
qc = QuantumCircuit[qc0, Measurement@S[cc, 3]]
```

[4.13] 이 정리의 증명은 참고 문헌 Nielsen & Chuang (2011, Appendix 4)에서 찾아볼 수 있다.

Out[ ]=

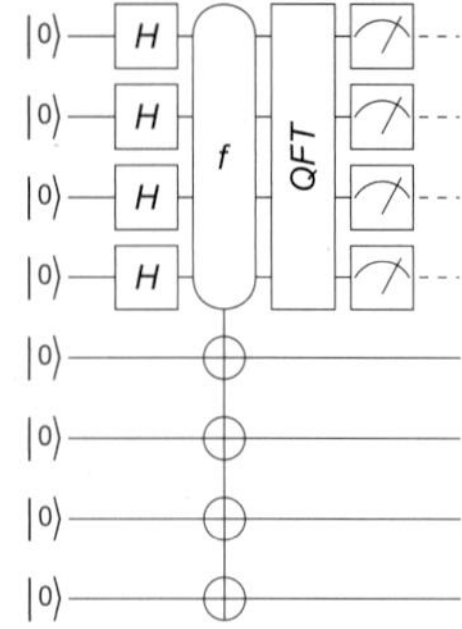

This is a full run of the above quantum circuit model.

In[ ]:=
```
Timing[out = ExpressionFor[qc];]
result = Readout@S[cc, 3]
```

Out[ ]=
```
{3.03663, Null}
```

Out[ ]=
```
{0, 1, 0, 1}
```

In order to check more random results, it is more efficient to first calculate the output state right before the measurement.

In[ ]:=
```
Timing[new = ExpressionFor[qc0];]
```

Out[ ]=
```
{2.05378, Null}
```

From the above output state, we perform measurements (as many times as we like) to get random results.

In[ ]:=
```
out = Measurement[S[cc, 3]]@N[new];
phi = FromDigits[Readout@S[cc, 3], 2] / $N
```

Out[ ]=

$$\frac{5}{16}$$

From the above random result, we determine the period of the function by utilizing the continued fraction representation of the estimated phase.

In[ ]:=
```
cnt = ContinuedFraction[phi]
candidates = Convergents[cnt]
```

Out[ ]=
```
{0, 3, 5}
```

Out[ ]=

$$\left\{0, \frac{1}{3}, \frac{5}{16}\right\}$$

From the above convergents, we have two candidates 3 (and its multiples 6, 9, 12, 15 are also candidates) and 16. Evaluation of the function for some arguments confirms that 3 is the period of the function.

4.5.2 위수찾기 알고리즘

앞 절에서는 함수 f를 명시적으로 특정짓지 않고 단지 대응되는 양자 오라클 (4.84)가 효율적으로 구현될 수 있다는 가정만 하였다. 여기서는 특정 형태의 함수, 즉 고정된 양의 정수 a와 N으로 정의되는 모듈러 거듭제곱(modular exponentiation)

$$f(x) = a^x \pmod N \tag{4.96}$$

을 가정한다. 두 정수 a와 N은 서로소이다. 이 함수는 주기 함수로서 어떤 정수 r에 대해

$$a^r = 1 \pmod N \tag{4.97}$$

이다. 기본 주기(즉, 가장 작은 주기) r을 법 N에 대한 a의 위수(order)라 한다. 위수찾기 문제는 a와 N이 주어졌을 때 그 위수를 찾는 문제이다. 이 문제는 고전적인 방식으로는 풀기가 어렵다고 알려져 있다. 위수찾기 알고리즘은 4.5.3절에서 논의할 양자 인수분해 알고리즘의 가장 중요한 부분이다.

주기찾기 알고리즘과 달리, 위수찾기 알고리즘은 양자 오라클에 의존하지 않고 기본 양자논리게이트들로 함수를 구현한다. 구체적으로 말해서, 모듈러 곱셈을 양자역학적으로 확장한 유니테리 연산자

$$\hat{U} : |x\rangle \mapsto |ax \ (\mathrm{mod}\, N)\rangle \tag{4.98}$$

의 위상을 양자위상추정 알고리즘을 사용하여 추정해낸다.

모듈러 곱셈을 반복 수행하면 모듈러 거듭제곱

$$\hat{U}^y : |x\rangle \mapsto |a^y x \ (\mathrm{mod}\, N)\rangle \tag{4.99}$$

을 얻게 된다. 이런 식으로, 모듈러 곱셈을 r번 적용하면, 게를 원래 상태로 되돌려 놓는다. 따라서, 상태들

$$|1\rangle, \hat{U}|1\rangle, \hat{U}^2|1\rangle, \cdots, \hat{U}^{r-1}|1\rangle \tag{4.100}$$

은 고리 같은 순환꼴을 이룬다. 이러한 순환꼴을 만들어내는 $\hat{U}$의 고유상태들을 위에 배열한 양자상태들의 이산 푸리에 변환을 이용하여 구성할 수 있는데, 이런 방법은 물리에서 전혀 낯설지 않다.[4.14] 이때 이산 푸리에 변환은 정의상 양자 푸리에 변환이다[식 (4.38) 참조]. 실제로, $k = 0, 1, \ldots, r-1$에 대해

$$|\phi_k\rangle := \frac{1}{\sqrt{r}} \sum_{x=0}^{r-1} \hat{U}^r |1\rangle e^{2\pi i x k/r} = \frac{1}{\sqrt{r}} \sum_{x=0}^{r-1} |a^x \ (\mathrm{mod}\, N)\rangle e^{2\pi i x k/r} \tag{4.101}$$

[4.14] 응집물질물리에서는 그런 식으로 만들어진 상태들을 블로흐 상태(Bloch states)라 한다.

이라 정의하자. 그러면,

$$\hat{U}\,|\phi_k\rangle = \frac{1}{\sqrt{r}}\sum_{x=0}^{r-1}|a^{x+1}\ (\mathrm{mod}\,N)\rangle\, e^{2\pi ixk/r} = e^{-2\pi ik/r}\,|\phi_k\rangle \tag{4.102}$$

임을 알 수 있다. 다시 말하면, $|\phi_k\rangle$는 $\hat{U}$의 고유상태이고 해당 고유값은 $e^{-2\pi ik/r}$이다. 따라서, 대상레지스터를 고유상태 중 하나 $|\phi_k\rangle$로 준비하고 양자위상추정 절차를 적용하면 '위상' $2\pi\phi_k := 2\pi k/r$를 추정할 수 있다. 그런 다음 이 위상값으로부터 위수 r을 구하면 된다.

안타깝게도, 이러한 고유상태들 중 하나로 양자레지스터를 준비하는 것이 결코 간단하지 않다. 따라서, 그렇게 하는 대신 대상레지스터를 모든 고유상태들의 중첩된 상태로 준비한다. 실공간에서 한 곳에 몰려있는 분포가 푸리에 공간에서는 퍼져있고, 그 반대의 경우도 마찬가지라는 점은 물리에서는 널리 알려진 사실이다. 실제로,

$$\sum_{k=0}^{r-1}|\phi_k\rangle = |1\rangle \equiv |0\rangle\otimes\cdots\otimes|0\rangle\otimes|1\rangle \tag{4.103}$$

과 같아서, $\hat{U}$의 모든 고유상태들의 중첩은 논리기저상태 단 하나에 해당한다. 양자위상추정 절차는 가능한 값들 $0, 1/r, \cdots, (r-1)/r$ 중에서 하나를 마구잡이로 선택한다. 또한, 추정해낸 위상값 ϕ는 정확한 값들 중 하나 $\phi_k = k/r$의 근사값일 뿐이다. 이런 상황은 이미 주기찾기 알고리즘에서 보았다. (고전적인) 후처리는 주기찾기 알고리즘에서와 똑같이 수행하면 된다.

위수찾기 알고리즘의 성능에 관해선 여전히 질문이 남아 있다. 이 알고리즘의 성능은 제어 $\hat{U}^{2^j}$ 게이트를 얼마나 효율적으로 수행할 수 있는지에 달려 있다(4.4.2절 참조). 위의 식 (4.99)에서 언급했듯이, $\hat{U}^y$는 모듈러 거듭제곱에 불과하다. 다행히도, 모듈러 거듭제곱은 양자컴퓨터를 쓰면 효율적으로 구현할 수 있다고 알려져 있다(Vedral et al., 1996). $\hat{V}$를 아래와 같이 두 양자레지스터에 작용하는 모듈러 곱셈(식 (4.98)에서 a가 고정된 $\hat{U}$와 비교)이라고 하자.

$$\hat{V} : |x\rangle\otimes|y\rangle \mapsto |x\rangle\otimes|xy\ (\mathrm{mod}\,N)\rangle\,. \tag{4.104}$$

기본적인 아이디어는 CNOT 게이트를 사용하여 논리기저상태를 $|x\rangle\otimes|0\rangle \to |x\rangle\otimes|x\rangle$와 같이 복사하고, 두 양자레지스터에 모듈러 곱셈 $|x\rangle\otimes|x\rangle \to |x^2\ (\mathrm{mod}\,N)\rangle$을 가하는 것이다. 위 절차를 j 번 반복하면 원하는 결과를 얻을 수 있다. 예를 들어, 다음의 양자회로는

효율적으로 $\hat{U}^{2^3}$을 수행한다.

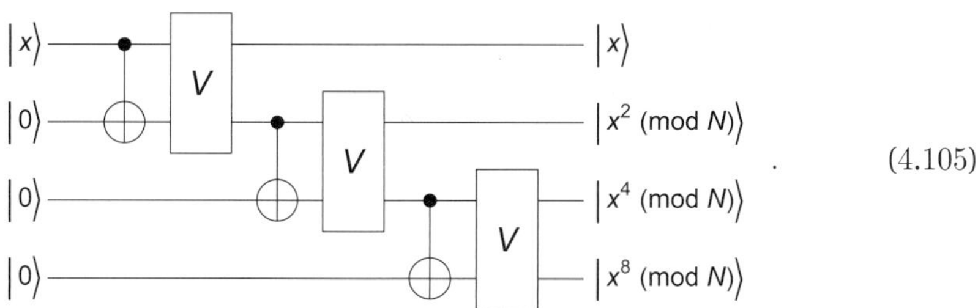

(4.105)

여기서 각 수평선은 단일 큐비트가 아니라 n 개의 큐비트로 이루어진 양자레지스터를 나타내고, $x = 0, 1, \cdots, 2^n - 1$이다.

4.5.3 양자 인수분해 알고리즘

양자 인수분해 알고리즘(quantum factorization algorithm)은 두 부분, 즉 양자역학적인 부분과 고전적인 부분들로 구성된다. 양자역학적인 부분은 정확히 위수찾기 알고리즘이다. 고전적인 부분은 정수론을 기반으로 하여, 양자역학 부분에서 구한 위수로부터 인수들을 찾아낸다.

N이 홀수인[4.15] 합성수, 즉 소수가 아닌 수라 하자. 이 수를 인수분해하려고 한다. $N = p_1^{\nu_1} \cdots p_m^{\nu_m}$은 N의 소인수분해로, p_j는 소수이고 ν_j는 정수이다.

집합

$$\{x : 1 \leq x < N,\ \gcd(x, N) = 1\} \tag{4.106}$$

에서 x를 균일한 확률로 마구잡이로 선택하는 것부터 시작하자. 그 다음 $x^r = 1 \,(\mathrm{mod}\, N)$을 만족하는 법 N에 대한 x의 위수 r을 계산한다. 이 단계에서 양자 위수찾기 알고리즘을 사용한다. 대개 위수 r은 짝수이고, $x^{r/2} \neq -1 \,(\mathrm{mod}\, N)$을 만족한다. 정수론에 따르면, 이 조건이 만족될 확률은 $1 - 2^{-m}$보다 크다.

앞에서 구한 x와 r로 $y = x^{r/2}$라 정하자. 이것은

$$y^2 = 1 \quad (\mathrm{mod}\ N) \tag{4.107}$$

의 해이다. 이 해는 $y \neq \pm 1 \,(\mathrm{mod}\, N)$이란 점에서 $y = \pm 1$과 같이 뻔한 해와 다르다. 방정식 (4.107)의 해는 상당히 유용한데, 정수론에 따르면 $\gcd(y \pm 1, N)$이 N의 인수가 되기 때문이다(단, 1이나 N과 같이 뻔한 인수는 아니다). N이 L-비트 합성수인 경우, $\gcd(y \pm 1, N)$을 구하기 위해 $\mathcal{O}(L^3)$ 개 정도의 연산이 필요하다.

[4.15] N이 짝수면 2가 인수 중 하나이므로, $N/2$을 사용하면 된다.

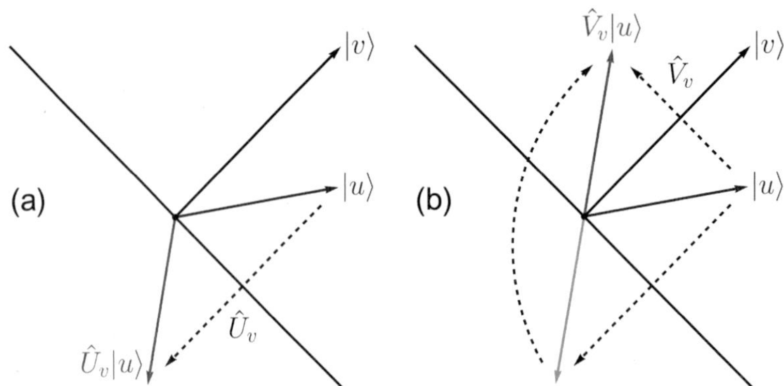

그림 4.4: (a) 하우스홀더 변환과 (b) 그로버 확산 연산자의 기하학적 해석. (a) 규격화된 벡터 $|v\rangle$에 대한 하우스홀더 변환 $\hat{U}_v$는 원점을 포함하고 $|v\rangle$에 수직한 초평면(hyperplane)에 대한 반사(reflection)이다. (b) $|v\rangle$에 대한 그로버 확산 연산자 $\hat{V}_v$는 $|v\rangle$에 나란한 직선에 대한 반사이다. 이는 같은 벡터 $|v\rangle$에 대한 하우스홀더 변환 $\hat{U}_v$를 수행한 후 원점에 대해서 한번 더 반사를 하는 것과 동일하다.

4.5.4 양자 검색 알고리즘

양자 검색 알고리즘(quantum search algorithm)은 창안자 의 이름을 따서 그로버 알고리즘(Grover's algorithm)이라고도 하며, 비정형 검색(unstructured search)을 수행하는 양자 알고리즘이다(Grover, 1996, 1997). 비정형 검색(unstructured search) 문제는 정렬되지 않은(또는, 더 일반적으로 비정형의) 거대한 데이터 집합 내에서 지정된 속성을 가진 소수의 원소들을 찾아내는 문제이다. 데이타 집합의 크기를 N이라 할 때, 양자 검색 알고리즘은 그 속성을 정의하는 함수를 $\sqrt{N}$ 번 정도 계산하여 원하는 원소들을 높은 확률로 찾아낸다. 고전 알고리즘은 N 번 정도 계산해야 한다. 잘 알려진 대로, 흥미로운 것은 비정형 검색을 위한 어떠한 양자 알고리즘도 함수를 $\sqrt{N}$ 번 정도 계산해야 한다는 점에서 양자 검색 알고리즘은 이미 최적화되어있다는 사실이다. 어떤 경우든, 고전 탐색 알고리즘에 대한 양자 탐색 알고리즘의 우월성은 기하급수적이라기보다는 단지 이차함수적(즉, 다항식)이다. 그러나 이차함수적 속도 향상이라도 과소평가할 수 없다. N이 큰 경우 그 효능은 상당하다. 또한, 양자 검색 알고리즘은 다양한 문제들에 적용할 수 있다. 예를 들어, 이 알고리즘을 이용하면 소위 NP 완전 문제의 존재와 해의 수를 알아내고 그 해들을 철저하게 탐색할 수 있다.

양자 검색 알고리즘을 이해하고 분석하려면, 서로 밀접하게 관련된 두 개의 유니테리 연산자를 도입하면 편리하다. 이 중 하나는 하우스홀더 변환(Householder transformation)이다. $|v\rangle$를 힐베르트 공간내의 규격화된 벡터라고 하자. $|v\rangle$에 대한 하우스홀더 변환은

$$\hat{U}_v := \hat{I} - 2\,|v\rangle\,\langle v| \tag{4.108}$$

로 정의된 유니테리 변환이다. 그림 4.4 (a)에서 보듯이, 이것은 기하학적으로 벡터 $|v\rangle$에 수

직하고 원점(즉, 영 벡터)을 포함한 초평면에 대한 반사이다. 이러한 이유로, 이 변환을 하우스홀더 반사라고도 한다. 다른 하나는 그로버 확산연산자(Grover's diffusion operator)이다. $|v\rangle$와 관련된 그로버 확산연산자는 다음과 같이 정의된다.

$$\hat{V}_v := 2\,|v\rangle\,\langle v| - \hat{I} = -\hat{U}_v \tag{4.109}$$

이는 그림 4.4 (b)에서와 같이 벡터 $|v\rangle$에 나란한 직선에 대한 반사이다. 이는 같은 벡터 $|v\rangle$에 대한 하우스홀더 변환 $\hat{U}_v$를 수행한 후 원점에 대해서 한번 더 반사를 하는 것과 동일하다[그림 4.4 (b) 참조].

이미 알고 있는 양자상태 $|v\rangle$에 대한 하우스홀더 반사 $\hat{U}_v$는 바로 구현할 수 있다. 양자상태 $|v\rangle$를, $|0\rangle \equiv |0\rangle^{\otimes n}$에 유니테리 변환 $\hat{W}$을 가하여, 즉 $|v\rangle = \hat{W}\,|0\rangle$로[4.16] 얻을 수 있다고 하자. 그러면,

$$\hat{U}_v = \hat{W}\left(\hat{I} - 2\,|0\rangle\,\langle 0|\right)\hat{W}^\dagger = \hat{W}\hat{U}_0\hat{W}^\dagger \tag{4.110}$$

가 된다. $\hat{U}_0$는 $|0\rangle$의 위상을 뒤집어 $-\,|0\rangle$로 바꾸고, 다른 상태들은 내버려둔다. 따라서,

$$\hat{U}_0 : |x_1 \cdots x_{n-1}\rangle \otimes |x_n\rangle \mapsto \begin{cases} |x_1 \cdots x_{n-1}\rangle \otimes \left(-\hat{Z}\,|x_n\rangle\right) & x_1 = \cdots = x_{n-1} = 0; \\ |x_1 \cdots x_{n-1}\rangle \otimes |x_n\rangle & \text{(otherwise)} \end{cases} \tag{4.111}$$

로 쓸 수 있다. 이는 다중제어 Z 게이트를 변형한 형태이다. 더 명시적으로, 네 큐비트에 작용하는 $\hat{U}_0$는 다음 양자회로로 기술된다.

$$\hat{U}_0 \doteq \quad \begin{array}{c} \text{—[X]—}\bullet\text{—[X]—} \\ \text{—[X]—}\bullet\text{—[X]—} \\ \text{—[X]—}\bullet\text{—[X]—} \\ \text{—[X]—[Z]—[X]—} \end{array} \;. \tag{4.112}$$

종합하면, $|v\rangle$에 대한 하우스홀더 변환은

$$\hat{U}_v \doteq \quad \begin{array}{c} \text{—[W]—[X]—}\bullet\text{—[X]—[}W^\dagger\text{]—} \\ \text{—[W]—[X]—}\bullet\text{—[X]—[}W^\dagger\text{]—} \\ \text{—[W]—[X]—}\bullet\text{—[X]—[}W^\dagger\text{]—} \\ \text{—[W]—[X]—[Z]—[X]—[}W^\dagger\text{]—} \end{array} \tag{4.113}$$

형태의 양자회로로 구현할 수 있다. 알려진 상태 $|v\rangle$에 대한 그로버 확산연산자 $\hat{V}_v$도 (전역 위상인자 -1을 제외하고) 같은 방식으로 구현할 수 있다.

[4.16] 이러한 유니테리 연산자 $\hat{W}$는 항상 존재한다. 정리 1.16 참조.

Here is a quantum circuit model for Grover's diffusion operator.

We first implement $(1 - 2|0\rangle\langle 0|)$.

```
In[•]:= $n = 3;
jj = Range[$n];
ss = S[jj, None];
cz = CZ @@@ Subsets[ss, {2}];
cz = Successive[CZ, ss];
cz = CZ[S[1], #] & /@ Rest@ss;
qc = QuantumCircuit[S[jj, 1],
  ControlledU[S[Most@jj], S[$n, 3]],
  S[jj, 1]]
```

Out[•]=

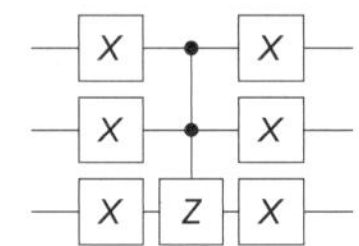


```
In[•]:= bs = Basis[S[jj]];
out = qc ** bs;
Thread[bs → out] // LogicalForm // TableForm
```

Out[•]//TableForm=

$|0_{S_1}0_{S_2}0_{S_3}\rangle \to -|0_{S_1}0_{S_2}0_{S_3}\rangle$
$|0_{S_1}0_{S_2}1_{S_3}\rangle \to |0_{S_1}0_{S_2}1_{S_3}\rangle$
$|0_{S_1}1_{S_2}0_{S_3}\rangle \to |0_{S_1}1_{S_2}0_{S_3}\rangle$
$|0_{S_1}1_{S_2}1_{S_3}\rangle \to |0_{S_1}1_{S_2}1_{S_3}\rangle$
$|1_{S_1}0_{S_2}0_{S_3}\rangle \to |1_{S_1}0_{S_2}0_{S_3}\rangle$
$|1_{S_1}0_{S_2}1_{S_3}\rangle \to |1_{S_1}0_{S_2}1_{S_3}\rangle$
$|1_{S_1}1_{S_2}0_{S_3}\rangle \to |1_{S_1}1_{S_2}0_{S_3}\rangle$
$|1_{S_1}1_{S_2}1_{S_3}\rangle \to |1_{S_1}1_{S_2}1_{S_3}\rangle$

This is Grover's diffusion operator (up to an irrelevant global phase factor of -1).

```
In[•]:= qc1 = QuantumCircuit[S[jj, 6], qc, S[jj, 6]]
```

Out[•]=

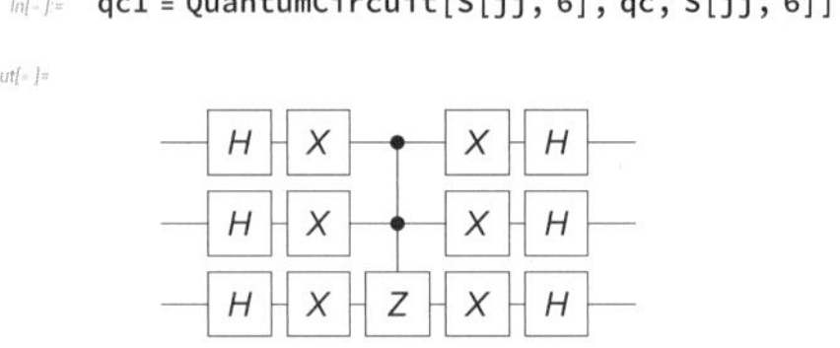

이제 비정형 검색 문제를 좀더 정확하게 기술해보자. $x = 0, 1, 2, \cdots, N-1$로 이름 붙여진 항목들로 이루어진 긴 목록 하나가 있다고 하자. 이 중에 M 개의 항목이 독특한 속성을 띠고 있다. 여기서 M은 비교적 작은 수 $(1 \le M \ll N)$라 하자. 비정형 검색 문제는 이 항목들을 찾는 것이다. 이러한 항목들의 속성은 보통 고전 오라클 $f : \{0,1\}^n \to \{0,1\}$로 기술된다. 여기서 $N \equiv 2^n$이라고 가정한다. 찾고 싶은 항목들은 조건 $f(x) = 1$을 만족한다고 한다. 다시 말하면, 비정형 검색은 방정식 $f(x) = 1$의 해를 찾는 것이다. 이것이 바로 양자 검색 알고리즘이 함수 $f(x)$가 잘 정의되고 큰 비용 없이 계산될 수 있는 광범위한 종류의 문제에 적용될 수 있는 이유이다.

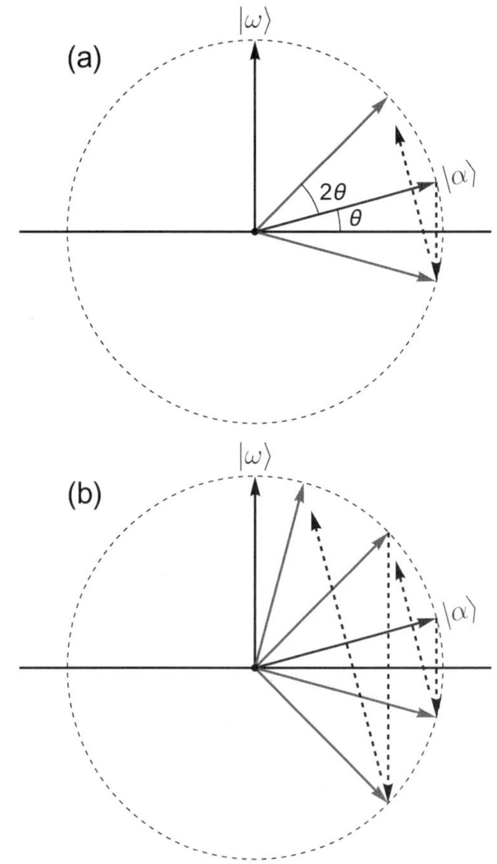

그림 4.5: 양자 검색 알고리즘의 기하학적 해석. (a) 하우스홀더 반사 $\hat{U}_\omega$에 이어 그로버 확산연산자 $\hat{V}_\alpha$를 가하여 2θ만큼의 각도로 그로버 회전 $\hat{G} := \hat{V}_\alpha \hat{U}_\omega$을 일으킨다. 여기서 θ는 $|\alpha\rangle$와 수평선 사이의 사잇각이다. (b) $\hat{U}_\omega$와 $\hat{V}_\alpha$를 교대로 적용하면, 즉 그로버 회전 $\hat{G}$을 반복 적용하면, $|\alpha\rangle$는 점진적으로 $|\omega\rangle$에 가까와진다.

이제 하우스홀더 반사와 그로버 확산연산자를 조합하여 양자 검색 알고리즘을 만들자. $\mathcal{M}$을 해들의 집합

$$\mathcal{M} := \{x : f(x) = 1, \ \ x = 0, 1, \cdots, 2^n - 1\} \tag{4.114}$$

이라 하자. 해들의 중첩 상태

$$|\omega\rangle := \frac{1}{\sqrt{M}} \sum_{x \in \mathcal{M}} |x\rangle \tag{4.115}$$

와 해가 아닌 항목들의 중첩 상태

$$|\omega_\perp\rangle := \frac{1}{\sqrt{N - M}} \sum_{x \notin \mathcal{M}} |x\rangle \tag{4.116}$$

를 정의한다. 이 둘은 당연히 서로 직교하여 $\langle \omega | \omega_\perp \rangle = 0$이다. 두 상태 중 어느 것도 알려져

있지 않아서 미리 준비할 수 없다. 사실, $|\omega\rangle$가 알고리즘을 통해 찾으려는 상태에 해당한다. 이제 모든 논리기저상태들의 중첩으로 이루어진 양자상태

$$|\alpha\rangle := \frac{1}{\sqrt{N}} \sum_{x=0}^{N-1} |x\rangle \tag{4.117}$$

를 정의하자. 여러번 보았듯이, 이 양자상태는 $|0\rangle$에 하다마드 게이트 $\hat{H}^{\otimes n}$을 가하여 생성할 수 있다. $|\alpha\rangle$는 해와 해가 아닌 항목들을 모두 포함하고 있기 때문에 이를

$$|\alpha\rangle = \sqrt{\frac{M}{N}}\,|\omega\rangle + \sqrt{\frac{N-M}{N}}\,|\omega_\perp\rangle \tag{4.118}$$

와 같은 꼴로 다시 쓸 수 있다. 전체 중첩 상태 $|\alpha\rangle$를 사용하는 이점은 양자역학의 선형성 또는 양자병렬성을 이용하여 한 번에 모든 상태에 대해 연산을 수행할 수 있다는 것이다. 실제로, $|\alpha\rangle$에 상태벡터 $|\omega\rangle$에 대한 하우스홀더 반사 $\hat{U}_\omega$를 가하면

$$\hat{U}_\omega\,|\alpha\rangle = -\sqrt{\frac{M}{N}}\,|\omega\rangle + \sqrt{\frac{N-M}{N}}\,|\omega_\perp\rangle = \frac{1}{\sqrt{N}} \sum_{x=0}^{N-1} |x\rangle\,(-1)^{f(x)} \tag{4.119}$$

가 나온다. 하나의 연산 $\hat{U}_\omega$를 통해 해에 해당하는 양자상태 $|x\rangle$마다 위상인자 -1로 일종의 표시를 한 셈이다. 하지만 안타깝게도, 이 양자상태들을 바로 끄집어낼 수는 없다. 대신, 원하는 양자상태 $|\omega\rangle$에 나란한 성분들을 증폭하는 전략을 쓸 수 있다. 이것은 $\hat{U}_\omega\,|\alpha\rangle \to \hat{V}_\alpha\hat{U}_\omega\,|\alpha\rangle$와 같이 $|\alpha\rangle$에 대한 그로버 확산연산자 $\hat{V}_\alpha$를 작용함으로써 달성해낼 수 있다. 그림 4.5 (a)에 기하하적으로 생생하게 보이듯이, 이러한 과정을 통해 전체 양자상태는 원하는 양자상태 $|\omega\rangle$에 가까와지게 된다.

이쯤에서 그로버 회전(Grover rotation) 연산자

$$\hat{G} := \hat{V}_\alpha\hat{U}_\omega \tag{4.120}$$

를 정의하면 편리하다. $\hat{G}$는 $|\omega\rangle$와 $|\alpha\rangle$로 전개되는 부분공간에서 주어진 양자상태를 원하는 양자상태 $|\omega\rangle$ 쪽으로 돌린다. 정량적인 분석을 위해 각도 θ를

$$\sin(\theta/2) = \sqrt{\frac{M}{N}}, \quad \cos(\theta/2) = \sqrt{\frac{N-M}{N}} \tag{4.121}$$

로 정의한다. 그러면,

$$|\alpha\rangle = |\omega\rangle\sin(\theta/2) + |\omega_\perp\rangle\cos(\theta/2) \tag{4.122}$$

이다. 이는 $|\omega\rangle$와 $|\omega_\perp\rangle$로 전개되는 이차원 부분공간에 대응하는 블로흐 공간에서 $|\omega\rangle$와 $|\omega_\perp\rangle$ 둘 다에 수직한 축을 중심으로 $|\omega_\perp\rangle$로부터 각도 θ만큼 회전한 상태이다. 따라서, $\hat{G}$는 같은 축을 중심으로 각도 2θ만큼 회전시킨다. 이것은 그림 4.5 (a)에 시연되어 있다. 그로버

회전 $\hat{G}$를 k번 적용하면,

$$|\psi_k\rangle = \hat{G}^k |\alpha\rangle = |\omega\rangle \sin((k+1/2)\theta) + |\omega_\perp\rangle \cos((k+1/2)\theta) \tag{4.123}$$

를 얻게 된다. 최종 상태 $|\psi_k\rangle$는 양자상태 (4.122)로부터 시작하여 $(k+1/2)\theta \approx \pi/2$일 때 목표로 한 상태 $|\omega\rangle$에 가장 가까와진다. 따라서, 가해야 할 그로버 회전의 최적 횟수 K는

$$K = \text{round}(\pi/2\theta - 1/2) \tag{4.124}$$

로 주어진다. $M \ll N$이라는 점을 감안하면, 식 (4.121)로부터

$$\theta \approx 2\sin^{-1}\left(\sqrt{M/N}\right) \approx 2\sqrt{M/N} \ll 1 \tag{4.125}$$

임을 알 수 있고, 따라서

$$K \approx \frac{\pi}{4}\sqrt{\frac{N}{M}} \tag{4.126}$$

이다. 이는 $\sqrt{N}$ 번 정도 그로버 회전 $\hat{G}$를 반복 작용하여 해를 찾을 수 있음을 의미한다.

그로버 회전의 실행과정을 더 엄밀하게 조사하여 K의 상한을 구할 수 있다.

$$K \le \text{ceil}(\pi/2\theta) \tag{4.127}$$

임에 유의하자. 식 (4.121)에 따라, $M \le N/2$를 가정하면

$$\theta/2 \ge \sin(\theta/2) = \sqrt{M/N} \tag{4.128}$$

이다. 이를 식 (4.127)에 대입하면,

$$K \le \frac{\pi}{4}\sqrt{\frac{N}{M}} \tag{4.129}$$

임을 알 수 있다. 즉, 식 (4.126)에서 추정한 값은 최악의 경우에 해당되는 셈이다.

위에서 하우스홀더 반사 $\hat{U}_\omega$와 그로버 확산연산자 $\hat{V}_\alpha$로 이루어진 그로버 회전를 써서 양자 검색 알고리즘을 설명했다. 양자회로 (4.113)에서 알 수 있듯이, 양자상태 $|\alpha\rangle$는 이미 알고 있기 때문에 $\hat{V}_\alpha$는 기본 양자논리게이트들로 구현하는 것은 어렵지 않다. 하지만, $\hat{U}_\omega$는 $|\omega\rangle$를 모르기 때문에 그러한 방식으로 구현할 수 없다. 다행히, 식 (4.119)에서 보았듯이 $\hat{U}_\omega$는 원하는 해들에 해당하는 양자상태 $|x\rangle$마다 위상 인자 -1로 표시를 해두는 효과를 낳는다. 고전 오라클 $f(x)$에 대응하는 양자 오라클(4.2.1절)을 이용하여 같은 효과를 일으킬 수 있다. 특히, 보조큐비트를 양자상태 $|-\rangle := (|0\rangle - |1\rangle)/\sqrt{2}$에 준비해 두면, 양자 오라클은

$$|x\rangle \otimes |-\rangle \mapsto \left(|x\rangle (-1)^{f(x)}\right) \otimes |-\rangle \tag{4.130}$$

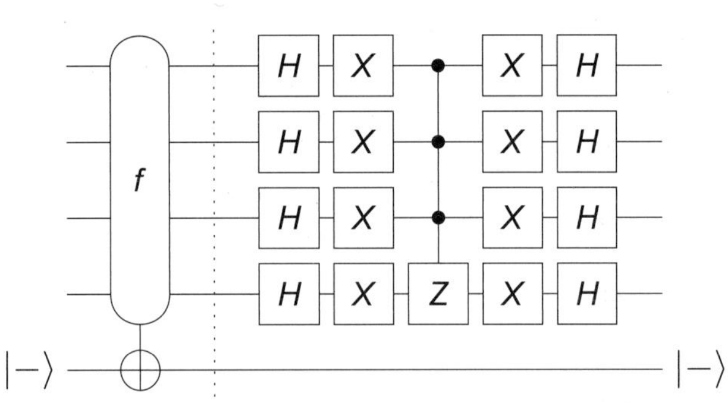

그림 4.6: 그로버 회전을 구현하는 양자회로. 세로 점선 이전의 첫 번째 부분은 하우스홀더 변환 $\hat{U}_\omega$를 효과적으로 구현한다. 두 번째 부분은 그로버 확산연산자 $\hat{V}_\alpha$에 해당한다.

와 같이 조건부 위상변화를 일으킨다[식 (4.19)와 (4.20) 참조]. 위 항등식은 다음과 같은 양자회로로 묘사할 수 있다.

$$|x\rangle\{\ f\ \}|x\rangle\,(-1)^{f(x)} \quad |-\rangle \;\oplus\; |-\rangle \quad = \quad |x\rangle\{\ f\ \}\hat{U}_\omega\,|x\rangle \quad |-\rangle \;\oplus\; |-\rangle \,. \tag{4.131}$$

그로버 회전을 구현하는 전체 양자회로는 그림 4.6에 기술되어 있다.

Here we demonstrate the quantum search algorithm.

We work with 4 (system) qubits and one ancillary qubit. The ancillary qubit is for the quantum oracle.

In[ ]:=
```
$n = 4;
cc = Range[$n - 1];
tt = $n;
jj = Range[$n];
aa = $n + 1;
```

Here we specify a classical oracle. The function `f` is more human readable. The function g will be used in the actual quantum oracle.

In[ ]:=
```
Clear[f]
f[3] = 1; f[_] = 0;
g[x__] := f@FromDigits[{x}, 2]
```

The ancilla qubit is prepared in the following state.

In[ ]:=
```
in = ProductState[S[aa] → {1, -1} / Sqrt[2]];
in // Elaborate // LogicalForm
```

Out[ ]=

$$\frac{|0_{S_5}\rangle}{\sqrt{2}} - \frac{|1_{S_5}\rangle}{\sqrt{2}}$$

This is a quantum circuit for the Grover rotation.

```
grv = QuantumCircuit[
  Oracle[g, S[jj], S[aa]], "Separator",
  S[jj, 6], S[jj, 1], ControlledU[S[cc], S[tt, 3]], S[jj, 1], S[jj, 6],
  "PortSize" → {0.5, 0.2}
 ]
```

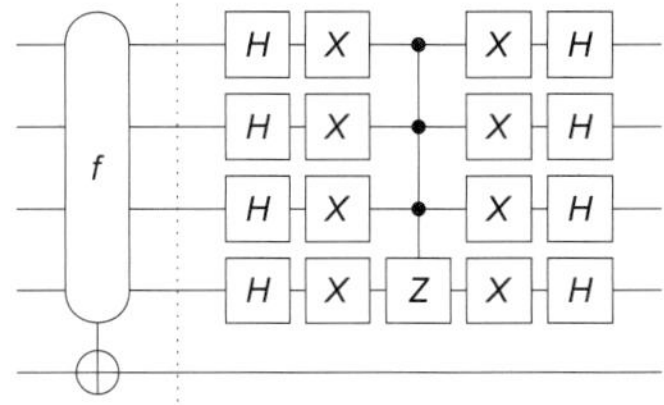

We apply the Grover rotation once on the input state.

```
qc1 = QuantumCircuit[LogicalForm[Ket[], S[jj]],
  {in, "Label" → "|-⟩"}, S[jj, 6], "Separator", grv]
```

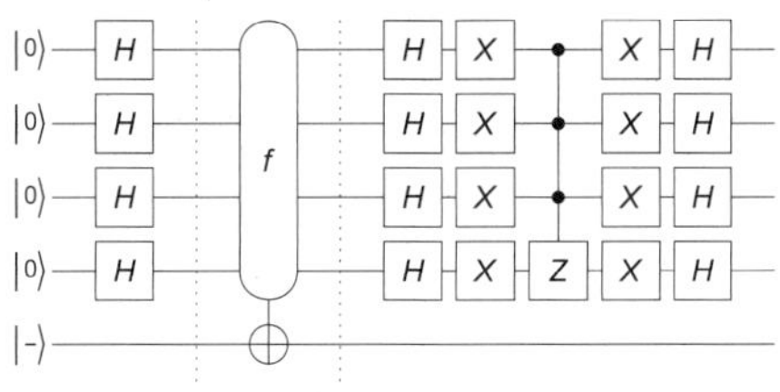

Here is the result of it.

```
out1 = Elaborate[qc1]
```

$$
-\frac{3\left|\_\right\rangle}{16\sqrt{2}}-\frac{3\left|1_{S_1}\right\rangle}{16\sqrt{2}}-\frac{3\left|1_{S_1}1_{S_2}\right\rangle}{16\sqrt{2}}-\frac{3\left|1_{S_1}1_{S_2}1_{S_3}\right\rangle}{16\sqrt{2}}-\frac{3\left|1_{S_1}1_{S_2}1_{S_3}1_{S_4}\right\rangle}{16\sqrt{2}}+
\frac{3\left|1_{S_1}1_{S_2}1_{S_3}1_{S_4}1_{S_5}\right\rangle}{16\sqrt{2}}+\frac{3\left|1_{S_1}1_{S_2}1_{S_3}1_{S_5}\right\rangle}{16\sqrt{2}}-\frac{3\left|1_{S_1}1_{S_2}1_{S_4}\right\rangle}{16\sqrt{2}}+\frac{3\left|1_{S_1}1_{S_2}1_{S_4}1_{S_5}\right\rangle}{16\sqrt{2}}+
\frac{3\left|1_{S_1}1_{S_2}1_{S_5}\right\rangle}{16\sqrt{2}}-\frac{3\left|1_{S_1}1_{S_3}\right\rangle}{16\sqrt{2}}-\frac{3\left|1_{S_1}1_{S_3}1_{S_4}\right\rangle}{16\sqrt{2}}+\frac{3\left|1_{S_1}1_{S_3}1_{S_4}1_{S_5}\right\rangle}{16\sqrt{2}}+\frac{3\left|1_{S_1}1_{S_3}1_{S_5}\right\rangle}{16\sqrt{2}}-
\frac{3\left|1_{S_1}1_{S_4}\right\rangle}{16\sqrt{2}}+\frac{3\left|1_{S_1}1_{S_4}1_{S_5}\right\rangle}{16\sqrt{2}}+\frac{3\left|1_{S_1}1_{S_5}\right\rangle}{16\sqrt{2}}-\frac{3\left|1_{S_2}\right\rangle}{16\sqrt{2}}-\frac{3\left|1_{S_2}1_{S_3}\right\rangle}{16\sqrt{2}}-\frac{3\left|1_{S_2}1_{S_3}1_{S_4}\right\rangle}{16\sqrt{2}}+
\frac{3\left|1_{S_2}1_{S_3}1_{S_4}1_{S_5}\right\rangle}{16\sqrt{2}}+\frac{3\left|1_{S_2}1_{S_3}1_{S_5}\right\rangle}{16\sqrt{2}}-\frac{3\left|1_{S_2}1_{S_4}\right\rangle}{16\sqrt{2}}+\frac{3\left|1_{S_2}1_{S_4}1_{S_5}\right\rangle}{16\sqrt{2}}+\frac{3\left|1_{S_2}1_{S_5}\right\rangle}{16\sqrt{2}}-
\frac{3\left|1_{S_3}\right\rangle}{16\sqrt{2}}-\frac{11\left|1_{S_3}1_{S_4}\right\rangle}{16\sqrt{2}}+\frac{11\left|1_{S_3}1_{S_4}1_{S_5}\right\rangle}{16\sqrt{2}}+\frac{3\left|1_{S_3}1_{S_5}\right\rangle}{16\sqrt{2}}-\frac{3\left|1_{S_4}\right\rangle}{16\sqrt{2}}+\frac{3\left|1_{S_4}1_{S_5}\right\rangle}{16\sqrt{2}}+\frac{3\left|1_{S_5}\right\rangle}{16\sqrt{2}}
$$

We apply the Grover rotation again on the above output state.

```
qc2 = QuantumCircuit[{out1, "Label" → "|ψ⟩"}, grv]
```

Out[ ]=

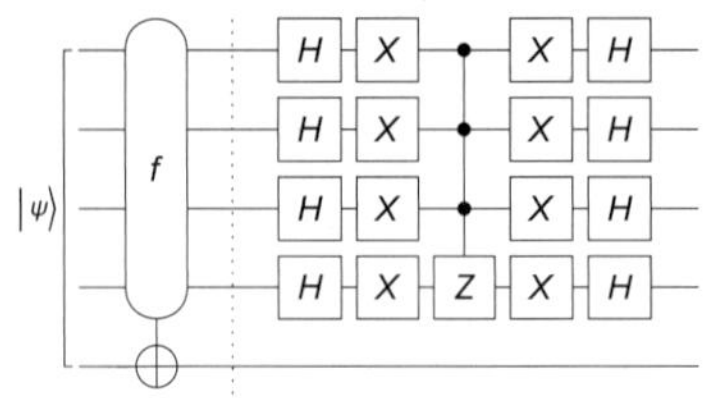

```
In[ ]:= out2 = Elaborate[qc2]
```

Out[ ]=

$$\frac{5\,|\_\rangle}{64\sqrt{2}}+\frac{5\,|1_{S_1}\rangle}{64\sqrt{2}}+\frac{5\,|1_{S_1}1_{S_2}\rangle}{64\sqrt{2}}+\frac{5\,|1_{S_1}1_{S_2}1_{S_3}\rangle}{64\sqrt{2}}+\frac{5\,|1_{S_1}1_{S_2}1_{S_3}1_{S_4}\rangle}{64\sqrt{2}}-$$
$$\frac{5\,|1_{S_1}1_{S_2}1_{S_3}1_{S_4}1_{S_5}\rangle}{64\sqrt{2}}-\frac{5\,|1_{S_1}1_{S_2}1_{S_3}1_{S_5}\rangle}{64\sqrt{2}}+\frac{5\,|1_{S_1}1_{S_2}1_{S_4}\rangle}{64\sqrt{2}}-\frac{5\,|1_{S_1}1_{S_2}1_{S_4}1_{S_5}\rangle}{64\sqrt{2}}-$$
$$\frac{5\,|1_{S_1}1_{S_2}1_{S_5}\rangle}{64\sqrt{2}}+\frac{5\,|1_{S_1}1_{S_3}\rangle}{64\sqrt{2}}+\frac{5\,|1_{S_1}1_{S_3}1_{S_4}\rangle}{64\sqrt{2}}-\frac{5\,|1_{S_1}1_{S_3}1_{S_4}1_{S_5}\rangle}{64\sqrt{2}}-\frac{5\,|1_{S_1}1_{S_3}1_{S_5}\rangle}{64\sqrt{2}}+$$
$$\frac{5\,|1_{S_1}1_{S_4}\rangle}{64\sqrt{2}}-\frac{5\,|1_{S_1}1_{S_4}1_{S_5}\rangle}{64\sqrt{2}}-\frac{5\,|1_{S_1}1_{S_5}\rangle}{64\sqrt{2}}+\frac{5\,|1_{S_2}\rangle}{64\sqrt{2}}+\frac{5\,|1_{S_2}1_{S_3}\rangle}{64\sqrt{2}}+\frac{5\,|1_{S_2}1_{S_3}1_{S_4}\rangle}{64\sqrt{2}}-$$
$$\frac{5\,|1_{S_2}1_{S_3}1_{S_4}1_{S_5}\rangle}{64\sqrt{2}}-\frac{5\,|1_{S_2}1_{S_3}1_{S_5}\rangle}{64\sqrt{2}}+\frac{5\,|1_{S_2}1_{S_4}\rangle}{64\sqrt{2}}-\frac{5\,|1_{S_2}1_{S_4}1_{S_5}\rangle}{64\sqrt{2}}-\frac{5\,|1_{S_2}1_{S_5}\rangle}{64\sqrt{2}}+$$
$$\frac{5\,|1_{S_3}\rangle}{64\sqrt{2}}+\frac{61\,|1_{S_3}1_{S_4}\rangle}{64\sqrt{2}}-\frac{61\,|1_{S_3}1_{S_4}1_{S_5}\rangle}{64\sqrt{2}}-\frac{5\,|1_{S_3}1_{S_5}\rangle}{64\sqrt{2}}+\frac{5\,|1_{S_4}\rangle}{64\sqrt{2}}-\frac{5\,|1_{S_4}1_{S_5}\rangle}{64\sqrt{2}}-\frac{5\,|1_{S_5}\rangle}{64\sqrt{2}}$$

We repeat the same procedure.

```
In[ ]:= qc3 = QuantumCircuit[{out2, "Label" → "|ψ⟩"}, grv]
```

Out[ ]=

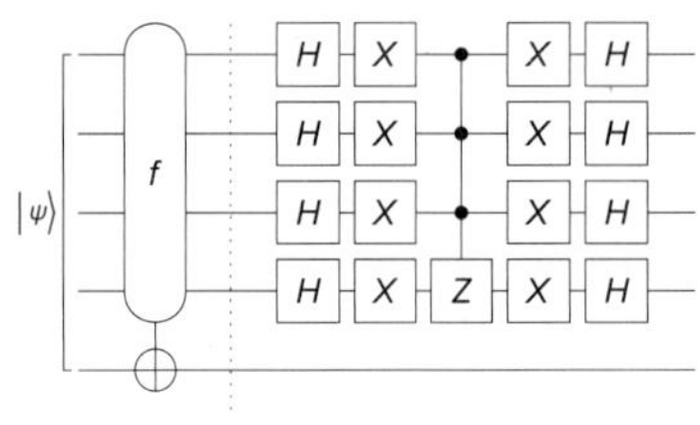

```
In[ ]:= out3 = Elaborate[qc3]
```

Out[ ]=

$$
\begin{aligned}
&\frac{13\left|\_\right\rangle}{256\sqrt{2}}+\frac{13\left|1_{S_1}\right\rangle}{256\sqrt{2}}+\frac{13\left|1_{S_1}1_{S_2}\right\rangle}{256\sqrt{2}}+\frac{13\left|1_{S_1}1_{S_2}1_{S_3}\right\rangle}{256\sqrt{2}}+\frac{13\left|1_{S_1}1_{S_2}1_{S_3}1_{S_4}\right\rangle}{256\sqrt{2}}-\\
&\frac{13\left|1_{S_1}1_{S_2}1_{S_3}1_{S_4}1_{S_5}\right\rangle}{256\sqrt{2}}-\frac{13\left|1_{S_1}1_{S_2}1_{S_3}1_{S_5}\right\rangle}{256\sqrt{2}}+\frac{13\left|1_{S_1}1_{S_2}1_{S_4}\right\rangle}{256\sqrt{2}}-\frac{13\left|1_{S_1}1_{S_2}1_{S_4}1_{S_5}\right\rangle}{256\sqrt{2}}-\\
&\frac{13\left|1_{S_1}1_{S_2}1_{S_5}\right\rangle}{256\sqrt{2}}+\frac{13\left|1_{S_1}1_{S_3}\right\rangle}{256\sqrt{2}}+\frac{13\left|1_{S_1}1_{S_3}1_{S_4}\right\rangle}{256\sqrt{2}}-\frac{13\left|1_{S_1}1_{S_3}1_{S_4}1_{S_5}\right\rangle}{256\sqrt{2}}-\frac{13\left|1_{S_1}1_{S_3}1_{S_5}\right\rangle}{256\sqrt{2}}+\\
&\frac{13\left|1_{S_1}1_{S_4}\right\rangle}{256\sqrt{2}}-\frac{13\left|1_{S_1}1_{S_4}1_{S_5}\right\rangle}{256\sqrt{2}}-\frac{13\left|1_{S_1}1_{S_5}\right\rangle}{256\sqrt{2}}+\frac{13\left|1_{S_2}\right\rangle}{256\sqrt{2}}+\frac{13\left|1_{S_2}1_{S_3}\right\rangle}{256\sqrt{2}}+\frac{13\left|1_{S_2}1_{S_3}1_{S_4}\right\rangle}{256\sqrt{2}}-\\
&\frac{13\left|1_{S_2}1_{S_3}1_{S_4}1_{S_5}\right\rangle}{256\sqrt{2}}-\frac{13\left|1_{S_2}1_{S_3}1_{S_5}\right\rangle}{256\sqrt{2}}+\frac{13\left|1_{S_2}1_{S_4}\right\rangle}{256\sqrt{2}}-\frac{13\left|1_{S_2}1_{S_4}1_{S_5}\right\rangle}{256\sqrt{2}}-\frac{13\left|1_{S_2}1_{S_5}\right\rangle}{256\sqrt{2}}+\frac{13\left|1_{S_3}\right\rangle}{256\sqrt{2}}-\\
&\frac{251\left|1_{S_3}1_{S_4}\right\rangle}{256\sqrt{2}}+\frac{251\left|1_{S_3}1_{S_4}1_{S_5}\right\rangle}{256\sqrt{2}}-\frac{13\left|1_{S_3}1_{S_5}\right\rangle}{256\sqrt{2}}+\frac{13\left|1_{S_4}\right\rangle}{256\sqrt{2}}-\frac{13\left|1_{S_4}1_{S_5}\right\rangle}{256\sqrt{2}}-\frac{13\left|1_{S_5}\right\rangle}{256\sqrt{2}}
\end{aligned}
$$

In this case, the optimal number of applications of the Grover algorithm is four. So, this is supposed to be the last step.

In[ ]:=

```
qc4 = QuantumCircuit[{out3, "Label" → "|ψ⟩"}, grv]
```

Out[ ]=

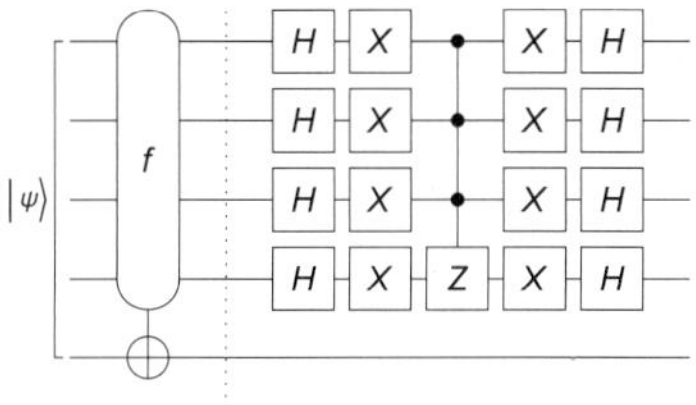

This is the final state.

In[ ]:=

```
out4 = Elaborate[qc4]
```

Out[ ]=

$$
\begin{aligned}
&-\frac{171\left|\_\right\rangle}{1024\sqrt{2}}-\frac{171\left|1_{S_1}\right\rangle}{1024\sqrt{2}}-\frac{171\left|1_{S_1}1_{S_2}\right\rangle}{1024\sqrt{2}}-\frac{171\left|1_{S_1}1_{S_2}1_{S_3}\right\rangle}{1024\sqrt{2}}-\frac{171\left|1_{S_1}1_{S_2}1_{S_3}1_{S_4}\right\rangle}{1024\sqrt{2}}+\\
&\frac{171\left|1_{S_1}1_{S_2}1_{S_3}1_{S_4}1_{S_5}\right\rangle}{1024\sqrt{2}}+\frac{171\left|1_{S_1}1_{S_2}1_{S_3}1_{S_5}\right\rangle}{1024\sqrt{2}}-\frac{171\left|1_{S_1}1_{S_2}1_{S_4}\right\rangle}{1024\sqrt{2}}+\frac{171\left|1_{S_1}1_{S_2}1_{S_4}1_{S_5}\right\rangle}{1024\sqrt{2}}+\\
&\frac{171\left|1_{S_1}1_{S_2}1_{S_5}\right\rangle}{1024\sqrt{2}}-\frac{171\left|1_{S_1}1_{S_3}\right\rangle}{1024\sqrt{2}}-\frac{171\left|1_{S_1}1_{S_3}1_{S_4}\right\rangle}{1024\sqrt{2}}+\frac{171\left|1_{S_1}1_{S_3}1_{S_4}1_{S_5}\right\rangle}{1024\sqrt{2}}+\\
&\frac{171\left|1_{S_1}1_{S_3}1_{S_5}\right\rangle}{1024\sqrt{2}}-\frac{171\left|1_{S_1}1_{S_4}\right\rangle}{1024\sqrt{2}}+\frac{171\left|1_{S_1}1_{S_4}1_{S_5}\right\rangle}{1024\sqrt{2}}+\frac{171\left|1_{S_1}1_{S_5}\right\rangle}{1024\sqrt{2}}-\frac{171\left|1_{S_2}\right\rangle}{1024\sqrt{2}}-\\
&\frac{171\left|1_{S_2}1_{S_3}\right\rangle}{1024\sqrt{2}}-\frac{171\left|1_{S_2}1_{S_3}1_{S_4}\right\rangle}{1024\sqrt{2}}+\frac{171\left|1_{S_2}1_{S_3}1_{S_4}1_{S_5}\right\rangle}{1024\sqrt{2}}+\frac{171\left|1_{S_2}1_{S_3}1_{S_5}\right\rangle}{1024\sqrt{2}}-\\
&\frac{171\left|1_{S_2}1_{S_4}\right\rangle}{1024\sqrt{2}}+\frac{171\left|1_{S_2}1_{S_4}1_{S_5}\right\rangle}{1024\sqrt{2}}+\frac{171\left|1_{S_2}1_{S_5}\right\rangle}{1024\sqrt{2}}-\frac{171\left|1_{S_3}\right\rangle}{1024\sqrt{2}}+\frac{781\left|1_{S_3}1_{S_4}\right\rangle}{1024\sqrt{2}}-\\
&\frac{781\left|1_{S_3}1_{S_4}1_{S_5}\right\rangle}{1024\sqrt{2}}+\frac{171\left|1_{S_3}1_{S_5}\right\rangle}{1024\sqrt{2}}-\frac{171\left|1_{S_4}\right\rangle}{1024\sqrt{2}}+\frac{171\left|1_{S_4}1_{S_5}\right\rangle}{1024\sqrt{2}}+\frac{171\left|1_{S_5}\right\rangle}{1024\sqrt{2}}
\end{aligned}
$$

To analyze the result, we ignore the ancillary qubit. Note that the result is a density matrix.

In[ ]:=

```
new = Matrix@PartialTrace[out4, S[aa]];
```

The diagonal elements of the density matrix are the probability in the logical basis.

```
In[ ]:= prb = Diagonal[new];
```

As you can see below, the probability for x=3 is the highest. We conclude that the quantum search algorithm works reasonably well.

```
In[ ]:= ListLinePlot[Transpose@{Range[0, 2^$n - 1], prb},
         PlotMarkers → Automatic,
         FrameLabel → {"x", "Probability"}]
```

Out[ ]=

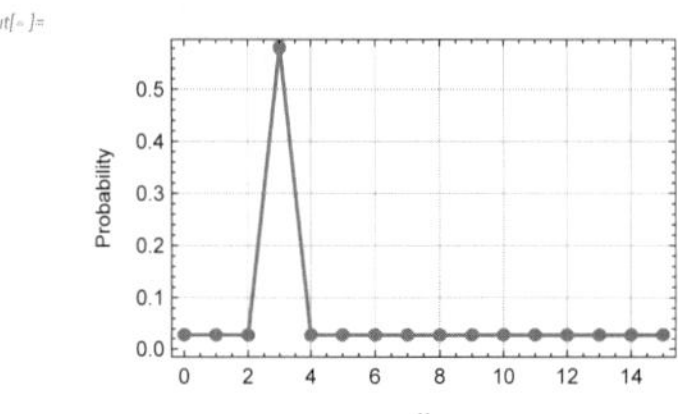

4.6 연습문제

4.1. 식 (4.12)에 정의된 양자 오라클을 고려해보자.

a) 고전적으로(즉, 중첩되지 않은 기저상태에만 작동하는) 식 (4.11)의 사상은 함수 f에 관계없이 일대일임을 보여라.

b) 임의의 함수 f에 대해 식 (4.12)의 변환 $\hat{U}_f$는 유니테리임을 보여라.

4.2. **(조건부 위상변화)** $f : \{0,1\}^n \to \{0,1\}$를 (고전) 오라클이라 하자. n 개의 큐비트로 이루어진 '제어레지스터'와 단일 큐비트로 이루어진 '대상레지스터'를 포함하는 양자컴퓨터를 가지고 있다고 하자. 양자 오라클을 사용하여, 대상레지스터는 건드리지 않고, 제어레지스터에서 $f(x) = 1$을 만족하는 $|x\rangle$의 모든 항의 위상을 인자 $e^{i\phi}$만큼 변화시키는 양자회로를 만들어라. 이 양자회로는 제어큐비트의 상태를

$$\sum_x |x\rangle \mapsto \sum_x |x\rangle\, e^{i\phi f(x)} \tag{4.132}$$

와 같이 변환한다. 식 (4.19)에 나온 것과 같은 간단한 양자 오라클 이용 방식은 $\phi = \pi$인 경우에 해당한다.

힌트: 2.2.2절에 나온 제어 유니테리 게이트의 구현을 참조하라.

4.3. 식 (4.43)에 나온 항등식

$$e^{-ia\hat{P}}\hat{X}e^{+ia\hat{P}} = \hat{X} - a \tag{4.133}$$

를 증명하라.

힌트: 부록 A.4.2를 참조하거나 $e^{-ia\hat{P}} = \sum_y |P_y\rangle e^{-iap_y} \langle P_y|$를 이용하라.

4.4. 모든 $x, y = 0, 1, \cdots, 2^n - 1$에 대해 성립하는 직교성관계

$$\sum_{z=0}^{2^n-1} e^{i(x-y)p_z} = 2^n \delta_{xy} \tag{4.134}$$

를 이용하여 식 (4.61)의 항등식

$$\hat{U}_{\text{QFT}}^{\dagger} |X_y\rangle = \frac{1}{2^{n/2}} \sum_x |X_x\rangle e^{-ixp_y} \tag{4.135}$$

임을 증명하라.

4.5. n 개의 큐비트로 이루어진 양자레지스터의 양자논리기저상태 $|X_0\rangle \equiv |0\rangle^{\otimes n}$에 대해

$$\hat{U}_{\text{QFT}} |X_0\rangle = \hat{U}_{\text{QFT}}^{\dagger} |X_0\rangle = \hat{H}^{\otimes n} |0\rangle^{\otimes n} = \frac{1}{2^{n/2}} \sum_{x=0}^{2^n-1} |X_x\rangle = |P_0\rangle \tag{4.136}$$

임을 보여라.

제 5 장

양자잡음과 결깨짐

이전 장들에서는 논의을 하거나 논거들을 제시할 때 대부분 닫힌 계(closed system)에 대한 양자물리학 원리에 바탕을 두었다. 그러나 현실적으로 어떠한 계도 닫혀있지 않다. 당연히, 하나의 계는 그 주변의 여러 장치나 다른 계와 상호작용한다. 이러한 장치나 계를 통틀어 흔히 '주변계' 혹은 '환경'이라 부른다. 그러나 양자역학에서 열린 양자계(open quantum system)란 개념을 사용하는 데에는 더 근본적인 이유가 있다. 양자역학 이론은 본질적으로 확률론이 바탕에 깔려 있다. 즉, 모든 양자원리는 측정을 반복 수행하여 얻은 결과를 통계적으로 분석하여 검증해야 한다. 측정 과정에서 필연적으로 계를 측정장치에 연결해야 한다. 또한, 양자계산, 더 일반적으로 양자정보 처리를 위해서는 양자상태들을 준비하고, 조작하고, 측정할 필요가 있다. 이러한 모든 절차들을 수행하려면 계가 외부 장비에 연결되어야 한다.

원리적으로 보면, 계와 주변계를 다 포함한 전체 계를 닫힌 계로 간주하여 이 전체 계에 양자역학 원리를 적용할 수 있다. 그러나 주변계는 일반적으로 매우 크고 완벽하게 격리하기란 불가능하기 때문에, 전체 계는 결국 엄청난 수의 자유도를 가진 전체 우주가 된다. 주변계의 자유도를 포함하는 완벽한 미시적 기술은 현실적이지 않을 뿐만 아니라 별로 쓸모도 없다. 우선, 그러한 기술은 엄청나게 복잡하고 풀기가 어렵다. 해가 있다 해도 처리할 수 없을 정도의 많은 양의 정보가 포함되어 있으나, 그 중 대다분은 계 자체가 나타내는 물리 효과와 아무런 관련이 없다.

따라서, 보다 합리적이고 실용적인 접근방식은 계의 자유도만 사용하여 열린 양자계를 기술할 수 있는 실질적인 서술방식을 추구하는 것이다. 이러한 유효 이론은 두 단계를 거쳐 형성할 수 있다. 첫째, 주변계의 자유도를 무시함으로써 계의 순수상태들이 통계적으로 혼합된다. 계의 상태는 더 이상 순수상태가 아니라 혼합상태가 되며, 밀도연산자를 통해 기술한다. 이미 1.1.2절에서 이러한 기술 방법을 소개했다. 둘째, 주변계의 영향을 밀도 연산자의 (유효) 동역학 방정식에 반영하되, 주변계 자체 혹은 계와 주변계 간 상호작용의 세부사항에 의존하지 않는 방식이어야 한다. 소위 양자연산체계(quantum operation formalism)는 이러한 기술 방법에 쓸모가 큰 강력한 수학적 도구를 제공한다.

이 장에서는 먼저 간단한 모형들을 사용하여 기본적이고 정성적인 수준에서 결깨짐 과정을 살펴본다. 그런 다음 양자연산체계를 소개한다. 양자연산을 표현하는 방법 중 널리 사용되고 상호보완적인 두 가지를 간단한 예들과 함께 논의한다. 양자연산은 열린 양자계의 동역학적 과정뿐만 아니라 일반화된 측정에 관한 양자이론에도 사용된다. 그 다음에는 화제를 바꾸어 열린 양자계에 대한 양자 으뜸 방정식을 이용한 접근 방식을 논의한다. 이는 마르코프 가정 하에서 양자연산체계에 대한 근사적인 접근방식이다. 양자연산체계는 가장 일반적인 수학적 도구를 제공하지만, 특정 계가 구체적으로 주어질 경우 해당 양자연산을 명시적으로 알아내기가 매우 어렵다. 주어진 열린 양자계의 동역학을 이해하려면 양자 으뜸 방정식을 짜맞추고 그 해를 살펴보는 것이 훨씬 더 간단할 뿐만 아니라 그 계에 대하여 더 큰 통찰을 준다. 그외 나머지 부분에서는 양자상태 사이의 거리 측정을 소개한다.

5.1 결깨짐은 어떻게 발생하는가?

엄밀하고 수학적인 기술을 논의하기 전에, 간단한 모형과 그 변형꼴들을 통해 양자상태가 결맞음을 어떻게 잃어가는지 살펴보도록 한다. 이후에 보게 되겠지만, 이러한 모형들은 지나치게 단순화되어 있다. 그럼에도 불구하고, 이 모형들은 결깨짐을 묘사할 수 있는 정성적이며 물리적인 방법들에 관한 영감을 주기에 충분하다. 또 이러한 모형들을 통해 이 장의 다음 절들에서 소개할 수학적 체계를 도입하게 된 배경과 그러한 체계를 적용할 기본적인 예들을 엿볼 수 있다.

양자상태의 결맞음은 간섭실험을 통해 가장 잘 드러난다. 가장 널리 사용되는 간섭실험은 그림 5.1 (a)의 이중슬릿실험이다. '물리학에서 가장 아름다운 실험'에 대한 설문조사(Crease, 2002)에서 1위를 차지하기도 한, 전자를 사용한 이중슬릿실험(Jönsson, 1961)은 양자물리학에서 모든 입자에 대한 드브로이(de Brogile, L.)의 파동-입자 이중성을 확립하는 데 결정적인 역할을 했다. 특히, 그후 실험(Tonomura et al., 1989)에서는 장치에 한 번에 전자 하나씩만 들어가게 하였다. 이것은 파인만(Feyman, R. P.)이 양자상태의 결맞음 성질을 강조하고자 제안한 사고실험이었다(Feynman et al., 1963). 디락(Dirac, P. M. A.)의 표현(Dirac, 1958)을 빌자면,[5.1] "각 [전자]는 자기 자신과만 간섭한다."

[5.1] 본래는 '그러면, 각 빛알은 자기 자신과만 간섭한다.'라고 말했다.

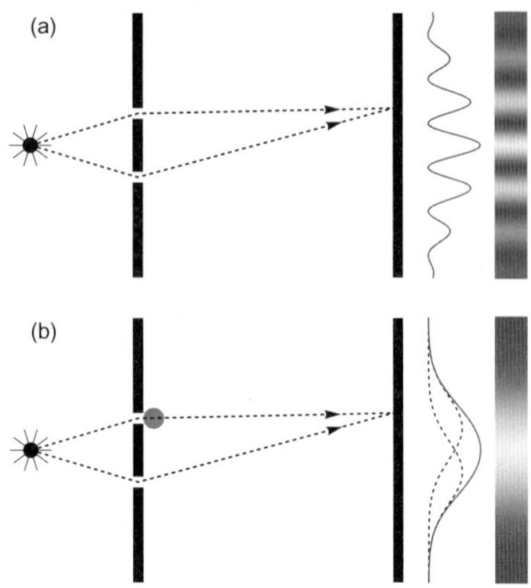

그림 5.1: 단일 전자들을 이용한 이중슬릿실험. (a) 화면에 축적된 전자 개수 밀도는 간섭 무늬를 명확하게 보인다. (b) 윗쪽 슬릿에 입자 검출기(회색 디스크)가 놓여 있다. 이 경우 간섭 무늬는 관찰되지 않는다.

그림 5.1 (b)에 나타낸 파인만의 또 다른 사고실험(Feynman et al., 1963)은 이중슬릿실험을 변형한 꼴로, 현 맥락에서 볼 때 매우 흥미롭다. 이 실험에서는 윗쪽 슬릿에 놓인 입자 검출기를 이용해 각 전자가 어떤 슬릿을 통해 지나갔는지 알아낼 수 있다. 이러한 소위 경로 정보가 간섭을 깨뜨리기 때문에, 이 실험에서는 간섭무늬를 관찰할 수 없게 된다. 이 실험에서 간섭이 사라진 현상에 대한 일반적인 설명은 상보성 원리(complementarity principle)에 바탕을 두고 있다. 양자역학에서 모든 것은 파동성과 입자성을 다 가지고 있지만, 주어진 상황에 따라 한 번에 둘 중 한 성질만 발현될 뿐, 두 성질이 함께 나타나는 일은 없다. 실제로, 이 실험은 1927년 '전자와 광자'라는 주제로 열린 제 5차 솔베이 학회(Solvay Conference)에서 보어(Bohr, N.)와의 논쟁 중 아인슈타인이 제안한 사고실험과 본질적으로 동일하다(Bohr, 1949). 보어도 같은 주장을 했다. 그러나 이 사고실험을 더 자세히 분석해보면 결깨짐이 일어나는 물리적 메커니즘을 밝혀낼 수 있다. 여기서 우리는 이 점에 초점을 맞출 것이다.

이 점을 명확하게 하기 위해, 그림 5.2에 예시한 것과 같이 마흐-젠더 간섭계(Mach-Zehnder interferometer)를 이용한 또 조금 다른 실험을 고려하면 편리하다. 그림 5.2 (a)에서 빛알은 수평 광학모드(간섭계의 아래쪽 파란색 팔)를 통해 빔분할기로 입사된다. 빔분할기를 투과해 수평 모드의 다른 편으로 진행하거나 수직 모드(윗쪽 빨간색 팔)로 반사될 수 있다. 따라서, 빔분할기 이후에 빛알은 중첩 상태 $(|0\rangle + |1\rangle)/\sqrt{2}$에 놓인다. 여기서 $|0\rangle$과 $|1\rangle$은 각각 빛알이 파란색 팔과 빨간색 팔에 있는 상태를 의미한다. 빨간색 팔에서 빛알은 광학 매질을 지나면서 ϕ만큼의 위상변화를 추가로 겪는다. 이 단계에서 빛알의 상태는

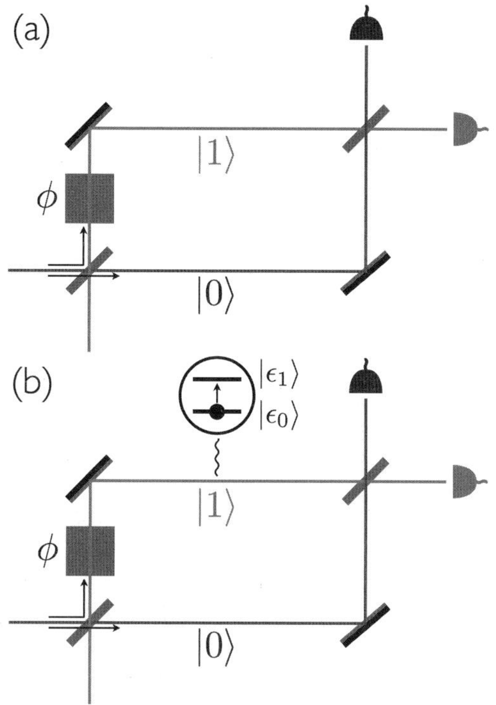

그림 5.2: 마흐-젠더 간섭실험. (a) 결깨짐이 없는 이상적인 경우. ϕ로 표시된 영역은 윗쪽 팔을 따라 이동하는 빛알에 상대적 위상 변화를 일으킨다. (b) 윗쪽 팔을 따라 이동하는 빛알이 이준위 양자계와 상호작용하여 이준위 양자계가 바닥 상태 $|\epsilon_0\rangle$에서 들뜬 상태 $|\epsilon_1\rangle$로 전이된다.

$(|0\rangle + |1\rangle\, e^{i\phi})/\sqrt{2}$가 된다. 두 팔은 둘째 빔분할기에서 다시 만나고, 여기서 빛알은 전송되거나 반사된다. 그러면, 빛알의 상태는

$$|0\rangle \left(\frac{1+e^{i\phi}}{2}\right) + |1\rangle \left(\frac{1-e^{i\phi}}{2}\right) \tag{5.1}$$

로 기술할 수 있는데, 빨긴 팔에서 파란 빨로 반사된 빛알이 겪는 추가적인 위상인자 -1(또는 π만큼의 위상변화)은 광학적으로 단단한 매질로부터의 반사 때문이다. 최종적으로 빛알은 광학모드 끝에 있는 두 검출기들 중 하나에 의해 감지된다. 파란 팔에서 빛알을 검출할 확률은

$$P_0 = \left|\frac{1+e^{i\phi}}{2}\right|^2 = \cos^2(\phi/2) \tag{5.2}$$

이다. 마찬가지로, 빨간 팔에서 빛알을 발견할 확률은 $P_1 = \sin^2(\phi/2)$이다. 각 팔의 출구에서의 빛알 검출 확률은 상대적인 위상변화 ϕ에 따라 생기는 간섭 현상을 분명하게 드러낸다. 각 단계의 빛알 상태를 분석하여 알 수 있듯이, 그림 5.2 (a)에서의 빛알에 대한 마흐-젠더 간섭계는 그림 5.3 (a)에 그려진 큐비트에 대한 양자회로와 동일하다.

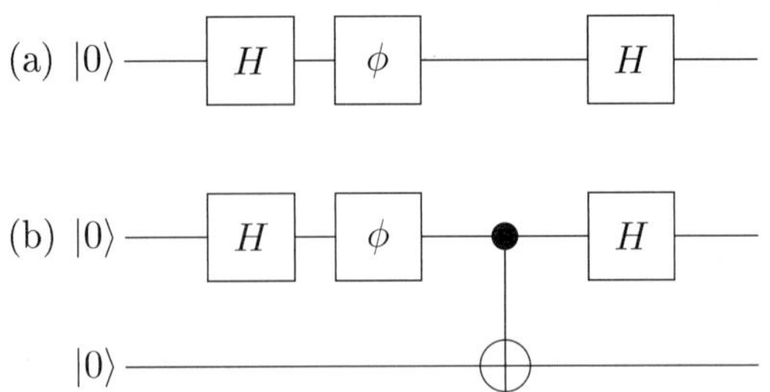

그림 5.3: 그림 5.2의 마흐-젠더 간섭실험과 동등한 양자회로들. 하다마드 게이트는 마흐-젠더 간섭계에서의 빔분할기와 같은 역할을 한다. CNOT 게이트는 윗쪽 광학모드에 결합된 이준위 양자계에 해당한다. ϕ로 이름붙여진 유니테리 게이트는 $|0\rangle\langle 0| + |1\rangle e^{i\phi}\langle 1|$을 수행하는 위상게이트이다.

Consider a quantum circuit model equivalent to the Mach-Zender interferometer.

```
In[ ]:= qc = QuantumCircuit[LogicalForm[Ket[], S[1]],
          S[1, 6], Phase[ϕ, S[1], "Label" → "ϕ"], S[1, 6]]
```

Out[ ]=

$|0\rangle$ — H — ϕ — H —

```
In[ ]:= out = Elaborate[qc];
        out // LogicalForm
```

Out[ ]=

$$\frac{1}{2}\left(1 + e^{i\phi}\right)\left|0_{S_1}\right\rangle + \frac{1}{2}\left(1 - e^{i\phi}\right)\left|1_{S_1}\right\rangle$$

```
In[ ]:= Let[Real, ϕ]
        {P[0, ϕ_], P[1, ϕ_]} =
         Abs[Normal@Matrix@out]^2 // Elaborate // ExpToTrig // Simplify
```

Out[ ]=

$$\left\{\mathrm{Cos}\left[\frac{\phi}{2}\right]^2, \mathrm{Sin}\left[\frac{\phi}{2}\right]^2\right\}$$

```
In[ ]:= Plot[P[0, Pi s], {s, 0, 2}, FrameLabel → {"ϕ / π", "P0"}]
```

Out[ ]=

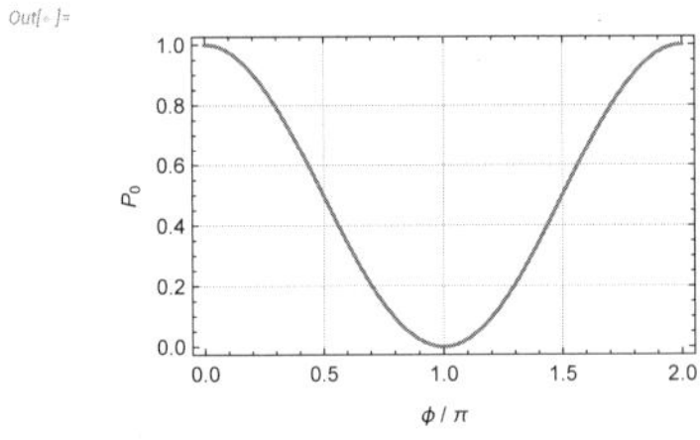

이제 그림 5.2 (b)에 묘사된 실험을 살펴보자. 이 실험에는 윗쪽 광학모드와 결합된 이준위 양자계가 있다. 즉, 빛알이 빨간색 팔에 있으면 이준위 양자계와 상호작용한다. 상호작용의 결과, 초기에 바닥상태 $|\epsilon_0\rangle$에 있던 이준위 양자계가 들뜬상태 $|\epsilon_1\rangle$로 전이된다. 이러한 이준위 양자계는, 그림 5.1 (b)에 묘사된 이중슬릿실험에서 윗쪽 슬릿 뒤에 놓인 입자 검출기와 비슷한 역할을 한다. 여기서 이준위 양자계를 주변계으로 간주해보자. 중

요한 점은 입자 검출기와 달리, 이 실험에서는 이준위 양자계를 관찰할 수 없다는 것이다. 그럼에도 불구하고, 이준위 양자계는 윗쪽 팔을 따라 이동하는 빛알과의 상호작용을 통해 빛알의 간섭을 파괴해버린다. 이를 확인하기 위해 실험에서 어떤 일이 발생하는지 자세히 살펴보자. 입사된 빛알과 이준위 양자계로 이루어진 전체 계의 초기상태는 $|0\rangle \otimes |\epsilon_0\rangle$이다. 빔분할기와 위상변화 매질을 통과한 후, 이 양자상태는

$$\left(\frac{|0\rangle + |1\rangle e^{i\phi}}{\sqrt{2}}\right) \otimes |\epsilon_0\rangle = \frac{|0\rangle \otimes |\epsilon_0\rangle + |1\rangle \otimes |\epsilon_0\rangle e^{i\phi}}{\sqrt{2}} \tag{5.3}$$

가 된다. 빛알이 윗쪽 팔에 있을 때에만 빛알과 이준위 양자계 사이의 상호작용이 $|\epsilon_0\rangle$로부터 $|\epsilon_1\rangle$으로의 전이를 일으킨다. 이로 인해 전체 계의 상태는

$$\frac{|0\rangle \otimes |\epsilon_0\rangle + |1\rangle \otimes |\epsilon_1\rangle e^{i\phi}}{\sqrt{2}} \tag{5.4}$$

가 된다. 이 과정은 양자계산의 CNOT 게이트와 유사하다. 실제로, 그림 5.2 (b)의 마흐-젠더 간섭계와 그림 5.3 (b)의 양자회로를 비교해보면, 그림 5.2 (b)에서는 이준위 양자계가 마흐-젠더 간섭계의 두 광학모드 중 하나와 결합하고 있고 그림 5.3 (b)에서는 제어큐비트의 두 논리기저상태 중 하나에 대해 대상큐비트의 비트가 뒤집힌다. 따라서, 두 설정은 본질적으로 같다. 두 번째 빔분할기 이후의 양자상태는

$$\frac{1}{2}|0\rangle \otimes \left(|\epsilon_0\rangle + |\epsilon_1\rangle e^{i\phi}\right) + \frac{1}{2}|1\rangle \otimes \left(|\epsilon_0\rangle - |\epsilon_1\rangle e^{i\phi}\right) \tag{5.5}$$

로 기술할 수 있다. 따라서, 파란색 팔의 출구에서 빛알을 검출할 확률은

$$P_0 = \frac{1}{4}\left(\langle\epsilon_0| + e^{-i\phi}\langle\epsilon_1|\right)\left(|\epsilon_0\rangle + |\epsilon_1\rangle e^{i\phi}\right) = \frac{1}{2} \tag{5.6}$$

이 된다. 같은 방식으로, 다른 편 팔에서 빛알을 검출할 확률은 $P_1 = 1/2$이다. 즉, 빛알 검출 확률은 간섭 효과를 보이지 않는다. 양자상태 (5.4)가 빛알과 이준위 양자계 사이의 최대로 얽힌 상태라는 점은 주목할 만한 가치가 있다. 최대 얽힘은 식 (5.4)에서 훨씬 더 명확하게 보인다. 어차피 관찰할 수 없는 이준위 양자계를 대각합을 통해 없애버리면, 빛알의 양자상태를 기술하는 밀도연산자는 상대적인 위상변화 ϕ 값에 상관없이 $\hat{\rho} = \hat{I}/2$가 되고, 이것은 양자상태가 완전히 마구잡이라는 뜻이다. 즉, 이준위 양자계와의 상호작용과 그로 인한 얽힘 때문에 빛알은 자신의 양자상태에서 결맞음을 완전히 잃어버린 것이다.

Consider a quantum circuit model equivalent to the Mach-Zender interference experiment with a two-level system coupled to one of the two arms.

```
In[ ]:= qc = QuantumCircuit[LogicalForm[Ket[], S@{1, 2}],
  S[1, 6], Phase[ϕ, S[1], "Label" → "ϕ"], CNOT[S[1], S[2]], S[1, 6]]
```

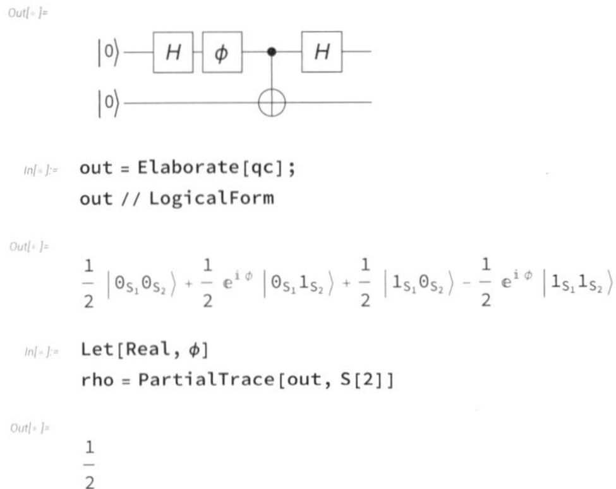

그림 5.1 (b)에 나온 파인만의 사고실험에서는 윗쪽 슬릿 뒤에 놓인 입자검출기가 완벽하게 작동한다고 가정하였다. 이것은 그림 5.2 (b)의 마흐-젠더 간섭실험에서 빛알과 이준위 양자계가 상호작용한 후, 이준위 양자계의 양자상태 $|\epsilon_1\rangle$과 초기 상태 $|\epsilon_0\rangle$이 서로 수직이라는 조건에 해당한다. 원칙적으로 서로 수직인 두 상태는 항상 적정한 측정 장치를 고안하여 확실히 구별할 수 있다. 하지만 검출기가 완벽하지 않다면 어떻게 될까? 예를 들어, 검출기 효율이 너무 낮아 입자가 윗쪽 슬릿을 통과하더라도 종종 이를 놓친다고 가정하자. 그러한 검출기라면 화면에 그려질 간섭 무늬에 얼마나 영향을 미칠까? 그림 5.2 (b)의 마흐-젠더 간섭실험으로 해석하자면, 이것은 빛알과의 상호작용 후 이준위 양자계의 양자상태 $|\epsilon_1'\rangle$이 초기 상태 $|\epsilon_0\rangle$과 수직하지 않는 경우에 해당한다. 이는 또한 양자회로

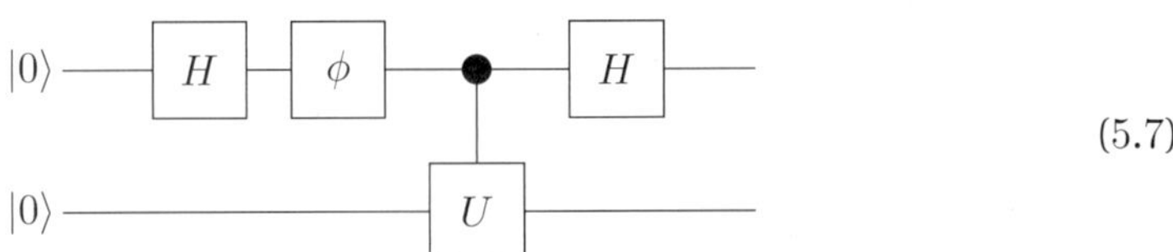

(5.7)

와 유사하다. 여기서 유니테리 게이트 $\hat{U}$는 전이 $|\epsilon_0\rangle \to |\epsilon_1'\rangle$, 즉 $|\epsilon_1'\rangle = \hat{U}|\epsilon_0\rangle$을 일으킨다. 위의 논거에 따라 빛알과 이준위 양자계가 결합된 계의 최종 상태

$$\frac{1}{2}|0\rangle \otimes \left(|\epsilon_0\rangle + |\epsilon_1'\rangle e^{i\phi}\right) + \frac{1}{2}|1\rangle \otimes \left(|\epsilon_0\rangle - |\epsilon_1'\rangle e^{i\phi}\right) \tag{5.8}$$

를 얻을 수 있고, 이는 식 (5.5)와 비교된다. 그러면, 빛알 검출 확률은 다음과 같다.

$$P_0 = \frac{1}{4}\left(\langle\epsilon_0| + e^{-i\phi}\langle\epsilon_1'|\right)\left(|\epsilon_0\rangle + |\epsilon_1'\rangle e^{i\phi}\right) = \frac{1}{2}\left[1 + \mathrm{Re}\,\langle\epsilon_0|\epsilon_1'\rangle e^{i\phi}\right] \tag{5.9a}$$

$$P_1 = \frac{1}{2}\left[1 - \mathrm{Re}\,\langle\epsilon_0|\epsilon_1'\rangle e^{i\phi}\right]. \tag{5.9b}$$

명백히, $|\epsilon_1'\rangle$이 $|\epsilon_0\rangle$과 수직, 즉 $\langle\epsilon_0|\epsilon_1'\rangle = 0$이면 이전 결과 (5.6)이 재현되고 간섭이 나타나지 않는다. 또한, 빛알과 이준위 양자계 사이에 상호작용이 없을 때는 이준위 양자계는 초기

상태 $|\epsilon_0\rangle$을 유지해야 한다. 즉, $|\epsilon_1'\rangle = |\epsilon_0\rangle$이다. 이 경우, 빛알 검출 확률은 식 (5.2)에서와 같이 간섭 효과를 최대로 보여준다. 식 (5.9)의 결과에 따르면, 일반적으로 $|\epsilon_1'\rangle$이 $|\epsilon_0\rangle$와 얼마나 쉽게 구별될 수 있느냐에 따라 간섭이 완전히 사라지거나 혹은 일부분만 사라질 수 있다. 다시 말해, 주변계가 양자상태에 관해 더 잘 '알고' 있을수록 더 많이 결맞음을 잃게 된다.

Now consider a quantum circuit model equivalent to the Mach-Zender interference experiment with a two-level system *weakly* coupled to one of the two arms. Here we assume the unitary operator $U = U_y(\theta)$ with $\theta<\pi$ acting conditionally on the two-level system.

In[ ]:=
```
qc = QuantumCircuit[LogicalForm[Ket[], S@{1, 2}],
  S[1, 6], Phase[ϕ, S[1], "Label" → "ϕ"],
  ControlledU[S[1], Rotation[θ, S[2, 2]], "Label" → "U"], S[1, 6]]
```

Out[ ]=

$|0\rangle$ — H — ϕ — ● — H —
$|0\rangle$ ———————— U ————

The final state is an entangled state in general.

In[ ]:=
```
out = Elaborate[qc] // Simplify;
out // LogicalForm
```

Out[ ]=

$$\frac{1}{2}\left(\left(1+e^{i\phi}\mathrm{Cos}\left[\frac{\theta}{2}\right]\right)\left|0_{S_1}0_{S_2}\right\rangle + \left(1-e^{i\phi}\mathrm{Cos}\left[\frac{\theta}{2}\right]\right)\left|1_{S_1}0_{S_2}\right\rangle - e^{i\phi}\left(-\left|0_{S_1}1_{S_2}\right\rangle+\left|1_{S_1}1_{S_2}\right\rangle\right)\mathrm{Sin}\left[\frac{\theta}{2}\right]\right)$$

However, the entanglement is not a maximally entangled state. The density operator for the photon manifests coherence to certain extent.

In[ ]:=
```
Let[Real, ϕ, θ]
rho = PartialTrace[out, S[2]] // ExpToTrig // Elaborate
```

Out[ ]=

$$\frac{1}{2}+\frac{1}{2}\mathrm{Cos}\left[\frac{\theta}{2}\right]\mathrm{Cos}[\phi]\,S_1^z-\frac{1}{2}\mathrm{Cos}\left[\frac{\theta}{2}\right]S_1^y\,\mathrm{Sin}[\phi]$$

In[ ]:=
```
{P[0, θ_, ϕ_], P[1, θ_, ϕ_]} = Diagonal@Matrix@rho
```

Out[ ]=

$$\left\{\frac{1}{2}+\frac{1}{2}\mathrm{Cos}\left[\frac{\theta}{2}\right]\mathrm{Cos}[\phi],\ \frac{1}{2}-\frac{1}{2}\mathrm{Cos}\left[\frac{\theta}{2}\right]\mathrm{Cos}[\phi]\right\}$$

Depending on the strength of the coupling, the interference may survive partially.

In[ ]:=
```
tt = Range[0, 4] Pi / 4;
Plot[Evaluate[P[0, #, Pi s] & /@ tt], {s, 0, 2},
 FrameLabel → {"ϕ / π", "P0"}, PlotLegends → tt]
```

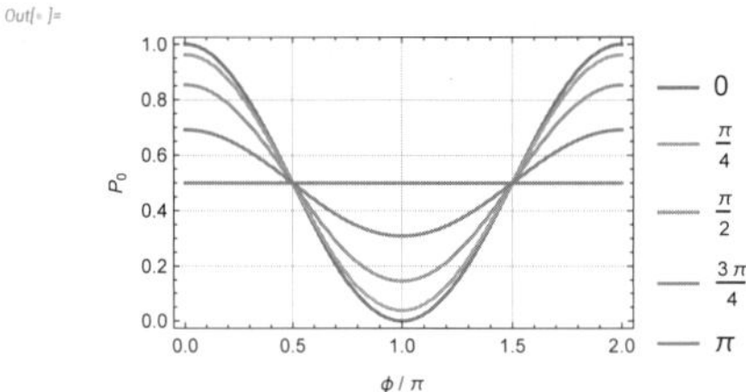

5.2 양자연산

특정한 물리적 과정을 겪는 계의 상태는 시간에 따라 다른 상태로 변화해간다. 닫힌 계의 시간에 따른 변화는 유니테리 연산자로 기술된다. 주변계와 상호작용하는 열린 양자계는 시간에 따라 어떻게 변화해갈까?

열린 양자계의 동역학 과정은 양자연산(quantum operation)이라고 불리는 특별한 종류의 초사상(supermap)(부록 B.2)으로 기술된다. 초사상은 밀도연산자의 기본적인 속성을 유지하면서 이를 다른 밀도연산자로 변환한다. 특히, 밀도연산자는 양연산자이므로,[5.2] 양자연산은 양부호를 보존해야 한다. 그러나 단순히 양부호를 유지하는 것만으로는 충분하지 않고 훨씬 더 강력한 조건이 요구된다. 계가 주변계와 상호작용하여 그들과 얽혀 있다고 상상해보자. 이제 계에는 작용하지만, 주변계에는 아무런 작용을 하지 않는 연산을 고려해보자. 물리적 관점에서 보면, 이 연산은 계와 주변계를 포함하는 전체 계의 밀도연산자의 속성, 특히 양부호를 보존하리라 기대할 수 있다. 본질적으로, 양자연산은 주어진 계의 밀도연산자뿐만 아니라 계 자체 및 그 주변계를 포함한 확장된 계의 모든 밀도연산자의 양부호를 보존해야 한다. 수학적으로, 완전히 양인 초사상(completely positive supermaps)이 이러한 조건을 충족한다(정의 2.4).

이제 양자연산을 좀더 정확하게 정의하자. $\mathcal{V}$와 $\mathcal{W}$를 벡터공간이라 하고, $\mathscr{F}$를 $\mathcal{L}(\mathcal{V})$로부터 $\mathcal{L}(\mathcal{W})$로의 초사상이라 하자. $\mathscr{F}$가 다음 세 공리를 만족하면 양자연산이라 한다.

(a) $\mathscr{F}$는 대각합을 증가시키지 않는다. 즉, $\mathcal{V}$에 작용하는 임의의 밀도연산자[5.3] $\hat{\rho}$에 대해 $0 \leq \operatorname{Tr}\mathscr{F}(\hat{\rho}) \leq 1$이다.

[5.2] 정의에 따라 양연산자는 에르미트 연산자이다.

[5.3] 즉, $\hat{\rho}$는 양의 준정부호 연산자(positive semi-definite operator)이며, $\operatorname{Tr}\hat{\rho} = 1$이다. 밀도연산자의 정확한 정의와 속성들에 대해서는 1.1.2절을 참조하라.

(b) $\mathscr{F}$는 볼록선형이다. 즉, 임의의 확률 p_j[5.4]와 $\mathcal{V}$에 작용하는 밀도연산자 $\hat{\rho}_j$에 대해 다음 항등식이 성립한다.

$$\mathscr{F}\left(\textstyle\sum_j \hat{\rho}_j p_j\right) = \sum_j \mathscr{F}(\hat{\rho}_j) p_j \,. \tag{5.10}$$

(c) $\mathscr{F}$는 완전히 양인 초사상이다.[5.5] 즉, $\mathcal{V}$에 작용하는 임의의 양연산자 $\hat{\rho}$에 대해 $\mathscr{F}(\hat{\rho})$ 자체가 양일 뿐만 아니라, $\mathcal{E}$를 임의의 벡터 공간이라 할 때, $\mathcal{V} \otimes \mathcal{E}$에 작용하는 모든 양연산자 $\hat{\rho}$에 대해 $(\mathscr{F} \otimes \mathscr{I})(\hat{\rho})$도 양이다.

대부분의 양자연산은 대각합을 보존한다. 즉, 모든 밀도연산자 $\hat{\rho}$에 대해 $\mathrm{Tr}\,\mathscr{F}(\hat{\rho}) = 1$이다. 중요한 예외가 (일반화된 선택적인) 측정에 해당하는 과정이다. 대각합이 보존되지 않을 때, $\mathrm{Tr}\,\mathscr{F}(\hat{\rho})$의 물리적 의미는 동역학 과정 $\mathscr{F}$가 발생할 확률이다.

양자정보 이론에서 대각합을 보존하는 양자연산, 즉 완전히 양이고 대각합을 보존하는 초사상을 양자채널(quantum channel)이라고 한다. 양자채널은 물리적으로 고전정보는 물론 양자정보도 전송할 수 있는 통신채널을 말한다.

양자연산으로 기술되는 또 다른 중요한 종류의 물리적 현상은, 양자결맞음 손실을 나타내는 양자결깨짐(quantum decoherence) 또는 간단하게 줄여서 결깨짐(decoherence)이다. 이전 절(5.1절)에서 간단한 모형을 통해 이 효과를 간략하게 소개했다. 양자연산은 결깨짐을 일반적으로 기술하는 방법을 제공한다.

이 절에서는 양자연산을 기술하는 세 가지 수학적 방법을 소개한다. 5.2.1절에서는 크라우스 표현을, 5.2.2절에서는 최 동형사상을, 그리고 5.2.3절에서는 유니테리 표현을 소개한다. 5.2.4절에서 이 표현들을 단일 큐비트 계에 적용한 예들을 살펴보고나서 이 절을 마무리한다.

5.2.1 크라우스 표현

양자연산은 완전히 양인 초사상에 몇 가지 조건이 추가된 꼴이다. 따라서, $\mathcal{L}(\mathcal{V})$로부터 $\mathcal{L}(\mathcal{W})$로의 임의의 양자연산 $\mathscr{F}$에 대해,

$$\mathscr{F}(\hat{\rho}) = \sum_\mu \hat{F}_\mu \hat{\rho} \hat{F}_\mu^\dagger \tag{5.11}$$

와 같이 표현할 수 있는 $\mathcal{L}$에서 $\mathcal{W}$로의 선형 사상들 $\hat{F}_\mu$를 항상 찾을 수 있다. 여기서, $\hat{\rho}$는 $\mathcal{V}$에 작용하는 임의의 선형 연산자로서 반드시 밀도연산자일 필요는 없다(정리 2.5). 이러한

[5.4] 즉, $0 \le p_j \le 1$이고 $\sum_j p_j = 1$이다.

[5.5] 대부분의 문헌에서는 완전히 양인 '사상'(map)이라고 불린다.

선형 사상 $\hat{F}_\mu$를 크라우스 원소(Kraus element) 또는 크라우스 사상이라 부른다. 그러면, 공리 (a)의 대각합 감소 조건에 따라 크라우스 원소들은 부등식

$$0 \le \sum_\mu \hat{F}_\mu^\dagger \hat{F}_\mu \le 1 \tag{5.12}$$

을 만족해야 한다. 크라우스 원소들은 항상 힐베르트-슈미트 내적(Hilbert-Schmidt inner product)에 대해 서로 직교하도록, 즉 $\mu \neq \nu$일 때

$$\mathrm{Tr}\, \hat{F}_\mu^\dagger \hat{F}_\nu = 0 \tag{5.13}$$

이 되도록 선택할 수 있다. 사실, 서로 직교하는 크라우스 원소들을 선택하는 과정을 통해 이 원소들을 극적으로 최적화할 수 있다.

연산자들의 합으로 양자연산을 나타내는 크라우스 표현은 양자연산을 분석할 수 있는 강력한 도구를 제공한다. 다만, 현 단계에서는 크라우스 표현은 완전히 양인 초사상에 대한 수학적 정리(정리 2.5)에서 비롯되었을 뿐이다. 크라우스 표현은 물리적으로 어떻게 일어날까? 크라우스 원소의 물리적 의미는 무엇인가? 이 질문들은 이 절에서 다룰 주제이며, 이를 논의하는 동안 크라우스 표현의 몇 가지 기본 속성들에 대해서도 논의할 것이다.

크라우스 표현의 가장 간단한 예는 단 하나의 유니테리 연산자만 포함된 형태, 즉

$$\mathscr{F}(\hat{\rho}) = \hat{U}\hat{\rho}\hat{U}^\dagger \tag{5.14}$$

이다. 당연히, 이것은 닫힌 계의 유니테리 동역학을 기술한다. 크라우스 표현에 둘 이상의 크라우스 원소들이 포함되면, 설령 크라우스 원소들이 모두 유니테리라도, 이에 따른 동역학은 유니테리가 아니다. 예를 들어, 초사상

$$\mathscr{F}(\hat{\rho}) = (1-p)\hat{\rho} + \frac{p}{3}\left(\hat{S}^x\hat{\rho}\hat{S}^x + \hat{S}^y\hat{\rho}\hat{S}^y + \hat{S}^z\hat{\rho}\hat{S}^z\right) \tag{5.15}$$

를 고려해보자. 여기서 모든 크라우스 원소들, 즉 (규격화 인자들을 제외하고) $\hat{I}$, $\hat{S}^x$, $\hat{S}^y$, $\hat{S}^z$는 모두 유니테리이다. 하지만 p가 0이 아닌 한 $\mathscr{F}$는 $\hat{\rho}$에 극지움을 일으킨다.

크라우스 표현이 물리적으로 어떻게 일어나는지 보기 위해, 주변계와 상호작용하는 계를 하나 고려해보자. $\mathcal{V}$와 $\mathcal{E}$를 각각 계와 주변계에 해당하는 힐베르트 공간이라고 하자. 문제를 단순하게 하기 위해, 전체 계가 곱상태 $\hat{\rho}\otimes\hat{\sigma}$로 초기화되었다고 하자. 전체 계는 닫혀있다. 따라서, 계와 주변계 간 상호작용으로 인해 이후 발생하는 동역학 과정은 전체 계에 작용하는 전체 유니테리 연산자 $\hat{U}$를 이용하여 $\hat{\rho}\otimes\hat{\sigma} \mapsto \hat{U}(\hat{\rho}\otimes\hat{\sigma})\hat{U}^\dagger$와 같이 기술할 수 있다. 주변계의 상태를 정확히 알 길이 없기 때문에, 계의 양자상태는 전체 계의 최종 상태로부터 주변계에 대해 부분대각합(부록 B.3)을 취해 구한다. 이러한 과정을 종합하면,

동역학 과정을 기술하는 양자연산 $\mathscr{F}$는

$$\mathscr{F}(\hat{\rho}) = \operatorname*{Tr}_{\mathcal{E}} \hat{U}(\hat{\rho} \otimes \hat{\sigma})\hat{U}^\dagger = \sum_{\mu} \langle \varepsilon_\mu | \hat{U}(\hat{\rho} \otimes \hat{\sigma})\hat{U}^\dagger | \varepsilon_\mu \rangle \tag{5.16}$$

로 쓸 수 있다. 여기서 $\{|\varepsilon_\mu\rangle\}$는 벡터공간 $\mathcal{E}$의 직교맞춤 기저이다. 식 (5.16)의 오른편에서, 에르미트 곱은 $\mathcal{E}$에 대해서만 부분적으로 적용된다. 따라서, 이 식은 $\mathcal{V}$에는 여전히 연산자로 작용한다. 양자연산을 더 살펴보기 위해, $\hat{\sigma}$를 다음과 같이 스펙트럼분해(부록 A.4)를 통해 전개하자.

$$\hat{\sigma} = \sum_{\nu} |s_\nu\rangle \langle s_\nu| \,. \tag{5.17}$$

여기서, $\hat{\sigma}$는 양연산자이므로, 고유벡터 $|s_\mu\rangle$를 자신의 고유값 s_μ에 대해 $s_\mu = \langle s_\mu | s_\mu \rangle$를 만족하도록 규격화할 수 있다(식 (A.57) 참조). 이제 선형 사상 $\hat{F}_\mu : \mathcal{V} \to \mathcal{W}$를

$$\hat{F}_\mu := \sum_{\nu} \operatorname*{Tr}_{\mathcal{E}} \hat{U} \left(\hat{I} \otimes |s_\nu\rangle \langle \varepsilon_\mu| \right) = \sum_{\nu} \langle \varepsilon_\mu | \hat{U} | s_\nu \rangle \tag{5.18}$$

로 정하자. 물리적으로, $\hat{F}_\mu$는 주변계가 상태 $|\varepsilon_\mu\rangle$로 전이한다는 조건 하에서 계가 겪는 동역학과정을 기술한다. 이 연산자들은 닫힘 관계식

$$\sum_{\mu} \hat{F}_\mu^\dagger \hat{F}_\mu = \hat{I} \tag{5.19}$$

를 만족한다. 식 (5.18)을 식 (5.16)에 대입하면, 양자연산 $\mathscr{F}$의 크라우스 표현

$$\mathscr{F}(\hat{\rho}) = \sum_{\mu} \hat{F}_\mu \hat{\rho} \hat{F}_\mu^\dagger \tag{5.20}$$

를 얻게 된다.

구체적인 예로 다음과 같은 간단한 모형을 잡아보자. 세 큐비트들이 사슬 구조를 이루고 있고, 이 사슬에 대한 해밀토니안이

$$\hat{H} = \frac{1}{2} B \hat{S}_1^z + \frac{1}{2} J \left(\hat{S}_1^x \hat{S}_2^x + \hat{S}_2^x \hat{S}_3^x \right) \tag{5.21}$$

로 주어진다고 하자. 첫 번째 큐비트를 '계'로, 나머지 두 큐비트들을 '주변계'로 간주한다. 결합 상수 J는 계가 주변계와 얼마나 강하게 상호작용하는지를 나타낸다. J가 영이면 계는 닫혀 있고 계의 양자상태의 시간에 따른 변화는 유니테리이어야 한다. 주변계의 크기가 사실상 계의 크기의 겨우 2배로 매우 작기 때문에, 이 모형은 지나치게 부자연스럽다. 그러나 핵심 아이디어를 보여주기에는 충분하다. 전체 사슬이 초기에 곱상태 $|\Psi(0)\rangle = |L\rangle \otimes |L\rangle \otimes |L\rangle$에 있었다고 하자. 여기서 $|L\rangle := (|0\rangle + i\,|1\rangle)/\sqrt{2}$는 빛알의 왼손 원형편광 상태를 표시하기 위해 종종 사용되는 '왼쪽'상태이다. 계에만 초점을 맞추면, 초기상태는

$|L\rangle$, 즉 $\hat{\rho}(0) = |L\rangle\langle L| = \frac{1}{2}\hat{I}_1 + \frac{1}{2}\hat{S}_1^y$이다. 이후 시간 t에 사슬의 상태는

$$|\Psi(t)\rangle = \hat{U}(t)\,|\Psi(0)\rangle \tag{5.22}$$

이 되는데, 여기서 유니테리 연산자 $\hat{U}(t) = \exp(-it\hat{H})$는 (사슬) 전체 계의 시간에 따른 변화를 결정한다. 주변계에 있는 두 큐비트를 무시하면, 계의 (혼합)상태

$$\hat{\rho}(t) = \operatorname*{Tr}_{\mathcal{E}} |\Psi(t)\rangle\langle\Psi(t)| = \frac{1}{2}\hat{I}_1 - \frac{1}{2}\frac{\sin(\Omega t)}{\Omega/B}\hat{S}_1^x + \frac{1}{2}\cos(\Omega t)\hat{S}_1^y \tag{5.23}$$

를 구할 수 있다. 여기서 $\Omega := \sqrt{B^2+J^2}$이다. 이제 시간 t를 매개변수로 삼는 양자연산 $\mathscr{F}_t$를 이용하여 시간에 따른 변화 $\hat{\rho}(0) \to \hat{\rho}(t)$를 기술하여 보자. 더 구체적으로 말하면, 이 양자연산의 크라우스 표현

$$\hat{\rho}(t) = \sum_{\mu} \hat{F}_\mu(t)\hat{\rho}(0)\hat{F}_\mu^\dagger(t) \tag{5.24}$$

에 해당하는 크라우스 원소들 $\hat{F}_\mu(t)$를 구하고자 한다. 정의 (5.18)에 따라, 크라우스 원소들을

$$\hat{F}_\mu(t) = \operatorname*{Tr}_{\mathcal{E}} \hat{U}(t)\left(\hat{I}\otimes|L\rangle\langle\mu_1|\otimes|L\rangle\langle\mu_2|\right) \tag{5.25}$$

와 같이 구할 수 있는데, 여기서 μ_j는 $\mu = (\mu_1\mu_2)_2$의 이진법 자리수들이다. 위 식을 좀더 명시적으로 쓰면, 다음과 같다.

$$\hat{F}_0(t) = \frac{\cos\left(\frac{\Omega t}{2}\right)\hat{I}_1}{2} - \frac{iB\sin\left(\frac{\Omega t}{2}\right)\hat{S}_1^z}{2\Omega} + \frac{Je^{-iJt}\sin\left(\frac{\Omega t}{2}\right)\hat{S}_1^x}{2\Omega}, \tag{5.26a}$$

$$\hat{F}_1(t) = \frac{\cos\left(\frac{\Omega t}{2}\right)\hat{I}_1}{2} - \frac{iB\sin\left(\frac{\Omega t}{2}\right)\hat{S}_1^z}{2\Omega} + \frac{Je^{+iJt}\sin\left(\frac{\Omega t}{2}\right)\hat{S}_1^x}{2\Omega}, \tag{5.26b}$$

$$\hat{F}_2(t) = \frac{\cos\left(\frac{\Omega t}{2}\right)\hat{I}_1}{2} - \frac{iB\sin\left(\frac{\Omega t}{2}\right)\hat{S}_1^z}{2\Omega} - \frac{Je^{+iJt}\sin\left(\frac{\Omega t}{2}\right)\hat{S}_1^x}{2\Omega}, \tag{5.26c}$$

$$\hat{F}_3(t) = \frac{\cos\left(\frac{\Omega t}{2}\right)\hat{I}_1}{2} - \frac{iB\sin\left(\frac{\Omega t}{2}\right)\hat{S}_1^z}{2\Omega} - \frac{Je^{-iJt}\sin\left(\frac{\Omega t}{2}\right)\hat{S}_1^x}{2\Omega}. \tag{5.26d}$$

직접 계산해보면, 이 크라우스 원소들이 실제로 식 (5.24)에 따라 예상한 동역학 과정 (5.23)을 재현하며 $\sum_\mu \hat{F}_\mu^\dagger(t)\hat{F}_\mu(t) = \hat{I}$를 만족시킨다는 것을 분명하게 알 수 있다. 식 (5.26)에 나타낸 크라우스 원소들은 서로 직교하지 않는다. 그래서 아래에서 보게 되듯이, 최적화될 여지가 남아있다. 계와 주변계가 상호작용하지 않는 경우($J=0$), 모든 크라우스 원소들은

$$\hat{F}_0(t) = \hat{F}_1(t) = \hat{F}_2(t) = \hat{F}_3(t) = \frac{1}{2}\cos\left(\frac{Bt}{2}\right)\hat{I}_1 - \frac{i}{2}\sin\left(\frac{Bt}{2}\right)\hat{S}_1^z \tag{5.27}$$

로 똑같아진다. 이 경우 양자연산은 하나의 크라우스 원소

$$\hat{F}(t) := 2\hat{F}_0^\dagger(t)\hat{I}_1 = \cos(Bt/2) - i\sin(Bt/2)\hat{S}_1^z = \exp\left(-i\hat{S}^z Bt/2\right) \tag{5.28}$$

로 기술되고, 이 연산자는 당연히 유니테리이다.

We consider a chain of three qubits. The first qubit is regarded as the "system", and the other two form the "environment".

```
In[ ]:= $L = 3;
jj = Range[$L];
sys = 1;
env = Range[2, $L];
```

Here is the Hamiltonian describing the chain. We are measuring the energy in units of B (B=1).

```
In[ ]:= Let[Real, J]
H = S[sys, 3] / 2 + J / 2 * Total[ChainBy[S[jj, 1], Multiply]]
```

Out[ ]=

$$\frac{1}{2} J \left(S_1^x S_2^x + S_2^x S_3^x\right) + \frac{S_1^z}{2}$$

The system has a discrete symmetry. It is invariant under the rotation around the z-axis by angle π.

```
In[ ]:= V = Rotation[Pi, S[1, 3]] ** Rotation[Pi, S[2, 3]] ** Rotation[Pi, S[3, 3]]
V ** H ** Dagger[V]
```

Out[ ]=

$$i\, S_1^z S_2^z S_3^z$$

Out[ ]=

$$\frac{1}{2} J S_1^x S_2^x + \frac{1}{2} J S_2^x S_3^x + \frac{S_1^z}{2}$$

The symmetry leads to the degeneracy of the eigenvalues of the Hamiltonian.

```
In[ ]:= ProperValues[H]
```

Out[ ]=

$$\left\{\frac{1}{2}\left(-J-\sqrt{1+J^2}\right), \frac{1}{2}\left(-J-\sqrt{1+J^2}\right), \frac{1}{2}\left(J-\sqrt{1+J^2}\right), \frac{1}{2}\left(J-\sqrt{1+J^2}\right), \frac{1}{2}\left(-J+\sqrt{1+J^2}\right), \frac{1}{2}\left(-J+\sqrt{1+J^2}\right), \frac{1}{2}\left(J+\sqrt{1+J^2}\right), \frac{1}{2}\left(J+\sqrt{1+J^2}\right)\right\}$$

The time-evolution operator of the chain is evaluated.

```
In[ ]:= Let[Real, t]
U[t_] = Elaborate@MultiplyExp[-I t H];
```

We suppose that the chain is initially in the state $|L\rangle \otimes |L\rangle \otimes |L\rangle$, where $|L\rangle = (|0\rangle + i\,|1\rangle)/\sqrt{2}$.

```
In[ ]:= Clear[vec]
vec[0] = ProductState[S@jj → {1, I} / Sqrt[2]]
vec[t_] = U[t] ** Elaborate[vec[0]];
```

Out[ ]=

$$\left(\frac{|0\rangle}{\sqrt{2}} + \frac{i\,|1\rangle}{\sqrt{2}}\right)_{S_1} \otimes \left(\frac{|0\rangle}{\sqrt{2}} + \frac{i\,|1\rangle}{\sqrt{2}}\right)_{S_2} \otimes \left(\frac{|0\rangle}{\sqrt{2}} + \frac{i\,|1\rangle}{\sqrt{2}}\right)_{S_3}$$

Here is a set of replacement rules to be used later to simplify expressions.

```
In[ ]:= rules = {Sqrt[1 + J^2] → Ω, 1 / Sqrt[1 + J^2] → 1 / Ω}
```

Out[ ]=

$$\left\{\sqrt{1+J^2} \to \Omega,\ \frac{1}{\sqrt{1+J^2}} \to \frac{1}{\Omega}\right\}$$

In[ ]:=
```
Clear[rho]
rho[t_] = PartialTrace[vec[t], S@env] // Elaborate // ExpToTrig // Garner;
rho[t] /. rules
```

Out[ ]=

$$\frac{1}{2} + \frac{1}{2} \mathrm{Cos}[t\,\Omega]\, S_1^y - \frac{S_1^x \,\mathrm{Sin}[t\,\Omega]}{2\,\Omega}$$

Take a look at the dynamical evolution of the state of the "system" (the first qubit), after tracing out the "environment" (the other two qubits). On the left, shown is the evolution in the absence of the coupling to the environment. On the right, the evolution is not coherent due to the coupling to the environment. The evolution is still periodic because the environment is finite.

In[ ]:=
```
bv0 = Block[{J = 0.}, Table[BlochVector[rho[2 Pi * t]], {t, 0, 5, 0.2}]];
bv = Block[{J = .5}, Table[BlochVector[rho[2 Pi * t]], {t, 0, 5 / J, 0.2}]];
GraphicsRow@{BlochSphere[{Blue, Bead /@ bv0}], BlochSphere[{Red, Bead /@ bv}]}
```

Out[ ]=

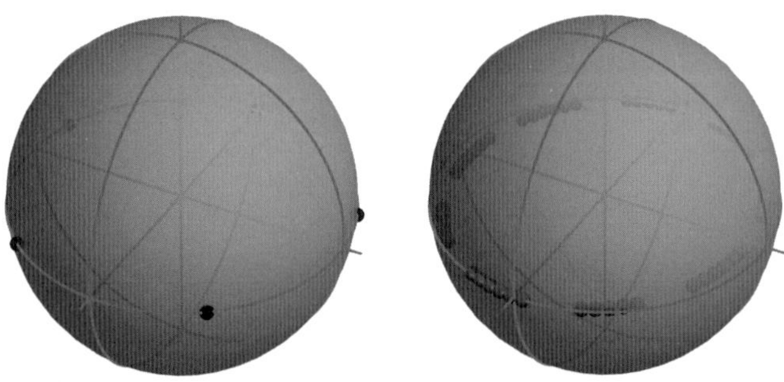

Now, let us examine the evolution in terms of the supermap. This is the initial state of the system.

In[ ]:=
```
in = Elaborate@ProductState[S[sys] → {1, I} / Sqrt[2]];
in = Elaborate@Dyad[in, in]
```

Out[ ]=

$$\frac{1}{2} + \frac{S_1^y}{2}$$

To find the Kraus elements, consider the initial state of the environment.

In[ ]:=
```
sgm = Elaborate@ProductState[S@env → {1, I} / Sqrt[2]];
sgm // LogicalForm
```

Out[ ]=

$$\frac{1}{2}\left|0_{S_2}0_{S_3}\right\rangle + \frac{1}{2}\,i\left|0_{S_2}1_{S_3}\right\rangle + \frac{1}{2}\,i\left|1_{S_2}0_{S_3}\right\rangle - \frac{1}{2}\left|1_{S_2}1_{S_3}\right\rangle$$

Finally, this is the Kraus elements of the quantum operation.

In[ ]:=
```
bs = Basis[S@env];
prj = Map[Dyad[sgm, #, S@env] &, bs];
ops = U[t] ** prj // Elaborate;
```

In[ ]:=
```
kraus = PartialTrace[#, S@env] & /@ ops // ExpToTrig // Elaborate // Garner;
kraus /. rules
```

Out[ ]=

$$\Big\{\frac{1}{2}\mathrm{Cos}\Big[\frac{t\,\Omega}{2}\Big]\Big(\mathrm{Cos}\Big[\frac{J\,t}{2}\Big]+i\,\mathrm{Sin}\Big[\frac{J\,t}{2}\Big]\Big)+\frac{J\,S_1^x\left(\mathrm{Cos}\left[\frac{Jt}{2}\right]-i\,\mathrm{Sin}\left[\frac{Jt}{2}\right]\right)\mathrm{Sin}\left[\frac{t\Omega}{2}\right]}{2\,\Omega}+\frac{S_1^z\left(-i\,\mathrm{Cos}\left[\frac{Jt}{2}\right]+\mathrm{Sin}\left[\frac{Jt}{2}\right]\right)\mathrm{Sin}\left[\frac{t\Omega}{2}\right]}{2\,\Omega},\ \frac{1}{2}\mathrm{Cos}\Big[\frac{t\,\Omega}{2}\Big]\Big(i\,\mathrm{Cos}\Big[\frac{J\,t}{2}\Big]+\mathrm{Sin}\Big[\frac{J\,t}{2}\Big]\Big)+\frac{S_1^z\left(\mathrm{Cos}\left[\frac{Jt}{2}\right]-i\,\mathrm{Sin}\left[\frac{Jt}{2}\right]\right)\mathrm{Sin}\left[\frac{t\Omega}{2}\right]}{2\,\Omega}+\frac{i\,J\,S_1^x\left(\mathrm{Cos}\left[\frac{Jt}{2}\right]+i\,\mathrm{Sin}\left[\frac{Jt}{2}\right]\right)\mathrm{Sin}\left[\frac{t\Omega}{2}\right]}{2\,\Omega},$$

$$\frac{1}{2}\mathrm{Cos}\Big[\frac{t\,\Omega}{2}\Big]\Big(i\,\mathrm{Cos}\Big[\frac{J\,t}{2}\Big]+\mathrm{Sin}\Big[\frac{J\,t}{2}\Big]\Big)+\frac{S_1^z\left(\mathrm{Cos}\left[\frac{Jt}{2}\right]-i\,\mathrm{Sin}\left[\frac{Jt}{2}\right]\right)\mathrm{Sin}\left[\frac{t\Omega}{2}\right]}{2\,\Omega}+\frac{J\,S_1^x\left(-i\,\mathrm{Cos}\left[\frac{Jt}{2}\right]+\mathrm{Sin}\left[\frac{Jt}{2}\right]\right)\mathrm{Sin}\left[\frac{t\Omega}{2}\right]}{2\,\Omega},\ -\frac{1}{2}\mathrm{Cos}\Big[\frac{t\,\Omega}{2}\Big]\Big(\mathrm{Cos}\Big[\frac{J\,t}{2}\Big]+i\,\mathrm{Sin}\Big[\frac{J\,t}{2}\Big]\Big)+\frac{J\,S_1^x\left(\mathrm{Cos}\left[\frac{Jt}{2}\right]-i\,\mathrm{Sin}\left[\frac{Jt}{2}\right]\right)\mathrm{Sin}\left[\frac{t\Omega}{2}\right]}{2\,\Omega}+\frac{i\,S_1^z\left(\mathrm{Cos}\left[\frac{Jt}{2}\right]+i\,\mathrm{Sin}\left[\frac{Jt}{2}\right]\right)\mathrm{Sin}\left[\frac{t\Omega}{2}\right]}{2\,\Omega}\Big\}$$

In[ ]:=
```
Clear[new]
new[t_] = Elaborate@Supermap[kraus][in];
new[t] /. rules
```

Out[ ]=

$$\frac{1}{2}+\frac{1}{2}\mathrm{Cos}[t\,\Omega]\,S_1^y-\frac{S_1^x\,\mathrm{Sin}[t\,\Omega]}{2\,\Omega}$$

In[ ]:=
```
new[t] - rho[t] // Elaborate // Garner
```

Out[ ]=

0

위 증명 과정에서는 계와 주변계를 합친 모형을 기반으로 양자연산에 대한 크라우스 표현을 유도하였다. 이는 양자연산에 대한 유용한 물리적 그림을 제공하지만, 그 결과로 얻은 표현은 언뜻 보기에는 딱히 유용해 보이지 않는다. 이 크라우스 원소들 $\hat{F}_\mu$는 부록 (B.4)에서 정의한 힐베르트-슈미트 내적에 대해 서로 수직하지 않다. 게다가 현실적인 주변계에 해당하는 힐베르트 공간 $\mathcal{E}$의 차원이 무한하다는 점을 감안하면 크라우스 원소들이 그 만큼 많을 수 있다는 것이다. 그러나 방금 지적한 어느 것도 그리 심각한 문제를 일으키지는 않는다. 크라우스 표현 꼴의 형식적인 표현만으로도 이미 양자연산 분석을 용이하게 한다. 또한, 크라우스 요소늘이 서로 직교하도록 재구성하여 이들을 최적화시킬 수도 있다.

크라우스 원소들의 집합이 주어졌을 때, 서로 직교하는 새로운 크라우스 원소들을 어떻게 짜맞출 수 있을까?[5.6] $\mathcal{V}$에서 $\mathcal{W}$로의 모든 선형 사상들로 이루어진 벡터공간 $\mathcal{L}(\mathcal{V},\mathcal{W})$의 기저를 $\{\hat{E}_\mu\}$라 하자. $\hat{F}_\nu$를 이 기저에 대해 전개하면

$$\hat{F}_\nu = \sum_\mu \hat{E}_\mu M_{\mu\nu} \tag{5.29}$$

로, M은 전개 계수로 이루어진 행렬을 이룬다. 이를 다시 식 (5.11)에 대입하면,

$$\mathscr{F}(\hat{\rho}) = \sum_{\mu\nu} \hat{E}_\mu \hat{\rho} \hat{E}_\nu^\dagger \left(MM^\dagger\right)_{\mu\nu} \tag{5.30}$$

[5.6] 이는 정리 2.3에 이르는 증명에서 찾을 수 있다. 또한, 식 (5.34)와 (5.35)를 참조하라.

를 얻는다. 크기 ($\dim\mathcal{V}\dim\mathcal{W}$)의 정방행렬 $MM^\dagger$는 양연산자이므로, 유니테리 행렬 V와 음수가 아닌 원소로만 이루어진 대각행렬 Λ를 인자로 하여 $MM^\dagger = V\Lambda V^\dagger$와 같이 분해할 수 있다. 이제 새로운 크라우스 원소들을 다음과 같이 정의한다.

$$\hat{F}'_\nu := \sum_\mu \hat{E}_\mu \left(V\sqrt{\Lambda}\right)_{\mu\nu} . \tag{5.31}$$

그러면, 이들은 분명히 서로 직교한다. 또한,

$$\mathscr{F}(\hat{\rho}) = \sum_{\mu=0}^{N-1} \hat{F}'_\mu \hat{\rho} \hat{F}'^\dagger_\mu \tag{5.32}$$

이다. 여기서 $N \le \dim\mathcal{V}\dim\mathcal{W}$이다. 따라서, $(\dim\mathcal{V}) \times (\dim\mathcal{W})$보다 더 많은 개수의 원소들을 가지지 않는다는 의미에서 서로 직교하는 크라우스 원소들의 집합은 최적화되었다고 할 수 있다. 이전 예에 이 방법을 적용하면, 식 (5.26)의 크라우스 원소들로부터 서로 직교하는 크라우스 원소들로 이루어진 새 집합

$$\hat{F}'_0(t) = \cos(\Omega t/2) - i(B/\Omega)\sin(\Omega t/2)\hat{S}^z_1, \tag{5.33a}$$

$$\hat{F}'_1(t) = (J/\Omega)\sin(\Omega t/2)\hat{S}^x_1 \tag{5.33b}$$

를 얻을 수 있다. 동일한 양자연산 $\hat{\rho}(0) \to \hat{\rho}(t)$를 이제 단 두개의 크라우스 원소들만을 이용해 기술할 수 있다.

크라우스 표현이 유일하지 않다는 점을 주의깊게 살펴보면서 이 절을 마무리하고자 한다. 이미 앞에서, 크라우스 원소들의 집합이 주어졌을 때 서로 직교하는 크라우스 원소들로 이루어진 새로운 집합을 구할 수 있음을 보았다. 따라서, 크라우스 원소들을 선택하는 데 있어서 유니테리 자유도가 있다. 두 양자연산 $\mathscr{F}$와 $\mathscr{G}$가 각각 크라우스 원소들 $\{\hat{F}_\mu\}$와 $\{\hat{G}_\nu\}$로 명시된다고 하자.[5.7] 그러면, $\mathscr{F} = \mathscr{G}$, 즉 모든 $\hat{\rho} \in \mathcal{L}(\mathcal{V})$에 대해

$$\sum_\mu \hat{F}_\mu \hat{\rho} \hat{F}^\dagger_\mu = \sum_\nu \hat{G}_\nu \hat{\rho} \hat{G}^\dagger_\nu \tag{5.34}$$

인 조건은 (필요하다면 행이나 열을 추가하여) 오직

$$\hat{G}_\nu = \sum_\mu \hat{F}_\mu U_{\mu\nu} \tag{5.35}$$

를 만족하는 유니테리 행렬 U가 존재할 때에만 성립한다. 이는 어떤 혼합상태를 명시하기 위해 순수상태들을 선택할 때 존재하는 유니테리 자유도와 유사하다[식 (1.15)와 (1.14) 참조]. 사실, 밑바탕이 되는 수학 원리는 동일하다. 혼합상태의 유니테리 자유도 증명은 이미

[5.7] 여기 나오는 크라우스 원소들은 일반적으로 서로 직교하지 않는다. 즉, $\mathrm{Tr}\,\hat{F}^\dagger_\mu \hat{F}_\nu \ne 0$이고, $\mathrm{Tr}\,\hat{G}^\dagger_\mu \hat{G}_\nu \ne 0$이다.

보였으므로 여기에서는 이를 사용하여 크라우스 표현의 유니테리 자유도를 증명한다.

크라우스 원소로 이루어진 두 집합이 관계식 (5.35)를 만족시킬 때 두 양자연산이 동일하다는 것은 간단히 증명할 수 있다. 이는 유니테리 행렬의 (정의 자체로부터 나오는) 속성을 이용하면 바로 된다. 여기서는 그 역을 증명해보겠다. 먼저, $\mathscr{F} = \mathscr{G}$라고 하자. 대응되는 최 연산자들(부록 B.2.3 참조)도 마찬가지로 서로 동일해야 한다. 즉, $\hat{C}_{\mathscr{F}} = \hat{C}_{\mathscr{G}}$. 클라우스 원소들이 주어지면, 식 (5.42)의 최대로 얽힌 상태로부터 시작해서 최 연산자들을

$$\hat{C}_{\mathscr{F}} = \sum_{\mu} (\hat{F}_{\mu} \otimes \hat{I}) |\Phi\rangle \langle\Phi| (\hat{F}_{\mu} \otimes \hat{I})^{\dagger} = \sum_{\mu} |F_{\mu}\rangle \langle F_{\mu}| , \tag{5.36a}$$

$$\hat{C}_{\mathscr{G}} = \sum_{\nu} (\hat{G}_{\nu} \otimes \hat{I}) |\Phi\rangle \langle\Phi| (\hat{G}_{\nu} \otimes \hat{I})^{\dagger} = \sum_{\nu} |G_{\nu}\rangle \langle G_{\nu}| \tag{5.36b}$$

와 같이 유도할 수 있다. 여기서 $|F_{\mu}\rangle , |G_{\nu}\rangle \in \mathcal{W} \otimes \mathcal{V}$는 각각

$$|F_{\mu}\rangle := (\hat{F}_{\mu} \otimes \hat{I}) |\Phi\rangle , \quad |G_{\nu}\rangle := (\hat{G}_{\nu} \otimes \hat{I}) |\Phi\rangle \tag{5.37}$$

로 정의된 벡터들로, 선형 사상 $\hat{F}_{\mu}$와 $\hat{G}_{\nu}$에 해당하는 최 벡터들(부록 B.2.3 참조)이다. 식 (1.15)와 (1.14)에 따라,

$$\sum_{\mu} |F_{\mu}\rangle \langle F_{\mu}| = \sum_{\nu} |G_{\nu}\rangle \langle G_{\nu}| \tag{5.38}$$

는

$$|G_{\nu}\rangle = \sum_{\mu} |F_{\mu}\rangle U_{\mu\nu} \tag{5.39}$$

를 만족하는 유니테리 행렬 U가 존재함을 의미한다. 마지막으로, 임의의 $|\psi\rangle \in \mathcal{V}$에 대해

$$\hat{G}_{\nu} |\psi\rangle = \langle\psi^* |F_{\nu}\rangle = \sum_{\mu} \langle\psi^* |E_{\mu}\rangle U_{\mu\nu} = \sum_{\mu} F_{\mu} |\psi\rangle U_{\mu\nu} \tag{5.40}$$

이 성립함에 유의하라(부록 B.2.3). 이것으로 관계 (5.35)를 증명하게 된 셈이다.

예를 들어 고립계의 (교란되지 않은) 해밀토니안을 염두에 두는 등, 특정 기저를 선호하는 경우가 종종 있다. 주어진 크라우스 원소들의 집합을 선호하는 특정 기저에 맞는 다른 크라우스 원소들의 집합으로 변환하기 위해 유니테리 자유도를 이용할 수 있을까? 불행히도, 관계식 (5.35)에 포함된 크라우스 원소들이 규격화되어있지 않기 때문에, 크라우스 원소로 이루어진 임의의 두 집합이 주어질 때 각각에 해당하는 양자연산이 서로 동일한지 확인하는 것은 간단하지 않다. 규격화된 크라우스 원소들 $\hat{F}'_{\mu} = \hat{F}_{\mu}\sqrt{p_{\mu}}$와 $\hat{G}'_{\nu} = \hat{G}_{\nu}\sqrt{q_{\nu}}$를

이용하면, 그 관계식은

$$\hat{G}'_\nu = \sum_\mu \hat{F}'_\mu \sqrt{p_\mu} U_{\mu\nu} / \sqrt{q_\nu} \tag{5.41}$$

로 쓰여진다. $\hat{F}'_\mu$와 $\hat{G}'_\nu$가 직교맞춤이기 때문에, 행렬 $\sqrt{p_\mu} U_{\mu\nu}/\sqrt{q_\nu}$는 유니테리여야 한다. 일반적으로 $\sqrt{p_\mu} U_{\mu\nu}/\sqrt{q_\nu}$도 유니테리가 되도록 하는 유니테리 행렬 U를 구하기가 쉽지 않다.

5.2.2 최 동형사상

최 동형사상(Choi isomorphism)은 초사상과 (일반적인) 연산자들 사이의 일대일 대응이다 (부록 B.2.3). 어떤 초사상을 분석하고자 할 때, 그 초사상을 직접 분석하는 대신 최 동형사상에 따라 대응하는 연산자를 분석할 수 있다. 이러한 방법을 통해 초사상 자체에서는 그리 명확하게 보이지 않는 속성들을 추가로 밝힐 수가 있다. 원래 최 동형사상은 양자연산에 국한하지 않고 모든 종류의 초사상에 적용할 수 있다. 그러나 흥미롭게도 최 동형사상은 완전히 양인 초사상들과 밀도연산자들 사이에서도 계속 성립한다.[5.8] 바로 이 점 때문에 최 동형사상은 양자연산 연구에 매우 유용하다.

본 절에서는 최 동형사상을 소개하고, 이를 사용하여 식 (5.11)에 요약된 크라우스 표현 정리에 대한 두 가지 증명을 선보인다. 최 동형사상을 이용한 이 두 증명은 물리적인 동기에서 영감을 받은 것이다.

나중에 완전히 양인 $\mathscr{F}$의 속성을 이용하기 위해, 원본 벡터공간 $\mathcal{V}$의 복사본(또는 $\mathcal{V}$와 같은 차원을 갖는 임의의 벡터공간 $\mathcal{R}$)을 기준공간(reference space)으로 삼고, 원본 공간과 기준공간의 텐서곱 공간 $\mathcal{V} \otimes \mathcal{V}$를 구성한다. 그리고나서 최대로 얽힌 상태

$$|\Phi\rangle := \sum_k |v_k\rangle \otimes |v_k\rangle \tag{5.42}$$

를 짜맞춘다. 여기서 $\{|v_k\rangle\}$는 $\mathcal{V}$의 직교맞춤 기저이다. 이에 해당하는 밀도연산자는

$$|\Phi\rangle \langle\Phi| = \sum_{kl} |v_k\rangle \langle v_l| \otimes |v_k\rangle \langle v_l| \tag{5.43}$$

로 주어진다. 이제 $\mathscr{I}$를 항등 초연산자라 하고, 확장된 초사상 $\mathscr{F} \otimes \mathscr{I}$를 $|\Phi\rangle\langle\Phi|$에 가하면,

$$\hat{C}_{\mathscr{F}} := (\mathscr{F} \otimes \mathscr{I})(|\Phi\rangle \langle\Phi|) = \sum_{ij} \sum_{kl} |w_i v_k\rangle \langle w_j v_l| \, C_{ik;jl} \in \mathcal{L}(\mathcal{W} \otimes \mathcal{V}) \tag{5.44}$$

[5.8] 두 벡터공간 사이의 동형사상이 각각의 부분공간들 사이에도 반드시 성립할 필요는 없다.

를 얻는다. 여기서, C는 $\mathscr{F}$의 최 행렬로서,

$$\mathscr{F}(|v_k\rangle\langle v_l|) = \sum_{ij} |w_i\rangle\langle w_j| C_{ik;jl} \tag{5.45}$$

과 같이 정의된다(부록 B.2.3 참조).

식 (5.44)로부터 $\hat{C}_{\mathscr{F}}$가 $\mathcal{W}\otimes\mathcal{V}$에 작용하는 (초사상이 아니라) 연산자이고, 그 행렬 표현이 최 행렬 C라는 것을 알 수 있다. 즉, 연산자 $\hat{C}_{\mathscr{F}}$와 그에 대응하는 행렬 C는 본질적으로 동일한 수학적 객체이다. $\hat{C}_{\mathscr{F}}$를 초사상 $\mathscr{F}$에 해당하는 최 연산자라 한다. 대응관계 $\mathscr{F}\mapsto\hat{C}_{\mathscr{F}}$는 초사상과 연산자들 사이의 동형사상이고, 이를 최 동형사상이라 한다. 최 연산자 $\hat{C}_{\mathscr{F}}$는 (따라서, 최 행렬 C도) 그에 해당하는 초사상 $\mathscr{F}$의 특징을 완벽히 드러낸다. 이를 더 물리적으로 명확하게 보기 위해, 다음과 같은 형태의 양자회로를 이용해 최 연산자 $\hat{C}_{\mathscr{F}}$를 표현해보자.

$$\hat{C}_{\mathscr{F}} = |\Phi\rangle \left\{ \begin{array}{l} \text{---}\boxed{\mathscr{F}}\text{---} \\ \text{----------} \end{array} \right. . \tag{5.46}$$

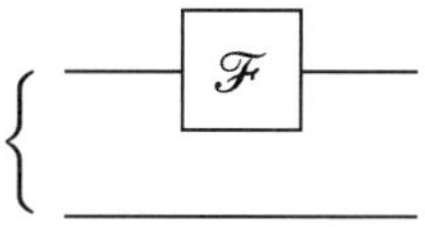

최 연산자 $\hat{C}_{\mathscr{F}}$는 초사상 $\mathscr{F}$가 원본 공간에만 작용했을 때 최대로 얽힌 상태 $|\Phi\rangle$가 원본과 기준공간으로 이루어진 $\mathcal{V}\otimes\mathcal{V}$에서 변환된 결과이다. 초사상 $\mathscr{F}$를 정량적으로 특징짓는 한 가지 방법은 다음과 같이 $\hat{C}_{\mathscr{F}}$를 초기상태로 주어졌던 최대로 얽힌 상태 $|\Phi\rangle$와 비교하는 것이다.

$$F_E := \mathrm{Tr}\,|\Phi\rangle\langle\Phi|\,\hat{C}_{\mathscr{F}} = \langle\Phi|\,\hat{C}_{\mathscr{F}}\,|\Phi\rangle. \tag{5.47}$$

위 정량적 척도 F_E를 초사상 $\mathscr{F}$의 얽힘 충실도(entanglement fidelity)라고 부른다.[5.9] 이 척도는 초사상이 초기 양자정보를 얼마나 잘 보존하는지를 정량화한다. 최 연산자는 해당되는 초사상의 속성들도 반영한다. $\mathscr{F}$가 완전히 양인 초사상이면 $\hat{C}_{\mathscr{F}}$는 양연산자(positive operator)이다. 또한, 초사상 $\mathscr{F}$가 공리 (a)–(c)를 다 만족하는 양자연산이면, $\hat{C}_{\mathscr{F}}$는 밀도 연산자이다. 여기서 최 동형사상이 양자연산과 밀도연산자 사이에 계속 성립함에 주목할 필요가 있다. 이렇게 재정의한 동형사상을 채널-상태 이중성(channel-state duality)이라 부른다.

이제 최 동형사상을 사용하여 크라우스 표현 정리를 증명하자. 식 (5.11)과 같이 표현된 초사상은 세 공리들을 만족하므로 양자연산임이 분명하다. 그 역은 증명하기가 더 복잡하다. 이를 증명하는 세 가지 일반적인 방법들이 있는데, 각각은 그 자체로도 흥미롭다. 첫

[5.9] 이는 충실도(fidelity)라는 좀더 일반적 개념의 특별한 경우에 해당한다. 두 순수상태 $|v\rangle$와 $|w\rangle$ 사이의 충실도는 $|\langle v|w\rangle|$로 정의된다.

번째 방법(연습문제 2.5 참조)은 식 (B.17)의 일반적인 연산자 합 표현을 직접 이용하는 것이다. 여기에서는 다른 두 가지 방법들을 소개한다.

두 번째 방법은 최 연산자 $\hat{C}_{\mathscr{F}}$의 특성들을 사용한다. 임의의 순수상태 $|\psi\rangle = \sum_j |v_j\rangle \psi_j \in \mathcal{V}$에 대해 결레 상태 $|\psi^*\rangle := \sum_j |v_j\rangle \psi_j^*$를 정의하면, 다음과 같은 식이 성립한다.

$$\mathscr{F}(|\psi\rangle\langle\psi|) = \operatorname*{Tr}_{\mathcal{V}}\left[\left(\hat{I} \otimes |\psi^*\rangle\langle\psi^*|\right)\hat{C}_{\mathscr{F}}\right] = \langle\psi^*|\,\hat{C}_{\mathscr{F}}\,|\psi^*\rangle. \tag{5.48}$$

본 장에서 종종 나타나듯이, 에르미트 곱 $\langle\psi^*|\,\hat{C}_{\mathscr{F}}\,|\psi^*\rangle$는 축약하여 표기한 부분대각합일 뿐이고, (숫자가 아니라) $\mathcal{W}$에 작용하는 연산자이다. 최 동형사상의 양자회로 표현 (5.46)을 떠올리면, 항등식 (5.48)은 양자회로

$$|\Phi\rangle \begin{cases} \text{—}\boxed{\mathscr{F}}\text{———} & \mathscr{F}(|\psi\rangle\langle\psi|) \\ \text{———}\bowtie\text{—} & |\psi^*\rangle \end{cases} \tag{5.49}$$

로 기술할 수 있다. 여기서 양자회로 요소 —⋈—는 출력으로 명시한 양자상태로의 투영을 나타낸다. $\hat{C}_{\mathscr{F}}$는 양자연산 $\mathscr{F}$에 해당하는 양연산자이므로, 스펙트럼분해한 꼴로 쓰면(부록 A.4, 특히 식 (A.57) 참조),

$$\hat{C}_{\mathscr{F}} = \sum_\mu |\varphi_\mu\rangle\langle\varphi_\mu| \tag{5.50}$$

가 된다. 여기서, 각 고유벡터 $|\varphi_\mu\rangle$는 $\hat{C}_{\mathscr{F}}|\varphi_\mu\rangle = |\varphi_\mu\rangle\langle\varphi_\mu|\varphi_\mu\rangle$와 같이, 그 크기의 제곱이 그에 상응하는 고유값이 되도록 규격화되어 있다. 이제 선형 사상 $\hat{F}_\mu : \mathcal{V} \to \mathcal{W}$를

$$\hat{F}_\mu |\psi\rangle = \langle\psi^*|\varphi_\mu\rangle \tag{5.51}$$

와 같이 정의하자. 위 관계식의 오른편에서 에르미트 곱이 $\mathcal{V}$에만 부분적으로 적용되고, 나머지 부분은 $\mathcal{W}$에 속한 벡터임을 유의하자. 식 (5.50)과 (5.51)을 식 (5.48)에 대입하면,

$$\mathscr{F}(|\psi\rangle\langle\psi|) = \sum_\mu \hat{F}_\mu |\psi\rangle\langle\psi| \hat{F}_\mu^\dagger \tag{5.52}$$

임을 확인할 수 있다. 여기서 $\mathscr{F}$는 선형 연산자이고 $|\psi\rangle$는 임의의 상태이므로, 증명하려는 정리의 명제에 부합한다.

이제, 소위 양자 게이트 원격이동(quantum gate teleportation) 규약을 기반으로 하는 세 번째 증명으로 넘어가보자. 그림 5.4 (a)는 양자원격이동 규약을 수행하는 단순화된 양자회로를 나타낸다. 4.1절에서 논의한 일반적인 양자원격이동 규약과 비교해보면, 벨 측정이 최대로 얽힌 상태 $|\Phi\rangle$로의 투영으로 대체되어 있다. 이러한 수정으로 인해 이 규약은 더 이상 실행했을 때 성공이 보장되지 않는다. 그럼에도 불구하고 $1/d^2$의 성공 확률로

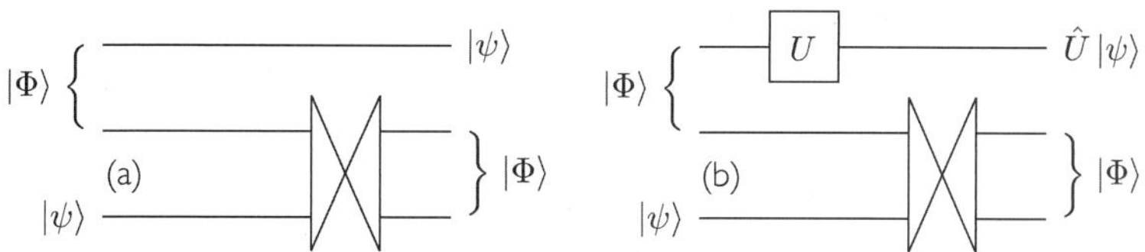

그림 5.4: 양자원격이동과 양자 게이트 원격이동을 비교하기. (a) 양자원격이동의 단순화된 양자회로모형. 벨 측정은 $|\Phi\rangle$에 대한 투영(projection)으로 대체되며 성공 확률은 $1/d^2$이다($d = \dim \mathcal{V}$). (b) 양자 게이트 원격이동을 위한 양자회로모형. 셋째 큐비트에 입력한 상태 $|\psi\rangle$는 첫 번째 큐비트에서 유니테리 변환된 상태 $\hat{U}\,|\psi\rangle$로 이동된다.

세 번째 큐비트에 입력한 양자상태 $|\psi\rangle$가 첫 번째 큐비트로 '원격이동'된다(여기서 d는 $\mathcal{V}$의 차원이다). 규약의 마지막에 유니테리 변환 $\hat{U}$를 가하여 $\hat{U}\,|\psi\rangle$를 얻을 수 있다. 투영 전에 $\hat{U}$를 적용해도 결과는 바뀌지 않는다. 이렇게 바꾸고 나면, 일반적으로 양자 게이트 원격이동이라고 하는 그림 5.4 (b)에 묘사된 양자회로와 같이 된다.

최 동형사상에 따라, $|U\rangle := \hat{U} \otimes \hat{I}\,|\Phi\rangle$는 유니테리 연산자 $\hat{U}$에 대응하는 최 벡터이고 (부록 B.2.3), 완벽하게 $\hat{U}$를 특징짓는다. 양자 게이트 원격이동 규약은 $|U\rangle$를 양자얽힘을 위한 자원으로 사용하고,[5.10] $1/d^2$의 성공 확률로 세 번째 큐비트에 입력한 상태 $|\Phi\rangle$를 양자상태 $\hat{U}\,|\psi\rangle$로 유니테리 변환하여 첫 번째 큐비트로 이동시킨다. 양자 게이트 원격이동 규약은 다음 양자회로에서처럼 게이트연산은 초사상으로, 입력상태는 혼합상태로 일반화할 수 있다.

$|\Phi\rangle$ $\mathscr{F}$ $\mathscr{F}(\hat{\rho})$

$\hat{\rho}$ $|\Phi\rangle$. (5.53)

이제 양자상태 $|\psi\rangle$를 고려해보자. 양자 게이트 원격이동 규약 (5.53)과 최 동형사상 (5.46)에 따라

$$\mathscr{F}(|\psi\rangle\langle\psi|)\,|v_j\rangle = \sum_i |v_i\rangle\,(\langle v_i| \otimes \langle\Phi|)\left(\hat{C}_{\mathscr{F}} \otimes |\psi\rangle\langle\psi|\right)(|v_j\rangle \otimes |\Phi\rangle) \tag{5.54}$$

가 된다. 다시 말하지만, $\mathscr{F}$가 양자연산이면 $\hat{C}_{\mathscr{F}}$는 양연산자이다. 따라서, $\hat{C}_{\mathscr{F}}$의 스펙트럼 분해 (5.50)을 사용할 수 있다. 마지막으로, 선형 연산자 $\hat{F}_\mu$들의 집합을

$$\hat{F}_\mu : |\psi\rangle \mapsto \sum_i |v_i\rangle\,(\langle v_i| \otimes \langle\Phi|)\,(|\varphi_\mu\rangle \otimes |\psi\rangle) \tag{5.55}$$

[5.10] $\hat{U} \otimes \hat{I}$는 국소적으로만 가해지기 때문에, $|\Phi\rangle$의 얽힘 특성은 건드리지 않는다.

와 같이 정의하자. 그러면

$$\mathscr{F}(|\psi\rangle\langle\psi|) = \sum_{\mu} \hat{F}_{\mu} |\psi\rangle\langle\psi| \hat{F}_{\mu}^{\dagger} \tag{5.56}$$

임을 알 수 있고, 이로써 크라우스 표현 정리가 증명된다.

5.2.3 유니테리 표현

양자연산은 원래 '계'에 '주변계'를 추가하여 확장한 계에 작용하는 유니테리 연산자로 간주할 수 있다. 실제 응용성 측면에선 딱히 유용하지 않지만, 유니테리 표현은 양자연산에 의해 기술되는 기본적인 물리적 과정들에 대한 명확한 물리적 통찰력을 얻는데 도움이 된다.

크라우스 원소들 $\hat{F}_{\mu}$ $(\mu = 0, 1, \ldots, m-1)$를 이용한 크라우스 표현 (5.11)로 기술된 양자연산 $\mathscr{F} : \mathcal{L}(\mathcal{V}) \to \mathcal{L}(\mathcal{V})$가 주어졌다고 하자. 여기서, 주변계를 대각합을 하여 없앴을 때 $\mathscr{F}$와 똑같은 효과를 주는 계-주변계 모형을 짜맞추려 한다. 주변계에 해당하는 적절한 벡터공간 $\mathcal{E}$를 찾고, 전체 힐베르트 공간 $\mathcal{V} \otimes \mathcal{E}$에 작용하는 전체 유니테리 연산자 $\hat{U}$를 정의하여, 모든 $\hat{\rho} \in \mathcal{L}(\mathcal{V})$와 특정한 양자상태 $|\varepsilon_0\rangle \in \mathcal{E}$에 대해[5.11]

$$\mathscr{F}(\hat{\rho}) = \operatorname*{Tr}_{\mathcal{E}} \hat{U} \left(\hat{\rho} \otimes |\varepsilon_0\rangle\langle\varepsilon_0|\right) \hat{U}^{\dagger} \tag{5.57}$$

가 성립하도록 하면 된다. 먼저, 직교맞춤 기저 $\{|\varepsilon_{\mu}\rangle : \mu = 0, \ldots, m-1\}$를 선택하여,[5.12] 주변계에 해당하는 벡터공간 $\mathcal{E}$를 만든다. $\mathcal{E}$의 차원이 크라우스 표현 (5.11)에 참여하는 크라우스 원소들 $\hat{F}_{\mu}$의 개수와 똑같고 $(\dim \mathcal{V})^2$보다 크지 않음을 유의하라. 임의의 $|\psi\rangle \in \mathcal{V}$에 대해,

$$\hat{U} |\psi\rangle \otimes |\varepsilon_0\rangle = \sum_{\mu} (\hat{F}_{\mu} |\psi\rangle) \otimes |\varepsilon_{\mu}\rangle \tag{5.58}$$

가 성립하도록 $\mathcal{V} \otimes \mathcal{E}$에 작용하는 유니테리 연산자 $\hat{U}$를 정의한다. 위 식의 대응관계에 따라 정의한 연산자 $\hat{U}$가 실제로 유니테리임은 $\sum_{\mu} \hat{F}_{\mu}^{\dagger} \hat{F}_{\mu} = \hat{I}$를 써서 금방 확인할 수 있다. $\hat{U}$가 $\mathscr{F}$에 해당하는 유니테리 연산자, 즉 식 (5.57)을 만족하는 연산자인지 확인해보자. 아래와 같이 명시적인 계산을 통해 명백하게 볼 수 있듯이, 주변계에 대해 부분대각합을 취하면 $\mathscr{F}(|\psi\rangle\langle\psi|)$를 다시 얻게 된다.

$$\begin{aligned}\operatorname*{Tr}_{\mathcal{E}} \hat{U} \left(|\psi\rangle\langle\psi| \otimes |\varepsilon_0\rangle\langle\varepsilon_0|\right) \hat{U}^{\dagger} &= \operatorname*{Tr}_{\mathcal{E}} \sum_{\mu\nu} \left(\hat{F}_{\mu} |\psi\rangle\langle\psi| \hat{F}_{\nu}^{\dagger}\right) \otimes |\varepsilon_{\mu}\rangle\langle\varepsilon_{\nu}| \\ &= \sum_{\mu} \hat{F}_{\mu} |\psi\rangle\langle\psi| \hat{F}_{\mu}^{\dagger}. \end{aligned} \tag{5.59}$$

[5.11] $|\varepsilon_0\rangle$는 완전히 임의로 선택할 수 있고, 혼합상태로도 선택할 수 있다.

[5.12] 여기서는 $|\varepsilon_0\rangle$가 포함되도록 기저를 선택한다. 이는 단지 편의를 위한 것으로 필수조건은 아니다.

이 관계는 선형이고, 임의의 벡터 $|\psi\rangle$에 대해 성립한다. 따라서, 이는 임의의 혼합상태 $\hat{\rho} = \sum_j |\psi_j\rangle\, p_j\, \langle\psi_j|$에 대해서도 성립한다.

5.2.4 간단한 예들

지금까지 양자잡음 과정을 이에 대응되는 양자연산을 써서 일반적으로 기술하는 방법을 논의했다. 이제 단일 큐비트에 대한 몇 가지 예들을 살펴보고자 한다. 크라우스 원소들의 물리적 의미를 쉽게 파악할 수 있는 몇 가지 제한적인 경우들을 고려한다.

위상감쇠 위상감쇠(phase damping) 과정은 에너지풀림이나 상태밀도의 변화없이 발생하는 결깨짐 과정이다. 이런 의미에서 에너지풀림을 동반하지 않는 순수한 결깨짐 과정으로 간주할 수 있다. 그래서 이를 위상어긋남(dephasing) 과정이라고도 한다. 단일 큐비트계에서 위상감쇠 과정의 유니테리 표현은 다음과 같다.

$$|0\rangle \otimes |\varepsilon_0\rangle \mapsto |0\rangle \otimes |\varepsilon_0\rangle \tag{5.60a}$$

$$|1\rangle \otimes |\varepsilon_0\rangle \mapsto |1\rangle \otimes |\varepsilon_0\rangle \sqrt{1-p} + |1\rangle \otimes |\varepsilon_1\rangle \sqrt{p}\,. \tag{5.60b}$$

여기서 $\{|\varepsilon_0\rangle, |\varepsilon_1\rangle\}$은 주변계에 해당하는 벡터공간 $\mathcal{E}$의 직교맞춤 기저이다. 주변계는 초기 상태 $|\varepsilon_0\rangle$에 있다가, 계가 $|1\rangle$에 있을 때에만 확률 p로 초기 상태에 수직인 양자상태 $|\varepsilon_1\rangle$로 전이한다. 계는 두 경우 모두 동일한 상태로 유지된다. 중요한 점은 그럼에도 불구하고 주변계는 계가 어떤 상태에 있는지 '알고' 있고 바로 이 지식으로 인해 계의 상태가 결맞음을 잃는다는 사실이다.

실제로 전체 유니테리 연산자는 제어 $\hat{U}$ 연산자로, 기저 $\{|\varepsilon_0\rangle, |\varepsilon_1\rangle\}$에 대해

$$\hat{U} \doteq \begin{bmatrix} \sqrt{1-p} & -\sqrt{p} \\ \sqrt{p} & \sqrt{1-p} \end{bmatrix} \tag{5.61}$$

와 같이 표현된다. 따라서, 계가 결맞은 중첩 상태로 준비되었을 때, 제어 $\hat{U}$ 연산은 계와 주변계를

$$(|0\rangle\, c_0 + |1\rangle\, c_1) \otimes |\varepsilon_0\rangle \mapsto |0\rangle \otimes |\varepsilon_0\rangle\, c_0 + |1\rangle \otimes (\hat{U}\, |\varepsilon_0\rangle) c_1 \tag{5.62}$$

또는, 더 명시적으로,

$$(|0\rangle\, c_0 + |1\rangle\, c_1) \otimes |\varepsilon_0\rangle \mapsto \left(|0\rangle\, c_0 + |1\rangle\, c_1 \sqrt{1-p}\right) \otimes |\varepsilon_0\rangle + |1\rangle \otimes |\varepsilon_1\rangle\, c_1 \sqrt{p}\,. \tag{5.63}$$

와 같이 서로 얽는다(2.2.1절과 2.2.2절 참조). 얽힘으로 인해 계만의 최종 상태는 순수상태가 될 수 없으며(1.1.2절 참조) 초기 상태에 있던 결맞음은 위 과정을 거치면서 잃게 된다.

5.2.1절에서 소개한 방법에 따라 크라우스 원소들은

$$\hat{E}_0 \doteq \begin{bmatrix} 1 & 0 \\ 0 & \sqrt{1-p} \end{bmatrix}, \quad \hat{E}_1 \doteq \begin{bmatrix} 0 & 0 \\ 0 & \sqrt{p} \end{bmatrix} \tag{5.64}$$

로 주어지고, 그에 대한 양자연산은

$$\mathscr{F}(\hat{\rho}) = \hat{E}_0 \hat{\rho} \hat{E}_0^\dagger + \hat{E}_1 \hat{\rho} \hat{E}_1^\dagger \tag{5.65}$$

가 된다. 위 크라우스 원소들은 서로 수직하지 않음을, 즉

$$\mathrm{Tr}\, \hat{E}_0^\dagger \hat{E}_1 = \sqrt{p(1-p)} \neq 0 \tag{5.66}$$

임을 유의하라. 따라서, 서로 수직한 크라우스 원소

$$\hat{F}_0 = \sqrt{\frac{1+\sqrt{1-p}}{2}}\, \hat{I}\,, \quad \hat{F}_1 = \sqrt{\frac{1-\sqrt{1-p}}{2}}\, \hat{S}^z \tag{5.67}$$

를 선택하는 것이 더 편리하고 효율적일 수 있다. 그러면, 위상감쇠 과정에 해당하는 양자연산은

$$\mathscr{F}(\hat{\rho}) = \frac{1+\sqrt{1-p}}{2} \hat{\rho} + \frac{1-\sqrt{1-p}}{2} \hat{S}^z \hat{\rho} \hat{S}^z \tag{5.68}$$

로 쓸 수 있다. 또한, 밀도연산자를

$$\hat{\rho} = \frac{1}{2}\hat{I} + \hat{S}^x \rho_x + \hat{S}_y \rho_y + \hat{S}^z \rho_z \tag{5.69}$$

로 전개하는 것이 편리하다. 여기서 $\rho_\mu (\mu = x, y, z)$는 실수값을 갖는 매개변수들이다. 그러면 양자연산 $\mathscr{F}$는

$$\mathscr{F}(\hat{\rho}) = \frac{1}{2}\hat{I} + \sqrt{1-p}\hat{S}^x \rho_x + \sqrt{1-p}\hat{S}^y \rho_y + \hat{S}^z \rho_z \tag{5.70}$$

로 다시 쓸 수 있다. $\hat{S}^z$ 앞 계수는 변하지 않았음에 주목하라. 이로부터 $|0\rangle$와 $|1\rangle$의 점유밀도 $1/2 + \rho_z$와 $1/2 - \rho_z$가 변하지 않음을 명백하게 볼 수 있다. 위상감쇠 과정은 순수한 위상어긋남(dephasing)만을 일으킨다. 특히, $p \to 1$ 극한에서, 밀도연산자는

$$\mathscr{F}(\hat{\rho}) \to \frac{1}{2}\hat{I} + \hat{S}^z \rho_z \tag{5.71}$$

에 가까와진다. 그러면 결맞음은 완전히 사라진다.

The phase damping process is specified by two Kraus elements.

```
In[-]:= Let[Real, p]
ops = {Sqrt[(1 + Sqrt[1 - p]) / 2], Sqrt[(1 - Sqrt[1 - p]) / 2] * S[3]};
spr = Supermap[ops]
```

Out[ ]=

```
Supermap[{√(1 + √(1 - p))/√2 , √(1 - √(1 - p)) S^z/√2}]
```

Here p is the probability for the phase to be flipped.

In[ ]:=

```
Let[Real, ρ]
rho = 1 / 2 + ρ[{1, 2, 3}].S[All]
```

Out[ ]=

```
1/2 + S^x ρ1 + S^y ρ2 + S^z ρ3
```

The supermap transforms the above density operator as follows.

In[ ]:=

```
new = spr[rho]
```

Out[ ]=

```
1/2 + √(1 - p) S^x ρ1 + √(1 - p) S^y ρ2 + S^z ρ3
```

크기감쇠 크기감쇠 과정은 계의 들뜬상태 $|1\rangle$이 바닥상태 $|0\rangle$으로 자발적으로 붕괴하는 현상을 기술한다. 붕괴는 빛알 하나의 방출을 동반한다. 빛알이 계를 '관찰'하고 있고 빛알이 획득한 계의 정보로 인해 결깨짐이 발생한다고 생각할 수 있다. 유니테리 표현에서 이 과정은

$$|0\rangle \otimes |\varepsilon_0\rangle \mapsto |0\rangle \otimes |\varepsilon_0\rangle\ , \tag{5.72a}$$

$$|1\rangle \otimes |\varepsilon_0\rangle \mapsto |1\rangle \otimes |\varepsilon_0\rangle \sqrt{1-p} + |0\rangle \otimes |\varepsilon_1\rangle \sqrt{p} \tag{5.72b}$$

로 주어지는 전체 유니테리 연산자에 의해 기술된다. 따라서, 붕괴는 계가 상태 $|1\rangle$에 있는다는 조건에서 p의 확률로 발생한다. 이에 대한 크라우스 원소들은

$$\hat{F}_0 \doteq \begin{bmatrix} 1 & 0 \\ 0 & \sqrt{1-p} \end{bmatrix}, \quad \hat{F}_1 \doteq \begin{bmatrix} 0 & \sqrt{p} \\ 0 & 0 \end{bmatrix} \tag{5.73}$$

으로 주어진다. 이 크라우스 원소들은 이미 서로 수직하다. 크기감쇠 과정을 기술하는 양자연산은

$$\mathscr{F}(\hat{\rho}) = p\hat{S}^+\hat{\rho}\hat{S}^- + \left(\frac{1+\sqrt{1-p}}{2} + \frac{1-\sqrt{1-p}}{2}\hat{S}^z\right)\hat{\rho}\left(\frac{1+\sqrt{1-p}}{2} + \frac{1-\sqrt{1-p}}{2}\hat{S}^z\right) \tag{5.74}$$

로 쓸 수 있다. 위 식을 식 (5.69)에서 같은 방식으로 전개하면

$$\mathscr{F}(\hat{\rho}) = \frac{1}{2} + (1-p)\hat{S}^x\rho_x + (1-p)\hat{S}^y\rho_y + \hat{S}^z(1/2 + (1-p)\rho_z) \tag{5.75}$$

가 된다. $p \to 1$인 극한에서,

$$\mathscr{F}(\hat{\rho}) = \frac{1}{2}\hat{I} + \frac{1}{2}\hat{S}^z = |0\rangle\langle 0| \tag{5.76}$$

이므로 밀도연산자는 초기 상태와 상관없이 순수상태 $|0\rangle$으로 수렴한다. 이는 $|1\rangle$에서 $|0\rangle$으로의 자발적인 붕괴때문이다.

The amplitude damping process is specified by two Kraus elements.

In[ ]:=
```
Let[Real, p]
ops = {S[10] + Sqrt[1 - p] * S[11], Sqrt[p] * S[4]};
spr = Supermap[ops]
```

Out[ ]=
$$\text{Supermap}\left[\left\{\left(|0\rangle\langle 0|\right)_S + \sqrt{1-p}\left(|1\rangle\langle 1|\right)_S,\ \sqrt{p}\ S^+\right\}\right]$$

Here p is the probability for the phase to be flipped.

In[ ]:=
```
Let[Real, ρ]
rho = 1 / 2 + ρ[{1, 2, 3}].S[All]
```

Out[ ]=
$$\frac{1}{2} + S^x \rho_1 + S^y \rho_2 + S^z \rho_3$$

The supermap transforms the above density operator as follows.

In[ ]:=
```
new = spr[rho] // Elaborate
```

Out[ ]=
$$\frac{1}{2} + \sqrt{1-p}\ S^x \rho_1 + \sqrt{1-p}\ S^y \rho_2 + S^z \left(p\left(\frac{1}{2} - \rho_3\right) + \rho_3\right)$$

극지움 극지움(depolarizing) 과정에서 결깨짐은 대칭적으로 발생하며, 실제 결깨짐 과정이 어떤 구체적 유형으로 발생했는지 구분할 수 없다. 계는 확률 p로 결어긋난 과정을 겪고 확률 $1-p$로 그 상태를 유지한다. 결어긋난 과정으로 인해 계는 비트값 또는 위상 또는 둘 다를 동일한 확률로 뒤집을 수 있다.

이 과정은 유니테리 표현으로 잘 기술된다. 계와 주변계가 곱상태 $|\psi\rangle \otimes |\varepsilon_0\rangle$에 놓여 있다고 하자. 결깨짐 과정은

$$|\psi\rangle \otimes |\varepsilon_0\rangle \mapsto |\psi\rangle \otimes |0\rangle \sqrt{1-p} \\ + \left(\hat{S}^x |\psi\rangle \otimes |\varepsilon_1\rangle + \hat{S}^y |\psi\rangle \otimes |\varepsilon_2\rangle + \hat{S}^z |\psi\rangle \otimes |\varepsilon_3\rangle\right)\sqrt{\frac{p}{3}} \tag{5.77}$$

와 같은 전이를 일으킨다. 주변계는 네 가지 서로 수직한 상태 중 하나로 진행한다. 주변계의 최종 상태를 통해 어떤 과정(비트 뒤집기, 위상 뒤집기 또는 둘 다)이 발생했는지 알아낼 수 있다. 이로 인해 계에 결깨짐이 발생한다.

위의 유니테리 표현으로부터 크라우스 원소들을 아래와 같이 구할 수 있다.

$$\hat{F}_0 = \sqrt{1-p}\hat{I}\,, \quad \hat{F}_1 = \sqrt{\frac{p}{3}}\hat{S}^x\,, \quad \hat{F}_2 = \sqrt{\frac{p}{3}}\hat{S}^y\,, \quad \hat{F}_3 = \sqrt{\frac{p}{3}}\hat{S}^z\,. \tag{5.78}$$

이 크라우스 원소들은 이미 서로 수직이다. 또한 기대한대로 이들이 완전성 관계,

$$\sum_{\mu=0}^{3} \hat{F}_\mu^\dagger \hat{F}_\mu = \hat{I} \tag{5.79}$$

를 만족함을 확인할 수 있다. 위 크라우스 원소들을 사용하는 크라우스 표현에서 밀도연산자 $\hat{\rho}$는

$$\mathscr{F}(\hat{\rho}) = (1-p)\hat{\rho} + \frac{p}{3}\left(\hat{S}^x\hat{\rho}\hat{S}^x + \hat{S}^y\hat{\rho}\hat{S}^y + \hat{S}^z\hat{\rho}\hat{S}^z\right) \tag{5.80}$$

로 기술되는 결깨짐 과정을 따라 변환한다. 성분들로 표현하면, 위 식은

$$\mathscr{F}(\hat{\rho}) = \frac{1}{2}\hat{I} + \left(1 - \frac{4p}{3}\right)\left(\hat{S}^x\rho_x + \hat{S}^y\rho_y + \hat{S}^z\rho_z\right) \tag{5.81}$$

로 쓰여진다. 이는 이 결깨짐 과정에서 '스핀' 극성(즉, 밀도연산자에 대응하는 블로흐 벡터)

$$\boldsymbol{P} := (\langle\hat{S}^x\rangle, \langle\hat{S}^y\rangle, \langle\hat{S}^z\rangle) \tag{5.82}$$

가 $(1-4p/3)$ 배만큼 줄어듦을 의미한다. 이러한 이유로 이 과정을 극지움 과정이라 이름 짓는다. $4p/3 = 1$이면, 최종 상태가 완전히 마구잡이가 된다.

The depolarizing process is specified by three Kraus elements.

```
In[ ]:= Let[Real, p]
ops = Prepend[Sqrt[p / 3] * S[All], Sqrt[1 - p]];
spr = Supermap[ops]
```

Out[ ]=

$$\text{Supermap}\left[\left\{\sqrt{1-p}, \frac{\sqrt{p}\,\hat{S}^x}{\sqrt{3}}, \frac{\sqrt{p}\,\hat{S}^y}{\sqrt{3}}, \frac{\sqrt{p}\,S^z}{\sqrt{3}}\right\}\right]$$

Here p is the probability for the phase to be flipped.

```
In[ ]:= Let[Real, ρ]
rho = 1 / 2 + ρ[{1, 2, 3}].S[All]
```

Out[ ]=

$$\frac{1}{2} + S^x\rho_1 + S^y\rho_2 + S^z\rho_3$$

The supermap transforms the above density operator as follows.

```
In[ ]:= new = spr[rho]
```

Out[ ]=

$$\frac{1}{2} + \left(1 - \frac{4p}{3}\right)S^x\rho_1 + \left(1 - \frac{4p}{3}\right)S^y\rho_2 + \left(1 - \frac{4p}{3}\right)S^z\rho_3$$

5.3 양자연산과 측정

일반화된 측정(generalized measurement)(공리 3′)을 양자연산의 특별한 경우로 간주할 수 있다. 측정 결과 m에 대응하는 측정연산자들 $\hat{M}_m$의 집합으로 측정이 기술된다고 하자. 각 m에 대해

$$\mathscr{F}_m(\hat{\rho}) = \hat{M}_m \hat{\rho} \hat{M}_m^\dagger \tag{5.83}$$

로 정의된 사상 $\mathscr{F}_m \in \mathcal{L}(\mathcal{V})$은 분명히 양자연산이다. 측정 과정이 계와 측정 장치사이의 상호작용을 일으키기 때문에 이는 당연한 결과이다. 양자연산 $\mathscr{F}_m$은 일반적으로

$$0 \le \operatorname{Tr} \mathscr{F}_m(\rho) \le 1 \tag{5.84}$$

을 만족하고 대각합을 보존하지 않음을 유의하라. 물리적으로 $\operatorname{Tr} \mathscr{F}_m(\rho)$는 측정 과정에서 결과 m을 얻을 확률을 준다.

위에서 논의한 측정은 선택적 측정(selective measurement)이다. 이는 물리적으로 보면 앙상블을 측정결과에 의해 구별되는 하위 앙상블들로 분리하는 것을 의미한다. 슈빙거(Schwinger, J.)는 선택 단계 이전의 측정 과정에 대응하는 새로운 개념을 고안했다(Schwinger, 1959). 이를 비선택적 측정(non-selective measurement)이라 한다. 비선택적 측정은 측정 후 확률 $\mathscr{F}_m(\hat{\rho})$로 하위 앙상블들을 다시 혼합하는 것으로 여길 수도 있다. 따라서, 비선택적 측정은 양자연산

$$\mathscr{F}(\hat{\rho}) := \sum_m \mathscr{F}_m(\hat{\rho}) = \sum_m \hat{M}_m \hat{\rho} \hat{M}_m^\dagger \tag{5.85}$$

로 표현된다. 이 경우 대각합은 보존되어, 임의의 $\hat{\rho}$에 대해 $\operatorname{Tr} \mathscr{F}(\hat{\rho}) = 1$이다. 이는 측정연산자들이 만족하는 완전성 관계, $\sum_m \hat{M}_m^\dagger \hat{M}_m = \hat{I}$에 의해 자명하게 성립한다.

5.4 양자 으뜸 방정식

주변계와 상호작용하는 열린 양자계를 생각해보자. 계는 필연적으로 결깨짐 과정을 겪게 된다. 이제 계가 시간 t에서 상태 $\hat{\rho}(t)$에 있었다고 하자. 결깨짐 과정을 이해하기 위해 이후 시간 $t' > t$에서의 상태 $\hat{\rho}(t')$을 살펴보자. $\hat{\rho}(t)$에서 $\hat{\rho}(t')$으로의 시간에 따른 변화는 양자연산으로 기술되며, 이 경우 양자연산은 완전히 양인 초연산자이며 대각합을 보존한다. 크라우스 표현 (5.11)은

$$\hat{\rho}(t') = \sum_\mu \hat{F}_\mu(t', t) \hat{\rho}(t) \hat{F}_\mu^\dagger(t', t) \tag{5.86a}$$

가 성립하는 연산자들 $\hat{F}_\mu(t',t)$가 존재함을 보장하며, 이 연산자들은 확률 보존 조건 또는 대각합 보존 조건

$$\sum_\mu \hat{F}_\mu^\dagger(t',t)\hat{F}_\mu(t',t) = \hat{I} \tag{5.86b}$$

와 직교 조건

$$\mathrm{Tr}\,\hat{F}_\mu^\dagger \hat{F}_\nu = 0 \quad (\mu \neq \nu) \tag{5.86c}$$

을 만족한다. 그러나 구체적인 물리적 상황에서, 주어진 상황을 적절하게 기술하는 연산자 $\hat{F}_\mu(t',t)$들을 정하기는 대체로 어렵다. 이는 초기 조건이 $\hat{\rho}(t)$로 주어졌을 때 시간 t'의 함수로 $\hat{\rho}(t')$을 직접적으로 결정하려는 접근방식을 시도했기 때문일 수 있다. 그러나 이 과정을 미분 형태, 즉 비율방정식으로 표현하면 더 편리하고 효율적일 수 있다. 결국, 뉴턴의 고전 운동방정식과 양자상태에 대한 슈뢰딩거 방정식 모두 상태변수들의 변화율을 기술하는 미분방정식들이다.

크라우스 표현과 동등한 미분방정식들의 집합으로 양자연산을 표현할 수 있을까? 불행히도 이에 대한 일반적인 대답은 '아니오'이다. 그러나 많은 물리적 상황에서[5.13] 연산자 $\hat{F}_\mu(t',t)$가 시간 간격 $\delta t := t'-t$에만 의존하고 개별 순간 t'과 t에는 따로 의존하지 않는다. 물리적으로, 이것은 그 과정이 근본적으로 이력에 의존하지 않음을 의미하는데, 이 가정을 흔히 마르코프 가정(Markov assumption)이라 부른다. 이러한 상황에서는 양자연산 (5.86)을 미분 형태로 다시 쓸 수 있으며, 그 결과로 얻은 방정식

$$\frac{d\hat{\rho}}{dt} = \mathscr{L}(\hat{\rho}) \tag{5.87}$$

를 린드블라드 방정식(Lindblad equation) 또는 양자 으뜸 방정식이라 부른다. 여기서 초연산자 $\mathscr{L}$은

$$\mathscr{L}(\hat{\rho}) := -i[\hat{H},\hat{\rho}] + \sum_\mu \left(\hat{L}_\mu\hat{\rho}\hat{L}_\mu^\dagger - \frac{1}{2}\hat{L}_\mu^\dagger\hat{L}_\mu\hat{\rho} - \frac{1}{2}\hat{\rho}\hat{L}_\mu^\dagger\hat{L}_\mu\right) \tag{5.88}$$

로 정의되고, 양자 마르코프 동역학을 일으키는 역할을 하므로 린드블라드 생성원(Lindblad generator)이라 불린다. 식 (5.88)에서, 에르미트 연산자 $\hat{H}$는 동역학 중 유니테리 동역학에 해당하는 일부를 기술한다. 이러한 이유로 $\hat{H}$를 흔히 계의 유효 해밀토니안이라 부른다. 그러나 일반적으로 $\hat{H}$는 고립된 계의 해밀토니안과 똑같지 않다. 식 (5.88)에서 연산자 $\hat{L}_\mu$들은 비유니테리 동역학을 일으키며, 린드블라드 연산자(Lindblad operators) 또는 양자뜀연산자(quantum jump operators)라 불린다.

[5.13] 대표적 예외는 시간의존 외부 장들이 계에 가해지고 있는 경우이다.

또한, 관습적으로 식 (5.88)의 린드블라드 생성원을

$$\mathscr{L}(\hat{\rho}) = -i[\hat{H}, \hat{\rho}] - \{\hat{G}, \hat{\rho}\} + \sum_{\mu} \hat{L}_{\mu}\hat{\rho}\hat{L}_{\mu}^{\dagger} \tag{5.88$'$}$$

와 같은 형태로 바꾸어 쓰는데, 여기서 연산자 $\hat{G}$는

$$\hat{G} := \frac{1}{2}\sum_{\mu} \hat{L}_{\mu}^{\dagger}\hat{L}_{\mu} \tag{5.89}$$

를 말한다. 흥미롭게도, (5.88′)에서 양자뛺연산자들로 이루어진 마지막 항을 무시하면, 린드블라드 방정식 (5.88′)의 해는 간단하게

$$\hat{\rho}(t) = e^{-it\hat{H}_{\rm non}}\hat{\rho}(0)e^{it\hat{H}_{\rm non}^{\dagger}} \tag{5.90}$$

로 구할 수 있는데, 이는 식 (1.39)의 유리테리 동역학에서 해밀토니안 $\hat{H}$를 유효 비 에르미트 해밀토니안(non-Hermitian Hamiltonian)

$$\hat{H}_{\rm non} := \hat{H} - i\hat{G} \tag{5.91}$$

로 대체한 것과 꼴이 같다. 양자상태가 식 (5.90)에 의해 시간에 따라 변해갈 때, 비 에르미트 해밀토니안에 추가된 항 $\hat{G}$가 중요한 차이를 일으킨다. 이 항이 감쇠를 일으켜 $\hat{H}$의 고유상태들에 대한 비가역적 밀도 손실(irreversible population loss)로 이어지기 때문이다. 이러한 의미에서 $\hat{G}$를 감쇠연산자라고 부른다. 비 에르미트 해밀토니안 접근방식이 모든 결깨짐 과정을 설명하지는 않지만, 이 방식은 열린 계를 묘사하는 직관적인 방식을 제시하고 (유효) 에너지 준위의 수명이 유한한 효과를 설명하는 데에 널리 사용된다. 비 에르미트 해밀토니안은 또 결깨짐 과정을 조사하기 위한 다양하고 정교한 방법들을 구성하고자 할 때 좋은 출발점을 제공한다. 대표적인 예는 소위 양자뛺 방법(quantum jump approach)이다. 이 접근방식은 식 (5.90)에서 보인 비 에르미트 해밀토니안으로 인한 비유니테리 진행과 양자뛺연산자 $\hat{L}_{\mu}$로 인한 '양자뛺'을 결합하여 린드블라드 방정식을 푸는 근사적인 방법이다 (Dum et al., 1992; Plenio & Knight, 1998).

린드블라드 연산자 $\hat{L}_{\mu}$와 유효 해밀토니안 $\hat{H}$를 선택하는 방식은 유일하지 않다(Breuer & Petruccione, 2002). 첫째, 린드블라드 연산자들의 두 집합 $\{\hat{L}_{\mu}\}$와 $\{\hat{L}'_{\nu}\}$가 유니테리 행렬 U에 의해

$$\hat{L}'_{\nu} = \sum_{\mu} \hat{L}_{\mu}U_{\mu\nu} \tag{5.92}$$

를 만족하면, 이 둘은 동일한 린드블라드 방정식을 명시한다. 양자연산을 만드는 과정에서 크라우스 연산자들을 선택할 때 유사한 유니테리 자유도가 있었고[식 (5.34)와 (5.35) 참조], 혼합상태를 구성하는 과정에서 순수상태를 선택할 때도 비슷한 자유도가 있었음을

[식 (1.15)와 (1.14) 참조] 기억하자. 이러한 유니테리 자유도를 이용하면 서로 직교하는, 즉 모든 μ와 ν에 대해

$$\mathrm{Tr}\,\hat{L}_\mu^\dagger \hat{L}_\nu = 0 \quad (\mu \neq \nu) \tag{5.93}$$

를 만족하는 양자뜀연산자를 항상 선택할 수 있다. $d := \dim \mathcal{V}$라 할 때, 임의의 린드블라드 방정식이 (d^2-1)개의 양자뜀연산자들로 충분히 기술된다는 의미에서 이는 최적의 선택인 셈이다. 수학적으로, 린드블라드 연산자의 유니테리 자유도 (5.92)는 크라우스 원소 선택에 대한 유니테리 자유도 (5.35)로 거슬러 올라간다. 이 증명은 연습문제로 남긴다. 둘째, 린드블라드 생성원은, 임의의 $a_\mu \in \mathbb{C}$와 $b \in \mathbb{R}$로 정의된 비동차 변환

$$\hat{L}_\mu \to \hat{L}'_\mu = \hat{L}_\mu + a_\mu\,, \tag{5.94a}$$

$$\hat{H} \to \hat{H}' = \hat{H} + \frac{1}{2i}\sum_\mu (a_\mu^* \hat{L}_\mu - a_\mu \hat{L}_\mu^\dagger) + b \tag{5.94b}$$

에 대해서도 불변이다. 이러한 평행이동 자유도 덕분에, 린드블라드 연산자들을 항상 대각합이 영(즉, $\mathrm{Tr}\,\hat{L}_\mu = 0$)인 연산자들로만 선택할 수 있다. 또한, 주어진 린드블라드 방정식에 대해 $\mathrm{Tr}\,\hat{H} = 0$이라는 조건을 추가하면, 유효 해밀토니안이 유일하게 결정된다. 평행이동 자유도를 증명하기는 복잡하지 않으므로, 이 또한 연습문제로 남긴다.

크라우스 표현의 유니테리 자유도를 논의할 때 지적했듯이, 위 유니테리 자유도를 이용해 린드블라드 연산자들로 이루어진 임의의 두 집합을 서로 변환할 수 있는 것은 아니다. 이것은 역시 식 (5.92)에 나오는 린드블라드 연산자들이 규격화되어 있지 않기 때문이다. 주목할 만한 예외는 이차원 경우이다(5.4.2절 참조).

이 절의 나머지 부분에서는 양자 으뜸 방정식 (5.88)을 유도하고 이를 푸는 방법들에 대해 논의한다.

5.4.1 유도하기

크라우스 표현 (5.86a)에서 시작하여 마르코프 가정(Markov assumption) 하에 린드블라드 방정식 (5.88)을 유도하기는 간단하다[이에 대한 자세한 내용은, 예를 들어 참고 문헌 Breuer & Petruccione (2002)를 참조]. 여기서는 바탕이 되는 물리적 원리를 이해하는 데 편리한 직관적 접근방식을 따라보자.

물리적으로, $t' \to t$ $(\delta t \to 0)$이면 $\hat{\rho}(t') \to \hat{\rho}(t)$이어야 한다. 이는 $\hat{F}_\mu(\delta t)$ 중 단 하나만 $\hat{I}$로 접근해야 함을 의미한다. 그 하나를 $\hat{F}_0(\delta t)$라 하자. δt에 대해 일차까지만 전개하면,

$$\hat{F}_0(\delta t) \approx \hat{I} + \hat{L}_0\,\delta t \tag{5.95}$$

이다. 나머지들은 0이 되어야 한다. 즉, 모든 $\mu > 0$에 대해 $\hat{F}_\mu(\delta t) \to 0$이다. 물리적으로, $\hat{\rho}(t') \approx \hat{\rho}(t) + \mathscr{O}(\delta t)$가 되기를 기대하므로, $\hat{F}_\mu(\delta t)$는 $\hat{F}_\mu(\delta t)\hat{\rho}\hat{F}_\mu^\dagger(\delta) \approx \mathscr{O}(\delta t)$이도록 $\sqrt{\delta t}$에 비례해 0이 되어야 한다. 따라서

$$\hat{F}_\mu(\delta t) \approx \hat{L}_\mu \sqrt{\delta t} \quad (\mu > 0) \tag{5.96}$$

으로 놓자. $\hat{L}_\mu(\mu > 0)$가 $\hat{F}_\mu$에 바로 비례하므로, 이 연산자들은 대각합이 영이고 서로 수직이다. 즉, 모든 $\mu \neq \nu$에 대해 $\mathrm{Tr}\,\hat{L}_\mu^\dagger \hat{L}_\nu = 0$이다. 확률 보존 조건 (5.86b)는

$$\hat{L}_0 + \hat{L}_0^\dagger = -\sum_{\mu \neq 0} \hat{L}_\mu^\dagger \hat{L}_\mu \tag{5.97}$$

이어야함을 의미한다. 위 형태로 보아 $\hat{L}_0$을

$$\hat{L}_0 = -\hat{G} - i\hat{H} \tag{5.98}$$

와 같이 에르미트 부분과 반에르미트 부분으로 구분하는 게 편리할 것이다. 여기서, 에르미트 부분 $\hat{G}$는 양자뜀연산자 $\hat{L}_\mu$에 의해

$$\hat{G} = \frac{1}{2} \sum_{\mu=1}^{N^2-1} \hat{L}_\mu^\dagger \hat{L}_\mu \tag{5.99}$$

와 같이 고정되어 버리는 반면, $\hat{H}$는 임의로 선택할 수 있고 모든 $\hat{L}_\mu(\mu > 0)$와 선형독립인 $\hat{F}_0$에 의해서만 결정된다. 마지막으로, 식 (5.95), (5.96), (5.98), (5.99)를 식 (5.86)에 대입하면, 우리가 원하는 식 (5.88) 또는 이와 동등한 식 (5.88)을 얻는다. 지금까지 살펴본 특정한 유도과정에서는, 유니테리 자유도 (5.92)를 사용하지 않고도 린드블라드 연산자 $\hat{L}_\mu$들이 저절로 서로 직교하고 대각합도 영이 된다. 이것은 크라우스 원소의 직교성 (5.86)을 가정하였기 때문이다.

이 절을 시작할 때 언급했듯이, 시간의 함수로 양자연산 $\hat{\rho}(t) \mapsto \hat{\rho}(t')$을 명시적으로 결정하기는 어렵다. 더 흔한 접근방식은 계와 주변계로 구성된 전체 계의 유니테리 동역학을 (대개 근사적으로) 환원하여 린드블라드 방정식을 유도하는 것이다(5.2.3절 참조). 섭동 방법을 포함한 몇 가지 예들이 참고 문헌 Breuer & Petruccione (2002)에 논의되어 있다.

5.4.2 간단한 예들

위상감쇠 위상감쇠 과정에 대한 린드블라드 방정식은 크라우스 원소들 (5.67)로부터 유도할 수 있다. 이 과정이 일어날 확률 p가 시간 t에 비례하여 $p = \gamma t$로 주어진다고 하자. 여기서 γ는 단위 시간당 감쇠 과정이 발생할 비율이다. 작은 t에 대해 크라우스 원소들을

전개하면,

$$\hat{F}_0 \approx \hat{I} - \frac{\gamma t}{8}\hat{I} \tag{5.100}$$

이다. 식 (5.98)에 따라, 유효 해밀토니안과 감쇠연산자를 각각

$$\hat{H} = 0\,, \quad \hat{G} = \frac{\gamma}{8}\hat{I} \tag{5.101}$$

로 찾아낼 수 있다. 또한,

$$\hat{F}_1 \approx \frac{\sqrt{\gamma t}}{2}\hat{S}^z \tag{5.102}$$

는 린드블라드 연산자가 하나 있고, 이는

$$\hat{L}_1 = \frac{\sqrt{\gamma}}{2}\hat{S}^z \tag{5.103}$$

로 주어짐을 의미한다. 다 모으면, 위상감쇠 과정에 대한 린드블라드 생성원은 다음과 같이 기술된다.

$$\mathscr{L}(\hat{\rho}) = \frac{\gamma}{8}\hat{\rho} + \frac{\gamma}{4}\hat{S}^z\hat{\rho}\hat{S}^z\,. \tag{5.104}$$

크기감쇠 크기감쇠 과정에 대한 크라우스 원소들은 식 (5.73)에 주어져 있다. 무한히 작은 시간 t에 이들은

$$\hat{F}_0 \approx I - \frac{\gamma}{2}\begin{bmatrix} 0 & 0 \\ 0 & 1 \end{bmatrix}\,, \quad \hat{F}_1 \approx \sqrt{\gamma}\begin{bmatrix} 0 & 1 \\ 0 & 0 \end{bmatrix} \tag{5.105}$$

으로 근사된다. 따라서, 유효 해밀토니안은 0이 되는 반면, 유효 감쇠연산자 $\hat{G}$와 린드블라드 연산자는

$$\hat{G} = \frac{\gamma}{4}(1 - \hat{S}^z)\,, \quad \hat{L}_1 = \sqrt{\gamma}\hat{S}^+ \tag{5.106}$$

로 주어진다. 따라서, 크기감쇠 과정에 대한 린드블라드 생생원은

$$\mathscr{L}(\hat{\rho}) = \frac{\gamma}{4}\left\{(1 - \hat{S}^z)\hat{\rho} + \hat{\rho}(1 - \hat{S}^z)\right\} + \gamma\hat{S}^+\hat{\rho}\hat{S}^- \tag{5.107}$$

와 같다.

극지움 극지움 과정에 대한 크라우스 원소들은 식 (5.78)에 구해놓았다. 역시 $p = \gamma t$라 가정하고, 작은 t에 대해 크라우스 원소들을 전개하면,

$$\hat{F}_0 \approx \hat{I} - \frac{\gamma t}{2}\hat{I}\,, \quad \hat{F}_\mu = \sqrt{\frac{\gamma t}{3}}\hat{S}^\mu \quad (\mu = x, y, z) \tag{5.108}$$

가 된다. 여기서는 세 개의 린드블라드 연산자들

$$\hat{L}_\mu = \sqrt{\frac{\gamma}{3}}\hat{S}^\mu \tag{5.109}$$

($\mu = 1, 2, 3$)가 포함되어 있고, 유효 감쇠연산자는

$$\hat{G} = \frac{\gamma}{3}\hat{I} \tag{5.110}$$

로 주어진다. 따라서, 극지움 과정에 대한 린드블라드 생성원은

$$\mathscr{L}(\hat{\rho}) = \frac{\gamma}{2}\hat{\rho} + \frac{\gamma}{3}\sum_{\mu=x,y,z}\hat{S}^\mu\hat{\rho}\hat{S}^\mu \tag{5.111}$$

와 같다.

일반적인 감쇠 단일 큐비트에 대한 임의의 양자 으뜸 방정식은 다음 형태로 쓸 수 있다.

$$\frac{d\hat{\rho}}{dt} = -i[\hat{H}, \hat{\rho}] - \{\hat{G}, \hat{\rho}\} + \Gamma_+\hat{S}^+\hat{\rho}\hat{S}^- + \Gamma_-\hat{S}^-\hat{\rho}\hat{S}^+ + \Gamma_\phi\hat{S}^z\hat{\rho}\hat{S}^z\,. \tag{5.112a}$$

여기서 유효 해밀토니안 $\hat{H}$는 에르미트이기만 하면 임의로 선택가능하다. 유효 감쇠연산자는

$$\hat{G} := \frac{\Gamma_- + \Gamma_+ 2\Gamma_\phi}{4} + \left(\frac{\Gamma_- - \Gamma_+}{4}\right)\hat{S}^z \tag{5.112b}$$

로 주어지고, 여기서 양의 실수 매개변수들 $\Gamma_\pm$, Γ_ϕ는 각각 양자뜀연산자 $\hat{S}^\pm$, $\hat{S}^z$와 연관된 결깨짐 과정이 발생하는 비율이다. 위 형태에서 양자뜀연산자 $\hat{S}^\pm$와 $\hat{S}^z$는 특정한 양자상태 $|0\rangle$와 $|1\rangle$ 사이의 '단순' 전이를 기술할 뿐, 서로 다른 전이들이 혼합되지 않는다.[5.14] 일반적으로 이 상태들은 양자 으뜸 방정식의 결맞은 부분에 있는 유효 해밀토니안의 고유상태와는 다르다.

식 (5.112)가 단일 큐비트계에 대한 양자 으뜸 방정식의 가장 일반적인 꼴이다. 이것을 분명히 드러내기 위해, 일반적인 린드블라드 방정식

$$\frac{d\hat{\rho}}{dt} = -i[\hat{H}, \hat{\rho}] - \{\hat{G}, \hat{\rho}\} + \sum_{\mu=1}^{3}\gamma_\mu\hat{A}_\mu\hat{\rho}\hat{A}_\mu^\dagger \tag{5.113}$$

에서부터 시작해보자. 여기서

$$\hat{G} := \frac{1}{2}\sum_\mu \gamma_\mu\hat{A}_\mu^\dagger\hat{A}_\mu \tag{5.114}$$

이다. 세 린드블라드 연산자들은 각각 대각합이 영이고 직교맞춤이며, $\gamma_\mu \geq 0$이다. 이제

[5.14] $\hat{S}^z$는 같은 상태로의 전이를 일으키나, 상태에 따라 다른 위상인자를 야기할 수 있다.

또 다른 직교맞춤 연산자들의 집합

$$\hat{L}_1 = \hat{S}^+ , \quad \hat{L}_2 = \hat{S}^- , \quad \hat{L}_3 = \frac{1}{\sqrt{2}}\hat{S}^z \tag{5.115}$$

를 잡아보자. 두 집합 $\{\hat{A}_\mu\}$와 $\{\hat{L}_\mu\}$는 각각 직교맞춤이므로, 어떤 유니테리 행렬 U와 모든 $\nu = 1, 2, 3$에 대해

$$\hat{A}_\nu = \sum_\mu \hat{L}_\mu U_{\mu\nu} \tag{5.116}$$

가 성립할 수 있다. 달리 말하면, 모든 $\nu = 1, 2, 3$에 대해

$$\hat{A}_\nu = \hat{U}\hat{L}_\nu\hat{U}^\dagger = \sum_\mu \hat{L}_\mu U_{\mu\nu} \tag{5.117}$$

가 되는 유니테리 연산자 $\hat{U} \in \mathcal{L}(\mathcal{V})$가 존재한다는 뜻이다. 식 (5.117)을 크라우스 표현 (5.113)에 대입하면,

$$\hat{U}^\dagger \frac{d\hat{\rho}}{dt}\hat{U} = -i\hat{U}^\dagger[\hat{H}, \hat{\rho}]\hat{U} - \hat{U}^\dagger\{\hat{G}, \hat{\rho}\}\hat{U} + \sum_\mu \gamma_\mu \hat{L}_\mu^\dagger \hat{U}^\dagger\hat{\rho}\hat{U}\,\hat{L}_\mu^\dagger \tag{5.118}$$

을 얻는다. 마지막으로, 연산자들을[5.15]

$$\hat{\rho}' := \hat{U}^\dagger\hat{\rho}\hat{U} , \quad \hat{H}' := \hat{U}^\dagger\hat{\rho}\hat{U} , \quad \hat{G}' := \hat{U}^\dagger\hat{G}\hat{U} \tag{5.119}$$

와 같이 재정의하고, 매개변수들을

$$\Gamma_+ := \gamma_1 , \quad \Gamma_- := \gamma_2 , \quad \Gamma_- := \frac{1}{2}\gamma_3 \tag{5.120}$$

으로 조정하면, 식 (5.112)와 같은 꼴로 $\hat{\rho}'$에 대한 린드블라드 방정식을 구할 수 있다. $\hat{U}$는 유니테리 변환이므로, 위 과정은 기저 변화에 불과하고, $\hat{\rho}$와 $\hat{\rho}'$은 본질적으로 동일하다. 린드블라드 방정식을 푼 후에 역변환을 가하여 간단히 $\hat{\rho}$를 구할 수 있다. 이러한 의미에서 단일 큐비트계에 대한 린드블라드 방정식 (5.112)는 가장 일반적인 형태이다.

5.4.3 풀이 방법

린드블라드 방정식은 시간에 명시적으로 의존하지 않는 선형 방정식이므로, 선형 미분방정식에 대한 일반적인 풀이방법들을 이용하여 풀 수 있다. 좀더 명시적으로 기술하면, 표준 기저에 대해 린드블라드 방정식은

$$\dot{\rho}_{jk} = \sum_{j'k'} M_{jk;j'k'}\rho_{j'k'} , \tag{5.121}$$

[5.15] $\hat{G}'$은 식 (5.112b)의 표현과 같음을 유의하라.

와 같이 쓸 수 있다. 여기서

$$M_{jk;j'k'} := -i(H_{jj'}\delta_{kk'} - \delta_{jj'}H^*_{kk'}) - (G_{jj'}\delta_{kk'} + \delta_{jj'}G^*_{kk'}) + \sum_\mu L_{\mu;jj'}L^*_{\mu;kk'} \quad (5.122)$$

이다. $\mu := (jk)$와 $\nu := (j'k')$을 집단 첨수로 간주하면, 식 (5.121)은

$$\dot{\rho}_\mu = \sum_\nu M_{\mu\nu}\rho_\nu \quad (5.123)$$

로 쓸 수 있고, 이는 열벡터 ρ_μ에 대한 전형적인 일차 미분방정식이다.

기술적으로 보면, 미분방정식 (5.123)은 두 조건 $\rho_{jk} = \rho^*_{kj}$와 $\sum_j \rho_{jj} = 1$ 때문에 아직 풀기에 적합하지 않다. 두 번째 조건은 행렬 M의 행렬식이 항상 0이라는 사실에 반영되어 있다. 예를 들어 단일 큐비트계를 고려해보자. 린드블라드 방정식이 유효 해밀토니안

$$\hat{H} = \frac{1}{2}\Omega\hat{S}^z + \frac{1}{2}\Delta\hat{S}^x \quad (5.124)$$

와 린드블라드 연산자들 $\sqrt{\Gamma_\pm}\hat{S}^\pm$에 의해 기술된다고 하자. 행렬 형태로 표현하면 린드블라드 방정식은

$$\frac{d}{dt}\begin{bmatrix}\rho_{11}\\ \rho_{12}\\ \rho_{21}\\ \rho_{22}\end{bmatrix} = \begin{bmatrix}-\Gamma_- & \frac{i\Delta}{2} & -\frac{i\Delta}{2} & \Gamma_+ \\ \frac{i\Delta}{2} & -\frac{\Gamma_-}{2} - \frac{\Gamma_+}{2} - i\Omega & 0 & -\frac{i\Delta}{2} \\ -\frac{i\Delta}{2} & 0 & -\frac{\Gamma_-}{2} - \frac{\Gamma_+}{2} + i\Omega & \frac{i\Delta}{2} \\ \Gamma_- & -\frac{i\Delta}{2} & \frac{i\Delta}{2} & -\Gamma_+\end{bmatrix}\begin{bmatrix}\rho_{11}\\ \rho_{12}\\ \rho_{21}\\ \rho_{22}\end{bmatrix} \quad (5.125)$$

로 쓸 수 있다. 두 조건 $\rho_{11} + \rho_{22} = 1$과 $\rho_{12} = \rho^*_{21}$를 부과하면, 위 방정식은

$$\frac{d}{dt}\begin{bmatrix}\rho_{11}\\ \mathrm{Re}\,\rho_{21}\\ \mathrm{Im}\,\rho_{21}\end{bmatrix} = \begin{bmatrix}-\Gamma & 0 & 0\\ 0 & -\Gamma/2 & -i\Gamma/2\\ -i\Delta & -i\Omega & -\Omega\end{bmatrix}\begin{bmatrix}\rho_{11}\\ \mathrm{Re}\,\rho_{21}\\ \mathrm{Im}\,\rho_{21}\end{bmatrix} + \begin{bmatrix}\Gamma_+\\ 0\\ \Delta/2\end{bmatrix} \quad (5.126)$$

가 되고, 여기서 $\Gamma := \Gamma_+ + \Gamma_-$이다. 이는 전형적인 비동차 일차 미분방정식이며 널리 알려진 방법들을 사용하여 비교적 쉽게 풀 수 있다. 필요하다면, 다양한 수치 방법들 또한 적용할 수 있다. 이러한 방법은 참고 문헌 Blum (2012)에 광범위하게 논의되어 있다.

위 논의에서 제한 조건 $\hat{\rho}^\dagger = \hat{\rho}$와 $\mathrm{Tr}\,\hat{\rho} = 1$은 임기 응변식으로 적용되었다. 사실, 이 제한 조건들은 벡터공간 $\mathcal{L}(\mathcal{V})$의 적절한 직교맞춤 기저 $\{\hat{B}_\mu : \mu = 0, 1, 2, \ldots, n^2 - 1\}$을 선택하여 체계적으로 다룰 수 있다. 여기서 n은 벡터공간 $\mathcal{V}$의 차원이고, 이 기저는 (i) $\hat{B}_0 = \hat{I}/\sqrt{n}$과 (ii) $\hat{B}^\dagger_\mu = \hat{B}_\mu$를 만족하도록 잡는다. 조건 (i)를 적용하면, 기저의 나머지 원소들은

모두 대각합이 0, 즉 $\operatorname{Tr}\hat{B}_\mu = 0(\mu = 1, 2, \ldots, n^2 - 1)$이 된다. 이러한 기저를 린드블라드 기저(Lindblad basis)라 부르자. 예를 들어, 다음 연산자들은 세준위 원자에 대한 린드블라드 기저를 이룬다.

$$\frac{1}{\sqrt{3}}\begin{bmatrix}1 & 0 & 0\\ 0 & 1 & 0\\ 0 & 0 & 1\end{bmatrix}, \frac{1}{\sqrt{6}}\begin{bmatrix}1 & 0 & 0\\ 0 & 1 & 0\\ 0 & 0 & -2\end{bmatrix}, \frac{1}{\sqrt{2}}\begin{bmatrix}1 & 0 & 0\\ 0 & -1 & 0\\ 0 & 0 & 0\end{bmatrix},$$
$$\frac{1}{\sqrt{2}}\begin{bmatrix}0 & 1 & 0\\ 1 & 0 & 0\\ 0 & 0 & 0\end{bmatrix}, \frac{1}{\sqrt{2}}\begin{bmatrix}0 & 0 & 1\\ 0 & 0 & 0\\ 1 & 0 & 0\end{bmatrix}, \frac{1}{\sqrt{2}}\begin{bmatrix}0 & 0 & 0\\ 0 & 0 & 1\\ 0 & 1 & 0\end{bmatrix},$$
$$\frac{1}{\sqrt{2}}\begin{bmatrix}0 & -i & 0\\ i & 0 & 0\\ 0 & 0 & 0\end{bmatrix}, \frac{1}{\sqrt{2}}\begin{bmatrix}0 & 0 & -i\\ 0 & 0 & 0\\ i & 0 & 0\end{bmatrix}, \frac{1}{\sqrt{2}}\begin{bmatrix}0 & 0 & 0\\ 0 & 0 & -i\\ 0 & i & 0\end{bmatrix}. \tag{5.127}$$

린드블라드 기저에 대해 다양한 물리량들이 어떻게 표현되는지 살펴보자. 밀도연산자 $\hat{\rho}$를 이 기저를 써서 전개하면,

$$\hat{\rho} = \sum_{\mu=0}^{n^2-1} \hat{B}_\mu \rho_\mu \tag{5.128}$$

가 되며, 성분들은 $\rho_\mu := \operatorname{Tr}\hat{B}_\mu\hat{\rho}$로 주어지고 모두 실수이다. 특히, $\rho_0 = 1/\sqrt{n}$이다. 더 중요한 점은 린드블라드 방정식을 이제

$$\dot{\rho}_\mu = \sum_{\nu=1}^{n^2-1} K_{\mu\nu}\rho_\nu + b_\mu \quad (\mu = 1, 2, \ldots, n^2 - 1) \tag{5.129}$$

과 같은 꼴로 쓸 수 있다는 것이다. 여기서, 생성원 행렬 K는 식 (5.88) 또는 (5.88′)의 린드블라드 생성원 $\mathscr{L}$을 이용하여

$$K_{\mu\nu} := \operatorname{Tr}\hat{B}_\mu^\dagger \mathscr{L}(\hat{B}_\nu), \tag{5.130}$$

비동차 항 b_μ도 마찬가지로

$$b_\mu := \frac{1}{\sqrt{n}}\operatorname{Tr}\hat{B}_\mu^\dagger \mathscr{L}(\hat{B}_0) \tag{5.131}$$

과 같이 계산할 수 있다. 비동차 미분방정식 (5.129)는

$$\rho_\mu(t) = \sum_{\nu=1}^{n^2-1} \left[e^{Kt}\right]_{\mu\nu}\rho_\nu(0) + \sum_\nu \left[\int_0^t ds\, e^{Ks}\right]_{\mu\nu} b_\nu \tag{5.132}$$

꼴의 해를 가진다. 계수 $\rho_\mu(t)$에 대한 해를 다시 식 (5.128)에 대입하면, $\hat{\rho}(t)$에 대한 해를

얻는다. 이 방법은 완전히 일반적이다. 임의의 린드블라드 방정식은 이 방법으로 풀 수 있고, 필요하다면 수치계산으로 풀 수도 있다.

Let us consider a single qubit, and examine a master equation. We assume that the system is initially prepared in a pure state $\left(|0\rangle + |1\rangle\right)/\sqrt{2}$.

In[ ]:=
```
init = (1 + S[1]) / 2;
init // MatrixForm
```

Out[ ]//MatrixForm=

$$\frac{1}{2}\left(1 + S^x\right)$$

This is the effective Hamiltonian.

In[ ]:=
```
opH = S[3];
```

These are the Lindblad operators.

In[ ]:=
```
Let[Real, Γ]
opL = {Sqrt[Γ["+"]] × S[4], Sqrt[Γ["-"]] × S[5]}
```

Out[ ]=

$$\left\{S^{+}\sqrt{\Gamma_{+}},\ S^{-}\sqrt{\Gamma_{-}}\right\}$$

This is the Lindblad basis we are going to use. It happens to be equivalent to the basis consisting of the Pauli operators.

In[ ]:=
```
lbs = Elaborate@LindbladBasis[S]
MatrixForm /@ (Matrix[#, S] &) /@ lbs
```

Out[ ]=

$$\left\{\frac{1}{\sqrt{2}},\ \frac{S^z}{\sqrt{2}},\ \frac{S^x}{\sqrt{2}},\ \frac{S^y}{\sqrt{2}}\right\}$$

Out[ ]=

$$\left\{\begin{pmatrix} \frac{1}{\sqrt{2}} & 0 \\ 0 & \frac{1}{\sqrt{2}} \end{pmatrix},\ \begin{pmatrix} \frac{1}{\sqrt{2}} & 0 \\ 0 & -\frac{1}{\sqrt{2}} \end{pmatrix},\ \begin{pmatrix} 0 & \frac{1}{\sqrt{2}} \\ \frac{1}{\sqrt{2}} & 0 \end{pmatrix},\ \begin{pmatrix} 0 & -\frac{i}{\sqrt{2}} \\ \frac{i}{\sqrt{2}} & 0 \end{pmatrix}\right\}$$

Here are the generator matrix K and the inhomogeneous term when the Lindblad equation is written in the standard form of an inhomogeneous first-order differential equation.

In[ ]:=
```
{mat, vec} = LindbladConvert[opH, opL];
mat // MatrixForm
vec // MatrixForm
```

Out[ ]//MatrixForm=

$$\begin{pmatrix} -\Gamma_{-}-\Gamma_{+} & 0 & 0 \\ 0 & \frac{1}{2}\left(-2i-\frac{\Gamma_{-}}{2}-\frac{\Gamma_{+}}{2}\right)+\frac{1}{2}\left(2i-\frac{\Gamma_{-}}{2}-\frac{\Gamma_{+}}{2}\right) & -\frac{1}{2}i\left(-2i-\frac{\Gamma_{-}}{2}-\frac{\Gamma_{+}}{2}\right)+\frac{1}{2}i\left(2i-\frac{\Gamma_{-}}{2}-\frac{\Gamma_{+}}{2}\right) \\ 0 & \frac{1}{2}i\left(-2i-\frac{\Gamma_{-}}{2}-\frac{\Gamma_{+}}{2}\right)-\frac{1}{2}i\left(2i-\frac{\Gamma_{-}}{2}-\frac{\Gamma_{+}}{2}\right) & \frac{1}{2}\left(-2i-\frac{\Gamma_{-}}{2}-\frac{\Gamma_{+}}{2}\right)+\frac{1}{2}\left(2i-\frac{\Gamma_{-}}{2}-\frac{\Gamma_{+}}{2}\right) \end{pmatrix}$$

Out[ ]//MatrixForm=

$$\begin{pmatrix} \frac{-\Gamma_{-}+\Gamma_{+}}{\sqrt{2}} \\ 0 \\ 0 \end{pmatrix}$$

This solves the differential equation based on the generator matrix K and the inhomogeneous term.

```
In[ ]:= Clear[ρ]
        ρ[t_] = Block[
           {Γ, ρ},
           Γ["+"] = .3;
           Γ["-"] = .7;
           Elaborate@LindbladSolve[opH, opL, init, t] // Chop
          ];
        ρ[t] // MatrixForm
```

Out[ ]//MatrixForm=

$0.5 + 0.5\,e^{-0.5\,t}\,Cos[2.\,t]\,S^x + \left(-0.2 + 0.2\,e^{-1.\,t}\right) S^z + 0.5\,e^{-0.5\,t}\,S^y\,Sin[2.\,t]$

To investigate the physical properties of the solution, we calculate the expectation values of the Pauli operators.

```
In[ ]:= {avgX[t_], avgY[t_], avgZ[t_]} = Coefficient[ρ[t], #] & /@ S@{1, 2, 3}
```

Out[ ]=

$\left\{0.5\,e^{-0.5\,t}\,Cos[2.\,t],\ 0.5\,e^{-0.5\,t}\,Sin[2.\,t],\ -0.2 + 0.2\,e^{-1.\,t}\right\}$

```
In[ ]:= data = Transpose@Table[
            {{t, avgX[t]}, {t, avgY[t]}, {t, avgZ[t]}},
            {t, 0, 10, 0.1}
           ];
        ListLinePlot[data,
         FrameLabel → {"Bz t", "⟨X⟩, ⟨Y⟩, ⟨Z⟩"}
        ]
```

Out[ ]=

Consider a three-level atom with the Λ-type level structure.

```
In[ ]:= Let[Qudit, A]
```

In the interaction picture, the Hamiltonian looks like this. We have put the two Rabi transition amplitudes to 1.

```
In[ ]:= opH = (1 / 10) A[1 → 1] + (2 / 10) A[2 → 2] + A[2 → 0] + A[0 → 2] + A[2 → 1] + A[1 → 2];
        matH = Matrix[opH];
        matH // MatrixForm
```

Out[ ]//MatrixForm=

$$\begin{pmatrix} 0 & 0 & 1 \\ 0 & \frac{1}{10} & 1 \\ 1 & 1 & \frac{1}{5} \end{pmatrix}$$

```
In[ ]:= Let[Real, Γ]
        opL = {
          Sqrt[Γ[0, "-"]] ★ A[2 → 0],
          Sqrt[Γ[0, "+"]] ★ A[0 → 2],
          Sqrt[Γ[1, "-"]] ★ A[2 → 1],
          Sqrt[Γ[1, "+"]] ★ A[1 → 2]}
        matL = Matrix[opL];
        MatrixForm /@ matL
```

Out[ ]=

$$\{(|0\rangle\langle 2|)\sqrt{\Gamma_{0,-}},\ (|2\rangle\langle 0|)\sqrt{\Gamma_{0,+}},\ (|1\rangle\langle 2|)\sqrt{\Gamma_{1,-}},\ (|2\rangle\langle 1|)\sqrt{\Gamma_{1,+}}\}$$

Out[ ]=

$$\left\{\begin{pmatrix}0&0&\sqrt{\Gamma_{0,-}}\\0&0&0\\0&0&0\end{pmatrix},\begin{pmatrix}0&0&0\\0&0&0\\\sqrt{\Gamma_{0,+}}&0&0\end{pmatrix},\begin{pmatrix}0&0&0\\0&0&\sqrt{\Gamma_{1,-}}\\0&0&0\end{pmatrix},\begin{pmatrix}0&0&0\\0&0&0\\0&\sqrt{\Gamma_{1,+}}&0\end{pmatrix}\right\}$$

In[ ]=

```
Timing[
 ρ[t_] = Block[
    {Γ, init},
    Γ[0, "-"] = 0.05;
    Γ[0, "+"] = 0.01;
    Γ[1, "-"] = 0.025;
    Γ[1, "+"] = 0.005;
    init = DiagonalMatrix[{0, 1, 0}];
    LindbladSolve[matH, matL, init, t]
   ];
]
```

Out[ ]=

```
{1.15134, Null}
```

In[ ]=

```
Plot[Evaluate@Diagonal@ρ[t Pi], {t, 0, 10},
 FrameLabel → {"Ω t / π", "Probabilities"},
 PlotRange → All,
 PlotLegends → Automatic]
```

Out[ ]=

위에서 다룬 접근방식에는 두 가지 결점이 있다. 첫째, 생성원 행렬 K의 크기가 계의 크기에 따라 기하급수적으로 증가하여, 많은 경우 메모리 부족으로 수치계산 방법조차 이를 다루기 어려워진다. 이러한 경우에는 앞서 언급한 양자뜀 방법(5.4절)이 자주 사용된다. 둘째, 계산 결과로 얻은 해가 명시적인 행렬 표현으로 주어지기 때문에, 많은 경우에 해를 크라우스 표현 형태로 바꾸기 위해서 매우 긴 계산 과정이 필요하고 심지어 비실용적이기도 하다. 이는 해를 물리적으로 해석하기 위해 다루고 있는 계나 상황에 맞는 추가적인 분석이 필요함을 의미한다.

흥미롭게도, 해를 크라우스 표현으로 바로 구할 수 있는 특별한 종류의 린드블라드 방정식이 있다(Nakazato et al., 2006). $\{|j\rangle : j = 0, \ldots, n-1\}$이 유효 해밀토니안 $\hat{H}$의 고유기저여서

$$\hat{H} = \sum_j E_j |j\rangle\langle j| \tag{5.133}$$

로 쓸 수 있다고 하자. 그리고 다음과 같은 형태의 린드블라드 방정식을 고려하자.

$$\frac{d\hat{\rho}}{dt} = -i[\hat{H}, \hat{\rho}] - \{\hat{G}, \hat{\rho}\} + \sum_{jk} \gamma_{jk} \hat{L}_{jk} \hat{\rho} \hat{L}_{jk}^{\dagger} . \tag{5.134}$$

여기서 모든 (규격화된) 양자뜀연산자 $\hat{L}_{jk}$는 한 쌍의 고유상태들 사이의 결어긋난 전이 $\hat{L}_{jk} := |j\rangle\langle k|$에 해당하고, γ_{jk}는 그러한 과정이 발생할 비율을 나타낸다. 유효 감쇠연산자 $\hat{G}$, 즉

$$\hat{G} := \frac{1}{2} \sum_{jk} \gamma_{jk} \hat{L}_{jk}^{\dagger} \hat{L}_{jk} = \frac{1}{2} \sum_{k} \gamma_k |k\rangle\langle k| \tag{5.135}$$

가 유효 해밀토니안 $\hat{H}$와 교환법칙이 성립함을 유의하라. 여기서

$$\gamma_k := \sum_{j} \gamma_{jk} \tag{5.136}$$

이다.

린드블라드 방정식 (5.134)를 풀기 위해, 먼저 양자뜀연산자를 제외한 항들만 고려해 보자. 그러면 비 에르미트 해밀토니안 (5.91)에 의해 조절되는 비유니테리 시간진행연산자 (5.90)이 이 방정식의 해가 된다는 점은 앞에서 이미 언급하였다. 따라서, 비 에르미트 해밀토니안 $\hat{H}_{\text{non}} = \hat{H} - i\hat{G}$에 대한 일반화된 상호작용 묘사

$$\hat{\rho}_I(t) := e^{it\hat{H}_{\text{non}}} \hat{\rho}(t) e^{-it\hat{H}_{\text{non}}^{\dagger}} \tag{5.137}$$

을 도입하고, 이 묘사를 이용해 일반 해를 구하는 것은 자연스러운 접급방식이다. 이 상호작용 묘사 내에서 린드블라드 방정식은

$$\frac{d\hat{\rho}_I}{dt} = \sum_{jk} \gamma_{jk} e^{(\gamma_j - \gamma_k)t} \hat{L}_{jk} \hat{\rho}_I \hat{L}_{jk}^{\dagger} = \sum_{jk} \gamma_{jk} \hat{R}_{jk}(t) \tag{5.138}$$

로 쓰여지고, 여기서

$$\hat{R}_{jk}(t) := e^{(\gamma_j - \gamma_k)t} \hat{L}_{jk} \hat{\rho}_I(t) \hat{L}_{jk}^{\dagger} \tag{5.139}$$

라 정했다. 미분방정식 (5.138)은 적분방정식

$$\hat{\rho}_I(t) = \hat{\rho}_I(0) + \sum_{jk} \gamma_{jk} \int_0^t ds\, \hat{R}_{jk}(s) \tag{5.140}$$

와 동등하므로, 이제 새 연산자 $\hat{R}_{jk}(t)$를 계산하기만 하면 된다. 식 (5.138)로부터 연산자 $\hat{R}_{jk}(t)$가 미분방정식

$$\frac{d\hat{R}_{jk}}{dt} = \sum_{l} \Gamma_{kl}^{(j)} \hat{R}_{jl} \tag{5.141}$$

을 만족함을 보일 수 있다. 이 방정식에 나온 행렬 $\Gamma^{(j)}$는 $\Gamma^{(j)}_{kl} := \delta_{kl}(\gamma_j - \gamma_k) + \gamma_{kl}$로 정의된다. 이 방정식에 대한 해는 다음과 같이 주어진다.

$$\hat{R}_{jk}(t) = \sum_l \left[e^{t\Gamma^{(j)}}\right]_{kl} \hat{R}_{jl}(0)\,. \tag{5.142}$$

이를 적분방정식 (5.140)에 다시 대입하면, 최종적으로

$$\hat{\rho}_I(t) = \hat{\rho}(0) + \sum_{jkl} \gamma_{jk} W^{(j)}_{kl}(t) \hat{L}_{jl} \hat{\rho}(0) \hat{L}^\dagger_{jl} \tag{5.143}$$

를 얻는다. 여기서

$$W^{(j)}(s) := \int_0^t ds\, e^{s\Gamma^{(j)}} \tag{5.144}$$

이다. 보다 구체적인 예시를 위해, $\hat{\rho}(t)$의 크라우스 표현을 구하면

$$\hat{\rho}(t) = \hat{F}_0(t)\hat{\rho}(0)\hat{F}_0^\dagger(t) + \sum_{jk} \hat{F}_{jk}(t)\hat{\rho}(0)\hat{F}^\dagger_{jk}(t) \tag{5.145a}$$

가 되고, 크라우스 원소들은

$$\hat{F}_0(t) := e^{-it\hat{H}_{\mathrm{non}}}\,, \quad \hat{F}_{jk}(t) := e^{-it\hat{H}_{\mathrm{non}}} |j\rangle \sqrt{\textstyle\sum_l \gamma_{jl} W^{(j)}_{lk}(t)}\, \langle k| \tag{5.145b}$$

와 같다.

5.4.4 간단한 예들을 풀어보기

여기서 5.2.4절과 5.4.2절에서 논의한 특별한 경우들을 다시 고려해본다. 위에서 논의한 방법을 사용하여 5.4.2절에서 유도한 린드블라드 방정식들을 풀어보려한다. 이렇게 구한 해들로부터 시작하여, 5.2.4절에서 다룬 양자연산을 이용한 표현들을 재구성해낼 수 있다.

단일 큐비트에 대한 린드블라드 방정식은 당연히 파울리 연산자들로 표현할 수 있다. 즉, 밀도연산자 $\hat{\rho}$를

$$\hat{\rho}(t) = \frac{1}{2}\hat{I} + \hat{S}^x \rho_x(t) + \hat{S}^y \rho_y(t) + \hat{S}^z \rho_z(t) \tag{5.146}$$

로 전개할 수 있다.

위상감쇠 이 경우 린드블라드 방정식은 [식 (5.104) 참조]

$$\frac{d\hat{\rho}}{dt} = \frac{\gamma}{8}\hat{\rho}(t) + \frac{\gamma}{4}\hat{S}^z \hat{\rho}(t) \hat{S}^z \tag{5.147}$$

로 주어진다. 위 방정식을 린드블라드 기저에 대해 다시 쓰면, 밀도연산자 (5.146)의 성분들 $\rho_\mu(\mu = x, y, z)$에 대한 다음과 같은 미분방정식을 얻을 수 있다.

$$\frac{d}{dt}\begin{bmatrix}\rho_x(t)\\ \rho_y(t)\\ \rho_z(t)\end{bmatrix} = -\frac{1}{2}\gamma\begin{bmatrix}1 & & \\ & 1 & \\ & & 0\end{bmatrix}\begin{bmatrix}\rho_x(t)\\ \rho_y(t)\\ \rho_z(t)\end{bmatrix}. \tag{5.148}$$

이 방정식은 이미 대각화되어 있어 간단하게 풀 수 있고, 실제로

$$\rho_x(t) = e^{-\gamma t/2}\rho_x(0)\,, \quad \rho_y(t) = e^{-\gamma t/2}\rho_y(0)\,, \quad \rho_z(t) = \rho_z(0) \tag{5.149}$$

이 된다. 성분 $\rho_z(t)$가 상수임에 주목하라. 다시 말하지만, 이는 위상감쇠 과정이 준위들 사이에 어떠한 전이도 일으키지 않기 때문이다. 이 과정은 순전히 위상결어긋남만을 일으킨다.

Consider the phase damping process.

It is governed by a single parameter.

```
In[•]:= Let[Real, γ]
```

The Lindblad generator is specified by a single Lindblad operator. Note that in this case, the effective Hamiltonian vanishes.

```
In[•]:= ops = {Sqrt[γ] / 2 × S[3]};
        gnr = LindbladGenerator[0, ops]
Out[•]=
        LindbladGenerator[{0, √γ S^z / 2}]
```

We assume that the system is initially prepared in a pure state.

```
In[•]:= vec = EulerRotation[{0, Pi / 4, 0}, S] ** Ket[]
        init = ExpressionFor[Matrix@Dyad[vec, vec], S] // Elaborate;
Out[•]=
        Cos[π/8] |_⟩ + |1_S⟩ Sin[π/8]
```

This is the solution of the Lindblad equation.

```
In[•]:= Clear[rho]
        rho[t_] = LindbladSolve[0, ops, init, t]
Out[•]=
        1/2 + S^z/(2 √2) + e^(-tγ/2) S^+/(2 √2) + e^(-tγ/2) S^-/(2 √2)
```

As you can see, the time dependence is governed by γt. This indicates that the system has a single time scale, and it is governed by γ. It is thus convenient to use $1/\gamma$ as the unit of time. It is equivalent to put γ=1.

```
In[•]:= γ = 1;
```

```
data = Table[Chop@BlochVector[rho[s Pi]], {s, 0, 3, 0.1}];
BlochSphere[{Red, Bead /@ data}]
```

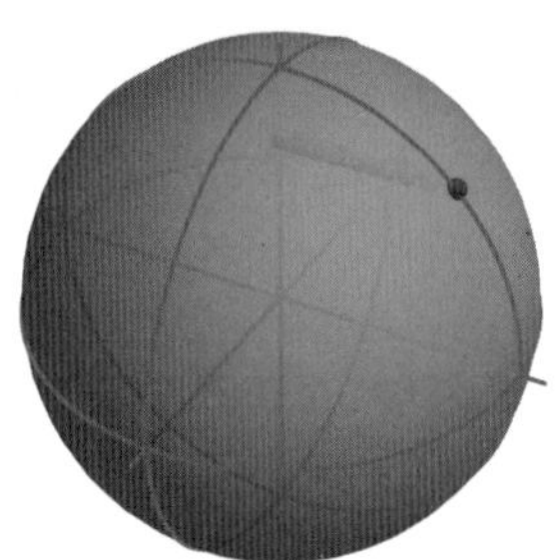

크기감쇠 다음으로 크기감쇠 과정을 살펴보자. 린드블라드 방정식은 [식 (5.107) 참조]

$$\frac{d\hat{\rho}}{dt} = \frac{\gamma}{4}\left\{(1 - \hat{S}^z)\hat{\rho}(t) + \hat{\rho}(t)(1 - \hat{S}^z)\right\} + \gamma\hat{S}^+\hat{\rho}(t)\hat{S}^- \tag{5.150}$$

로 주어진다. 린드블라드 기저에 대해 위 방정식은 다음과 같이 쓰여진다.

$$\frac{d}{dt}\begin{bmatrix}\rho_x(t)\\ \rho_y(t)\\ \rho_z(t)\end{bmatrix} = -\frac{\gamma}{2}\begin{bmatrix}1 & & \\ & 1 & \\ & & 2\end{bmatrix}\begin{bmatrix}\rho_x(t)\\ \rho_y(t)\\ \rho_z(t)\end{bmatrix} + \frac{\gamma}{2}\begin{bmatrix}0\\ 0\\ \sqrt{2}\end{bmatrix}. \tag{5.151}$$

위상감쇠 경우와 마찬가지로 이 방정식도 대각화되어 있다. 차이는 비동차 항이 존재한다는 점이다. 위 방정식에 대한 해를 구하면,

$$\begin{aligned}\rho_x(t) &= e^{-\gamma t/2}\rho_x(0)\,,\\ \rho_y(t) &= e^{-\gamma t/2}\rho_y(0)\,,\\ \rho_z(t) &= e^{-\gamma t/2}\rho_z(0) + \frac{1}{2}(1 - e^{-\gamma t/2})\end{aligned} \tag{5.152}$$

이다. $t \to \infty$인 극한에서

$$\hat{\rho}(t) \to \frac{1}{2}\hat{I} + \frac{1}{2}\hat{S}^z = |0\rangle\langle 0| \tag{5.153}$$

이 됨에 주목하자. 즉, 충분히 오래 기다리면, 계는 분명히 순수상태 $|0\rangle$이 된다. 이는 상태 $|1\rangle$에서 상태 $|0\rangle$으로의 풀림(혹은 붕괴) 때문이다.

Consider the amplitude damping process.

It is governed by a single parameter.

```
Let[Real, γ]
```

The Lindblad generator is specified by a single Lindblad operator. In this case, the effective Hamiltonian vanishes.

```
In[ ]:= ops = {Sqrt[γ] * S[4]};
        gnr = LindbladGenerator[0, ops]

Out[ ]= LindbladGenerator[{0, √γ S⁺}]
```

We assume that the system is initially prepared in a pure state.

```
In[ ]:= vec = EulerRotation[{0, Pi / 4, 0}, S] ** Ket[]
        init = ExpressionFor[Matrix@Dyad[vec, vec], S] // Elaborate;

Out[ ]= Cos[π/8] |_⟩ + |1S⟩ Sin[π/8]
```

This is the solution of the Lindblad equation.

```
In[ ]:= rho[t_] = LindbladSolve[0, ops, init, t]
```

$$\frac{1}{2}+\frac{1}{4}e^{-t\gamma}\left(-2+\sqrt{2}+2e^{t\gamma}\right)S^z+\frac{e^{-\frac{t\gamma}{2}}S^+}{2\sqrt{2}}+\frac{e^{-\frac{t\gamma}{2}}S^-}{2\sqrt{2}}$$

As you can see, the time dependence is governed by γt. This indicates that the system has a single time scale, and it is governed by γ. It is thus convenient to use $1/\gamma$ as the unit of time. It is equivalent to put γ=1.

```
In[ ]:= γ = 1;

In[ ]:= data = Table[Chop@BlochVector[rho[s Pi]], {s, 0, 3, 0.1}];
        BlochSphere[{Red, Bead /@ data}]

Out[ ]=
```

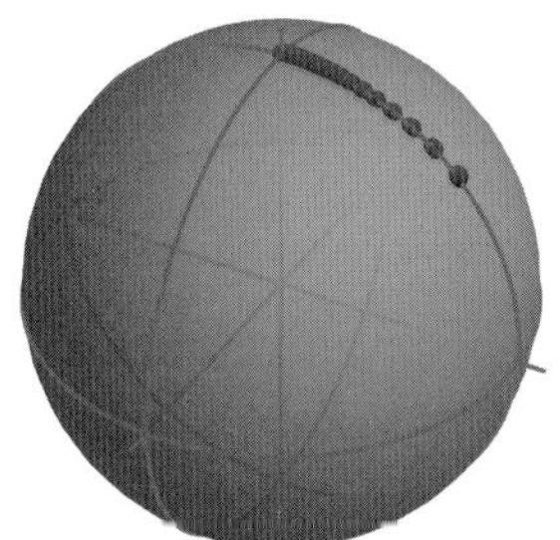

극지움 마지막으로 극지움 과정을 살펴보자. 이에 대한 린드블라드 방정식은[식 (5.111) 참조]

$$\frac{d\hat{\rho}}{dt}=\frac{\gamma}{2}\hat{\rho}(t)+\frac{\gamma}{3}\sum_{\mu=x,y,z}\hat{S}^\mu\hat{\rho}(t)\hat{S}^\mu \tag{5.154}$$

이다. 성분 $\rho_\mu(t)$에 대한 방정식은

$$\frac{d}{dt}\begin{bmatrix}\rho_x(t)\\ \rho_y(t)\\ \rho_z(t)\end{bmatrix}=-\frac{4\gamma}{3}\begin{bmatrix}1&&\\&1&\\&&1\end{bmatrix}\begin{bmatrix}\rho_x(t)\\ \rho_y(t)\\ \rho_z(t)\end{bmatrix} \tag{5.155}$$

와 같은 꼴로 구해진다. 위 방정식의 해

$$\rho_\mu(t) = e^{-4\gamma t/3}\rho_\mu(0) \tag{5.156}$$

는 모든 성분이 기하급수적으로 0으로 수렴함을 보여준다. 충분히 오리 기다리면($t \to \infty$), 밀도연산자는 완전히 마구잡이에 해당하는

$$\hat{\rho}(t) \to \frac{1}{2}\hat{I} \tag{5.157}$$

이 된다. 이는 극지움 과정의 전형적인 특징이다.

Consider the depolarizing process.

It is governed by a single parameter.

```
In[ ]:= Let[Real, γ]
```

The Lindblad generator is specified by three Lindblad operators. In this case, the effective Hamiltonian vanishes.

```
In[ ]:= ops = Sqrt[γ / 3] * S[All];
        gnr = LindbladGenerator[0, ops]
```

Out[ ]=

$$\text{LindbladGenerator}\left[\left\{0, \frac{\sqrt{\gamma}\, S^x}{\sqrt{3}}, \frac{\sqrt{\gamma}\, S^y}{\sqrt{3}}, \frac{\sqrt{\gamma}\, S^z}{\sqrt{3}}\right\}\right]$$

We assume that the system is initially prepared in a pure state.

```
In[ ]:= vec = EulerRotation[{0, Pi / 4, 0}, S] ** Ket[]
        init = ExpressionFor[Matrix@Dyad[vec, vec], S] // Elaborate;
```

Out[ ]=

$$\text{Cos}\left[\frac{\pi}{8}\right] |\_\rangle + |1_S\rangle\, \text{Sin}\left[\frac{\pi}{8}\right]$$

This is the solution of the Lindblad equation.

```
In[ ]:= rho[t_] = LindbladSolve[0, ops, init, t]
```

Out[ ]=

$$\frac{1}{2} + \frac{e^{-\frac{4t\gamma}{3}} S^z}{2\sqrt{2}} + \frac{e^{-\frac{4t\gamma}{3}} S^+}{2\sqrt{2}} + \frac{e^{-\frac{4t\gamma}{3}} S^-}{2\sqrt{2}}$$

As you can see, the time dependence is governed by γt. This indicates that the system has a single time scale, and it is governed by γ. It is thus convenient to use $1/\gamma$ as the unit of time. It is equivalent to put γ=1.

```
In[ ]:= γ = 1;

In[ ]:= data = Table[Chop@BlochVector[rho[s Pi]], {s, 0, 3, 0.1}];
        BlochSphere[{Red, Bead /@ data}]
```

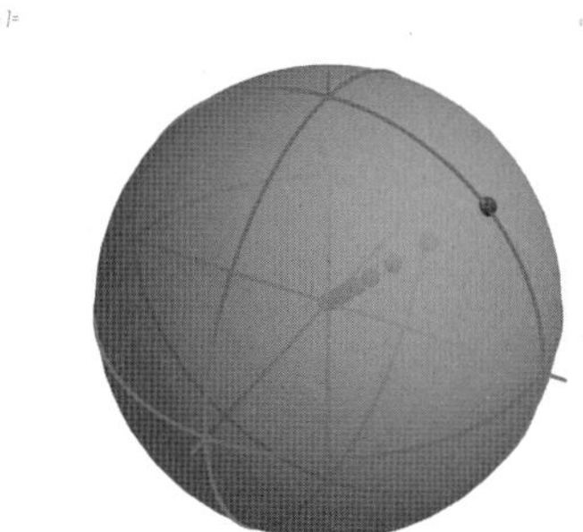

5.5 양자상태 사이의 거리 재기

여기서 주제를 살짝 바꾸어, 두 양자상태가 얼마나 비슷한지(또는 얼마나 다른지)에 대한 질문으로 초점을 돌려보자. 지금까지 양자상태가 겪는 여러 가지 동역학 과정에 해당하는 양자연산을 살펴보았는데, 그 중에는 유니테리하기도 하고 비유니테리하기도 하며, 어떤 것은 의도한 것이 있는가 하면 어떤 것은 부수적으로 일어나기도 하였다. 양자연산에 의한 효과를 평가하기 위해서는, 양자연산 전후의 양자상태를 정량적으로 비교하는 작업이 불가피하다. 양자통신과 같은 다양한 상황에서도 양자상태 사이의 비교가 필요한 이유는 흔히 발견할 수 있다.

두 양자상태가 얼마나 비슷한지를 정량화하는 세 가지 방법을 소개한다. 처음 두 방법, 힐베르트-슈미트 거리(Hilbert-Schmidt distance)와 대각합 거리(trace distance)는 '거리'의 수학적 개념인 메트릭(metric)이다. 두 상태 사이의 거리가 더 작을수록 두 상태가 더 비슷하다고 말하는 것은 자연스러워 보인다. 세 번째 방법인 충실도(fidelity)는 개념적으로 일종의 상대적인 각도이다. 양자상태는 규격화되어 있기 때문에 두 양자상태 사이의 각도가 더 작을수록 두 상태가 더 비슷하다고 여기는 것은 합리적으로 보인다. 충실도는 수학적 의미로 정확히 따지자면 메트릭은 아니지만 여러 측면에서 양자상태들 사이의 유사성을 잘 설명한다.

양자정보에서는 대각합 거리가 힐베르트-슈미트 거리보다 훨씬 더 자주 사용된다. 그 이유는 대각합 거리의 고전적 짝이 통계학에서 널리 사용되기 때문일 수 있다. 그러나 일반적으로 두 거리 중 하나를 다른 것보다 더 선호해야 할 근본적인 이유는 없다. 두 거리에 공통된 특성들은 많다. 어떤 상황에서는 이 중 하나가 더 편리하고, 다른 상황에서는 덜 편리하다. 두 거리를 면밀하게 비교해보면 학습적인 측면에서도 얻는 것이 많다. 따라서, 이 책에서는 이 두 거리를 동등하게 논의한다.

5.5.1 노름과 거리

메트릭을 바탕으로 유사성을 재는 두 척도를 논의하기 전에, 먼저 에르미트 곱과 노름 및 거리 사이의 관계를 되새겨본다. 이를 통해 힐베르트-슈미트 거리와 대각합 거리에 대한 논의의 윤곽을 그려볼 수 있다.

벡터공간에 에르미트 곱 $\langle\cdot,\cdot\rangle$이 있으면, 모든 벡터 v에 대해

$$\|v\| := \sqrt{\langle v, v\rangle} \tag{5.158}$$

라는 정의를 통해, 해당 벡터의 크기 또는 노름(norm) 개념을 도입할 수 있다. 이것을 그 에르미트 곱에 해당하는 바른틀 노름(canonical norm)이라 한다(부록 A.1.2). 물론, 주어진 에르미트 곱과 무관하게 노름을 정의할 수도 있다.

주어진 노름에 대해, 두 벡터 사이의 거리 $D(v,w)$를 차이 $v-w$의 노름(크기), 즉

$$D(v,w) := \|v - w\| \tag{5.159}$$

로 잴 수 있다.

여기서, 이러한 개념을 상태벡터보다는 연산자(아직 벡터로 간주, 부록 B.1 참조)에 주로 적용할 것이기 때문에, 브라켓 표기법을 의도적으로 피했다. 왜일까?

물론, 표준 에르미트 곱을 이용해 상태벡터 $|v\rangle$의 바른틀 노름

$$\|\,|v\rangle\,\| := \sqrt{\langle v|v\rangle} \tag{5.160}$$

를 정의할 수 있다. 그러면, $|v\rangle$와 $|w\rangle$의 유사성을 측정하기 위해 $\|\,|v\rangle - |w\rangle\,\|$를 거리로 사용하고 싶어질 것이다. 하지만, 여기에는 심각한 결함이 있어서 이를 거리로 사용하기엔 부적절하다. 예를 들어, 두 상태벡터를 $|v\rangle$와 $|w\rangle = |v\rangle\, e^{i\phi}$로 잡아보자. 이 두 벡터는 물리적으로 같은 양자상태를 나타냄에도, 위 정의에 따라 둘 사이의 거리를 재면

$$\|\,|v\rangle - |v\rangle\, e^{i\phi}\| = |1 - e^{i\phi}| \neq 0 \tag{5.161}$$

으로 0이 아니다. 따라서, $\|\,|v\rangle - |w\rangle\,\|$는 두 양자상태 $|v\rangle$와 $|w\rangle$가 얼마나 비슷한지 올바르게 잴 수 없다. 또 다른 문제는 거리 $\|\,|v\rangle - |w\rangle\,\|$가 순수상태에 대해서만 정의된다는 점이다. 간단한 수정만으로는 이 거리가 순수상태뿐만 아니라 혼합상태에 대해서도 성립하도록 매끄럽게 확장할 수 없다.

이런 문제들을 극복하기 위해, 처음부터 연산자 노름을 탐색하는 것이 낫다. 어떤 선형 연산자 $\hat{A}$의 크기로 연산자들 사이의 에르미트 곱을 이용해 정의한 바른틀 노름

$$\|\hat{A}\| := \sqrt{\langle \hat{A}, \hat{A} \rangle} \tag{5.162}$$

이나 그외 다른 노름을 선택하면 된다. 그러면, 두 양자상태 $\hat{\rho}$와 $\hat{\sigma}$의 유사성은 $\|\hat{\rho} - \hat{\sigma}\|$로 잴 수 있다. 이 방법으로 순수상태 $|v\rangle$와 $|w\rangle$ 사이의 거리를 재면, $\| \, |v\rangle \langle v| - |w\rangle \langle w| \, \|$이다. 이 척도를 이용해 두 상태 $|v\rangle$와 $|w\rangle = |v\rangle e^{i\phi}$사이의 거리를 재면,

$$\| \, |v\rangle \langle v| - |v\rangle e^{i\phi} e^{-i\phi} \langle v| \, \| = \| \, |v\rangle \langle v| - |v\rangle \langle v| \, \| = 0 \tag{5.163}$$

이 되어 물리적으로 올바른 값을 준다. 다음 절에서 연산자 노름에 바탕을 두고 거리를 재는 두 가지 척도를 소개한다.

5.5.2 힐베르트-슈미트 노름과 대각합 노름

여기서는 두 가지 연산자 노름을 소개하고 이들의 수학적 속성을 논의한다. 5.5.3절에서는 해당 노름에서 파생된 거리의 물리적 특성과 의미를 살펴볼 것이다. 물리적 측면에 더 관심이 있는 경우, 이 절을 건너뛰고 5.5.3절로 바로 넘어가도 좋다. 또는, 먼저 다음 절에서 물리적 의미를 이해한 다음, 자세한 수학적 내용을 더 철저히 살펴보기 위해 이 절로 돌아와도 된다.

선형 연산자 $\hat{A}$의 노름으로 자연스러운 선택은

$$\|\hat{A}\|_{\mathrm{HS}} := \sqrt{\mathrm{Tr}\, \hat{A}^\dagger \hat{A}} \tag{5.164}$$

이다. 아래 첨자 'HS'는 이 정의가 두 선형 연산자 $\hat{A}$와 $\hat{B}$에 대한 힐베르트-슈미트 내적(Hilbert-Schmidt inner product) (부록 B.1), 즉

$$\langle \hat{A}, \hat{B} \rangle = \mathrm{Tr}\, \hat{A}^\dagger \hat{B} \tag{5.165}$$

에서 파생된 바른틀 노름임을 가리킨다. A가 주어진 기저에 대한 $\hat{A}$의 행렬표현이라 하면, 행렬원소를 이용하여 $\|\hat{A}\|_{\mathrm{HS}}$를

$$\|\hat{A}\|_{\mathrm{HS}} = \sqrt{\sum_{ij} A_{ij}^* A_{ij}} = \|(A_{11}, A_{12}, \cdots, A_{21}, A_{22}, \cdots)\| \tag{5.166}$$

와 같이 계산할 수 있다. 즉, 이는 행렬 A를 평평하게 하나의 행(또는 열)벡터로 나열했을 때 얻어지는 벡터의 노름과 똑같다.

우리가 고려해볼 또 다른 노름은 대각합 노름(trace norm)이다. 선형 연산자 $\hat{A}$의 대각

합 노름은 다음과 같이 정의된다.

$$\|\hat{A}\|_{\text{tr}} := \text{Tr}\sqrt{\hat{A}^\dagger \hat{A}} = \text{Tr}\sqrt{\hat{A}\hat{A}^\dagger}. \tag{5.167}$$

여기서, 힐베르트-슈미트 노름 (5.164)와 대각합 노름 (5.167) 둘 다 대각합을 사용하고 있으나 그 방법이 조금 다르다는 점을 유의할 필요가 있다(두 노름 사이의 구체적인 차이는 곧 자세히 논의한다). 또 연산자의 대각합 노름이 단순 대각합의 크기보다 크다는 점, 즉

$$|\,\text{Tr}\,\hat{A}| \leq \|\hat{A}\|_{\text{tr}} \tag{5.168}$$

임도 유의하라. 예를 들어, 단일 큐비트에 가해지는 파울리 연산자 $\hat{X}$의 경우를 보자. 명백히, $\text{Tr}\,\hat{X} = 0$이다. 반면에, 대각합 노름은

$$\|\hat{X}\|_{\text{tr}} = \text{Tr}\sqrt{\hat{X}^\dagger \hat{X}} = \text{Tr}\sqrt{\hat{I}} = \text{Tr}\,\hat{I} = 2 \tag{5.169}$$

와 같이 0이 아니다. 부등식 (5.168)은 더욱 일반화될 수 있어서, 임의의 선형 연산자 $\hat{A}$와 유니테리 연산자 $\hat{U}$에 대해

$$|\,\text{Tr}\,\hat{A}\hat{U}| \leq \|\hat{A}\|_{\text{tr}} \tag{5.170}$$

가 성립함을 보일 수 있다(연습문제 5.7 참조).

연산자의 형태가 $\hat{A} = |v\rangle\langle v|$와 같은 꼴인 경우, 두 노름은 모두 간략하게 다음과 같이 상태벡터 $|v\rangle$의 노름의 제곱과 같아진다.

$$\|\,|v\rangle\langle v|\,\|_{\text{HS}} = \|\,|v\rangle\langle v|\,\|_{\text{tr}} = \langle v|v\rangle = \|\,|v\rangle\,\|^2. \tag{5.171}$$

$\hat{A}$가 에르미트이면, 스펙트럼분해(부록 A.4.1)를 이용해서 힐베르트-슈미트 노름이 고유값 제곱들의 합

$$\|\hat{A}\|_{\text{HS}} = \sqrt{\sum_j a_j^2} \tag{5.172}$$

가 되는 반면, 대각합 노름은 고유값 절대값들의 합

$$\|\hat{A}\|_{\text{tr}} = \sum_j |a_j| \tag{5.173}$$

이 됨을 보일 수 있다(연습문제 5.8 참조). 예를 들어, $\hat{X}$의 두 고유값은 ± 1이므로,

$$\|\hat{X}\|_{\text{HS}} = \sqrt{1^2 + (-1)^2} = \sqrt{2}\,, \quad \|\hat{X}\|_{\text{tr}} = 1 + |-1| = 2 \tag{5.174}$$

이다. 더 일반적인 예로, 단일 큐비트에 가해지는 에르미트 연산자 $\hat{A}$를 고려해보자. 이

연산자는 일반적으로

$$\hat{A} = a_0\hat{I} + \boldsymbol{a} \cdot \hat{\boldsymbol{S}} \tag{5.175}$$

꼴로 쓸 수 있는데, 여기서 a_0는 실수, $\boldsymbol{a} := (a_x, a_y, a_x)$는 삼차원 실수 벡터, 그리고 $\hat{\boldsymbol{S}} := (\hat{S}^x, \hat{S}^y, \hat{S}^z)$는 파울리 연산자 벡터이다. $\hat{A}$는 두 개의 고유값 $a_0 \pm \|\boldsymbol{a}\|$을 가진다. 따라서,

$$\|\hat{A}\|_{\mathrm{HS}} = \sqrt{2(a_0^2 + \boldsymbol{a} \cdot \boldsymbol{a})} \tag{5.176}$$

이고,

$$\|\hat{A}\|_{\mathrm{tr}} = \left|a_0 + \sqrt{\boldsymbol{a} \cdot \boldsymbol{a}}\right| + \left|a_0 - \sqrt{\boldsymbol{a} \cdot \boldsymbol{a}}\right| \tag{5.177}$$

이다. 흥미롭게도, 큐비트에 가해지는 에르미트 연산자의 대각합이 0이면($a_0 = 0$), 두 노름은 (상수 인자를 제외하면) 똑같아진다.

$$\sqrt{2}\|\hat{A}\|_{\mathrm{HS}} = \|\hat{A}\|_{\mathrm{tr}} = 2\|\boldsymbol{a}\|. \tag{5.178}$$

더 일반적인 꼴의 선형 연산자 $\hat{A}$에 대해서는 특이값분해(정리 1.22)를 이용하면 더 편리할 수 있다. s_j를 $\hat{A}$의 특이값이라 하면, 다음 관계들이 성립한다(연습문제 5.8 참조).

$$\|\hat{A}\|_{\mathrm{HS}} = \sqrt{\sum_j s_j^2}, \quad \|\hat{A}\|_{\mathrm{tr}} = \sum_j s_j \,. \tag{5.179}$$

힐베르트-슈미트 노름은 대각합 노름보다 더 클 수 없다(연습문제 5.9 참조). 즉, 모든 $\hat{A}$에 대해

$$\|\hat{A}\|_{\mathrm{HS}} \le \|\hat{A}\|_{\mathrm{tr}} \tag{5.180}$$

이다. 등호는 $\hat{A}$의 차수가 1일 때(즉, 벡터 $|v\rangle$를 사용해 $\hat{A}$를 $|v\rangle\langle v|$ 꼴로 쓸 수 있을 때)에만 성립한다. 예를 들어,

$$\|\hat{X}\|_{\mathrm{HS}} = \sqrt{2} < \|\hat{X}\|_{\mathrm{tr}} = 2 \tag{5.181}$$

임을 확인할 수 있다.

Let us compare the Hilbert-Schmidt and trace norms between quantum states.

```
In[•]:= $d = 3;
data = Table[op = RandomMatrix[$d];
   {HilbertSchmidtNorm[op], TraceNorm[op]}, {10 000}];
```

This illustrates that the Hilbert-Schmidt norm is never larger than the trace norm.

```
In[•]:= Select[data, First[#] > Last[#] &]
```

Out[ ]=
```
{}
```

In[ ]:=
```
max = Max[data];
ListPlot[data, PlotRange → {{0, 1}, {0, 1}} * max,
  Epilog → Line@{{0, 0}, {1, 1} * max},
  FrameLabel → {"‖A‖HS", "‖A‖tr"}, AspectRatio → 1]
```

Out[ ]=

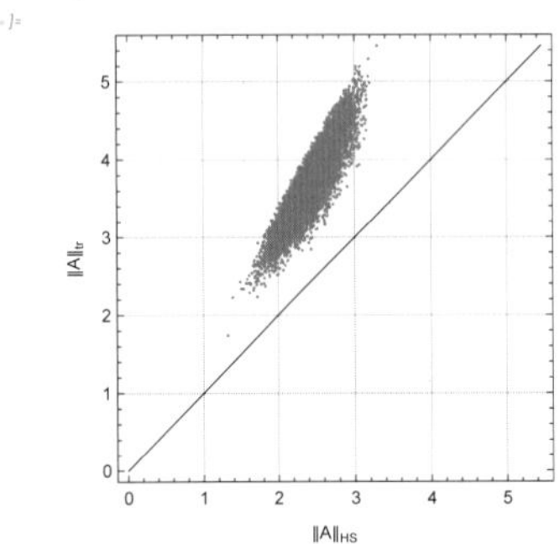

힐베르트-슈미트 노름과 대각합 노름 사이의 차이점은 양자연산에 의한 효과에서 특히 두드러진다. 당연히, 유니테리 변환에 대해서는 두 노름 모두 변하지 않는다.

$$\|\hat{U}\hat{A}\hat{U}^\dagger\|_{\mathrm{HS}} = \|\hat{A}\|_{\mathrm{HS}}\,, \quad \|\hat{U}\hat{A}\hat{U}^\dagger\|_{\mathrm{tr}} = \|\hat{A}\|_{\mathrm{tr}}\,. \tag{5.182}$$

하지만, 일반적인 양자연산이 가해지는 동안 두 노름은 변한다. 재미있게도, 양자연산 $\mathscr{F}$는 대각합 노름을 절대 증가시키지 않는다.[5.16] 즉, 임의의 선형 연산자 $\hat{A}$에 대해

$$\|\mathscr{F}(\hat{A})\|_{\mathrm{tr}} \le \|\hat{A}\|_{\mathrm{tr}} \tag{5.183}$$

이다. 반면, 힐베르트-슈미트 노름은 양자연산 중에 증가하기도 한다.[5.17] 아래에서 곧 보겠지만, 이런 성질은 노름을 이용하여 양자상태들의 거리 척도를 고안할 때 물리적 해석에 미치는 파급효과가 크다. 어쩌면 바로 이 성질이 힐베르트-슈미트 노름(또는 거리)보다 대각합 노름(또는 거리)을 선호하는 한 이유일 것이다.

We examine the effects of quantum operations on the Hilbert-Schmidt and trace norms of operators.

We define a function to construct the Kraus elements from the unitary representation of the quantum operation. Here `U` is the unitary operator on the total system (system plus environment) and `init` is the initial (pure) state of the environment. The system and environment are assumed to be initially in a product state.

[5.16] $\hat{A}$가 대각합이 영인 에르미트 연산자인 경우의 증명은 참고 문헌 Nielsen & Chuang (2011)을 참조하라. 참고 문헌 Pérez-García et al. (2006)은 더 일반적인 경우를 증명할 뿐만 아니라 다른 노름들도 논의한다.

[5.17] 초기에는, 완전히 양이고 대각합을 보존하는 초사상에 대해 대각합이 영인 에르미트 연산자의 힐베르트-슈미트 노름은 증가하지 않는다고 추측되었다. 하지만, 나중에 참고 문헌 Ozawa (2000)에서 반례를 찾아내어 이 추측은 옳지 않다는 것이 증명되었다.

```
$d = 3;
Clear[kraus]
kraus[U_?MatrixQ, init_?VectorQ] := Map[kraus[U, init, #] &, Range[$d]]
kraus[U_?MatrixQ, init_?VectorQ, k_Integer] := PartialTrace[
   U.CircleTimes[One[$d], Dyad[init, UnitVector[$d, k]]],
   {$d, $d}, {2}];
```

First, we compare the Hilbert-Schmidt norm before and after quantum operations. Sometimes the Hilbert-Schmidt increases after a quantum operation, especially, for operators with large trace.

```
Timing[
 data = Table[
    U = RandomUnitary[$d * $d];
    vec = Normalize[RandomVector[$d]];
    spr = Supermap[kraus[U, vec]];
    mat = RandomReal[{-1, 1}] * One[$d] + 0.4 RandomHermitian[$d];
    {HilbertSchmidtNorm[mat], HilbertSchmidtNorm[spr[mat]]},
    {10 000}
   ];
]
```

```
{20.2057, Null}
```

```
max = Max[data];
ListPlot[data, Epilog → Line@{{0, 0}, {1, 1} * max},
 PlotRange → {{0, 1}, {0, 1}} * max,
 FrameLabel → {"‖A‖HS", "‖ℱ(A)‖HS"},
 AspectRatio → 1]
```

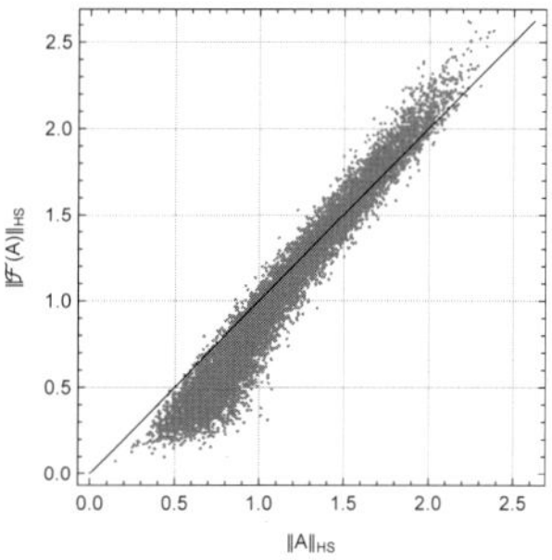

Next, we compare the trace distance before and after quantum operations.

```
Timing[
 data = Table[
    U = RandomUnitary[$d * $d];
    vec = Normalize[RandomVector[$d]];
    spr = Supermap[kraus[U, vec]];
    mat = RandomMatrix[$d];
    {TraceNorm[mat], TraceNorm[spr[mat]]},
    {10 000}
   ];
]
```

```
{12.9973, Null}
```

Unlike the Hilbert Schmidt norm, the trace norm never increases under a quantum operation.

```
In[ ]:= max = Max[data];
        ListPlot[data, Epilog → Line@{{0, 0}, {1, 1} * max},
         PlotRange → {{0, 1}, {0, 1}} * max,
         FrameLabel → {"‖A‖tr", "‖ℱ(A)‖tr"},
         AspectRatio → 1]
```

Out[ ]=

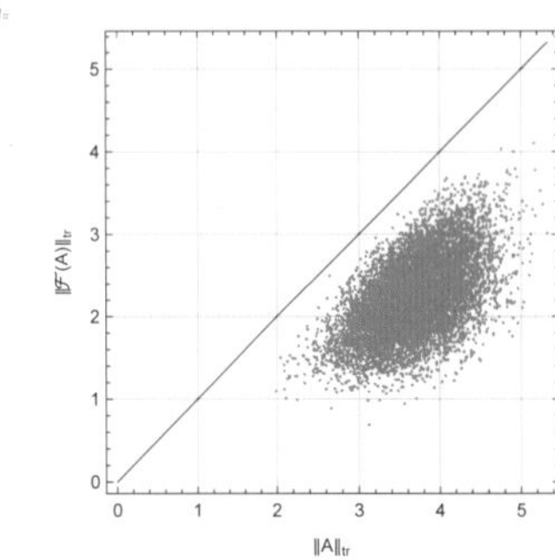

Let us further examine more closely the case for traceless Hermitian operators, which are relevant when investigating the trace distances between mixed states.

```
In[ ]:= Timing[
         data = Table[
            U = RandomUnitary[$d * $d];
            vec = Normalize[RandomVector[$d]];
            spr = Supermap[kraus[U, vec]];
            mat = RandomHermitian[$d];
            mat = mat - Tr[mat] × One[$d];
            {TraceNorm[mat], TraceNorm[spr[mat]]},
            {10 000}
           ];
        ]
```

```
Out[ ]= {12.769, Null}
```

As expected, the trace norm never increases.

```
In[ ]:= max = Max[data];
        ListPlot[data, Epilog → Line@{{0, 0}, {1, 1} * max},
         PlotRange → {{0, 1}, {0, 1}} * max,
         FrameLabel → {"‖A‖tr", "‖ℱ(A)‖tr"},
         AspectRatio → 1]
```

Out[ ]=

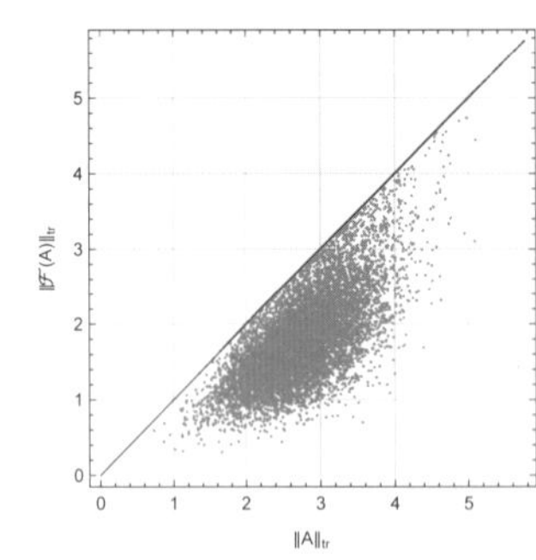

5.5.3 힐베르트-슈미트 거리와 대각합 거리

앞 절에서 자주 사용되는 두 가지 연산자 노름, 즉 힐베르트-슈미트 노름과 대각합 노름을 소개하였고 이들의 수학적 특성들을 살펴보았다. 자연스럽게 이 노름들은 주어진 벡터공간에서 선형 연산자들 사이의 거리 척도, 즉 힐베르트-슈미트 거리(Hilbert-Schmidt distance)

$$D_{\mathrm{HS}}(\hat{A}, \hat{B}) := \|\hat{A} - \hat{B}\|_{\mathrm{HS}} \tag{5.184}$$

와 대각합 거리(trace distance)

$$D_{\mathrm{tr}}(\hat{A}, \hat{B}) := \|\hat{A} - \hat{B}\|_{\mathrm{tr}} \tag{5.185}$$

를 제공한다. 여기서는 밀도연산자, 즉 대각합이 일인 양연산자로 기술되는 양자상태들 사이의 거리 척도에 관심이 있다. 이 두 가지 거리 척도의 대부분 속성들은 해당 노름의 속성들을 그대로 이어받는다. 따라서, 여기서는 그 속성들의 물리적 의미에 중점을 둘 것이다.

먼저, 큐비트에 대한 거리 척도를 살펴보자. 이 경우 힐베르트-슈미트 거리와 대각합 거리 모두 명확한 기하하적 의미를 가진다. 단일 큐비트에 대한 밀도연산자들은 다음과 같은 꼴로 쓸 수 있다.

$$\hat{\rho} = \frac{1}{2}\left(\hat{I} + \boldsymbol{a} \cdot \hat{\boldsymbol{S}}\right), \quad \hat{\sigma} = \frac{1}{2}\left(\hat{I} + \boldsymbol{b} \cdot \hat{\boldsymbol{S}}\right). \tag{5.186}$$

여기서 $\boldsymbol{a} := (a_x, a_y, a_x)$와 $\boldsymbol{b} := (b_x, b_y, b_z)$는 각각 $\hat{\rho}$와 $\hat{\sigma}$에 대응하는 블로흐 벡터(1.1절)이다. 이 두 양자상태 사이의 차 $\hat{\rho} - \hat{\sigma} = (\boldsymbol{a} - \boldsymbol{b}) \cdot \hat{\boldsymbol{S}}/2$는 대각합이 영인 에르미트 연산자이고 두 개의 고유값 $\pm\|\boldsymbol{a} - \boldsymbol{b}\|/2$를 갖는다. 이를 이용하면(식 (5.178) 참조), 다음과 같이 거리를 구할 수 있다.

$$\|\hat{\rho} - \hat{\sigma}\|_{\mathrm{HS}} = \frac{\|\boldsymbol{a} - \boldsymbol{b}\|}{\sqrt{2}}, \quad \|\hat{\rho} - \hat{\sigma}\|_{\mathrm{tr}} = \|\boldsymbol{a} - \boldsymbol{b}\|. \tag{5.187}$$

즉, 단일 큐비트의 두 양자상태 사이의 대각합 거리는 블로흐 공간 내에서 각각에 대응되는 블로흐 벡터들 사이의 유클리드 거리와 똑같다. 이는 (상수 인자 $1/\sqrt{2}$을 제외하면) 힐베르트-슈미트 거리에도 해당된다.

대각합 거리의 놀라운 특성은 양자연산 하에서 이 거리가 절대 증가하지 않는다는 사실이다. $\mathscr{F}$를 양자연산이라 하자. 그러면, 임의의 양자상태 $\hat{\rho}$와 $\hat{\sigma}$에 대해 (식 (5.183) 참조)

$$\|\mathscr{F}(\hat{\rho}) - \mathscr{F}(\hat{\sigma})\|_{\mathrm{tr}} \le \|\hat{\rho} - \hat{\sigma}\|_{\mathrm{tr}} \tag{5.188}$$

이 성립한다. 물리적으로, 양자연산은 양자상태에 담긴 일부 정보의 손실을 유발한다고 생각할 수 있다. 이 손실로 인해 두 양자상태를 구별하기가 더 어려워진다. 이를 이해하기 위한 비유로 두 영상을 고려해보자. 영상 처리를 통해 이 영상들을 흐리게 하면 처리된 영상들은 원본 영상들보다 더 유사해진다. 양자연산이 작용할 때 대각합 거리가 증가하지 않는다는 이 특성은 많은 물리적 의미와 응용성을 내포하고 있다. 이중 한 가지 예는 대각합 거리를 기반으로 얽힘척도를 구성하는 것이다.[5.18]

Here we demonstrate again that the trace distance never increases under quantum operations, now focusing on quantum states.

```
In[ ]:= Timing[
  data = Table[
     U = RandomUnitary[$d * $d];
     vec = Normalize[RandomVector[$d]];
     spr = Supermap[kraus[U, vec]];
     rho = RandomPositive[3]; rho /= Tr[rho];
     sig = RandomPositive[3]; sig /= Tr[sig];
     {TraceNorm[rho - sig], TraceNorm[spr[rho - sig]]},
     {10 000}
    ];
 ]

Out[ ]= {19.9103, Null}

In[ ]:= max = Max[data];
ListPlot[data, Epilog → Line@{{0, 0}, {1, 1} * max},
 PlotRange → {{0, 1}, {0, 1}} * max,
 FrameLabel → {"‖ρ-σ‖tr", "‖ℱ(ρ)-ℱ(σ)‖tr"},
 AspectRatio → 1]

Out[ ]=
```


양자상태 사이의 거리 척도는 고전적인 확률분포 사이의 거리 척도와 밀접하게 관련되어 있다. 공통의 집합 $\{m\}$에서 값을 택하는 두 확률변수에 대한 확률분포 $\{p_m\}$과 $\{q_m\}$을 고려해보자. 이 두 분포가 얼마나 가까운지 측정하는 한 가지 척도는 $\boldsymbol{p} := (p_1, p_2, \cdots)$와 $\boldsymbol{q} := (q_1, q_2, \cdots)$를 고전적인 유클리드 벡터로 간주하여, 유클리드 벡터 노름

$$D_E(\{p_m\}, \{q_m\}) := \|\boldsymbol{p} - \boldsymbol{q}\| = \sqrt{\sum_m (p_m - q_m)^2} \tag{5.189}$$

[5.18] 사실, 양자연산이 작용할 때 증가하지 않는 모든 거리 척도는 얽힘척도로 사용할 수 있음이 밝혀졌다(Vedral et al., 1997).

을 사용하는 것이다. 이를 양자상태들 사이의 힐베르트-슈미트 거리와 비교하기 위해, 확률

$$p_m := \langle m|\hat{\rho}|m\rangle \ , \quad q_m := \langle m|\hat{\sigma}|m\rangle \tag{5.190}$$

을 고려해보자. 이는 직교맞춤 기저 $\{|m\rangle\}$에 대해 두 양자상태 $\hat{\rho}$와 $\hat{\sigma}$를 투영측정했을 때의 각 결과를 얻을 확률이다. 좀더 일반적인 확률분포

$$p_m := \operatorname{Tr} \hat{E}_m \hat{\rho} \, , \quad q_m := \operatorname{Tr} \hat{E}_m \hat{\sigma} \tag{5.191}$$

를 고려할 수 있는데, 이 확률분포는 두 양자상태에 대한 POVM $\{\hat{E}_m\}$측정에 해당한다. 위 둘 중 어느 경우에서든

$$\|\boldsymbol{p} - \boldsymbol{q}\| \leq \|\hat{\rho} - \hat{\sigma}\|_{\mathrm{HS}} \tag{5.192}$$

가 성립한다(연습문제 5.12 참조). 식 (5.192)에서 등호가 성립하는 예를 살펴보면 나름 의미가 있다. $\hat{\rho}$와 $\hat{\sigma}$ 모두 기저 $\{|m\rangle\}$에 대해

$$\hat{\rho} = \sum_m |m\rangle \, p_m \, \langle m| \ , \quad \hat{\sigma} = \sum_m |m\rangle \, q_m \, \langle m| \tag{5.193}$$

으로 대각화되어 있다고 해보자. 그러면 간단한 계산을 통해

$$\|\hat{\rho} - \hat{\sigma}\|_{\mathrm{HS}}^2 = \sum_m (p_m - q_m)^2 = \|\boldsymbol{p} - \boldsymbol{q}\|^2 \tag{5.194}$$

으로 등호가 성립함을 확인할 수 있다.

Let us compare the Hilbert-Schmidt distance between quantum states and the vector-norm-based distance between classical probability distributions.

```
In[ ]:= data = Table[
           rho = RandomPositive[3]; rho /= Tr[rho];
           sig = RandomPositive[3]; sig /= Tr[sig];
           pp = Chop@Diagonal[rho];
           qq = Chop@Diagonal[sig];
           {HilbertSchmidtNorm[rho - sig], Norm[pp - qq]}, {10 000}];

In[ ]:= max = Max[data];
        ListPlot[data, PlotRange → {{0, 1}, {0, 1}} * max,
         Epilog → Line@{{0, 0}, {1, 1} * max},
         FrameLabel → {"‖ρ-σ‖HS", "‖{pm-qm}‖"}, AspectRatio → 1]
```

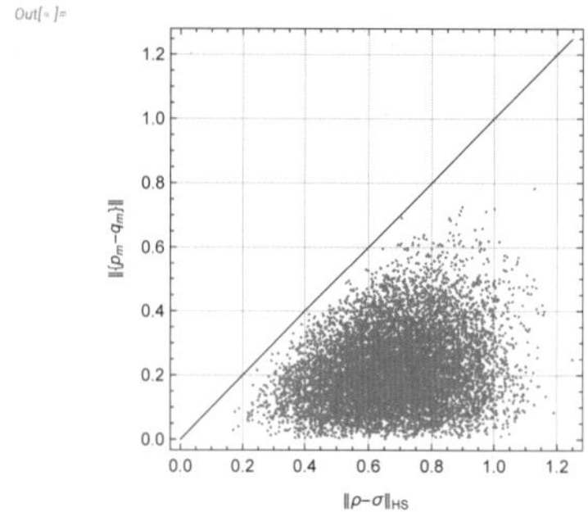

한편, 대각합 거리는 소위 콜모고로프 거리(Kolmogorov distance)

$$D_K(\{p_m\}, \{q_m\}) := \sum_m |p_m - q_m| \tag{5.195}$$

을 양자역학적으로 일반화한 것이며, 공통의 집합 $\{m\}$에서 마구잡이로 값을 취하는 두 확률변수에 대한 고전 확률분포 $\{p_m\}$과 $\{q_m\}$사이의 거리 척도이다. 이 관계를 보기 위해 두 혼합상태 $\hat{\rho}$와 $\hat{\sigma}$를 고려해보자. 잠시 두 상태 모두 같은 직교맞춤 기저 $\{|m\rangle\}$에 대해

$$\hat{\rho} = \sum_m |m\rangle\, p_m \,\langle m| \,, \quad \hat{\sigma} = \sum_m |m\rangle\, q_m \,\langle m| \tag{5.196}$$

으로 대각화되어있다고 하자. 물리적으로, 이들의 고유값 p_m과 q_m은 기저 $\{|m\rangle\}$에 대해 투영측정하여 결과 m을 얻을 확률을 의미한다. 그러면,

$$\hat{\rho} - \hat{\sigma} = \sum_m |m\rangle \,(p_m - q_m)\, \langle m| \tag{5.197}$$

은 에르미트 연산자로 고유값이 $p_m - q_m$으로 주어진다. 이 사실을 이용하면,

$$\|\hat{\rho} - \hat{\sigma}\|_{\mathrm{tr}} = \sum_m |p_m - q_m| = D_K(\{p_m\}, \{q_m\}) \tag{5.198}$$

임을 바로 알 수 있다. 이것은 특별한 경우에 해당한다. 일반적으로 등호는 잘 성립하지 않는다. 그러나, 고전적 거리와 대각합 거리에 대해 부등식은 확실하게 성립한다.

주어진 직교맞춤 기저 $\{|m\rangle\}$에 대해 두 확률분포

$$p_m = \langle m|\hat{\rho}|m\rangle \,, \quad q_m = \langle m|\hat{\sigma}|m\rangle \tag{5.199}$$

을 고려해보자. 또는, 더 일반적으로 POVM $\{\hat{E}_m\}$과 이에 연관된 확률분포

$$p_m = \mathrm{Tr}\, \hat{E}_m \hat{\rho} \,, \quad q_m = \mathrm{Tr}\, \hat{E}_m \hat{\sigma} \tag{5.200}$$

를 택해도 좋다. 어느 경우든지

$$D_K(\{p_m\},\{q_m\}) \le \|\hat{\rho}-\hat{\sigma}\|_{\rm tr} \tag{5.201}$$

이 성립한다(연습문제 5.12 참조). 최적화된 POVM으로 확률분포들 사이의 거리를 최대로 해야만 등호가 성립한다는 의미에서 이 부등식은 엄격하다. 다시 말하면, 가능한 모든 POVM에 대해 최대값을 찾아낼 때, 등호

$$\|\hat{\rho}-\hat{\sigma}\|_{\rm tr} = \max_{\{\hat{E}_m\}} \sum_m |\operatorname{Tr} \hat{E}_m(\hat{\rho}-\hat{\sigma})| \tag{5.202}$$

가 성립한다. POVM 원소들이 $\hat{E}_m \le \hat{I}$를 만족함을 유의하면, 위 등식은

$$\|\hat{\rho}-\hat{\sigma}\|_{\rm tr} = \max_{\hat{P}} \operatorname{Tr} \hat{P}(\hat{\rho}-\hat{\sigma}) \tag{5.203}$$

로 다시 쓸 수 있다. 여기서, 최대값을 찾을 때 $\hat{P} \le \hat{I}$라는 조건을 고려해야 한다.

Let us compare the trace distance between quantum states and the Kolmogorov distance between classical probability distributions.

```
In[ ]:= data = Table[
           rho = RandomPositive[3]; rho /= Tr[rho];
           sig = RandomPositive[3]; sig /= Tr[sig];
           pp = Chop@Diagonal[rho];
           qq = Chop@Diagonal[sig];
           {TraceNorm[rho - sig], Total@Abs[pp - qq]}, {10 000}];

In[ ]:= max = Max[data];
        ListPlot[data, PlotRange → {{0, 1}, {0, 1}} * max,
         Epilog → Line@{{0, 0}, {1, 1} * max},
         FrameLabel → {"‖ρ-σ‖tr", "DK({pm},{qm})"}, AspectRatio → 1]

Out[ ]=
```

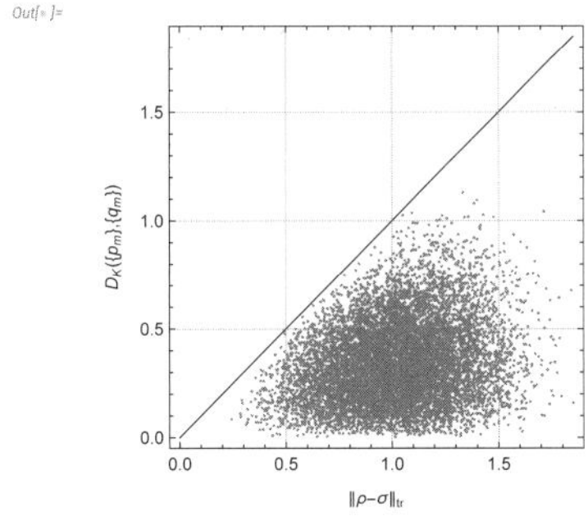

5.5.4 충실도

지금까지 노름에서 파생된 두 가지 거리 척도에 대해 논의했다. 충실도(fidelity)는 양자상태들 사이의 유사성에 대한 또 다른 척도로 자주 사용된다. 힐베르트-슈미트 거리나 대각합 거리와 달리 충실도는 노름에 바탕을 둔 개념이 아니다. 그보다, 개념적으로 따지자면, 두

양자상태 사이의 상대적인 '각도'와 유사하다. 양자상태가 규격화되어 있음을 고려하면 더 가까운 양자상태들이 더 작은 상대 각도를 이룰 것으로 기대하는 건 당연하다. 충실도는 두 확률분포 사이의 (고전) 충실도를 양자역학적으로 일반화한 것이다.

밀도연산자 $\hat{\rho}$와 $\hat{\sigma}$로 기술되는 두 양자상태에 대해, 이 둘 사이의 충실도는

$$\hat{F}(\hat{\rho}, \hat{\sigma}) := \operatorname{Tr} \sqrt{\hat{\rho}^{1/2} \hat{\sigma} \hat{\rho}^{1/2}} \tag{5.204}$$

로 정의된다.[5.19] 충실도는 또한 식 (5.167)의 대각합 노름을 이용하여

$$F(\hat{\rho}, \hat{\sigma}) = \left\| \sqrt{\hat{\rho}} \sqrt{\hat{\sigma}} \right\|_{\mathrm{tr}} \tag{5.205}$$

와 같이 계산할 수도 있다. 얼핏 보면, 정의 (5.204)는 비대칭적으로 보인다. 하지만 바로 위 등식은 충실도가 $\hat{\rho}$와 $\hat{\sigma}$에 대해 실제로 대칭적, 즉

$$F(\hat{\rho}, \hat{\sigma}) = F(\hat{\sigma}, \hat{\rho}) \tag{5.206}$$

임을 명확히 보여준다(연습문제 5.6도 참조). 충실도는 노름에서 파생된 것이 아니지만, 어쨌든 유니테리 변환에 대해

$$F(\hat{U} \hat{\rho} \hat{U}^\dagger, \hat{U} \hat{\sigma} \hat{U}^\dagger) = F(\hat{\rho}, \hat{\sigma}) \tag{5.207}$$

로 변하지 않는다. 임의의 양연산자 $\hat{A}$에 대한 제곱근 함수가 유니테리 변환에 대해 준동형, 즉 $\sqrt{\hat{U} \hat{A} \hat{U}^\dagger} = \hat{U} \sqrt{\hat{A}}\, \hat{U}^\dagger$라는 점을 떠올려보면 이 불변성을 이해할 수 있다. 두 상태 중 하나라도 순수상태라면, 충실도의 식은 더 간단해져서

$$F(|v\rangle \langle v|, \hat{\rho}) = \sqrt{\langle v|\hat{\rho}|v\rangle} \tag{5.208}$$

이고

$$F(|v\rangle \langle v|, |w\rangle \langle w|) = |\langle v|w\rangle| \tag{5.209}$$

이다. 위 두 가지 특별한 경우는 기하적으로 볼 때 충실도가 상대적인 '각도'의 연장선임을 가리킨다. 비유를 들자면, 삼차원 유클리드 공간에서 두 규격화된 벡터 $\boldsymbol{a}$와 $\boldsymbol{b}$ ($\|\boldsymbol{a}\| = \|\boldsymbol{b}\| = 1$)의 내적이 $\boldsymbol{a} \cdot \boldsymbol{b} = \cos\theta$로 주어진다. 양자상태의 경우, 두 상태가 평행하게 배열된 상황과 반대로 평행하게 배열된 상황이 구분되지 않는다. 따라서, 동일한 상태 $\hat{\rho} = \hat{\sigma}$에 대해 충실도가 일이 되기를 기대하는 것이 당연하고, 위 정의는 이를 만족한다. 충실도가 0과 1사이의 값으로 한정되어

$$0 \leq F(\hat{\rho}, \hat{\sigma}) \leq 1 \tag{5.210}$$

[5.19] 어떤 사람들은 $F(\hat{\rho}, \hat{\sigma}) = \left(\operatorname{Tr} \sqrt{\hat{\rho}^{1/2} \hat{\sigma} \hat{\rho}^{1/2}} \right)^2$로 정의하기를 더 선호한다.

이고, $\hat{\rho} = \hat{\sigma}$일 때만 $F(\hat{\rho}, \hat{\sigma}) = 1$임을 나중에 보게 될 것이다. 충실도는 양자상태들이 더 가까와질수록 1에 접근하고 양자상태들이 더 달라질수록 감소한다.

간단하면서도 자명하지 않은 한 예로, 단일 큐비트의 충실도를 계산해보자. 두 상태 $\hat{\rho}$와 $\hat{\sigma}$를 고려하고, $\hat{R} := \hat{\rho}^{1/2}\hat{\sigma}\hat{\rho}^{1/2}$이라 하자. 연산자 $\hat{R}$은 양연산자이므로, $\hat{R}$의 두 고유값 r_1과 r_2는 양수이어야 한다. 그러면, $\hat{\rho}$와 $\hat{\sigma}$ 사이의 충실도를

$$F(\hat{\rho}, \hat{\sigma}) = \mathrm{Tr}\sqrt{\hat{R}} = \sqrt{r_1} + \sqrt{r_2} \tag{5.211}$$

로 구할 수 있다. 위 등식의 양변을 제곱하면

$$F^2(\hat{\rho}, \hat{\sigma}) = (r_1 + r_2) + 2\sqrt{r_1 r_2} = \mathrm{Tr}\,\hat{R} + 2\sqrt{\det \hat{R}} \tag{5.212}$$

이다. 대각합의 순환 불변성으로부터

$$\mathrm{Tr}\,\hat{R} = \mathrm{Tr}\,\hat{\rho}^{1/2}\hat{\sigma}\hat{\rho}^{1/2} = \mathrm{Tr}\,\hat{\sigma}\hat{\rho}^{1/2}\hat{\rho}^{1/2} = \mathrm{Tr}\,\hat{\rho}\hat{\sigma} \tag{5.213}$$

이고, 행렬식의 인수분해 특성으로부터

$$\det \hat{R} = (\det \hat{\rho}^{1/2})(\det \hat{\sigma})(\det \hat{\rho}^{1/2}) = (\det \hat{\rho})(\det \hat{\sigma}) \tag{5.214}$$

임을 이용하면,

$$F^2(\hat{\rho}, \hat{\sigma}) = \mathrm{Tr}\,\hat{\rho}\hat{\sigma} + 2\sqrt{(\det \hat{\rho})(\det \hat{\sigma})} \tag{5.215}$$

가 됨을 알 수 있다. 이제 단일 큐비트 양자상태의 가장 일반적인 형태 (5.186)을 위 식에 대입해보자. 계산과정에서 모든 $\mu, \nu (= 0, x, y, z)$에 대해 항등식 $\mathrm{Tr}\,\hat{S}^\mu \hat{S}^\nu = 2\delta_{\mu\nu}$이 성립함을 이용하여 $\mathrm{Tr}\,\hat{\rho}\hat{\sigma} = (1 + \boldsymbol{a}\cdot\boldsymbol{b})/2$임을 구할 수 있다. 또한, $\hat{\rho}$가 두 고유값 $(1 \pm \|\boldsymbol{a}\|)/2$를 가지므로 $\det \hat{\rho} = (1 - \boldsymbol{a}\cdot\boldsymbol{a})/4$이고, 유사하게 $\det \hat{\sigma} = (1 - \boldsymbol{b}\cdot\boldsymbol{b})/4$로 간단하게 쓸 수 있다. 종합하면, 충실도를 명시적인 꼴로 표현하면 다음과 같다.

$$F(\hat{\rho}, \hat{\sigma}) = \sqrt{\frac{1 + \boldsymbol{a}\cdot\boldsymbol{b} + \sqrt{(1 - \boldsymbol{a}\cdot\boldsymbol{a})(1 - \boldsymbol{b}\cdot\boldsymbol{b})}}{2}}. \tag{5.216}$$

$\hat{\rho}$와 $\hat{\sigma}$ 중 하나라도 순수상태($\boldsymbol{a}\cdot\boldsymbol{a} = 1$ 또는 $\boldsymbol{b}\cdot\boldsymbol{b} = 1$)라면,

$$F(\hat{\rho}, \hat{\sigma}) = \sqrt{\frac{1 + \boldsymbol{a}\cdot\boldsymbol{b}}{2}} \tag{5.217}$$

가 된다.

충실도의 가장 근본적인 특성은 울만 정리(Uhlmann's theorem)이다. $|\Psi\rangle$와 $|\Phi\rangle$를 각

각 $\hat{\rho}$와 $\hat{\sigma}$의 공간 $\mathcal{V}\otimes\mathcal{E}$로의 순수화 (1.1.2절)

$$\hat{\rho} = \operatorname*{Tr}_{\mathcal{E}} |\Psi\rangle\langle\Psi| , \quad \hat{\sigma} = \operatorname*{Tr}_{\mathcal{E}} |\Phi\rangle\langle\Phi| \tag{5.218}$$

라고 해보자. 울만 정리에 따르면, $\hat{\rho}$와 $\hat{\sigma}$ 사이의 충실도는 순수화 $|\Psi\rangle$와 $|\Phi\rangle$ 사이의 충실도보다 작을 수 없다. 즉,

$$F(\hat{\rho},\hat{\sigma}) \geq |\langle\Psi|\Phi\rangle| \tag{5.219}$$

이다. 등호가 성립하는 최적의 순수화가 항상 존재한다는 의미에서 이 한계는 최적화되어 있다. 이를 다르게 표현하면, $\hat{\rho}$와 $\hat{\sigma}$의 가능한 모든 순수화에 대해 최대값을 구하면(연습문제 1.3과 1.4 참조),

$$F(\hat{\rho},\hat{\sigma}) = \max_{\{|\Psi\rangle,|\Phi\rangle\}} |\langle\Psi|\Phi\rangle| \tag{5.220}$$

로 등호가 성립한다는 뜻이다. 연습문제 5.14의 단계들을 따라가면 소위 울만 공식 (5.220)을 증명할 수 있다.

울만 정리는 충실도를 구체적으로 계산하는데에는 딱히 유용하지 않다. 그러나 아래에서 볼 수 있듯이, 충실도의 많은 속성들은 정의 (5.204)보다 울만 정리를 사용하여 더 편리하게 평가할 수 있다.

울만 정리의 적용 예로, 충실도의 한계

$$0 \leq F(\hat{\rho},\hat{\sigma}) \leq 1 \tag{5.221}$$

을 식 (5.220)으로부터 바로 구할 수 있다. 또한, 충실도가 언제 $F(\hat{\rho},\hat{\sigma}) = 1$에 도달하는지도 알아낼 수 있다. $\hat{\rho} = \hat{\sigma}$이면, 식 (5.204)로부터 $F(\hat{\rho},\hat{\sigma}) = 1$이 성립한다는 점은 뻔하다. 그 역을 증명하기 위해 $\hat{\rho} \neq \hat{\sigma}$라 해보자. 그러면, $\hat{\rho}$와 $\hat{\sigma}$에 대해 어떤 순수화 $|\Psi\rangle$와 $|\Phi\rangle$를 선택해도 항상 $|\Psi\rangle \neq |\Phi\rangle$이다. 따라서, 이 두 순수화 사이의 충실도는 반드시 일보다 작아야 한다. 그럼, 울만 정리에 따라 $F(\hat{\rho},\hat{\sigma}) < 1$이 된다. 이는 가정과 모순된다. 따라서, 오직 $\hat{\rho} = \hat{\sigma}$일 때만 $F(\hat{\rho},\hat{\sigma}) = 1$이 성립한다.

대각합 거리가 양자연산 하에서 절대 증가하지 않는 것처럼[부등식 (5.188) 참조], 충실도는 양자연산 하에서 절대 감소하지 않는다. 다시 말해, 임의의 양자연산 $\mathscr{F}$와 벡터공간 $\mathcal{V}$의 임의의 상태 $\hat{\rho}$와 $\hat{\sigma}$에 대해

$$F(\mathscr{F}(\hat{\rho}),\mathscr{F}(\hat{\sigma})) \geq F(\hat{\rho},\hat{\sigma}) \tag{5.222}$$

이다. 부등식 (5.222)는 대각합 거리의 경우[부등식 (5.188) 참조]와 동일한 방식으로 해석할 수 있다. 양자연산으로 인한 '손상' 때문에, 양자연산의 결과로 얻어진 두 양자상태들이

원래 양자상태들보다 더 비슷해지게 된다.

속성 (5.222)를 증명하기 위해, 다시 울만 정리를 사용한다. $|\Psi\rangle$와 $|\Phi\rangle$를 각각 $F(\hat{\rho},\hat{\sigma}) = |\langle\Psi|\Phi\rangle|$를 만족시키는 $\hat{\rho}$와 $\hat{\sigma}$의 $\mathcal{V}\otimes\mathcal{V}$로의 순수화라 하자. 즉, 등호가 성립하도록 최적화된 순수화를 선택한다. 특정한 순수상태 $|\epsilon_0\rangle$로 초기화된 주변계 $\mathcal{E}$를 추가하고, $\mathcal{V}\otimes\mathcal{V}\otimes\mathcal{E}$에 작용하는 유니테리 상호작용 $\hat{U}$를 이용해 양자연산 $\mathscr{F}$를

$$\mathscr{F}(\hat{\rho}) = \operatorname*{Tr}_{\mathcal{V}\otimes\mathcal{E}} \hat{U}\,|\Psi\rangle\otimes|\epsilon_0\rangle \tag{5.223}$$

으로 표현한다. 이 모형에서 $\mathcal{V}\otimes(\mathcal{V}\otimes\mathcal{E})$내의 $\mathcal{V}\otimes\mathcal{E}$는 궁극적으로 '주변계'에 해당한다. $\hat{U}\,|\Psi\rangle\otimes|\epsilon_0\rangle$이 $\mathscr{F}(\hat{\rho})$의 순수화이고, 마찬가지로 $\hat{U}\,|\Phi\rangle\otimes|\epsilon_0\rangle$이 $\mathscr{F}(\hat{\sigma})$의 순수화이므로,

$$F(\mathscr{F}(\hat{\rho}),\mathscr{F}(\hat{\sigma})) \geq |\langle\Psi|\otimes\langle\epsilon_0|\,\hat{U}\hat{U}^\dagger\,|\Phi\rangle\otimes|\epsilon_0\rangle| = |\langle\Psi|\Phi\rangle| = F(\hat{\rho},\hat{\sigma}) \tag{5.224}$$

임을 유추할 수 있다.

Here we demonstrate the non-decreasing feature of the fidelity under quantum operations.

```
In[ ]:= Timing[
  data = Chop@Table[
      U = RandomUnitary[$d * $d];
      vec = Normalize[RandomVector[$d]];
      spr = Supermap[kraus[U, vec]];
      rho = RandomPositive[3]; rho /= Tr[rho];
      sig = RandomPositive[3]; sig /= Tr[sig];
      {Fidelity[rho, sig], Fidelity[spr[rho], spr[sig]]},
      {10 000}
     ];
]

Out[ ]= {28.938, Null}

In[ ]:= Select[data, First[#] > Last[#] &]

Out[ ]= {}

In[ ]:= max = Max[data];
min = Min[data];
ListPlot[data, Epilog → Line@{{0, 0}, {1, 1} * max},
 PlotRange → {{min, max}, {min, max}},
 FrameLabel → {"F(ρ,σ)", "F(ℱ(ρ),ℱ(σ))"},
 AspectRatio → 1]
```

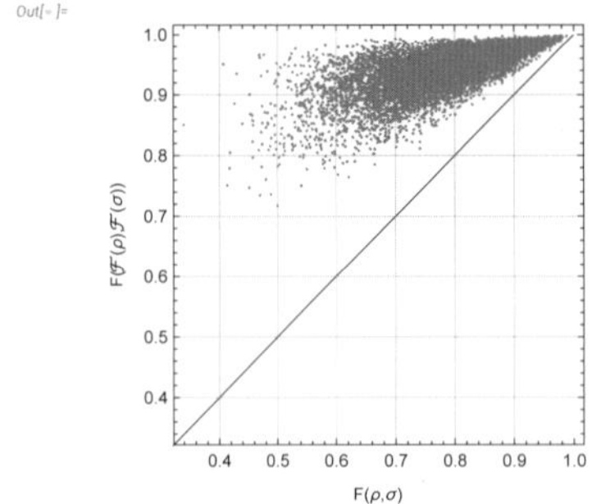

양자상태의 충실도와 고전적 확률분포의 충실도 사이의 관련성은 두 양자상태 $\hat{\rho}$와 $\hat{\sigma}$가 동일한 직교맞춤 기저 $|m\rangle$에 대해

$$\hat{\rho} := \sum_m |m\rangle\, p_m \,\langle m| \,, \quad \hat{\sigma} := \sum_m |m\rangle\, q_m \,\langle m| \tag{5.225}$$

과 같이 대각화되어 있을 때 가장 명백하게 드러난다. 이 경우,

$$F(\hat{\rho}, \hat{\sigma}) = \mathrm{Tr}\,\sqrt{\hat{\rho}\hat{\sigma}} = \sum_m \sqrt{p_m q_m} \tag{5.226}$$

이 되고, 이 결과는 동일한 집합 $\{m\}$에서 값을 취하는 두 확률변수에 대한 확률분포 $\{p_m\}$과 $\{q_m\}$ 사이의 고전적인 충실도

$$F_{\mathrm{cl}}(\{q_m\}\,, \{q_m\}) := \sum_m \sqrt{p_m q_m} \tag{5.227}$$

과 정확히 똑같다.

일반적인 경우에 둘 사이의 관련성을 살펴보자. 주어진 기저에 대해

$$p_m := \langle m|\hat{\rho}|m\rangle \,, \quad q_m := \langle m|\hat{\sigma}|m\rangle \tag{5.228}$$

이라 해보자. 다른 선택으로, 임의의 POVM $\{\hat{E}_m\}$을 잡아

$$p_m := \mathrm{Tr}\,\hat{E}_m\hat{\rho}\,, \quad q_m := \mathrm{Tr}\,\hat{E}_m\hat{\sigma} \tag{5.229}$$

라 놓아도 된다. 위 두 경우 모두, 양자역학적 충실도가 고전적 충실도보다 작다는 것을 증명할 수 있다(연습문제 5.15 참조). 즉, 임의의 두 양자상태 $\hat{\rho}$와 $\hat{\sigma}$에 대해, 부등식

$$F(\hat{\rho}, \hat{\sigma}) \leq F_{\mathrm{cl}}(\{p_m\}\,, \{q_m\}) \tag{5.230}$$

이 성립한다.

Here we compare the fidelity between quantum states and the fidelity between classical probability distributions.

```
data = Chop@Table[
    rho = RandomPositive[3]; rho /= Tr[rho];
    sig = RandomPositive[3]; sig /= Tr[sig];
    pp = Chop@Diagonal[rho];
    qq = Chop@Diagonal[sig];
    {Fidelity[rho, sig], Total@Sqrt[pp * qq]}, {10 000}];
```

This illustrates that the quantum fidelity is lower than the classical fidelity.

```
min = Min[data];
max = Max[data];
ListPlot[data, PlotRange → {{min, max}, {min, max}},
 Epilog → Line@{{0, 0}, {1, 1} * max},
 FrameLabel → {"F(ρ,σ)", "F_cl({p_m},{q_m})"}, AspectRatio → 1]
```

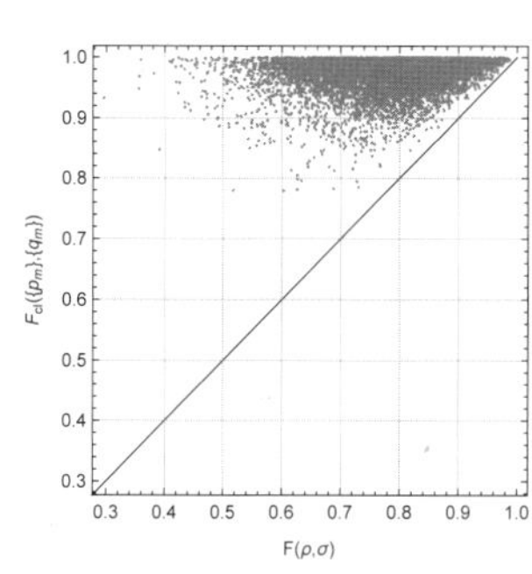

5.6 연습문제

5.1. 크라우스 표현

$$\mathscr{F}(\hat{\rho}) = \sum_{\mu} \hat{F}_{\mu}\hat{\rho}\hat{F}_{\mu}^{\dagger} \tag{5.231}$$

으로 기술된 초연산자 $\mathscr{F}$를 고려해보자. 오직

$$\sum_{\mu} \hat{F}_{\mu}^{\dagger}\hat{F}_{\mu} = \hat{I} \tag{5.232}$$

일 때만 $\mathscr{F}$가 대각합을 보존함을 증명하라.

5.2. 양자회로 (5.53)을 명시적으로 계산하여 이 회로가 양자 게이트 원격이동 규약을 따름을 보여라.

5.3. 두 개의 큐비트로 이루어진 양자레지스터를 고려하자. 이 양자레지스터에 크라우스 원소

$$\hat{F}_0 = \sqrt{1-p_1-p_2-p_3}\,\hat{I}\,,$$
$$\hat{F}_1 = \sqrt{p_1}\hat{S}_1^-\,, \quad \hat{F}_2 = \sqrt{p_2}\hat{S}_2^-\,, \quad \hat{F}_3 = \sqrt{p_3}\hat{S}_1^-\hat{S}_2^- \tag{5.233}$$

로 기술되는 양자연산 $\mathscr{F}$를 가한다고 하자.

a) 양자연산 $\mathscr{F}$에 해당하는 최 연산자를 생성하는 양자회로를 구성하라. (필요하다면 보조레지스터를 포함한) 계의 입력상태는 $|\mathbf{0}\rangle \equiv |0\rangle \otimes |0\rangle \otimes \cdots$ 이어야 함을 유의하라.

힌트: 양자회로 (5.46)이 최 연산자를 생성함을 참조하라. 상태 $|\mathbf{0}\rangle$으로부터 최대로 얽힌 상태를 생성해야 한다.

b) 두 큐비트에 가해지는 파울리 연산자 $\hat{S}_1^\mu$와 $\hat{S}_2^\nu$를 이용하여 최 연산자 $\hat{C}_{\mathscr{F}}$를 표현하라.

5.4. 단일 큐비트에 대한 다음과 같은 린드블라드 방정식을 고려해보자.

$$\frac{d\hat{\rho}}{dt} = -i[\hat{H},\hat{\rho}] - i\{\hat{G},\hat{\rho}\} + \gamma_- |0\rangle \langle 1| \hat{\rho} |1\rangle \langle 0| + \gamma_1 |1\rangle \langle 1| \hat{\rho} |1\rangle \langle 1| \,. \tag{5.234}$$

여기서 유효 해밀토니안 $\hat{H}$와 감쇠연산자 $\hat{G}$는

$$\hat{H} = E_0 |0\rangle \langle 0| + E_1 |1\rangle \langle 1| \,, \quad \hat{G} = \frac{1}{2}(\gamma_- + \gamma_\phi) |1\rangle \langle 1| \tag{5.235}$$

로 주어진다. $E_0 = 0$으로 놓고 $0 < E_1$이라 가정하자. γ_-와 γ_ϕ는 각각 크기감쇠와 위상감쇠 과정을 일으킨다. 린드블라드 방정식을 풀어 구한 해 $\hat{\rho}(t)$를 크라우스 표현 형태로 나타내라.

5.5. 삼준위 원자 하나가 있다. 이 원자는 주변계와 상호작용하여 원자의 상태가 린드블라드 방정식

$$\frac{d\hat{\rho}}{dt} = -i[\hat{H},\hat{\rho}] - i\{\hat{G},\hat{\rho}\} + \eta_0 |0\rangle \langle 2| \hat{\rho} |2\rangle \langle 0| + \eta_1 |1\rangle \langle 2| \hat{\rho} |2\rangle \langle 1| \tag{5.236}$$

을 따른다고 한다. 여기서 $|0\rangle$과 $|1\rangle$은 바닥상태들이고, $|2\rangle$는 들뜬상태이다. η_0는 원자 준위 $|2\rangle$에서 $|0\rangle$으로의 자발적 붕괴 비율이고, 유사하게 η_1은 $|2\rangle$에서 $|1\rangle$로의 자발적 붕괴 비율이다. 유효 해밀토니안은

$$\hat{H} = E_1 |1\rangle \langle 1| + E_2 |2\rangle \langle 2| \quad (0 \le E_1 \ll E_2) \tag{5.237}$$

로 주어지는데, 바닥상태 에너지를 0으로, 즉 $E_0 = 0$으로 놓았다. 감쇠연산자는 다음과 같이 주어진다.

$$\hat{G} = \frac{1}{2}(\eta_0 + \eta_1) |2\rangle \langle 2| \,. \tag{5.238}$$

린드블라드 방정식을 풀어 크라우스 표현 형태로 해 $\hat{\rho}(t)$를 구하라. 원자는 초기에 순수상태 $|1\rangle$에 놓여있었다고 가정한다.

5.6. 임의의 선형 연산자 $\hat{A}$에 대해

$$\mathrm{Tr}\sqrt{\hat{A}^\dagger\hat{A}} = \mathrm{Tr}\sqrt{\hat{A}\hat{A}^\dagger} \tag{5.239}$$

가 성립함을 보여라.

5.7. 임의의 선형 연산자 $\hat{A}$와 유니테리 연산자 $\hat{U}$에 대해

$$|\,\mathrm{Tr}\,\hat{A}\hat{U}| \le \|\hat{A}\|_{\mathrm{tr}} \tag{5.240}$$

이 성립함을 보여라.

힌트: $\hat{A}$의 특이값분해(정리 1.22) 또는 극분해(정리 1.23)를 이용하라.

5.8. $\hat{A}$는 벡터공간 $\mathcal{V}$에 작용하는 선형 연산자이다.

a) $\hat{A}$가 에르미트이고 a_j가 $\hat{A}$의 고유값이라 할 때,

$$\|\hat{A}\|_{\mathrm{tr}} = \sum_j |a_j| \tag{5.241}$$

임을 보여라.

힌트: $\hat{A}$의 스펙트럼분해(부록 A.4.1)를 이용하라.

b) $\hat{A}$의 특이값을 s_j라 할 때,

$$\|\hat{A}\|_{\mathrm{tr}} = \sum_j |s_j| \tag{5.242}$$

임을 보여라.

힌트: $\hat{A}$의 특이값분해(정리 1.22)를 이용하라.

5.9. 임의의 선형 연산자 $\hat{A}$에 대해 힐베르트-슈미트 노름이 대각합 노름보다 클 수 없음을, 즉

$$\|\hat{A}\|_{\mathrm{HS}} \le \|\hat{A}\|_{\mathrm{tr}} \tag{5.243}$$

을 증명하라. 여기서 등호는 선형 연산자 $\hat{A}$를 어떤 벡터 $|v\rangle$에 대해 $\hat{A} = |v\rangle\langle v|$ 꼴로 쓸 수 있을 때만 성립한다.

힌트: $\hat{A}$의 특이값분해(정리 1.22)를 이용하라.

5.10. 임의의 선형 연산자 $\hat{A}$와 $\hat{B}$에 대해

$$\|\hat{A}\hat{B}\|_{\mathrm{HS}} \le \|\hat{A}\|_{\mathrm{HS}}\|\hat{B}\|_{\mathrm{HS}} \tag{5.244}$$

이고, 특히

$$\|\hat{A}^\dagger \hat{A}\|_{\mathrm{HS}} \leq \|\hat{A}\|_{\mathrm{HS}}^2 \tag{5.245}$$

임을 증명하라.

힌트: 코시-슈바르츠 부등식(정리 1.5)과 특이값분해(정리 1.22)를 이용하라.

5.11. $\hat{F}_\mu$를 벡터공간 $\mathcal{V}$에 작용하고 대각합을 보존하는 양자연산의 크라우스 원소들이라 하자. 즉, 모든 선형 연산자 $\hat{\rho}$에 대해

$$\mathscr{F}(\hat{\rho}) = \sum_\mu \hat{F}_\mu \hat{\rho} \hat{F}_\mu^\dagger \tag{5.246}$$

이고,

$$\sum_\mu \hat{F}_\mu^\dagger \hat{F}_\mu = \hat{I} \tag{5.247}$$

이다. 선형 연산자

$$\hat{G} := \sum_\mu \hat{F}_\mu \hat{F}_\mu^\dagger \tag{5.248}$$

에 대해

$$\|\hat{G}\|_{\mathrm{tr}} = \dim \mathcal{V} \tag{5.249}$$

가 성립함을 보여라.

5.12. $\hat{A}$는 벡터공간 $\mathcal{V}$에 작용하는 선형 연산자이다. 다음 명제들이 성립함을 증명하라.

a) $\mathcal{V}$의 임의의 직교맞춤 기저 $\{|m\rangle\}$에 대해

$$\sum_m |\langle m|\hat{A}|m\rangle|^2 \leq \|\hat{A}\|_{\mathrm{HS}}\,, \tag{5.250a}$$

$$\sum_m |\langle m|\hat{A}|m\rangle| \leq \|\hat{A}\|_{\mathrm{tr}}\,. \tag{5.250b}$$

b) $\mathcal{V}$에 작용하는 임의의 POVM $\{\hat{E}_m\}$에 대해

$$\sum_m (\mathrm{Tr}\,\hat{E}_m \hat{A})^2 \leq \|\hat{A}\|_{\mathrm{HS}}\,, \tag{5.251a}$$

$$\sum_m |\mathrm{Tr}\,\hat{E}_m \hat{A}| \leq \|\hat{A}\|_{\mathrm{tr}}\,. \tag{5.251b}$$

5.13. 모든 밀도연산자에 대해

$$F(\hat{\rho}, \hat{\sigma}) = F(\hat{\sigma}, \hat{\rho}) \tag{5.252}$$

가 성립함을 증명하라.

힌트: $\hat{A} := \sqrt{\hat{\rho}}\sqrt{\hat{\sigma}}$를 정의하고, 항등식 (5.239)를 이용하라.

5.14. 아래 단계들을 따라가면서 울만 공식을 증명하라.

a) $\mathcal{V}$의 직교맞춤 기저 $\{|v_j\rangle\}$에 대해 (규격화되지 않은) 최대로 얽힌 상태

$$|\Theta\rangle := \sum_j |v_j\rangle \otimes |v_j\rangle \tag{5.253}$$

를 정한다.

b) 연습문제 1.4의 정리를 이용하여 $|\Psi\rangle$와 $|\Phi\rangle$를

$$|\Psi\rangle = (\sqrt{\rho}\hat{U}) \otimes \hat{V}\,|\Theta\rangle\,, \quad |\Psi\rangle = (\sqrt{\sigma}\hat{U}') \otimes \hat{V}'\,|\Theta\rangle \tag{5.254}$$

형태로 표현하라. 여기서 $\hat{U}, \hat{U}', \hat{V}, \hat{V}'$은 $\mathcal{V}$에 가해지는 유니테리 연산자들이다.

c) 다음을 증명하라.

$$\langle\Psi|\Phi\rangle = \mathrm{Tr}\left[(\hat{U}^\dagger\sqrt{\rho}\sqrt{\sigma}\,\hat{U}')(\hat{V}^\dagger\hat{V}')\right]. \tag{5.255}$$

d) 연습문제 5.7의 정리를 이용하여

$$|\,\langle\Psi|\Phi\rangle\,| \leq \mathrm{Tr}\,\sqrt{\rho}\sqrt{\sigma} = F(\hat{\rho},\hat{\sigma}) \tag{5.256}$$

이 성립함을 증명하라.

e) $\sqrt{\hat{\rho}}\sqrt{\hat{\sigma}}$의 극분해를 이용하여

$$|\,\langle\Psi|\Phi\rangle\,| = F(\hat{\rho},\hat{\sigma}) \tag{5.257}$$

가 되도록 $|\Psi\rangle$와 $|\Phi\rangle$를 정하라.

5.15. 양자상태 $\hat{\rho}$와 $\hat{\sigma}$를 잡고, 주어진 직교맞춤 기저 $\{|m\rangle\}$에 대해

$$p_m := \langle m|\hat{\rho}|m\rangle\,, \quad q_m := \langle m|\hat{\sigma}|m\rangle \tag{5.258}$$

이라 놓을 때,

$$F(\hat{\rho},\hat{\sigma}) \leq F_{\mathrm{cl}}(\{p_m\},\{q_m\}) \tag{5.259}$$

임을 보여라.

힌트: 극분해(정리 1.23)

$$\sqrt{\hat{\rho}}\sqrt{\hat{\sigma}} = \sqrt{\hat{\rho}^{1/2}\hat{\sigma}\hat{\sigma}^{1/2}}\,\hat{U} \tag{5.260}$$

를 이용해

$$F(\hat{\rho}, \hat{\sigma}) = \mathrm{Tr}\,\sqrt{\hat{\rho}^{1/2}\hat{\sigma}\hat{\sigma}^{1/2}} = \mathrm{Tr}\,\sqrt{\hat{\rho}}\sqrt{\hat{\sigma}}\,\hat{U}^{\dagger} \tag{5.261}$$

가 된다는 점을 유의하고, 코시-슈바르츠 부등식(정리 1.5)을 사용하라.

제 6 장

양자 오류정정 코드

완벽한 것은 없다. 오류는 항상 일어나기 마련이다. 그렇다면 양자정보가 오류정정에 관하여 구체적으로 고전적인 정보와 다른 점은 무엇일까?

어느 물리계나 소위 주변계 혹은 환경이라고 하는 주변의 여러 가지 장치 등과 상호작용을 피할 수 없다. 이러한 상호작용은 양자계에 특히 심각한 영향을 초래한다. 양자정보는 정교한 중첩으로 이루어져 있기 마련인데, 주변계는 이러한 중첩을 깨기 쉬우며, 이것이 곧 결깨짐으로 이어진다. 게다가 양자정보처리에 쓰이는 양자 게이트는 연속적인 유니테리 변환 중의 하나라서, 그러한 양자 게이트를 정확히 구현하기란 불가능하다. 여기서 그치지 않고 조그만 결함이 쌓여서 결국에는 심각한 오류가 될 수가 있다. 이러한 사실에 비추어 볼 때, 양자정보에 일어나는 오류는 분명 연속적이다. 이렇게 연속적인 오류는, 정정하는 것은 둘째 치고, 진단하는 것 자체가 이미 불가능한 일 처럼 보인다.

양자역학의 원리 자체도 양자오류의 처리를 매우 어렵게 한다. 고전적인 정보처리 과정에서는 정보처리에 앞서 미리 정보를 중복하여 복사해두고 정보처리 후에 서로 다른 복사본의 결과를 비교하는 것이 가장 기본적인 방법이다. 양자정보에 대해서는 이러한 방식이 통하지 않는다. 알려지지 않은 양자상태의 복사를 허용하지 않는 복제불가 정리(1.3.1절 참조) 때문이다. 측정은 또 다른 장애요소이다. 고전적인 경우에는 측정장치를 써서 계를 조사하고 필요하다면 오류를 정정하면 된다. 그러나 양자역학에서는 이런 방법을 쓸 수 없다. 측정 자체가 양자상태를 교란시키기 때문이다.

이러한 어려움에도 불구하고, 놀랍게도, 양자오류를 성공적으로 고칠 수 있다는 것을 이 장에서 보게 될 것이다. 이것은 양자정보를 적절히 부호화(encoding)함으로써 가능하다. 오류율이 너무 높지만 않다면, 양자정보를 잘 부호화하여 몇 가지 정해진 유형의 오류들만 교정해도 원래 상태를 복원할 수 있다. 아울러, 일어날 법한 오류들이 정해져 있으면, 이러한 오류로부터 보호할 수 있는 양자 오류정정 코드의 조건을 결정하게 될 것이다.

6.1 기본 예: 9 큐비트 코드

예를 먼저 살펴보자. 이 예는 주어진 오류 형태에 비해 비교적 많은 자원을 필요로 하는 편이고, 더 효율적인 방법이 있다. 그러나 구조가 간단하여 양자정보를 오류로부터 보호하도록 부호화하고, 오류를 측정해내고, 오류가 발생한 양자정보를 복구해내는 등에 관한 양자 오류정정 코드의 핵심 아이디어를 쉽게 이해할 수 있다.

6.1.1 비트뒤집기 오류

양자컴퓨터가 확률 p로 개별 큐비트의 기저상태를 $|0\rangle \leftrightarrow |1\rangle$과 같이 뒤집는 양자잡음에 노출되어 있다고 하자. 이러한 오류를 비트뒤집기 오류(bit-flip error)라 부른다. 이러한 오류를 정정할 수 있는 양자코드에 대해 알아보자.

단일 큐비트의 양자상태 $|\psi\rangle = |0\rangle c_0 + |1\rangle c_1$를 비트뒤집기 오류로부터 보호하기 위해서는 이 상태를 여러 큐비트에 부호화하여야 한다. 예를 들어, 위 상태를 $|\bar{\psi}\rangle = |000\rangle c_0 + |111\rangle c_1$와 같이 세 큐비트에 부호화할 수 있다. 이 부호화 체계에서 논리기저상태는

$$|\bar{0}\rangle := |000\rangle \,, \quad |\bar{1}\rangle := |111\rangle \tag{6.1}$$

이며, 이는 각 큐비트의 물리적인 기저상태 $|0\rangle$이나 $|1\rangle$과는 구별된다. 이 두 논리기저상태로 펼쳐지는 부분공간이 바로 부호공간(code space)이 된다. 이 부호공간으로의 투영연산자는 $\hat{P}_0 := |000\rangle\langle 000| + |111\rangle\langle 111|$이다. 부호화하는 과정은 아래와 같은 양자회로(그림 2.5 참조)

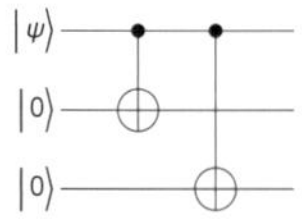

$|\psi\rangle$ $|0\rangle$ $|0\rangle$ (6.2a)

혹은 다음과 같은 양자회로(연습문제 2.5 참조)

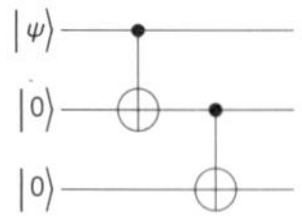

$|\psi\rangle$ $|0\rangle$ $|0\rangle$ (6.2b)

를 이용하여 이루어진다.

이 부호화 체계가 비트뒤집기 오류로부터 양자정보를 어떻게 보호하는지 알아보기 위해, 오류가 첫 번째 큐비트에 발생했다고 해보자. 이때, 오류는 $\hat{X} \otimes \hat{I} \otimes \hat{I}$라는 연산자로

기술된다. 따라서, 부호화된 상태는 $|\bar{\psi}_1\rangle = |100\rangle c_0 + |011\rangle c_1$로 바뀌게 된다. 이 상태는 부호화된 원래 상태 $|\bar{\psi}\rangle$와 직교하므로 원칙적으로 적절한 측정을 통해 구별해낼 수 있다. 실제로, $|100\rangle$과 $|011\rangle$로 펼쳐지는 부분공간으로의 투영연산자 $\hat{P}_1 := |100\rangle\langle 100| + |011\rangle\langle 011|$을 측정하면 원하는 결과를 얻을 수 있다. 마찬가지로, 두 번째 및 세 번째 큐비트의 비트값이 뒤집히면 부호화된 양자상태는 각각 $|\bar{\psi}_2\rangle = |010\rangle c_0 + |101\rangle c_1$과 $|\bar{\psi}_3\rangle = |001\rangle c_0 + |110\rangle c_1$로 바뀌게 된다. 이 두 상태는 각각 투영연산자 $\hat{P}_2 := |010\rangle\langle 010| + |101\rangle\langle 101|$과 $\hat{P}_3 := |001\rangle\langle 001| + |110\rangle\langle 110|$에 해당하는 부분공간에 속한다. 이러한 비트뒤집기 오류는 부호화된 원래 상태 $|\bar{\psi}\rangle$를 서로 직교하는 부분공간으로 보내기 때문에, 즉, 투영연산자가 $\hat{P}_i\hat{P}_j = \delta_{ij}\hat{P}_j$를 만족하기 때문에, 투영연산자 $\hat{P}_0, \hat{P}_1, \hat{P}_2, \hat{P}_3$으로 기술되는 측정을 통해 비트뒤집기 오류가 어느 큐비트에서 발생했는지 알아낼 수 있다. 이러한 측정을 오류검출 과정이라 부르며, 그 측정의 결과를 오류증상(error syndrome)이라 부른다.

양자상태 $|\bar{\psi}\rangle$, $|\bar{\psi}_1\rangle$, $|\bar{\psi}_2\rangle$ 및 $|\bar{\psi}_3\rangle$가 두 연산자

$$\hat{M}_1 := \hat{Z} \otimes \hat{Z} \otimes \hat{I}\,, \quad \hat{M}_2 := \hat{I} \otimes \hat{Z} \otimes \hat{Z} \tag{6.3}$$

의 공통 고유상태라는 점이 주목할 만하다. 게다가 이들 상태는 모두 서로 직교하기 때문에, 두 고유값 $\hat{M}_1$과 $\hat{M}_2$가 반드시 달라야 한다. 실제로, 위 상태들은 고유값 쌍이 각각 $(1,1)$, $(-1,1)$, $(-1,-1)$ 및 $(1,-1)$로 주어진다. 따라서, 오류증상에 관한 한 두 물리량 $\hat{M}_1$와 $\hat{M}_2$를 측정하면 앞 문단에서 설명한 투영측정, 즉, 투영연산자들 $\hat{P}_j$를 측정하는 것과 정확히 같은 정보를 얻을 수 있다.[6.1] 지금 단계에서는 명확하지 않겠지만, 이 방법으로 오류를 찾아내는 방법이 투영연산자 $\hat{P}_j$를 측정하는 방식보다 일반적인 부호화 체계로 확장하기 쉽다. 6.3절과 6.4절에서 소개할 안정자체계가 그 좋은 예이다. 따라서, 지금부터는 이 방법만 사용하겠다.

오류검출과정에서 특히 주의해야 할 것은 부호화된 상태 $|\bar{\psi}\rangle$의 확률진폭 c_0와 c_1 등과 같은 부호화 체계의 세부사항이 드러나지 않도록 하는 것이다. 예를 들어, $\hat{M}_1$을 측정하면 첫 번째 큐비트와 두 번째 큐비트의 논리값의 상대적인 부호만 비교할 뿐이다. 즉, 만약 두 값이 같으면 $+1$ 값을 주고, 다르면 -1 값을 줄 뿐이며, 각각의 값에 관해서는 아무 정보도 주지 못한다. 마찬가지로, $\hat{M}_2$를 측정하면 단지 두 번째 큐비트와 세 번째 큐비트의 값을 비교할 뿐이며, 각각의 값에 관해 아무것도 드러내지 않는다. 그럼에도 오류가 어느 큐비트에서 발생한 것인지 결정할 수가 있다. 예를 들어, 양자잡음에 의해 첫 번째 큐비트의 값이 바뀌었다고 하자. 처음 두 큐비트의 값을 비교함으로써 오류가 둘 중의 하나에서 발생한 것을 알 수 있으나, 정확이 어느 큐비트인지는 알 수 없다. 두 번째 큐비트와 세 번째 큐비

[6.1] $\hat{M}_1$과 $\hat{M}_2$의 측정은 집단측정으로, 개별 큐비트에 대해 $\hat{Z}$를 순차적으로 측정하는 것과 다르다. 보조큐비트를 이용하여 $\hat{M}_1$이나 $\hat{M}_2$와 같은 연산자의 집단측정을 구현하는 방법에 관해서는 2.5절을 참고하기 바란다.

트의 값을 비교함으로써 둘 중의 어느 큐비트에서도 오류가 발생하지 않았다는 것을 알 수 있고, 이로부터 비로소 첫 번째 큐비트에서 오류가 발생했다는 것을 알 수 있다. 이때 오류 발생율이 충분히 낮아, 두 큐비트 이상에서 오류가 발생할 확률은 충분히 낮다는 가정을 전제로 하였다.

일단 오류검출 과정을 통해 오류증상을 확인하고 나면, 다음 단계는 오류를 정정하고 원래의 부호화된 상태 $|\bar{\psi}\rangle$를 복구하는 것이다. 이 단계를 오류복구 과정이라 부른다. 비트뒤집기 오류의 경우, 오류복구 과정은 간단하다. 오류가 발생한 큐비트가 어디냐에 따라 $\hat{X}\otimes\hat{I}\otimes\hat{I}$, $\hat{I}\otimes\hat{X}\otimes\hat{I}$ 또는 $\hat{I}\otimes\hat{I}\otimes\hat{X}$ 중의 한 연산자를 적용해주기만 하면 된다. 물론, 오류가 발생하지 않았다면 아무것도 하지 않아도 된다.

오류가 발생하지 않았거나 단 하나의 큐비트에서만 비트뒤집기 오류가 발생했다면, 위에 소개한 오류정정 과정을 통해 원래 상태를 성공적으로 복구해낼 수 있다. 따라서, 성공적으로 복구할 확률은 $(1-p)^3+3p(1-p)^2 = 1-3p^2+2p^3$와 같다. 부호화되지 않은 원래 상태가 오류 없이 유지될 확륙 $(1-p)$임을 감안할 때, $p < 1/2$이기만 하다면 양자상태를 부호화하고 오류정정 과정을 거치는 것이 양자상태를 저장하고 유지하는 데 더 유리하다는 것을 알 수 있다. 양자 오류정정의 이점에 관한 위 분석은 엄밀하지는 않지만 양자 오류정정 코드가 어떻게 작동하는지 첫인상을 주기에 충분하다. 더 엄밀한 분석은 이어지는 절들에서 곧 보게 될 것이다.

Suppose that we want to encode a single-qubit state to protect it against the bit-flip error.

```
In[ ]:= vec = ProductState[S[1] → {c[0], c[1]}, "Label" → Ket[ψ]]
```

Out[ ]= $\left(c_0 |0\rangle + c_1 |1\rangle\right)_{S_1}$

The encoding is achieved by a quantum circuit model of the form.

```
In[ ]:= qc = QuantumCircuit[vec,
          LogicalForm[Ket[], S@{2, 3}], CNOT[S[1], S[2]], CNOT[S[1], S[3]]]
```

Out[ ]=
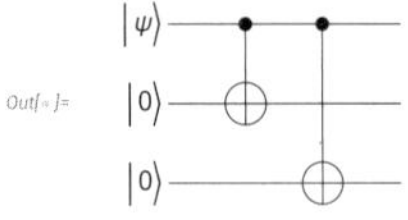


```
In[ ]:= out = DefaultForm@ExpressionFor[qc];
        out // LogicalForm
```

Out[ ]= $c_0 |0_{S_1} 0_{S_2} 0_{S_3}\rangle + c_1 |1_{S_1} 1_{S_2} 1_{S_3}\rangle$

Here is another quantum circuit model giving the same encoding.

```
In[ ]:= qc2 = QuantumCircuit[vec,
          LogicalForm[Ket[], S@{2, 3}], CNOT[S[1], S[2]], CNOT[S[2], S[3]]]
```

Out[•]=
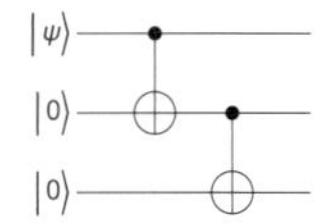

In[•]:=
```
out2 = DefaultForm@ExpressionFor[qc2];
out2 // LogicalForm
```

Out[•]= $c_0 \left|0_{S_1}0_{S_2}0_{S_3}\right\rangle + c_1 \left|1_{S_1}1_{S_2}1_{S_3}\right\rangle$

Consider a bit-flip error occurs randomly

In[•]:=
```
errors = Join[{1}, S[{1, 2, 3}, 1]]
opE = RandomChoice[errors]
new = opE ** out;
new // LogicalForm
```

Out[•]= $\{1, S_1^x, S_2^x, S_3^x\}$

Out[•]= S_1^x

Out[•]= $c_1 \left|0_{S_1}1_{S_2}1_{S_3}\right\rangle + c_0 \left|1_{S_1}0_{S_2}0_{S_3}\right\rangle$

This gives the error syndrome.

In[•]:=
```
out1 = Measurement[op1 = S[1, 3] ** S[2, 3]]@new;
out2 = Measurement[op2 = S[2, 3] ** S[3, 3]]@new;
LogicalForm[out1, S@{1, 2, 3}] /.
 {c[0] Conjugate[c[0]] + c[1] Conjugate[c[1]] → 1}
LogicalForm[out2, S@{1, 2, 3}] /.
 {c[0] Conjugate[c[0]] + c[1] Conjugate[c[1]] → 1}
Readout@{op1, op2}
```

Out[•]= $c_1 \left|0_{S_1}1_{S_2}1_{S_3}\right\rangle + c_0 \left|1_{S_1}0_{S_2}0_{S_3}\right\rangle$

Out[•]= $c_1 \left|0_{S_1}1_{S_2}1_{S_3}\right\rangle + c_0 \left|1_{S_1}0_{S_2}0_{S_3}\right\rangle$

Out[•]= {1, 0}

6.1.2 위상뒤집기 오류

이미 언급한 대로, 양자상태는 논리기저상태들의 중첩이다. 따라서, 논리기저상태를 바꾸지 않고 단지 선형결합 계수만 바꾸어도 오류로 이어진다. 특히, 선형결합 계수들 사이의 상대위상 값만 바뀌어도, 각 논리기저상태를 차지할 확률은 그대로이지만, 양자상태 자체는 원래 양자상태와 달라진다. 단일 큐비트에서 선형결합 계수들 사이의 상대위상 값이 확률 p로 π 만큼 변하는(즉, 두 계수 사이의 상대적인 부호가 $+1$에서 -1 또는 그 반대로 바뀌는) 다소 극단적인 상황을 생각해보자. 이러한 오류를 위상뒤집기 오류라 부르며, 이에 해당되는 오류 연산자는 $\hat{Z}$이다. 이러한 오류가 특히 흥미로운 이유는 고전정보에서는 위상은 아무 역할을 하지 않아서 고전적으로는 볼 수 없는 오류이기 때문이다.

그러나 위상뒤집기 오류도 비트뒤집기 오류와 본질적으로 같다. 이러한 사실은 위상뒤집기 오류가 두 상태 $|\pm\rangle := (|0\rangle \pm |1\rangle)/\sqrt{2}$ 사이를 오가는 것에 해당된다는 사실을 보면 금방 알 수 있다. 따라서 $\{|0\rangle, |1\rangle\}$에서 $\{|+\rangle, |-\rangle\}$로 기저만 바꾸면 위상뒤집기 오류는 비트뒤집기 오류와 다를 바 없고, 후자는 이미 어떻게 정정할 수 있는지 살펴보았다. 기저변환을 제외하고는 부호화, 오류검출, 오류복구 등을 포한한 전체 오류정정 과정이 비트뒤집기 오류를 정정하는 과정과 동일하다. 위상뒤집기 오류는 양자정보 특유의 현상인데, 역시 양자정보에서만 가능한 기저변환을 이용하여 정정할 수 있다는 점은 다소 역설적으로 보인다. 그러나 이러한 사실은 모든 종류의 양자오류를 동등한 방법으로 취급할 수 있다는 점을 시사하고 있으며, 일반적인 양자오류로부터 양자상태를 보호할 수 있는 방안에 대한 영감을 준다.

위 언급으로도 이미 분명하지만, 나중에 쓰기 위해 위상뒤집기 오류로부터 양자상태를 보호하는 과정을 구체적으로 기술해보자. 단일 큐비트 양자상태의 부호화는

$$|\bar{0}\rangle := |+++\rangle\,, \quad |\bar{1}\rangle := |---\rangle \tag{6.4}$$

를 논리기저상태로 사용한다. 부호화를 구현하는 유니테리 변환은 양자회로

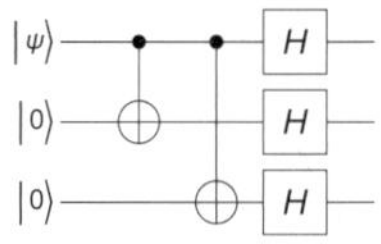

$|\psi\rangle$, $|0\rangle$, $|0\rangle$ — H, H, H (6.5a)

혹은

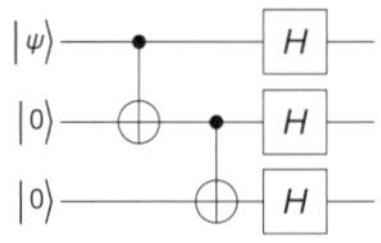

$|\psi\rangle$, $|0\rangle$, $|0\rangle$ — H, H, H (6.5b)

로 기술할 수 있다. 비트뒤집기 오류 정정을 위한 부호화에 해당하는 양자회로 (6.2)와 비교할 때, 위 회로들은 하다마드 게이트 $\hat{H}^{\otimes 3}$를 포함하고 있는데 이것은 위에서 언급한 기저변환을 하기 위함이다. 하나 이하의 큐비트에서 발생하는 위상뒤집기 오류는 아래와 같은 연산자[식 (6.3) 참조]를 측정함으로써 찾아낼 수 있다.

$$\hat{M}_1' = \hat{H}^{\otimes 3}\hat{M}_1\hat{H}^{\otimes 3} = \hat{X}\otimes\hat{X}\otimes\hat{I}\,, \tag{6.6a}$$

$$\hat{M}_2' = \hat{H}^{\otimes 3}\hat{M}_2\hat{H}^{\otimes 3} = \hat{I}\otimes\hat{X}\otimes\hat{X}\,. \tag{6.6b}$$

$\hat{H}\hat{Z}\hat{H} = \hat{X}$임을 상기하면, 위 관계식들은 쉽게 이해할 수 있다. 위상뒤집기 오류가 첫 번째, 두 번째 혹은 세 번째 큐비트에서 발생했다면, 위 두 연산자 측정값의 쌍은 각각 $(-1, 1)$, $(-1, -1)$, 혹은 $(1, -1)$이 될 것이며, 어디에서도 위상뒤집기 오류가 발생하지 않았다면 측

정값 쌍은 $(1, 1)$이 될 것이다. 일단 오류증상이 판명되면 해당 오류는 연산자 $\hat{I}\otimes\hat{I}\otimes\hat{I}$(아무것도 하지 않음), $\hat{Z}\otimes\hat{I}\otimes\hat{I}$, $\hat{I}\otimes\hat{Z}\otimes\hat{I}$ 또는 $\hat{I}\otimes\hat{I}\otimes\hat{Z}$를 작용하여 복구할 수 있다. 여기서도 역시 항등식 $\hat{H}\hat{X}\hat{H} = \hat{Z}$를 상기하면 편리하다.

Suppose that we want to encode a single-qubit state to protect it against the phase-flip error.

```
In[ ]:= vec = ProductState[S[1] → {c[0], c[1]}, "Label" → Ket[ψ]]
```

Out[ ]= $(c_0 |0\rangle + c_1 |1\rangle)_{S_1}$

The encoding is achieved by a quantum circuit model of the form.

```
In[ ]:= qc = QuantumCircuit[vec, LogicalForm[Ket[], S@{2, 3}],
          CNOT[S[1], S[2]], CNOT[S[1], S[3]], S[{1, 2, 3}, 6]]
```

Out[ ]= 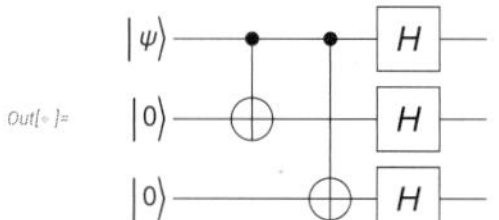


```
In[ ]:= out = DefaultForm@ExpressionFor[qc];
        out // LogicalForm
```

Out[ ]= $$\frac{(c_0+c_1)\,|0_{S_1}0_{S_2}0_{S_3}\rangle}{2\sqrt{2}} + \frac{(c_0-c_1)\,|0_{S_1}0_{S_2}1_{S_3}\rangle}{2\sqrt{2}} + \frac{(c_0-c_1)\,|0_{S_1}1_{S_2}0_{S_3}\rangle}{2\sqrt{2}} + \frac{(c_0+c_1)\,|0_{S_1}1_{S_2}1_{S_3}\rangle}{2\sqrt{2}} + \frac{(c_0-c_1)\,|1_{S_1}0_{S_2}0_{S_3}\rangle}{2\sqrt{2}} + \frac{(c_0+c_1)\,|1_{S_1}0_{S_2}1_{S_3}\rangle}{2\sqrt{2}} + \frac{(c_0+c_1)\,|1_{S_1}1_{S_2}0_{S_3}\rangle}{2\sqrt{2}} + \frac{(c_0-c_1)\,|1_{S_1}1_{S_2}1_{S_3}\rangle}{2\sqrt{2}}$$

To compare the above result with the desired state, let us construct the encoding explicitly.

```
In[ ]:= new = ProductState[S@{1, 2, 3} → {1, 1} / Sqrt[2]] × c[0] +
          ProductState[S@{1, 2, 3} → {1, -1} / Sqrt[2]] × c[1]
```

Out[ ]= $$c_1 \left(\frac{|0\rangle}{\sqrt{2}} - \frac{|1\rangle}{\sqrt{2}}\right)_{S_1} \otimes \left(\frac{|0\rangle}{\sqrt{2}} - \frac{|1\rangle}{\sqrt{2}}\right)_{S_2} \otimes \left(\frac{|0\rangle}{\sqrt{2}} - \frac{|1\rangle}{\sqrt{2}}\right)_{S_3} + c_0 \left(\frac{|0\rangle}{\sqrt{2}} + \frac{|1\rangle}{\sqrt{2}}\right)_{S_1} \otimes \left(\frac{|0\rangle}{\sqrt{2}} + \frac{|1\rangle}{\sqrt{2}}\right)_{S_2} \otimes \left(\frac{|0\rangle}{\sqrt{2}} + \frac{|1\rangle}{\sqrt{2}}\right)_{S_3}$$

```
In[ ]:= out - new // Elaborate
```

Out[ ]= 0

Here is another quantum circuit model giving the same encoding.

```
In[ ]:= qc2 = QuantumCircuit[vec, LogicalForm[Ket[], S@{2, 3}],
          CNOT[S[1], S[2]], CNOT[S[2], S[3]], S[{1, 2, 3}, 6]]
```

Out[ ]= 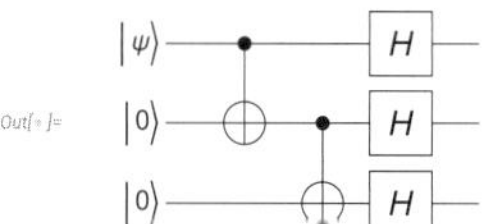

```
In[ ]:= out2 = DefaultForm@ExpressionFor[qc2];
        out2 // LogicalForm
```

$$\text{Out[ ]=}\ \frac{(c_0+c_1)\,|0_{S_1}0_{S_2}0_{S_3}\rangle}{2\sqrt{2}}+\frac{(c_0-c_1)\,|0_{S_1}0_{S_2}1_{S_3}\rangle}{2\sqrt{2}}+\frac{(c_0-c_1)\,|0_{S_1}1_{S_2}0_{S_3}\rangle}{2\sqrt{2}}+\frac{(c_0+c_1)\,|0_{S_1}1_{S_2}1_{S_3}\rangle}{2\sqrt{2}}+\frac{(c_0-c_1)\,|1_{S_1}0_{S_2}0_{S_3}\rangle}{2\sqrt{2}}+\frac{(c_0+c_1)\,|1_{S_1}0_{S_2}1_{S_3}\rangle}{2\sqrt{2}}+\frac{(c_0+c_1)\,|1_{S_1}1_{S_2}0_{S_3}\rangle}{2\sqrt{2}}+\frac{(c_0-c_1)\,|1_{S_1}1_{S_2}1_{S_3}\rangle}{2\sqrt{2}}$$

6.1.3 일반적인 오류

지금까지는 비트뒤집기 오류나 위상뒤집기 오류 등 특정한 형태의 오류를 고려했다. 물론, 실제 오류는 이보다 훨씬 일반적이어서 양자상태를 이루는 선형결합 계수의 복소수 값이 조금만 변하더라도 오류가 된다. 그러나 처음에는 놀랍게 들릴지 몰라도, 만약 어떤 양자 오류정정 코드가 비트뒤집기 오류와 위상뒤집기 오류 두 가지만 성공적으로 정정할 수 있다면 그 어떤 오류도 모두 정정할 수 있다. 정확한 수학적 정리나 그에 해당하는 양자 오류정정 코드를 만드는 방법을 소개하기 전에, 우선, 실제 예로 쇼어 9 큐비트 코드를 보기로 하자. 이 코드는 앞서 소개한 비트뒤집기 코드와 위상뒤집기 코드를 기반으로 만들어져 있음에도 단일 큐비트에서 발생하는 일반적인 오류를 고칠 수 있다.

앞서 살펴본 방법에 따르면 비트뒤집기 오류나 위상뒤집기 오류로부터 양자상태를 보호하기 위해서는 한 큐비트의 양자상태를 각각 세 큐비트에 부호화하여야 한다. 따라서, 쇼어의 코드는 두 가지 오류 및 그들의 조합으로부터 보호하기 위해 9 큐비트가 필요하다. 구체적으로, 위상뒤집기 코드에 따라 먼저 물리적인 기저상태 $|0\rangle$과 $|1\rangle$을 세 큐비트 논리기저상태 $|+++\rangle$와 $|---\rangle$로 부호화 한다. 또 위 논리기저상태에 들어있는 세 큐비트 각각의 양자상태를 세 큐비트를 추가로 사용하여 부호화 한다. 즉, $|+\rangle$는 $(|000\rangle+|111\rangle)/\sqrt{2}$로 $|-\rangle$는 $(|000\rangle-|111\rangle)/\sqrt{2}$로 부호화 하는 방식이다. 위상뒤집기 코드는 세 개의 블록에 부호화하고 각 블록의 비트뒤집기 오류정정 코드는 세 개의 큐비트에 부호화한다고 생각하면 편리하다. 전제 부호화 체계에 해당하는 코드단어(codeword)는 다음과 같이 주어진다.

$$|\bar{0}\rangle := \frac{(|000\rangle+|111\rangle)\otimes(|000\rangle+|111\rangle)\otimes(|000\rangle+|111\rangle)}{\sqrt{8}}, \tag{6.7a}$$

$$|\bar{1}\rangle := \frac{(|000\rangle-|111\rangle)\otimes(|000\rangle-|111\rangle)\otimes(|000\rangle-|111\rangle)}{\sqrt{8}}. \tag{6.7b}$$

부호화 과정은 그림 6.1에 나타낸 두 양자회로 중 하나 혹은 이와 유사한 양자회로를 이용하여 구현할 수 있다. 각 양자회로는 편의상 수직 점선에 의해 두 단계로 구분되어 있다. 수직 점선의 왼쪽에 있는 첫 단계는 위상뒤집기 코드의 부호화에 해당하며[식 (6.2)의 양자회로 참조], 수직 점선의 오른쪽에 있는 두 번째 단계는 비트뒤집기 코드의 부호화를 구현한다 [식 (6.5)의 양자회로 참조].

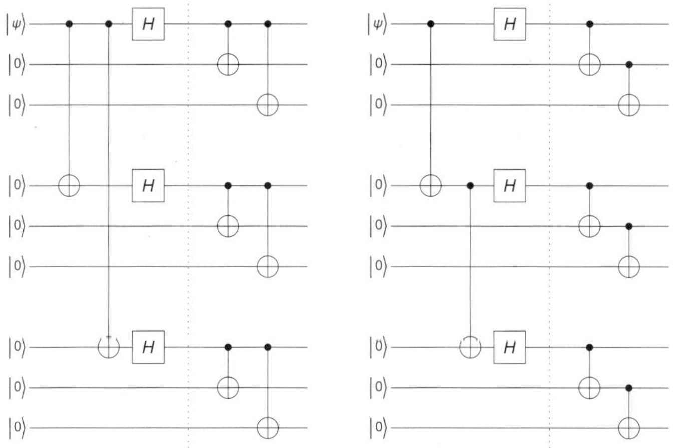

그림 6.1: 쇼어의 9 큐비트 양자 오류정정 코드를 구현하는 두 가지 양자회로.

첫 번째 블록에 발생하는 비트뒤집기 오류의 증상은 다음 두 연산자를 측정함으로써 확인할 수 있다.

$$(\hat{Z} \otimes \hat{Z} \otimes \hat{I}) \otimes (\hat{I} \otimes \hat{I} \otimes \hat{I}) \otimes (\hat{I} \otimes \hat{I} \otimes \hat{I}), \tag{6.8a}$$

$$(\hat{I} \otimes \hat{Z} \otimes \hat{Z}) \otimes (\hat{I} \otimes \hat{I} \otimes \hat{I}) \otimes (\hat{I} \otimes \hat{I} \otimes \hat{I}). \tag{6.8b}$$

이것은 바로 세 개의 큐비트에 부호화된 양자상태에서 비트뒤집기 오류를 찾아내는 방법과 같다. 마찬가지로, 다른 블록에 발생하는 비트뒤집기 오류는 아래 연산자들을 측정함으로써 찾아낼 수 있다.

$$(\hat{I} \otimes \hat{I} \otimes \hat{I}) \otimes (\hat{Z} \otimes \hat{Z} \otimes \hat{I}) \otimes (\hat{I} \otimes \hat{I} \otimes \hat{I}), \tag{6.8c}$$

$$(\hat{I} \otimes \hat{I} \otimes \hat{I}) \otimes (\hat{I} \otimes \hat{Z} \otimes \hat{Z}) \otimes (\hat{I} \otimes \hat{I} \otimes \hat{I}), \tag{6.8d}$$

$$(\hat{I} \otimes \hat{I} \otimes \hat{I}) \otimes (\hat{I} \otimes \hat{I} \otimes \hat{I}) \otimes (\hat{Z} \otimes \hat{Z} \otimes \hat{I}), \tag{6.8e}$$

$$(\hat{I} \otimes \hat{I} \otimes \hat{I}) \otimes (\hat{I} \otimes \hat{I} \otimes \hat{I}) \otimes (\hat{I} \otimes \hat{Z} \otimes \hat{Z}). \tag{6.8f}$$

일단 비트뒤집기 오류가 발생한 큐비트를 찾아내면 $\hat{X}$를 작용하여 복구할 수 있다.

어떤 큐비트에든 위상뒤집기 오류가 발생하면 그 큐비트가 속한 블록으로 부호화한 양자상태의 상대적인 부호가 바뀌게 된다. 위상뒤집기 코드의 아이디어에 따라 다른 블록사이의 부호를 비교하면 어떤 블록에서 위상뒤집기 오류가 발생했는지 알아낼 수 있다. 처음 두 블록의 부호를 비교하는 연산자는 다음과 같다.

$$(\hat{X} \otimes \hat{X} \otimes \hat{X}) \otimes (\hat{X} \otimes \hat{X} \otimes \hat{X}) \otimes (\hat{I} \otimes \hat{I} \otimes \hat{I}). \tag{6.9a}$$

마찬가지로, 두 번째 블록과 세 번째 블록의 부호를 비교하려면 다음 연산자를 측정하면 된다.

$$(\hat{I} \otimes \hat{I} \otimes \hat{I}) \otimes (\hat{X} \otimes \hat{X} \otimes \hat{X}) \otimes (\hat{X} \otimes \hat{X} \otimes \hat{X}). \tag{6.9b}$$

일단, 위상뒤집기 오류가 발생한 블록을 찾아내고 나면 연산자 $\hat{Z} \otimes \hat{Z} \otimes \hat{Z}$를 작용하여 원래 양자상태를 복구해낼 수 있다.

Here is a widely known quantum circuit model for Shor's 9-qubit quantum error correction code.

In[ ]:=
```
qc = QuantumCircuit[
  LogicalForm[Ket[], S@Range[2, 9]],
  CNOT[S[1], S[4]], CNOT[S[1], S[7]],
  S[{1, 4, 7}, 6],
  {CNOT[S[1], S[2]], CNOT[S[4], S[5]], CNOT[S[7], S[8]]},
  {CNOT[S[1], S[3]], CNOT[S[4], S[6]], CNOT[S[7], S[9]]},
  "Invisible" → S@{3.5, 6.5}
 ]
```

Out[ ]=

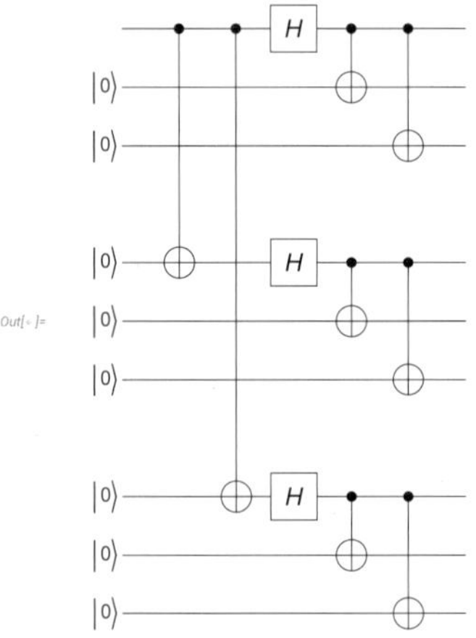

This is the logical basis state $|0\rangle$ of the 9-qubit code.

In[ ]:=
```
out0 = ExpressionFor@QuantumCircuit[Ket[S[1] → 0], qc];
KetFactor@LogicalForm[out0, S@Range[9]]
```

Out[ ]=

$$\frac{\left(|0_{S_1}0_{S_2}0_{S_3}\rangle + |1_{S_1}1_{S_2}1_{S_3}\rangle\right) \otimes \left(|0_{S_4}0_{S_5}0_{S_6}\rangle + |1_{S_4}1_{S_5}1_{S_6}\rangle\right) \otimes \left(|0_{S_7}0_{S_8}0_{S_9}\rangle + |1_{S_7}1_{S_8}1_{S_9}\rangle\right)}{2\sqrt{2}}$$

This is the logical basis state $|1\rangle$ of the 9-qubit code.

In[ ]:=
```
out1 = ExpressionFor@QuantumCircuit[Ket[S[1] → 1], qc];
KetFactor@LogicalForm[out1, S@Range[9]]
```

Out[ ]=

$$\frac{\left(|0_{S_1}0_{S_2}0_{S_3}\rangle - |1_{S_1}1_{S_2}1_{S_3}\rangle\right) \otimes \left(|0_{S_4}0_{S_5}0_{S_6}\rangle - |1_{S_4}1_{S_5}1_{S_6}\rangle\right) \otimes \left(|0_{S_7}0_{S_8}0_{S_9}\rangle - |1_{S_7}1_{S_8}1_{S_9}\rangle\right)}{2\sqrt{2}}$$

Here is another equivalent implementation of Shor's 9-qubit quantum error correction code.

```
In[ ]:= qc = QuantumCircuit[
   LogicalForm[Ket[], S@Range[2, 9]],
   CNOT[S[1], S[4]], CNOT[S[4], S[7]],
   S[{1, 4, 7}, 6],
   {CNOT[S[1], S[2]], CNOT[S[4], S[5]], CNOT[S[7], S[8]]},
   {CNOT[S[2], S[3]], CNOT[S[5], S[6]], CNOT[S[8], S[9]]},
   "Invisible" → S@{3.5, 6.5}
  ]
```

Out[ ]=

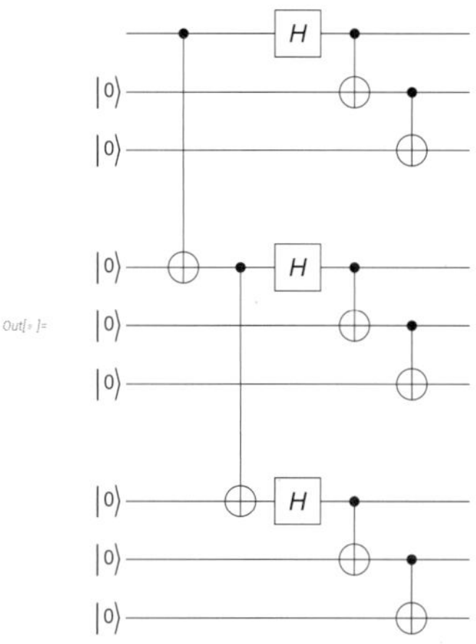

This is the logical basis state $|0\rangle$ of the 9-qubit code.

```
In[ ]:= out0 = ExpressionFor@QuantumCircuit[Ket[S[1] → 0], qc];
KetFactor@LogicalForm[out0, S@Range[9]]
```

Out[ ]= $$\frac{\left(|0_{S_1}0_{S_2}0_{S_3}\rangle + |1_{S_1}1_{S_2}1_{S_3}\rangle\right) \otimes \left(|0_{S_4}0_{S_5}0_{S_6}\rangle + |1_{S_4}1_{S_5}1_{S_6}\rangle\right) \otimes \left(|0_{S_7}0_{S_8}0_{S_9}\rangle + |1_{S_7}1_{S_8}1_{S_9}\rangle\right)}{2\sqrt{2}}$$

This is the logical basis state $|1\rangle$ of the 9-qubit code.

```
In[ ]:= out1 = ExpressionFor@QuantumCircuit[Ket[S[1] → 1], qc];
KetFactor@LogicalForm[out1, S@Range[9]]
```

Out[ ]= $$\frac{\left(|0_{S_1}0_{S_2}0_{S_3}\rangle - |1_{S_1}1_{S_2}1_{S_3}\rangle\right) \otimes \left(|0_{S_4}0_{S_5}0_{S_6}\rangle - |1_{S_4}1_{S_5}1_{S_6}\rangle\right) \otimes \left(|0_{S_7}0_{S_8}0_{S_9}\rangle - |1_{S_7}1_{S_8}1_{S_9}\rangle\right)}{2\sqrt{2}}$$

코드의 구성으로부터 기대했던 대로, 9 큐비트 코드는 비트뒤집기 오류와 위상뒤집기 오류를 성공적으로 찾아내고 고칠 수 있다는 점을 확인하였다. 이제 중요한 것은, 오류가 한 큐비트에서만 발생하는 한, 위와 같은 코드가 일반적인 오류도 고칠 수 있다는 것을 보이는 것이다. $|\bar{\psi}\rangle = |\bar{0}\rangle c_0 + |\bar{1}\rangle c_1$이 부호화된 양자상태이고, 오류가 한 큐비트에 발생했다고 하자. 이 오류를 효과적으로 기술하려면 양자연산 $\mathscr{F}$를 이용하면 편리하다(5.2절과 부록 B.2 참조). $\mathscr{F}$가 크라우스 원소들 $\hat{F}_\mu$로 기술된다고 하자. 그럼 오류로 손상된 양자상태는 다음과 같이 주어진다.

$$\mathscr{F}(|\bar{\psi}\rangle\langle\bar{\psi}|) = \sum_\mu \hat{F}_\mu |\bar{\psi}\rangle\langle\bar{\psi}| \hat{F}_\mu^\dagger. \tag{6.10}$$

이것은 여러 순수상태의 통계적 혼합에 해당한다. 이중에서 하나, 가령, $\hat{F}_\mu |\bar{\psi}\rangle$를 살펴보자. 크라우스 원소 $\hat{F}_\mu$가 큐비트 j에 작용하는 연산자라면, 파울리 연산자를 써서 다음과 같이 펼칠수 있다.

$$\hat{F}_\mu = \hat{I}_j C_{0\mu} + \hat{X}_j C_{1\mu} + \hat{Y}_j C_{2\mu} + \hat{Z}_j C_{3\mu}\,. \tag{6.11}$$

여기서 $C_{\lambda\mu}$는 복소계수이며 파울리 연산자에 붙은 아래첨자 j는 해당 연산자가 특정 큐비트 j에 작용한다는 것을 표시한다. 그러므로 오류로 손상된 양자상태 $\hat{F}_\mu |\bar{\psi}\rangle$는 원래 상태 $|\bar{\psi}\rangle$, 비트뒤집기 오류의 영향을 받은 상태 $\hat{X}_j |\bar{\psi}\rangle$, 위상뒤집기 오류의 영향을 받은 상태 $\hat{Z}_j |\bar{\psi}\rangle$ 및 두 가지 오류의 영향을 모두 받은 상태 $\hat{Y}_j |\bar{\psi}\rangle = i\hat{X}\hat{Z} |\bar{\psi}\rangle$의 선형결합이다. 오류 증상이 확인되면, 양자상태는 그 증상에 해당하는 상태로 붕괴하며, 적절한 복구 연산자를 작용하면 오류로 손상된 상태를 원래 상태로 되돌릴 수 있게 된다. 같은 과정을 $\mathscr{F}$의 모든 크라우스 원소에 적용할 수 있다.

이 예는 어떤 코드가 비트뒤집기 오류와 위상뒤집기 오류 등 두 가지 오류만 정정할 수 있더라도, 그 코드는 다른 모든 오류를 고칠수 있다는 점을 선명하게 보여주고 있다. 다시 말해 큐비트에 발행하는 오류가 연속적이라 하더라도, 양자 오류정정 코드의 성능은 특정한 종류의 오류들을 고칠 수 있는지 여부로 판가름난다. 이 사실을 아래 다음 절에서 더 엄밀하게 살펴보자.

6.2 양자 오류정정 정리

양자정보를 고전정보와 구별짓는 특유의 특성은 논리상태의 연속적인 중첩이라는 점이다. 원래 중첩에서 조금만 벗어나도 오류가 된다는 점에서 당연히 양자정보에 발생하는 오류도 연속적일 수 밖에 없다. 언뜻 보면 오류를 찾아내는 것부터 엄청난 어려움을 줄 것 처럼 보인다. 역설적이게도, 연속적인 양자정보는 고전적인 아날로그 체계와는 전혀 달라서 양자정보에 발생하는 오류는 불연속적인 체계로 분류가 가능하다. 이번 절에서는 이 점을 두 단계로 나누어 살펴본다. 먼저 양자오류를 고칠 수 있는 조건을 알아보고, 이어서 일정한 유한 집합에 속한 오류를 고치는 것 만으로도 임의의 양자오류를 고칠 수 있다는 사실을 보일 것이다. 이것으로 양자 오류정정 코드의 기본적인 정리를 소개하게 된다.

6.2.1 양자 오류정정 조건

먼저 어떤 양자 오류정정 코드가 정해진 양자잡음으로부터 양자상태를 잘 보호하는지 확인할 수 있는 간단하지만 일반적인 방법을 소개한다. $\mathcal{V}$가 주어진 양자 오류정정 코드의 코드 공간이라고 하자. 오류를 일으키는 양자잡음을 크라우스 원소들의 집합 $\{\hat{E}_\mu\}$로 명시되는 양자연산(5.2.1절 참조) $\mathscr{E}$로 기술하자. 양자 오류정정 조건은 다음과 같이 간단하고 명확하게 쓸 수 있다. 코드공간 $\mathcal{V}$에서 발생하는 $\mathscr{E}$를 고치는 양자연산 $\mathscr{R}$이 존재하기 위한 필요충분조건은 모든 크라우스 원소들의 쌍이 모든 에르미트 행렬 $A_{\mu\nu}$와 모든 μ, ν에 대해

$$\hat{P}\hat{E}_{\mu}^{\dagger}\hat{E}_{\nu}\hat{P} = A_{\mu\nu}\hat{P} \tag{6.12}$$

를 만족하는 것이다. 여기서 $\hat{P}$는 코드공간 $\mathcal{V}$로의 투영연산자이다.

식 (6.12)로 대변되는 위 조건의 의미를 이해하기 위해 k 큐비트 계산기저상태 $|x\rangle \equiv |x_1x_2\cdots x_k\rangle$를 n 큐비트에 부호화하는 특정한 코드단어 $|\bar{x}\rangle$를 생각해보자. 임의의 두 코드단어 $|\bar{x}\rangle$와 $|\bar{y}\rangle$에 대해 조건 (6.12)는 모든 μ와 ν에 대해

$$\langle\bar{x}|\,\hat{E}_{\mu}^{\dagger}\hat{E}_{\nu}\,|\bar{y}\rangle = \delta_{xy} \tag{6.13}$$

가 성립함을 뜻한다. 이것은 또 오류에 의해 손상된 코드단어 $\hat{E}_{\mu}|\bar{x}\rangle$와 $\hat{E}_{\nu}|\bar{y}\rangle$가 여전히 서로 직교하는 채로 남아야 한다는 것을 의미한다. 이것은 양자역학에서 서로 직교하는 양자상태만 확실하게(즉, 확률 1로) 구분할 수 있기 때문에 자연스러운 결론이다(1.3절 참조). 또한, 조건 (6.12)는 주어진 양자오류 연산자들의 기대값

$$\langle\bar{x}|\,\hat{E}_{\mu}^{\dagger}\hat{E}_{\nu}\,|\bar{x}\rangle = A_{\mu\nu} \tag{6.14}$$

이 코드단어에 상관없이 항상 같아야 한다는 것을 뜻하기도 한다. 따라서, 어떤 오류도 부호화된 양자상태의 정보를 드러낼 수 없어야 된다.

이제 위에서 소개한 양자 오류정정 조건을 엄밀하게 증명해보자.[6.2] 먼저, 식 (6.12)로 기술되는 조건을 만족한다고 하자. 이 경우에는 복구 작용자 $\mathscr{R}$을 찾으면 된다. 행렬 A는 조건에서 에르미트 행렬이기 때문에 다음과 같이 대각화할 수 있다.

$$A = U\Lambda U^{\dagger}. \tag{6.15}$$

여기서 U는 유니테리 행렬이고 Λ는 대각행렬이다. 새로운 크라우스 원소 $\hat{F}_{\nu} = \sum_{\mu}\hat{E}_{\mu}U_{\mu\nu}$를 정의하고 이것들을 써서 조건 (6.12)를 다시 쓰면 아래와 같다.

$$\hat{P}\hat{F}_{\mu}^{\dagger}\hat{F}_{\nu}\hat{P} = \delta_{\mu\nu}\lambda_{\nu}\hat{P}. \tag{6.16}$$

여기서 λ_{μ}는 대각행렬 Λ의 대각원소이다. 물리적으로, 이것은 서로 다른 크라우스 원소 $\hat{F}_{\mu}$는 코드공간 $\mathcal{V}$를 서로 직교하는 부분공간으로 보낸다는 뜻이다. 즉, $\mu \neq \nu$에 대해 $\hat{F}_{\mu}\mathcal{V}$와 $\hat{F}_{\nu}\mathcal{V}$는 서로 직교한다. 따라서, 오류증상을 측정하는 것은 이 부분공간 중의 하나를 찾아내는 것과 같으며, 뒤이은 복구 과정은 그 부분공간을 코드공간으로 다시 보내는 것에 해당한다. 수학적으로, 각 부분공간은 그 부분공간으로의 투영연산자로 기술할 수 있다.

[6.2] 여기서는 참고 문헌 Nielsen & Chuang (2011, 10.3절)의 증명을 따른다.

투영연산자를 찾기 위해 $\hat{F}_\mu \hat{P}$의 극분해(정리 1.23 참조)를 이용하면 다음과 같다.

$$\hat{F}_\mu \hat{P} = \hat{V}_\mu \sqrt{\hat{P}\hat{F}_\mu^\dagger \hat{F}_\mu \hat{P}} = \hat{V}_\mu \sqrt{\lambda_\mu \hat{P}} = \sqrt{\lambda_\mu}\hat{V}_\mu \hat{P}. \tag{6.17}$$

여기서 $\hat{V}_\mu$는 유니테리 연산자이다. 투영연산자를

$$\hat{P}_\mu := \hat{V}_\mu \hat{P} \hat{V}_\mu^\dagger \tag{6.18}$$

라고 정의하면, 아래와 같이 이 투영연산자들이 바로 우리가 찾던 투영연산자임을 알 수 있다.

$$\hat{P}_\mu \hat{P}_\nu = \hat{P}_\mu^\dagger \hat{P}_\nu = \frac{\hat{V}_\mu \hat{P}\hat{F}_\mu^\dagger \hat{F}_\nu \hat{P}\hat{V}_\mu^\dagger}{\sqrt{\lambda_\mu \lambda_\nu}} = \delta_{\mu\nu}\hat{P}_\nu \,. \tag{6.19}$$

이제 오류는 투영연산자 $\hat{P}_\mu$로 기술되는 투영측정(기본가정 3′ 참조)을 이용하여 진단할 수 있다. 오류증상을 확인한 후에는 유니테리 연산자 $\hat{V}_\mu^\dagger$를 작용하여 원래 상태를 복구할 수 있다.

지금까지 조건 (6.12)가 만족된다는 가정 아래, 원래 상태를 복구하는 과정을 기술하였다. 거꾸로, 식 (6.12)가 가장 일반적인 조건임을 보이기 위해, 초연산자 $\mathscr{E}$로 기술되는 오류가 정정 가능하다고 해보자. 이것은 복구 과정을 기술하는 양자연산 $\mathscr{R}$이 존재함을 의미한다. 수학적으로, 이 양자연산은 $0 < c \le 1$에 대하여

$$\mathscr{R}(\mathscr{E}(\hat{P}\hat{\rho}\hat{P})) = c\hat{P}\hat{\rho}\hat{P} \tag{6.20}$$

를 만족한다. $\mathscr{R}$과 $\mathscr{E}$의 크라우스 원소 $\{\hat{R}_\mu\}$와 $\{\hat{E}_\nu\}$를 이용하여 위 식을 구체적으로 쓰면, 모든 선형 연산자 $\hat{\rho}$에 대하여

$$\sum_{\mu\nu} \hat{R}_\mu \hat{E}_\nu \hat{P}\hat{\rho}(\hat{R}_\mu \hat{E}_\nu \hat{P})^\dagger = c\hat{P}\hat{\rho}\hat{P} \tag{6.21}$$

이 성립한다. 새로운 크라우스 원소로 이루어진 집합 $\{\hat{R}_\mu \hat{E}_\nu \hat{P}\}$는 오류가 발생하고 복구가 되는 전체 과정을 기술하는 양자연산 $\mathscr{R} \circ \mathscr{E}$을 명시한다. 사실, 식 (6.21)에 의하면 같은 양자연산 $\mathscr{R} \circ \mathscr{E}$는 단 하나의 크라우스 원소 $\sqrt{c}\hat{P}$로도 기술 가능하다. 5.2.1절, 특히, 식 (5.34)와 (5.35)에서 살펴보았던 크라우스 원소의 유니테리 자유도에 의하면

$$\hat{R}_\mu \hat{E}_\nu = \sqrt{c}\hat{P} W_{\mu\nu} \tag{6.22}$$

와

$$\sum_{\mu\nu} W_{\mu\nu}^* W_{\mu\nu} = 1 \tag{6.23}$$

을 만족하는 복소수들 $W_{\mu\nu}$가 존재해야 한다. 따라서, 다음과 같은 결론을 얻을 수 있다.

$$\sum_{\lambda}(\hat{R}_{\lambda}\hat{E}_{\mu}\hat{P})^{\dagger}(\hat{R}_{\lambda}\hat{E}_{\nu}\hat{P}) = \sum_{\lambda}\hat{P}\hat{E}_{\mu}^{\dagger}\hat{R}_{\lambda}^{\dagger}\hat{R}_{\lambda}\hat{E}_{\nu}\hat{P} = \hat{P}\hat{E}_{\mu}^{\dagger}\hat{E}_{\nu}\hat{P} = c(W^{\dagger}W)_{\mu\nu}\hat{P}. \tag{6.24}$$

여기서 $\mathscr{R}$은 대각합을 보존하기 때문에 $\sum_{\lambda}\hat{R}_{\lambda}^{\dagger}\hat{R}_{\lambda} = \hat{I}$를 이용하였다. 행렬 $A := cW^{\dagger}W$는 구성 단계부터 에르미트 행렬이 되도록 만들어졌기 때문에, 마지막 항등관계는 크라우스 원소 $\hat{E}_{\mu}$가 조건 (6.12)를 만족함을 보여주고 있다.

6.2.2 오류의 불연속화

어떤 양자 오류정정 코드가 일단 양자 오류정정 조건에 따라 일정한 형태의 양자잡음에 의한 오류를 고칠 수 있다는 것이 확인되면, 이 코드는 생각보다 훨씬 다양한 형태의 양자잡음에 의한 오류도 고칠 수 있다. 더 구체적으로, 양자 오류정정 코드 $\mathcal{V}$가 오류연산자 $\{\hat{E}_{\mu}\}$로 기술되는 양자잡음 초연산자 $\mathscr{E}$를 고칠 수 있다고 하자. 그리고 새로운 오류연산자 $\{\hat{F}_{\nu}\}$가 $\{\hat{E}_{\mu}\}$의 선형결합, 즉, 복소수 $M_{\mu\nu}$에 대해

$$\hat{F}_{\nu} = \sum_{\mu}\hat{E}_{\mu}M_{\mu\nu} \tag{6.25}$$

로 정의된다고 하자. 그럼 양자 오류정정 코드 $\mathcal{V}$는 $\mathscr{E}$ 뿐만 아니라 $\hat{F}_{\nu}$로 기술되는 양자잡음 $\mathscr{F}$도 고칠 수 있다.

증명은 간단하다. 코드 $\mathcal{V}$가 양자잡음 $\mathscr{E}$를 고칠 수 있다는 가정에 따라, 이 양자잡음은 양자 오류정정 조건 (6.12)를 만족하여야 한다. 식 (6.12)의 양변에 행렬 $M^{\dagger}$와 M을 곱해 주면,

$$\sum_{\mu'\nu'}\hat{P}M_{\mu\mu'}^{\dagger}\hat{E}_{\mu'}^{\dagger}\hat{E}_{\nu'}M_{\nu'\nu}\hat{P} = \sum_{\mu'\nu'}M_{\mu\mu'}^{\dagger}A_{\mu'\nu'}M_{\nu'\nu}\hat{P} \tag{6.26}$$

가 되고, 식 (6.25)를 써서

$$\hat{P}\hat{F}_{\mu}^{\dagger}\hat{F}_{\nu}\hat{P} = (M^{\dagger}AM)_{\mu\nu}\hat{P} \tag{6.27}$$

를 얻을 수 있다. 이 식은 형식적으로 양자 오류정정 조건과 일치한다. 따라서, 코드 $\mathcal{V}$는 양자잡음 $\mathscr{F}$도 고칠 수 있다.

증명은 간단하지만 위 사실의 파급효과는 엄청나다. 단일 큐비트에 발생하는 일정한 종류의 양자오류를 생각해보자. 이 양자오류가 크라우스 원소 $\{\hat{E}_{j\mu}\}$로 명시되는 양자연산 $\mathscr{E}$로 기술된다고 하자. 여기서 아래첨자 j는 오류가 발생하는 큐비트를 가리키며 μ는 서로 다른 종류의 오류를 가리킨다. $\hat{E}_{j\mu}$는 큐비트 j에 작용하는 연산자이기 때문에 파울리 연산자 $\hat{S}_{j}^{0}$, $\hat{S}_{j}^{x}$, $\hat{S}_{j}^{y}$, 및 $\hat{S}_{j}^{z}$를 써서 펼칠 수 있다. 어떤 양자 오류정정 코드가 임의의 단일 큐비트

오류를 고칠 수 있는지 확인하기 위해서는 모든 j와 행렬 A에 대해 다음 조건을 만족하는지 확인하기만 하면 된다.

$$\hat{P}\hat{S}_j^{\mu}\hat{S}_j^{\nu}\hat{P} = A_{\mu\nu}\hat{P}. \tag{6.28}$$

다시 말해, 어떤 양자 오류정정 코드가 임의의 단일 큐비트 오류를 고칠 수 있는지 검사하기 위해서는 유한한 개수의 조건을 만족하는지만 확인하면 되는 것이다.

6.3 안정자체계

양자 오류정정 코드를 구성하는 방법에는 여러 가지가 있다. 가장 흔한 방법 중의 하나는 고전적인 선형코드를 확장하는 것으로, 대표적인 예가 캘더뱅크-쇼어-스틴 코드(Calderbank-Shor-Steane codes) 혹은 줄여서 CSS 코드이다. 이 책에서는 이 방법은 소개하지 않고, 대신 안정자코드를 살펴보기로 한다. 안정자 코드는 간결하면서도 우아한데, 고전코드에서는 대응되는 예를 찾을 수 없기 때문에 더욱 흥미롭다. 다음 절에서 안정자코드를 소개할 텐데, 그 전에 안정자체계라는 수학적 체계를 먼저 살펴보자. 안정자체계는 고테스만(Gottesman, D.)이 처음 제안하였다(Gottesman, 1996). 이 체계는 그의 졸업논문 Gottesman (1997)에 자세히 설명되어 있고 다른 교과서 Nielsen & Chuang (2011)에도 소개되어 있다. 최근에는 측정기반 양자계산으로 확장되기도 하였다(Browne & Briegel, 2016).

양자 오류정정 코드는 일정한 개수의 큐비트로 이루어진 계의 양자상태를 더 많은 큐비트가 차지하는 벡터공간의 부분공간에 부호화한다. 이 공간을 그 코드의 코드공간(code space)이라 한다. 코드공간은 그 공간을 펼치는 논리기저상태로 명시할 수 있는데, 이러한 예는 6.1절의 식 (6.1), (6.4) 및 (6.7)에서 이미 보았다. 어떤 양자 오류정정 코드를 분석하는 가장 자연스러운 방법은 코드공간에 속한 양자상태에 대한 오류의 영향를 조사하는 것이다. 수학적으로는 6.2절에서 보았듯이 오류가 발생하는 과정을 기술하는 양자연산에 대해 코드공간에 속한 양자상태가 어떻게 변화해가는지 살펴보면 된다. 이러한 방법은 양자역학에서 흔히 동역학적 과정을 기술하는 데 쓰이는 슈뢰딩거 묘사에 해당한다.

언뜻 이상하게 들리겠지만, 코드공간은 그 공간을 보존하는 연산자들을 사용하여 명시할 수도 있다. 이때, 오류는 이러한 연산자들을 추적함으로써 기술할 수 있다. 이것이 바로 안정자체계가 택하는 방식이다. 넓은 의미로 이러한 방법은 양자역학에서 동역학적 과정을 기술하는 또 다른 방식인 하이젠버그 묘사에 해당한다.

$\mathcal{G}$가 양자계의 양자상태에 작용하는 연산자들로 이루어진 군(group)이라 하자(군이론에 대한 간단한 소개는 부록 C 참조). 양자계산에서는 n 큐비트에 작용하는 양자논리게이트로 이루어진 유니테리군 $\mathrm{U}(2^n)$이 가장 관련이 깊다. $|\psi\rangle$가 양자상태라 하자. 군 $\mathcal{G}$에 속한

연산자 $\hat{G}$가 작용한 후에도 변하지 않을 때, 즉

$$\hat{G}\,|\psi\rangle = |\psi\rangle \tag{6.29}$$

일 때, 이 상태는 $\hat{G}$에 의해 '안정화된다'라고 한다. 같은 의미로 $\hat{G}$가 $|\psi\rangle$를 '안정화한다'라고 일컫기도 한다. 예를 들러, 벨 상태 $|\Phi\rangle := (|00\rangle + |11\rangle)/\sqrt{2}$ 는 $\hat{X} \otimes \hat{X}$ 에 의해 안정화된다. 어떤 양자상태 $|\psi\rangle$를 안정화하는 연산자들을 모으면 $\mathcal{G}$의 부분군을 이룬다. 이 부분군을 양자상태 $|\psi\rangle$의 안정자 부분군(stabilizer subgroup) 또는 간략히 안정자(stabilizer)라 부른다. 예를 들어, 벨 상태 $|\Phi\rangle$는 뻔한 $\hat{I} \otimes \hat{I}$ 뿐만 아니라 $\hat{Z} \otimes \hat{Z}$와 $-\hat{Y} \otimes \hat{Y}$에 의해서도 안정화된다. 이 연산자들은 $\mathrm{U}(2^2)$의 부분군을 이룬다. 다시 말해, 부분군

$$\{\hat{I} \otimes \hat{I},\ \hat{X} \otimes \hat{X},\ \hat{Z} \otimes \hat{Z},\ -\hat{Y} \otimes \hat{Y}\} \tag{6.30}$$

는 벨 상태 $|\Phi\rangle$의 안정자이다.

Consider one of the Bell states.

```
In[ ]:= ket = BellState[S@{1, 2}, 3];
        ket // LogicalForm
```

Out[ ]= $\dfrac{|0_{S_1}0_{S_2}\rangle - |1_{S_1}1_{S_2}\rangle}{\sqrt{2}}$

```
In[ ]:= grp = {1, -S[1, 1] ** S[2, 1], S[1, 3] ** S[2, 3], S[1, 2] ** S[2, 2]};
        PauliForm[grp]
```

Out[ ]= {I⊗I, -(X⊗X), Z⊗Z, Y⊗Y}

```
In[ ]:= new = grp ** ket;
        new // LogicalForm
```

Out[ ]= $\left\{\dfrac{|0_{S_1}0_{S_2}\rangle}{\sqrt{2}} - \dfrac{|1_{S_1}1_{S_2}\rangle}{\sqrt{2}},\ \dfrac{|0_{S_1}0_{S_2}\rangle}{\sqrt{2}} - \dfrac{|1_{S_1}1_{S_2}\rangle}{\sqrt{2}},\ \dfrac{|0_{S_1}0_{S_2}\rangle}{\sqrt{2}} - \dfrac{|1_{S_1}1_{S_2}\rangle}{\sqrt{2}},\ \dfrac{|0_{S_1}0_{S_2}\rangle}{\sqrt{2}} - \dfrac{|1_{S_1}1_{S_2}\rangle}{\sqrt{2}}\right\}$

안정자의 개념은 부분공간으로 확대할 수 있다. $\mathcal{V}$가 주어진 양자계가 차지하는 힐베르트 공간의 부분공간이라고 하자. $\mathcal{V}$의 안정자 $\mathcal{S}$는 $\mathcal{V}$의 모든 양자상태를 안정화하는 $\mathcal{G}$의 연산자들을 모두 모아 만든 부분군을 일컫는다. 예를 들어, 6.1.1절에서 소개한 비트뒤집기 코드의 코드공간 $\mathcal{V}$을 생각해보자. $\mathcal{V}$는 두 논리기저상태 $|000\rangle$와 $|111\rangle$로 전개된다. 따라서, $\mathcal{V}$의 안정자 $\mathcal{S}$는 다음과 같다.

$$\mathcal{S} = \{\hat{I} \otimes \hat{I} \otimes \hat{I},\ \hat{Z} \otimes \hat{Z} \otimes \hat{I},\ \hat{I} \otimes \hat{Z} \otimes \hat{Z},\ \hat{Z} \otimes \hat{I} \otimes \hat{Z}\}\,. \tag{6.31}$$

Consider the code space $\mathcal{V}$ of the bit-flip correction code. It is spanned by the following two logical basis states.

```
In[ ]:= ss = S[{1, 2, 3}, None];
        bs = {Ket[], Ket[S@{1, 2, 3} → 1]};
        bs // LogicalForm
```

Out[ ]= $\{|0_{S_1}0_{S_2}0_{S_3}\rangle, |1_{S_1}1_{S_2}1_{S_3}\rangle\}$

The stabilizer $\mathcal{S}$ of $\mathcal{V}$ is given as follows.

```
In[ ]:= grp = {1, S[1, 3] ** S[2, 3], S[2, 3] ** S[3, 3], S[1, 3] ** S[3, 3]};
grp // PauliForm
```

Out[ ]= $\{I\otimes I\otimes I, Z\otimes Z\otimes I, I\otimes Z\otimes Z, Z\otimes I\otimes Z\}$

This checks the above group indeed stabilizes $\mathcal{V}$.

```
In[ ]:= grp ** bs[[1]] // LogicalForm[#, ss] &
grp ** bs[[2]] // LogicalForm[#, ss] &
```

Out[ ]= $\{|0_{S_1}0_{S_2}0_{S_3}\rangle, |0_{S_1}0_{S_2}0_{S_3}\rangle, |0_{S_1}0_{S_2}0_{S_3}\rangle, |0_{S_1}0_{S_2}0_{S_3}\rangle\}$

Out[ ]= $\{|1_{S_1}1_{S_2}1_{S_3}\rangle, |1_{S_1}1_{S_2}1_{S_3}\rangle, |1_{S_1}1_{S_2}1_{S_3}\rangle, |1_{S_1}1_{S_2}1_{S_3}\rangle\}$

Consider the code space of the phase-flip correction code. It is spanned by the following two logical basis states.

```
In[ ]:= ss = S[{1, 2, 3}, None];
bs =
  {ProductState[ss → {1, 1} / Sqrt[2]], ProductState[ss → {1, -1} / Sqrt[2]]};
bs // LogicalForm
```

Out[ ]=
$$\left\{\left(\frac{|0\rangle}{\sqrt{2}}+\frac{|1\rangle}{\sqrt{2}}\right)_{S_1}\otimes\left(\frac{|0\rangle}{\sqrt{2}}+\frac{|1\rangle}{\sqrt{2}}\right)_{S_2}\otimes\left(\frac{|0\rangle}{\sqrt{2}}+\frac{|1\rangle}{\sqrt{2}}\right)_{S_3},\right.$$
$$\left.\left(\frac{|0\rangle}{\sqrt{2}}-\frac{|1\rangle}{\sqrt{2}}\right)_{S_1}\otimes\left(\frac{|0\rangle}{\sqrt{2}}-\frac{|1\rangle}{\sqrt{2}}\right)_{S_2}\otimes\left(\frac{|0\rangle}{\sqrt{2}}-\frac{|1\rangle}{\sqrt{2}}\right)_{S_3}\right\}$$

The stabilizer $\mathcal{S}$ of $\mathcal{V}$ is given as follows.

```
In[ ]:= grp = {1, S[1, 1] ** S[2, 1], S[2, 1] ** S[3, 1], S[1, 1] ** S[3, 1]};
grp // PauliForm
```

Out[ ]= $\{I\otimes I\otimes I, X\otimes X\otimes I, I\otimes X\otimes X, X\otimes I\otimes X\}$

This checks the above group indeed stabilizes $\mathcal{V}$.

```
In[ ]:= grp ** bs[[1]] // Elaborate // KetFactor // LogicalForm[#, ss] &
```

Out[ ]=
$$\left\{\frac{(|0_{S_1}\rangle+|1_{S_1}\rangle)\otimes(|0_{S_2}\rangle+|1_{S_2}\rangle)\otimes(|0_{S_3}\rangle+|1_{S_3}\rangle)}{2\sqrt{2}},\right.$$
$$\frac{(|0_{S_1}\rangle+|1_{S_1}\rangle)\otimes(|0_{S_2}\rangle+|1_{S_2}\rangle)\otimes(|0_{S_3}\rangle+|1_{S_3}\rangle)}{2\sqrt{2}},$$
$$\frac{(|0_{S_1}\rangle+|1_{S_1}\rangle)\otimes(|0_{S_2}\rangle+|1_{S_2}\rangle)\otimes(|0_{S_3}\rangle+|1_{S_3}\rangle)}{2\sqrt{2}},$$
$$\left.\frac{(|0_{S_1}\rangle+|1_{S_1}\rangle)\otimes(|0_{S_2}\rangle+|1_{S_2}\rangle)\otimes(|0_{S_3}\rangle+|1_{S_3}\rangle)}{2\sqrt{2}}\right\}$$

```
In[ ]:= grp ** bs[[2]] // Elaborate // KetFactor // LogicalForm[#, ss] &
```

Out[•]=

$$\left\{\frac{\left(|0_{s_1}\rangle - |1_{s_1}\rangle\right)\otimes\left(|0_{s_2}\rangle - |1_{s_2}\rangle\right)\otimes\left(|0_{s_3}\rangle - |1_{s_3}\rangle\right)}{2\sqrt{2}},\right.$$
$$\frac{\left(|0_{s_1}\rangle - |1_{s_1}\rangle\right)\otimes\left(|0_{s_2}\rangle - |1_{s_2}\rangle\right)\otimes\left(|0_{s_3}\rangle - |1_{s_3}\rangle\right)}{2\sqrt{2}},$$
$$\frac{\left(|0_{s_1}\rangle - |1_{s_1}\rangle\right)\otimes\left(|0_{s_2}\rangle - |1_{s_2}\rangle\right)\otimes\left(|0_{s_3}\rangle - |1_{s_3}\rangle\right)}{2\sqrt{2}},$$
$$\left.\frac{\left(|0_{s_1}\rangle - |1_{s_1}\rangle\right)\otimes\left(|0_{s_2}\rangle - |1_{s_2}\rangle\right)\otimes\left(|0_{s_3}\rangle - |1_{s_3}\rangle\right)}{2\sqrt{2}}\right\}$$

부분공간은 양자연산의 영향을 받아 다른 부분공간으로 변화하며, 이 부분공간의 안정자도 마찬가지 방식으로 변화한다. 안정자체계에서는 양자연산의 효과를 부분공간이나 그 안에 속한 양자상태가 아니라 안정자를 추적하여 기술한다. 유니테리군 $\mathrm{U}(2^n)$와 같은 일반적인 모군 $\mathcal{G}$에 대해서는 안정자체계는 수학적으로 상당히(어쩌면 필요 이상으로) 복잡할 수 있다. 그러나 양자 오류정정 과정을 포함한 많은 양자정보처리 과정은 파울리 연산자나 그들의 텐서곱만 있으면 충분하다. 이러한 경우에는 안정자체계가 특히 간단하고 직관적이다.

6.3.1 파울리군

일반적으로 어떤 부분공간의 안정자를 찾거나 어떤 부분군이 안정화하는 부분공간을 찾는 것은 상당히 까다로울 수 있다. 다행히도, 파울리 연산자나 일정한 수(n)의 큐비트에 작용하는 파울리 연산자들의 텐서곱으로 국한한다면, 안정자는 구조도 눈에 띄게 간단하며 쓰기 편리한 성질도 상당히 많다. 수학적으로, 이러한 연산자들은 군을 이루는데(부록 C 참조), 이 그룹을 n 큐비트 파울리군(Pauli group)이라 부르며 $\mathcal{P}(n)$로 표시한다. 뿐만 아니라, 6.2절에서 살펴보았던 양자오류의 불연속화 정리대로 이러한 연산자만으로도 양자잡음을 기술하기에 충분하다. 따라서, 파울리군에 대한 안정자 부분군은 매우 편리하고 강력한 수학적인 도구를 제공하며 넓은 범위의 양자 오류정정 코드를 구현해준다. 이제부터는 모든 안정자의 모군은 파울리군이라 가정한다.

단일 큐비트에 대한 파울리군은 단일 큐비트 파울리 연산자로 이루어져 있다. 그 원소들을 나열하면 다음과 같다.

$$\mathcal{P}(1) := \{\pm\hat{I}, \pm i\hat{I}, \pm\hat{X}, \pm i\hat{X}, \pm\hat{Y}, \pm i\hat{Y}, \pm\hat{Z}, \pm i\hat{Z}\}\ . \tag{6.32}$$

여기 붙은 위상 인수 ± 1과 $\pm i$는 두 파울리 연산자의 곱이 다른 파울리 연산자와 $\pm i$의 곱으로 주어지기 때문에, 위에 열거한 파울리 연산자들이 군을 이루려면 필요하다. 만약 이 위상 인수가 없다면 해당 집합은 군곱에 대해 닫혀있지 않게 된다. n 큐비트에 대한 파울리군은 다음과 같다.

$$\mathcal{P}(n) := \{\pm 1, \pm i\} \times \{\hat{I}, \hat{X}, \hat{Y}, \hat{Z}\}^{\otimes n}\ . \tag{6.33}$$

n 큐비트에 대한 파울리군의 원소들은 n 큐비트 파울리 연산자라 부른다.

파울리군의 원소의 수는 큐비트의 수가 늘어남에 따라 4^{n+1}와 같이 급속히 증가하므로 생성원(generator)을 써서 기술하는 것이 편리하다(정의 3.2 참조). 예를 들어, 단일 큐비트 파울리군은 $\hat{X}$, $\hat{Y}$ 및 $\hat{Z}$(또는 $i\hat{I}$, $\hat{X}$ 및 $\hat{Z}$)에 의해 생성된다. 생성원은 $\langle\{\cdots\}\rangle$와 같은 기호를 써서 표시한다. 따라서, 단일 큐비트 파울리 군은 다음과 같이 쓸 수 있다.

$$\mathcal{P}(1) = \langle\{\hat{X}, \hat{Y}, \hat{Z}\}\rangle\,. \tag{6.34}$$

n 큐비트 파울리군은 한 큐비트에만 실질적으로 작용하는 파울리 연산자들에 의해 생성된다. 예를 들어, 두 큐비트 파울리군에 대해 다음과 같은 사실을 확인할 수 있다.

$$\mathcal{P}(2) = \langle\{\hat{X}\otimes\hat{I}, \hat{Y}\otimes\hat{I}, \hat{Z}\otimes\hat{I}, \hat{I}\otimes\hat{X}, \hat{I}\otimes\hat{Y}, \hat{I}\otimes\hat{Z}\}\rangle. \tag{6.35}$$

파울리군 $\mathcal{P}(n)$을 명시할 때, 혼동의 우려가 없다면 자주 큐비트의 수 n을 빼고 그냥 $\mathcal{P}$로 표시한다.

Here is the Pauli group on a single qubit.

```
In[ ]:= grp = FullPauliGroup[1]

Out[ ]= FullPauliGroup[1]

In[ ]:= elm = GroupElements[grp];
        PauliForm[elm]

Out[ ]= {I, X, Z, Y, -I, -X, -Z, -Y, i I, i X, i Z, i Y, -i I, -i X, -i Z, -i Y}
```

The number of elements quickly increases with the number of qubits.

```
In[ ]:= grp = FullPauliGroup[2]

Out[ ]= FullPauliGroup[2]

In[ ]:= elm = GroupElements[grp];
        PauliForm[elm]

Out[ ]= {I⊗I, X⊗I, Z⊗I, Y⊗I, I⊗X, X⊗X, Z⊗X, Y⊗X, I⊗Z, X⊗Z, Z⊗Z, Y⊗Z,
         I⊗Y, X⊗Y, Z⊗Y, Y⊗Y, -(I⊗I), -(X⊗I), -(Z⊗I), -(Y⊗I), -(I⊗X),
         -(X⊗X), -(Z⊗X), -(Y⊗X), -(I⊗Z), -(X⊗Z), -(Z⊗Z), -(Y⊗Z), -(I⊗Y),
         -(X⊗Y), -(Z⊗Y), -(Y⊗Y), i I⊗I, i X⊗I, i Z⊗I, i Y⊗I, i I⊗X, i X⊗X,
         i Z⊗X, i Y⊗X, i I⊗Z, i X⊗Z, i Z⊗Z, i Y⊗Z, i I⊗Y, i X⊗Y, i Z⊗Y, i Y⊗Y,
         -i I⊗I, -i X⊗I, -i Z⊗I, -i Y⊗I, -i I⊗X, -i X⊗X, -i Z⊗X, -i Y⊗X,
         -i I⊗Z, -i X⊗Z, -i Z⊗Z, -i Y⊗Z, -i I⊗Y, -i X⊗Y, -i Z⊗Y, -i Y⊗Y}

In[ ]:= GroupOrder@grp

Out[ ]= 64
```

Groups can be conveniently described by the use of generators.

```
In[ ]:= grp = FullPauliGroup[1]

Out[ ]= FullPauliGroup[1]
```

For example, the single-qubit Pauli group is generated by three Pauli operators.

```
In[ ]:= gnr = GroupGenerators[grp];
        PauliForm[gnr]

Out[ ]= {X, Y, Z}
```

Here is a generating set of the Pauli group on two qubits. Six generators are enough to generate it.

```
In[ ]:= gnr = GroupGenerators[FullPauliGroup[2]];
        PauliForm[gnr]

Out[ ]= {I⊗X, I⊗Y, I⊗Z, X⊗I, Y⊗I, Z⊗I}
```

파울리군에 속한 연산자들은 안정자 및 안정자코드의 군이론적 구조를 결정짓는 두 가지 중요한 성질을 갖고 있는데, 이 특성들은 여러 모로 쓰기 편리하다. 첫째, 파울리군의 모든 원소들은 서로 교환법칙이 성립하거나 반교환법칙이 성립한다. 반드시 둘 중의 하나만 성립한다. 둘째, 파울리군의 모든 원소는 제곱했을 때 $\pm\hat{I}$가 된다. 제곱해서 $\hat{I}$가 되는 파울리 연산자들은 고유값이 ± 1인 반면, 제곱해서 $-\hat{I}$가 되는 파울리 연산자들은 고유값이 $\pm i$이다.

Pauli group has two extremely useful properties. These are illustrated here.

To avoid the irrelevant phase factors ±1 and ±*i*, we play with simple tensor products of single-qubit Pauli operators rather than the full Pauli group.

```
In[ ]:= ops = Flatten@Outer[Multiply, S[1, Full], S[2, Full]]
```

Out[ ]= $\{S_2^0, S_2^x, S_2^y, S_2^z, S_1^x, S_1^x S_2^x, S_1^x S_2^y, S_1^x S_2^z, S_1^y, S_1^y S_2^x, S_1^y S_2^y, S_1^y S_2^z, S_1^z, S_1^z S_2^x, S_1^z S_2^y, S_1^z S_2^z\}$

```
In[ ]:= PauliForm[ops]

Out[ ]= {I⊗I, I⊗X, I⊗Y, I⊗Z, X⊗I, X⊗X, X⊗Y,
         X⊗Z, Y⊗I, Y⊗X, Y⊗Y, Y⊗Z, Z⊗I, Z⊗X, Z⊗Y, Z⊗Z}
```

This table shows that the elements of the Pauli group either commute or anti-commute with each other.

```
In[ ]:= mat = Outer[GottesmanTest, ops, ops];
        TableForm[mat[[-6 ;;, -6 ;;]],
         TableHeadings → {PauliForm@ops[[-6 ;;]], PauliForm@ops[[-6 ;;]]},
         TableAlignments → Right]
```

Out[ ]//TableForm=

	Y⊗Y	Y⊗Z	Z⊗I	Z⊗X	Z⊗Y	Z⊗Z
Y⊗Y	1	-1	-1	1	-1	1
Y⊗Z	-1	1	-1	1	1	-1
Z⊗I	-1	-1	1	1	1	1
Z⊗X	1	1	1	1	-1	-1
Z⊗Y	-1	1	1	-1	1	-1
Z⊗Z	1	-1	1	-1	-1	1

The rule is also simple that allows to determine which elements commute and which elements anti-commute .

Any element of the Pauli group squares to ±1. Elements with the phase factor ±*i* squares to -1.

```
In[ ]:= elm = GroupElements[FullPauliGroup[S@{1, 2}]];
sqr = Map[# ** # &, elm];
TableForm[{PauliForm[elm][[-8 ;;]], sqr[[-8 ;;]]}]
```

Out[ ]//TableForm=

-i I⊗Z	-i X⊗Z	-i Z⊗Z	-i Y⊗Z	-i I⊗Y	-i X⊗Y	-i Z⊗Y	-i Y⊗Y
-1	-1	-1	-1	-1	-1	-1	-1

The above property implies that any element of the Pauli group has eigenvalues ±1 or ±*i*.

대체로 파울리군을 응용할 때 구체적인 군곱셈표가 필요하지는 않고 원소들 사이의 교환법칙 또는 반교환법칙으로 충분하다. 교환법칙 또는 반교환법칙에 관한 한 파울리군의 원소를 일일이 나열할 때 붙어 나오는 위상 인수 ± 1과 $\pm i$는 무시해도 된다. 수학적으로 말하자면, 이러한 일은 몫군(quotient group)

$$\mathcal{P}'(n) := \mathcal{P}(n)/\mathcal{Z}(n) \tag{6.36}$$

을 생각하는 것과 같다. 여기서

$$\mathcal{Z}(n) := \{\pm\hat{I}^{\otimes n}, \pm i\hat{I}^{\otimes n}\} \tag{6.37}$$

는 파울리군 $\mathcal{P}(n)$의 불변 부분군이다.[6.3] 예를 들어, 단일 큐비트에 대한 몫군

$$\mathcal{P}' = \left\{\{\pm\hat{I}, \pm i\hat{I}\},\ \{\pm\hat{X}, \pm i\hat{X}\},\ \{\pm\hat{Y}, \pm i\hat{Y}\},\ \{\pm\hat{Z}, \pm i\hat{Z}\}\right\} \tag{6.38}$$

에서는 연산자 $\pm\hat{X}$와 $\pm i\hat{X}$를 더 이상 구별하지 않는다. 이들은 동일하다고 간주되며 잉여류(coset)

$$\hat{X}\mathcal{Z} = \{\pm\hat{X}, \pm i\hat{X}\} \tag{6.39}$$

또는 $\mathcal{Z}\hat{X}$를 써서 집단적으로 표시한다. 이렇게 되면 $\mathcal{P}'$의 구조는 $\mathcal{P}$에 비해 매우 간단해진다. 예를 들어, $\hat{X}\hat{Y}$는 이제 $\hat{Y}\hat{X}$와 같아져서

$$\hat{X}\hat{Z}\mathcal{Z} = \hat{Z}\hat{X}\mathcal{Z} \tag{6.40}$$

가 된다. 따라서, 원래 파울리군 $\mathcal{P}(n)$과 달리, 몫군 $\mathcal{P}'(n)$은 아벨군(Abelian group)이어서 순환군(cyclic group) $(\mathbb{Z}_2)^{2n}$와 동형이 된다.

나중에 쓰기 위해, $\mathcal{P}'(n)$와 $(\mathbb{Z}_2)^{2n}$ 사이의 동형사상(isomorphism)의 대응관계를 구체적으로 찾아보자. 각 큐비트에 대해 아래와 같이 파울리 연산자마다 $\mathbb{Z}_2 \times \mathbb{Z}_2$에 속한 순서

[6.3] 사실, $\mathcal{Z}(n)$는 $\mathcal{P}(n)$의 중심, 즉, $\mathcal{P}(n)$의 가장 큰 아벨 부분군이다(부록 C 참조).

쌍을 하나씩 대응시키면 된다.

$$\hat{I} \leftrightarrow (0,0)\,,\quad \hat{X} \leftrightarrow (1,0)\,,\quad \hat{Z} \leftrightarrow (0,1)\,,\quad \hat{Y} \leftrightarrow (1,1). \tag{6.41}$$

예를 들어, 네 큐비트 양자레지스터 상의 텐서곱 $\hat{G} = i\hat{X} \otimes \hat{Z} \otimes \hat{I} \otimes \hat{Y}$에 대해 잉여류 $\hat{G}\mathcal{Z}$는 순서쌍 배열 $(1,0;0,1;0,0;1,1)$에 대응된다. 즉,

$$\hat{G}\mathcal{Z} \leftrightarrow (1,0;0,1;0,0;1,1). \tag{6.42}$$

비트별 이진법 덧셈을 군곱셈으로 하는 아벨군 $(\mathbb{Z}_2)^{2n}$는 $\mathbb{Z}_2$를 스칼라로 하는 이진수의 벡터공간으로 생각할 수 있다(부록 C.5 참조). 따라서, 식 (6.42)의 대응관계를 아래와 같이 표시하면 편리하다.

$$|\hat{G}\rangle := (1,0;0,1;0,0;1,1)^T\,,\quad \langle\hat{G}| := (1,0;0,1;0,0;1,1). \tag{6.43}$$

$(\mathbb{Z}_2)^{2n}$에 속한 벡터 $|\hat{G}\rangle$를 연산자 $\hat{G}$(엄밀히 말하자면, 잉여류 $\hat{G}\mathcal{Z}$)의 고테스만 벡터(Gottesman vector)라 부른다.

Ignoring the phase factors in the operators of Pauli group, we are dealing with the factor group of the Pauli group with respect to the center `{I, -I, ⅈI, -ⅈI}`.

```
In[ ]:= op = -I * S[1, 2] ** S[3, 1] ** S[4, 3]
        PauliForm[op, ss = S@{1, 2, 3, 4}]

Out[ ]= -ⅈ S1^y S3^x S4^z

Out[ ]= -ⅈ Y⊗I⊗X⊗Z
```

This gives the Gottesman vector of the above operator (more precisely, the coset represented by the operator).

```
In[ ]:= vec = GottesmanVector[op, ss]

Out[ ]= {1, 1, 0, 0, 1, 0, 0, 1}
```

An operator representing the coset is recovered.

```
In[ ]:= new = FromGottesmanVector[vec, ss]

Out[ ]= S1^y S3^x S4^z
```

파울리군 $\mathcal{P}'$에 속한 파울리 연산자들(엄밀히 말하자면, 몫군 $\mathcal{P}'$에 속한 잉여류들)과 고테스만 벡터들 사이의 대응관계는 군곱셈을 보존하는 동형사상에 해당한다. 구체적으로 파울리 연산자들의 곱은 고테스만 벡터들의 (이진법) 덧셈에 해당한다. 이 대응관계를 이용하면 파울리 연산자들이 서로 독립적인지 쉽게 판별할 수 있어서 편리하다. 파울

리군 $\mathcal{P}(n)$의 원소 $\hat{G}_1$, $\hat{G}_2$, $\cdots$, $\hat{G}_k$가 서로 독립, 즉 이들 중 어떤 원소도 다른 원소들의 곱(위상 인수는 무시)으로 쓸 수 없다고 하자. 그럼, 각 원소에 해당하는 고테스만 벡터 $|\hat{G}_1\rangle, |\hat{G}_2\rangle, \cdots, |\hat{G}_k\rangle$도 벡터공간 $(\mathbb{Z}_2)^{2n}$에서 서로 선형독립이다. 그 역도 성립한다. 즉, 고테스만 벡터 $|\hat{G}_1\rangle$, $|\hat{G}_2\rangle$, $\cdots$, $|\hat{G}_k\rangle$가 $(\mathbb{Z}_2)^{2n}$ 안에서 서로 선형적으로 독립이라면 각각에 대응하는 연산자 $\hat{G}_1$, $\hat{G}_2$, $\cdots$, $\hat{G}_k$도 $\mathcal{P}(n)$ 안에서 서로 독립이다. 이 방법은 주어진 안정자를 초과생성하는 집합에서 서로 독립인 생성원들을 골라낼 때 특히 편리하다.

위 대응관계에 의하면 파울리 연산자 사이의 교환법칙이 고테스만 벡터 사이의 특정한 관계에 해당되기도 한다. $\hat{G}_1$와 $\hat{G}_2$가 n 파울리 연산자라 하자. 간단한 계산만으로도, 만약 이들 사이에 교환법칙이 성립한다면,

$$\langle \hat{G}_1 | \hat{J} | \hat{G}_2 \rangle = 0 \tag{6.44}$$

이 성립한다는 것을 쉽게 확인할 수 있다. 여기서 고테스만 벡터에 작용하는 연산자 $\hat{J}$는 다음과 같이 정의된다.

$$\hat{J} := \bigoplus_{j=1}^{n} \begin{bmatrix} 0 & 1 \\ 1 & 0 \end{bmatrix} = \begin{bmatrix} 0 & 1 & & & \\ 1 & 0 & & & \\ & & \ddots & & \\ & & & 0 & 1 \\ & & & 1 & 0 \end{bmatrix}. \tag{6.45}$$

만약 $\hat{G}_1$와 $\hat{G}_2$ 사이에 반교환법칙이 성립한다면,

$$\langle \hat{G}_1 | \hat{J} | \hat{G}_2 \rangle = 1 \tag{6.46}$$

이 성립한다. 위 두 사실의 역도 각각 성립한다. 연산자 $\hat{J}$가 고테스만 벡터로 이루어진 벡터공간 $(\mathbb{Z}_2)^{2n}$에 새로운 내적을 갖추어주는 셈이다.

고테스만 벡터를 이용하면 파울리군의 또 다른 흥미로운 성질을 증명할 수 있다. 다시 파울리군 $\mathcal{P}(n)$에 속한 서로 독립인 원소 $\hat{G}_1$, $\hat{G}_2$, $\cdots$, $\hat{G}_k$를 생각해보자. $\mathcal{P}(n)$의 원소 중에서 $\hat{G}_1$, $\hat{G}_2$, $\cdots$, $\hat{G}_k$ 중의 딱 하나와만 반교환법칙이 성립하고 다른 원소들과는 교환법칙이 성립하는 원소 $\hat{G}$가 항상 존재한다(연습문제 6.3 참조). 예를 들어, 서로 독립인 두 원소 $\hat{G}_1 := \hat{Z} \otimes \hat{Z} \otimes \hat{I}$와 $\hat{G}_2 := \hat{I} \otimes \hat{Z} \otimes \hat{Z}$를 생각해보자. 연산자 $\hat{G} := \hat{X} \otimes \hat{I} \otimes \hat{I}$는 $\hat{G}_1$과는 반교환법칙이 성립하고 $\hat{G}_2$와는 교환법칙이 성립한다. 반면, 연산자 $\hat{G}' := \hat{I} \otimes \hat{Z} \otimes \hat{Y}$는 $\hat{G}_1$와 교환법칙이 성립하고 $\hat{G}_2$와는 반교환법칙이 성립한다.

6.3.2 안정자의 성질

안정자의 성질은 파울리군의 간단한 구조와 편리한 특성을 통해 안정자를 구제적으로 명시하지 않고도 조사할 수 있다. 여기서는 나중에 반복해서 자주 사용할 안정자의 성질을 소개하고 요약한다.

앞서 6.3.1절에서 소개한 파울리군의 성질들, 특히 파울리군의 두 원소는 반드시 교환법칙 또는 반교환법칙이 성립한다는 성질로부터 바로 귀결되는 결론 중 하나는 안정자의 모든 원소는 서로 교환법칙이 성립한다는 것이다(연습문제 6.1 참조). 다시 말해, 모든 안정자는 파울리군의 아벨 부분군이다. 파울리군의 모든 원소는 제곱하면 $\pm\hat{I}$가 된다는 점을 떠올리자. 파울리군의 어떤 원소가 제곱해서 $-\hat{I}$가 되면 그 연산자의 고유값은 $\pm i$이며 어떤 양자상태도 안정화할 수 없다. 이러한 사실들을 종합하면, 파울리군의 부분군 $\mathcal{S}$가 (뻔한 부분공간 $\{0\}$을 제외한) 어떤 부분공간 $\mathcal{V}$을 안정화하기 위한 필요조건을 아래와 같이 명확히 쓸 수 있다.

(a) $\mathcal{S}$는 아벨군이다.

(b) $\mathcal{S}$는 $-\hat{I}$를 원소로 포함하지 않는다.

이제 안정자와 안정자가 안정화하는 부분공간 사이의 관계를 더 자세히 살펴보자. $\mathcal{S}$가 n 큐비트 안정자이고, 서로 독립인 k 개의 연산자 $\hat{G}_1, \cdots, \hat{G}_k$에 의해 생성된다고 하자. 이 안정자의 모든 원소는 서로 교환법칙이 성립하고 제곱하면 $\hat{I}$이므로, $\mathcal{S}$는 본질적으로 $(\mathbb{Z}_2)^k$와 같다. 수학적으로 말하자면, $\mathcal{S}$는 아벨군 $(\mathbb{Z}_2)^k$와 동형이며, 이때 후자의 군곱셈은 이진법 덧셈이다(부록 C.5 참조).

$\mathcal{S}$가 안정화하는 양자상태는 반드시 $\mathcal{S}$의 모든 생성원의 공통 고유벡터이어야 한다. 따라서, $\mathcal{S}$의 독립적인 생성원이 많을수록 안정화되는 양자상태가 만족시켜야할 제약사항이 많아지게 된다. 당연히 $\mathcal{S}$의 생성원의 수가 크면 $\mathcal{S}$가 안정화하는 부분공간 $\mathcal{V}$의 차원은 작아진다. 구제적인 정리로 요약하자면, $\mathcal{V}$의 차원은 2^{n-k}이다. 다시 말해, 부분공간 $\mathcal{V}$는 $(n-k)$개의 논리큐비트를 부호화할 수 있다. 아래 6.4절에서 다시 살펴보게되겠지만, 이것이 바로 안정자코드를 그토록 간단하면서도 강력하게 만들어주는 특성이다. 더 자세히 살펴보자. 가령, $\hat{G}_1$이 위상 인수 $\pm i$가 붙어 있지 않은 n 큐비트 파울리 연산자라 하자. 이 연산자는 힐베르트 공간 $\mathcal{H}$를 각각 고유값 ± 1에 속하는 두 개의 부분공간으로 나누고, 이 두 부분공간은 서로 직교한다. 따라서, 고유값 1에 속하는 부분공간 $\mathcal{W}_1$은 $\hat{G}_1$에 의해 안정화되고 차원은 2^{n-1}이다. $\hat{G}_1$과 교환법칙이 성립하는 또 하나의 파울리 연산자 $\hat{G}_2$는 $\mathcal{W}_1$를 다시 직교하는 두 개의 부분공간으로 나눈다. 이 둘 중에서 고유값 1에 속하는 $\mathcal{W}_2$가 $\hat{G}_1$과 $\hat{G}_2$에 의해 동시에 안정화된다. 말할 것도 없이, $\mathcal{W}_2$의 차원은 2^{n-2}이다. 이 과정을 반복하

면 위에서 언급한 사실을 증명할 수 있다. 예를 들자면, 연산자 $\hat{Z} \otimes \hat{Z}$는 $|00\rangle$와 $|11\rangle$, 또는

$$\frac{|00\rangle + |11\rangle}{\sqrt{2}}, \quad \frac{|00\rangle - |11\rangle}{\sqrt{2}} \tag{6.47}$$

의 선형결합으로 이루어진 모든 양자상태를 안정화한다. 연산자 $\hat{X} \otimes \hat{X}$는

$$\frac{|00\rangle + |11\rangle}{\sqrt{2}}, \quad \frac{|01\rangle + |10\rangle}{\sqrt{2}}. \tag{6.48}$$

의 선형결합으로 이루어진 모든 양자상태를 안정화한다. 따라서, 두 연산자에의해 안정화되는 부분공간은 각각 2차원이다. 반면, 두 연산자가 동시에 안정화하는 양자상태는 $(|00\rangle + |11\rangle)/\sqrt{2}$에 비례하는 양자상태 밖에 없다. 따라서, 두 연산자 $\hat{X} \otimes \hat{X}$와 $\hat{Z} \otimes \hat{Z}$에 의해 안정화되는 부분공간은 1차원이다. 이 사실을 조금 다른 각도에서 보면, 연산자 $\hat{X} \otimes \hat{X}$는 식 (6.47)의 벡터들로 전개되는 벡터공간을 두 개의 부분공간으로 나누는데, 그 중 하나는 $(|00\rangle + |11\rangle)/\sqrt{2}$에 의해 전개되며 다른 하나는 $(|00\rangle - |11\rangle)/\sqrt{2}$.에 의해 전개된다. 마찬가지로, 연산자 $\hat{Z} \otimes \hat{Z}$는 식 (6.48)에 있는 벡터들로 전개되는 공간을 두 부분공간으로 나눈다.

위 정리를 더 엄밀하게 증명할 수도 있다. 정해진 j에 대해 연산자 $(\hat{I} \pm \hat{G}_j)/2$는 $\hat{G}_j$의 고유값 ± 1에 각각 속하는 부분공간으로의 투영연산자라는 사실에 주목해보자. 이러한 투영연산자를 확장하여, 각 이항문자열 $x := (x_1 x_2 \cdots x_k)_2$에 대한 연산자

$$\hat{P}_x := \prod_{j=1}^{k} \frac{\hat{I} + (-1)^{x_j} \hat{G}_j}{2} \tag{6.49}$$

를 정의한다. $\hat{P}_x$는 생성원 $\hat{G}_1, \cdots, \hat{G}_k$의 공통 고유값 $(-1)^{x_1 + \cdots + x_k}$에 속하는 공통 고유부분공간으로의 투영연산자이다. 따라서, 이들은 서로 직교한다. 즉, $(\mathbb{Z}_2)^k$에 속하는 모든 x, y에 대해

$$\hat{P}_x \hat{P}_y = \delta_{xy} \hat{P}_x \tag{6.50}$$

가 성립한다. 특히, $\hat{P}_0$는 $\mathcal{S}$가 안정화하는 부분공간 $\mathcal{V}$이다. 6.3.2절에서 살펴보았듯이, 서로 독립인 파울리 연산자들이 주어져 있으면, 이들 중 딱 하나의 연산자와만 반교환법칙이 성립하고 나머지 연산자들과는 교환법칙이 성립하는 연산자가 반드시 존재한다. 따라서, 각 이항문자열 x에 대해

$$\hat{G}_x \hat{P}_{(0,\cdots,0)} \hat{G}_x = \hat{P}_x \tag{6.51}$$

를 만족하는 연산자 $\hat{G}_x$를 찾을 수 있다. 이것은 x와 상관없이 $\hat{P}_x \mathcal{H}$는 모두 $\mathcal{V}$와 같은 차원

을 갖는다는 의미다. 끝으로,

$$\sum_{x_1,x_2,\cdots}(-1)^{x_1+x_2+\cdots}=\sum_{x_1}(-1)^{x_1}\sum_{x_2}(-1)^{x_2}\cdots=0 \tag{6.52}$$

이기 때문에

$$\sum_{x=0}^{2^k-1}\hat{P}_x=\hat{I} \tag{6.53}$$

가 성립한다. 따라서, 2^k 개의 투영연산자 $\hat{P}_x$는 2^n 차원의 힐베르트 공간 $\mathcal{H}$를 차원이 같은 부분공간으로 나누고, 각 부분공간의 차원은 $2^n/2^k=2^{n-k}$이다.

위에서 부분공간 $\mathcal{V}$는 그 안정자 $\mathcal{S}$로 명시할 수 있다는 점을 알아보았다. 부분공간 $\mathcal{V}$를 이용하여 양자정보처리를 하기 위해서는 $\mathcal{V}$의 논리기저상태도 명시하여야 한다. 안정자체계에서는 논리기저상태를 논리연산자(logical operator)를 통해 명시한다. 먼저, 예를 살펴보자. $\mathcal{V}$가 $\mathcal{S}=\langle\{\hat{Z}\otimes\hat{Z}\}\rangle$에 의해 안정화된다고 하자. 두 양자상태

$$|\bar{0}\rangle=\frac{|00\rangle+|11\rangle}{\sqrt{2}},\quad |\bar{1}\rangle=\frac{|00\rangle-|11\rangle}{\sqrt{2}} \tag{6.54}$$

를 논리기저상태로 선택하고자 한다. $\mathcal{V}$ 안에는 연산자 $\hat{X}\otimes\hat{X}$의 고유값 ±1에 각각 속하는 고유벡터 $|\bar{0}\rangle$과 $|\bar{1}\rangle$이 존재한다. 따라서, 이 연산자는 마치 단일 큐비트 파울리 Z 연산자와 같다. 이런 의미에서, $\bar{Z}=\hat{X}\otimes\hat{X}$라고 표시하고, 이 연산자를 논리 파울리 Z 연산자(logical Pauli Z operator)라고 한다. 한편, $\hat{Z}\otimes\hat{I}$는 $|\bar{0}\rangle$을 $|\bar{1}\rangle$로 뒤집거나 그 반대로 뒤집는다. 더 나아가, 이 연산자는 두 논리기저상태 사이의 상대위상을 고정하기도 한다. 이런 의미에서, 이 연산자는 마치 단일 큐비트 파울리 X 연산자 처럼 행동한다. 따라서, 이 연산자를 $\bar{X}=\hat{Z}\otimes\hat{I}$ 와 같이 표시하고, 논리 파울리 X 연산자(logical Pauli X operator) 라고 부른다. $\bar{Z}$와 $\bar{X}$는 안정자 $\mathcal{S}$의 모든 원소와 교환법칙이 성립하고, 따라서 안정화되는 부분공간 $\mathcal{V}$를 보존한다. 그러나 안정자 $\mathcal{S}$의 원소와 달리 $\mathcal{V}$에 실질적으로 작용하여 $\mathcal{V}$에 속한 양자상태를 $\mathcal{V}$ 안에서 이리저리 옮긴다.

일반적으로, 이항문자열 $\bar{x}:=(\bar{x}_1\bar{x}_2\cdots\bar{x}_{n-k})_2$에 해당하는 논리기저상태 $|\bar{x}\rangle$는 논리연산자로 이루어진 두 집합 $\{\bar{Z}_1,\cdots,\bar{Z}_{n-k}\}$와 $\{\bar{X}_1,\cdots,\bar{X}_{n-k}\}$로 명시할 수 있다. 논리 파울리 Z 연산자 $\bar{Z}_j$를 측정하면 논리기저상태를 구별할 수 있다. 즉,

$$\bar{Z}_j|\bar{x}\rangle=\bar{x}_j|\bar{x}\rangle \tag{6.55}$$

이다. 반면, 논리 파울리 X 연산자 $\bar{X}_j$는 논리기저상태의 상대위상을 고정하는 역할을 한다. 즉,

$$\bar{X}_j|\bar{x}_1,\cdots,\bar{x}_j,\cdots,\bar{x}_{n-k}\rangle=|\bar{x}_1,\cdots,\bar{x}_j\oplus1,\cdots,\bar{x}_{n-k}\rangle \tag{6.56}$$

이다.

물론, 논리기저상태를 구체적으로 알거나 명시하지 않고도 논리연산자를 구성할 수 있다. 필요조건은 논리연산자는 주어진 부분공간 $\mathcal{V}$ 안에서 양자상태를 이리저리 옮길 뿐, 반드시 $\mathcal{V}$를 보존해야 하다는 것이다. 이것은 모든 논리연산자 $\bar{Z}_j$와 $\bar{X}_j$는 안정자 $\mathcal{S}$의 모든 생성원과 교환법칙이 성립해야 한다는 것을 의미한다. 그럼에도 논리연산자는 안정자에 속해서는 안되며 안정자의 모든 생성원과 서로 독립이어야 한다. 그렇지 않으면 $\mathcal{V}$ 안에서 논리연산자는 작용하나 마나이다. 주어진 논리기저에 대해 논리연산자는 유일하지 않다. 예를 들어, 식 (6.54)와 같은 논리기저에 대해 $\bar{Z} = -\hat{Y} \otimes \hat{Y}$와 $\bar{X} = \bar{I} \otimes \bar{Z}$를 선택해도 된다. 수학적으로 말하자면, 동등한 논리연산자는 $\mathcal{S}$에 대해 같은 잉여류에 속한다. 안정자의 서로 독립인 생성원이 주어져 있다면, 고테스만 벡터를 이용하여 논리연산자를 체계적으로 구성하는 방법이 잘 알려져 있다. 관심있는 독자는 참고 문헌 Cleve & Gottesman (1997) 등을 참조하기 바란다.

6.3.3 안정자체계에서 유니테리 게이트

양자계에 작용하는 유니테리 연산자 $\hat{U}$를 생각해보자. $\mathcal{S}$가 부분공간 $\mathcal{V}$를 안정화한다고 하자. 유니테리 연산자 $\hat{U}$는 $\mathcal{V}$를 새로운 부분공간 $\hat{U}\mathcal{V}$로 변환하며, $\mathcal{S}$는 새로운 부분공간은 안정화하지 못한다. 그렇다면 새로운 부분공간 $\hat{U}\mathcal{V}$의 안정자는 무엇일까?

연산자 $\hat{G}$가 안정자 $\mathcal{S}$의 원소라 하자. 그럼, $\mathcal{V}$에 속한 모든 양자상태 $|\psi\rangle$에 대해 $\hat{G}|\psi\rangle = |\psi\rangle$ 이다. 따라서

$$\hat{U}\hat{G}\hat{U}^\dagger \hat{U}|\psi\rangle = \hat{U}\hat{G}|\psi\rangle = \hat{U}|\psi\rangle \tag{6.57}$$

가 성립함을 알 수 있다. 이것은 $\hat{U}\hat{G}\hat{U}^\dagger$가 $\hat{U}|\psi\rangle$, 더 나아가 부분공간 $\hat{U}\mathcal{V}$ 전체를 안정화한다는 것을 뜻한다. 다시 말해, $\hat{U}\mathcal{S}\hat{U}^\dagger$이 새로운 부분공간 $\hat{U}\mathcal{V}$의 안정자이다. 이제 $\{\hat{G}_j\}$가 안정자 $\mathcal{S}$의 생성원 집합이라 하자. $\mathcal{S}$의 모든 원소 $\hat{G}$는 $\hat{G}_j$에 의해 생성되므로, $\hat{U}\hat{G}\hat{U}^\dagger$ 형태의 모든 연산자는 $\hat{U}\hat{G}_j\hat{U}^\dagger$에 의해 생성된다. 다시 말해, 새로운 안정자 $\hat{U}\mathcal{S}\hat{U}^\dagger$는 $\hat{U}\hat{G}_j\hat{U}^\dagger$에 의해 생성된다. 요약하자면, 유니테리 연산자 $\hat{U}$에 의해, 주어진 안정자의 생성원 $\hat{G}_j$는

$$\hat{G}_j \mapsto \hat{U}\hat{G}_j\hat{U}^\dagger \tag{6.58}$$

에 따라 변환된다.

유니테리 연산자 $\hat{U}$는 논리기저상태를 변환하므로 논리연산자도 마찬가지로 변환되어야 한다. 위에서 살펴본 안정자의 생성원이 변환되는 방식과 마찬가지로 논리연산자도 다음과 같이 변환한다.

$$\bar{X}_j \mapsto \hat{U}\bar{X}_j\hat{U}^\dagger, \quad \bar{Z}_j \mapsto \hat{U}\bar{Z}_j\hat{U}^\dagger. \tag{6.59}$$

지금까지 모든 설명은 완전히 일반적이었다. 그러나 우리는 주로 파울리군의 안정자 부분군을 다룬다는 점을 상기하자. 일반적으로, 파울리군의 원소 $\hat{G}$에 대해 $\hat{U}\hat{G}\hat{U}^\dagger$는 더 이상 파울리군에 속하지 않으며, 따라서 단일 큐비트 파울리 연산자의 텐서곱으로 표현할 수 없다. 켤레화(conjugation)를 통해 단일 큐비트 파울리 연산자의 텐서곱 형태의 연산자를 같은 형태의 다른 연산자로 변환하는 유니테리 연산자에 집중하는 것이 편리할 것이다. 이것이 다음 절에서 우리가 살펴볼 주제이다.

6.3.4 클리포드군

n 큐비트 클리포드군(Clifford group) $\mathcal{C}(n)$은 켤레화를 통해 파울리 그룹 $\mathcal{P}(n)$을 보존하는 유니테리 연산자로 이루어진 그룹

$$\mathcal{C}(n) := \{\hat{U} : \hat{U}\mathcal{P}(n)\hat{U}^\dagger = \mathcal{P}(n)\} \tag{6.60}$$

을 일컫는다. 수학적으로, 클리포드군 $\mathcal{C}(n)$은 유니테리군 $\mathrm{U}(2^n)$ 안에서 파울리군의 정규화 부분군(normalizer)이다. 파울리군에 대해 그랬듯이, 클리포드군을 표시할 때도 혼동의 우려가 없으면 $\mathcal{C}(n)$에서 큐비트의 수 n을 떼버리고 $\mathcal{C}$라고 흔히 표시한다.

클리포드군은 고테스만(Gottesman, D.)이 1998년 양자 오류정정 코드를 안정자체계로 재구성하면서 처음 소개하였다(Gottesman, 1998). 클리포드군은 그 원소들이 켤레화를 통해 변환을 하면서도 파울리군을 유지하기 때문에 편리하다.

클리포드군은 개별 큐비트에 작용하는 하다마드 게이트와 사분위상게이트[6.4] 및 각 쌍의 큐비트에 작용하는 CNOT 게이트(혹은 CZ 게이트)에 의해 생성된다. 먼저, 단일 큐비트 클리포드군 $\mathcal{C}(1)$을 생각해보자. 클리포드군의 정의상, $\mathcal{C}(1)$의 원소에 의한 켤레화 작용은 파울리 연산자 $\hat{X}$, $\hat{Y}$, $\hat{Z}$의 순서만 바꾼다(여기서 위상 인수는 무시한다). 수학적으로, 이것은 0을 고정한 채 $\mathbb{Z}_4$에서 $\mathbb{Z}_4$로 보내는 일대일 사상과 같다.[6.5] 기하학적으로 보면, 블로흐 공간에서 축의 순서를 바꾸는 변환으로 생각해도 된다[그림 6.2 (b) 참조]. 따라서, 단일 큐비트 클리포드군의 원소들은 정삼각형을 보존하는 점군(point group)

$$D_3 := \{\hat{I}, \hat{M}_x, \hat{M}_y, \hat{M}_z, \hat{R}, \hat{R}^2\} \tag{6.61}$$

에 속하는 여섯 개의 대칭변환에 대응된다[그림 6.2 (a) 참조]. 여기서 $\hat{M}_x$, $\hat{M}_y$ 및 $\hat{M}_z$는 각각 정삼각형의 꼭지점 X, Y 및 Z를 지나며 정삼각형을 똑같이 나누는 평면에 대한 거울대칭을 나타내며, $\hat{R}$는 정삼각형의 중심을 지나는 축을 중심으로 각도 $2\pi/3$ 만큼 회전하는

[6.4] 사분위상게이트는 식 (2.28)과 같이 정의한다.

[6.5] $\mathbb{Z}_m := \{0, 1, \cdots, m-1\}$라는 표시는 식 (C.10)에서와 같이 원소의 수가 m인 순환군을 나타낼 때 흔히 사용한다. 그러나 여기서는 단순히 m 개의 원소들의 집합을 뜻하며, 다른 구조는 전혀 고려하지 않는다.

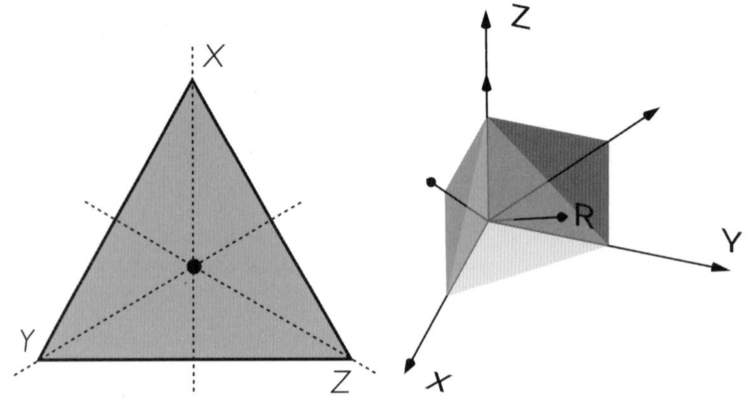

그림 6.2: **(왼쪽)** 점군 D_3에 속한 대칭변환에 대하여 불변인 정삼각형. 정삼각형은 점선으로 표시한 거울 평면에 대해 대칭이다. 중앙의 점은 각 $2\pi/3$ 만큼의 회전변환을 표시한다. **(오른쪽)** 블로흐 공간에서 축의 순서를 바꾸는 회전변환.

변환을 나타낸다. 예를 들어, 하다마드 게이트를 생각해보자. 이것은 블로흐 공간에서 축 $(1, 0, 1)$을 중심으로 각도 π 만큼 회전하는 변환과 같다. 식 (2.25)로부터 하다마드 게이트는 $\hat{X}$와 $\hat{Z}$을 서로 바꾼다는 것을 알 수 있다. 즉, $\hat{H}\hat{X}\hat{H}^\dagger = \hat{Z}$이고 $\hat{H}\hat{Z}\hat{H}^\dagger = \hat{X}$이다. 반면, $\hat{H}\hat{Y}\hat{H}^\dagger = -\hat{Y}$와 같이 $\hat{Y}$는 바꾸지 않는다. 요약하자면,

$$\hat{H} : (\hat{X}, \hat{Y}, \hat{Z}) \mapsto (\hat{Z}, -\hat{Y}, \hat{X}) \tag{6.62}$$

이며, 따라서 하다마드 게이트에 의한 켤레화는 점군 D_3에 속한 대칭변환 $\hat{M}_y$에 대응된다. 마찬가지로, 사분위상게이트 $\hat{Q}$ 는 $\hat{X}$와 $\hat{Y}$를 서로 바꾸며 $\hat{Z}$를 그대로 둔다. 즉,

$$\hat{Q} : (\hat{X}, \hat{Y}, \hat{Z}) \mapsto (\hat{Y}, -\hat{X}, \hat{Z}). \tag{6.63}$$

따라서, $\hat{Q}$는 D_3에 속한 대칭변환 $\hat{M}_z$에 대응된다. 대칭변환 $\hat{M}_y$ 전후에 축을 바꿈으로써, 식 (2.25)로부터 대칭변환 $\hat{M}_x$는 $\hat{Q}\hat{H}\hat{Q}^\dagger$와 같다는 것을 알 수 있다. 마지막으로, 점군 D_3에 속한 $\hat{R}$는 블로흐 공간에서 축 $(1, 1, 1)$을 중심으로 각도 $2\pi/3$ 만큼 회전하는 변환과 같다. 따라서, $\hat{R}$은 $\hat{H}\hat{Q}^\dagger$에 대응된다. 모두 합쳐서, 단일 큐비트 클리포드군과 점군 D_3 사이의 대응관계는 다음과 같다.

$$\hat{M}_z \leftrightarrow \hat{Q}\,, \quad \hat{M}_y \leftrightarrow \hat{H}\,, \quad \hat{M}_x \leftrightarrow \hat{Q}\hat{H}\hat{Q}^\dagger\,, \quad \hat{R} \leftrightarrow \hat{H}\hat{Q}^\dagger\,. \tag{6.64}$$

이것으로 단일 큐비트 클리포드군은 $\hat{H}$와 $\hat{Q}$로 생성된다는 점을 확인할 수 있다.

The single-qubit Clifford group is rather simple. It is generated by the Hadamard gate and the quadrant phase gate.

```
In[ ]:= gnr = GroupGenerators@FullCliffordGroup[S]

Out[ ]= {S^H, S^S}
```

In fact, it is equivalent to the point group D_3. The point group consists of the six symmetry transformation `{I, Mx, My, Mz, R, R**R}`.

```
In[ ]:= My = Elaborate@S[6];
        Mz = Elaborate@S[7];
        Mx = Mz ** My ** Dagger[Mz];
        R = My ** Dagger[Mz];
```

Note that the *conjugation* (not to be confused with conjugate) by an operator is a special case of supermap with a single unitary Kraus element.

```
In[ ]:= Conjugation[op_] := Supermap[op]
```

Take a look how the Pauli operators transform under the conjugation by single-qubit operations in the Clifford group.

```
In[ ]:= ops = {S[1], S[2], S[3]};
        Thread[ops → Conjugation[Mx]@ops] // PauliForm // TableForm
        Thread[ops → Conjugation[My]@ops] // PauliForm // TableForm
        Thread[ops → Conjugation[Mz]@ops] // PauliForm // TableForm

Out[ ]//TableForm=
        X → -X
        Y → Z
        Z → Y

Out[ ]//TableForm=
        X → Z
        Y → -Y
        Z → X

Out[ ]//TableForm=
        X → Y
        Y → -X
        Z → Z

In[ ]:= Thread[ops → Conjugation[R]@ops] // PauliForm // TableForm
        Thread[ops → Conjugation[R ** R]@ops] // PauliForm // TableForm

Out[ ]//TableForm=
        X → Y
        Y → Z
        Z → X

Out[ ]//TableForm=
        X → Z
        Y → X
        Z → Y
```

계속해서 두 큐비트 클로포드 군 $\mathcal{C}(2)$를 조사해보자. 두 큐비트 클리포드 연산자에 의한 켤레화는 네 파울리 연산자 $\hat{I}$, $\hat{X}$, $\hat{Y}$, $\hat{Z}$로 이루어진 각 쌍을 다른 쌍으로 보내는데, 마치 일대일 사상 $\mathbb{Z}_4 \times \mathbb{Z}_4 \to \mathbb{Z}_4 \times \mathbb{Z}_4$와 같다. 언뜻 생각해봐도, 하다마드 게이트나 사분위상 게이트만으로는 $\hat{I}$를 포함하는 쌍을 포함하지 않는 쌍으로 만들 수 없고 그 반대도 안된다. 예를 들어,

$$\hat{Y} \otimes \hat{I} \mapsto \hat{Z} \otimes \hat{Y} \tag{6.65}$$

와 같은 대응관계는 하다마드 게이트나 사분위상게이트의 국소적인 조합만으로는 얻을 수 없다. 모든 유니테리 연산자 $\hat{U}$와 $\hat{V}$에 대하여

$$(\hat{U} \otimes \hat{V})(\hat{Y} \otimes \hat{I})(\hat{U} \otimes \hat{V})^\dagger = (\hat{U}\hat{Y}\hat{U}^\dagger) \otimes \hat{I} \tag{6.66}$$

이기 때문이다. CNOT 게이트가 결정적인 역할을 하는 것이 바로 이 부분이다. 첫 번째 큐비트가 제어하고 두 번째 큐비트가 대상이 되는 CNOT 게이트에 의한 결레화는 다음과 같은 대응관계를 만든다.

$$\begin{aligned} \hat{X} \otimes \hat{I} &\mapsto \hat{X} \otimes \hat{X}, \\ \hat{Z} \otimes \hat{I} &\mapsto \hat{Z} \otimes \hat{I}, \\ \hat{I} \otimes \hat{X} &\mapsto \hat{I} \otimes \hat{X}, \\ \hat{I} \otimes \hat{Z} &\mapsto \hat{Z} \otimes \hat{Z}. \end{aligned} \tag{6.67}$$

CNOT 게이트에 의해 파울리 X 연산자는 앞으로(즉, 제어큐비트에서 대상큐비트로) '전파해 나가는' 반면, 파울리 Z 연산자는 뒤로(즉, 대상큐비트에서 제어큐비트로) 전파해 나간다는 점이 흥미롭다. 항등식 $\hat{Y} = i\hat{X}\hat{Z}$을 이용하면, $\hat{I}$가 포함되지 않는 한, 파울리 연산자의 곱은 파울리 연산자의 다른 어떤 곱으로도 변환될 수 있으므로, CNOT 게이트 하나로도 하다마드 게이트와 사분위상게이트의 조합으로 얻을 수 없는 다른 모든 결과를 얻기에 충분하다. 예를 들면, 식 (6.65)에 있는 변환을 얻기 위해서는 $\hat{Q}^\dagger \otimes \hat{I}$, CNOT, $\hat{H} \otimes \hat{Q}$에 의한 결레화를 차례로 적용하면 된다. 즉,

$$\hat{Y} \otimes \hat{I} \to \hat{X} \otimes \hat{I} \to \hat{X} \otimes \hat{X} \to \hat{Z} \otimes \hat{Y}. \tag{6.68}$$

같은 방식으로, 큐비트 수가 더 많아지더라도 하다마드 게이트, 사분위상게이트, CNOT 게이트면 클리포드군의 어떤 연산도 모두 생성하기에 충분하다는 것을 알 수 있다.

Here demonstrated is the correspondence between one-to-one mappings $\mathbb{Z}_4 \times \mathbb{Z}_4 \to \mathbb{Z}_4 \times \mathbb{Z}_4$ and the two-qubit operations in the Clifford group.

```
In[]:= gnr = CNOT[S[1], S[2]]
```

```
Out[]= CNOT[{S1}, {S2}]
```

Under the conjugation by the CNOT gate, the Pauli operators transform as the following.

```
In[]:= ops = Multiply @@@ Tuples@{S[1, Full], S[2, Full]};
Timing[new = Elaborate@Thread[ops → Conjugation[gnr]@ops];]
new⟦2 ;; ;; 4⟧ // PauliForm // TableForm
```

```
Out[]= {0.10871, Null}
```

Out[ ]//TableForm=
```
I⊗X → I⊗X
X⊗X → X⊗I
Y⊗X → Y⊗I
Z⊗X → Z⊗X
```

Combinations of the CNOT, Hadamard, and quadrant phase gates generate all transformations preserving the Pauli group. Here is one example.

In[ ]:=
```
gnr = CNOT[S[1], S[2]] ** S[1, 6] ** Dagger[S[1, 7]] ** S[2, 7] // Elaborate;
ops = {S[1, 1], S[2, 1], S[1, 3], S[2, 3]};
```

In[ ]:=
```
Thread[ops → Conjugation[gnr]@ops] // PauliForm // TableForm
```

Out[ ]//TableForm=
```
X⊗I → Y⊗X
I⊗X → Z⊗Y
Z⊗I → X⊗X
I⊗Z → Z⊗Z
```

이제 클리포드군이 단일 큐비트에 작용하는 하다마드 게이트 및 사분위상게이트와 각 쌍에 작용하는 CNOT 게이트에 의해 생성된다는 점을 엄밀하게 증명해보자. 여기 소개하는 귀납적 증명은 구체적이기도 해서 클리포드군의 원소들을 실제 구현하는 양자회로를 찾는 데 상당히 편리하게 쓰이기도 한다(Gottesman, 1998).

$\hat{U}$가 $(n+1)$ 큐비트 클리포드군 $\mathcal{C}(n+1)$의 원소라 하자. 이 연산자가

$$\hat{U}(\hat{Z}\otimes\hat{J})\hat{U}^\dagger = \hat{X}\otimes\hat{A}, \quad \hat{U}(\hat{X}\otimes\hat{J})\hat{U}^\dagger = \hat{Z}\otimes\hat{B} \tag{6.69}$$

와 같은 꼴을 만족한다고 가정하자(편의상 도입한 이 가정은 특별한 제약을 가져오는 것은 아니다). 여기서 $\hat{J} := \hat{I}^{\otimes n}$이며, $\hat{A}$와 $\hat{B}$는 파울리 연산자의 곱으로 파울리군 $\mathcal{P}(n)$의 원소이다. 만약, $\hat{U}$가 위와 같은 꼴을 만족하지 않더라도 큐비트의 순서를 바꾸고 단일 큐비트 파울리 연산자를 적당히 곱하여 위와 같은 꼴로 항상 만들 수 있다(연습문제 6.6 참조). 꼭 위와 같은 꼴이 아니라, 다음과 같은 꼴을 가정해도 증명 방법은 크게 바뀌지 않는다.

$$\hat{U}(\hat{Z}\otimes\hat{J})\hat{U}^\dagger = \hat{X}\otimes\hat{A}, \quad \hat{U}(\hat{X}\otimes\hat{J})\hat{U}^\dagger = \hat{I}\otimes\hat{B}. \tag{6.70}$$

여기서는 식 (6.69)에 있는 꼴을 가정한다. $y = 0, 1, 2, \cdots, 2^n - 1$에 대해, n 큐비트에 작용하는 연산자 $\hat{V}$를 다음과 같이 정의한다.

$$\hat{V}\left|y\right\rangle := \sum_{x=0}^{2^n-1}\left|x\right\rangle(\left\langle 0\right|\otimes\left\langle x\right|)\hat{U}(\left|0\right\rangle\otimes\left|y\right\rangle). \tag{6.71}$$

본질적으로, $\hat{V}$는 $\hat{U}$로부터 첫 번째 큐비트의 양자상태가 $\left|1\right\rangle$인 부분을 밖으로 투영해 없애 버리는 것이다. 연산자 $\hat{V}$는 $\hat{U}$로부터 유도된 것으로, n 큐비트 클리포드군 $\mathcal{C}(n)$의 원소이다(연습문제 6.7 참조). 다시 말해, $\hat{V}$에 의한 켤레화는 n 큐비트 파울리군 $\mathcal{P}(n)$을 보존한

다. 다음 단계는 $\hat{U}$를 $\hat{A}$, $\hat{B}$ 및 $\hat{V}$을 써서 다시 표현하는 것이다. 결론적으로, $\hat{U}$는 다음과 같은 양자회로를 통해 구현할 수 있다.

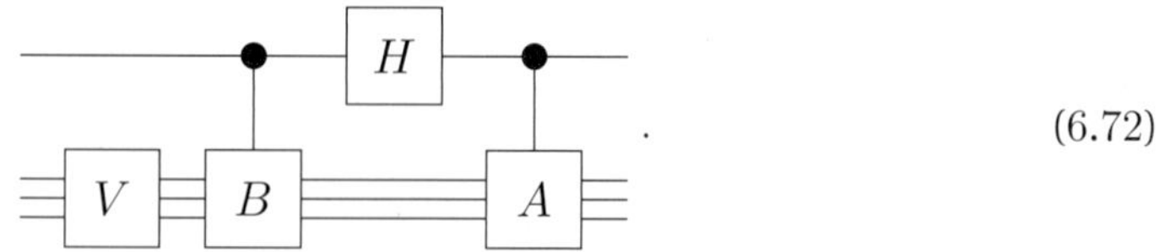

(6.72)

$\hat{A}$와 $\hat{B}$는 파울리 연산자의 곱이기 때문에 제어 $\hat{A}$와 제어 $\hat{B}$ 게이트는 하다마드 게이트와 사분위상게이트 및 CNOT 게이트를 써서 구현할 수 있다. 따라서, $\hat{V}$가 클리포드 연산자이기만 하다면(연습문제 6.7 참조), $\hat{U}$도 클리포드 연산자이다.

이제 남아 있는 문제는 $\hat{U}$가 실제로 식 (6.72)에 있는 양자회로로 구현된다는 것을 보이는 것이다. 일반적인 $(n+1)$ 큐비트 양자상태

$$|\Psi\rangle = \frac{|0\rangle \otimes |\alpha\rangle + |1\rangle \otimes |\beta\rangle}{\sqrt{2}} \tag{6.73}$$

를 생각해보자. 여기서 $|\alpha\rangle$와 $|\beta\rangle$는 n 큐비트 양자상태이다. $\hat{U}$를 작용하면, 첫 번째 항은 다음과 같이 변환된다.

$$\hat{U}(|0\rangle \otimes |\alpha\rangle) = |0\rangle \otimes |\alpha_0\rangle + |1\rangle \otimes |\alpha_1\rangle\,. \tag{6.74}$$

$\hat{Z} \otimes \hat{J}$는 첫째 항을 바꾸지 않으므로 다음 결과를 얻을 수 있다.

$$\begin{aligned}\hat{U}(|0\rangle \otimes \hat{\alpha}) &= \hat{U}(\hat{Z} \otimes \hat{J})\hat{U}^\dagger\hat{U}(|0\rangle \otimes |\alpha\rangle) \\ &= (\hat{X} \otimes \hat{A})(|0\rangle \otimes |\alpha_0\rangle + |1\rangle \otimes |\alpha_1\rangle) \\ &= |0\rangle \otimes \hat{A}\,|\alpha_1\rangle + |1\rangle \otimes \hat{A}\,|\alpha_0\rangle\,.\end{aligned} \tag{6.75}$$

식 (6.74)와 (6.75)의 두 결과는 같아야 한다. 따라서, $|\alpha_0\rangle$과 $|\alpha_1\rangle$은 $\hat{A}$에 의해 다음과 같은 관계식을 만족해야 한다.

$$\hat{A}\,|\alpha_0\rangle = |\alpha_1\rangle\,, \quad \hat{A}\,|\alpha_1\rangle = |\alpha_0\rangle\,. \tag{6.76}$$

참고로, 위 두 관계식은 $\hat{A}$가 파울리 연산자의 곱이라는 사실과 부합한다. 식 (6.76)을 다시 식 (6.74)에 대입하면 다음과 같은 결과를 얻을 수 있다.

$$\hat{U}(|0\rangle \otimes |\alpha\rangle) = |0\rangle \otimes |\alpha_0\rangle + |1\rangle \otimes \hat{A}\,|\alpha_1\rangle = (\hat{I} \otimes \hat{J} + \hat{X} \otimes \hat{A})(|0\rangle \otimes \hat{V}\,|\alpha\rangle). \tag{6.77}$$

이때, 두 번째 항등식을 얻기 위해 식 (6.71)에서 내린 $\hat{V}$의 정의상 $|\alpha_0\rangle = \hat{V}\,|\alpha\rangle$이라는 사실을 이용하였다.

다음 단계로, $\hat{U}$에 의해 식 (6.73)의 두 번째 항이 어떻게 변환되는지 살펴보자. $\hat{U}$를 둘째 항에 작용하면 다음과 같이 된다.

$$\begin{aligned}\hat{U}(|1\rangle \otimes |\beta\rangle) &= \hat{U}(\hat{X} \otimes \hat{J})(|0\rangle \otimes |\beta\rangle) = (\hat{Z} \otimes \hat{B})\hat{U}(|0\rangle \otimes |\beta\rangle) \\ &= (\hat{Z} \otimes \hat{B})(\hat{I} \otimes \hat{J} + \hat{X} \otimes \hat{A})(|0\rangle \otimes \hat{V}|\beta\rangle). \quad (6.78)\end{aligned}$$

이때, 마지막 항등식에서 식 (6.77)을 이용하였다. $\hat{U}(\hat{Z} \otimes \hat{J})\hat{U}^\dagger$와 $\hat{U}(\hat{X} \otimes \hat{J})\hat{U}^\dagger$가 반교환법칙이 성립한다는 점을 상기하면, $\hat{X} \otimes \hat{A}$와 $\hat{Z} \otimes \hat{B}$도 서로 반교환법칙이 성립한다는 것을 알 수 있다. 이것은 다음과 같은 결과로 이어진다.

$$\begin{aligned}\hat{U}(|1\rangle \otimes |\beta\rangle) &= (\hat{I} \otimes \hat{J} - \hat{X} \otimes \hat{A})(\hat{Z} \otimes \hat{B})(|0\rangle \otimes \hat{V}|\beta\rangle) \\ &= (\hat{I} \otimes \hat{J} - \hat{X} \otimes \hat{A})(|0\rangle \otimes \hat{B}\hat{V}|\beta\rangle). \quad (6.79)\end{aligned}$$

식 (6.77)과 (6.79)를 합쳐, 아래와 같은 결과를 얻을 수 있다.

$$\hat{U}|\Psi\rangle = \frac{|0\rangle \otimes \hat{V}|\alpha\rangle + |1\rangle \otimes \hat{A}\hat{V}|\alpha\rangle + |0\rangle \otimes \hat{B}\hat{V}|\beta\rangle + |1\rangle \otimes \hat{A}\hat{B}\hat{V}|\beta\rangle}{\sqrt{2}}. \quad (6.80)$$

이것은 식 (6.72)에 있는 양자회로가 내놓는 결과와 정확히 같다.

클리포드군이 특별하다는 점은 고테스만-닐 정리(Gottesman-Knill theorem)에 가장 잘 나타나 있다(Gottesman, 1999). 이 정리에 의하면, 소위 클리포드 양자회로(Clifford circuit),[6.6] 즉 클리포드군에 속하는 유니테리 연산자로만 구성된 양자회로는 고전컴퓨터에서도 효과적으로 구현할 수 있다. 이것은 상당히 놀랍다. 클리포드 연산자는 그린버거-혼-자이링거 실험(Greenberger-Horne-Zeilinger experiment) 또는 줄여서 GHZ 실험(Greenberger et al., 1989), 양자원격이동 및 초고밀도부호화 등을 포함한 매우 넓은 범위의 양자효과를 생성하기에 충분하기 때문이다. 클리포드 연산자는 또 양자 오류정정 코드를 부호화하고 해독하기에도 충분하다(6.4절 참조). 그럼에도, 고테스만-닐 정리는 클리포드군이 "양자컴퓨터의 완전한 성능에는 조금 덜 미친다"는 점을 지적하고 있다. 실제로, 임의의 유니테리 게이트를 원하는 정확도로 구현하기 위해서는 클리포드 게이트 외에도 팔분위상게이트나 토폴리 게이트가 필요하다(2.4절 참조).

어떻게 클리포드 양자회로를 고전컴퓨터에서 효과적으로 시늉낼 수 있을까? 안정자체계에서는 일반적인 방법과 같이 양자상태를 추적하는 것이 아니라 안정자의 생성원을 추적한다는 점이 핵심이다. 양자상태의 시간에 따른 변화를 기술하기 위해서는 지수적으로 많은 확률진폭을 추적해야 한다. 그러나 n 큐비트 양자계에서는 안정자의 생성원의 수는

[6.6] 고테스만-닐 정리는 더 일반적이어서 이른바 안정자회로(stabilizer circuit)에도 적용된다. 안정자회로는, 클리포드 양자회로를 구성하는 양자 게이트 외에도, 파울리 연산자의 측정 결과에 따라 적용 여부가 갈리는 클리포드 게이트도 포함된다.

대략 n 정도이다. 유한군 $\mathcal{G}$의 생성원은 많아야 $\log_2|\mathcal{G}|$ 개이기 때문이다(정리 3.2 참조). n 큐비트에 대해 각 생성원은 파울리 X 또는 Z 연산자를 구분하여 기록하기 위해 $2n$ 비트가 필요하고 위상값 ±1을 저장하기 위해 추가로 한 비트가 필요하다. 종합해보면, 안정자를 추적하기 위해서는 대략 n^2 정도의 비트가 필요하다. 클리포드군은 하다마드 게이트, 사분 위상게이트 및 CNOT 게이트에 의해 생성되며 이러한 기본게이트의 켤레화의 영향에 따른 변화를 다항식시간 $\mathcal{O}(n)$ 정도로 계산할 수 있다는 점을 살펴보았다.

클리포드 양자회로를 시늉내기 위한 알고리즘은 참고 문헌 Aaronson & Gottesman (2004)에 구제적으로 제시되어 있다. 최근에는 그래프 상태를 이용하여 안정자회로를 시늉내기위한 알고리즘도 고안되었다.

6.3.5 안정자체계에서 측정

어떤 물리량 $\hat{M}$을 측정하면, 양자상태 $|\psi\rangle$는 $\hat{M}$의 고유함수 중의 하나로 '붕괴'한다. $\hat{M}$이 파울리 연산자의 텐서곱일 때, $\hat{M}$은 n 큐비트 파울리군 $\mathcal{P}(n)$에 속하며,[6.7] 두 개의 고유값 ±1을 갖는다. 측정 과정은 고유값 ±1에 속하는 고유부분공간으로의 투영연산자 $\hat{P}_\pm = (\hat{I}\pm\hat{M})/2$로 기술된다. 이와 같은 기술 방식은 슈뢰딩거 묘사에 해당한다. 안정자체계에서는 안정자와 논리연산자의 측정 후 변화를 어떻게 기술할까?

$\mathcal{S}$가 관심의 대상인 부분공간 $\mathcal{V}$의 안정자라 하자. 6.3.1절에서 살펴본 바와 같이, $\hat{M}$은 파울리군 $\mathcal{P}(n)$에 속하기 때문에 안정자 $\mathcal{S}$에 속하는 연산자와 교환법칙이나 반교환법칙이 성립한다. 이때, 두 가지 가능성이 있다. $\hat{M}$이 $\mathcal{S}$의 한 원소와 반교환법칙이 성립하거나 $\mathcal{S}$의 모든 원소와 교환법칙이 성립하는 것이다. 먼저, 첫 번째 경우를 살펴보자. $\hat{M}$과 반교환법칙이 성립하는 $\mathcal{S}$의 원소 중의 하나를 $\hat{G}$라고 표시하자. 측정 후의 양자상태는 측정 결과 ±1에 따라 $\hat{P}_\pm|\psi\rangle$가 될 것이다. 이때,

$$\hat{G}\hat{P}_-|\psi\rangle = \frac{1}{2}\hat{G}(\hat{I}-\hat{M})|\psi\rangle = \frac{1}{2}(\hat{I}+\hat{M})\hat{G}|\psi\rangle = \hat{P}_+|\psi\rangle \tag{6.81}$$

라는 사실에 주의하자. 다시 말해, $\hat{M}$을 측정한 후에 양자상태가, 필요하다면 $\hat{G}$를 작용하여, 반드시 $\hat{P}_+|\psi\rangle$가 되도록 할 수 있다. 이러한 설정을 가정한다면 측정 후에 해당 부분공간은 $\hat{P}_+\mathcal{V}$이다. $\mathcal{V}$에 속한 모든 양자상태 $|\psi\rangle$에 대해, 측정 후 양자상태 $\hat{P}_+|\psi\rangle$는 $\hat{M}$의 고유값 $+1$에 속하는 고유상태이다. 이는 $\hat{M}$이 새로운 부분공간 $\hat{P}_+\mathcal{V}$의 안정자 $\mathcal{S}'$에 속한다는 것을 뜻한다. 한편, 연산자 $\hat{G}$는 더 이상 $\mathcal{S}'$에 속하지 않는다. $\mathcal{S}$의 모든 원소는 $\hat{M}$과 교환법칙이 성립하는 한 여전히 $\mathcal{S}'$의 원소이다. 만약 $\mathcal{S}$의 어떤 원소 $\hat{G}'$가 $\hat{M}$과 교환법칙이

[6.7] 보조큐비트를 이용한 파울리 연산자의 측정에 관해서는 2.5절을 참조하기 바란다.

성립하지 않는다면, $\hat{G}\hat{G}'$는 교환법칙이 성립하고 $\mathcal{S}'$의 원소이다. 여기서 $\hat{M}$은 구성상 $\mathcal{S}'$의 모든 원소와 교환법칙이 성립한다는 점에 주의해야 한다.

이제 $\hat{M}$이 $\mathcal{S}$의 모든 원소와 교환법칙이 성립하는 경우를 살펴보자. 다시 두 가지 경우로 나눌 수 있다. 첫째, $\hat{M}$ 자신이 $\mathcal{S}$에 속하는 경우이다. 이 경우 $\hat{M}$을 측정하면 결과는 반드시 $+1$이며, 양자상태나 안정자는 변하지 않는다. 남은 경우는 $\hat{M}$이 $\mathcal{S}$의 모든 원소와 교환법칙이 성립하지만 $\mathcal{S}$에 속하지는 않은 경우이다. 이 경우에는 $\hat{M}$을 측정하면 양자상태에 관한 정보의 일부가 드러나서 부분공간 $\mathcal{V}$는 더 이상 원래 구조를 유지할 수 없다. 따라서, 안정자체계가 붕괴한다. 예를 들어, 논리연산자 중의 하나, 즉 $\hat{M} = \bar{Z}$를 측정한다고 하자. 만약 양자상태가 $|\psi\rangle = |\bar{0}\rangle c_0 + |\bar{1}\rangle c_1$이라면, $\bar{Z}$를 측정한 후 $|\psi\rangle$가 $|\bar{0}\rangle$ 혹은 $|\bar{1}\rangle$로 붕괴하게 되어 부호화를 깨뜨려버린다. 이러한 측정은 오직 모든 계산이 끝난 후에만 실행해야 한다. 이런 물리량 $\hat{M}$은 실제 측정이라기 보다는 오류 과정을 기술하는 크라우스 원소일 때가 있다. 그럼 이 오류는 복구 불가능한 오류이다.

새로운 논리연산자도 새로운 안정자의 생성원을 구하는 것과 비슷한 방법으로 찾을 수 있다. 만약 모든 논리연산자들이 $\hat{M}$과 교환법칙이 성립한다면 바뀌는 것이 없다. 어떤 논리연산자 $\bar{L}$이 $\hat{M}$과 교환법칙이 성립하지 않으면 그 연산자는 $\hat{G}\bar{L}$과 교체하면 된다. 이 새로운 연산자는 분명히 $\hat{M}$과 교환법칙이 성립하기 때문이다. 이렇게 구한 새로운 논리연산자들은 원래 논리연산자들이 만족하는 교환 관계와 같은 교환 관계를 만족하며, 새로운 안정자 $\mathcal{S}'$의 모든 원소와 교환법칙이 성립한다.

요약하자면, 어떤 물리량 $\hat{M}$을 측정할 때, 주어진 부분공간의 안정자와 논리연산자의 변화는 다음과 같은 단계를 이용하여 구할 수 있다.

1. 첫째, 안정자 $\mathcal{S}$의 생성원 중 $\hat{M}$과 반교환법칙이 성립하는 것을 선택하고 $\hat{G}$라 표시한다.

2. 둘째, 안정자의 새로운 생성원을 다음 과정을 통해 구한다. 우선, $\mathcal{S}$의 생성원 목록에서 $\hat{G}$를 $\hat{M}$으로 대체한다. 그 다음, $\mathcal{S}$ 다른 각 생성원 $\hat{G}'$에 대해, 그것이 $\hat{M}$과 교환법칙이 성립하면 그대로 두되, 그렇지 않으면 $\hat{G}\hat{G}'$으로 대체한다.

3. 셋째, 새로운 논리연산자를 다음과 같은 과정을 통해 구한다. 각 논리연산자 $\bar{L}$(즉, $\bar{X}_j$ 또는 $\bar{Z}_j$)에 대해, $\hat{M}$과 교환법칙이 성립하면 그대로 두고, 그렇지 않으면 $\hat{G}\bar{L}$로 대체한다.

위 규칙은 $\hat{M}$을 측정한 후, 측정 결과에 따라 연산자 $\hat{G}$를 작용한다는 가정을 하고 있다는 점을 기억해야 한다. 그래서 측정 후 양자상태는 측정 결과에 상관없이 언제나 새로 구성된 안정자에 의해 안정화될 수 있는 것이다. 연산자 $\hat{G}$은 고전적인 데이터(측정값)에 따라 그 작용 여부가 결정되므로, 고전피드백제어(classical feedback control)와 유사하다. 이런 의미에서 이런 것을 준고전피드백제어라 부른다.

6.3.6 두 가지 예

지금까지 살펴본 안정자체계에서 유니테리 게이트와 측정의 영향을 기술하는 방식은 구체적으로 측정과 연산자를 조합하면 어떤 일이 일어나는지 분석할 때 꽤나 편리하다. 특히, 양자레지스터가 특정한 초기 상태, 가령 $|0\rangle \otimes |0\rangle \otimes \cdots \otimes |0\rangle$과 같은 상태로 초기화 되었을 때, 그 처리 과정은 대개 안정자를 써서 기술할 수 있다. 참고 문헌 Gottesman (1999)에 실린 두 예를 살펴보자.

첫 번째 예는 4.1절에서 소개한 양자원격이동이며, 다음과 같은 양자회로로 요약할 수 있다.

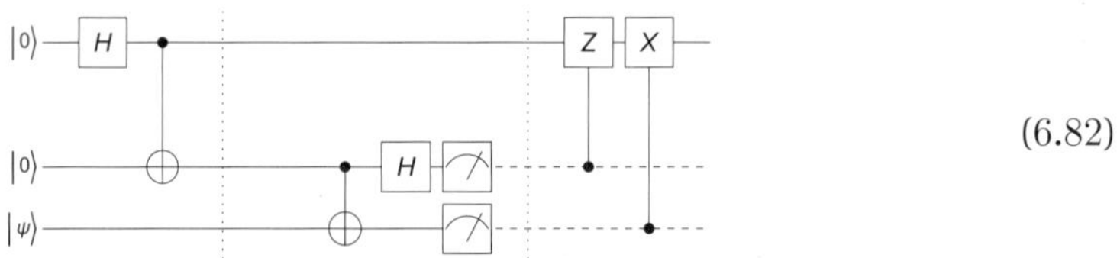

(6.82)

이 프로토콜은 위 양자회로에서 수직으로 그어진 점선으로 구분된 세 개의 단계로 구현된다. 첫 단계는 한 쌍의 큐비트에 양자얽힘을 나눠 갖는 과정이다. 중간의 두 번째 단계는 벨 측정에 해당한다. 마지막 세 번째 단계는 벨 측정의 결과를 앨리스에게 전송하고, 그 고전정보에 따라 앨리스가 적절한 연산을 작용하여 원래 양자상태를 얻는 과정이다. 양자원격이동 프로토콜을 안정자체계에서 재해석하기 위해 식 (6.82)에 있는 양자회로를 다음과 같이 재구성한다.

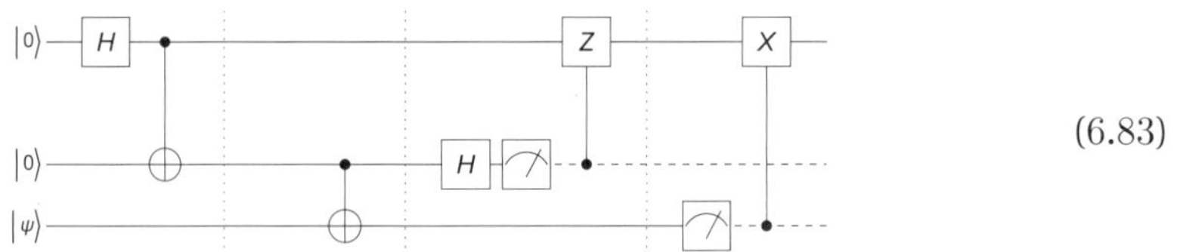

(6.83)

첫 번째 수직 점선으로 표시된 지점에 해당하는 안정자 $\mathcal{S}$는 아래와 같은 두 생성원을 갖는다.

$$\hat{G}_1 = \hat{X} \otimes \hat{X} \otimes \hat{I}\,, \quad \hat{G}_2 = \hat{Z} \otimes \hat{Z} \otimes \hat{I}\,. \tag{6.84}$$

이때, 두 논리연산자를

$$\bar{X} = \hat{I} \otimes \hat{I} \otimes \hat{X}\,, \quad \bar{Z} = \hat{I} \otimes \hat{I} \otimes \hat{Z} \tag{6.85}$$

와 같이 선택한다. 이 두 논리연산자는 안정자의 두 생성원과 (따라서, 안정자의 모든 원소와) 교환법칙이 성립한다는 것을 확인할 수 있다. 큐비트 B를 제어큐비트로 하고 큐비트 C를 대상큐비트로 하는 CNOT 게이트를 작용하면, 생성원과 논리연산자는 다음과 같이 변환된다.

$$\begin{cases} \hat{G}_1 \mapsto & \hat{X} \otimes \hat{X} \otimes \hat{X}\,, \\ \hat{G}_2 \mapsto & \hat{Z} \otimes \hat{Z} \otimes \hat{I}\,; \end{cases} \quad \begin{cases} \bar{X} \mapsto & \hat{I} \otimes \hat{I} \otimes \hat{X}\,, \\ \bar{Z} \mapsto & \hat{I} \otimes \hat{Z} \otimes \hat{Z}\,. \end{cases} \tag{6.86}$$

다음으로, 큐비트 B에 대해 연산자 $\hat{X}$를 측정한다. 즉, $\hat{M} \equiv \hat{I} \otimes \hat{X} \otimes \hat{I}$. $\hat{M}$은 생성원 $\hat{G}_2$와 반교환법칙이 성립하는 반면, $\hat{G}_1$과는 교환법칙이 성립한다는 점에 주의하자. 따라서, 측정 결과에 따라 $\hat{G}_2$를 작용하거나 말기를 결정해야 한다. $\hat{G}_2$는 $\hat{M}$으로 대체한다. $\hat{M}$은 $\bar{Z}$와도 반교환법칙이 성립하지만 $\bar{X}$와는 교환법칙이 성립한다. $\bar{Z}$은 $\hat{G}_2\bar{Z}$로 대체해야 한다. 이러한 과정을 따르면 새로운 생성원과 논리연산자는 다음과 같이 변환된다.

$$\begin{cases} \hat{G}_1 \mapsto & \hat{X} \otimes \hat{X} \otimes \hat{X}\,, \\ \hat{G}_2 \mapsto & \hat{I} \otimes \hat{X} \otimes \hat{I}\,; \end{cases} \quad \begin{cases} \bar{X} \mapsto & \hat{I} \otimes \hat{I} \otimes \hat{X}\,, \\ \bar{Z} \mapsto & \hat{Z} \otimes \hat{I} \otimes \hat{Z}\,. \end{cases} \tag{6.87}$$

이제 큐비트 B는 빼버려도 된다. 그 상태는 측정 결과를 기록한 후에는 변하거나 더 이상 사용되지 않기 때문이다. 끝으로, 큐비트 C에 대해 $\hat{Z}$를 측정한다. 즉, $\hat{M} \equiv \hat{I} \otimes \hat{I} \otimes \hat{Z}$. $\hat{M}$은 생성원 $\hat{G}_1$ 및 논리연산자 $\bar{X}$와 반교환법칙이 성립한다. 위와 같은 규칙에 의해, 측정 결과에 따라 $\hat{G}_1$을 작용하거나 혹은 작용하지 않으면, 생성원과 논리연산자는 다음과 같이 변환된다.

$$\begin{cases} \hat{G}_1 \mapsto & \hat{I} \otimes \hat{I} \otimes \hat{Z}\,, \\ \hat{G}_2 \mapsto & \hat{I} \otimes \hat{X} \otimes \hat{I}\,; \end{cases} \quad \begin{cases} \bar{X} \mapsto & \hat{X} \otimes \hat{X} \otimes \hat{I}\,, \\ \bar{Z} \mapsto & \hat{Z} \otimes \hat{I} \otimes \hat{Z}\,. \end{cases} \tag{6.88}$$

식 (6.87)괴 (6.88)을 엄밀하게 따르자면 양자회로는 다음과 같나.

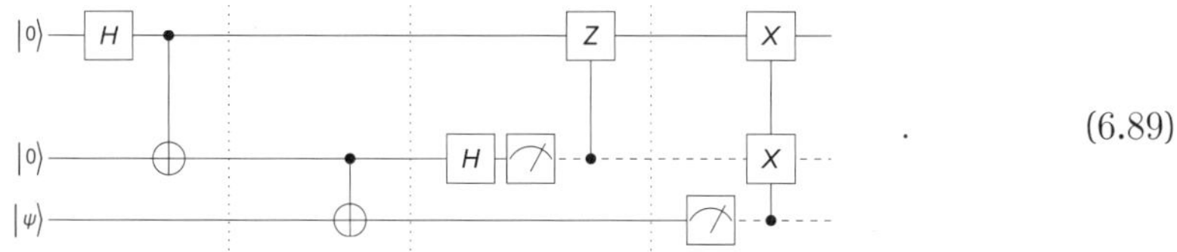

(6.89)

그러나 두 번째 큐비트에 $\hat{X}$를 작용하는 것은 무의미하다. 이 큐비트는 이미 측정된 후이기 때문이다. 따라서, 이 양자회로는 양자원격이동을 기술하는 일상적인 양자회로와 같다.

We discuss again quantum teleportation, this time, in the stabilizer formalism.

```
In[•]:= Let[Complex, c]
        in = ProductState[S[3] → c@{0, 1}, "Label" → Ket[ψ]]
```

Out[ ]= $(c_0 |0\rangle + c_1 |1\rangle)_{S_3}$

This is a quantum circuit model for quantum teleportation. It consists of three stages separated by the vertical dashed lines in the quantum circuit model. The first stage is to share the entangled pair of qubits. The second in the middle corresponds to the Bell measurement. The final stage transmits the measurement outcomes to Alice, and Alice adjusts the state of her qubit according to the classical information.

```
In[ ]:= qc = QuantumCircuit[in, LogicalForm[Ket[], S@{1, 2}], S[1, 6],
   CNOT[S[1], S[2]], "Separator", "Spacer", CNOT[S[2], S[3]], S[2, 6],
   {Measurement[S[2, 3]], Measurement[S[3, 3]]}, "Separator",
   ControlledU[S[2], S[1, 3]], ControlledU[S[3], S[1, 1]], "Invisible" → S[1.5]]
```

Out[ ]=

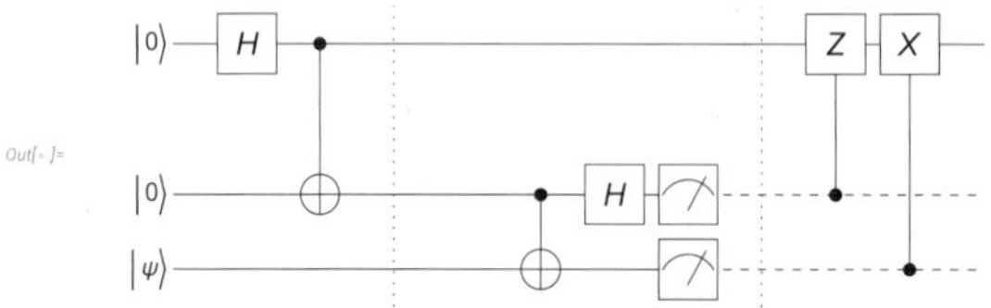

This rearranges the quantum circuit elements to re-analyze the quantum circuit model in stabilizer formalism.

```
In[ ]:= qc2 = QuantumCircuit[
   in, LogicalForm[Ket[], S@{1, 2}],
   S[1, 6], CNOT[S[1], S[2]], "Separator", "Spacer",
   CNOT[S[2], S[3]], "Separator",
   S[2, 6], Measurement[S[2, 3]], ControlledU[S[2], S[1, 3]], "Separator",
   Measurement[S[3, 3]], ControlledU[S[3], S[1, 1]]
  ]
```

Out[ ]=

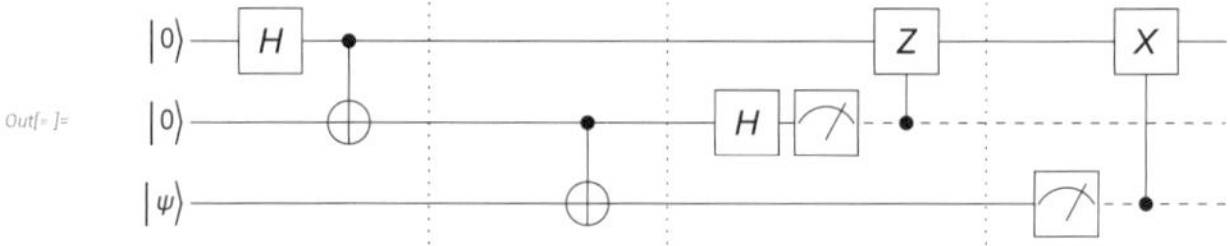

Now we test the result by performing the quantum circuit model many times.

```
In[ ]:= out = Table[ExpressionFor[qc2], {4}] /.
    c[0] * Conjugate[c[0]] + c[1] * Conjugate[c[1]] → 1;
   LogicalForm@KetFactor[#, S@{2, 3}] & /@ out // TableForm
```

Out[ ]//TableForm=

$|1_{S_2}1_{S_3}\rangle \otimes (c_0 |0_{S_1}\rangle + c_1 |1_{S_1}\rangle)$
$|0_{S_2}0_{S_3}\rangle \otimes (c_0 |0_{S_1}\rangle + c_1 |1_{S_1}\rangle)$
$|0_{S_2}0_{S_3}\rangle \otimes (c_0 |0_{S_1}\rangle + c_1 |1_{S_1}\rangle)$
$|1_{S_2}0_{S_3}\rangle \otimes (c_0 |0_{S_1}\rangle + c_1 |1_{S_1}\rangle)$

Each time the final state on the first qubit is the same regardless of the outcome of the measurements on the second and third qubit.

```
In[ ]:= out = Table[ExpressionFor[qc2], {4}] /.
    c[0] * Conjugate[c[0]] + c[1] * Conjugate[c[1]] → 1;
   LogicalForm@KetFactor[#, S@{2, 3}] & /@ out // TableForm
```

Out[ ]//TableForm=

$|0_{S_2}1_{S_3}\rangle \otimes (c_0 |0_{S_1}\rangle + c_1 |1_{S_1}\rangle)$
$|0_{S_2}1_{S_3}\rangle \otimes (c_0 |0_{S_1}\rangle + c_1 |1_{S_1}\rangle)$
$|1_{S_2}0_{S_3}\rangle \otimes (c_0 |0_{S_1}\rangle + c_1 |1_{S_1}\rangle)$
$|0_{S_2}0_{S_3}\rangle \otimes (c_0 |0_{S_1}\rangle + c_1 |1_{S_1}\rangle)$

```
In[ ]:= out = Table[ExpressionFor[qc2], {4}] /.
          c[0] * Conjugate[c[0]] + c[1] * Conjugate[c[1]] → 1;
        LogicalForm@KetFactor[#, S@{2, 3}] & /@ out // TableForm
```

Out[ ]//TableForm=

$$\left|1_{S_2}1_{S_3}\right\rangle \otimes \left(c_0 \left|0_{S_1}\right\rangle + c_1 \left|1_{S_1}\right\rangle\right)$$
$$\left|0_{S_2}0_{S_3}\right\rangle \otimes \left(c_0 \left|0_{S_1}\right\rangle + c_1 \left|1_{S_1}\right\rangle\right)$$
$$\left|0_{S_2}0_{S_3}\right\rangle \otimes \left(c_0 \left|0_{S_1}\right\rangle + c_1 \left|1_{S_1}\right\rangle\right)$$
$$\left|0_{S_2}0_{S_3}\right\rangle \otimes \left(c_0 \left|0_{S_1}\right\rangle + c_1 \left|1_{S_1}\right\rangle\right)$$

두 번째 예는 미리 나눠 갖은 양자얽힘 쌍을 이용하여 CNOT 게이트를 원격으로 구현하는 방법이다. 앨리스와 밥이 서로 멀리 떨어져 있고 둘 사이에 사용 가능한 양자채널이 없다고 하자. 다행히도, 둘은 최대로 얽힌 큐비트 쌍을 나눠 갖고 있고, 둘 사이에 고전적인 통신채널은 있다고 하자. 앨리스는 자신의 큐비트를 제어큐비트로 하되, 대상큐비트를 자신의 큐비트가 아니라 밥의 큐비트로 하여 CNOT 게이트를 실행하려고 한다. 앨리스가 원하는 바를 달성해주는 프로토콜은 양자회로로 다음과 같이 요약할 수 있다.

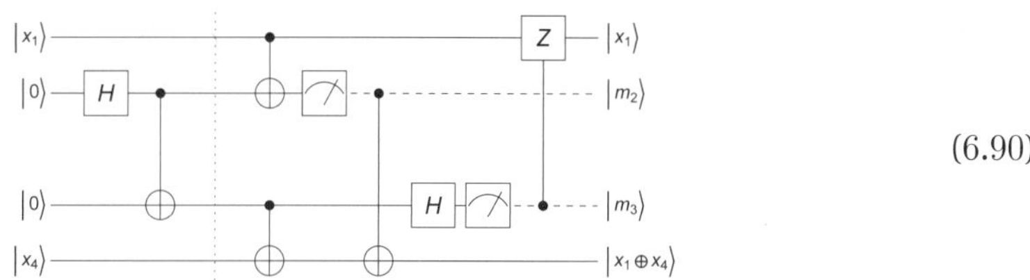

(6.90)

첫 번째 수직 점선으로 구분된 처음 단계는 양자얽힘을 나눠 갖는 과정에 해당한다. 그래서 분석은 이 단계부터 시작하자. 안정자의 생성원은 다음과 같다.

$$\begin{cases} \hat{G}_1 = \hat{I} \otimes \hat{X} \otimes \hat{X} \otimes \hat{I}, \\ \hat{G}_2 = \hat{I} \otimes \hat{Z} \otimes \hat{Z} \otimes \hat{I}. \end{cases} \tag{6.91}$$

앨리스(A)와 밥(B)의 논리큐비트 하나씩, 총 두 개의 논리큐비트를 기술할 네 개의 논리연산자를 다음과 같이 선택한다.

$$\begin{cases} \bar{X}_A = \hat{X} \otimes \hat{I} \otimes \hat{I} \otimes \hat{I}, \\ \bar{Z}_A = \hat{Z} \otimes \hat{I} \otimes \hat{I} \otimes \hat{I}, \\ \bar{X}_B = \hat{I} \otimes \hat{I} \otimes \hat{I} \otimes \hat{X}, \\ \bar{Z}_B = \hat{I} \otimes \hat{I} \otimes \hat{I} \otimes \hat{Z}. \end{cases} \tag{6.92}$$

이어서 나오는 두 CNOT 게이트는 생성원을

$$\begin{cases} \hat{G}_1 = \hat{I} \otimes \hat{X} \otimes \hat{X} \otimes \hat{X}, \\ \hat{G}_2 = \hat{Z} \otimes \hat{Z} \otimes \hat{Z} \otimes \hat{I}, \end{cases} \tag{6.93}$$

와 같이 변환하고, 논리연산자는

$$\begin{cases} \bar{X}_A = \hat{X} \otimes \hat{X} \otimes \hat{I} \otimes \hat{I}, \\ \bar{Z}_A = \hat{Z} \otimes \hat{I} \otimes \hat{I} \otimes \hat{I}, \\ \bar{X}_B = \hat{I} \otimes \hat{I} \otimes \hat{I} \otimes \hat{X}, \\ \bar{Z}_B = \hat{I} \otimes \hat{I} \otimes \hat{Z} \otimes \hat{Z} \end{cases} \tag{6.94}$$

와 같이 변환한다. 그 다음 두 번째 큐비트에 $\hat{Z}$을 측정한다. 즉, $\hat{M} = \hat{I} \otimes \hat{Z} \otimes \hat{I} \otimes \hat{I}$. $\hat{M}$은 $\hat{G}_1$ 및 $\bar{X}_A$와 반교환법칙이 성립한다. 그러므로 측정 결과에 따라 $\hat{G}_1$의 작용 여부를 결정하며, 생성원은

$$\begin{cases} \hat{G}_1 = \hat{I} \otimes \hat{Z} \otimes \hat{I} \otimes \hat{I}, \\ \hat{G}_2 = \hat{Z} \otimes \hat{Z} \otimes \hat{Z} \otimes \hat{I} \end{cases} \tag{6.95}$$

와 같이 바꿔주고, 논리연산자는

$$\begin{cases} \bar{X}_A = \hat{X} \otimes \hat{I} \otimes \hat{X} \otimes \hat{X}, \\ \bar{Z}_A = \hat{Z} \otimes \hat{I} \otimes \hat{I} \otimes \hat{I}, \\ \bar{X}_B = \hat{I} \otimes \hat{I} \otimes \hat{I} \otimes \hat{X}, \\ \bar{Z}_B = \hat{I} \otimes \hat{I} \otimes \hat{Z} \otimes \hat{Z} \end{cases} \tag{6.96}$$

와 같이 바꿔준다. 끝으로, 세 번째 큐비트에 대해 $\hat{X}$, 즉 $\hat{M} = \hat{I} \otimes \hat{I} \otimes \hat{X} \otimes \hat{I}$를 측정한다. $\hat{M}$은 $\hat{G}_2$ 및 $\bar{Z}_B$와 반교환법칙이 성립한다. 측정 결과에 따라 $\hat{G}_2$의 작용 여부를 결정한다. 생성원은

$$\begin{cases} \hat{G}_1 = \hat{I} \otimes \hat{Z} \otimes \hat{I} \otimes \hat{I}, \\ \hat{G}_2 = \hat{I} \otimes \hat{I} \otimes \hat{X} \otimes \hat{I} \end{cases} \tag{6.97}$$

와 같이 바꿔주고, 논리연산자는

$$\begin{cases} \bar{X}_A = \hat{X} \otimes \hat{I} \otimes \hat{X} \otimes \hat{X}, \\ \bar{Z}_A = \hat{Z} \otimes \hat{I} \otimes \hat{I} \otimes \hat{I}, \\ \bar{X}_B = \hat{I} \otimes \hat{I} \otimes \hat{I} \otimes \hat{X}, \\ \bar{Z}_B = \hat{Z} \otimes \hat{Z} \otimes \hat{I} \otimes \hat{Z} \end{cases} \tag{6.98}$$

와 같이 바꿔준다. 이 단계에서 생성원은 의미가 없다. 두 번째 및 세 번째 큐비트는 두 번의 측정을 거친 후 고전정보만 저장하고 있기 때문이다. 위에 기술한 과정을 엄밀하게

따른다면 양자회로는 아래와 같은 꼴이 되어야 할 것이다.

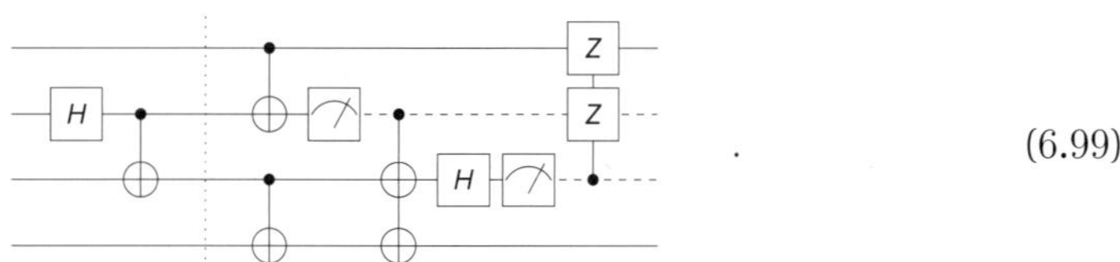

$$. \tag{6.99}$$

그러나 $\hat{X}$을 측정하기 직전 고전적인 조건에 따라 세 번째 큐비트에 작용 여부가 결정되는 연산자 $\hat{X}$는 결과에 아무런 영향을 끼치지 못한다. 한편, $\hat{Z}$도 의미가 없다. 이 연산자 역시 고전적인 조건에 따라 두 번째 큐비트에 작용 여부가 결정되는데, 이 큐비트는 이미 측정이 되었기 때문이다.

Here we investigate the procedure to remotely implement a CNOT gate.

This is the quantum circuit model we want to analyze.

```
In[ ]:= qc = QuantumCircuit[S[2, 6], CNOT[S[2], S[3]], "Separator", "Spacer",
    {CNOT[S[1], S[2]], CNOT[S[3], S[4]]},
    Measurement[S[2, 3]], CNOT[S[2], S@{3, 4}],
    S[3, 6], Measurement[S[3, 3]], ControlledU[S[3], S[1, 3]]];
```

This is the general form of the input state.

```
In[ ]:= Let[Integer, x, m]
in = LogicalForm[Ket[S[1] → x[1], S[4] → x[4]], S@{1, 2, 3, 4}];
```

This is the expected form of the output state.

```
In[ ]:= out = Ket[S[1] → x[1], S@{2, 3} → m@{2, 3}, S[4] → Mod[x[1] + x[4], 2]];
```

This shows the quantum circuit model with the expected output states specified.

```
In[ ]:= qc1 = QuantumCircuit[in, qc, out, "PortSize" → {0.65, 2}, "Invisible" → S[2.5]]
```

Out[ ]=

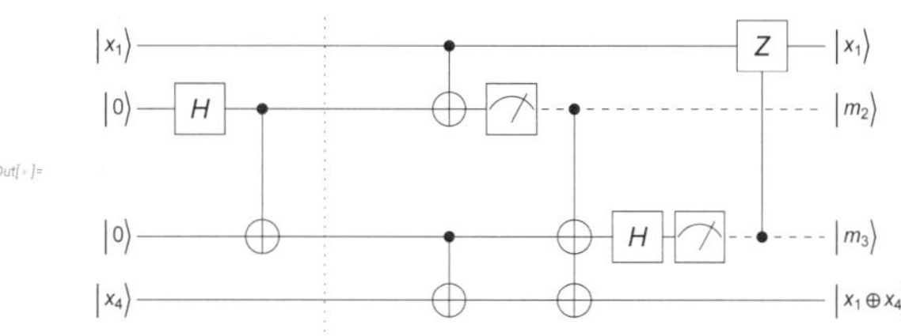

Check whether the quantum circuit model works as expected.

```
In[ ]:= bs = Basis[S@{1, 4}];
new = qc ** bs;
Thread[LogicalForm[bs] → LogicalForm[new, S@{1, 2, 3, 4}]] // TableForm
```

Out[ ]//TableForm=

$|0_{S_1}0_{S_4}\rangle \to |0_{S_1}0_{S_2}0_{S_3}0_{S_4}\rangle$
$|0_{S_1}1_{S_4}\rangle \to |0_{S_1}0_{S_2}0_{S_3}1_{S_4}\rangle$
$|1_{S_1}0_{S_4}\rangle \to |1_{S_1}1_{S_2}1_{S_3}1_{S_4}\rangle$
$|1_{S_1}1_{S_4}\rangle \to |1_{S_1}1_{S_2}1_{S_3}0_{S_4}\rangle$

6.4 안정자코드

안정자코드는 안정자체계를 바탕으로 구성된 양자 오류정정 코드의 한 종류이다. 처음 아이디어는 고테스만이 제안하였다(Gottesman, 1996, 1998).

안정자코드는 어떻게 구성되고 작동할까? $\mathcal{S}$가 코드공간 $\mathcal{V}$의 안정자라 하자. $\mathcal{V}$에 파울리군 $\mathcal{P}(n)$에 속한 오류연산자 $\hat{E}$로 기술되는 오류가 발생했다고 하자. 안정자에는 어떤 일이 벌어질까? 세 가지 다른 경우가 있을 수 있다.[6.8] 첫째, $\hat{E}$가 안정자 $\mathcal{S}$의 생성원 중의 하나,[6.9] 가령 $\hat{G}$와 반교환법칙이 성립한다. 이 경우에는 $\hat{E}$는 코드공간 $\mathcal{V}$를 원래 코드공간에 직교하는 부분공간으로 변환한다. 이것을 명확히 보려면, $|\beta\rangle$가 코드공간의 벡터라 하자. $|\beta'\rangle := \hat{E}\,|\beta\rangle$는 손상된 양자상태이다. $\hat{G}\hat{E} + \hat{E}\hat{G} = 0$이므로 코드공간에 속한 모든 $|\alpha\rangle$에 대하여 $\langle\alpha|\,\hat{G}\hat{E}\,|\beta\rangle + \langle\alpha|\,\hat{E}\hat{G}\,|\beta\rangle = 0$이 성립한다. $|\alpha\rangle$와 $|\beta\rangle$는 둘 다 $\hat{G}$에 의해 안정화되므로, $\langle\alpha|\beta'\rangle = 0$이라는 사실을 알 수 있다. 따라서, 이 경우에는 오류를 찾아내어 고치는데 아무런 문제가 없다. 둘째, $\hat{E}$가 안정자 $\mathcal{S}$에 속한다. 이 경우에는 $\hat{E}$자신이 코드공간을 안정화하므로, 코드공간에 손상도 없고 그 외 다른 변화도 없다. 셋째, $\hat{E}$가 안정자 $\mathcal{S}$의 모든 원소와 교환법칙이 성립하지만, 안정자에 속하지는 않는다. 이 경우가 가장 위험한 경우이다. 6.3.5절에서 살펴보았듯이, $\hat{E}$를 측정하면 코드공간에 속한 양자상태의 정보 일부가 드러나게 된다. 이는 $\hat{E}$가 코드공간에 심각한 손상을 입혀 오류를 고칠 수 없다는 것을 의미한다.

위에 열거한 사실만 보더라도 어떤 오류를 고칠 수 있는지 판별하는 것은 비교적 간단하다. 즉, 그 오류는 안정자의 생성원 중 적어도 하나와 반교환법칙이 성립하거나 아예 안정자에 속하여야 한다. 그러나 보통 발생하는 오류는 한 종류가 아니며, 오류정정코드는 여러 오류의 조합으로부터 모두 보호할 수 있어야 한다. 따라서, 안정자코드의 양자 오류정정 조건은 위에서 시사하는 것보다 조금 더 복잡하다. 그럼에도 6.2.1절에서 일반적으로 살펴보았던 양자 오류정정 조건은 안정자체계로 번역했을 때 훨씬 간단하고 이해하기 쉽다. $\mathcal{S}$가 코드공간 $\mathcal{V}$의 안정자라 하자. 오류가 파울리군 $\mathcal{P}(n)$에 속한 연산자들로 기술되고 유한한 집합 $\{\hat{E}_\mu\}$를 이룬다고 하자. 이 코드가 이러한 오류를 고칠 수 있기 위한 필요충분조건은 모든 μ와 ν에 대해, $\hat{E}_\mu^\dagger \hat{E}_\nu$가 $\mathcal{S}$에 속하거나 $\mathcal{S}$의 생성원 중 적어도 하나와 반교환법칙이 성

[6.8] 오류연산자와 안정자 사이의 관계를 구분하는 방법은 6.3.5절에서 측정이 안정자에 미치는 영향을 설명할 때 보았던 방법과 같다.

[6.9] $\hat{E}$는 딱 하나의 생성원과 반교환법칙이 성립한다고 가정해도 일반성을 잃지 않는다.

립하는 것이다. 항등연산자는 항상 오류연산자 중의 하나라는 점을 기억하라. 따라서, 위 조건은 앞 단락에서 소개한 사실을 포함한다.

오류를 고치는 실제 복구 과정은 어떻게 구현할까? $\hat{G}_1$, ..., $\hat{G}_k$가 안정자 $\mathcal{S}$의 생성원이라 하자. $\{\hat{E}_\mu\}$는 이 코드로 고칠 수 있는 오류연산자 집합이라 하자. 첫 번째 단계는 오류증상을 진단하는 것이다. 이것은 생성원 $\hat{G}_1$, ..., $\hat{G}_k$를 측정하면 된다. 각 측정 결과 ± 1은 오류증상의 역할을 한다. 만약 특정 오류 $\hat{E}_\mu$가 발생했다면 $(\varepsilon_1^\mu, \cdots, \varepsilon_k^\mu)$와 같은 오류증상의 원인이 된다. 오류와 오류증상의 관계는 다음과 같다.

$$\hat{E}_\mu \hat{G}_j \hat{E}_\mu^\dagger = \varepsilon_j^\mu \hat{G}_j. \tag{6.100}$$

오류증상이 특정한 하나의 오류 $\hat{E}_\mu$에만 해당된다면 단순히 $\hat{E}_\mu^\dagger$를 작용하여 고치면 된다. 그런데 서로 다른 두 개의 오류 $\hat{E}_\mu$와 $\hat{E}_\nu$가 같은 오류증상을 일으킨다면 어떻게 할 것인가?[6.10] 다시 말해,

$$(\varepsilon_1^\mu, \cdots, \varepsilon_k^\mu) = (\varepsilon_1^\nu, \cdots, \varepsilon_k^\nu) \tag{6.101}$$

라고 하자. 이 경우에는

$$\hat{E}_\mu \hat{P} \hat{E}_\mu^\dagger = \hat{E}_\nu \hat{P} \hat{E}_\nu^\dagger \tag{6.102}$$

가 성립하므로,

$$(\hat{E}_\mu^\dagger \hat{E}_\nu) \hat{P} (\hat{E}_\mu^\dagger \hat{E}_\nu)^\dagger = \hat{P} \tag{6.103}$$

라는 관계식을 얻을 수 있다. 여기서 $\hat{P}$는 코드공간으로의 투영연산자이다. 이것은 $\hat{E}_\mu^\dagger \hat{E}_\nu$이 안정자의 원소 중의 하나라는 뜻이다. 즉, $\hat{E}_\nu$가 실제로 일어난 오류라 할지라도, 그와 직접적인 상관이 없는 $\hat{E}_\mu^\dagger$을 작용하여도 해당 오류를 고칠 수 있다는 말이다. 따라서, 아무리 많은 오류가 같은 오류증상을 일으킨다 하더라도 그 중 아무 오류연산자 $\hat{E}_\mu$나 $\hat{E}_\mu^\dagger$를 작용하면 원래 양자상태를 복원할 수 있다.

안정자코드에 관해 아직 남아있는 일은 부호화 과정이다. 어떻게 n 큐비트로 이루어진 물리계를 가령 $|\bar{0} \cdots \bar{0}\rangle$과 같은 양자상태에 준비시킬 수 있을까? 특히, 이 과정은 (안정자체계의 기본 철학에 따라) 논리기저상태를 명시하지 않고도 가능해야 한다. 가장 쉽게 떠올릴 수 있는 방법은 생성원 $\hat{G}_1$, ..., $\hat{G}_k$와 논리연산자 $\hat{Z}_1$, ..., $\hat{Z}_{n-k}$를 측정하는 것이다. 생성원과 논리연산자를 모두 모은 $\hat{G}_1$, ..., $\hat{G}_k$, $\hat{Z}_1$, ..., $\hat{Z}_{n-k}$는 서로 교환법칙이 성립하며 독립이란 점을 상기하자. 따라서, 이 연산자들은 초기화하려는 양자상태 $|\bar{0} \cdots \bar{0}\rangle$이 전개하는 1차원 부분공간을 안정화하는 안정자를 생성한다. 생성원과 논리연산자의 측정을 일종

[6.10] 이러한 코드를 겹침코드(degenerate code)라 한다. 겹친 양자코드느 고전적인 겹침코드와 비하여 상당한 차이가 있다.

$\hat{Z}_1\hat{Z}_2$	$\hat{Z}_2\hat{Z}_3$	error
1	1	$\hat{I}$
1	−1	$\hat{X}_3$
−1	1	$\hat{X}_1$
−1	−1	$\hat{X}_2$

표 6.1: 비트뒤집기 코드의 오류증상.

의 오류증상 진단 과정이라고 생각해도 된다. 그럼 원하는 양자상태로 초기화하는 과정은 앞서 소개한 오류를 고치는 과정에 해당한다.

부호화 과정을 더 구체적으로 살펴보자. 서로 교환법칙이 성립하고 독립인 연산자 $\hat{G}_1$, …, $\hat{G}_k$, $\hat{Z}_1$, …, $\hat{Z}_{n-k}$ 각각의 측정은 측정 결과 ± 1을 준다. 모든 측정이 다 이루어진 후에는 측정 결과에 따라 $\pm\hat{G}_1, \ldots, \pm\hat{G}_k, \pm\hat{Z}_1, \ldots, \pm\hat{Z}_{n-k}$에 의해 안정화되는 최종 양자상태 $|\psi\rangle$가 얻어진다. 6.3.1절에서 보았듯이 위 연산자 중에 특정한 하나와만 반교환법칙이 성립하고 다른 연산자와는 모두 교환법칙이 성립하는 파울리 연산자 $\hat{G}$가 존재한다. 측정 결과가 -1인 각 연산자에 대하여 이러한 파울리 연산자를 찾아 양자상태 $|\psi\rangle$에 작용하면 원하는 양자상태 $|\bar{0}\cdots\bar{0}\rangle$가 얻어진다. 원하는 양자상태 $|\bar{0}\cdots\bar{0}\rangle$을 얻은 후 다른 논리기저 상태를 얻으려면 논리연산자 $\bar{X}_1, \ldots, \bar{X}_{n-k}$를 작용하면 된다.

이 절의 나머지에서는 안정자코드의 대표적인 예를 살펴본다. 이 코드들은 원래 다른 방법으로 구성되었으나 여기서는 안정자체계를 이용하여 구성한다.

6.4.1 비트뒤집기 코드

먼저, 세 큐비트로 이루어진 비트뒤집기 코드를 살펴보자. 코드공간은 두 논리기저상태 $|\bar{0}\rangle := |000\rangle$와 $|\bar{1}\rangle := |111\rangle$로 전개된다. 안정자는 $\hat{Z}_1\hat{Z}_2$와 $\hat{Z}_2\hat{Z}_3$로 생성된다. 여기서 $\hat{X}_j$, $\hat{Y}_j$ 및 $\hat{Z}_j$는 큐비트 j에 작용하는 파울리 연산자를 가리킨다. 이 코드에서 논리연산자는 $\bar{Z} = \hat{Z}_1\hat{Z}_2\hat{Z}_3$과 $\bar{X} = \hat{X}_1\hat{X}_2\hat{X}_3$이다.

이 코드는 $\{\hat{I}, \hat{X}_1, \hat{X}_2, \hat{X}_3\}$에 속한 비트뒤집기 오류를 고칠 수 있다. 따라서, 오류증상은 $\hat{Z}_1\hat{Z}_2$와 $\hat{Z}_2\hat{Z}_3$을 측정함으로써 진단할 수 있다. 표 6.1는 다른 큐비트에 발생하는 비트뒤집기 오류의 오류증상을 나타낸다.

연산자 $\hat{Z}_1$로 기술되는 오류를 생각해보면 더 깊이 이해하는 데 도움이 된다. 이 연산자는 $\hat{Z}_1\hat{Z}_2$ 및 $\hat{Z}_2\hat{Z}_3$ 모두와 교환법칙이 성립하지만, 자신이 안정자에 속하지는 않는다. 이것은 이 코드가 오류 $\hat{Z}_1$을 고칠 수 없다는 뜻이다. 오류 $\hat{Z}_2$와 $\hat{Z}_3$도 마찬가지다. 위 오류들은 위상뒤집기 오류에 해당되기 때문에 이것이 놀라운 것은 아니다. 이 코드는 비트뒤집기 오류만 고칠 수 있도록 설계되어 있고 위상뒤집기 오류로부터는 보호할 수가 없다.

Here are the generators of the stabilizer of the code space for the bit-flip correction code.

```
In[ ]:= gnr = {S[1, 3] ** S[2, 3], S[2, 3] ** S[3, 3]};
        gnr // PauliForm

Out[ ]= {Z⊗Z⊗I, I⊗Z⊗Z}
```

These are error operators correctable by the code.

```
In[ ]:= err = {1, S[1, 1], S[2, 1], S[3, 1]};
        err // PauliForm

Out[ ]= {I⊗I⊗I, X⊗I⊗I, I⊗X⊗I, I⊗I⊗X}

In[ ]:= chk = Union[Multiply @@@ Choices[err, {2}]];
        chk // PauliForm

Out[ ]= {I⊗I⊗I, X⊗X⊗I, X⊗I⊗X, I⊗X⊗X, X⊗I⊗I, I⊗X⊗I, I⊗I⊗X}
```

Check and confirm that the errors are indeed correctable. To do it, we use `GottesmanTest`.

```
In[ ]:= ? GottesmanTest
```

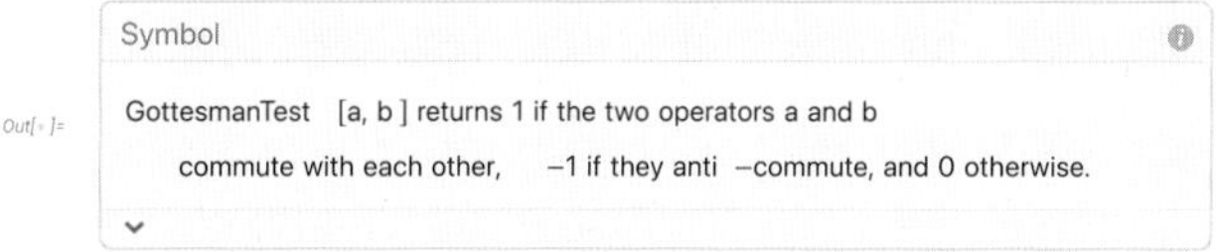

Symbol

GottesmanTest [a, b] returns 1 if the two operators a and b commute with each other, −1 if they anti −commute, and 0 otherwise.

As one can see, there is only one combination, **I⊗I⊗I**, of the error operators that commutes with all generators of the stabilizer. But it belongs to the stabilizer.

```
In[ ]:= mat = Outer[GottesmanTest, gnr, chk];
        TableForm[mat, TableHeadings → {PauliForm@gnr, PauliForm@chk},
         TableAlignments → Right]
```

Out[ ]//TableForm=

	I⊗I⊗I	X⊗X⊗I	X⊗I⊗X	I⊗X⊗X	X⊗I⊗I	I⊗X⊗I	I⊗I⊗X
Z⊗Z⊗I	1	1	-1	-1	-1	-1	1
I⊗Z⊗Z	1	-1	-1	1	1	-1	-1

This table displays the error syndrome of the bit-flip correction code.

```
In[ ]:= syndrome = Map[(# ** gnr ** #) / gnr &, err];
        TableForm[syndrome, TableAlignments → Right,
         TableHeadings → {PauliForm@err, PauliForm@gnr}]
```

Out[ ]//TableForm=

	Z⊗Z⊗I	I⊗Z⊗Z
I⊗I⊗I	1	1
X⊗I⊗I	-1	1
I⊗X⊗I	-1	-1
I⊗I⊗X	1	-1

$\hat{X}_1\hat{X}_2$	$\hat{X}_2\hat{X}_3$	error
1	1	$\hat{I}$
1	−1	$\hat{Z}_3$
−1	1	$\hat{Z}_1$
−1	−1	$\hat{Z}_2$

표 6.2: 위상뒤집기 코드의 오류증상.

6.4.2 위상뒤집기 코드

이번에는, 세 큐비트로 이루어진 위상뒤집기 코드를 보자. 코드공간은 두 논리기저상태 $|\bar{0}\rangle := |+++\rangle$와 $|\bar{1}\rangle := |---\rangle$로 전개된다. 여기서 $|\pm\rangle := (|0\rangle \pm |1\rangle)/\sqrt{2}$이다. 안정자는 $\hat{X}_1\hat{X}_2$와 $\hat{X}_2\hat{X}_3$으로 생성된다. 논리연산자는 $\bar{Z} = \hat{X}_1\hat{X}_2\hat{X}_3$과 $\bar{X} = \hat{Z}_1\hat{Z}_2\hat{Z}_3$이다.

이 코드는 $\{\hat{I}, \hat{Z}_1, \hat{Z}_2, \hat{Z}_3\}$에 속하는 위상뒤집기 오류를 고칠 수 있다. 오류증상은 생성원 $\hat{X}_1\hat{X}_2$와 $\hat{X}_2\hat{X}_3$을 측정하여 진단할 수 있다. 표 6.2는 다른 큐비트에 발생하는 위상뒤집기 오류의 오류증상을 나타낸다.

위 설명은 6.1.2절에서 소개한 위상뒤집기 코드를 안정자체계의 용어로 옮겨 놓은 것이다. 그러나 표 6.1과 6.2를 비교해보면 분명히 알 수 있듯이, 비트뒤집기 코드와 위상뒤집기 코드는 서로 밀접하게 연관되어 있다. 안정자체계 안에서 이 관계를 더 엄밀하게 살펴보자. 위상뒤집기 코드의 코드공간은 $\hat{U} := \hat{H}_1\hat{H}_2\hat{H}_3$이라는 유니테리 변환, 더 구체적으로, 클리포드 연산자의 결과이다. 즉,

$$|+++\rangle = \hat{U}\,|000\rangle\,, \quad |---\rangle = \hat{U}\,|111\rangle\,. \tag{6.104}$$

6.3.3절에서 소개했듯이, 유니테리 변환에 의해 안정자가 변환되는 규칙에 따라 위상뒤집기 코드의 생성원은 비트뒤집기 코드의 생성원과 같은 클리포드 연산자 $\hat{U}$에 의해 아래와 같은 관계식을 만족한다.

$$\hat{X}_1\hat{X}_2 = \hat{U}\,\hat{Z}_1\hat{Z}_2\,\hat{U}^\dagger\,, \quad \hat{X}_2\hat{X}_3 = \hat{U}\,\hat{Z}_2\hat{Z}_3\,\hat{U}^\dagger\,. \tag{6.105}$$

표 6.1과 6.2에 나타낸 오류증상도 같은 클리포드 연산자 $\hat{U}$에 의해 마찬가지로 연관되어 있다.

Here are the generators of the stabilizer of the code space for the bit-flip correction code.

```
In[ ]:= gnr = {S[1, 1] ** S[2, 1], S[2, 1] ** S[3, 1]};
        gnr // PauliForm

Out[ ]= {X⊗X⊗I, I⊗X⊗X}
```

These are error operators correctable by the code.

```
In[=]:= err = {1, S[1, 3], S[2, 3], S[3, 3]};
        err // PauliForm

Out[=]= {I⊗I⊗I, Z⊗I⊗I, I⊗Z⊗I, I⊗I⊗Z}

In[=]:= chk = Union[Multiply @@@ Choices[err, {2}]];
        chk // PauliForm

Out[=]= {I⊗I⊗I, Z⊗Z⊗I, Z⊗I⊗Z, I⊗Z⊗Z, Z⊗I⊗I, I⊗Z⊗I, I⊗I⊗Z}
```

Check and confirm that the errors are indeed correctable. As one can see, there is only one combination, **I⊗I⊗I**, of the error operators that commutes with all generators of the stabilizer. But it belongs to the stabilizer.

```
In[=]:= mat = Outer[GottesmanTest, gnr, chk];
        TableForm[mat, TableHeadings → {PauliForm@gnr, PauliForm@chk},
         TableAlignments → Right]
```

Out[=]//TableForm=

	I⊗I⊗I	Z⊗Z⊗I	Z⊗I⊗Z	I⊗Z⊗Z	Z⊗I⊗I	I⊗Z⊗I	I⊗I⊗Z
X⊗X⊗I	1	1	-1	-1	-1	-1	1
I⊗X⊗X	1	-1	-1	1	1	-1	-1

This table displays the error syndrome of the phase-flip correction code.

```
In[=]:= syndrome = Map[(# ** gnr ** #) / gnr &, err];
        TableForm[syndrome, TableAlignments → Right,
         TableHeadings → {PauliForm@err, PauliForm@gnr}]
```

Out[=]//TableForm=

	X⊗X⊗I	I⊗X⊗X
I⊗I⊗I	1	1
Z⊗I⊗I	-1	1
I⊗Z⊗I	-1	-1
I⊗I⊗Z	1	-1

6.4.3 9 큐비트 코드

이번에는, 비트뒤집기 코드와 위상뒤집기 코드를 조합하여 일반적인 단일 큐비트 오류를 고칠 수 있는 쇼어의 9 큐비트 코드를 설계해보자. 이 코드의 독립적인 생성원은 표 6.3에 나타냈다. 논리연산자는 아래와 같다.

$$\bar{Z} = \hat{X} \otimes \hat{X} \otimes \hat{X} \otimes \hat{X} \otimes \hat{X} \otimes \hat{X} \otimes \hat{X} \otimes \hat{X} \otimes \hat{X}\,,$$
$$\bar{X} = \hat{Z} \otimes \hat{Z} \otimes \hat{Z} \otimes \hat{Z} \otimes \hat{Z} \otimes \hat{Z} \otimes \hat{Z} \otimes \hat{Z} \otimes \hat{Z}\,. \tag{6.106}$$

오류는 다음 집합에 속한 단일 큐비트 파울리 연산자로 기술된다.

$$\{\hat{I}_j, \hat{X}_j, \hat{Y}_j, \hat{Z}_j : j = 1, 2, \ldots, 9\}\,. \tag{6.107}$$

다소 지루할 수 있겠지만 비교적 수월한 계산을 통해 이 절의 머리에서 소개한 양자 오류정정 조건은 만족한다는 것을 확인할 수 있다.

Shor's code needs 9 qubits to encode physical single-qubit quantum states.

symbol	operator
$\hat{G}_1$	$\hat{Z}\otimes\hat{Z}\otimes\hat{I}\otimes\hat{I}\otimes\hat{I}\otimes\hat{I}\otimes\hat{I}\otimes\hat{I}\otimes\hat{I}$
$\hat{G}_2$	$\hat{I}\otimes\hat{Z}\otimes\hat{Z}\otimes\hat{I}\otimes\hat{I}\otimes\hat{I}\otimes\hat{I}\otimes\hat{I}\otimes\hat{I}$
$\hat{G}_3$	$\hat{I}\otimes\hat{I}\otimes\hat{I}\otimes\hat{Z}\otimes\hat{Z}\otimes\hat{I}\otimes\hat{I}\otimes\hat{I}\otimes\hat{I}$
$\hat{G}_4$	$\hat{I}\otimes\hat{I}\otimes\hat{I}\otimes\hat{I}\otimes\hat{Z}\otimes\hat{Z}\otimes\hat{I}\otimes\hat{I}\otimes\hat{I}$
$\hat{G}_5$	$\hat{I}\otimes\hat{I}\otimes\hat{I}\otimes\hat{I}\otimes\hat{I}\otimes\hat{I}\otimes\hat{Z}\otimes\hat{Z}\otimes\hat{I}$
$\hat{G}_6$	$\hat{I}\otimes\hat{I}\otimes\hat{I}\otimes\hat{I}\otimes\hat{I}\otimes\hat{I}\otimes\hat{I}\otimes\hat{Z}\otimes\hat{Z}$
$\hat{G}_7$	$\hat{X}\otimes\hat{X}\otimes\hat{X}\otimes\hat{X}\otimes\hat{X}\otimes\hat{X}\otimes\hat{I}\otimes\hat{I}\otimes\hat{I}$
$\hat{G}_8$	$\hat{I}\otimes\hat{I}\otimes\hat{I}\otimes\hat{X}\otimes\hat{X}\otimes\hat{X}\otimes\hat{X}\otimes\hat{X}\otimes\hat{X}$

표 6.3: 쇼어의 9 큐비트 코드의 안정자의 독립적인 생성원.

```
In[ ]:= jj = Range[9];
```

This is a generating set of the stabilizer of the code.

```
In[ ]:= gnr = {
          S[1, 3] ** S[2, 3], S[2, 3] ** S[3, 3],
          S[4, 3] ** S[5, 3], S[5, 3] ** S[6, 3],
          S[7, 3] ** S[8, 3], S[8, 3] ** S[9, 3],
          Multiply @@ S[{1, 2, 3, 4, 5, 6}, 1],
          Multiply @@ S[{4, 5, 6, 7, 8, 9}, 1]}
```

Out[ ]= $\{S_1^z S_2^z,\ S_2^z S_3^z,\ S_4^z S_5^z,\ S_5^z S_6^z,\ S_7^z S_8^z,\ S_8^z S_9^z,\ S_1^x S_2^x S_3^x S_4^x S_5^x S_6^x,\ S_4^x S_5^x S_6^x S_7^x S_8^x S_9^x\}$

These are logical operators of the code.

```
In[ ]:= opX = Multiply @@ S[jj, 1]
        opZ = Multiply @@ S[jj, 3]
```

Out[ ]= $S_1^x S_2^x S_3^x S_4^x S_5^x S_6^x S_7^x S_8^x S_9^x$

Out[ ]= $S_1^z S_2^z S_3^z S_4^z S_5^z S_6^z S_7^z S_8^z S_9^z$

These are the error operators correctable by the code.

```
In[ ]:= err = Prepend[S[jj, All], 1]
```

Out[ ]= $\{1,\ S_1^x,\ S_1^y,\ S_1^z,\ S_2^x,\ S_2^y,\ S_2^z,\ S_3^x,\ S_3^y,\ S_3^z,\ S_4^x,\ S_4^y,\ S_4^z,\ S_5^x,\ S_5^y,\ S_5^z,\ S_6^x,\ S_6^y,\ S_6^z,\ S_7^x,\ S_7^y,\ S_7^z,\ S_8^x,\ S_8^y,\ S_8^z,\ S_9^x,\ S_9^y,\ S_9^z\}$

In order to check that the above errors are indeed correctable, we consider combinations of two error operators.

```
In[ ]:= chk = Union[Multiply @@@ Choices[err, {2}]];
        Length[chk]
```

Out[ ]= 379

This calculates the commutation of the above combinations with the generators of the stabilizer.

In[ ]:=
```
Timing[mat = Outer[GottesmanTest, chk, gnr];]
```

Out[ ]=
```
{5.29062, Null}
```

This displays a *part* of the commutation relation. One can see that each of them either commutes or anti-commutes with the generators.

In[ ]:=
```
TableForm[mat[[ ;; 5, ;; 6]],
 TableAlignments → Right, TableHeadings → {chk[[ ;; 5]], gnr}]
```

Out[ ]//TableForm=

	$S_1^z S_2^z$	$S_2^z S_3^z$	$S_4^z S_5^z$	$S_5^z S_6^z$	$S_7^z S_8^z$	$S_8^z S_9^z$
1	1	1	1	1	1	1
$S_1^x S_2^x$	1	-1	1	1	1	1
$S_1^x S_2^y$	1	-1	1	1	1	1
$S_1^x S_2^z$	-1	1	1	1	1	1
$S_1^x S_3^x$	-1	-1	1	1	1	1

The most dangerous case is that the check operator commutes with all of the generators but does not belong to the stabilizer. To check if there is such case, we examine the check operators that commute with all of the generators.

In[ ]:=
```
kk = Catenate@MapIndexed[If[ContainsOnly[#1, {1}], #2, Nothing] &, mat]
```

Out[ ]=
```
{1, 52, 55, 118, 223, 226, 262, 313, 316, 325}
```

This shows that such check operators actually belong to the stabilizer. The considered errors are thus correctable by the code.

In[ ]:=
```
chk[[kk]]
```

Out[ ]= $\{1, S_1^z S_2^z, S_1^z S_3^z, S_2^z S_3^z, S_4^z S_5^z, S_4^z S_6^z, S_5^z S_6^z, S_7^z S_8^z, S_7^z S_9^z, S_8^z S_9^z\}$

This table displays a *part* of the error syndrome of the code.

In[ ]:=
```
syndrome = Map[(# ** gnr ** #) / gnr &, err];
Style[TableForm[syndrome[[ ;; 8]],
  TableAlignments → Right, TableHeadings → {err, gnr}], Small]
```

Out[ ]=

	$S_1^z S_2^z$	$S_2^z S_3^z$	$S_4^z S_5^z$	$S_5^z S_6^z$	$S_7^z S_8^z$	$S_8^z S_9^z$	$S_1^x S_2^x S_3^x S_4^x S_5^x S_6^x$	$S_4^x S_5^x S_6^x S_7^x S_8^x S_9^x$
1	1	1	1	1	1	1	1	1
S_1^x	-1	1	1	1	1	1	1	1
S_1^y	-1	1	1	1	1	1	-1	1
S_1^z	1	1	1	1	1	1	-1	1
S_2^x	-1	-1	1	1	1	1	1	1
S_2^y	-1	-1	1	1	1	1	-1	1
S_2^z	1	1	1	1	1	1	-1	1
S_3^x	1	-1	1	1	1	1	1	1

6.4.4 5 큐비트 코드

개별 큐비트에서 발생하는 일반적인 오류로부터 단일 큐비트 양자상태를 보호할 수 있는 가장 작은 양자 오류정정 코드는 베넷 등(Bennett et al., 1996)과 라플램 등(Laflamme et al., 1996)이 독립적으로 제안한 5 큐비트 코드이다. 이 코드는 소위 캘더뱅크-쇼어-스틴 코드(Calderbank-Shor-Steane codes) 혹은 줄여서 CSS 코드라 불리는 종류에 속하는 양자 오류정정 코드이다(Calderbank & Shor, 1996; Steane, 1996). CSS 코드는 원래 고전적인 선형코드와 유사한 방법으로 설계되었으나, 안정자코드의 특수한 경우라고 보아도 된다.

5 큐비트 코드의 안정자는 아래와 같은 네 개의 생성원으로 생성된다.

$$\begin{aligned}\hat{G}_1 &= \hat{X} \otimes \hat{Z} \otimes \hat{Z} \otimes \hat{X} \otimes \hat{I},\\ \hat{G}_2 &= \hat{I} \otimes \hat{X} \otimes \hat{Z} \otimes \hat{Z} \otimes \hat{X},\\ \hat{G}_3 &= \hat{X} \otimes \hat{I} \otimes \hat{X} \otimes \hat{Z} \otimes \hat{Z},\\ \hat{G}_4 &= \hat{Z} \otimes \hat{X} \otimes \hat{I} \otimes \hat{X} \otimes \hat{Z}.\end{aligned} \tag{6.108}$$

오류연산자는

$$\{\hat{I}_j, \hat{X}_j, \hat{Y}_j, \hat{Z}_j : j = 1, 2, 3, 4, 5\} \tag{6.109}$$

와 같은 집합에 속한다. 따라서, 이 코드는 개별 큐비트에 발생하는 일반적인 오류를 고칠 수 있다. 이것은 위 식 (6.109)에 있는 파울리 연산자들의 조합과 식 (6.108)에 있는 생성원 사이의 교환 관계을 검사해보면 확인할 수 있다. 논리연산자로 여러 가지 선택이 가능하나

$$\bar{Z} = \hat{Z} \otimes \hat{Z} \otimes \hat{Z} \otimes \hat{Z} \otimes \hat{Z}, \quad \bar{X} = \hat{X} \otimes \hat{X} \otimes \hat{X} \otimes \hat{X} \otimes \hat{X} \tag{6.110}$$

로 정하는 것이 그 중 한 가지이다.

We consider a code encoded on 5 qubits.

```
In[ ]:= jj = Range[5];
```

Here are the generators of the stabilizer of the five-qubit code.

```
In[ ]:= gnr = {
          S[1, 1] ** S[2, 3] ** S[3, 3] ** S[4, 1],
          S[2, 1] ** S[3, 3] ** S[4, 3] ** S[5, 1],
          S[1, 1] ** S[3, 1] ** S[4, 3] ** S[5, 3],
          S[1, 3] ** S[2, 1] ** S[4, 1] ** S[5, 3]};
        PauliForm[gnr]

Out[ ]= {X⊗Z⊗Z⊗X⊗I, I⊗X⊗Z⊗Z⊗X, X⊗I⊗X⊗Z⊗Z, Z⊗X⊗I⊗X⊗Z}
```

These are logical operators of the code.

```
In[ ]:= opX = Multiply @@ S[jj, 1];
        PauliForm[opX]
        opZ = Multiply @@ S[jj, 3];
        PauliForm[opZ]

Out[ ]= X⊗X⊗X⊗X⊗X

Out[ ]= Z⊗Z⊗Z⊗Z⊗Z
```

Here are the error operators correctable by the code.

```
In[ ]:= err = Prepend[S[jj, All], 1];
        PauliForm[err]
```

```
Out[•]= {I⊗I⊗I⊗I⊗I, X⊗I⊗I⊗I⊗I, Y⊗I⊗I⊗I⊗I, Z⊗I⊗I⊗I⊗I,
  I⊗X⊗I⊗I⊗I, I⊗Y⊗I⊗I⊗I, I⊗Z⊗I⊗I⊗I, I⊗I⊗X⊗I⊗I,
  I⊗I⊗Y⊗I⊗I, I⊗I⊗Z⊗I⊗I, I⊗I⊗I⊗X⊗I, I⊗I⊗I⊗Y⊗I,
  I⊗I⊗I⊗Z⊗I, I⊗I⊗I⊗I⊗X, I⊗I⊗I⊗I⊗Y, I⊗I⊗I⊗I⊗Z}
```

```
In[•]:= chk = Union[Multiply @@@ Choices[err, {2}]];
Length[chk]
```

```
Out[•]= 121
```

```
In[•]:= Timing[mat = Outer[GottesmanTest, chk, gnr];]
```

```
Out[•]= {1.07828, Null}
```

This displays a *part* of the commutation relations of some of the check operators. One can see that each of them either commutes or anti-commutes with the generators.

```
In[•]:= TableForm[mat[[ ;; 5]], TableAlignments → Right,
  TableHeadings → PauliForm@{chk[[ ;; 5]], gnr}]
```

Out[•]//TableForm=

	X⊗Z⊗Z⊗X⊗I	I⊗X⊗Z⊗Z⊗X	X⊗I⊗X⊗Z⊗Z	Z⊗X⊗I⊗X⊗Z
I⊗I⊗I⊗I⊗I	1	1	1	1
X⊗X⊗I⊗I⊗I	-1	1	1	-1
X⊗Y⊗I⊗I⊗I	-1	-1	1	1
X⊗Z⊗I⊗I⊗I	1	-1	1	1
X⊗I⊗X⊗I⊗I	-1	-1	1	-1

The most dangerous case is that the check operator commutes with all of the generators but does not belong to the stabilizer. To check if there is such case, we examine the check operators that commute with all of the generators.

```
In[•]:= kk = Catenate@MapIndexed[If[ContainsOnly[#1, {1}], #2, Nothing] &, mat]
```

```
Out[•]= {1}
```

This shows that such check operators actually belong to the stabilizer. The considered errors are thus correctable by the code.

```
In[•]:= chk[[kk]]
```

```
Out[•]= {1}
```

This shows the error syndrome of the code upon the measurement of the generators of the stabilizer.

```
In[•]:= syndrome = Map[(# ** gnr ** #) / gnr &, err];
TableForm[syndrome, TableAlignments → Right,
  TableHeadings → {PauliForm@err, PauliForm@gnr}]
```

Out[ ]//TableForm=

	X⊗Z⊗Z⊗X⊗I	I⊗X⊗Z⊗Z⊗X	X⊗I⊗X⊗Z⊗Z	Z⊗X⊗I⊗X⊗Z
I⊗I⊗I⊗I⊗I	1	1	1	1
X⊗I⊗I⊗I⊗I	1	1	1	-1
Y⊗I⊗I⊗I⊗I	-1	1	-1	-1
Z⊗I⊗I⊗I⊗I	-1	1	-1	1
I⊗X⊗I⊗I⊗I	-1	1	1	1
I⊗Y⊗I⊗I⊗I	-1	-1	1	-1
I⊗Z⊗I⊗I⊗I	1	-1	1	-1
I⊗I⊗X⊗I⊗I	-1	-1	1	1
I⊗I⊗Y⊗I⊗I	-1	-1	-1	1
I⊗I⊗Z⊗I⊗I	1	1	-1	1
I⊗I⊗I⊗X⊗I	1	-1	-1	1
I⊗I⊗I⊗Y⊗I	-1	-1	-1	-1
I⊗I⊗I⊗Z⊗I	-1	1	1	-1
I⊗I⊗I⊗I⊗X	1	1	-1	-1
I⊗I⊗I⊗I⊗Y	1	-1	-1	-1
I⊗I⊗I⊗I⊗Z	1	-1	1	1

이미 언급했듯이, 안정자체계에서는 어떤 유의미한 과정도 논리기저상태를 명시하지 않고도 실행할 수 있다. 그러나 논리기저상태를 구체적으로 구해보면 이 코드를 더 깊게 이해하는 데 도움이 된다. 논리기저상태는 안정자의 생성원과 논리연산자 $\bar{Z}$를 동시에 대각화함으로써 찾을 수 있다. 정규화되어 있지 않은 형태로 논리기저상태를 적으면

$$\begin{aligned}|\bar{0}\rangle = {}&|00000\rangle - |00011\rangle + |00101\rangle - |00110\rangle + |01001\rangle + |01010\rangle\\ &- |01100\rangle - |01111\rangle - |10001\rangle + |10010\rangle + |10100\rangle - |10111\rangle\\ &- |11000\rangle - |11011\rangle - |11101\rangle - |11110\rangle \end{aligned} \tag{6.111}$$

와

$$\begin{aligned}|\bar{1}\rangle = {}&- |00001\rangle - |00010\rangle - |00100\rangle - |00111\rangle - |01000\rangle + |01011\rangle\\ &+ |01101\rangle - |01110\rangle - |10000\rangle - |10011\rangle + |10101\rangle + |10110\rangle\\ &- |11001\rangle + |11010\rangle - |11100\rangle + |11111\rangle \end{aligned} \tag{6.112}$$

이다.

코드공간을 소위 코드단어(즉, 코드공간의 논리기저상태)로 기술하는 것은 상당히 복잡하다는 것을 볼 수 있다. 이 예를 보면, 안정자코드가 얼마나 간결하면서도 잘 짜인 코드인지 알 수 있다.

Let us evaluate explicitly the logical basis states of the code. This is a brute-force approach. A more sophisticated method is to follow the encoding procedure discussed in the main text.

From the generating set of the stabilizer given above, we can construct the elements of the stabilizer explicitly.

In[ ]:=
```
new=Union@Join[gnr,Multiply@@@Tuples[gnr,2]];
grp=Union@Join[new,Multiply@@@Tuples[new,2]]
Length[grp]
```

$$\{1,\ S_1^x S_2^x S_3^y S_5^y,\ S_1^x S_2^y S_4^y S_5^x,\ S_1^x S_2^z S_3^z S_4^x,\ S_1^x S_3^x S_4^z S_5^z,\ S_1^y S_2^x S_3^x S_4^y,\ S_1^y S_2^y S_3^z S_5^z,\ S_1^y S_2^z S_4^z S_5^y,\ S_1^y S_3^y S_4^x S_5^x,\ S_1^z S_2^x S_4^x S_5^z,\ S_1^z S_2^y S_3^y S_4^z,\ S_1^z S_2^z S_3^x S_5^x,\ S_1^z S_3^z S_4^y S_5^y,\ S_2^x S_3^z S_4^z S_5^x,\ S_2^y S_3^x S_4^x S_5^y,\ S_2^z S_3^y S_4^y S_5^z\}$$

```
16
```

Recall that the logical Z operator is given as fallows.

```
opZ = Multiply @@ S[jj, 3]
```

$$S_1^z S_2^z S_3^z S_4^z S_5^z$$

We now want to get the simultaneous eigenstates of the stabilizer and the logical Z operator.

```
ops = Append[grp, opZ];
mat = Matrix@Rest@ops;
```

```
{val, vec} = CommonEigensystem[mat];
Style[TableForm[val[[-5 ;;]], TableAlignments → Right], Small]
```

1	1	-1	-1	1	1	-1	-1	-1	-1	1	1	-1	-1	1	1
1	1	1	1	-1	-1	-1	-1	-1	-1	-1	-1	1	1	1	-1
1	1	1	1	-1	-1	-1	-1	-1	-1	-1	-1	1	1	1	1
1	1	1	1	1	1	1	1	1	1	1	1	1	1	1	-1
1	1	1	1	1	1	1	1	1	1	1	1	1	1	1	1

We see that the code space is spanned by the last two eigenvectors. The last one belongs to the eigenvalue 1 of the logical Z operator.

```
bs = Basis[S@jj];
ket0 = -vec[[-1]].bs;
ket0 // SimpleForm
```

$$\frac{|00000\rangle}{4} - \frac{|00011\rangle}{4} + \frac{|00101\rangle}{4} - \frac{|00110\rangle}{4} + \frac{|01001\rangle}{4} + \frac{|01010\rangle}{4} - \frac{|01100\rangle}{4} - \frac{|01111\rangle}{4} - \frac{|10001\rangle}{4} + \frac{|10010\rangle}{4} + \frac{|10100\rangle}{4} - \frac{|10111\rangle}{4} - \frac{|11000\rangle}{4} - \frac{|11011\rangle}{4} - \frac{|11101\rangle}{4} - \frac{|11110\rangle}{4}$$

```
ket1 = vec[[-2]].bs;
ket1 // SimpleForm
```

$$-\frac{1}{4}|00001\rangle - \frac{|00010\rangle}{4} - \frac{|00100\rangle}{4} - \frac{|00111\rangle}{4} - \frac{|01000\rangle}{4} + \frac{|01011\rangle}{4} + \frac{|01101\rangle}{4} - \frac{|01110\rangle}{4} - \frac{|10000\rangle}{4} - \frac{|10011\rangle}{4} + \frac{|10101\rangle}{4} + \frac{|10110\rangle}{4} - \frac{|11001\rangle}{4} + \frac{|11010\rangle}{4} - \frac{|11100\rangle}{4} + \frac{|11111\rangle}{4}$$

This confirms that they are indeed eigenstates of the logical Z operator with proper eigenvalues.

```
(opZ ** ket0) / ket0
(opZ ** ket1) / ket1 // Simplify
```

```
1
```

```
-1
```

This confirms that the logical X operator flips the logical basis states as expected.

```
opX ** ket0 / ket1 // Simplify
opX ** ket1 / ket0 // Simplify
```

Out[ ]= 1

Out[ ]= 1

6.5 표면코드

지금까지 암암리에 큐비트가 공간적으로 얼마나 떨어져 있는지에 상관없이 모든 쌍에 대하여 모든 양자 게이트를 일정한 충실도로 구현할 수 있다고 가정하였다. 당연히, 이것은 비현실적이다. 실제 양자컴퓨터에서는 각 큐비트는 근처에 있는 불과 몇 개의 큐비트와만 직접 연결되어 있을 뿐이다. 직접 연결되어 있지 않은 두 큐비트에 작용하는 양자 게이트는 대개 두 큐비트 사이에 있는 다른 큐비트를 통해 가상게이트를 이용하여 구현한다. 이러한 양자 게이트의 충실도는 훨씬 나쁠 수 밖에 없다. 키타예프(Kitaev, A. Y.)가 1997년 제안한 표면코드(surface codes)는 '국소성(locality)'을 지닌 안정자코드의 한 종류다(Kitaev, 2003; Dennis et al., 2002; quant-ph/9811052; Freedman, 2001; Kitaev, 1997). 표면코드는 공간적으로 바로 옆에 있는 큐비트에 대해서만 양자 게이트나 측정을 실행한다는 면에서 오로지 국소적인 연산자와 측정만을 기반으로 한다고 할 수 있다. 최근 표면코드를 이용한 결함 감내 양자계산(fault-tolerant quantum computation)이 실제로 가능하다는 것이 실험으로 검증된 바 있다(Fowler et al., 2012).

또 하나 주목할 만한 사실은 표면코드가 위상학적 특성을 띤다는 점이다. 표면코드에서는 큐비트 배열의 위상학적 특성이 안정자에 속한 연산자나 논리연산자를 결정한다. 이것은 원래 표면코드가 위상질서(topological order)를 보이는 도넛꼴(torus)의 표면에 배열된 큐비트로 이루어진 모형에서 출발한 것을 보면 그리 놀라운 것이 아니다(Kitaev, 2003; Dennis et al., 2002). 그러나 중요한 점은 표면코드가 국소적인 오류에 내성이 강하다는 것이다(Dennis et al., 2002; Wang et al., 2003). 연산은 모두 국소적으로 실행하면서도 국소적인 오류에 내성이 강하다는 점이 표면코드의 가장 중요한 장점이다.

여기서는 두 종류의 표면코드를 소개한다. 코드를 설계할 때 큐비트가 배열된 격자의 모양에 따라, 하나는 도넛코드(toric codes)라 불리고 다른 하나는 평면코드(planar codes)라 불린다. 도넛코드는 주기적 경계 조건(periodic boundary condition)을 요구하고 있어 물리적으로 구현하기 어렵다. 그러나 도넛코드는 개념적으로 간단하고 표면코드의 핵심 아이디어를 제공하기 때문에 자세히 살펴볼 만하다. 이러한 이유로 먼저 도넛코드를 살펴보고, 주기적 경계 조건을 필요로 하지 않는 평면코드로 넘어가도록 하자.

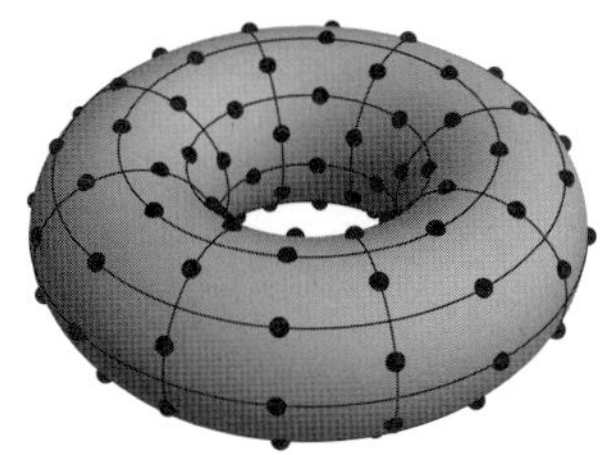

그림 6.3: 도넛코드를 구성하기 위해 도넛꼴의 표면에 놓인 사각격자에 큐비트(검은색 점)를 배열한 모양.

6.5.1 도넛코드

도넛코드를 설계하려면 그림 6.3과 같이 도넛꼴의 표면 위에 놓인 사각격자(square lattice)의 모서리(edge)에 큐비트를 배열하면 편리하다. 밑에 있는 격자는 기하학적으로 평면에 놓인 사각격자에 주기적 경계 조건을 가정하는 것과 같다. 다시 말해, 그림 6.4와 같이 수평 및 수직 방향으로 주기적인 경계 조건이 본질적으로 내재되어 있다. 안정자의 생성원과 논리연산자를 찾아보자.

먼저, 두 종류의 연산자, 즉 액자연산자(plaquette operator)와 꼭지점연산자(vertex operator)를 정의하자. 액자연산자는 바탕이 되는 격자의 액자(plaquette)마다 정의한다. 예를 들어, p가 그림 6.4 (a)에서 오른쪽 위의 작은 원으로 표시한 것과 같은 액자라고 하자. 이 액자는 네 개의 모서리가 있고 각 모서리에는 큐비트 1, 2, 3, 4가 놓여 있다. 액자 p에 대한 액자연산자 $\hat{P}_p$는 네 개의 모서리에 작용하는 파울리 Z 연산자의 곱으로

$$\hat{P}_p := \hat{Z}_{p,1}\hat{Z}_{p,2}\hat{Z}_{p,3}\hat{Z}_{p,4} \tag{6.113}$$

와 같이 정의된다. 꼭지점연산자는 바탕이 되는 격자의 꼭지점(vertex)마다 정의한다. 예를 들어, v가 그림 6.4 (a)의 왼쪽 아래에 있는 작은 원으로 표시한 것과 같은 꼭지점이라 하자. 이 꼭지점에 연결된 네 개의 모서리가 있고 각 모서리에는 큐비트 1, 2, 3, 4가 놓여 있다. 꼭지점 v에 대한 꼭지점연산자 $\hat{V}_v$는 모서리에 작용하는 파울리 X 연산자의 곱

$$\hat{V}_v := \hat{X}_{v,1}\hat{X}_{v,2}\hat{X}_{v,3}\hat{X}_{v,4} \tag{6.114}$$

로 정의된다. 말할 것도 없이, 모든 액자연산자는 서로 교환법칙이 성립하고, 마찬가지로 모든 꼭지점연산자도 서로 교환법칙이 성립한다. 흥미로운 점은 모든 액자연산자와 꼭지점연산자도 서로 교환법칙이 성립한다는 것이다. 액자와 꼭지점은 두 모서리를 공유하거나 공유하는 모서리가 하나도 없는 두 가지 경우 밖에 없기 때문이다. 액자와 꼭지점이 두 모서리를 공유하면 액자연산자에 있는 두 개의 파울리 Z 연산자와 꼭지점연산자에 있는 두

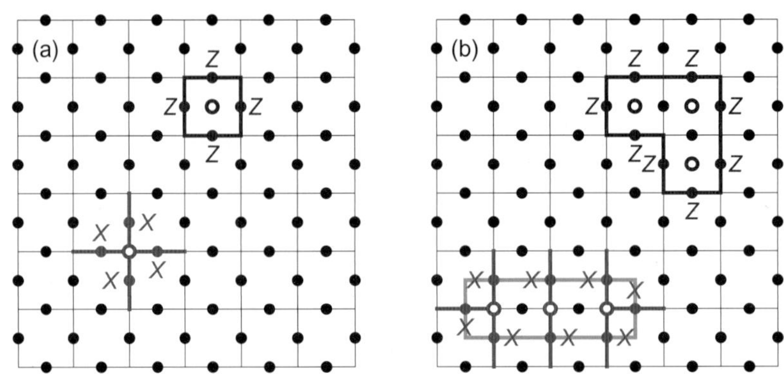

그림 6.4: 주기적 경계 조건을 가정한 사각격자 위의 도넛코드. 주기적 경계 조건에 따라 서로 마주보는 경계는 동일하다고 간주한다. **(a)** 액자연산자(오른쪽 위)와 꼭지점연산자(왼쪽 아래). 모서리에 옆에 적힌 'X' 및 'Z'는 각각 해당 모서리에 있는 큐비트에 작용하는 파울리 X 및 Z 연산자를 표시한다. 액자연산자와 꼭지점연산자는 도넛코드의 안정자를 생성한다. **(b)** 도넛코드의 안정자에 속하는 연산자의 예. 서로 이웃하는 액자연산자의 곱은 파울리 Z 연산자가 작용하는 모서리들로 이루어진 닫힌 고리를 만든다(오른쪽 위). 마찬가지로, 이웃하는 꼭지점연산자의 곱은 파울리 X 연산자가 작용하는 쌍대모서리들로 이루어진 닫힌 고리를 만든다(왼쪽 아래).

개의 파울리 X 연산자는 교환법칙이 성립한다.

도넛코드의 안정자는 정의상 모든 액자연산자 및 꼭지점연산자로 생성된다. 그런데 이들 생성원 중에 서로 독립인 것은 몇 개일까? 이 질문은 이 코드가 얼마나 많은 논리큐비트를 부호화할 수 있는지 결정하기 때문에 중요하다. 그림 6.4 (b)의 오른쪽 위에 나타낸 바와 같이, 이웃하는 액자들에 대한 액자연산자들의 곱은 포함된 액자들을 에워싼 모서리에 작용하는 파울리 Z 연산자 밖에 없다. 액자들 사이에 공유된 모서리에는 $\hat{Z}^2 = \hat{I}$이기 때문에 항등연산자 밖에 나올 수 없다. 마찬가지로, 이웃하는 꼭지점에 대한 꼭지점연산자들의 곱은, 그림 6.4 (b) 왼쪽 아래에 나타낸 바와 같이, 포함된 꼭지점을 에워싼 쌍대모서리(dual edge)와 교차하는 모서리에 작용하는 파울리 X 연산자 밖에 없다. 꼭지점들 사이에 공유된 모서리에는 $\hat{X}^2 = \hat{I}$이기 때문에 항등연산자 밖에 나올 수 없다. 이제 모든 액자연산자의 곱을 생각해보자. 격자에 있는 모든 액자를 에워싼 경계는 격자 자체의 경계이다. 그러나 주기적인 경계 조건 때문에 이 경계는 없는 것이나 마찬가지이다. 즉, 모든 액자연산자의 곱은 $\prod_p \hat{P}_p = \hat{I}$와 같이 항등연산자이다. 마찬가지로, 모든 꼭지점연산자의 곱도 항등연산자이다. 즉, $\prod_p \hat{V}_v = \hat{I}$ 따라서, 액자연산자 하나와 꼭지점연산자 하나는 같은 종류의 다른 연산자들의 곱으로 표현할 수 있다. 다시 말해, 한 개를 제외한 모든 액자연산자는 모두 서로 독립이다. 이것은 꼭지점연산자에도 마찬가지여서, 한 개를 제외한 모든 꼭지점연산자는 서로 독립이다.

$L \times L$ 격자에는 $2L^2$ 개의 모서리가 있다. 한편, L^2 개의 액자와 L^2 개의 꼭지점이 있다. 따라서, 모두 합쳐 $2L^2$ 개의 액자연산자 또는 꼭지점연산자가 있다. 그러나 위에서 살펴본 바와 같이 L^2 개의 액자연산자 중에서 $(L^2 - 1)$ 개만 서로 독립이다. 마찬가지로,

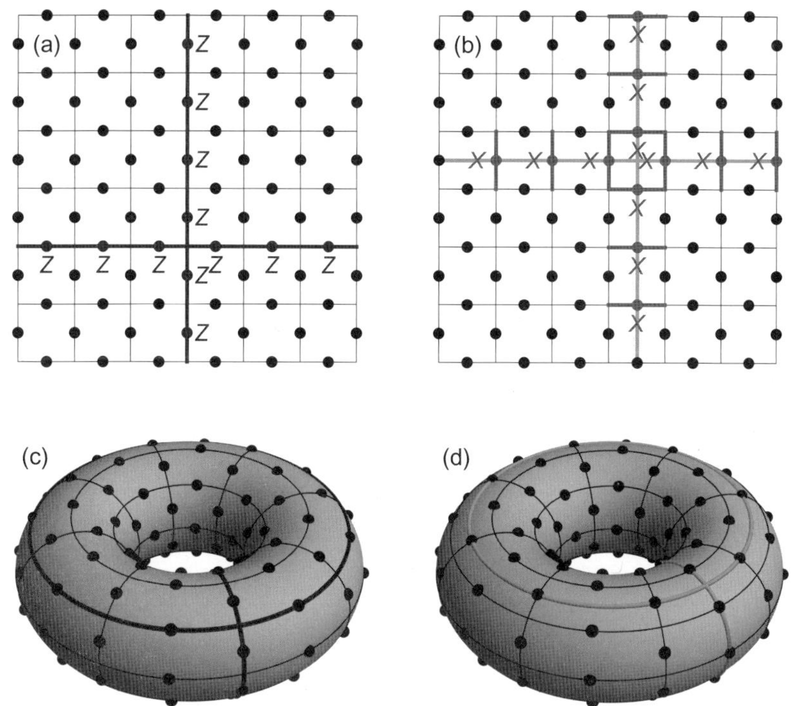

그림 6.5: 도넛코드의 논리연산자. **(a)** 틀 (c)에 나타낸 두 고리에 각각 해당하는 두 논리 Z 연산자. **(b)** 틀 (d)에 나타낸 두 고리에 각각 해당하는 두 논리 X 연산자. **(c)** 모서리를 연결하여 도넛꼴의 구멍을 감싸거나 통과하는 두 개의 고리. 두 고리는 위상학적으로 구분된다. **(d)** 쌍대모서리를 연결하여 도넛꼴의 구멍을 감싸거나 통과하는 두 개의 고리. 두 고리는 위상학적으로 구분된다.

L^2 개의 꼭지점연산자 중에서 (L^2-1) 개만 서로 독립이다. 결론적으로 이 코드의 안정자는 $2(L^2-1)$ 개의 서로 독립인 생성원을 갖는다. 이것은 코드공간은 2^2 차원이며 두 개의 논리큐비트를 부호화할 수 있다.

도넛코드는 두 개의 논리큐비트를 부호화할 수 있기 때문에 두 개의 논리 Z 연산자와 두 개의 논리 X 연산자를 찾을 수 있다. 6.3.2절에서 보았듯이, 논리연산자는 코드공간을 보존해야 하기 때문에 안정자의 모든 생성원과 교환법칙이 성립해야 하지만, 코드공간에 실질적으로 작용해야 하므로 안정자에 속해서는 안된다.

그림 6.5 (a)에 나타낸 바와 같이 모서리를 이어 아래 경계에서 위 경계까지 뻗어 있는 선을 생각해보자. $\bar{Z}_1$이 이 선에 포함된 모서리에 작용하는 파울리 Z 연산자를 모두 곱한 연산자라고 정의하자. $\bar{Z}_1$는 안정자의 모든 원소와 교환법칙이 성립한다. 이 선은 모든 꼭지점연산자와 (만약 공유한다면) 두 개의 모서리를 공유하기 때문이다(액자연산자와는 당연히 교환법칙이 성립한다). 그러나 $\bar{Z}_1$은 안정자에 속하지도 않는다. 위에 언급한 선은 격자 상의 어떤 영역의 경계도 될 수 없어서 액자연산자의 곱으로 표현할 수 없기 때문이다.

이것은 그림 6.5 (c)에 나타낸 도넛꼴의 표면에서 조금 더 명확하게 볼 수 있다. 위에 언급한 선은 도넛꼴의 구멍을 통과하는 고리에 해당하므로, 표면의 유한한 영역을 에워싼 어떤 고리와도 위상학적으로 다르다. 따라서, $\bar{Z}_1$을 논리 Z 연산자로 선택할 수 있다. 다른 논리 Z 연산자는 그림 6.5 (a)와 같이 왼쪽 경계에서 오른쪽 경계까지 뻗은 선에 대응하여 구성할 수 있다. 다시 말해, $\bar{Z}_2$는 이 선에 포함된 모서리에 작용하는 파울리 Z 연산자를 모두 곱해 얻는 연산자로 정의한다, 이 선은 그림 6.5 (c)에 나타낸 것과 같이 도넛꼴의 구멍을 에워싸고 있다. 위에서 마찬가지로 연산자 $\bar{Z}_2$는 안정자의 모든 원소와 교환법칙이 성립하지만 자신이 안정자에 속하지는 않는다. 따라서, $\bar{Z}_2$를 두 번째 논리연산자라고 정할 수 있다.

논리 X 연산자도 비슷하게 정할 수 있다. 그림 6.5 (b)에 나타냈듯이 액자들을 통과하여 격자의 아래 경계에서 위 경계까지 쭉 뻗은 선을 생각해보자. $\bar{X}_1$이 이 선과 교차하는 모서리에 작용하는 파울리 X 연산자를 모두 곱해 얻은 연산자라 정의하자. $\bar{X}_2$도 액자들을 통과하여 격자의 왼쪽 경계에서 오른쪽 경계까지 뻗은 선을 고려하여 비슷한 방법으로 정의하자. 위에서 논리 Z 연산자에 대해 설명한 이유로, 두 연산자 $\bar{X}_1$과 $\bar{X}_2$는 안정자의 모든 원소와 교환법칙이 성립하지만 안정자에 속하지는 않는다. 따라서, 이 두 연산자를 논리 X 연산자로 정해도 된다.

논리연산자의 선택은 유일하지 않다. 이 경우에는 서로 마주보는 두 경계 사이를 잇는 선 중에 하나를 선택하면 그 선택에 따라 다른 논리연산자가 정해진다. 이 선들은 서로 마주보는 두 경계를 잇기만 하면 직선일 필요가 없다. 예를 들어, $\bar{Z}_1$을 정할 때 썼던 곧게 뻗은 직선 대신 아래 경계에서 위 경계를 잇는 어떤 선을 선택해도 된다. 이렇게 해서 얻은 새로운 연산자 $\bar{Z}_1'$은 $\bar{Z}_1$로 부터 액자연산자를 적당히 곱하여 얻을 수 있다. 이런 의미에서 바탕이 되는 도넛꼴의 표면에서 선을 끊지 않고 연속적으로 변형해서 얻는 선에 대응하는 모든 논리연산자는 서로 동등하다고 간주할 수 있다.

Consider a toric code on a 3x3 square lattice on the surface of a torus.

```
In[•]:= $L = 3;
jj = Range[0, $L - 1];
```

The qubits on the horizontal and vertical edges are labelled by S and T, respectively.

```
In[•]:= Let[Qubit, S, T]
```

This defines plaquette operators.

```
In[•]:= A[{i_, j_}] :=
  S[i, j, 3] ** S[i, Mod[j + 1, $L], 3] ** T[i, j, 3] ** T[Mod[i + 1, $L], j, 3]
```

Here are the *independent* plaquette operators.

```
In[•]:= AA = Most@Flatten@Table[A@{i, j}, {i, jj}, {j, jj}]
```

Out[ ]= $\{S^z_{0,0} S^z_{0,1} T^z_{0,0} T^z_{1,0},\ S^z_{0,1} S^z_{0,2} T^z_{0,1} T^z_{1,1},\ S^z_{0,0} S^z_{0,2} T^z_{0,2} T^z_{1,2},\ S^z_{1,0} S^z_{1,1} T^z_{1,0} T^z_{2,0},\ S^z_{1,1} S^z_{1,2} T^z_{1,1} T^z_{2,1},\ S^z_{1,0} S^z_{1,2} T^z_{1,2} T^z_{2,2},\ S^z_{2,0} S^z_{2,1} T^z_{0,0} T^z_{2,0},\ S^z_{2,1} S^z_{2,2} T^z_{0,1} T^z_{2,1}\}$

```
In[ ]:= Length[AA]
```

Out[ ]= 8

This defines vertex operators.

```
In[ ]:= B[{i_, j_}] :=
         S[i, j, 1] ** S[Mod[i - 1, $L], j, 1] ** T[i, j, 1] ** T[i, Mod[j - 1, $L], 1]
```

Here are the *independent* vertex operators.

```
In[ ]:= BB = Most@Flatten@Table[B@{i, j}, {i, jj}, {j, jj}]
```

Out[ ]= $\{S^x_{0,0} S^x_{2,0} T^x_{0,0} T^x_{0,2},\ S^x_{0,1} S^x_{2,1} T^x_{0,0} T^x_{0,1},\ S^x_{0,2} S^x_{2,2} T^x_{0,1} T^x_{0,2},\ S^x_{0,0} S^x_{1,0} T^x_{1,0} T^x_{1,2},\ S^x_{0,1} S^x_{1,1} T^x_{1,0} T^x_{1,1},\ S^x_{0,2} S^x_{1,2} T^x_{1,1} T^x_{1,2},\ S^x_{1,0} S^x_{2,0} T^x_{2,0} T^x_{2,2},\ S^x_{1,1} S^x_{2,1} T^x_{2,0} T^x_{2,1}\}$

```
In[ ]:= Length[BB]
```

Out[ ]= 8

The plaquette operators commute with vertex operators.

```
In[ ]:= Outer[GottesmanTest, AA, BB] // MatrixForm
```

Out[ ]//MatrixForm=

$$\begin{pmatrix} 1&1&1&1&1&1&1&1 \\ 1&1&1&1&1&1&1&1 \\ 1&1&1&1&1&1&1&1 \\ 1&1&1&1&1&1&1&1 \\ 1&1&1&1&1&1&1&1 \\ 1&1&1&1&1&1&1&1 \\ 1&1&1&1&1&1&1&1 \\ 1&1&1&1&1&1&1&1 \end{pmatrix}$$

Here are two logical Z operators of the code.

```
In[ ]:= opZ = {
          Multiply @@ Table[S[i, 1, 3], {i, jj}],
          Multiply @@ Table[T[0, j, 3], {j, jj}]
         }
```

Out[ ]= $\{S^z_{0,1} S^z_{1,1} S^z_{2,1},\ T^z_{0,0} T^z_{0,1} T^z_{0,2}\}$

```
In[ ]:= Outer[GottesmanTest, opZ, AA] // MatrixForm
        Outer[GottesmanTest, opZ, BB] // MatrixForm
```

Out[ ]//MatrixForm=

$$\begin{pmatrix} 1&1&1&1&1&1&1&1 \\ 1&1&1&1&1&1&1&1 \end{pmatrix}$$

Out[ ]//MatrixForm=

$$\begin{pmatrix} 1&1&1&1&1&1&1&1 \\ 1&1&1&1&1&1&1&1 \end{pmatrix}$$

Here are two logical X operators of the code.

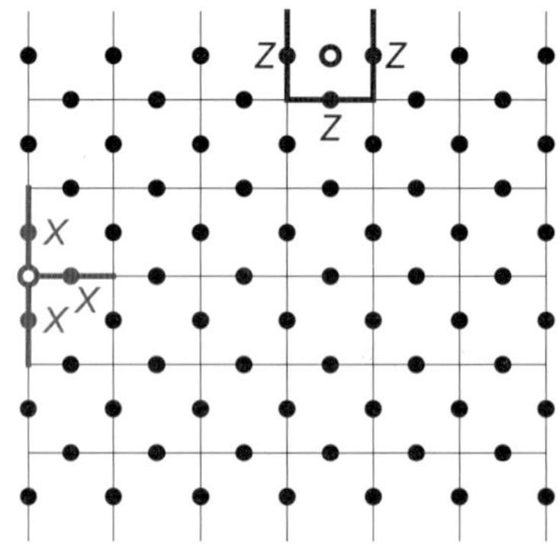

그림 6.6: 껄껄한 경계와 매끈한 경계를 갖는 사각격자에 정의된 평면코드. 꼭대기의 껄껄한 경계에 있는 액자에 대한 액자연산자와 왼쪽의 매끈한 경계에 있는 꼭지점에 대한 꼭지점연산자. 모서리 옆에 적힌 'X' 및 'Z' 표시는 각각 해당 모서리에 있는 큐비트에 작용하는 파울리 X 및 Z 연산자를 나타낸다.

```
In[•]:= opX = {
          Multiply @@ Table[T[i, 2, 1], {i, jj}],
          Multiply @@ Table[S[1, j, 1], {j, jj}]
        }

Out[•]= {T^x_{0,2} T^x_{1,2} T^x_{2,2}, S^x_{1,0} S^x_{1,1} S^x_{1,2}}

In[•]:= Outer[GottesmanTest, opX, AA] // MatrixForm
        Outer[GottesmanTest, opX, BB] // MatrixForm

Out[•]//MatrixForm=
        (1 1 1 1 1 1 1 1)
        (1 1 1 1 1 1 1 1)

Out[•]//MatrixForm=
        (1 1 1 1 1 1 1 1)
        (1 1 1 1 1 1 1 1)
```

6.5.2 평면코드

이번에는 평면코드를 살펴보자. 평면코드는 사각격자에 주기적인 경계 조건을 적용하지 않고 구성한다. 대신, 두 가지 다른 모양의 경계가 필요하다. 그림 6.6에서 왼쪽과 오른쪽 경계는 모서리로 끝나는 반면 아래쪽과 위쪽 경계는 꼭지점으로 끝난다. 전자를 매끈한 경계(smooth boundaries)라고 하며 후자는 껄껄한 경계(rough boundaries)라고 부른다.

격자의 안쪽에 자리잡은 액자나 꼭지점에 대한 액자연산자 및 꼭지점연산자는 도넛코드 때와 동일하게 정의한다. 그러나 경계에 자리잡은 액자나 꼭지점은 주위 모서리가 다르다. 따라서, 해당 액자연산자 및 꼭지점연산자는 조금 다르게 정의해야 한다. 껄껄한 경계에 자리잡은 액자는 주위에 모서리가 세 개 밖에 없다. 이 액자에 대한 액자연산자는 세 모서리에 놓은 큐비트에 작용하는 세 파울리 Z 연산자의 곱

$$\hat{P}_p = \hat{Z}_{p,1}\hat{Z}_{p,2}\hat{Z}_{p,3} \tag{6.115}$$

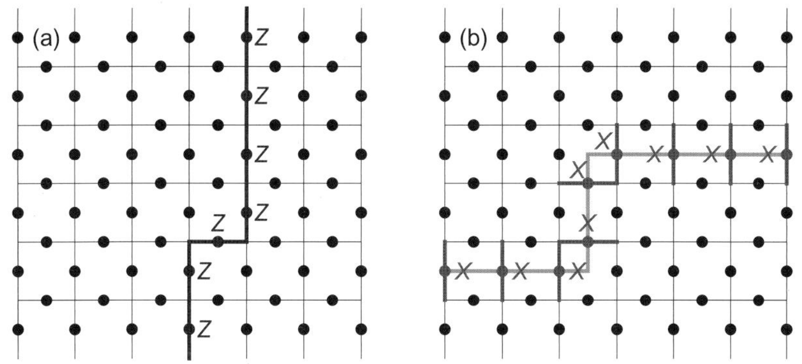

그림 6.7: 평면코드에서 (a) 논리 Z 연산자와 (b) 논리 X 연산자.

으로 정의한다. 마찬가지로, 매끈한 경계에 있는 꼭지점도 그 꼭지점과 연결된 모서리가 세 개 밖에 없다. 이 꼭지점에 대한 꼭지점연산자는 이 세 모서리에 작용하는 파울리 X 연산자의 곱

$$\hat{V}_v = \hat{X}_{v,1}\hat{X}_{v,2}\hat{X}_{v,3} \tag{6.116}$$

으로 정의한다.

격자의 내부 또는 경계에 있는 액자연산자와 꼭지점연산자를 모두 모으면 평면코드의 안정자를 생성한다. 도넛코드에 적용했던 주기적인 경계 조건을 적용하지 않기 때문에, 평면코드에서는 모든 액자연산자와 꼭지점연산자가 서로 독립이다. 그런 생성원은 얼마나 많을까? 껄껄한 경계와 매끈한 경계를 갖는 $L\times L$ 사각격자에는 L^2 개의 액자와 $(L+1)(L-1)$ 개의 꼭지점이 있다. 한편, 이 격자에는 $L(L+1)+L(L-1)$ 개의 모서리가 있고, 큐비트의 개수도 이와 같다. 따라서, 이 평면코드는 하나의 논리큐비트를 부호화 할 수 있다.

코드공간에 작용하는 논리연산자 $\bar{Z}$와 $\bar{X}$를 찾아보자. 그림 6.7 (a)에 나타낸 예와 같이 아래쪽 경계에서 위쪽 경계까지 뻗는 선을 생각해보자. 두 경계 모두 껄껄한 경계라는 점을 기억하자. 이 선은 꼭지점연산자와 두 개의 모서리를 공유하거나 아예 하나도 공유하지 않는다. 이것은 모서리가 격자 내부에 있건 경계에 있건 상관없다. 이를 기반으로 $\bar{Z}$는 이 선에 포함된 모서리에 작용하는 파울리 Z 연산자의 곱으로 정의하자. 그럼 $\bar{Z}$는 안정자의 모든 생성원과 교환법칙이 성립한다. 그러나 이 선이 마주보는 두 경계를 잇고 있기 때문에 $\bar{Z}$는 안정자에 속할 수 없다. 따라서, $\bar{Z}$는 논리 Z 연산자로 정할 수 있다. 비슷한 방법으로, 그림 6.7 (b)에 나타낸 것과 같이 액자들을 통과하여 왼쪽 경계와 오른쪽 경계를 잇는 쌍대모서리로 이루어진 선을 생각해보자. 논리연산자 $\bar{X}$는 이 선을 교차하는 모서리에 작용하는 파울리 X 연산자들의 곱으로 정하자. 이 연산자는 모든 액자연산자와 두 개의 모서리를 공유하거나 하나도 공유하지 않는다. 이것은 액자가 격자 내부에 있건 경계에 있건

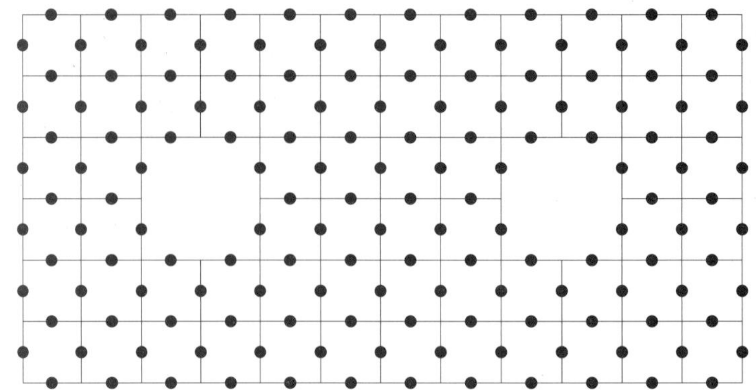

그림 6.8: 두 개의 구멍과 매끈한 안쪽 및 바깥쪽 경계를 갖는 격자에 대해 정의한 표면코드. 이 평면코드는 두 큐비트를 부호화할 수 있다.

상관없다. 이것으로 보아 이 연산자는 안정자의 모든 생성원과 교환법칙이 성립한다. 또 마주보는 두 경계를 잇고 있어서 안정자에 속할 수 없고 모든 생성원이나 위에 이미 정의한 논리연산자 $\bar{Z}$와 독립이다. 따라서, $\bar{X}$를 논리 X 연산자로 정하는 데 아무런 문제가 없다.

지금까지 사각격자에서 표면코드를 설계하였다. 그러나 바탕이 되는 격자가 꼭 사각격자일 필요는 없다(Dennis et al., 2002). 표면에 있는 어떤 격자도 가능하다. 심지어 종수(genus)가 큰 경우에도 가능하다. 닫혀있고(closed) 방향을 줄 수 있으며(orientable) 종수가 g인 표면에 있는 격자에 대한 표면코드는 $2g$ 개의 큐비트를 부호화할 수 있다. 평면코드에 대해서는 e 개의 매끈한 경계와 e 개의 껄껄한 경계가 번갈아 나오는 평면을 생각해볼 수 있다. 이 경우, 가령 한 껄껄한 경계에서 시작하여 다른 껄껄한 경계까지 뻗는 각 선에 대해 논리 Z 연산자를 정의할 수 있어서, 총 $e-1$ 개의 큐비트를 부호화할 수 있다. 그림 6.8과 같이 격자에 구멍을 추가로 뚫는 것도 부호화할 수 있는 큐비트의 수를 늘리는 한 방법이다. 예를 들어, 구멍이 h 개 있고 바깥쪽과 안쪽 경계가 모두 매끈한 경계라면 h 개의 큐비트를 부호화할 수 있다. 이때 각 구멍을 에워싸는 고리마다 논리 Z 연산자를 정의할 수 있기 때문이다. 논리 X 연산자는 안쪽 경계에서 시작하여 액자들을 통과하여 바깥쪽 경계까지 가는 각 선에 대해 정의하면 된다.

6.5.3 복구 과정

안정자코드의 특수한 경우이긴 하나, 표면코드도 복구 과정은 안정자코드의 일반적인 단계를 따른다. 먼저, 생성원을 측정하여 오류증상을 진단한 다음, 오류증상에 따라 필요한 파울리 연산자를 작용하여 오류를 고치면 된다.

표면코드는 모든 생성원이 액자연산자이거나 꼭지점연산자이다. 이러한 연산자의 국소적인 측정은 바탕이 되는 격자의 액자나 꼭지점에 보조큐비트를 놓아 수행할 수 있다(Fowler et al., 2012). 먼저, 특정한 액자를 생각해보자. 액자의 중심에 보조큐비트를 놓고 초기상태 $|0\rangle$에 준비한다. 그 다음 아래와 같은 양자회로에 해당하는 유니테리 게이트를 작용한다.

(6.117)

물리적인 큐비트 1, 2, 3, 4가 원래 기저상태 $|x_1x_2x_3x_4\rangle$에 있었다면, 보조큐비트의 출력상태는

$$|x_1 \oplus x_2 \oplus x_3 \oplus x_4\rangle \tag{6.118}$$

가 된다. 따라서, 보조큐비트를 표준기저에서 측정하면 액자연산자 $\hat{P} = \hat{Z}_1\hat{Z}_2\hat{Z}_3\hat{Z}_4$의 두 고유값

$$x_1 \oplus x_2 \oplus x_3 \oplus x_4 = \pm 1 \tag{6.119}$$

중 하나가 나온다.

연결된 모서리가 1, 2, 3, 4인 꼭지점에 대한 꼭지점연산자 $\hat{V} = \hat{X}_1\hat{X}_2\hat{X}_3\hat{X}_4$는 조금 다른 양자회로를 이용하여 측정할 수 있다. 보조큐비트를 꼭지점에 놓았다고 하자. 하다마드 게이트의 기본 성질에 의해 $\hat{V} = \hat{H}^{\otimes 4}\hat{P}\hat{H}^{\otimes 4}$인 점을 고려하여, 아래와 같은 양자회로에 해당하는 유니테리 게이트를 작용한다.

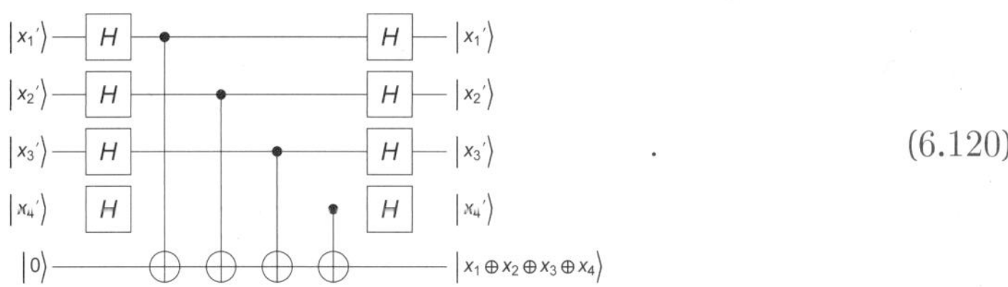

(6.120)

그 다음 보조큐비트를 표준기저에서 측정하면 꼭지점연산자 $\hat{V}$를 측정하는 효과를 얻을 수 있다. 여기서 $x = 0, 1$에 대해 양자상태 $|x'\rangle$는

$$|0'\rangle \equiv |+\rangle := \frac{|0\rangle + |1\rangle}{\sqrt{2}}, \quad |1'\rangle \equiv |-\rangle := \frac{|0\rangle - |1\rangle}{\sqrt{2}} \tag{6.121}$$

과 같이 정의된 것으로, 파울리 X 연산자의 고유값 ± 1에 각각 속하는 고유상태이다. 본질적으로 기저상태 $|x\rangle$에 해당하지만, $|x'\rangle = \hat{H}\,|x\rangle$와 같이 회전된 좌표계에서 정의된 것이다. 항등식 (2.44)를 이용하면, 위 양자회로를 아래와 같이 간략하게 만들 수 있다(연습문

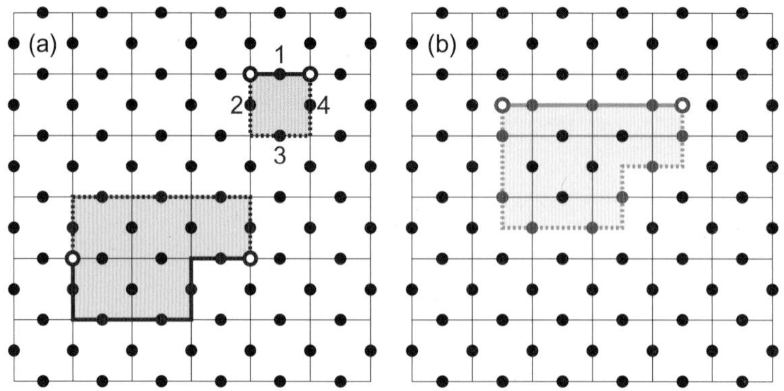

그림 6.9: (a) 위상뒤집기 오류(배경색이 있는 액자 주변의 모서리)와 이에 해당하는 꼭지점결함(배경색이 있는 액자 주변의 작고 빈 원). (b) 비트뒤집기 오류(배경색이 칠해진 영역을 에워싸는 굵은 쌍대모서리 선)과 그에 해당하는 액자결함(배경색이 칠해진 영역 주변의 작고 빈 원).

제 6.10 참조).

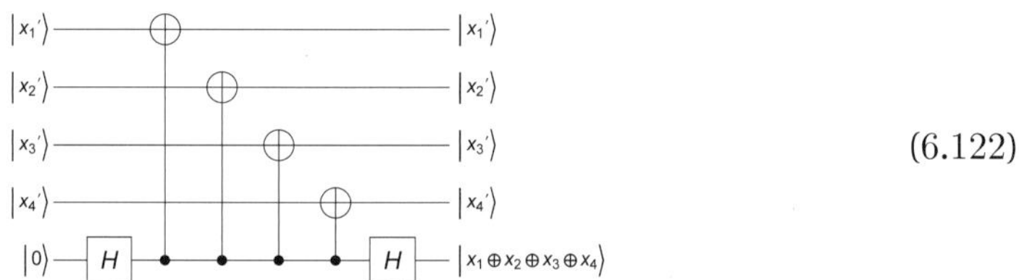

(6.122)

경계에 자리잡은 액자연산자나 꼭지점연산자도 같은 방법으로 측정할 수 있다. 위에서 소개한 방법은 물리적인 큐비트의 개수에 상관없다.

표면코드의 오류증상은 상당히 흥미로운 위상학적 특성을 보인다. 가령, 그림 6.9 (a)의 큐비트 1에 위상뒤집기 오류 $\hat{Z}$가 발생했다고 하자. 이 오류는 손상된 큐비트가 놓인 모서리의 양 끝에 있는 꼭지점연산자를 측정하여 확인할 수 있다. 이 오류는 큐비트 1에 $\hat{Z}$를 작용하여 고칠 수 있다. 여기서 큐비트 2, 3 및 4에 위상뒤집기 오류가 발생한다면 오류증상이 같을 뿐만 아니라, 위상뒤집기 오류가 큐비트 1에 발생했을 때와 같은 두 꼭지점연산자를 측정하여 진단할 수 있다는 점에 주목하자. 6.4절에서 안정자코드에서 일반적인 오류 복구 과정을 설명할 때 보았듯이, 오류가 실제로 큐비트 2, 3 및 4에서 발생했다고 하더라도 큐비트 1에 $\hat{Z}$을 작용하여 고칠 수 있다. 이 경우에는 큐비트 1에 $\hat{Z}$를 작용하는 것이 네 모서리에 에워싸인 액자[그림 6.9 (a)의 배경색이 칠해진 액자]에 대한 액자연산자 $\hat{P} = \hat{Z}_1\hat{Z}_2\hat{Z}_3\hat{Z}_4$를 작용하는 것과 같기 때문이다. 액자연산자는 표면코드(특정한 이 예에서는 도넛코드를 가정한다)의 안정자에 속하므로 코드공간에 작용하나 마나임을 상기하자.

조금 더 일반적인 다른 예를 그림 6.9 (a)에 나타냈다. 이 예는 상관도가 높은 두 가지 위상뒤집기 오류를 보여준다. 하나는 굵은 실선 위에 있는 큐비트에 위상뒤집기 오류가 발생한 경우이고, 다른 하나는 굵은 점선 위에 있는 큐비트에 오류가 발생한 경우이다. 두

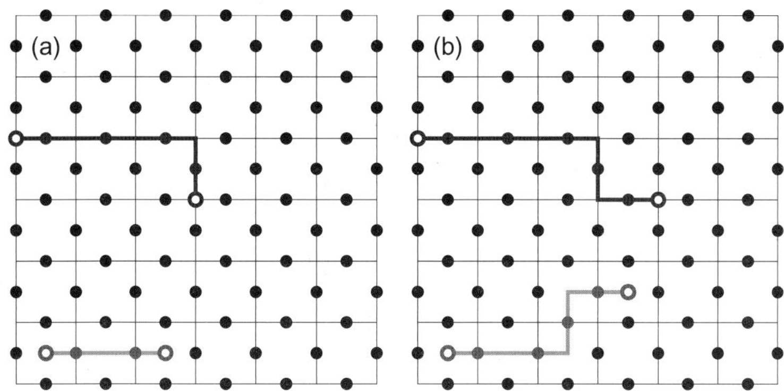

그림 6.10: **(a)** 움직이기 전의 꼭지점결함(꼭지점 위의 작고 빈 원)과 액자결함(액자 중심의 작고 빈 원). **(b)** 꼭지점결함과 액자결함이 움직인 후의 모습. 꼭지점결함은 이웃한 큐비트에 $\hat{Z}$를 순차적으로 작용함으로써 움직일 수 있고, 액자결함은 $\hat{X}$를 작용하여 움직인다

경우 모두 오류증상이 같고, 이 오류증상은 두 선에 만나 공유하는 두 꼭지점에 대한 꼭지점연산자를 측정하여 진단할 수 있다. 사실, 같은 꼭지점에서 끝나는 모든 선은 도넛꼴의 표면 위에서 서로 끊지 않고 연속적으로 변형할 수 있는 한 동일한 오류증상을 준다. 주기적 경계 조건을 적용한 평면은 도넛꼴의 표면과 위상학적으로 같은 점을 상기하자.[6.11] 이런 의미에서 이웃하는 모서리에 발생하는 위상뒤집기 오류는 손상된 모서리를 잇는 선의 양 끝에 꼭지점결함(vertex defect)을 만든다고 여기면 편리한다. 꼭지점결함은 꼭지점연산자를 측정하여 검출할 수 있다. 한 쌍의 꼭지점결함을 잇는 선에 대한 위상뒤집기 오류[6.12]는 이 선을 연속적으로 변형하여 얻은 각 선 위에 있는 큐비트에 $\hat{Z}$를 작용하면 고칠 수 있다.

마찬가지로, 이웃한 액자들을 잇는 선분을 교차하는 모서리들에 발생하는 비트뒤집기 오류 $\hat{X}$는 선분의 양 끝에 있는 두 액자에 액자결함(plaquette defect)을 만든다고 생각하면 편리할 때가 많다. 그림 6.9 (b)에 예가 있다. 굵은 실선을 교차하는 모서리에 발생하는 비트뒤집기 오류와 굵은 점선을 교차하는 모서리에 발생하는 비트뒤집기 오류는 같은 오류증상의 원인이 된다. 두 선은 같은 두 액자에서 끝나며 선을 끊지 않고 서로 연속적으로 변형하여 얻을 수 있기 때문이다.

표면코드의 오류증상은 더 심오한 위상학적 특성을 갖고 있어서, 꼭지점결함과 액자결함은 물리적으로 '입자'로 해석할 수 있다(Kitaev, 2003). 그림 6.10에 나타낸 예를 살펴보자. 그림 6.10 (a)에서 꼭지점결함 중의 하나의 옆 큐비트에 $\hat{Z}$를 작용함으로써 그림 6.10 (b)에서 처럼 꼭지점결함을 이웃한 꼭지점으로 '움직일' 수 있다. 마찬가지로, 액자결함에 이웃한 큐비트에 $\hat{X}$를 적용함으로써 액자결함도 움직일 수 있다. 그림 6.10 (a)의 아래쪽에

[6.11] 평면코드에서는 위상뒤집기 오류의 선들이 껄껄한 경계에 닿아서는 안된다.

[6.12] 도넛코드에서는 꼭지점결함은 쌍으로만 생성될 수 있다. 평면코드에서는 위상뒤집기 오류가 발생하는 선이 껄껄한 경계에서 끝나면 단일 꼭지점결함도 생성될 수 있다.

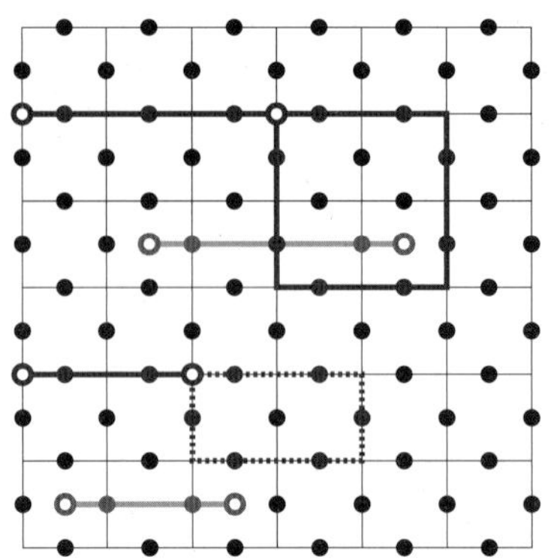

그림 6.11: 꼭지점결합과 액자결합의 교환 아래쪽 예에서는 꼭지점결합이 움직인 후 다른 결합을 에워싸지 않으면서 원래 자리로 돌아온 과정을 나타낸다. 이 경우는 아무 효과도 없다. 위쪽 예에서는 오른쪽 꼭지점결합이 움직인 궤적이 액자결합을 둘러싸고 있다. 이것은 -1 만큼의 위상 변화를 가져온다.

있는 예를 보자. 비트뒤집기 오류(굵은 실선)가 발생한 액자를 잇는 선 양 끝에 두 개의 액자결합(작고 빈 원)이 있다. 그림 6.10 (b)는 오른쪽 액자결합이 한 격자상수 만큼 위쪽으로 그리고 다시 오른쪽으로 움직인 결과를 나타낸다. 이것은 액자결합에 이웃하는 두 큐비트에 $\hat{X}$를 차례로 작용하여 얻은 것이다.

꼭지점결합 및 액자결합(혹은 각각에 해당하는 입자)의 움직임은 그림 6.11의 예에서 보듯이 매혹적인 위상학적 특성을 갖고 있다. 그림 6.11의 아래쪽에 있는 예부터 살펴보자. 위상뒤집기 오류가 일어난 모서리로 이루어진 선의 오른쪽 끝에 있는 꼭지점 결합이 두 액자 주변을 움직였다. 전반적인 효과는 궤적에 둘러싸인 두 액자연산자를 작용하는 것과 동일하며 코드공간에는 아무런 영향을 끼치지 않는다. 이번에는 그림 6.11의 위쪽에 있는 예를 살펴보자. 이 경우에는 오른쪽 꼭지점결합이 네 액자를 돌아 원래 꼭지점으로 돌아갔다. 그러나 여기서 결정적인 차이는 이동한 궤적이 액자결합을 에워싸고 있다는 점이다. 전반적으로 꼭지점결합의 움직임이 일으킨 효과는 무엇일까? 이 특정한 예에서는 꼭지점결합이 움직인 궤적은 비트뒤집기 오류를 나타내는 선과 딱 하나의 모서리(비트뒤집기 오류를 나타내는 선과 위상뒤집기 오류를 나타내는 선이 교차하는 곳에서)를 공유한다는 것을 분명히 볼 수 있다. 그러나 이것은 완전히 일반적이어서 꼭지점결합이 움직인 궤적이 홀수 개의 액자결합을 감싸는 한, 비트뒤집기 오류를 잇는 선과 반드시 홀수 개의 모서리를 공유한다. 그럼 $\hat{X}$와 $\hat{Z}$는 반교환법칙이 성립한다는 사실로부터, 이러한 궤적은 항상 -1 만큼의 위상 변화를 야기한다는 점을 알 수 있다. 위상학적으로 보아 이러한 궤적은 액자결합을 에워싸고 있어서 연속적으로 변형하여 한점으로 오그라들게 할 수 없다. 이 외에도 다른 여러 가지 면에서 꼭지점결합과 액자결합은 마치 특이한 통계학적 특성을 갖는 입자처럼 행동한다.

위에서 소개한 꼭지점결함과 액자결함을 조작하는 방법은 3.3절 이후 오랫동안 소개를 미뤄왔던 위상양자계산(topological quantum computation)의 한 예이다. 사실, 이것이 위상양자계산의 초기 제안이었으며 이후 같은 주제에 관한 엄청나게 많은 일에 영감을 불어넣었다. 최근에는 실제 물리계에서 마요라나 페르미온(Majorana fermion), 즉 자신이 자기 자신의 반입자가 되는 페르미온을 이용해 위상양자계산을 구현하려는 아이디어가 제안되기도 하였다(Kitaev, 2001; Alicea et al., 2011). 후자에 관한 일들은 마요라나 페르미온을 찾기 위한 매우 극적인 도전으로 이어졌고, 점점 많은 실험 결과가 응집물질물리계의 기본 들뜸(elementary excitation)의 한 형태로 마요라나 페르미온의 존재를 뒷받침하고 있다(Mourik et al., 2012; Deng et al., 2012; Das et al., 2012; Nadj-Perge et al., 2014).

6.6 연습문제

6.1. $\mathcal{V}$는 벡터공간이다. $\mathcal{S}$가 $\mathcal{V}$에 대한 파울리군의 안정자 부분군이라 하자. $\mathcal{S}$의 모든 원소는 교환법칙이 성립함을 보여라.

6.2. 연산자 $\hat{G}_1$, $\hat{G}_2$, $\cdots$, $\hat{G}_k$가 n 큐비트 파울리군 $\mathcal{P}(n)$의 원소라 하자. 연산자 $\hat{G}_1$, $\hat{G}_2$, $\cdots$, $\hat{G}_k$가 서로 독립인 것은 각각에 해당하는 고테스만 벡터[식 (6.43) 참조] $|\hat{G}_1\rangle$, $|\hat{G}_2\rangle$, $\cdots$, $|\hat{G}_k\rangle$가 $\mathbb{Z}_2$에 대한 벡터공간 $(\mathbb{Z}_2)^{2n}$ 내에서 선형적으로 독립이기 위한 필요충분조건임을 보여라.

6.3. $\hat{G}_1$, $\hat{G}_2$, $\cdots$, $\hat{G}_k$가 n 큐비트 파울리군 $\mathcal{P}(n)$의 서로 독립인 원소들이라 하자. $\hat{G}_1$, $\hat{G}_2$, $\cdots$, $\hat{G}_k$ 중 오직 하나와만 반교환법칙이 성립하고 나머지와는 모두 교환법칙이 성립하는 $\mathcal{P}(n)$의 원소 $\hat{G}$가 존재함을 보여라.

6.4. 단일 큐비트 클리포드군 $\mathcal{C}(1)$의 원소를 모두 나열하여라.

힌트: $\mathcal{C}(1)$에는 총 192 개의 원소가 있다. 하다마드 게인트 $\hat{H}$와 사분위상게이트 $\hat{Q}$로 생성되는 단일 큐비트 클리포드군의 원소에는 물리적으로 의미가 없는 위상 인수 ±1, $\pm i$, $\pm e^{i\pi/4}$, $\pm e^{-i\pi/4}$ 가 붙어있을 수 있다. 이 예는 생성원을 이용한 기술이 얼마나 효과적인지 잘 보여준다.

6.5. $\hat{A}$와 $\hat{B}$는 같은 쌍의 큐비트에 작용하는 CNOT 게이트로 제어큐비트와 대상큐비트가 바뀐 경우라 한다. $\hat{A}$와 $\hat{B}$가 클리포드군 안에서 서로 독립이 아님을 보여라.

6.6. $\hat{U}$가 $(n+1)$ 큐비트 클리포드군 $\mathcal{C}(n+1)$의 원소라 한다. 단일 큐비트 클리포드 연산자를 작용하거나 큐비트의 순서를 바꾸어 $\hat{U}(\hat{Z}\otimes\hat{J})\hat{U}^\dagger$와 $\hat{U}(\hat{X}\otimes\hat{J})\hat{U}^\dagger$ 둘 다 다음과

같은 꼴로 만들 수 있음을 보여라.

$$\hat{U}(\hat{Z}\otimes\hat{J})\hat{U}^{\dagger}=\hat{X}\otimes\hat{A}\,,\quad \hat{U}(\hat{X}\otimes\hat{J})\hat{U}^{\dagger}=\hat{Z}\otimes\hat{B}. \tag{6.123}$$

단, 여기서 $\hat{J}:=\hat{I}^{\otimes n}$ 이고 $\hat{A},\hat{B}\in\mathcal{P}(n)$.

비고: 다음과 같은 꼴로 만들 수도 있다.

$$\hat{U}(\hat{Z}\otimes\hat{J})\hat{U}^{\dagger}=\hat{X}\otimes\hat{A},\quad \hat{U}(\hat{X}\otimes\hat{J})\hat{U}^{\dagger}=\hat{I}\otimes\hat{B}. \tag{6.124}$$

6.7. $\hat{U}$가 $(n+1)$ 큐비트 클리포드군 $\mathcal{C}(n+1)$의 원소라 한다. n 큐비트에 작용하는 새로운 연산자 $\hat{V}$를

$$\hat{V}\,|y\rangle:=\sum_{x=0}^{2^n-1}|x\rangle\,(\langle 0|\otimes\langle x|)\hat{U}(|0\rangle\otimes|y\rangle) \tag{6.125}$$

와 같이 정의한다. $\hat{V}$가 n 큐비트 클리포드군 $\mathcal{C}(n)$의 원소임을 보여라.

6.8. n 큐비트에 작용하는 유니테리 연산자 $\hat{U}$가 있다고 하자. $\hat{U}$가 클리포드 연산자인지 아닌지 검사할 수 있는 방법을 설명하여라.

6.9. 도넛꼴의 표면 위의 3×3 사각격자를 이용한 표면코드를 고려하자. 코드공간의 네 논리기저상태를 구하여라.

비고: 표면코드를 구현하기 위해 논리기저상태를 구체적으로 명시할 필요는 없다. 이 문제는 표면코드를 더 깊이 이해하도록 돕기 위한 것이다.

6.10. 식 (6.120)과 (6.122)에 있는 양자회로가 동등함을 보여라.

힌트: 식 (2.44)에 있는 항등식들을 이용하여라.

제 7 장

양자정보이론

불완전한 통신채널을 통해 얼마나 많은 정보를 안정적으로 전송할 수 있을까? 어떤 형태의 정보를 다른 형태로 변환할 때 필요한 최소한의 자원은 무엇일까? 이러한 것들이 양자이건 고전적이건 정보이론에서 묻고 답하는 질문들이다. 정보를 생성하고, 저장하거나, 처리하고, 또 전송하기 위해 필요한 기본적인 자원을 찾고 정량화하는 것이 핵심적으로 다루는 일들이다. 란다우어(Landauer, 1991)가 말했듯이, '정보'란 어떤 계의 물리적 '상태'를 일컫는다. 따라서, 위 질문들에 대한 답도 정보를 생성, 처리, 전송, 저장하는 과정을 지배하는 물리법칙에 따라 달라질 수 밖에 없다. 양자정보이론은 양자역학에 기초를 두고 있다. 양자역학의 원리는 고전역학에 기초를 둔 고전정보이론을 더 풍부하게 할 뿐만 아니라 새로운 가능성을 제시한다. 이 장은 엔트로피에 관한 설명으로 시작한다. 우선, 고전적인 엔트로피를 살펴보고 이후 양자역학적인 엔트로피를 소개한다. 엔트로피는 정보를 정량화하기 위해 도입한 개념으로 정보이론에서 가장 근본적인 개념이다. 그 후 양자얽힘을 물리적 자원의 관점에서 살펴본다. 앞서 언급했듯이, 양자정보이론은 고전정보이론에 비하여 훨씬 다양한 면을 갖고 있다. 여러 가지 근본적이거나 기술적인 차이 중에서도 양자얽힘은 가장 중요한 차이로, 고전정보이론에서는 볼 수 없는 신기한 자원이라 할 수 있다. 양자정보이론에 관하여 가장 널리 언급되는 주제가 양자얽힘이라는 사실은 그래서 별로 놀랍지 않다.

이 장은 다른 장에 비하여 설명이 덜 구체적인데, 목적 자체도 양자정보이론을 간략하게 소개하는 것이다. 즉, 양자정보이론의 가장 기본적인 개념과 아이디어를 살펴볼 뿐이다. 그 이유는 양자정보이론이 전통적인 다른 물리학 분야와 달리, 특히 처음에는, 상당히 무질서하고 방향성도 없어 보일 수 있기 때문이다. 그러나 일단 이 장에서 소개되는 기본적인 아이디어와 개념에 익숙해지면, 참고 문헌 Nielsen & Chuang (2011)의 제 11장과 12장과 같이 더 전문적인 글에서 소개하는 여러 가지 주제를 깊이 탐구할 수 있을 것이다.

7.1 섀넌 엔트로피

엔트로피는 불확실성을 정량화한 척도이다. 따라서, 엔트로피는 통계학적 방법론이나 개념을 사용하는 모든 학문에서 광범위하게 쓰이는 핵심 개념이다. 고전통계역학과 양자통계물리학은 물론, 고전정보이론 및 양자정보이론, 데이터분석이론, 기계학습 등이 그 예이다.

7.1.1 정의

고전정보이론에서 엔트로피는 확률변수(마구잡이 변수, 무작위 변수)와 관련되어 있다. X를 유한집합 $\{x\}$에서 그 값을 택하는 확률변수라 하자. X의 값은 미리 정해져 있지 않고, 확률분포 $p(x)$에 따라 마구잡이로 결정된다. 직관적으로, 확률분포 $p(x)$가 어떤 값 x에서 뾰족한 봉우리를 형성하고 있으면, X의 불확실성은 줄어들 것이다. 예를 들어, $\{0,1\}$과 같이 값이 두 개인 경우를 생각해보자. 확률이 각각 $p(0)=1$과 $p(1)=0$으로 주어진다면, 확률변수 X의 값을 확실히 알 수 있다. 이런 경우, 확률변수 X에 관한 불확실성은 존재하지 않는다. 반대로, 만약 확률분포가 넓게 퍼져 있다면 해당 확률변수의 불확실성은 높다. 위 예를 다시 들어, 만약 확률이 $p(0)=p(1)=1/2$로 주어진다면, 확률변수 X의 값을 추정하기 매우 어렵다. 즉, 이 경우 확률변수 X의 불확실성은 최대가 된다.

확률변수(random variable)의 이러한 불확실성을 정량화하기 위해, 엔트로피를 아래와 같이 정의한다.

$$H(X) \equiv H(\{p(x)\}) := -\sum_x p(x)\log p(x). \tag{7.1}$$

이렇게 정의된 엔트로피를 확률분호 $\{p(x)\}$에 대한 섀넌 엔트로피(Shannon entropy)라 한다. 여기서, 로그함수의 밑수는 2이며, 특별한 언급이 없는 한 앞으로도 이렇게 가정한다. 로그함수는 확률 값이 0, 즉 $p(x)=0$일 때 정의가 되지 않는다. 그러나 함수 $x\log x$는 x가 0으로 가까이 갈 때($x\to 0^+$), 역시 0으로 수렴한다($x\log x\to 0^-$).따라서, 아예 $0\log 0=0$이라 정의한다.

엔트로피는 특정한 확률변수가 아니라 확률분포에 대해 정의된다. 식 (7.1)에 정의된 섀넌 엔트로피는 모든 종류의 엔트로피 정의의 근간이 된다. 즉, 모든 종류의 엔트로피는 개념적으로 식 (7.1)과 같다.

식 (7.1)의 정의가 불확실성 경향을 잘 반영하는지 확인하기 위해 두 값 0또는 1을 갖는 이항확률변수(binary random variable)를 생각해보자. 0 또는 1을 갖을 확률을 각각 $p(0)=p$과 $p(1)=1-p$라 하자. 그림 7.1는 섀넌 엔트로피 $H(\{p,1-p\})$를 p의 함수로 나타낸 것이다. 먼저 눈에 띄는 사실은 다음과 같다. $H(\{0,1\})=0$.즉, 확률변수가 값 0을 갖을 확률이 0이고, 1을 갖을 확률이 1일 때, 섀넌 엔트로피가 0이고, 이것은 확률변수가 반

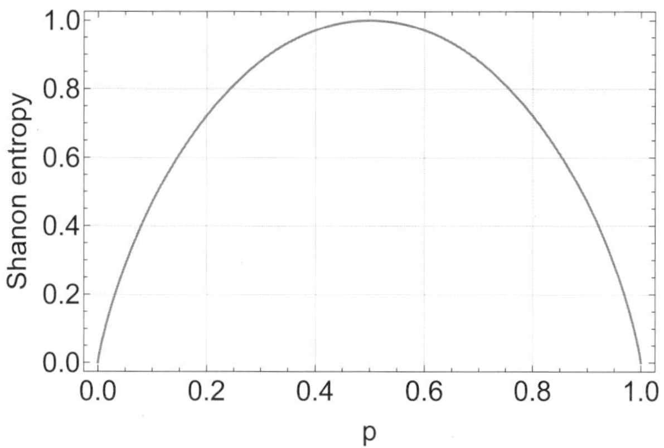

그림 7.1: 두 개의 값 0 또는 1을 갖는 확률변수의 이항분포 $\{p(0) = p, p(1) = 1 - p\}$에 대한 섀넌 엔트로피 $H(\{p, 1 - p\})$.

드시 $X = 1$이라는 사실과 부합한다. 마찬가지로, $H(\{1, 0\}) = 0$이다. 이것은 확률변수가 불확실성이 전혀 없이 $X = 0$이기 때문이다. 한편, $H(\{p, 1-p\})$는 $p = 1/2$에서 최대값 $\log 2 = 1$을 갖는다. 이것은 확률이 $p = 1/2$일 때 확률변수 X에 불확실성이 가장 크다는 직관적인 사실을 반영한다고 할 수 있다.

지금까지 엔트로피는 불확실성의 척도로 살펴보았다. 언뜻 이상하게 들릴 수도 있으나, 엔트로피를 물리계의 상태에 포함된 정보의 양을 정량화한 것으로 해석할 수도 있으며, 이러한 해석은 때때로 매우 중요한 단서를 제공한다. 가령, 확률변희 X의 값을 알게 되었다고 해보자. 이 값을 알게 되기 전에 비하여, 이 확률변수에 관해 우리가 아는 것이 증가했다는 점을 알 수 있다. 이때, 확률변수 X의 값을 알게 됨으로써 이 확률변수에 관하여 평균적으로 얼마나 많은 정보를 획득하게 된 것일까? 섀넌 엔트로피는 확률변수의 값을 알지 못했을 때 존재했던 불확실성을 나타내므로, 값을 앎으로써 획득하게 된 정보의 양도 섀넌 엔트로피로 수어진다. 따라서, 위 두 가지 해석은 엔트로피에 관한 서로 다른 관점을 보여준다. 엔트로피를 불확실성의 척도로 생각할 수 있는가 하면, 또 한편으로는 확률변수 X의 값을 알게 됨으로써 획득하게 되는 정보의 양이라 간주할 수도 있는 것이다.

기본적이지만 매우 중요한 섀넌 엔트로피의 성질로 아래와 같은 부등식을 들 수 있다.

$$0 \le H(X) \le \log d. \tag{7.2}$$

여기서 d는 확률변수 X가 갖을 수 있는 서로 다른 값의 개수이다. 엔트로피는 확률분포가 일정할 때만 최대값 $H(X) = \log d$를 갖을 수 있다. 이 성질을 증명하는 것은 상대 엔트로피를 소개한 후로 미루도록 하자. 상대 엔트로피 개념을 이용하면 위 부등식을 증명하는 것이 매우 수월해지기 때문이다.

7.1.2 상대 엔트로피

상대 엔트로피는 두 확률분포가 얼마나 유사한지에 대한 척도이다. 앞서 소개했던 유클리드 척도나 콜모고로프 척도, 고전 충실도 등과는 특성이 사뭇 다르다. 특성상, 상대 엔트로피는 '거리'의 개념에 기반을 둔 척도보다는 명칭이 시사하듯이 오히려 '엔트로피'에 가깝다.

집합 $\{x\}$에서 값을 택하는 한 확률변수 X에 대한 두 확률분포 $\{p(x)\}$와 $\{q(x)\}$를 고려해보자. 확률분포 $\{q(x)\}$에 대비 $\{p(x)\}$의 상대 섀넌 엔트로피 또는 간단히 상대 엔트로피는 다음과 같이 정의된다.

$$H(\{p(x)\} \,\|\, \{q(x)\}) := \sum_x p(x) \log \frac{p(x)}{q(x)} = -H(\{p(x)\}) - \sum_x p(x) \log q(x). \tag{7.3}$$

이미 언급했듯이, 로그함수는 $0 \log 0 = 0$을 만족한다고 정의한다. 아울러, 만약 어떤 값 x에 대해 $p(x) > 0$이라면, $p(x) \log 0 = -\infty$이라 정한다.

두 확률분포의 유사성에 대한 척도로 상대 엔트로피가 얼마나 좋은 척도일까? 혹은, 적절한 척도이긴 한 걸까? 가령, 아래와 같은 두 확률분포를 고려해보자.

$$\{p(x)\} = \left\{\frac{2}{3}, \frac{1-\epsilon}{3}, \frac{\epsilon}{3}\right\}, \quad \{q(x)\} = \left\{\frac{2}{3}, \frac{1}{3}, 0\right\} \tag{7.4}$$

이때, ϵ은 부등식 $0 < \epsilon \ll 1$을 만족한다. 위 두 확률분포는 ϵ이 작다면 충분히 유사하다고 볼 만하다. 그러나 위 정의대로 상대 엔트로피를 계산하면, 아무리 ϵ이 작다고 하더라도 $H(\{p(x)\} \,\|\, \{q(x)\}) = \infty$임을 알 수 있다. 위 경우와 비교하기 위하여 아래와 같은 또 다른 확률분포를 생각해보자.

$$\{r(x)\} = \left\{\frac{1}{6}, \frac{5}{6}, 0\right\}. \tag{7.5}$$

이 확률분포는 위의 두 확률분포 $\{p(x)\}$나 $\{q(x)\}$와는 상당히 달라보인다. 그럼에도 실제 상대 엔트로피의 정의에 의하면,

$$H(\{r(x)\} \,\|\, \{q(x)\}) \approx 1.4183 \tag{7.6}$$

과 같이 유한하다. 위 계산 결과를 제외하면, 확률분포 $\{r(x)\}$가 $\{p(x)\}$보다 $\{q(x)\}$와 더 유사하다고 볼 만한 다른 근거는 희박해 보인다.

'거리'와 같은 척도로 보기에는 무리라는 점을 시사하는 상대 엔트로피의 특징은 또 하나 있다. 바로 비교 대상이 되는 두 확률분포에 대해 대칭적이지 않다는 점이다. 예를 들어, 위에서 봤듯이

$$H(\{p(x)\} \,\|\, \{q(x)\}) = \infty \tag{7.7}$$

인데 반하여,

$$H(\{q(x)\} \,\|\, \{p(x)\}) \approx \frac{\epsilon}{3\log 2} \approx 0 \tag{7.8}$$

이다.

위와 같은 단점때문에 상대 엔트로피는 그 자체로 유용하거나 중요하다고 보기 어렵다. 상대 엔트로피가 엔트로피의 성질이나 엔트로피와 유사한 양 혹은 개념을 분석하는데 널리 사용되는 이유는 다른 데 있다. 가장 중요한 이유는 깁스 부등식(Gibbs' inequality)으로, 다음과 같다.

$$H(\{p(x)\} \,\|\, \{q(x)\}) \geq 0. \tag{7.9}$$

여기서 등호는 두 확률분포 $\{p(x)\}$와 $\{q(x)\}$가 같을 때만 성립한다. 가장 널리 알려진 응용 방법은 여러 엔트로피 또는 엔트로피와 유사한 양을 상대 엔트로피를 이용하여 표현하거나 상태 엔트로피의 특수한 경우로 생각한 다음, 위 부등식 (7.9)를 필요에 따라 적용하는 것이다.

깁스 부등식을 응용하는 한 예로, 부등식 (7.2), 즉 d개의 서로 다른 값을 택할 수 있는 확률변수의 섀넌 엔트로피는 $\log d$를 넘을 수 없다는 사실을 증명해보자. $\{p(x)\}$가 확률변수 X의 확률분포라 하자. 아울러, 고른 확률분포 $q(x) = 1/d$를 생각해보자. 깁스 부등식 (7.9)에 따라 다음과 같은 부등식을

$$H(\{p(x)\} \,\|\, \{q(x)\}) = -H(\{p(x)\}) + \log d \geq 0 \tag{7.10}$$

을 얻을 수 있고, 이것은 보이고자 했던 부등식 (7.2)와 같다. 여기서, 깁스 부등식에 내재된 조건에 따라, 등식은 $p(x)$가 $q(x)$와 같은 고른 확률분포일 때만 성립한다.

끝으로, 깁스 부등식 (7.9)를 증명하고 이 절을 마치도록 하자. 이 증명의 일부는 다른 엔트로피나 유사한 양의 성질을 분석하는 데 자주 쓰이기 때문에 학습적인 면에서 꽤 쓸만하다. 먼저, 볼록함수(convex function)의 성질을 상기하자. 어떤 함수 $f(x)$가 $0 \leq t \leq 1$를 만족하는 모든 매개변수 t와 모든 변수 x와 y에 대하여

$$f((1-t)x + ty) \leq (1-t)f(x) + tf(y) \tag{7.11}$$

를 만족할 때, 이 함수를 볼록함수라 부른다. 위 조건 (7.11)은 자주 아래와 같은 더 일반적인 형태로 표현하기도 한다.

$$f(\textstyle\sum_j p(j)x_j) \leq \displaystyle\sum_j p(j) f(x_j). \tag{7.12}$$

여기서, $p(j)$는 $0 \leq p(j) \leq 1$과 $\sum_j p(j) = 1$을 만족하는 임의의 함수이다. 만약 함수 $f(x)$가 미분가능하다면, 볼록함수 조건 (7.11)은 다음과 같은 또 다른 형태로도 표현할 수 있다.

$$f(x) \geq f(y) + f'(y)(x-y). \tag{7.13}$$

기하학적으로 이것은 함수 $f(x)$의 그래프가 모든 접선보다 위에 놓임을 뜻한다. 이제 함수 $f(x) = -\log x$가 볼록함수라는 점에 주목하자. 볼록함수 조건 (7.13)을 이 함수에 적용할 수 있고, $y = 1$을 대입하면

$$-\log x \geq \frac{1-x}{\log_e 2} \tag{7.14}$$

를 얻을 수 있다. 위 식 (7.14)를 이용하여 식 (7.3)에 있는 상대 엔트로피의 정의를 다시 써서 아래와 같은 결과를 얻을 수 있다.

$$H(\{p(x)\} \,\|\, \{q(x)\}) = -\sum_x p(x) \log \frac{q(x)}{p(x)} \geq \sum_x p(x) \left(1 - \frac{q(x)}{p(x)}\right). \tag{7.15}$$

그럼, 아래 결과도 자연스럽게 따라온다.

$$H(\{p(x)\} \,\|\, \{q(x)\}) \geq \sum_x (p(x) - q(x)) = 1 - 1 = 0. \tag{7.16}$$

7.1.3 상호정보

지금까지는 하나의 확률변수만을 고려했었다. 이제 두 개의 확률변수 X와 Y를 고려하자. 이 두 확률변수가 각각 집합 $\{x\}$와 $\{y\}$에서 값을 택하되, 결합확률분포(joint probability distribution) $p(x,y)$에 따라 마구잡이로 택한다고 하자. 두 확률변수 X와 Y의 총불확실성 또는 두 확률변수의 값을 알았을 때 획득하게 되는 정보의 총량에 관한 한 새로운 것은 없다. 단지 해당되는 양이 결합확률분포 $p(x,y)$에 대한 섀넌 엔트로피

$$H(X,Y) \equiv H(\{p(x,y)\}) = -\sum_{x,y} p(x,y) \log p(x,y) \tag{7.17}$$

일 뿐이다. 곧 소개할 다른 엔트로피와 구별하기 위하여 이 양을 결합 섀넌 엔트로피(joint Shannon entropy) 혹은 줄여서 결합 엔트로피(joint entropy)라 부른다.

여러 확률변수를 고려할 경우 더 흥미로운 질문은, 확률변수 Y의 값을 알았을 때 확률변수 X에 관해 얼마나 알게 될까 혹은 X에 대한 불확실성이 얼마나 남아있을까 일 것이다. 확률변수 Y의 값을 알게 됨으로써 획득하게 되는 정보는 Y의 확률분포 $p(y) = \sum_x p(x,y)$에 대한 섀넌 엔트로피

$$H(Y) = H(\{p(y)\}) \tag{7.18}$$

이다. 다시 말해, 두 확률변수 X와 Y에 대한 총불확실성 $H(X,Y)$가 $H(Y)$ 만큼 줄었다. 확률변수 Y에 대한 확률변수 X의 조건부 엔트로피

$$H(X|Y) := H(X,Y) - H(Y) \tag{7.19}$$

는 Y의 값을 알게 되었을 때 X에 여전히 남아 있는 불확실성의 척도이다. 조건부 엔트로피 (7.19)가 조건부 불확실성에 대한 좋은 척도라는 점을 조금 더 살펴보자. 확률변수 Y의 값을 알기 전에는 확률변수 X의 확률분포는 $p(x) = \sum_y p(x,y)$이다. 그러나 Y의 값을 알게 된 후에는 X의 확률분포는 조건부 확률분포(conditional probability) $p(x|y)$로 주어진다. 따라서, Y의 값을 알게 된 후 여전히 남아 있는 X에 관한 불확실성 $H(X|Y)$은 조건부 확률분포 $p(x|y)$에 대한 섀넌 엔트로피로에 의해 다음과 같이 결정된다.

$$H(X|Y) = \langle H(\{p(x \mid y)\})\rangle_Y. \tag{7.20}$$

여기서 평균은 확률변수 Y가 갖을 수 있는 모든 값을 고려하여 확률분포 $p(y)$에 대해 계산한 것이다. 베이의 법칙(Bayes' rule)에 의해 조건부 확률분포는 아래와 같다.

$$p(x|y) = \frac{p(y|x)p(x)}{p(y)} = \frac{p(x,y)}{p(y)}. \tag{7.21}$$

이 식을 식 (7.20)에 대입하면 다음과 같은 결과를 얻을 수 있다.

$$\begin{aligned} H(X|Y) &= -\sum_y p(y) \sum_x \frac{p(x,y)}{p(y)} \log \frac{p(x,y)}{p(y)} \\ &= -\sum_{x,y} p(x,y) \log p(x,y) + \sum_y p(y) \log p(y) \\ &= H(X,Y) - H(Y). \end{aligned} \tag{7.22}$$

이 결과는 조건부 엔트로피를 정의한 식 (7.19)와 같다.

만약 확률변수 X와 Y가 통계적으로 서로 독립이라면, Y의 값을 안다고 해서 X에 관해 추정하는 데 도움이 될 일이 없다. 이 경우 Y에 관해 알게 된 후에도 X에 남아 있는 불확실성 $H(X|Y)$는 X의 확률분포 $p(x)$와 같다. 실제로, $p(x,y) = p(x)p(y)$라는 사실을 감안하면, $H(X,Y) = H(X) + H(Y)$라는 사실을 알 수 있고, 따라서 $H(X|Y) = H(X)$임을 확인할 수 있다. 반면, 두 확률변수가 서로 강한 상관관계를 맺고 있다면, Y에 관해 아는 것만으로도 X에 관한 불확실성은 현저히 줄어들 것이다. 예를 들어, X와 Y가 같은 집합 $\{1, 2, \cdots, 6\}$에서 값을 택하고, 확률이 $p(x,y) = \delta_{x,y}/6$과 같다고 하자. 만일 확률변수 Y의 값을 알게 된다면, X의 값도 정확히 알 수 있어서 X에 관한 불확실성이 전혀 남지 않는다.

따라서, 확률변수 X에 관한 처음 불확실성과 Y의 값을 알게 된 후 여전히 남아 있는 X에 관한 불확실성의 차이는 두 확률변수 X와 Y 사이에 얼마나 강한 상관관계가 있느냐

에 대한 척도라고 볼 수 있다. 이러한 척도를 상호정보(mutual information)라 부르며, $H(X{:}Y)$라고 표시한다. 다시 말해, X와 Y 사이의 상호정보 $H(X:Y)$는

$$H(X{:}Y) := H(X) - H(X|Y), \tag{7.23}$$

와 같이 정의하며, 이것은 확률변수 X와 Y 사이의 공통된 정보를 정량화 한 것이다. 조건부 엔트로피의 정의 (7.19)에 따라 아래 항등식을 얻을 수 있다.

$$H(X{:}Y) = H(X) + H(Y) - H(X,Y) \tag{7.24a}$$

$$= H(X) - H(X|Y) \tag{7.24b}$$

$$= H(Y) - H(Y|X). \tag{7.24c}$$

위에서 상호정보를 정의한 논리에 따르면, 물리적으로 조건부 엔트로피 $H(X|Y)$는 X의 불확실성 $H(X)$보다 클 수 없다(수학적 증명은 연습문제 7.1 참조). 이것은 다음과 같은 준가법성(subadditivity)을 뜻하기도 한다.

$$H(X,Y) \leq H(X) + H(Y) \tag{7.25}$$

여기서 등식은 확률변수 X와 Y가 통계적으로 서로 독립일 때만 성립한다. 같은 이유로, 상호정보 $H(X{:}Y)$는 X의 불확실성 $H(X)$나 Y의 불확실성 $H(Y)$보다 클 수 없다(수학적 증명은 연습문제 7.1 참조), 즉,

$$H(X{:}Y) \leq H(X) \tag{7.26}$$

이며, 이것은

$$H(X|Y) \geq 0 \tag{7.27}$$

과 동치이다. 여기서 등식은 X가 Y의 함수 $X = f(Y)$로 주어질 때, 즉 X와 Y가 완벽한 상관관계를 이룰 때만 성립한다.

엔트로피나 상호정보의 성질은 위에서 소개한 것 외에도 매우 많다. 여기서는 가장 기본적인 성질만 소개하였다. 관심 있는 독자는 참고 문헌 Wehrl (1978)을 참고하기 바란다.

7.1.4 데이터 압축

섀넌 엔트로피를 응용하는 한 예로 데이터 압축(data compression)에 관한 문제를 생각해 보자. 각 '문자'의 값이 0 또는 1이고 길이가 n인 이항문자열(binary string)

$$x_1 x_2 \cdots x_n \tag{7.28}$$

이 있다고 하자. 이 문자열을 같은 정보를 갖는 더 짧은 문자열로 압출할 수 있을까? 만약 이것이 가능하다면 정보나 메시지를 저장하기 위한 물리적인 자원을 절약할 수 있을 것이다.

위 문제를 수학적으로 구체화하기 위하여 $k = 1, 2, \cdots, n$에 대한 문자 x_k를 확률변수 X_k가 갖는 값이라 생각하자. 서로 다른 k에 대한 확률변수 X_k는 서로 통계적으로 독립이며 동일한 확률분포 $p(0) = p$와 $p(1) = 1 - p$를 갖는다고 가정한다.

데이터를 압축할 때 가장 기본적인 아이디어는 문자열을 전형적(typical)인 문자열과 비전형적(atypical)인 문자열로 구분하는 것이다. n이 크다면, $00\cdots0$나 $11\cdots1$ 같은 문자열은 매우 드문데, 그런 문자열을 비전형적이라 한다. 전형적인 문자열은 평균적으로 np개의 0과 $n(1-p)$ 개의 1을 갖고 있다. 문자열의 모든 문자를 일일이 저장하지 않아도 된다. 전형적인 문자열만 저장해도 충분하다. n이 크면 실제 문자열이 비전형적일 확률은 0이다.

그럼 서로 구별 가능한 전형적인 문자열은 얼마나 많을까? 이러한 전형적인 문자열의 개수 N_{typical}를 계산하기 전에,[7.1] 먼저 어떤 전형적인 문자열 $x_1 x_2 \cdots x_n$이 나타날 확률 $p(x_1,\ x_2,\ \cdots,\ x_n)$을 계산하자. 각 문자는 서로 통계적으로 독립이며 확률분포도 같아서 문자열 $x_1 x_2 \cdots x_n$이 전형적이기만 하면 다음과 같이 근사할 수 있다.

$$p(x_1, \cdots, x_n) = p(x_1)p(x_2)\cdots p(x_n) \approx p^{np}(1-p)^{n(1-p)}. \tag{7.29}$$

여기서 어떤 전형적인 문자열이 나타날 확률은 문자열에 상관없이 고르다는 점을 알 수 있다. 이것은 전형적인 문자열의 개수가 다음과 같다는 뜻도 된다. $N_{\text{typical}} = 1/p(x_1, \cdots, x_n)$. 따라서, 식 (7.29)로부터 아래와 같은 결론을 얻을 수 있다.

$$\begin{aligned}\log N_{\text{typical}} &\approx -\log p(x_1, \cdots, x_n) \\ &- n\left[-p\log p - (1-p)\log(1-p)\right] = nH(\{p, 1-p\}).\end{aligned} \tag{7.30}$$

요약하자면, 전형적인 문자열의 개수는 $2^{nH(\{p,1-p\})}$이다. 이 사실로 부터 n 비트 문자열을 저장하기 위해 $nH(\{p, 1-p\})$비트가 필요하다는 점을 알 수 있다. 즉, $n[1-H(\{p, 1-p\})]$ 비트를 절약할 수 있는 것이다. 이것이 섀넌의 잡음없는 코딩 정리(noiseless coding theorem)의 핵심 내용이다.

지금까지 두 개의 문자로 이루어진 문자열의 경우를 살펴 보았다. d개의 문자로 이루어진 문자열 $\{c_1, c_2, \cdots, c_d\}$로 확장하는 것도 쉽다. 서로 다른 문자를 기술하는 확률변수들은 통계적으로 독립이며 같은 확률분포 $\{p(x) : x = c_1, c_2, \cdots, c_d\}$를 따른다. 전형적인

[7.1] 문자가 0또는 1과 같이 둘 중의 하나인 경우는 연습문제 7.2와 같이 N_{typical}를 직접 계산할 수 있다.

문자열에 포함된 특정한 문자 $x(x = c_1, c_2, \cdots, c_d)$의 개수는 $np(x)$이다. 따라서, 특정한 전형적인 문자열 $x_1x_2\cdots x_n$이 나타날 확률은 다음과 같다.

$$p(x_1, x_2, \cdots, x_n) = \prod_{k=1}^{n} p(x_k) \approx \prod_{x=c_1}^{c_d} p(x)^{np(x)} \tag{7.31}$$

그러므로 전형적은 문자열의 개수는 아래와 같다.

$$\log N_{\text{typical}} = -\log p(x_1, x_2, \cdots, x_n) = -n \sum_x p(x) \log p(x) = nH(\{p(x)\}). \tag{7.32}$$

d^n 개의 모든 가능한 문자열 대신 $2^{nH(\{p(x)\})}$ 개의 전형적인 문자열을 저장할 물리적 자원만 있으면 충분한 셈이다.

7.2 폰 노이만 엔트로피

섀넌 엔트로피는 고전적인 확률분포에 대한 불확실성의 척도이다. 이러한 개념을 밀도연산자로 기술되는 양자상태로 일반화할 수 있다.

7.2.1 정의

고전적인 확률분포는 어떤 집합에서 마구잡이로 값을 택하는 확률변수를 기술할 때 고려한다. 양자역학에서는 양자상태의 앙상블을 기술할 때 밀도함수를 이용하면 편리하다. 가령, 정해진 앙상블에서 마구잡이로 문자를 꺼내 만드는 식으로 메시지를 생성해내는 양자정보샘(information source)을 상상할 수 있을 것이다.

양자상태 $\hat{\rho}$의 폰 노이만 엔트로피(von Neumann entropy)는 다음과 같이 정의한다.

$$S(\hat{\rho}) := -\operatorname{Tr} \hat{\rho} \log \hat{\rho}, \tag{7.33}$$

여기서 로그함수의 밑수는 앞에서와 같이 2이다. 위 식 (7.33)을 계산하는 기본적인 방법은 스펙트럼분해를 이용하는 것이다. 밀도연산자 $\hat{\rho}$의 고유값을 λ_j라 하고 그에 해당하는 고유벡터를 $|\lambda_j\rangle$라 할 때, ρ의 스펙트럼분해는 아래와 같다.

$$\hat{\rho} = \sum_j |\lambda_j\rangle \lambda_j \langle\lambda_j|, \tag{7.34}$$

밀도연산자 $\hat{\rho}$는 양연산자이므로 어떤 고유값도 음수가 될 수 없다. 즉, $\lambda_j \geq 0$. 따라서, 폰 노이만 엔트로피를 다음과 같이 계산할 수 있다.

$$S(\hat{\rho}) = -\sum_j \lambda_j \log \lambda_j . \tag{7.35}$$

식 (7.1)의 섀넌 엔트로피와 비교하면, 고유값 λ_j가 확률의 역할을 한다. 고유값이 영이면 ($\lambda_j = 0$), $0 \log 0 = 0$이라 약속한다.

폰 노이만 엔트로피를 계산하는 예로, 아래와 같은 밀도연산자를 생각해보자.

$$\hat{\rho} = \frac{1}{2}\hat{I} + \frac{1}{4}\hat{Y} \doteq \frac{1}{4}\begin{bmatrix} 2 & -i \\ i & 2 \end{bmatrix}. \tag{7.36}$$

이 밀도연산자는 두 고유값 1/4과 3/4을 갖고 있으며, 폰 노이만 엔트로피는 아래와 같다.

$$S(\hat{\rho}) = \frac{1}{2} - \frac{3}{4}\log\frac{3}{4}. \tag{7.37}$$

모든 순수상태 $|\psi\rangle$는 폰 노이만 엔트로피가 영이다.

$$S(|\psi\rangle\langle\psi|) = 0. \tag{7.38}$$

왜냐하면, 순수상태의 밀도연산자 $|\psi\rangle\langle\psi|$는 0이 아닌 고유값은 단 하나이며 그 값이 1이기 때문이다. 물리적으로, 이것은 주어진 양자상태에 관하여 불확실성이 전혀 없기 때문이다. 반면, d 차원 힐베르트 공간의 소위 완전혼합상태 $\hat{I}/d$의 폰 노이만 엔트로피는

$$S(\hat{I}/d) = \log d \tag{7.39}$$

로 주어진다. 식 (7.2)에서 보았듯이, 섀넌 엔트로피가 고른 확률분포에 대해 갖는 최대값과 유사하다. 실제로, 위 값은 밀도연산자가 갖을 수 있는 폰 노이만 엔트로피의 최대값에 해당하며, 잠시 후

$$0 \le S(\hat{\rho}) \le \log d \tag{7.40}$$

라는 점을 확인하게 될 것이다.

We consider a simple example. The density operator describes an ensemble of two pure states $|0\rangle$ and $|+\rangle := (|0\rangle + |1\rangle)/\sqrt{2}$.

```
In[•]:= vec = (Ket[] + Ket[S → 1]) / Sqrt[2];
        rho = p * Dyad[Ket[], Ket[]] + (1 - p) * Dyad[vec, vec]
        Matrix[rho] // MatrixForm
```

Out[•]=

$$(1-p)\left(\frac{|0_S\rangle\langle 0_S|}{2} + \frac{|0_S\rangle\langle 1_S|}{2} + \frac{|1_S\rangle\langle 0_S|}{2} + \frac{|1_S\rangle\langle 1_S|}{2}\right) + p\,|\text{␣}\rangle\langle\text{␣}|$$

Out[•]//MatrixForm=

$$\begin{pmatrix} \frac{1-p}{2} + p & \frac{1-p}{2} \\ \frac{1-p}{2} & \frac{1-p}{2} \end{pmatrix}$$

Here are the eigenvalues of the density operator.

```
In[ ]:= Plot[ProperValues[rho], {p, 0, 1}, FrameLabel → {"p", "Eigenvalues"}]
```

Out[ ]=

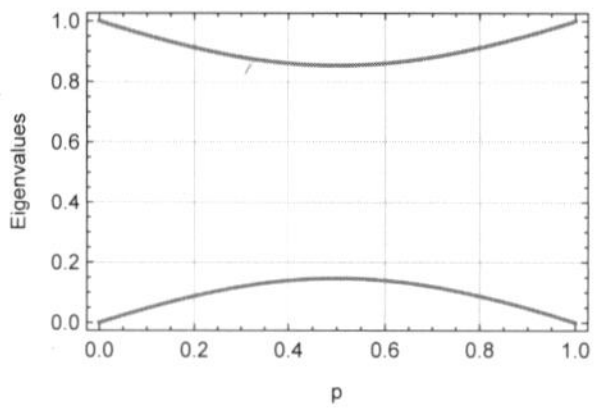

Here is the von Neumann entropy of the density operator as a function of *p*.

```
In[ ]:= Plot[VonNeumannEntropy[rho], {p, 0, 1}, FrameLabel → {"p", "S(ρ)"}]
```

Out[ ]=

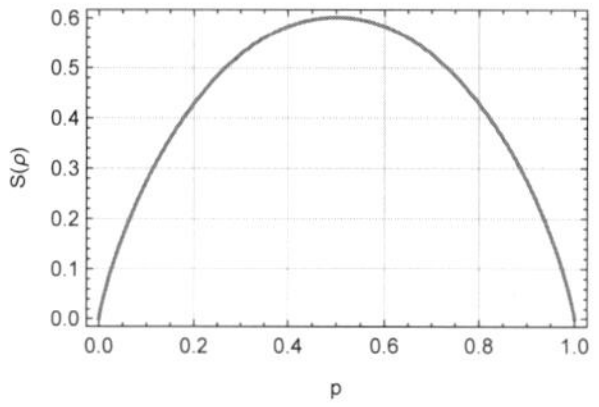

As another example, we consider a interpolation between the completely random state I/2 and a pure state (I+ **a**·**S**)/2 with ‖**a**‖=1.

```
In[ ]:= rho = 1 / 2 + (1 - p) {Sin[θ] × Cos[ϕ], Sin[θ] × Sin[ϕ], Cos[θ]}.S[All] / 2
        Tr[Matrix[rho]] // Simplify
```

Out[ ]=

$$\frac{1}{2}+\frac{1}{2}(1-p)\left(\mathrm{Cos}[\theta]\,S^z+\mathrm{Cos}[\phi]\,S^x\,\mathrm{Sin}[\theta]+S^y\,\mathrm{Sin}[\theta]\times\mathrm{Sin}[\phi]\right)$$

Out[ ]=

1

```
In[ ]:= Block[{θ = Pi / 3, ϕ = Pi / 6},
         Plot[VonNeumannEntropy[rho], {p, 0, 1}, FrameLabel → {"p", "S(ρ)"}]]
```

Out[ ]=

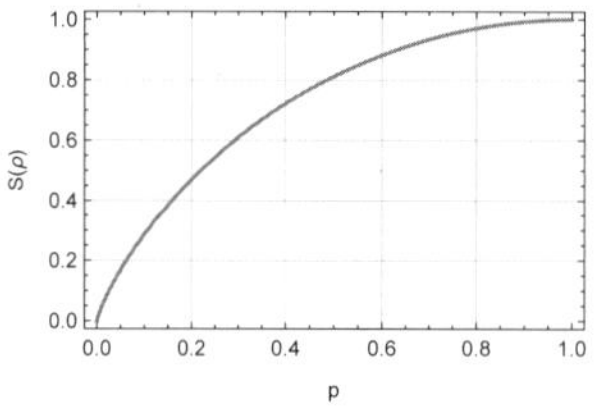

아래와 같이 여러 밀도연산자의 볼록선형중첩으로 새로운 양자상태를 만들 수 있다.

$$\hat{\rho}=\sum_j p_j\hat{\rho}_j. \tag{7.41}$$

여기서 p_j는 각 밀도연산자 $\hat{\rho}_j$에 해당하는 확률로 $0 \le p_j \le 1$과 $\sum_j p_j = 1$을 만족한다. 직관적으로 새로운 밀도연산자 $\hat{\rho}$의 불확실성은 개별 밀도연산자들의 평균 불확실성보다 늘어나리라 예측할 수 있다. 각 밀도연산자 $\hat{\rho}_j$에 관해 잘 알지 못할 뿐만아니라 여러 밀도연산자 중의 하나가 마구잡이로 선택되기 때문이다. 이것은 폰 노이만 엔트로피가 아래와 같이 밀도연산자에 대한 오목함수(concave function)임을 뜻한다.

$$\sum_j p_j S(\hat{\rho}_j) \leq S(\textstyle\sum_j p_j \hat{\rho}_j). \tag{7.42}$$

위의 직관적인 논리에 따라 여러 밀도함수 $\hat{\rho}_j$ 중 어느 것이 선택될지 불확실한 상황을 섀넌 엔트로피 $H(\{p_j\})$로 기술할 수 있으리라 기대할 수 있다. 만약 각 양자상태 $\hat{\rho}_j$를 명확히 구별할 수 있다면, 위와 같은 섀넌 엔트로피를 합하여 새로운 양자상태 $\hat{\rho}$의 엔트로피를 얻을 수 있을 것이다. 일반적으로, 이러한 방법은 $\hat{\rho}$의 폰 노이만 엔트로피를 과대평가하게 되어 아래와 같은 부등식을 얻을 수 있다.

$$S(\textstyle\sum_j p_j \hat{\rho}_j) \leq \displaystyle\sum_j p_j S(\hat{\rho}_j) + H(\{p_j\}). \tag{7.43}$$

두 부등식 (7.42)와 (7.43)을 엄격하게 증명하기 위해서는 이후 소개할 수학적 도구와 엔트로피 관계식들이 필요하다. 관심있는 독자들은 이러한 도구나 관계식을 소개한 후 연습문제 7.6을 풀어보기 권한다.

7.2.2 상대 엔트로피

상대 섀넌 엔트로피의 양자 버전에 해당하는 상대 폰 노이만 엔트로피(relative von Neumann entropy)를 소개한다. 상대 섀넌 엔트로피와 마찬가지로 상대 폰 노이만 엔트로피는 두 양자상태가 얼마나 비슷한지에 대한 척도라 생각할 수 있다. 그러나 상대 섀넌 엔트로피와 마찬가지로 상대 폰 노이만 엔트로피도 이러한 물리적인 의미는 별로 중요하거나 쓸모가 있지 않다. 다만, 상대 엔트로피는 폰 노이만 엔트로피와 관련된 여러 가지 성질이나 관계를 조사하는 데 널리 쓰인다.

$\hat{\rho}$와 $\hat{\sigma}$를 어떤 벡터공간에 작용하는 밀도연산자라 하자. $\hat{\sigma}$에 대한 $\hat{\rho}$의 상대 폰 노이만 엔트로피 혹은 (문맥상 혼동의 우려가 없을 때) 줄여서 상대 엔트로피(relative entropy)는 아래와 같이 정의 된다.

$$S(\hat{\rho}\|\hat{\sigma}) := \operatorname{Tr}\hat{\rho}\log\hat{\rho} - \operatorname{Tr}\hat{\rho}\log\hat{\sigma} = -S(\hat{\rho}) - \operatorname{Tr}\hat{\rho}\log\hat{\sigma}. \tag{7.44}$$

첫 항을 어떻게 계산하는가는 폰 노이만 엔트로피를 소개할 때 이미 설명했다. 위 식 (7.44)의 둘째 항은 계산하기 더 까다롭다. 한 가지 방법은 $\hat{\sigma}$의 스펙트럼분해

$$\hat{\sigma} = \sum_j |s_j\rangle\, s_j\, \langle s_j| \tag{7.45}$$

를 이용하여 아래와 같이 계산하는 것이다.

$$S(\hat{\rho}\|\hat{\sigma}) = -S(\hat{\rho}) - \sum_j \langle s_j|\hat{\rho}|s_j\rangle \log s_j. \tag{7.46}$$

여기서 $\hat{\sigma}$의 고유값들 s_j 중의 하나라도 영이면서 해당 고유벡터에 대한 기대값 $\langle s_j|\hat{\rho}|s_j\rangle$가 유한하다면 식 (7.44)의 둘째 항이 ∞로 발산한다. 일반적으로 밀도연산자 $\hat{\rho}$의 받침(즉, 영이 아닌 고유값에 해당하는 부분공간)과 $\hat{\sigma}$의 영공간(null space)(즉, 고유값 영에 해당하는 부분공간)이 조금이라도 겹치면 상대 엔트로피는 발산한다.

예를 들어, 아래와 같은 두 양자상태를 고려해보자.

$$\hat{\rho} = \frac{1}{2}\hat{I} + \frac{1}{4}\hat{Z} \doteq \begin{bmatrix} 3/4 & 0 \\ 0 & 1/4 \end{bmatrix}, \quad \hat{\sigma} = \frac{1}{2}\hat{I} + \frac{1}{4}\hat{X} \doteq \begin{bmatrix} 1/2 & 1/4 \\ 1/4 & 1/2 \end{bmatrix}. \tag{7.47}$$

두 밀도연산자 모두 동일하게 고유값 3/4과 1/4을 갖는다. 따라서, 두 밀도연산자에 대한 폰노이이만 엔트로피는 아래와 같다.

$$S(\hat{\rho}) = S(\hat{\sigma}) = \frac{1}{2} - \frac{3}{4}\log\frac{3}{4}. \tag{7.48}$$

한편, $\hat{\sigma}$의 고유벡터는 다음과 같다. $|\pm\rangle := (|0\rangle \pm |1\rangle)/\sqrt{2}$. 따라서, 상대 엔트로피는 아래와 같다.

$$S(\hat{\rho}\|\hat{\sigma}) = -S(\hat{\rho}) - \langle +|\hat{\rho}|+\rangle \log\frac{3}{4} - \langle -|\hat{\rho}|-\rangle \log\frac{1}{4} = \frac{1}{2} - \frac{1}{4}\log\frac{3}{4}. \tag{7.49}$$

Consider a quantum state described by the following density operator.

```
In[*]:= rho = 1 / 2 + S[3] / 4;
        rho // Matrix // MatrixForm
```

Out[*]//MatrixForm=

$$\begin{pmatrix} \frac{3}{4} & 0 \\ 0 & \frac{1}{4} \end{pmatrix}$$

Here is the von Neumann entropy of the above state.

```
In[*]:= VonNeumannEntropy[rho]
```

Out[*]=

$$\frac{1}{2} + \frac{3\,\mathrm{Log}\left[\frac{4}{3}\right]}{4\,\mathrm{Log}[2]}$$

Consider another density operator.

```
In[*]:= sig = S[6] ** rho ** S[6];
        sig // Matrix // MatrixForm
```

Out[*]//MatrixForm=

$$\begin{pmatrix} \frac{1}{2} & \frac{1}{4} \\ \frac{1}{4} & \frac{1}{2} \end{pmatrix}$$

It has the same eigenvalues as **rho** and hence the same von Neumann entropy.

```
In[ ]:= VonNeumannEntropy[sig]
Out[ ]=
```

$$\frac{1}{2}+\frac{3\,\mathrm{Log}\left[\frac{4}{3}\right]}{4\,\mathrm{Log}[2]}$$

This gives the relative entropy of **rho** to **sig**.

```
In[ ]:= VonNeumannEntropy[rho, sig]
Out[ ]=
```

$$\frac{1}{2}-\frac{\mathrm{Log}\left[\frac{4}{3}\right]}{4\,\mathrm{Log}[2]}$$

두 밀도연산자 $\hat{\rho}$와 $\hat{\sigma}$를 동시에 대각화 할 수 있다면, 즉 같은 고유벡터 $|\lambda_j\rangle$에 대하여

$$\hat{\rho}=\sum_j |\lambda_j\rangle\, r_j\, \langle\lambda_j|\,, \quad \hat{\sigma}=\sum_j |\lambda_j\rangle\, s_j\, \langle\lambda_j| \tag{7.50}$$

와 같이 쓸 수 있다면, 상대 폰 노이만 엔트로피를 계산하기 비교적 간단하며 아래와 같이 식 (7.3)의 상대 섀넌 엔트로피에 해당된다.

$$S(\hat{\rho}\|\hat{\sigma})=H(\{r_j\}\,\|\,\{s_j\}). \tag{7.51}$$

상대 엔트로피가 강력한 수학적인 도구가 될 수 있는 것은 다음과 같은 클라인 부등식(Klein's inequality) 덕분이다.

$$S(\hat{\rho}\|\hat{\sigma})\geq 0. \tag{7.52}$$

여기서 등호는 두 밀도연산자가 같을 때($\hat{\rho}=\hat{\sigma}$)만 성립한다. 위 부등식은 상대 섀넌 엔트로피에 대한 깁스 부등식 (7.9)에 해당한다. 깁스 부등식과 마찬가지로 클라인 부등식도 로그함수가 볼록함수라는 점을 이용하여 증명할 수 있다. 두 연산자 $\hat{\rho}$와 $\hat{\sigma}$가 서로 교환법칙이 성립하지 않기 때문에 조금 복잡할 뿐이다. 관심있는 독자는 연습문제 7.3을 참고하기 바란다.

클라인 부등식 (7.52)를 응용하는 기본적인 한 예로, 미뤄뒀던 식 (7.40)을 증명해보자. 밀도연산자 $\hat{\sigma}$를 완전혼합상태 $\hat{\sigma}=\hat{I}/d$로 두고 위 클라인 부등식에 대입하면, 아래와 같은 결과를 얻을 수 있다.

$$S(\hat{\rho}\|\hat{I}/d)=-S(\hat{\rho})-Tr\hat{\rho}\log(\hat{I}/d)=-S(\hat{\rho})+\log d\geq 0. \tag{7.53}$$

여기서, 등호는 $\hat{\rho}=\hat{I}/d$일 때만 성립한다.

7.2.3 양자상호정보

7.1.3에서 확률변수가 두 개 이상일 때, 기본적인 섀넌 엔트로피를 변형한 결합 엔트로피와 조건부 엔트로피를 소개했다. 이러한 개념을 양자물리학의 폰 노이만 엔트로피로 확장하기 위해, 두 하위계(subsystem)로 이루어진 계를 고려해보자.

전체 계의 밀도연산자를 $\hat{\rho}_{AB}$라 하자. 두 하위계 A와 B의 양자 결합 엔트로피(quantum joint entropy), 혹은 문맥상 혼동의 우려가 없을 때 줄여서 결합 엔트로피(joint entropy)는 전체 계의 밀도연산자 $\hat{\rho}_{AB}$의 폰 노이만 엔트로피

$$S(A,B) := S(\hat{\rho}_{AB}) = -\operatorname{Tr}\hat{\rho}_{AB}\log\hat{\rho}_{AB} \tag{7.54}$$

이다. 밀도연산자가 곱상태라면, 즉 $\hat{\rho}_{AB} = \hat{\rho}_A \otimes \hat{\rho}_B$이라면, 결합엔트로피는 아래와 같이 각 엔트로피의 합으로 주어진다.

$$S(\hat{\rho}_A \otimes \hat{\rho}_B) = S(\hat{\rho}_A) + S(\hat{\rho}_B). \tag{7.55}$$

고전적인 경우와 비슷하게 B에 대한 A의 양자 조건부 엔트로피(quantum conditional entropy)는 다음과 같이 정의하며,

$$S(A|B) = S(A,B) - S(B), \tag{7.56}$$

이것은 식 (7.19)에 해당한다. 또 A와 B의 양자상호정보(quantum mutual information)는 식 (7.24)와 유사하게

$$S(A{:}B) := S(A) + S(B) - S(A,B) \tag{7.57a}$$

$$= S(A) - S(A|B) \tag{7.57b}$$

$$= S(B) - S(B|A) \tag{7.57c}$$

로 정의한다. 여기서 $S(A) := S(\hat{\rho}_A)$와 $S(B) := S(\hat{\rho}_B)$는 각각 환산밀도연산자

$$\hat{\rho}_A := \operatorname*{Tr}_B \hat{\rho}_{AB}\,, \quad \hat{\rho}_B := \operatorname*{Tr}_A \hat{\rho}_{AB}\,, \tag{7.58}$$

의 폰 노이만 엔트로피이다. 고전적인 경우와 비교하면, $\hat{\rho}_{AB}$는 결합확률분포 $p(x,y)$에 해당하고, $\hat{\rho}_A$와 $\hat{\rho}_B$는 확률분포 $p(x)$와 $p(y)$에 비교할 수 있다. 양자상태가 순수상태라면 두 환산밀도연산자의 폰 노이만 엔트로피는 같으며,

$$S(A) = S(B), \tag{7.59}$$

따라서, 양자상호정보는 각 환산밀도연산자의 폰 노이만 엔트로피의 두 배가 된다(연습문

제 7.4 참조)

$$S(A{:}B) = 2S(A) = 2S(B). \tag{7.60}$$

한 가지 주목할 만한 사실은 고전적인 결합 엔트로피와 조건부 엔트로피에 관한 물리적 해석이 양자 결합 엔트로피와 양자 조건부 엔트로피에 대해서는 잘 맞지 않는다는 점이다. 예를 들어, 두 확률변수 X와 Y에 대해 잘 성립하는 부등식 $H(X) \leq H(X,Y)$와 달리, 유사한 부등식 $S(A) \leq S(A,B)$는 양자상태에 대해서는 성립하지 않는다. 뿐만 아니라, 양자 조건부 엔트로피도 반드시 양이 되는 것이 아니다, $S(A|B) \not\geq 0$. 위 부등식이 깨지는 것은 대체로 하위계 사이의 특별한 상관관계라 할 수 있는 양자얽힘이 그 원인으로, 7.3절에서 자세히 논하게 될 것이다. 예를 들어, 다음과 같은 양자상태를 보자. $(|00\rangle + |11\rangle)/\sqrt{2}$. 이것은 순수상태이기 때문에 엔트로피는 영이다, $S(A,B) = 0$. 그러나 두 하위계의 환산밀도연산자는 동일하게 $\hat{\rho}_A = \hat{\rho}_B = \hat{I}/2$이며, 따라서 두 환산밀도연산자의 폰 노이만 엔트로피가 양자 결합 엔트로피보다 크다, $S(A) = S(B) = 1 > S(A,B)$.

그럼에도 불구하고, 양자상호정보(quantum mutual information)는 절대 음이 되지 않는다. 이것은 곧 다음과 같은 준가법성에 해당한다.

$$S(\hat{\rho}_{AB}) \leq S(\hat{\rho}_A) + S(\hat{\rho}_B). \tag{7.61}$$

이 사실은 식 (7.52)의 클라인 부등식을 써서 보일 수 있다(연습문제 7.5 참조).

식 (7.61)의 준가법성은 폰 노이만 엔트로피의 또 다른 특성과 연관되어 있다. 세 번째 하위계 C를 더해, 밀도연산자 $\hat{\rho}_{AB}$의 $\mathcal{V}_A \otimes \mathcal{V}_B \otimes \mathcal{V}_C$로 순수화 $|\Psi\rangle_{ABC}$를 생각해보자. 준가법성 부등식 (7.61)을 써서 아래와 같은 결과를 얻을 수 있다.

$$S(A,C) \leq S(A) + S(C). \tag{7.62}$$

$|\Psi\rangle_{ABC}$는 순수상태로

$$S(A,B) = S(C), \quad S(A,C) = S(B) \tag{7.63}$$

이다. 식 (7.62)에 대입하면, 다음과 같은 부등식을 얻을 수 있다.

$$S(B) - S(A) \leq S(A,B). \tag{7.64}$$

마찬가지로, $S(B,C) \leq S(B) + S(C)$로부터, 아래 부등식을 얻을 수 있다.

$$S(A) - S(B) \leq S(A,B). \tag{7.65}$$

위 두 부등식을 조합하면, 다음과 같은 폰 노이만 엔트로피에 대한 소위 삼각부등식을 보일 수 있다.

$$|S(\hat{\rho}_A) - S(\hat{\rho}_B)| \leq S(\hat{\rho}_{AB}). \tag{7.66}$$

이 외에도 양자 결합 엔트로피와 양자 조건부 엔트로피 및 양자상호정보에 대한 많은 흥미롭고 유용한 특성이 많다. 여기서는 기본적이고 간단한 것들만 살펴보았다. 관심있는 독자들은 참고 문헌 Wehrl (1978)을 보기 바란다.

7.3 양자얽힘과 엔트로피

고전역학적이든 양자역학적이든 상호작용하는 계들은 서로 상관관계를 만들어낸다. 양자얽힘은 특별한 형태의 상관관계이다. 그러나 양자얽힘은 특히 양자역학적인 특성이 강한 상관효과를 보이며 고전적으로 시늉낼 수 없다. 양자정보처리, 양자통신, 양자암호 등 많은 양자 프로토콜이 양자얽힘을 핵심 자원으로 사용한다.

이 절에서는 양자얽힘를 생성하고 제어하며 분석하고 정량화하는 방법들을 소개한다. 이러한 주제는 학문적으로 여전히 많은 질문은 남기며 지금도 활발한 연구의 대상이다. 따라서, 여기서는 논의를 기본적인 수준에만 유지한다. 관심있는 독자는 참고 문헌 Horodecki et al. (2009)를 보기 바란다.

7.3.1 양자얽힘이란?

1.1절에서 우리는 이미 양자얽힘의 수학적인 정의를 살펴보았다. 편의상 그 정의를 다시 짚고 넘어가자.

두 하위계 A와 B로 이루어진 복합계 AB를 생각해보자. 두 하위계의 힐베르트 공간을 각각 $\mathcal{V}$와 $\mathcal{W}$라 하자. $\mathcal{V}$와 $\mathcal{W}$의 직교맞춤 기저를 각각 $\{|v_i\rangle\}$와 $\{|w_j\rangle\}$라 하자. 텐서곱 기저상태는 혼동의 우려가 없으면 자주 $|v_i w_j\rangle \equiv |v_i\rangle \otimes |w_j\rangle$와 같이 줄여서 표시할 것이다. 세 개 이상으로 많은 하위계에 대한 양자얽힘도 흥미롭고 중요한 주제이나, 여기서는 하위계가 둘인 경우만 고려한다.

$|\Psi\rangle_{AB}$가 복합계 전체의 순수상태라 하자. 만약 $|\Psi\rangle_{AB}$를

$$|\Psi\rangle_{AB} = |\psi\rangle_A \otimes |\phi\rangle_B \tag{7.67}$$

와 같이 곱의 꼴로 쓸 수 있다면, 이 상태를 분리가능한 상태라 한다. 이런 꼴로 쓸 수 없는 상태를 얽힌 상태라 한다.

혼합상태에 대해서는 곱의 꼴로 쓸 수 있는 상태만 분리가능한 상태라 일컫는 것이 아니라, 곱의 꼴로 쓰여진 여러 항의 볼록선형결합 꼴로 쓸 수 있는 상태도 포함한다. 즉, 복합계의 혼합상태 $\hat{\rho}_{AB}$를

$$\hat{\rho}_{AB} = \sum_{ij} p_j \hat{\rho}_j \otimes \hat{\sigma}_j \tag{7.68}$$

와 같은 꼴로 쓸 수 있을 때, 이러한 양자상태를 분리가능한 상태라 한다. 여기서 $\hat{\rho}_j$와 $\hat{\sigma}_j$는 각각 하위계 A와 B의 밀도연산자이며, 매개변수들 p_j는 $0 \leq p_j \leq 1$과 $\sum_j p_j = 1$을 만족한다. 만약 밀도연산자 $\hat{\rho}_{AB}$를 식 (7.68)과 같은 꼴로 쓸 수 없다면, 그 양자상태는 얽힌 상태이다.

7.3.2 분리성 검사

어떤 구체적인 양자상태가 있을 때, 이것이 분리가능한 상태인지 얽힌 상태인지 어떻게 판별할 수 있을까? 순수상태에 대해서는 슈미트 분해를 이용하면 수월하게 판별할 수 있으며, 1.1.1절에서 이미 간략하게 살펴보았고 부록 A.6.1에서 조금 더 자세히 설명하고 있다.

혼합상태에 대해서는 아직 분리가능한 상태와 얽힌 상태를 구분할 쉬운 방법이 없다. 여기서는 널리 알려진 몇 가지 방법을 소개한다.

비교적 강력한 방법으로 부분자리바꿈(partial transposition)을 이용하는 방법이 있다 (부분자리바꿈에 관해서는 부록 B.4 참조). 페레스가 발견한 이 방법(Peres, 1996)은 그후 혼합상태의 분리가능성(separability)을 판별하기 위해 제안된 다른 많은 방법에 영감을 부여하고 영향을 끼쳤다. $\hat{L}$이 복합계에 작용하는 선형 연산자라 하자. 표준 텐서곱 기저에 대해 하위계 B에 대한 부분자리바꿈은 아래와 같이 정의된다.

$$\langle v_i w_j | \hat{L}^{T_B} | v_k w_l \rangle = \langle v_i w_l | \hat{L} | v_k w_j \rangle . \tag{7.69}$$

하위계 A에 대한 $\hat{L}$의 부분자리바꿈 연산자 $\hat{L}^{T_A}$도 비슷하게 정의된다.

만약 양자상태 $\hat{\rho}_{AB}$가 분리가능한 상태라면, 그 부분자리바꿈 연산자는 양연산자여야 한다. 이것이 소위 양의 부분자리바꿈 판별법(positive partial transposition criterion)이다. 예를 들어, 다음과 같은 베르너 상태(Werner state)를 생각해보자.

$$\hat{\rho}_{AB} = \frac{1}{4}\hat{I} \otimes \hat{I} - \frac{p}{4}\left(\hat{X} \otimes \hat{X} + \hat{Y} \otimes \hat{Y} + \hat{Z} \otimes \hat{Z}\right). \tag{7.70}$$

하위계 B에 대한 부분자리바꿈 연산자는 아래와 같다.

$$\begin{aligned}\hat{\rho}_{AB}^{T_B} &= \frac{1}{4}\hat{I} \otimes \hat{I}^T - \frac{p}{4}\left(\hat{X} \otimes \hat{X}^T + \hat{Y} \otimes \hat{Y}^T + \hat{Z} \otimes \hat{Z}^T\right) \\ &= \frac{1}{4}\hat{I} \otimes \hat{I} - \frac{p}{4}\left(\hat{X} \otimes \hat{X} - \hat{Y} \otimes \hat{Y} + \hat{Z} \otimes \hat{Z}\right). \end{aligned} \tag{7.71}$$

부분자리바꿈 연산자 $\hat{\rho}_{AB}^{T_B}$의 고유값을 실제 계산해보면, $p > 1/3$일 때 고유값 중의 두 개가 음수가 된다는 것을 알 수 있다. 즉, 양의 부분자리바꿈 판별법에 위배되기 때문에 이 상태는 얽힌 상태이다.

We consider a Werner state, and apply the positive partial transposition criterion.

We first prepare a single state.

```
In[ ]:= singlet = (Ket[S[2] → 1] - Ket[S[1] → 1]) / Sqrt[2];
        singlet // LogicalForm
```

Out[ ]=

$$\frac{\left|0_{S_1}1_{S_2}\right\rangle - \left|1_{S_1}0_{S_2}\right\rangle}{\sqrt{2}}$$

A Werner state is a convex linear superposition of the single state and the completely random mixture.

```
In[ ]:= rho = p * Dyad[singlet, singlet] + (1 - p) / 4 // Elaborate
        rho // Matrix // MatrixForm
```

Out[ ]=

$$\frac{1}{4} - \frac{1}{4} p\, S_1^x S_2^x - \frac{1}{4} p\, S_1^y S_2^y - \frac{1}{4} p\, S_1^z S_2^z$$

Out[ ]//MatrixForm=

$$\begin{pmatrix} \frac{1}{4} - \frac{p}{4} & 0 & 0 & 0 \\ 0 & \frac{1}{4} + \frac{p}{4} & -\frac{p}{2} & 0 \\ 0 & -\frac{p}{2} & \frac{1}{4} + \frac{p}{4} & 0 \\ 0 & 0 & 0 & \frac{1}{4} - \frac{p}{4} \end{pmatrix}$$

This is the partial transposition of `rho` with respect to the second qubit.

```
In[ ]:= new = PartialTranspose[rho, S[2]] // Elaborate
        new // Matrix // MatrixForm
```

Out[ ]=

$$\frac{1}{4} - \frac{1}{4} p\, S_1^x S_2^x + \frac{1}{4} p\, S_1^y S_2^y - \frac{1}{4} p\, S_1^z S_2^z$$

Out[ ]//MatrixForm=

$$\begin{pmatrix} \frac{1}{4} - \frac{p}{4} & 0 & 0 & -\frac{p}{2} \\ 0 & \frac{1}{4} + \frac{p}{4} & 0 & 0 \\ 0 & 0 & \frac{1}{4} + \frac{p}{4} & 0 \\ -\frac{p}{2} & 0 & 0 & \frac{1}{4} - \frac{p}{4} \end{pmatrix}$$

This shows the eigenvalues of the partial transposition of `rho`. For p<1/3, all eigenvalues are positive and the positive partial transposition is satisfied. However, two of the eigenvalues get negative for p>1/3, and hence the state must be entangled.

```
In[ ]:= Plot[Evaluate@ProperValues[new], {p, 0, 1},
         FrameLabel → {"p", "Eigenvalues"}, PlotLegends → Automatic]
```

Out[ ]=

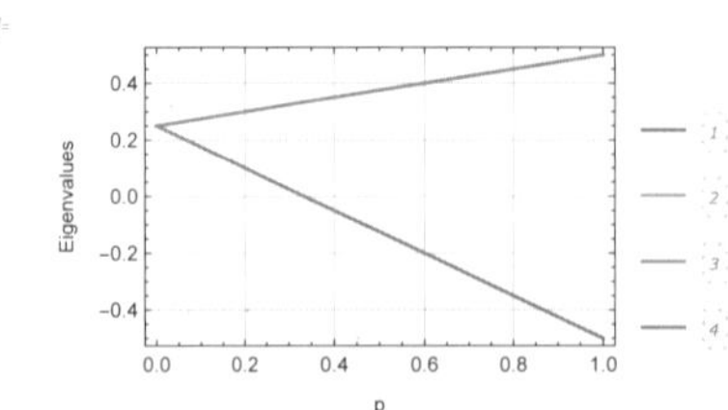

We apply the positive partial transposition criterion to another example.

We first prepare a single state.

In[ ]:=
```
singlet = (Ket[S[2] → 1] - Ket[S[1] → 1]) / Sqrt[2];
singlet // LogicalForm
```

Out[ ]=

$$\frac{|0_{S_1} 1_{S_2}\rangle - |1_{S_1} 0_{S_2}\rangle}{\sqrt{2}}$$

The state we are concerned with is a mixture of the singlet state and a fully polarized state, $p\,|S\rangle\langle S| + (1-p)\,|00\rangle\langle 00|$.

In[ ]:=
```
rho =
  p * Dyad[singlet, singlet] + (1 - p) Dyad[Ket[], Ket[], S@{1, 2}] // Elaborate
rho // Matrix // Simplify // MatrixForm
```

Out[ ]=

$$\frac{1}{4} - \frac{1}{4} p\, S_1^x S_2^x - \frac{1}{4} p\, S_1^y S_2^y + \frac{1}{4} (1 - 2 p)\, S_1^z S_2^z + \frac{1}{4} (1 - p)\, S_1^z + \frac{1}{4} (1 - p)\, S_2^z$$

Out[ ]//MatrixForm=

$$\begin{pmatrix} 1-p & 0 & 0 & 0 \\ 0 & \frac{p}{2} & -\frac{p}{2} & 0 \\ 0 & -\frac{p}{2} & \frac{p}{2} & 0 \\ 0 & 0 & 0 & 0 \end{pmatrix}$$

This is the partial transposition of `rho` with respect to the second qubit.

In[ ]:=
```
new = PartialTranspose[rho, S[2]] // Elaborate
new // Matrix // Simplify // MatrixForm
```

Out[ ]=

$$\frac{1}{4} - \frac{1}{4} p\, S_1^x S_2^x + \frac{1}{4} p\, S_1^y S_2^y + \frac{1}{4} (1 - 2 p)\, S_1^z S_2^z + \frac{1}{4} (1 - p)\, S_1^z + \frac{1}{4} (1 - p)\, S_2^z$$

Out[ ]//MatrixForm=

$$\begin{pmatrix} 1-p & 0 & 0 & -\frac{p}{2} \\ 0 & \frac{p}{2} & 0 & 0 \\ 0 & 0 & \frac{p}{2} & 0 \\ -\frac{p}{2} & 0 & 0 & 0 \end{pmatrix}$$

This shows that for all $0<p\le 1$, the partial transposition has a negative eigenvalue. Therefore, the state must be entangled.

In[ ]:=
```
Plot[Evaluate@ProperValues[new], {p, 0, 1},
  FrameLabel → {"p", "Eigenvalues"}, PlotLegends → Automatic]
```

Out[ ]=

유감스럽게도, 양의 부분자리바꿈 판별법은 필요조건이긴 하지만 충분조건은 아니다. 그렇지만, 이 판별법은 상당히 강한 조건일 뿐만 아니라 혼합상태의 분리가능성을 판별하는데 훌륭한 가이드가 되어 준다. 뿐만 아니라, $2 \otimes 2$또는 $2 \otimes 3$인 경우, 즉 $\dim \mathcal{V} = 2$이고 $\dim \mathcal{W} = 2, 3$일 때 양의 부분자리바꿈 판별법은 필요충분조건이다.

이후, 사람들은 양의 부분자리바꿈 판별법이 그렇게 강력한 조건이라는 점이 우연이 아님을 깨닫게 되었고, 그 핵심은 부분자리바꿈이 양의 초사상이지만 완전히 양인 초사상 (부록 B.4)은 아니라는 사실이다. $\mathscr{F}$를 자리바꿈(transposition) 초사상이라 하자. 즉, $\mathscr{F} : \hat{A} \mapsto \hat{A}^T$. 그럼 부분자리바꿈은 초사상 $\mathscr{I} \otimes \mathscr{F}$(또는 $\mathscr{F} \otimes \mathscr{I}$)에 해당한다. 부록 B.4에서 자세히 설명하듯이, 자리바꿈 초사상 $\mathscr{F}$는 양이지만 부분자리바꿈 초사상 $\mathscr{I} \otimes \mathscr{F}$는 양이 아니다. 일반적으로 양이지만 완전히 양이 아닌 모든 초사상은 분리가능성에 대한 필요조건을 준다. 혼합상태 $\hat{\rho}_{AB}$가 분리가능하다면, 초사상 $\mathscr{I} \otimes \mathscr{F}$의 결과 $(\mathscr{I} \otimes \mathscr{F})(\hat{\rho}_{AB})$는 반드시 양이어야 한다.

다음으로, 얽힘목격자(entanglement witness)를 이용한 분리가능성 판별법을 살펴보자. 어떤 선형 연산자 $\hat{W}$가 적어도 한 개의 음의 고유값을 갖고, 하위계 A와 B의 모든 순수상태 $|\alpha\rangle$와 $|\beta\rangle$에 대하여

$$(\langle\alpha| \otimes \langle\beta|)\hat{W}(|\alpha\rangle \otimes |\beta\rangle) \geq 0 \tag{7.72}$$

을 만족할 때, 이 연산자를 얽힘목격자라 부른다. 만약 양자상태 $\hat{\rho}_{AB}$가 모든 얽힘목격자에 대하여

$$\operatorname{Tr} \hat{W}\hat{\rho}_{AB} \geq 0 \tag{7.73}$$

을 만족하면, 이 양자상태는 분리가능하다. 한편, 어떤 얽힘목격자 $\hat{W}$를 이용하여 양자상태 $\hat{\rho}_{AB}$에 있는 양자얽힘을 판별해내는 것은 $\operatorname{Tr} \hat{W}\hat{\rho}_{AB} < 0$일 때만 가능하다. 이 방법이 통하는 것은 기하학적인 이유에서다. 분리가능한 상태를 모두 모은 집합은 전체 힐베르트 공간의 볼록부분집합(convex subset)이고, 따라서 초평면(hyperplane)들로 둘러쌓여 있다고 생각할 수 있다. 얽힘목격자는 일종의 초평면인 것이다.

7.3.3 얽힘증류

앨리스와 밥이 부분적으로 얽힌 상태, 즉 얽힌 상태이지만 최대로 얽힌 상태는 아닌 양자상태에 있는 한 쌍의 큐비트를 공유하고 있다고 하자. 두 사람은 이제 멀리 떨어져 있고 두 사람 사이에는 어떤 양자채널도 없다고 한다. 다행히, 두 사람은 아직 고전적인 채널을 통하여 통신을 주고받을 수 있다. 두 사람은 부분적으로 얽힌 상태를 최대로 얽힌 상태로 바

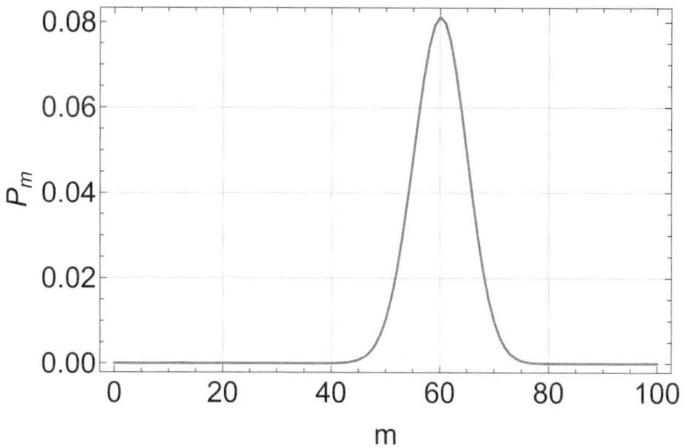

그림 7.2: 앨리스의 큐비트에 대해 z 축 방향의 총 스핀 $\hat{S}^z_{\text{total}} = \sum_j \hat{S}^z_j$를 측정했을 때, 값 m이 나올 확률 P_m의 그래프. 여기 나타낸 그래프는 $n = 100$이고 $p = 3/5$일 때에 해당한다.

꿀 수 있을까? 답은 '아니오'이다. 로컬연산 및 고전통신(local operation and classical communication) 혹은 흔히 부르듯 LOCC로는 양자얽힘을 생성하거나 늘릴 수 없다.

이제 두 사람이 동일한 부분적으로 얽힌 상태 $|\Psi\rangle$에 놓여 있는 n 쌍의 큐비트를 서로 나눠갖고 있다고 하자. 두 사람은 각각의 큐비트 쌍을 최대로 얽힌 상태로 바꿀 수는 없지만, 최대로 얽힌 상태에 있는 수가 더 적은 k 쌍의 큐비트를 추출해 낼 수는 있다($k < n$). 이것을 얽힘증류(entanglement distillation)라 부른다. 얽힘증류는 실제 응용 측면에서 유용할 뿐만 아니라 원리적인 측면에서도 매우 중요하다. 바로 양자얽힘의 정도를 정량화할 수 있는 방법을 제공해주기 때문이다. 이 점은 나중에 다시 논의하기로 하자.

그럼 앨리스와 밥은 어떻게 로컬연산 및 고전통신만 쓰고도 부분적으로 얽힌 쌍들에서 최대로 얽힌 쌍들을 추출해 낼 수 있는 것일까? 얽힘증류의 한 예로,[7.2] 부분적으로 얽힌 각 쌍의 상태가 아래와 같다고 하자.

$$|\Psi\rangle = |0\rangle \otimes |0\rangle \sqrt{1-p} + |1\rangle \otimes |1\rangle \sqrt{p}. \tag{7.74}$$

n 쌍 전체의 상태는 아래와 같이 텐서곱 꼴이 된다.

$$|\Psi\rangle^{\otimes n} = \Big(|0\rangle \otimes |0\rangle \sqrt{1-p} + |1\rangle \otimes |1\rangle \sqrt{p}\Big)^{\otimes n}. \tag{7.75}$$

위 식의 오른쪽을 이항전개하면 다음과 같은 식을 얻을 수 있다.

$$|\Psi\rangle^{\otimes n} = \sum_{m=0}^{n} |\Psi_m\rangle \binom{n}{m}^{1/2} (1-p)^{(n-m)/2} p^{m/2}, \tag{7.76}$$

[7.2] 여기서는 Preskill (1998)에 설명된 방법을 따른다.

여기서 $|\Psi_m\rangle$은 아래와 같은 꼴로,

$$|\Psi_m\rangle = \binom{n}{m}^{-1/2} (|00\cdots\rangle \otimes |00\cdots\rangle + |01\cdots\rangle \otimes |01\cdots\rangle + \cdots), \tag{7.77}$$

슈미트 차수가 $R = \binom{n}{m}$이고 각 항은 앨리스(또는 밥)의 큐비트 중 꼭 m 개의 큐비트가 논리기저상태 $|1\rangle$에 있다는 것을 나타낸다.

이제 앨리스가 자신의 모든 큐비트(n 개)에 대해 z 방향의 전체 스핀

$$\hat{S}^z_{\text{total}} := \sum_{j=1}^{n} \hat{S}^z_j \tag{7.78}$$

를 측정한다. 이때 나올 수 있는 측정값은 $m = 0, 1, \cdots, n$이다. 각 측정값 m에 해당하는 측정 후 양자상태는 다름아닌 $|\Psi_m\rangle$이다. 특정한 측정값 m이 나올 확률은

$$P_m = \binom{n}{m}(1-p)^{n-m}p^m \tag{7.79}$$

이다. 그림 7.2에서 보듯이, n이 충분히 클 때 P_m은 $m = np$에 매우 뾰족한 봉우리를 갖는다. 따라서, 지금부터 $m = np$라고 가정한다.

그 다음은 앨리스와 밥이 $|\Psi_m\rangle$을 최대로 얽힌 상태에 있는 독립적인 복제본으로 바꿀 차례이다. 슈미트 차수가 어떤 정수 k에 대해 $R \approx \binom{n}{np} = 2^k$라고 하자. 그럼 식 (2.38)과 그림 2.4로부터 $|\Psi_m\rangle$을 최대로 얽힌 상태에 있는 복제본 k 쌍으로 바꿀 수 있다. 실제로, 앨리스와 밥은 각자의 밀도연산자의 2^k 차원 받침을 k 큐비트의 힐베르트 공간으로 변환하기만 하면 된다. 일반적으로, R이 반드시 2의 거듭제곱 꼴에 가까운 것은 아니다. 그러나 전체 큐비트 쌍을 n 쌍의 ℓ 블럭들로 쪼개어 그렇게 될 확률을 높일 수 있다. 앨리스는 전체 대신 각 블럭에 차례대로 앞서 말한 측정을 한다. 그럼 전체 슈미트 차수는 아래와 같은 꼴이 되고

$$R = \binom{n}{m_1}\binom{n}{m_2}\cdots\binom{n}{m_\ell}, \tag{7.80}$$

여기서 각각 $m_j \approx np$이다. ℓ을 적절히 선택하면 R이 2^k에 가까워지게 할 수 있다.

부분적으로 얽힌 $n\ell$ 쌍으로 최대로 얽힌 쌍을 몇 쌍이나 추출해 낼 수 있을까? 우선, 다음과 같은 사실(연습문제 7.2)을 상기하자. 즉, n이 충분히 클 때,

$$\binom{n}{m} \approx 2^{nH(p)} \tag{7.81}$$

이고 여기서

$$H(p) := H(\{p, 1-p\}) = -p\log p - (1-p)\log(1-p) \tag{7.82}$$

는 이항 엔트로피 함수(binary entropy function)이다(그림 7.1 참조). 따라서

$$R \approx 2^{n\ell H(p)} \approx 2^k \tag{7.83}$$

이 된다. 이것은 아래와 같이 최대로 얽힌 쌍 대 부분적으로 얽힌 쌍의 비율은 바로 폰 노이만 엔트로피로 주어진다는 것을 의미한다.

$$\frac{k}{n\ell} = H(p) = S(\hat{\rho}_A). \tag{7.84}$$

위 예시에서는 특정한 꼴의 부분적으로 얽힌 상태를 가정하였다. 그러나 일반적인 상태에 대해서도 결론은 같다. 즉, 부분적으로 얽힌 순수상태 $|\Psi\rangle_{AB}$에 있는 n 쌍으로부터 최대 $k_{\max} = nS(\hat{\rho}_A)$ 쌍의 최대로 얽힌 상태를 추출해 낼 수 있다. n이 충분히 클 때, 비율 $k_{\max}/n$은 순수상태 $|\Psi\rangle_{AB}$가 얼마나 얽혀있는지에 대한 척도가 된다고 볼 수 있다. 이 비율은 마침 폰 노이만 엔트로피로 주어진다. 다음 절에서 이것이 혼합상태에 대해서도 양자얽힘 정도에 대한 좋은 척도가 된다는 점을 볼 수 있을 것이다.

7.3.4 얽힘척도

여러 가지 응용 및 원리적인 측면에서 양자상태의 얽힘 정도를 정량화할 필요가 있다. 순수상태 $|\Psi\rangle_{AB}$에 대해서는 슈미트 분해

$$|\Psi\rangle_{AB} = \sum_j |\alpha_j\rangle \otimes |\beta_j\rangle \, s_j \tag{7.85}$$

가 좋은 출발점이 된다. 슈미트 값이 고르게 분포될 수록 양자얽힘이 더 강하다는 것을 알 수 있다. 따라서, 양자상태 $|\Psi\rangle_{AB}$의 얽힘 정도를 슈미트 값의 분포 $\{s_j\}$에 대한 섀넌 엔트로피 $H(\{s_j\})$로 정량화하는 것은 합리적인 선택이라 할 수 있을 것이다. 이것은 하위계의 폰 노이만 엔트로피와 같으므로(연습문제 7.4 참조),

$$S(\hat{\rho}_A) = S(\hat{\rho}_B) = H(\{s_j\}), \tag{7.86}$$

순수상태의 얽힘척도(entanglement measure)를 아래와 같이 정의한다.

$$E := S(\hat{\rho}_A) = S(\hat{\rho}_B). \tag{7.87}$$

이 척도를 흔히 얽힘의 엔트로피(entropy of entanglement)라 부른다. 앞서 보았듯이, $S(\hat{\rho}_A)$는 순수상태에 대해 얽힘증류의 비율을 결정하는 양이기도 하다.

양자얽힘 정도를 정량화하려는 시도는 원래 양자통신에 양자얽힘을 자원으로 사용하기 위한 필요에서 대두되었다. 양자원격이동으로 전송할 수 있는 양자정보는 최대로 얽힌 상

태 한 쌍 당 한 큐트임을 감안할 때, 주어진 양자상태를 최대로 얽힌 양자상태와 비교하는 것이 자연스러운 방법이다. 실제로 많은 얽힘척도가 이런 생각에 바탕을 두고 있다. 증류가능한 얽힘(distillable entanglement)과 얽힘비용(entanglement cost)이 가장 흔한 예이다.

증류가능한 얽힘은 앞 절에서 살펴본 상황에서 흔히 나타난다. 그때는 순수상태만 살펴보았다. 이제 부분적으로 얽힌 혼합상태 $\hat{\rho}_{AB}$를 고려해보자. 앨리스와 밥이 각각 혼합상태 $\hat{\rho}_{AB}$에 있는 n 쌍을 나눠 갖고 있다고 하자. 부분적으로 얽힌 쌍에서 추출할 수 있는 최대로 얽힌 쌍의 최대 수 $k_{\max}$는 얼마일까? 증류가능한 얽힘은 충분히 큰 n에 대해 다음과 같은 비율로 정의한다.

$$E_D := k_{\max}/n. \tag{7.88}$$

얽힘비용은 반대 상황에서 나타난다. 앨리스와 밥이 최대로 얽힌 상태에 있는 k 쌍의 큐비트를 나눠 갖고 있다고 하자. 두 사람은 이 k 쌍을 써서 정해진 양자상태 $\hat{\rho}_{AB}$에 n 쌍을 만들어 내고자 한다. 이때 k의 최소값 $k_{\min}$은 얼마일까? 얽힘비용은 충분히 큰 n에 대해 다음과 같은 비율로 정의한다.

$$E_C := k_{\min}/n. \tag{7.89}$$

순수상태에 대해서는 위 두 척도가 모두 얽힘의 엔트로피

$$E_D = E_C = E = S(\hat{\rho}_A) = S(\hat{\rho}_B) \tag{7.90}$$

와 일치하며, 계산하기도 쉽다. 그러나 혼합상태에 대해서는 E_D와 E_C 모두 계산하기 매우 어렵다.

또 하나 주목할 만한 얽힘척도로 로그음성(logarithmic negativity)을 들 수 있다.[7.3] 이 척도는 7.3.2절에서 살펴보았던 양의 부분자리바꿈 판별법에서 영감을 얻은 것으로 다음과 같이 정의한다.

$$E_N := \log \|\hat{\rho}_{AB}^{T_B}\|_{\mathrm{tr}}\,. \tag{7.91}$$

여기서 $\|\cdot\|_{\mathrm{tr}}$은 식 (5.167)에서 정의한 대각합 노름을 나타낸다. 혼합상태에 대한 다른 얽힘척도와 달리 로그음성은 계산하기 어렵지 않다. 그러나 순수상태에 대해서도 얽힘의 엔트로피와 같지 않다는 것이 단점으로 꼽힌다.

The entanglement measures for mixed states enable to investigate multi-partite entanglement. As an example, we consider the control and target registers each of which is consisting of *n* qubits and use the *logarithmic negativity* to characterize the multi-partite entanglement in the system.

[7.3] 이와 유사한 척도로 음성(negativity)도 있다.

```
$n = 2;
cc = Range[$n];
tt = $n + cc;
```

We generate a quantum state with a maximally entanglement between the control and target registers.

```
qc = QuantumCircuit[S[cc, 6],
  Sequence @@ Thread[CNOT[S[cc], S[tt]]],
  "Invisible" → S[$n + 1 / 2]]
```

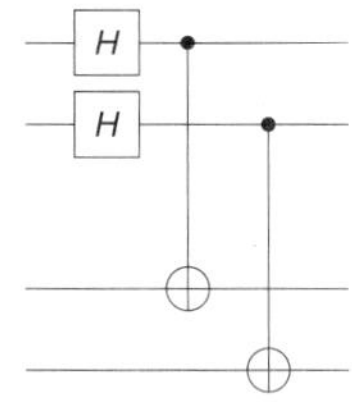

This is the desired state.

```
out = qc ** Ket[];
out // LogicalForm
```

$\frac{1}{2}\left|0_{S_1}0_{S_2}0_{S_3}0_{S_4}\right\rangle + \frac{1}{2}\left|0_{S_1}1_{S_2}0_{S_3}1_{S_4}\right\rangle + \frac{1}{2}\left|1_{S_1}0_{S_2}1_{S_3}0_{S_4}\right\rangle + \frac{1}{2}\left|1_{S_1}1_{S_2}1_{S_3}1_{S_4}\right\rangle$

Note that even through the state exhibits a maximal entanglement between the control and target registers, it is product state between two registers respectively containing qubits 1 and 3 and qubits 2 and 4.

```
KetFactor[out]
```

$\frac{1}{2}\left(\left|0_{S_1}0_{S_3}\right\rangle + \left|1_{S_1}1_{S_3}\right\rangle\right) \otimes \left(\left|0_{S_2}0_{S_4}\right\rangle + \left|1_{S_2}1_{S_4}\right\rangle\right)$

Keeping in mind the above fact, we examine a mixed state of the control register that has been obtained by tracing out the target register.

```
rho12 = PartialTrace[out, S@tt]
PauliForm[rho12, S@{1, 2}]
```

$\frac{1}{4}$

$\frac{I \otimes I}{4}$

We expect no entanglement between two qubits 1 and 2. Indeed, it is confirmed by the following evaluation.

```
LogarithmicNegativity[rho12, S[1], S[2]]
```

0

Next, we consider the mixed state of qubits 1 and 3 that results from tracing out qubits 2 and 4.

```
rho13 = PartialTrace[out, S@{2, 4}] // Elaborate
```

Out[ ]=

$$\frac{1}{4}+\frac{1}{4}S_1^x S_3^x-\frac{1}{4}S_1^y S_3^y+\frac{1}{4}S_1^z S_3^z$$

We expect an entanglement to some extent, and this shows that it is the case.

```
In[ ]:= LogarithmicNegativity[rho13, S@{1, 3}, S[3]]

Out[ ]= 1
```

널리 알려진 몇 가지 얽힘척도를 소개했다. 참고 문헌 Horodecki et al. (2009)와 Plenio & Virmani (2007)은 여러 가지 얽힘척도의 성질을 자세히 소개하고 있다.

7.4 연습문제

7.1. X와 Y는 확률변수이다. 다음을 보여라.

$$0 \le H(X|Y) \le H(X), \quad 0 \le H(Y|X) \le H(Y). \tag{7.92}$$

7.2. 길이가 n인 이항문자열을 생각해보자. 7.1.4절에서 기술한 모델에 따르면, 서로 다른 전형적인 문자열의 수는 이항계수

$$N_{\text{typical}} \approx \binom{n}{np} = \frac{n!}{(np)!(n-np)!} \tag{7.93}$$

정도 된다. 다음을 보여라.

$$\log N_{\text{typical}} \approx nH(\{p, 1-p\}). \tag{7.94}$$

힌트: 스털링 근사 $\log x! \approx x\log x - x + \mathcal{O}(\log x)$를 사용하여라.

7.3. **클라인의 대각합 부등식(Klein's trace inequality)** 함수 $f(x)$는 변수 x의 미분가능한 볼록함수이다. $f(x)$의 그래프는 모든 접선보다 위에 있다. 즉, 모든 x와 y에 대해

$$f(x) \ge f(y) + f'(y)(x-y) \tag{7.95}$$

이다. 2차원 벡터공간에 작용하는 모든 관측가능량 $\hat{A}$와 $\hat{B}$에 대해

$$\operatorname{Tr} f(\hat{A}) \ge \operatorname{Tr} f(\hat{B}) + \operatorname{Tr} f'(\hat{B})(\hat{A}-\hat{B}) \tag{7.96}$$

임을 보여라. 위 부등식 (7.96)은 흔히 클라인의 대각합 부등식이라 부른다.

마찬가지로, $f(x)$가 오목함수라면, 모든 관측가능량 $\hat{A}$와 $\hat{B}$에 대해 다음 부등식이 성립한다.

$$\mathrm{Tr}\, f(\hat{A}) \leq \mathrm{Tr}\, f(\hat{B}) + \mathrm{Tr}\, f'(\hat{B})(\hat{A} - \hat{B}). \tag{7.97}$$

7.4. 하위계 A와 B로 이루어진 복합계의 순수상태 $|\Psi\rangle_{AB}$를 생각해보자.

$$S(\hat{\rho}_A) = S(\hat{\rho}_B) \tag{7.98}$$

임을 보여라.

7.5. 클라인 부등식 (7.52)를 써서, 준가법성

$$S(\hat{\rho}_{AB}) \leq S(\hat{\rho}_A) + S(\hat{\rho}_B) \tag{7.99}$$

를 보여라.

7.6. 여기서는 엔트로피의 오목성 (7.42)를 증명한다. 주어진 계를 A라 하고 보조계 B를 고려하자. 복합계 AB가 다음과 같은 상태에 있다고 하자.

$$\hat{\rho}_{AB} = \sum_{ij} p_j \hat{\rho}_j \otimes |b_j\rangle \langle b_j| \,. \tag{7.100}$$

여기서 $\{|b_j\rangle\}$는 B의 힐베르트 공간의 직교맞춤 기저이다. 준가법성 (7.61)을 써서 엔트로피의 오목성 (7.42)를 증명하여라.

부록 A

선형대수학

선형대수학(linear algebra)은 양자역학을 수학적으로 기술하는 기본적인 언어이다. 이 부록은 양자정보물리학에서 자주 사용되는 선형대수학의 개념, 정의, 정리 및 속성들을 요약하여 소개한다. 핵심 개념들에 초점을 맞추기 위해 대부분의 경우 엄밀한 증명은 생략할 것이다.

선형대수학에 관한 많은 교재들이 가우스 소거나 행렬식과 같은 행렬들의 속성과 관련된 산술법들에 중점을 둔다. 대부분의 물리 분야, 특히 양자역학에 더 깊이 관련된 주제는 벡터공간과 선형 연산자의 기본 개념 및 대수학적 구조이다. 물리학자들에게 적절한 수준으로 벡터공간과 선형 연산자의 개념을 소개하고 논의하는 교과서들 중의 하나로 Lang (1987) 또는 축약판인 Lang (1986)을 참고하면 좋다.

A.1 벡터

A.1.1 벡터공간

고전상태와 비교해, 양자상태가 가진 가장 두드러진 특징들 중 하나는 파동-입자 이중성에서 파생된 중첩이다. 따라서, 자연스럽게 양자상태를 수학적으로 벡터를 써서 기술하게 된다. 중첩원리가 요구하는 방식대로, 벡터에 (스칼라라고 불리는) 숫자들을 곱할 수 있고 벡터들을 서로 더할 수도 있다. 벡터를 정의하기 위해서는 먼저 덧셈과 곱셈이 정의된 스칼라들의 집합인 체를 정의해야 한다.

정의 1.1 (체) 다음 조건들을 만족하는 원소들의 집합 $\mathbb{F}$를 체(field)라고 한다.

(a) (덧셈) $x, y \in \mathbb{F}$이면, $x + y \in \mathbb{F}$이다.

(b) (곱셈) $x, y \in \mathbb{F}$이면, $xy \in \mathbb{F}$이다.

(c) (영) $0 \in \mathbb{F}$이고 $1 \in \mathbb{F}$이다.

(d) (덧셈에 대한 역) $x \in \mathbb{F}$이면, $-x \in \mathbb{F}$이다.

(e) (곱셈에 대한 역) $x \in \mathbb{F}$이고 $x \neq 0$이면, $x^{-1} \in \mathbb{F}$이다.

체의 원소들을 스칼라(scalars)라고 한다.

가장 간단하게 정의하자면, 벡터는 크기와 방향을 가진 물리량들을 나타낸다. 양자역학에서 벡터의 더 중요한 특징은 바로 중첩이다. 다음은 수학적으로 엄밀하게 기술된 벡터의 정의이다.

정의 1.2 (벡터공간) 다음 조건들을 만족하는 원소들의 집합 $\mathcal{V}$를 체 $\mathbb{F}$에 대한 벡터공간(vector space)이라 정의한다.

(a) $v_1, v_2 \in \mathcal{V}$이면, $v_1 + v_2 \in \mathcal{V}$이다.

(b) $v_1 \in \mathcal{V}$이고 $x \in \mathbb{F}$이면, $xv_2 \in \mathcal{V}$이다.

(c) $v_1, v_2, v_3 \in \mathcal{V}$이면, $(v_1 + v_2) + v_3 = v_1 + (v_2 + v_3)$이다.

(d) 모든 $v_2 \in \mathcal{V}$에 대해 $0 + v_2 = v_2 + 0 = v_2$를 만족하는 원소 $0 \in \mathcal{V}$가 존재한다. 이 원소를 영벡터(null vector)라 부른다. 체 $\mathbb{F}$의 '영'과 벡터공간 $\mathscr{V}$의 영벡터 모두 '0'으로 표시함을 유의하라.

(e) 임의의 $v_2 \in \mathcal{V}$에 대해 $v_2 + (-v_2) = 0$을 만족하는 $-v_2 \in \mathcal{V}$가 존재한다. 벡터사이의 뺄셈은 $v_1 - v_2 := v_1 + (-v_2)$로 정의한다.

(f) $x, y \in \mathbb{F}$와 $v_1, v_2 \in \mathcal{V}$에 대해 다음이 성립한다.

$$x(v_1 + v_2) = xv_1 + xv_2\,, \tag{A.1a}$$

$$(x + y)v_2 = xv_2 + yv_2\,, \tag{A.1b}$$

$$(xy)v_2 = x(yv_2)\,. \tag{A.1c}$$

벡터공간의 원소들을 벡터(vector)라고 한다.

자주 사용되는 벡터공간들의 예로, 유리수 체($\mathbb{Q}$), 실수 체($\mathbb{R}$), 복소수 체($\mathbb{C}$), 사원수 체($\mathbb{H}$)에 대한 벡터공간들이 있다. 표준 산술법에 따르는 정수들의 집합 $\mathbb{Z}$는 체가 되지 못함을 유의하라. 양자역학에서 대개의 경우에서 그러하듯이, 이 책에서는 특별한 언급이 없는 한 벡터공간은 복소수 체 $\mathbb{C}$에 대한 벡터공간을 의미한다.

정의 1.3 (선형독립) 벡터공간 $\mathcal{V}$내의 벡터들, $v_1, \cdots, v_n$이 주어졌을 때, $z_1, \cdots, z_n \in \mathbb{C}$에 대한 방정식

$$z_1 v_1 + \cdots + z_n v_n = 0 \tag{A.2}$$

이 $z_1 = \cdots = z_n = 0$인 해만을 가지면, 이 벡터들은 서로 선형독립(linearly independent)이라 한다. 그렇지 않은 경우에는 이 벡터들은 선형종속(linearly dependent)이다.

A.1.2 에르미트 곱

아직까진 벡터공간 내 벡터들 사이의 곱셈은 정의하지 않았다. 내적(inner product)은 벡터 사이의 곱셈 중 특별한 형태로서, 벡터 사이의 직교성(orthogonality)을 정의하여 벡터공간에 기하학적 구조를 부여한다.

일반적으로, 내적은 쌍선형사상(bilinear mapping)이다. 그러나 많은 물리 분야들(예를 들면, 양자역학)에서는 복소수 체 $\mathbb{C}$에 대한 벡터공간을 주로 다룬다. 양의 정부호(positive definiteness) 개념을 유지하기 위해 내적과 약간 다른 정의를 택할 필요가 있다. 이렇게 수정된 내적을 일반적인 내적과 구별하기 위해 에르미트 곱이라고 부른다.

정의 1.4 (에르미트 곱) 벡터공간 $\mathcal{V}$의 에르미트 곱(Hermitian product)은 $\mathcal{V} \times \mathcal{V}$에서 $\mathbb{C}$로의 함수 $\langle \cdot, \cdot \rangle$로 다음 조건들을 만족한다.

(a) 모든 $u, v, w \in \mathcal{V}$에 대해 $\langle u, v + w \rangle = \langle u, v \rangle + \langle u, w \rangle$이다.

(b) 모든 $z \in \mathbb{C}$와 $v, w \in \mathcal{V}$에 대해 $\langle zv, w \rangle = z^* \langle v, w \rangle$이고, $\langle v, zw \rangle = z \langle v, w \rangle$이다.

(c) $v, w \in \mathcal{V}$에 대해 $\langle v, w \rangle = \langle w, v \rangle^*$이다.

(d) 모든 $v \in \mathcal{V}$에 대해 $\langle v, v \rangle \geq 0$ 이고, $v \neq 0$이면 $\langle v, v \rangle > 0$ 이다.[1.1]

두 벡터 v와 w는 $\langle v, w \rangle = 0$이면 서로 직교한다 또는 수직이다라고 한다. 한편, 두 벡터가 선형종속이면, 이들은 평행(parallel)하다고 한다.

에르미트 곱의 가장 기본적인 특성들 중 하나는 다음에 나오는 부등식이다.

정리 1.5 (코시-슈바르츠 부등식) 벡터공간 $\mathcal{V}$의 임의의 에르미트 곱 $\langle \cdot, \cdot \rangle$에 대해, $\mathcal{V}$에 속한 모든 벡터 v와 w는 코시-슈바르츠 부등식(Cauchy-Schwarz inequality)

$$|\langle v, w \rangle|^2 \leq \langle v, v \rangle \langle w, w \rangle \tag{A.3}$$

[1.1] 이 조건을 만족하는 에르미트 곱을 양의 정부호라고 한다. 이 조건은 양자역학에서 거의 항상 필요하기 때문에 여기에 포함했다.

를 만족한다. 등호는 v와 w가 선형종속일 때(즉, 서로 평행할 때)만 성립한다.

코시-슈바르츠 부등식을 증명하기 위해, 벡터

$$u := v - w\frac{\langle w, v\rangle}{\langle w, w\rangle} \tag{A.4}$$

를 정하자. 기하학적으로, 이는 v와 v를 $|w\rangle$로 투영했을 때의 성분 사이의 차이에 해당한다. 따라서, u와 w는 직교한다. 즉, $\langle u, w\rangle = 0$이다. 이를 이용하면,

$$\langle u, u\rangle = \langle v, v\rangle - \frac{\langle v, w\rangle \langle w, v\rangle}{\langle w, w\rangle} \tag{A.5}$$

임을 알 수 있다. $\langle u, u\rangle \geq 0$이므로, 위 식으로부터 우리가 증명하고자 하는 부등식을 얻을 수 있다. 또한, $u = 0$일 때만 $\langle u, u\rangle = 0$이므로, 식 (A.5)에서의 등호는

$$v = w\frac{\langle w, v\rangle}{\langle w, w\rangle} \tag{A.6}$$

일 때만 성립함을 바로 알 수 있다. 즉, v와 w가 선형종속일 때만 등호가 성립한다.

에르미트 곱에 기인한 기하학적 구조는 벡터의 크기(magnitude) 또는 노름(norm)을 정의할 수 있게 한다. 벡터 v의 노름은 $\|v\|$로 표시하고,

$$\|v\| := \sqrt{\langle v, v\rangle} \tag{A.7}$$

로 정의한다. 이 노름은 에르미트 곱 $\langle\cdot,\cdot\rangle$에 연관된 바른틀 노름(canonical norm)이라 불린다. 노름으로서 당연하게, 이는 모든 벡터 v와 w에 대해 삼각부등식

$$\|v + w\| \leq \|v\| + \|w\| \tag{A.8}$$

를 만족한다. 노름은 양자역학에서 확률적 해석을 하는데 있어서 중요한 역할을 한다(1.3 절).

또한, 노름은 거리 척도로도 활용할 수 있다. 두 벡터 v와 w 사이의 거리 $D(v, w)$를 재는 자연스러운 방법은 다음과 같이 노름을 사용하는 것이다.

$$D(v, w) := \|v - w\| \equiv \sqrt{\langle v - w, v - w\rangle}\,. \tag{A.9}$$

이 거리 척도는 에르미트 곱 $\langle\cdot,\cdot\rangle$과 연관된 바른틀 거리(canonical distance)라고 불린다. 노름에 대한 삼각부등식 (A.8)을 사용하면, 임의의 벡터 u, v, w들 사이의 거리에 대해 유사한 부등식, 즉

$$\|u - w\| \leq \|u - v\| + \|v - w\| \tag{A.10}$$

가 성립함을 바로 알 수 있다. 거리 척도는 두 양자상태가 서로 유사한 정도를 정량화하는 데 유용하게 쓰인다(5.5.1절과 5.5.2절).

에르미트 곱은 충실도(fidelity)란 개념을 통해서도 두 상태벡터가 얼마나 비슷한지 말해주는 또 다른 척도를 제공한다(5.5.3절). 두 벡터 v와 w 사이의 충실도는 $|\langle v, w\rangle|$로 정의한다.

A.1.3 기저

정의 1.6 (기저) 벡터공간 $\mathcal{V}$의 모든 원소를 $v_1, \cdots, v_n$의 선형결합(linear combination)으로 나타낼 수 있으면, $v_1, \cdots, v_n$이 벡터공간 $\mathcal{V}$를 전개한다고 한다. $v_1, \cdots, v_n$이 $\mathcal{V}$를 전개하고 선형독립이면, 집합 $\{v_1, \cdots, v_n\} \subset \mathcal{V}$를 기저(basis)라고 부른다. $\mathcal{V}$의 기저의 원소들의 개수를 $\mathcal{V}$의 차원(dimension)이라 하며, $\dim \mathcal{V}$로 표시한다.

양자상태는 힐베르트 공간(Hilbert space) 내 상태벡터로 기술된다. 힐베르트 공간은 일반적으로 무한 차원의 벡터공간이고, 완전성 개념에 의해 부여되는 해석적 속성을 추가적으로 지니고 있다. 그러나, 차원이 유한한 경우, 힐베르트 공간은 벡터공간과 다를 바가 없다. 명시적으로 달리 언급하지 않는 한, 벡터공간의 차원은 유한하다고 가정한다.

$\mathcal{V}$를 전개하는 기저(정의 1.6 참조) $\{v_1, v_2, \cdots, v_n\}$이

$$\langle v_i, v_j\rangle = \delta_{ij} \tag{A.11}$$

를 만족하면, 직교맞춤 기저(orthonormal basis)라고 한다. 유한한 차원의 벡터공간 $\mathcal{V}$에 대해, $\mathcal{V} \neq \{0\}$인 한 항상 직교맞춤 기저를 찾아낼 수 있다.

기저는 임의로 선택할 수 있고, 한 기저에서 다른 기저로 변환할 수도 있다. $\mathcal{A} = \{v_1, v_2, \cdots, v_n\}$과 $\mathcal{B} = \{w_1, w_2, \cdots, w_n\}$을 동일한 벡터공간 $\mathcal{V}$의 두 기저라고 하자. $\mathcal{A}$와 $\mathcal{B}$ 모두 기저이기 때문에, $\mathcal{B}$의 각 벡터 w_j를 $\mathcal{A}$의 벡터들 v_i로

$$w_j = \sum_i v_i U_{ij} \tag{A.12}$$

와 같이 전개할 수 있다(그 반대도 마찬가지이다). 여기서 U_{ij}는 복소계수들이다. 이 계수들로 이루어진 행렬 $U := [U_{ij}]$는 두 기저가 맺고 있는 관계를 명시하며, 두 기저 내 원소들이 각각 선형독립이면 역행렬이 존재해야 한다. 기저들이 직교맞춤이면, 이 관계는 매우 단순해진다. $\mathcal{A}$가 직교맞춤이면, 계수 U_{ij}는

$$U_{ij} = \langle v_i, w_j\rangle \tag{A.13}$$

로 구할 수 있다. 더 중요한 것은 U가 유니테리 행렬이라는 점이다(정리 1.15 참조).

A.1.4 표현

벡터공간 $\mathcal{V}$의 고정된 기저 $\{v_1, v_2, \cdots, v_n\}$이 주어지면, 임의의 벡터 $\alpha \in \mathcal{V}$는 이를 이용하여

$$\alpha = v_1\alpha_1 + v_2\alpha_2 + \cdots v_n\alpha_n \tag{A.14}$$

으로 전개할 수 있고, 벡터 α는 계수 $\alpha_j \in \mathbb{C}$로 유일하게 기술된다. $\alpha_1, \ldots, \alpha_n$으로 이루어진 열벡터(column vector)는 이 기저에 대한 벡터 α의 표현(representation)이라 하며,

$$\alpha \doteq \begin{bmatrix} \alpha_1 \\ \alpha_2 \\ \vdots \\ \alpha_n \end{bmatrix} \tag{A.15}$$

으로 표시된다. 기저 $\{v_1, v_2, \cdots, v_n\}$이 직교맞춤이면, 전개계수 α_j는 바로 에르미트 곱 $\alpha_j = \langle v_j, \alpha \rangle$를 이용해 구할 수 있다. 따라서, 벡터는 전개

$$\alpha = \sum_j v_j \langle v_j, \alpha \rangle \tag{A.16}$$

또는

$$\alpha \doteq \begin{bmatrix} \langle v_1, \alpha \rangle \\ \langle v_2, \alpha \rangle \\ \vdots \\ \langle v_n, \alpha \rangle \end{bmatrix} \tag{A.17}$$

로 표현된다.

다른 벡터 $\beta \in \mathcal{V}$를 고려하여, $\beta_j := \langle v_j, \beta \rangle$를 동일한 직교맞춤 기저에 대한 이 벡터의 표현이라 해보자. 그러면, 에르미트 곱 $\langle \alpha, \beta \rangle$는 열벡터 표현을 이용하여

$$\langle \alpha, \beta \rangle = \sum_j \alpha_j^* \beta_j = \begin{bmatrix} \alpha_1^* & \alpha_2^* & \cdots & \alpha_n^* \end{bmatrix} \begin{bmatrix} \beta_1 \\ \beta_2 \\ \vdots \\ \beta_n \end{bmatrix} \tag{A.18}$$

과 같이 계산할 수 있다. 여기서 $\langle \alpha, v_j \rangle = \langle v_j, \alpha \rangle^* = \alpha_j^*$가 됨을 이용하였다.

기저를 바꾸면, 벡터들의 표현 또한 변한다. 벡터 $\alpha \in \mathcal{V}$가 기저 $\{v_i\}$에 대해

$$\alpha \doteq \begin{bmatrix} \alpha_1 \\ \alpha_2 \\ \vdots \\ \alpha_n \end{bmatrix} \tag{A.19}$$

으로, 그리고 기저 $\{w_j\}$에 대해

$$\alpha \doteq \begin{bmatrix} \alpha'_1 \\ \alpha'_2 \\ \vdots \\ \alpha'_n \end{bmatrix} \tag{A.20}$$

으로 표현된다고 하자. 두 표현들 사이의 관계는 두 기저들 사이의 관계에 의해 결정된다. 특히, 두 기저가 직교맞춤일 때의 관계를 자세히 살펴보자. $U_{kj} := \langle w_k, v_j \rangle$라 놓으면, 식 (A.16)으로부터

$$\alpha'_k = \langle w_k, \alpha \rangle = \sum_{j=1}^{n} \langle w_k, v_j \rangle \langle v_j, \alpha \rangle = \sum_k U_{kj}\alpha_j \tag{A.21}$$

가 성립함을 알 수 있다. 식 (A.13)에서와 같이 행렬 U는 유니테리가 된다. 따라서, 서로 다른 두 직교맞춤 기저에 대한 표현은 유니테리 행렬에 의해

$$\begin{bmatrix} \alpha'_1 \\ \alpha'_2 \\ \vdots \\ \alpha'_n \end{bmatrix} = \begin{bmatrix} U_{11} & U_{12} & \cdots & U_{1n} \\ U_{21} & U_{22} & \cdots & U_{2n} \\ \vdots & \vdots & \ddots & \vdots \\ U_{n1} & U_{n2} & \cdots & U_{nn} \end{bmatrix} \begin{bmatrix} \alpha_1 \\ \alpha_2 \\ \vdots \\ \alpha_n \end{bmatrix} \tag{A.22}$$

과 같은 관계를 만족한다.

A.2 선형 연산자

양자역학에서 양자상태의 시간진행과 물리량들의 속성은 선형 연산자들로 기술된다. 선형 연산자는 선형 사상들(linear mappings) 중 특별한 부류이다.

A.2.1 선형 사상

이미 언급하였듯이 벡터공간의 가장 중요한 대수적 속성은 중첩이다. 따라서, 이 속성을 한 벡터공간에서 다른 벡터공간으로 유지하는 사상들은 선형대수학 이론에서 중요한 역할을

한다.

정의 1.7 (선형 사상) $\mathcal{V}$와 $\mathcal{W}$를 벡터공간이라 하자. 사상

$$\hat{L} : \mathcal{V} \to \mathcal{W}, \quad v \mapsto \hat{L}v \tag{A.23}$$

는 다음 두 속성들을 만족하면 선형(linear)이라 한다.

(a) 임의의 $v, w \in \mathcal{V}$에 대해 $\hat{L}(v + w) = \hat{L}v + \hat{L}w$이다.

(b) 모든 $z \in \mathbb{C}$와 $v \in \mathcal{V}$에 대해 $\hat{L}(zv) = z(\hat{L}v)$이다.

$\mathcal{V} = \mathcal{W}$일 때, 이 사상은 $\mathcal{V}$에 대한 선형 연산자(linear operator)라고 한다.

선형 사상은 중첩을 유지하기 때문에 기저 벡터들을 어떻게 변환하는지만 구체적으로 지정하면 사상이 완벽하게 결정된다. 이 속성은 다음 정리와 같이 요약될 수 있다.

정리 1.8 $\mathcal{V}$와 $\mathcal{W}$를 벡터공간이라 하자. $\{v_1, \cdots, v_n\}$은 $\mathcal{V}$의 기저이고, $w_1, \cdots, w_n \in \mathcal{W}$는 임의의 벡터들로, 반드시 서로 다르거나 또는 기저를 이룰 필요는 없다. 그러면, 모든 $j = 1, \ldots, n$에 대해 $w_j = \hat{L}v_j$인 선형 사상 $\hat{L} : \mathcal{V} \to \mathcal{W}$가 유일하게 존재한다.

이 정리의 증명은 선형성에 함축된 의미를 분명하게 드러낸다. 이제 이 증명을 살펴보자. 사상 $\hat{A} : \mathcal{V} \to \mathcal{W}$를

$$\hat{A}v_j \mapsto w_j \tag{A.24}$$

이라 정하고, 모든 $z_1, \ldots, z_n \in \mathbb{C}$에 대해

$$\hat{A}(v_1 z_1 + \cdots v_n z_n) = w_1 z_1 + \cdots w_n z_n \tag{A.25}$$

을 만족한다고 하자. $\hat{A}$는 정의상 선형이다. 또 $\hat{A}$를 구체적으로 정의함으로써 정리에서 요구하는 조건을 만족시키는 선형 사상이 적어도 하나는 존재함을 보였다. 이제 두 선형 사상 $\hat{A}$와 $\hat{B}$가 이 조건을 만족한다고 하자. 그러면, $z_j \in \mathbb{C}$를 계수로 갖는 벡터 $v = v_1 z_1 + \cdots v_n z_n \in \mathcal{V}$에 대해

$$\hat{B}v = (\hat{B}v_1)z_1 + \cdots + (\hat{B}v_n)z_n = w_1 z_1 + \cdots + w_n z_n = \hat{A}v \tag{A.26}$$

이다. 위 등식은 임의의 벡터 v에 대해 성립하므로, $\hat{A} = \hat{B}$라고 결론내릴 수 있다.

A.2.2 표현

정리 1.8에 따라, 선형 사상 $\hat{L} : \mathcal{V} \to \mathcal{W}$는 이 사상이 $\mathcal{V}$의 기저 $\{v_j : j = 1, \ldots, n\}$의 각 원소를 어떻게 대응시키는지만 정해지면 완벽하게 결정된다. 또는, 결과 $\hat{L}v_j$를 $\mathcal{W}$의 기저 $\{w_i : i = 1, \ldots, m\}$에 대해

$$\hat{L}v_j = \sum_i w_i L_{ij} \tag{A.27}$$

와 같이 전개하여 구한 계수들 $L_{ij} \in \mathbb{C}$만 명시되면 $\hat{L}$이 유일하게 정의된다고 말할 수도 있다. 이 계수들로 이루어진 $m \times n$ 행렬을 기저 $\{v_j\}$와 $\{w_i\}$에 대한 $\hat{L}$의 행렬표현(matrix representation)이라고 한다. 행렬 L로 표현된 사상 $\hat{L}$은

$$\hat{L} \doteq \begin{bmatrix} L_{11} & L_{12} & \cdots \\ L_{21} & L_{22} & \cdots \\ \vdots & \vdots & \ddots \end{bmatrix} \tag{A.28}$$

로 표기된다.

기저 $\{v_j\}$와 $\{w_i\}$가 직교맞춤이면, 행렬원소 L_{ij}는 에르미트 곱 $L_{ij} = \langle w_i, \hat{L}v_j \rangle$를 이용해 구할 수 있고, 따라서

$$\hat{L}v_j = \sum_i w_i \langle w_i, \hat{L}v_j \rangle \tag{A.29}$$

이다. 양자역학에서는 직교맞춤 기저에 대한 선형 사상의 행렬표현을 자주 계산해야 한다. 그 과정을 요약하면 다음 표와 같다.

$\hat{L} \doteq$ (A.30)

	v_1	v_2	$\cdots$
w_1	$\langle w_1, \hat{L}v_1 \rangle$	$\langle w_1, \hat{L}v_2 \rangle$	$\cdots$
w_2	$\langle w_2, \hat{L}v_1 \rangle$	$\langle w_2, \hat{L}v_2 \rangle$	$\cdots$
$\vdots$	$\vdots$	$\vdots$	$\ddots$

$\mathcal{V} = \mathcal{W}$이면, 선형 연산자는 정방행렬로 표현된다.

$\mathcal{V}$와 $\mathcal{W}$의 기저 선택에 따라 선형 사상의 행렬표현이 바뀌게 된다. 그럼 기저를 다르게 선택하면 행렬표현은 어떻게 바뀌는가? 여기서는 선형 연산자($\mathcal{V} = \mathcal{W}$)인 경우만 고려하자. $\{v_i\}$와 $\{w_j\}$를 $\mathcal{V}$의 서로 다른 두 직교맞춤 기저라고 하자. 둘다 직교맞춤이기 때문에,

반드시

$$w_j = \hat{U} v_j = \sum_i v_i U_{ij} \tag{A.31}$$

를 만족하는 유니테리 연산자(정의 1.13 참조) $\hat{U}$가 존재해야 한다. 여기서 $U_{ij} := \langle v_i, w_j \rangle$는 유니테리 행렬(unitary matrix)을 이룬다[식 (A.12) 참조]. 기저 $\{v_i\}$에 대한 선형 연산자 $\hat{L}$의 행렬표현을 L_{ij}라고 하자. 그럼, 새로운 기저 $\{w_j\}$에 대한 $\hat{L}$의 행렬표현 L'_{ij}는 어떻게 쓸 수 있을까? 관계식 (A.31)을 이용하면, 새로운 행렬표현

$$L'_{ij} = \langle w_i, \hat{L} w_j \rangle = \sum_{kl} U^*_{ik} \langle v_i, \hat{L} v_l \rangle U_{lj} = \sum_{kl} U^*_{ik} L_{il} U_{lj} \tag{A.32}$$

를 구할 수 있다. 다르게 쓰면, 서로 다른 두 기저에 대한 행렬표현은 이 둘 사이에

$$L' = U^\dagger L U \tag{A.33}$$

와 같은 관계식을 만족한다.

A.2.3 연산자의 에르미트 켤레

에르미트 곱이 정의된 벡터공간에 작용하는 선형 연산자 $\hat{L}$이 주어졌을 때, $\hat{L}$과 자연스럽게 짝을 이루는 또 다른 선형 연산자 $\hat{L}^\dagger$를 정의할 수 있다. 연산자의 에르미트 켤레를 이용하면, 연산자로 쓰여진 식들의 계산과 이 식들의 스펙트럼 분석을 매우 간단하게 할 수 있다.

정리 1.9 (에르미트 켤레) $\mathcal{V}$와 $\mathcal{W}$는 복소수 체 $\mathbb{C}$에 대한 벡터공간이고, 이 공간 각각의 에르미트 곱이 정의되어 있다고 하자. $\hat{L} : \mathcal{V} \to \mathcal{W}$가 선형 사상이라 할 때, 다음 명제들이 성립한다.

(a) 보든 $v \in \mathcal{V}$와 $w \in \mathcal{W}$에 대해

$$\langle w, \hat{L} v \rangle_{\mathcal{W}} = \langle \hat{L}^\dagger w, v \rangle_{\mathcal{V}} \tag{A.34}$$

를 만족하는 선형 사상 $\hat{L}^\dagger : \mathcal{W} \to \mathcal{V}$가 유일하게 존재한다.

(b) $(\hat{L}^\dagger)^\dagger$ 또한 존재하고, 이는 $\hat{L}$이 된다. 즉, $(\hat{L}^\dagger)^\dagger = \hat{L}$이다.

선형 연산자 $\hat{L}^\dagger$는 $\hat{L}$의 에르미트 켤레(Hermitian conjugate)라고 부른다.

선형 사상의 행렬표현은 유일하게 결정되므로, 행렬표현을 이용하여 에르미트 켤레를 정의할 수도 있다. 선형 사상 $\hat{L} : \mathcal{V} \to \mathcal{W}$가

$$\hat{L} v_j = \sum_i w_i L_{ij} \tag{A.35}$$

로 표현된다고 하자. 그러면 $\hat{L}^\dagger : \mathcal{W} \to \mathcal{V}$는

$$\hat{L}^\dagger w_j = \sum_i v_i L^*_{ji} \tag{A.36}$$

로 정의된다. 즉, $\hat{L}^\dagger$의 행렬표현은 $\hat{L}$의 행렬표현의 켤레자리바꿈(conjugate-transposition)이 된다. 유한한 벡터공간에 두 정의는 동등하다.

벡터공간에 작용하는 연산자의 에르미트 켤레는 동일한 벡터공간에 작용하고 원래 연산자 자체의 특성을 밝히는데 유용하다.

정의 1.10 (정규연산자) 벡터공간 $\mathcal{V}$에 대한 선형 연산자 $\hat{L}$이 $[\hat{L}^\dagger, \hat{L}] = 0$을 만족하면 이를 정규연산자(normal operator)라고 한다.

정규연산자의 가장 중요한 두 예는 에르미트 연산자와 유니테리 연산자이다.

양자역학에서 물리량과 연관된 선형 연산자는 에르미트(Hermitian)이어야 한다.

정의 1.11 (에르미트 연산자) 벡터공간에 작용하는 선형 연산자 $\hat{H}$가

$$\langle \hat{H}v, w\rangle = \langle v, \hat{H}w\rangle \ , \quad \forall v, w \in \mathcal{V} \tag{A.37}$$

를 만족하면, 이 연산자는 에르미트(Hermitian)라고 한다.

유한 차원 벡터공간의 경우, 에르미트 연산자 여부를 검증하는 간단한 방법이 있다.

정리 1.12 벡터공간 $\mathcal{V}$에 작용하는 연산자 $\hat{H}$가 벡터공간 $\mathcal{V}$의 모든 원소 $v \in \mathcal{V}$에 대해 $\langle v, \hat{H}v\rangle \in \mathbb{R}$이면, 이 연산자는 에르미트이다.

양자역학에서 매우 자주 마주치는 또 다른 종류의 연산자는 유니테리 연산자, 즉 노름을 보존하고 역이 존재하는 선형 연산자이다.

정의 1.13 (유니테리 연산자) $\mathcal{V}$를 에르미트 곱이 정의된 벡터공간이라 하자. 선형 연산자 $\hat{U}$가 $\mathcal{V}$를 $\mathcal{V}$ 전체로 대응시키고 노름을 보존하면 이를 유니테리라고 한다. 즉, $\hat{U}\mathcal{V} = \mathcal{V}$이고, 모든 $v \in \mathcal{V}$에 대해 $\langle \hat{U}v, \hat{U}v\rangle = \langle v, v\rangle$이다.

유니테리 연산자를 특징짓는 성질은 자신의 역이 자신의 에르미트 켤레와 같다는 사실이다.

정리 1.14 $\hat{U}$가 벡터공간 $\mathcal{V}$에 작용하는 유니테리 연산자이면,

$$\hat{U}^\dagger \hat{U} = \hat{U}\hat{U}^\dagger = \hat{I} \tag{A.38}$$

이다.

실제로, 식 (A.38)은 유니테리 연산자의 또 다른 정의로 볼 수 있다.

정리 1.8에서 유일하게 결정되었던 선형 사상은 그 상벡터들이 동일한 벡터공간의 또 다른 직교맞춤 기저를 이루면, 유니테리 연산자가 된다.

정리 1.15 $\{v_1, \ldots, v_n\}$과 $\{w_1, \ldots, w_n\}$을 벡터공간 $\mathcal{V}$의 직교맞춤 기저들이라 하자. 그러면, 모든 $j = 1, \ldots, n$에 대해 $w_j = \hat{U} v_j$를 만족하는 $\mathcal{V}$에 작용하는 유니테리 연산자 $\hat{U}$가 유일하게 존재한다.

식 (A.12)에서 두 직교맞춤 기저가 유니테리 행렬을 통해 대응된다는 점을 이미 보았다. 정리 1.15는 이를 다시 확인해주었을 뿐이다. 실제로, 기저 $\{v_i\}$에 대한 $\hat{U}$의 행렬표현을 U라 하면,

$$w_j = \hat{U} v_j = \sum_i v_i U_{ij} \tag{A.39}$$

이다. 정리 1.15는 더 일반적이어서 임의의 직교맞춤 부분집합에 대해서도 성립한다.

정리 1.16 $\mathcal{V}$를 에르미트 곱 $\langle \cdot, \cdot \rangle$이 정의된 벡터공간이라 하고, 그 부분집합 $\mathcal{U} \subset \mathcal{V}$를 잡아보자. 선형 연산자 $\hat{U} : \mathcal{U} \to \mathcal{V}$가 에르미트 곱을 보존한다고 하면, 다시 말해 모든 $u, u' \in \mathcal{U}$에 대해

$$\langle \hat{U} u, \hat{U} u' \rangle = \langle u, u' \rangle \tag{A.40}$$

이면, $\hat{U}$를 확장시킨 유니테리 연산자 $\hat{V} : \mathcal{V} \to \mathcal{V}$가 존재한다. 즉, 모든 $u \in \mathcal{U}$에 대해 $\hat{V} u = \hat{U} u$이고, $\hat{V}$는 $\mathcal{V}$의 전체 공간에 작용한다.

정리 1.16으로부터 바로 알 수 있는 사실은, 모든 벡터 쌍 v와 w에 대해 $w = \hat{U} v$를 만족시키는 유니테리 연산자 $\hat{U}$를 항상 찾아낼 수 있다는 것이다.

A.3 디락의 브라켓 표기법

벡터공간 $\mathcal{V}$가 주어졌을 때, 이와 짝을 이루는 또 다른 특별한 벡터공간 $\mathcal{V}^*$를 만들 수 있다. 이 벡터공간 $\mathcal{V}^* := \{\phi : \mathcal{V} \to \mathbb{C}\}$는 $\mathcal{V}$에서 $\mathbb{C}$로의 모든 선형 사상들을 원소로 한다. 이렇게 정의된 $\mathcal{V}^*$를 $\mathcal{V}$의 쌍대공간(dual space)이라고 부른다. 하나의 고정된 벡터 $v \in \mathcal{V}$와 에르미트 곱을 이용하여 선형 사상 $\phi_v : \mathcal{V} \to \mathbb{C}$를 대응관계 $\phi_v(w) := \langle v, w\rangle$로 정의할 수 있다. 확실히, ϕ_v는 $\mathcal{V}^*$의 원소이다. 이런 방식으로 $\mathcal{V}$에서 다른 벡터들을 선택하여 $\mathcal{V}^*$에 속하는 특별한 종류의 선형 사상들을 정의할 수 있다. 이제 중요한 핵심은 사실상 $\mathcal{V}^*$에 속하는 임의의 선형 사상이 모두 이런 종류뿐이라는 것이다. 즉, $\mathcal{V}$와 $\mathcal{V}^*$ 사이에 일대일 대응관계 $v \leftrightarrow \phi_v$가 성립한다. 따라서, ϕ_v를 v의 쌍대벡터(dual vector)라고 부른다.

디락의 브라켓 표기법(bra-ket notation)에서는 쌍대벡터 ϕ_v를 $\langle v|$로 표기하고, 원래 벡터 v는 $|v\rangle$로 표기한다. 따라서, 브라켓 표기법이라 이름지어졌다. 이는 단순히 표기법 변경에 불과하다. 하지만, 이 표기법은 양자역학에서 대부분의 계산을 매우 단순한 꼴로 바꾸어주기 때문에 널리 이용된다. 이 책 전반에 걸쳐 우리는 브라켓 표기법을 거의 항상 사용할 것이다.

$\{|\alpha_1\rangle, \cdots, |\alpha_n\rangle\}$이 $\mathcal{V}$의 직교맞춤 기저이면 $\{\langle\alpha_1|, \ldots, \langle\alpha_n|\}$도 $\mathcal{V}^*$의 직교맞춤 기저가 되고 후자를 전자의 쌍대기저(dual basis)라고 부른다. 더구나, 이 두 기저는 관계식

$$\langle\alpha_i|\alpha_j\rangle = \delta_{ij} \tag{A.41}$$

를 만족한다. 벡터 $|v\rangle \in \mathcal{V}$가

$$|v\rangle = \sum_j |\alpha_j\rangle\, v_j\,, \quad v_j \in \mathbb{C} \tag{A.42}$$

로 전개된다고 해보자. 그러면 쌍대벡터 $\langle v|$는

$$\langle v| = \sum_j v_j^*\, \langle\alpha_j| \tag{A.43}$$

로 주어진다.

위와 같은 브라켓 표기법의 기본 성질들을 숙지한 상태에서, 이제 $|v\rangle, |v'\rangle \in \mathcal{V}$에 대해 $|v\rangle\langle v'|$형태의 조합을 살펴보자. 이것은 $\mathcal{V}$에 작용하는 연산자로 간주할 수 있는데, 모든 $|u\rangle \in \mathcal{V}$에 대해 대응관계

$$|v\rangle\langle v'| : |u\rangle \mapsto |v\rangle\langle v'|u\rangle \tag{A.44}$$

로 정의된다. 잠시 계산해보면, 이 조합의 에르미트 켤레(정의 1.9 참조), $(|v\rangle\langle v'|)^\dagger$는 단순히

$$(|v\rangle\langle v'|)^\dagger = |v'\rangle\langle v| \tag{A.45}$$

가 됨을 금방 알 수 있다. $\mathcal{V}$의 기저 $\{|\alpha_j\rangle\}$로부터 $|\alpha_i\rangle\langle\alpha_j|$를 만들면, 이를 이용하여 $\mathcal{V}$에 작용하는 임의의 선형 사상을 표현할 수 있다. 따라서, 이들은 선형 연산자의 벡터공간 $\mathcal{L}(\mathcal{V})$의 기저를 이룬다(부록 B.1 참조). 특히, 기저 $\{|\alpha_j\rangle\}$가 직교맞춤이면, $\mathcal{V}$에 작용하는 선형 연산자 $\hat{L}$의 행렬표현이 L인 것과 이 선형 연산자를

$$\hat{L} = \sum_{ij} |\alpha_i\rangle L_{ij} \langle\alpha_j| \tag{A.46}$$

와 같이 표현하는 것은 동치이다. 따라서, $\hat{L}$의 에르미트 켤레 $\hat{L}^\dagger$는

$$\hat{L}^\dagger = \sum_{ij} |\alpha_i\rangle L_{ji}^* \langle\alpha_j| \tag{A.47}$$

로 전개할 수 있다. 위 두 전개 모두, 주어진 기저에 대해 행렬원소들을 직접 계산하고 직교성 관계식 (A.41)을 적용하여 검증해볼 수 있다. 재미있게도, $\mathcal{V}$의 임의의 직교맞춤 기저 $\{|\alpha_j\rangle\}$에 대해, 선형결합

$$\hat{I} = \sum_{j} |\alpha_j\rangle\langle\alpha_j| \tag{A.48}$$

가 $\mathcal{V}$에 작용하는 항등연산자와 동일하다는 결과를 얻을 수 있다. 이를 완전성 관계(completeness relation)라고 한다. 사실, 브라켓 표기법이 그렇게 유용한 이유도 서로 상보적인 직교성 관계식 (A.41)과 완전성 관계식 (A.48) 때문이다.

Consider a system of two qubits. The associated Hilbert space is spanned by the standard basis.

```
In[•]:= bs = Basis[2]
Out[•]= {|0, 0⟩, |0, 1⟩, |1, 0⟩, |1, 1⟩}
```

Consider a Hermitian operator, physically, corresponding to the Heisenberg exchange interaction between two S=1/2 spins.

```
In[•]:= op = Pauli[1, 1] + Pauli[2, 2] + Pauli[3, 3]
```

Out[•]= $\sigma^x \otimes \sigma^x + \sigma^y \otimes \sigma^y + \sigma^z \otimes \sigma^z$

This shows the matrix representation of the operator.

```
In[•]:= mat = Matrix[op];
        mat // MatrixForm
```

Out[ ]//MatrixForm=

$$\begin{pmatrix} 1 & 0 & 0 & 0 \\ 0 & -1 & 2 & 0 \\ 0 & 2 & -1 & 0 \\ 0 & 0 & 0 & 1 \end{pmatrix}$$

This is an expansion of the operator in the bra-ket notation.

```
In[ ]:= op2 = MultiplyDot[bs, mat, Dagger[bs]]
```

Out[ ]=

$$|0,0\rangle\langle 0,0| - |0,1\rangle\langle 0,1| + 2\,|0,1\rangle\langle 1,0| + 2\,|1,0\rangle\langle 0,1| - |1,0\rangle\langle 1,0| + |1,1\rangle\langle 1,1|$$

Verify the above expansion by evaluating the matrix representation.

```
In[ ]:= mat2 = Outer[Multiply, Dagger[bs], op2 ** bs];
        mat2 // MatrixForm
```

Out[ ]//MatrixForm=

$$\begin{pmatrix} 1 & 0 & 0 & 0 \\ 0 & -1 & 2 & 0 \\ 0 & 2 & -1 & 0 \\ 0 & 0 & 0 & 1 \end{pmatrix}$$

더 일반화하면, 두 벡터공간 $\mathcal{V}$와 $\mathcal{W}$가 주어지고 각각 공간에서 $|v\rangle \in \mathcal{V}$와 $|w\rangle \in \mathcal{W}$를 선택하여 만든 결합 $|w\rangle\langle v|$는, $\mathcal{V}$에서 $\mathcal{W}$로의 선형 사상으로, 식 (A.44)와 유사한 대응관계를 생성한다. 이 사상의 에르미트 켤레 $(|w\rangle\langle v|)^\dagger : \mathcal{W} \to \mathcal{V}$는 $(|w\rangle\langle v|)^\dagger = |v\rangle\langle w|$로 주어진다.

브라켓 표기법이 얼마나 유용한지 예를 하나 들어 살펴보자. 임의의 선형 사상 $\hat{L} : \mathcal{V} \to \mathcal{W}$에 대해 $\hat{L}\,|\alpha_j\rangle$를 계산해보자. $\mathcal{V}$와 $\mathcal{W}$의 직교맞춤 기저를 각각 $\{|\alpha_j\rangle : j = 1, \dots, m\}$과 $\{|\beta_k\rangle : k = 1, \dots, n\}$이라 하자. $\hat{L}\,|\alpha_j\rangle$는 $\mathcal{W}$의 원소이므로, $\mathcal{W}$에 대한 항등연산자 $\hat{I}_{\mathcal{W}}$를 가해도 아무런 영향을 받지 않기 때문에 $\hat{L}\,|\alpha_j\rangle = \hat{I}_{\mathcal{W}}\hat{L}\,|\alpha_j\rangle$이다. ($|\alpha_j\rangle$를 $|\beta_k\rangle$로 바꾼) 완전성 관계식 (A.48)을 적용하면,

$$\hat{L}\,|\alpha_j\rangle = \hat{I}_{\mathcal{W}}\hat{L}\,|\alpha_j\rangle = \sum_k |\beta_k\rangle\langle\beta_k|\,\hat{L}\,|\alpha_j\rangle \tag{A.49}$$

를 얻을 수 있다. $L_{kj} = \langle\beta_k|\,\hat{L}\,|\alpha_j\rangle$가 주어진 기저에 대한 $\hat{L}$의 행렬원소임을 유의하면 [식 (A.29) 참조], $\hat{L}$의 행렬표현을 정의하는 관계식

$$\hat{L}\,|\alpha_j\rangle = \sum_k |\beta_k\rangle\, L_{kj} \tag{A.50}$$

를 다시 유도할 수 있다. $\hat{L}$의 행렬표현 L_{kj}를 알고 있으면, 브라켓표기법을 이용해 $\hat{L}$을

$$\hat{L} = \sum_{kj} |\beta_k\rangle\, L_{kj}\,\langle\alpha_j| \tag{A.51}$$

로 전개할 수 있다. 브라켓 표기법을 이용해 $\hat{L}$을 전개해놓으면, $\hat{L}$의 에르미트 켤레 $\hat{L}^\dagger : \mathcal{W} \to \mathcal{V}$는

$$\hat{L}^\dagger = \sum_{kj} |\alpha_j\rangle L^*_{kj} \langle\beta_k| \tag{A.52}$$

로 표현된다.

A.4 스펙트럼 정리

정규연산자(정의 1.10 참조)의 고유값과 고유벡터는 매우 유용한 속성들을 가지고 있다. 양자역학에서는 이 속성들은 이용하여 많은 계산과 분석을 단순하게 만들 수 있다. 여기에서는 정규연산자, 특히 에르미트 연산자(Hermitian operator)와 유니테리 연산자(unitary operator)의 고유값과 고유벡터의 속성들을 요약하여 설명한다. 주로 이들의 스펙트럼 속성에 초점을 맞출 것이지만 관련된 몇 가지 다른 속성들도 함께 논의할 것이다.

A.4.1 스펙트럼분해

다음에 나올 정리들은 정규연산자, 특히 에르미트 연산자, 양연산자, 그리고 유니테리 연산자의 고유값과 고유벡터의 속성들을 요약한다.

정리 1.17 $\hat{A}$를 벡터공간 $\mathcal{V}$에 작용하는 정규연산자(정의 1.10 참조)라 하자.

(a) $\hat{A}$의 서로 다른 고유값에 대응하는 고유상태들은 서로 수직이다.

(b) $\hat{A}$의 모든 고유벡터들의 집합은 $\mathcal{V}$를 전개한다.

정리 1.17에 따르면, 디락의 브라켓 표기법을 사용하여 정규연산자를 고유벡터와 고유값들로 전개할 수 있다. 벡터공간 $\mathcal{V}$에 작용하는 정규연산자 $\hat{A}$가 고유벡터 $|a\rangle$와 이에 대응하는 고유값 a를 갖는다고 해보자. 일부 고유값들이 겹치는 경우, 즉 둘 이상의 선형독립인 고유벡터들이 동일한 고유값에 대응되는 경우에도 항상 서로 직교하도록 고유벡터들을 선택할 수 있다. 그럼, 규격화된 고유벡터들은 직교맞춤 기저를 이룬다. 이 기저를 $\hat{A}$로부터 구한 벡터공간 $\mathcal{V}$의 고유기저(eigenbasis)라고 한다. 그러면 $\hat{A}$로부터 구한 고유기저를 이용한 $\hat{A}$의 행렬표현을 구하면, 이는 대각원소들이 고유값들로 주어진 대각행렬이 되어야 한다. 따라서, 디락의 브라켓 표기법에 따라 $\hat{A}$는

$$\hat{A} = \sum_a |a\rangle\, a\, \langle a| \tag{A.53}$$

와 같이 전개할 수 있다. 위 식에서 합은 $\hat{A}$의 모든 고유값에 대해 수행한다. 이 전개를 $\hat{A}$의 스펙트럼분해(spectral decomposition)라고 부른다.

정리 1.18 (a) 에르미트 연산자는 정규연산자이다.

(b) 에르미트 연산자의 모든 고유값은 실수이다.

양자역학에서 연산자들은 일반적으로 계의 상태의 변화를 벡터공간 내에서 벡터의 변화를 통해 기술한다. 그러나 계의 혼합상태(1.1.2절)를 기술하는 밀도연산자라고 불리는 연산자들의 부류도 존재한다. 혼합상태가 통계적으로 올바르게 해석되려면 밀도연산자는 특정한 속성들을 충족해야한다. 밀도연산자가 만족해야할 여러 속성들 중에 에르미트 연산자라는 점과 양연산자라는 점이 있다. 이와 같은 배경에서 다음과 같이 정의한다.

정의 1.19 (양연산자) $\hat{H}$를 벡터공간 $\mathcal{V}$에 작용하는 에르미트 연산자라 하자.

(a) 0이 아닌 모든 벡터 $|v\rangle \in \mathcal{V}$에 대해 $\langle v|\hat{H}|v\rangle > 0$이면 $\hat{H}$를 양연산자(positive operator), 더 구체적으로 양의 정부호 연산자(positive definite operator)라고 한다. 양연산자는 $\hat{H} > 0$으로 표기한다.

(b) 0이 아닌 모든 벡터 $|v\rangle \in \mathcal{V}$에 대해 $\langle v|\hat{H}|v\rangle \geq 0$이면 $\hat{H}$를 양의 준정부호 연산자(positive semi-definite operator) 또는 음이 아닌 연산자(non-negative operator)라고 한다. 이는 $\hat{H} \geq 0$으로 표기한다.

물리학에서는 양의 정부호 연산자와 양의 준정부호 연산자를 거의 구별하지 않는다. 그래서 두 종류의 연산자를 모두 단순히 양연산자(positive operator)라고 부른다.

정리 1.20 $\hat{H}$를 벡터공간에 작용하는 에르미트 연산자라고 하자. 그러면,

(a) $\hat{H}$는 모든 고유값이 양수일 경우에만 양연산자이다.

(b) $\hat{H}$는 모든 고유값이 음수가 아닐 경우에만 양의 준정부호 연산자이다.

양연산자의 흔한 예 중의 하나로, 임의의 벡터 $|\psi\rangle$에 대해

$$\hat{A} = |\psi\rangle\langle\psi| \tag{A.54}$$

와 같은 형태의 연산자를 생각해볼 수 있다. 이 연산자의 고유값들 중 하나만 0이 아니고 그 값은 1이다. 그리고 이에 대응되는 고유벡터는 $|\psi\rangle$이다. $|\psi\rangle$에 수직인 임의의 벡터 $|\varphi\rangle$는 $\hat{A}$의 고유벡터이고, 이에 대한 (겹친) 고유값은 0이다. 즉, $\hat{A}|\varphi\rangle = 0$이다. 따라서, $\hat{A} \geq 0$이다. 이를 일반화하여, 임의의 벡터들의 집합 $\{|\psi_j\rangle\}$를 이용해

$$\hat{A} := \sum_j |\psi_j\rangle\langle\psi_j| \tag{A.55}$$

와 같은 형태의 연산자를 정의해보자. 그러면 $\hat{A} \geq 0$임을 보일 수 있다. 여기서 $|\psi_j\rangle$들은 서로 수직이거나 규격화되어있을 필요가 없다.

임의의 선형 연산자 $\hat{A}$에 대해, 조합 $\hat{A}^\dagger \hat{A}$와 $\hat{A}\hat{A}^\dagger$ 또한 양연산자가 된다. 임의의 $|v\rangle$에 대해

$$\langle v| \hat{A}^\dagger \hat{A} |v\rangle = \|\hat{A} |v\rangle \|^2 \geq 0 \tag{A.56}$$

이므로 위 사실을 바로 확인할 수 있다. 따라서, $\hat{A}^\dagger \hat{A} \geq 0$이다. 비슷한 방법으로 $\hat{A}\hat{A}^\dagger \geq 0$임도 증명할 수 있다.

양연산자(정의 1.19와 정리 1.20 참조)의 고유벡터 $|a\rangle$를 크기의 제곱이 자신의 (양의) 고유값 a가 되도록, 즉 $\langle a|a\rangle = a$가 되도록 규격화하는 것이 유용할 때가 자주 있다. 이 경우, 양연산자의 스펙트럼분해는

$$\hat{A} = \sum_a |a\rangle \langle a| \tag{A.57}$$

로 주어진다. 양연산자의 스펙트럼분해의 이런 형태를 완전성 관계식 (A.48)과 혼동하면 안된다. 완전성 관계식은 직교맞춤 기저에 대해서만 성립한다. 양의 준정부호 연산자 경우에는, 식 (A.57)의 합에 고유값이 양수인 고유벡터들만 나타나고, 고유값이 0인 고유벡터들은 자동적으로 제외된다.

정리 1.21 $\hat{U}$를 벡터공간 $\mathcal{V}$에 작용하는 유니테리 연산자라고 하자. 그러면 $\hat{U}$의 모든 고유값은 $e^{i\phi}$ 꼴로 쓸 수 있다. 여기서 $\phi \in \mathbb{R}$이다.

예를 들어, 논리기저 $|0\rangle$과 $|1\rangle$에 대해 행렬표현이 다음과 같은 연산자 $\hat{U}$를 고려해보자.

$$\hat{U} \doteq \begin{bmatrix} \cos\phi & -\sin\phi \\ \sin\phi & \cos\phi \end{bmatrix}. \tag{A.58}$$

이 연산자는 두 개의 고유벡터

$$|L/R\rangle := \frac{|0\rangle \pm i\,|1\rangle}{\sqrt{2}} \tag{A.59}$$

를 갖고, 각각에 해당하는 고유값은 $e^{\mp i\phi}$이다. $\hat{U}$를 스펙트럼분해하면

$$\hat{U} = |L\rangle\, e^{-i\phi} \langle L| + |R\rangle\, e^{+i\phi} \langle R| \tag{A.60}$$

이 된다.

A.4.2 연산자의 함수

스펙트럼분해는 정규연산자의 함수를 정의하는 편리한 방법을 제공한다. $f : \mathcal{D} \to \mathbb{C}$를 정의역이 $\mathcal{D} \subset \mathbb{C}$인 복소수 함수라고 하자. $\hat{A}$는 정규연산자로, 이 연산자의 모든 고유값 a에 대해 $a \in \mathcal{D}$라고 하자. 이제 연산자 $\hat{A}$의 함수 $f(\hat{A})$, 즉 $\hat{A}$의 치역인 벡터공간에 작용하는 또 다른 연산자를

$$f(\hat{A}) := \sum_a |a\rangle f(a) \langle a| \tag{A.61}$$

와 같이 정의한다[식 (A.53)과 비교]. 놀랍게도, 많은 학생들이 연산자의 거듭제곱들을 사용하는 테일러 급수 전개(Taylor series expansion)를 이용하여 연산자의 함수를 정의하려고 시도한다. 하지만, 대부분의 경우에 이 급수가 실제로 수렴하는지 여부조차 확신하기가 매우 어렵다. 수렴한다고 하더라도, 그 급수 자체의 계산은 말할 것도 없고, 결과로 얻은 연산자가 어떻게 동작하는지 파악하기가 엄청나게 어렵다. 반대로, 복소수 z의 함수인 $f(z)$가 잘 정의되는 한, 식 (A.61)도 잘 정의되고 결과로 얻은 연산자 $f(\hat{A})$의 물리적 의미도 종종 분명하게 전달된다. 무엇보다도 계산이 복잡하지 않고, 많은 경우에 간단하다. 이 정의는 정규연산자에만 적용된다. 대부분의 물리적인 응용에서 이미 잘 정의된 함수를 이용해 바꾸려는 대상이 되는 연산자들이 정규연산자이기 때문에, 이는 심각한 제한조건은 아니다.

Consider again a Hermitian operator describing the Heisenberg exchange interaction between two S=1/2 spins.

```
In[*]:= opH = -J * (Pauli[1, 1] + Pauli[2, 2] + Pauli[3, 3])
```

Out[*]=

$$-J\left(\sigma^x \otimes \sigma^x + \sigma^y \otimes \sigma^y + \sigma^z \otimes \sigma^z\right)$$

We want to consider functions of operators, for example, **opH** in particular. To do it, it is most efficient to proceed with the spectral decomposition of the operator.

```
In[*]:= {val, vec} = ProperSystem[opH]
```

Out[*]=

$$\{\{3J, -J, -J, -J\}, \{-|0,1\rangle + |1,0\rangle, |1,1\rangle, |0,1\rangle + |1,0\rangle, |0,0\rangle\}\}$$

The eigenvectors are orthogonal, but not properly normalized.

```
In[*]:= Outer[Multiply, Dagger[vec], vec] // MatrixForm
```

Out[*]//MatrixForm=

$$\begin{pmatrix} 2 & 0 & 0 & 0 \\ 0 & 1 & 0 & 0 \\ 0 & 0 & 2 & 0 \\ 0 & 0 & 0 & 1 \end{pmatrix}$$

Normalize them, and check again.

```
In[*]:= nvec = vec / Sqrt[{2, 1, 2, 1}]
        Outer[Multiply, Dagger[nvec], nvec] // MatrixForm
```

Out[ ]=

$$\left\{\frac{-|0,1\rangle+|1,0\rangle}{\sqrt{2}},\ |1,1\rangle,\ \frac{|0,1\rangle+|1,0\rangle}{\sqrt{2}},\ |0,0\rangle\right\}$$

Out[ ]//MatrixForm=

$$\begin{pmatrix} 1 & 0 & 0 & 0 \\ 0 & 1 & 0 & 0 \\ 0 & 0 & 1 & 0 \\ 0 & 0 & 0 & 1 \end{pmatrix}$$

Suppose we want to get the exponential function of **opH**. For example, the time-evolution operator is given by

```
In[ ]:= opU = MultiplyExp[-I t opH]
```

Out[ ]=

$$e^{i J t\,(\sigma^x\otimes\sigma^x+\sigma^y\otimes\sigma^y+\sigma^z\otimes\sigma^z)}$$

This uses the spectral decomposition.

```
In[ ]:= newU = Total@Multiply[nvec, Exp[-I t val], Dagger[nvec]]
```

Out[ ]=

$$e^{iJt}|0,0\rangle\langle 0,0| + \frac{1}{2}e^{iJt}|0,1\rangle\langle 0,1| + \frac{1}{2}e^{-3iJt}|0,1\rangle\langle 0,1| + \frac{1}{2}e^{iJt}|0,1\rangle\langle 1,0| - \frac{1}{2}e^{-3iJt}|0,1\rangle\langle 1,0| + \frac{1}{2}e^{iJt}|1,0\rangle\langle 0,1| - \frac{1}{2}e^{-3iJt}|1,0\rangle\langle 0,1| + \frac{1}{2}e^{iJt}|1,0\rangle\langle 1,0| + \frac{1}{2}e^{-3iJt}|1,0\rangle\langle 1,0| + e^{iJt}|1,1\rangle\langle 1,1|$$

This converts the bra-ket expression into a form in terms of the Pauli operators.

```
In[ ]:= newU2 = Elaborate@ExpressionFor@Matrix[newU]
```

Out[ ]=

$$\frac{1}{4}e^{-3iJt}\left(1+3e^{4iJt}\right)\sigma^0\otimes\sigma^0 + \frac{1}{4}e^{-3iJt}\left(-1+e^{4iJt}\right)\sigma^x\otimes\sigma^x + \frac{1}{4}e^{-3iJt}\left(-1+e^{4iJt}\right)\sigma^y\otimes\sigma^y + \frac{1}{4}e^{-3iJt}\left(-1+e^{4iJt}\right)\sigma^z\otimes\sigma^z$$

In many cases, MultiplyExp can be further evaluated by means of Elaborate.

```
In[ ]:= opU2 = Elaborate@Elaborate[opU]
```

Out[ ]=

$$\frac{1}{4}e^{-3iJt}\left(1+3e^{4iJt}\right)\sigma^0\otimes\sigma^0 + \frac{1}{4}e^{-3iJt}\left(-1+e^{4iJt}\right)\sigma^x\otimes\sigma^x + \frac{1}{4}e^{-3iJt}\left(-1+e^{4iJt}\right)\sigma^y\otimes\sigma^y + \frac{1}{4}e^{-3iJt}\left(-1+e^{4iJt}\right)\sigma^z\otimes\sigma^z$$

A.5 연산자의 인수분해

행렬은 여러 개의 인자들로 분해할 수 있다. 선형 연산자는 행렬로 표현되기 때문에, 행렬 분해 방법들은 선형 연산자에도 바로 적용된다. A.4.1절에서 우리는 한 가지 분해 방법, 즉 스펙트럼분해를 이미 소개하였다. 여기서 또 다른 분해 형태들을 소개한다.

정리 1.22 (특이값분해) $m \times n$ 복소수 행렬 A는

$$A = USV^\dagger \tag{A.62}$$

와 같은 형태로 쓸 수 있다. 여기서 U와 V는 각각 $m \times m$과 $n \times n$ 유니테리 행렬이고, S는

$$S = \begin{bmatrix} s_1 & & \\ & s_2 & \\ & & \ddots \end{bmatrix} \tag{A.63}$$

형태로 쓰여지는 $m \times n$ 대각행렬이다. 이 대각행렬의 원소는 모두 $s_j \geq 0$이다. s_j 중 양수인 값들을 A의 특이값(singular value)들이라 한다.

벡터공간 $\mathcal{V}$에 작용하는 선형 연산자 $\hat{A}$의 행렬표현 A에 위 정리를 적용하면,

$$\hat{A} = \sum_{ij} |i\rangle A_{ij} \langle j| = \sum_{ijk} |i\rangle U_{ij} s_j V^\dagger_{jk} \langle k| \tag{A.64}$$

가 된다. 여기서

$$\hat{U} := \sum_{ij} |i\rangle U_{ij} \langle j| , \quad \hat{S} := \sum_{j} |j\rangle s_j \langle j| , \quad \hat{V} := \sum_{ij} |i\rangle V_{ij} \langle j| \tag{A.65}$$

라고 정하면, $\hat{A}$의

$$\hat{A} = \hat{U}\hat{S}\hat{V}^\dagger \tag{A.66}$$

와 같이 표현할 수 있고, 이것을 $\hat{A}$의 특이값분해(singular-value decomposition)라 한다. 행렬 U와 V 모두 유니테리이므로, 연산자 $\hat{U}$와 $\hat{V}$도 유니테리이다. 특이값분해의 또 다른 유용한 형태는

$$\hat{A} = \sum_{j} |u_j\rangle s_j \langle v_j| \tag{A.67}$$

이다. 여기서

$$|u_j\rangle := \sum_{i} |i\rangle U_{ij} , \quad \langle v_j| := \sum_{i} |i\rangle V_{ij} \tag{A.68}$$

로 정의된다. 행렬 U와 V가 유니테리이므로,

$$\langle u_i|u_j\rangle = \delta_{ij}\,, \quad \langle v_i|v_j\rangle = \delta_{ij} \tag{A.69}$$

가 성립한다.

정리 1.23 (극분해) 임의의 $n \times n$ 복소수 행렬 A는

$$A = UP = QV \tag{A.70}$$

와 같은 형태로 쓸 수 있다. 여기서 U와 V는 유니테리 행렬이고, $P := \sqrt{A^\dagger A}$와 $Q := \sqrt{AA^\dagger}$는 양의 정부호 행렬들(positive definite matrices)이다.

위 정리는 행렬에 적용된다. 하지만, 선형 연산자에도 바로 똑같이 적용할 수 있다. 즉, 벡터공간 $\mathcal{V}$에 작용하는 임의의 선형 연산자 $\hat{A}$는

$$\hat{A} = \hat{U}\hat{P} = \hat{Q}\hat{V} \tag{A.71}$$

와 같은 형태로 쓸 수 있고, 여기서 $\hat{P} := \sqrt{\hat{A}^\dagger\hat{A}}$와 $\hat{Q} := \sqrt{\hat{A}\hat{A}^\dagger}$는 양연산자들이고, $\hat{U}$와 $\hat{V}$는 유니테리 연산자들이다.

극분해(polar decomposition)는 특이값분해를 이용하여 쉽게 생각해낼 수 있다. 선형 연산자 $\hat{A}$를 특이값분해하여

$$\hat{A} = \hat{U}'\hat{S}\hat{V}'^\dagger \tag{A.72}$$

가 되었다고 하자. 그러면,

$$\hat{A} = \hat{U}'\hat{V}'^\dagger\,\hat{V}'\hat{S}\hat{V}'^\dagger = (\hat{U}'\hat{V}'^\dagger)\sqrt{\hat{A}^\dagger\hat{A}} \tag{A.73}$$

가 됨을 보일 수 있고, 이는 식 (A.71)의 첫 번째 형태이다. 위 유도과정에서, $\hat{A}^\dagger\hat{A}$와 $\hat{A}\hat{A}^\dagger$가 양연산자임과, A.4.2절의 정의에 따라

$$\hat{C} = \sum_c |c\rangle\, c\,\langle c| \quad (c \geq 0) \tag{A.74}$$

로 스펙트럼분해되는 양연산자 $\hat{C}$에 대해 새로운 연산자 $\sqrt{\hat{C}}$를

$$\sqrt{\hat{C}} = \sum_c |c\rangle\,\sqrt{c}\,\langle c| \tag{A.75}$$

와 같이 정의할 수 있다는 점을 이용하였다. 비슷한 방식으로, 인자들을

$$\hat{A} = \hat{U}'\hat{S}\hat{U}'^\dagger\,\hat{U}'\hat{V}'^\dagger = \sqrt{\hat{A}\hat{A}^\dagger}\,(\hat{U}'\hat{V}'^\dagger) \tag{A.76}$$

와 같이 재배열할 수 있고, 이는 식 (A.71)의 두 번째 형태이다.

A.6 텐서곱 공간

둘 이상의 계가 있는 경우, 각 계는 다른 벡터공간과 연관된다. 하나의 계만 있는 경우에도 독립적인 자유도들(예를 들어, 외부와 내부 자유도)은 서로 다른 벡터공간들과 연관된다. 그러면 전체 계의 벡터공간은 각각의 계 또는 자유도와 연관된 벡터공간들로 만들어져야 한다. 수학적으로, 이러한 전체 벡터공간을 이를 구성하는 벡터공간들의 텐서곱이라고 한다.

A.6.1 텐서곱 공간 내의 벡터

$\mathcal{V}$와 $\mathcal{W}$를 벡터공간이라 하고, $\{|v_i\rangle\}$와 $\{|w_j\rangle\}$를 각각의 기저라고 하자. 텐서곱(tensor product) $\mathcal{V} \otimes \mathcal{W}$는 기저

$$\{|v_i\rangle \otimes |w_j\rangle : i = 1, \ldots, \dim \mathcal{V};\ j = 1, \ldots, \dim \mathcal{W}\} \tag{A.77}$$

에 의해 전개되는 벡터공간이다. 이 기저는 $\mathcal{V} \otimes \mathcal{W}$의 표준 텐서곱 기저(standard tensor-product basis) 또는 간단히 표준 기저라고 불린다. $\mathcal{V} \otimes \mathcal{W}$의 차원은 당연히 $\dim(\mathcal{V} \otimes \mathcal{W}) = (\dim \mathcal{V})(\dim \mathcal{W})$이다. 기저 상태들을 정의하는데 사용된 기호 '⊗'는 $|v_i\rangle$와 $|w_j\rangle$를 분리하여 각각이 어느 벡터공간에 속하는지 명확히 가리키게 한다. 많은 경우, 혼동의 여지가 없으면, 이 기호를 생략해버리고 기저의 텐서곱 벡터를 간단히 $|v_i\rangle\,|w_j\rangle$ 또는 더 간단하게 $|v_i w_j\rangle$로 표기하기도 한다.

Here is the standard basis (product basis) for a (unlabelled) two-qubit system.

```
In[ ]:= bs = Basis[2];
        bs // LogicalForm

Out[ ]= {|0, 0⟩, |0, 1⟩, |1, 0⟩, |1, 1⟩}
```

텐서곱 공간 $\mathcal{V} \otimes \mathcal{W}$를 구성하는 각 벡터공간 $\mathcal{V}$와 $\mathcal{W}$의 에르미트 곱들 $\langle \cdot, \cdot \rangle_{\mathcal{V}}$와 $\langle \cdot, \cdot \rangle_{\mathcal{W}}$는 텐서곱 공간에서도 그대로 적용되어, 표준 에르미트 곱

$$(\langle v_i| \otimes \langle w_j|)(|v_k\rangle \otimes |w_l\rangle) = \langle v_i|v_k\rangle_{\mathcal{V}}\, \langle w_j|w_l\rangle_{\mathcal{W}} \tag{A.78}$$

를 정의한다.

텐서곱 공간 내의 벡터를 표준 텐서곱 기저에 대해 전개하면

$$|\Psi\rangle = \sum_{ij} |v_i\rangle \otimes |w_j\rangle\, \Psi_{ij} \in \mathcal{V} \times \mathcal{W} \tag{A.79}$$

가 되어, 일반적으로 $M \times N$개의 항으로 이루어진다. 여기서 $M := \dim \mathcal{V}$, $N := \dim \mathcal{W}$이다. 전개 형태를 바꾸면, 이 항들의 개수를 크게 줄일 수 있다. 가령, 특이값분해(정리 1.22 참조)를 이용해 전개 계수 Ψ_{ij}로 이루어진 행렬 Ψ를

$$\Psi = U \Sigma V^\dagger \tag{A.80}$$

로 분해해보자. 여기서 U는 $M \times M$ 유니테리 행렬, V는 $N \times N$ 유니테리 행렬이고, Σ는 $M \times N$ 대각행렬이다. Σ의 대각원소 s_j는 0이거나 양수이며, 0이 아닌 대각원소들의 개수 R은 $\min(M, N)$보다 클 수 없다. 식 (A.80)을 다시 식 (A.79)에 대입하면, 소위 슈미트 분해(Schmidt decomposition),

$$|\Psi\rangle = \sum_{j=1}^{R} |\alpha_j\rangle \otimes |\beta_j\rangle \, s_j \,, \quad |\alpha_j\rangle := \sum_i |v_i\rangle \, U_{ij} \,, \quad |\beta_j\rangle := \sum_i |w_i\rangle \, V_{ij}^* \tag{A.81}$$

를 이룬다. U와 V가 유니테리이므로, $\langle \alpha_i | \alpha_j \rangle = \delta_{ij}$이고 $\langle \beta_i | \beta_j \rangle = \delta_{ij}$이다. 그리고, $|\Psi\rangle$가 규격화되어 있으면 $\sum_{j=1}^{R} s_j^2 = 1$ $(0 < s_j < 1)$이다.

개수 R은 벡터 $|\Psi\rangle$의 슈미트 차수(Schmidt rank) 또는 슈미트 수(Schmidt number)라고 불린다. $R = 1$이면, $|\Psi\rangle$는 $|\Psi\rangle = |\alpha_1\rangle \otimes |\beta_1\rangle$로 인수분해되므로 분리가능하다고 한다. 그렇지 않으면, 이 벡터는 인자들로 나누어질 수 없어서 얽힌 벡터(entangled vector)라 불린다. 슈미트 분해는 벡터가 분리가능한지 아니면 얽혀있는지 여부를 판가름하는데 편리한 방법이다.

Consider an arbitrary vector in the tensor-product space.

```
In[ ]:= cc = Re@RandomVector[4];
vec = bs.cc;
vec // LogicalForm
```

```
Out[ ]= -0.392437 |0, 0⟩ + 0.309225 |0, 1⟩ - 0.352869 |1, 0⟩ + 0.733405 |1, 1⟩
```

This is its Schmidt decomposition and shows that the state vector is entangled.

```
In[ ]:= {ww, uu, vv} = SchmidtDecomposition[vec, {1}, {2}];
ww // Normal
uu
vv
```

```
Out[ ]= {0.935711, 0.190978}

Out[ ]= {0.504017 |0⟩ + 0.863694 |1⟩, -0.863694 |0⟩ + 0.504017 |1⟩}

Out[ ]= {-0.537096 |0⟩ + 0.843521 |1⟩, 0.843521 |0⟩ + 0.537096 |1⟩}
```

`SchmidtForm` presents the Schmidt decomposition in a more intuitively-appealing form. For a thorough analysis of the result, use `SchmidtDecomposition`.

```
In[ ]:= new = SchmidtForm[vec, {1}, {2}]

Out[ ]=
0.190978 (-0.863694 |0⟩ + 0.504017 |1⟩) ⊗ (0.843521 |0⟩ + 0.537096 |1⟩) +
 0.935711 (0.504017 |0⟩ + 0.863694 |1⟩) ⊗ (-0.537096 |0⟩ + 0.843521 |1⟩)
```

Check whether the two vectors are the same or not.

```
In[ ]:= vec - ReleaseTimes[new] // Garner // Chop

Out[ ]=
0
```

A.6.2 텐서곱 공간에 작용하는 연산자

$\hat{A}$와 $\hat{B}$를 각각 벡터공간 $\mathcal{V}$와 $\mathcal{W}$에 작용하는 선형 연산자라고 하자. 텐서곱 연산자 $\hat{A}\otimes\hat{B}$는 텐서곱 공간 $\mathcal{V}\otimes\mathcal{W}$에 가해지는 선형 연산자로서 다음의 대응관계로 정의된다.

$$(\hat{A}\otimes\hat{B})(|v_i\rangle\otimes|w_j\rangle) = (\hat{A}\,|v_i\rangle)\otimes(\hat{B}\,|w_j\rangle). \tag{A.82}$$

$\hat{A}$와 $\hat{B}$가 각각 행렬 A와 B로 표현된다고 하면, 다음과 같이 전개할 수 있다.

$$\hat{A}\,|v_j\rangle = \sum_i |v_i\rangle\,A_{ij}\,, \quad \hat{B}\,|v_j\rangle = \sum_i |w_i\rangle\,B_{ij}\,. \tag{A.83}$$

그러면 식 (A.82)로부터

$$(\hat{A}\otimes\hat{B})(|v_i\rangle\otimes|w_j\rangle) = \left(\sum_k |v_k\rangle\,A_{ki}\right)\otimes\left(\sum_l |w_l\rangle\,B_{lj}\right) = \sum_{kl}|v_k\rangle\otimes|w_l\rangle\,A_{ki}B_{lj} \tag{A.84}$$

를 얻는다. 이는 표준 텐서곱 기저에 대한 $\hat{A}\otimes\hat{B}$의 행렬표현이 두 행렬의 직접곱(direct product) $A\otimes B$로 주어짐을 의미한다.

일반적으로, $\mathcal{V}\otimes\mathcal{W}$에 작용하는 선형 연산자 $\hat{C}$는 하나의 곱이 아니라 그러한 곱들의 합으로 이루어진다. 얼마나 많은 곱들이 필요할까? 표준 텐서곱 기저에 대한 $\hat{C}$의 행렬표현이 행렬 $C_{ij;kl}$로 주어진다고 하자. 그러면,

$$\hat{C}\,|v_k w_l\rangle = \sum_{ij}|v_i v_j\rangle\,C_{ij;kl} \tag{A.85}$$

또는, 동등하게

$$\hat{C} = \sum_{ij;kl}|v_i w_j\rangle\langle v_k w_l|\;C_{ij;kl} = \sum_{ij;kl}|v_i\rangle\langle v_k|\otimes|w_j\rangle\langle w_l|\;C_{ij;kl} \tag{A.86}$$

이다. 집합 첨수 (ik)와 (jl)로 기술한 $M^2\times N^2$ 행렬 $G_{ik;jl} := C_{ij;kl}$를 특이값분해하면,

$$G_{ik;jl} = \sum_\mu U_{ik;\mu}\gamma_\mu V^\dagger_{\mu;jl}\,, \quad \gamma_\mu \geq 0 \tag{A.87}$$

를 얻는다.

$$\hat{A}_\mu := \sum_{ik} |v_i\rangle \langle v_k| U_{ik;\mu}\,, \quad \hat{B}_\mu := \sum_{jl} |w_j\rangle \langle w_l| V^*_{jl;\mu} \tag{A.88}$$

라 정하면,

$$\hat{C} = \sum_\mu \hat{A}_\mu \otimes \hat{B}_\mu \gamma_\mu \tag{A.89}$$

로 전개할 수 있고, 이는 텐서곱 공간에서 벡터를 슈미트 분해(식 (A.81) 참조)한 것과 유사하다. 여기서 0이 아닌 특이값 γ_μ의 개수는 $\min(M^2, N^2)$보다 작거나 같다.

부록 B

초연산자

초연산자(superoperator)는 선형 연산자들로 이루어진 벡터공간에 작용하는 선형 연산자이다. 벡터의 개념은 일반적이라, 언뜻 보기에는 이러한 연산자에 고유한 이름을 붙이고 이에 대한 추가적인 논의를 해야 할 이유가 별로 없어 보인다. 그러나 1990년대에 양자정보이론 연구가 활발해져가던 중에 초연산자가 얽힘 연구에 중요하다는 것이 분명해지면서 많은 연구자들이 초연산자에 상당한 관심을 가지게 되었다. 그 이후로 초연산자에 대한 수학적 이론들이 눈에 띄게 빠른 속도로 발전하였고, 양자계산과 양자정보에 관련된 다양한 연구 주제들에 적용되어왔다. 이 부록에서는 초연산자의 속성들을 간략하게 조사하고, 얽힘 및 결맞음 연구를 위한 몇 가지 수학적 도구를 제공한다(5절 참조).

B.1 벡터로서의 연산자

한 벡터공간에 작용하는 두 연산자의 합이나 연산자와 스칼라의 곱은 따로 언급할 필요도 없이 자연스럽게 정의된다. 즉, 벡터공간에 작용하는 연산자들 자체가 벡터공간을 형성한다(곧 살펴볼 정리 2.1 참조). 선형 연산자들로 이루어진 벡터공간은 수학적 일반화일 뿐만 아니라 물리적으로도 중요한 관련성을 가지고 있다. 예를 들어, 양자물리학에서 순수상태의 통계적 혼합인 혼합상태는 소위 밀도연산자로 기술된다.

연산자를 벡터처럼 다루는 것이 매우 유용한 또 다른 이유가 있다. 이는 수학적 동기로 시작하였지만 물리적으로도 중요하다. 임의의 유니테리 연산자 $\hat{U}$는 적절한 에르미트 연산자 $\hat{H}$를 이용해 $\hat{U} = \exp(i\hat{H})$형태로 쓸 수 있다. 물리적인 과정을 기술하려면 유니테리 연산자를 사용해야한다. 하지만 정의자체에서 오는 제약조건 $\hat{U}^\dagger\hat{U} = \hat{I}$때문에 유니테리 연산자는 직접 다루기 어려울 때가 많다. 대부분 에르미트 연산자들을 다루고 이들에 대한 지수함수를 고려하는 것이 훨씬 더 편리하고 쉽다. 다소 사소한 에르미트 조건을 제외하면,

에르미트 연산자에 대한 다른 제약조건이 없기 때문에 자연스럽게 에르미트 연산자를 기본 원소들의 선형결합으로 표현할 수 있다. 이렇게 하면 물리적 의미를 가진 연산자들을 다루기가 훨씬 더 쉬워진다.

이 부록에서는 벡터공간에 작용하는 모든 선형 연산자들로 이루어진 벡터공간의 일반적 구조를 논의할 것이다. 선형 연산자로 이루어진 더 일반적인 벡터공간들을 논리하기 앞서, 행렬들의 벡터공간을 먼저 살펴보기로 하자.

예제 2.1 (벡터로서의 행렬) $\mathcal{M}_n$을 모든 $n \times n$ 복소수 행렬로 이루어진 집합이라 하자.

(a) $\mathcal{M}_n$이 벡터공간임을 보여라.

(b) $\mathcal{M}_n$의 차원은 얼마인가?

(c) $\mathcal{M}_n$의 원소들 사이의 에르미트 곱(Hermitian product)을 정의하라.

(d) $\mathcal{M}_n$의 직교맞춤 기저(orthogonal basis)를 만들라.

좀더 구체적인 예를 하나 들어보자.

예 2.2 (파울리 분해) $\mathcal{M}_2$를 고려해보자.

(a) 네 개의 파울리 행렬 $\hat{\sigma}^\mu (\mu = 0, 1, 2, 3)$가 직교맞춤 기저를 이룸을 보여라.

(b) 임의의 행렬 $L \in \mathcal{M}_2$이 주어졌을 때, 파울리 행렬을 이용해 이를 전개하라. 즉, 파울리 행렬을 이용하여 L의 가장 일반적인 형태를 찾아내라.

(c) 에르미트 행렬 $H \in \mathcal{M}_2$의 가장 일반적인 형태를 찾아내라.

(d) 유니테리 행렬 $U \in \mathcal{M}_2$의 가장 일반적인 형태를 찾아내라.

Let us demonstrate that any 2×2 matrix can be written as a linear superposition of the Pauli matrices. Consider an arbitrary 2×2 matrix.

In[ ]:=
```
L = {{1, 2 I},
    {-I, 3}};
L // MatrixForm
```

Out[ ]//MatrixForm=

$$\begin{pmatrix} 1 & 2i \\ -i & 3 \end{pmatrix}$$

ExpressionFor converts a matrix into an operator expression in terms of the Pauli operators -- the Pauli operators are the operator forms of the Pauli matrices.

In[ ]:=
```
op = ExpressionFor[L]
Elaborate[op]
```

Out[ ]=

$$2\,\sigma^0 - \sigma^z + 2\,i\,\sigma^+ - i\,\sigma^-$$

Out[ ]=

$$2\,\sigma^0 + \frac{i\,\sigma^x}{2} - \frac{3\,\sigma^y}{2} - \sigma^z$$

The symbols σ^μ in the above are the displayed form of Pauli.

In[ ]:=
```
InputForm[op]
```

Out[ ]//InputForm=
```
2*Pauli[0] - Pauli[3] + (2*I)*Pauli[4] - I*Pauli[5]
```

ThePauli is the matrix form of Pauli. The following statement reconstructs the original matrix.

In[ ]:=
```
new = 2 ThePauli[0] + (I / 2) ThePauli[1] - (3 / 2) ThePauli[2] - ThePauli[3];
new // MatrixForm
```

Out[ ]//MatrixForm=

$$\begin{pmatrix} 1 & 2i \\ -i & 3 \end{pmatrix}$$

The conversion of Pauli to the corresponding matrix -- ThePauli -- can be achieved by simply using Matrix.

In[ ]:=
```
new2 = Matrix[op];
new2 // MatrixForm
```

Out[ ]//MatrixForm=

$$\begin{pmatrix} 1 & 2i \\ -i & 3 \end{pmatrix}$$

Let us analyse the above demonstration in more detail. Here are the Pauli matrices. They form a basis of $\mathcal{M}_2$.

In[ ]:=
```
bs = ThePauli /@ {0, 1, 2, 3};
MatrixForm /@ bs
```

Out[ ]=

$$\left\{\begin{pmatrix} 1 & 0 \\ 0 & 1 \end{pmatrix}, \begin{pmatrix} 0 & 1 \\ 1 & 0 \end{pmatrix}, \begin{pmatrix} 0 & -i \\ i & 0 \end{pmatrix}, \begin{pmatrix} 1 & 0 \\ 0 & -1 \end{pmatrix}\right\}$$

The function PauliDecompose returns the expansion coefficients in the Pauli basis.

In[ ]:=
```
cc = PauliDecompose[L]
```

Out[ ]=

$$\left\{2, \frac{i}{2}, -\frac{3}{2}, -1\right\}$$

Indeed, the coefficients reconstructs the original matrix.

In[ ]:=
```
new = cc.bs;
new // MatrixForm
```

Out[ ]//MatrixForm=

$$\begin{pmatrix} 1 & 2i \\ -i & 3 \end{pmatrix}$$

In[ ]:=
```
L - new // Chop
```

Out[ ]=
```
{{0, 0}, {0, 0}}
```

Let us further consider a 2×2 Hermitian matrix.

```
In[ ]:= H = RandomHermitian[];
        H // MatrixForm

Out[ ]//MatrixForm=
        ( 0.558658 + 0. i        -0.89873 - 0.66087 i )
        ( -0.89873 + 0.66087 i    0.120512 + 0. i     )
```

```
In[ ]:= H - Topple[H] // Chop // MatrixForm

Out[ ]//MatrixForm=
        ( 0 0 )
        ( 0 0 )
```

It is noted that the expansion coefficients are all real.

```
In[ ]:= cc = PauliDecompose[H] // Chop

Out[ ]=
        {0.339585, -0.89873, 0.66087, 0.219073}
```

Finally, consider a 2 × 2 unitary matrix.

```
In[ ]:= U = RandomUnitary[];
        U // MatrixForm

Out[ ]//MatrixForm=
        ( -0.35467 + 0.843542 i    -0.196382 - 0.352251 i )
        ( -0.116783 + 0.386016 i    0.526328 + 0.748553 i )
```

```
In[ ]:= Topple[U].U // Chop // MatrixForm

Out[ ]//MatrixForm=
        ( 1.  0  )
        ( 0   1. )
```

One can see that the column vector of the expansion coefficients is normalized.

```
In[ ]:= cc = PauliDecompose[U]

Out[ ]=
        {0.085829 + 0.796047 i, -0.156582 + 0.0168825 i,
         0.369134 - 0.0397996 i, -0.440499 + 0.0474942 i}
```

```
In[ ]:= Conjugate[cc].cc // Chop

Out[ ]=
        1.
```

In the above demonstration, we have used the Pauli operators for *unlabelled* qubits. One could use the Pauli operators for qubits with labels. Let us consider a system of two qubits, which are denoted by the symbol S.

```
In[ ]:= Let[Qubit, S]
```

Consider an arbitrary 2×2 matrix.

```
In[ ]:= mat = RandomInteger[{-3, 3}, {2, 2}];
        mat // MatrixForm

Out[ ]//MatrixForm=
        ( 1  0 )
        ( 1 -1 )
```

This converts the matrix into an operator expression in terms of the Pauli operators on the labelled qubits. Here S[μ] corresponds to Pauli[μ] acting on the the qubit `S[None]`.

```
In[ ]:= op = Elaborate@ExpressionFor[mat, S[None]]
Out[ ]=
 Sˣ   i Sʸ
 —— - ———— + Sᶻ
 2     2
```

The operator expression can be converted back to a matrix by using Matrix.

```
In[ ]:= new = Matrix[op];
        new // MatrixForm
Out[ ]//MatrixForm=
 (1  0 )
 (1  -1)
```

정의 2.1 (선형 사상들로 이루어진 벡터공간) $\mathcal{V}$와 $\mathcal{W}$를 벡터공간이라 하자. $\mathcal{L}(\mathcal{V},\mathcal{W})$는 모든 선형 사상 $\hat{L} : \mathcal{V} \to \mathcal{W}$의 집합이다. 선형 사상 $\hat{L}$과 스칼라 $x \in \mathbb{C}$와의 곱을, 모든 $|v\rangle \in \mathcal{V}$에 대해

$$\left(x\hat{L}\right)|v\rangle := x\left(\hat{L}\,|v\rangle\right) \tag{B.1}$$

라고 정의하자. 또한, 두 선형 사상의 합을 모든 $|v\rangle \in \mathcal{V}$에 대해

$$\left(\hat{L} + \hat{M}\right)|v\rangle := \hat{L}\,|v\rangle + \hat{M}\,|v\rangle \tag{B.2}$$

라고 정의한다. 그럼, 집합 $\mathcal{L}(\mathcal{V},\mathcal{W})$는 벡터공간을 이룬다. $\mathcal{V} = \mathcal{W}$이면, $\mathcal{L}(\mathcal{V}) := \mathcal{L}(\mathcal{V},\mathcal{V})$는 $\mathcal{V}$에 작용하는 모든 선형 연산자들의 벡터공간이다.

벡터공간 $\mathcal{V}$와 $\mathcal{W}$의 직교맞춤 기저들을 각각 $\{|v_1\rangle,\ldots,|v_m\rangle\}$과 $\{|w_1\rangle,\ldots,|w_n\rangle\}$이라 하자. 선형 사상들로 이루어진 벡터공간 $\mathcal{L}(\mathcal{V},\mathcal{W})$의 기저로는 자연스럽게

$$\{|w_j\rangle\langle v_i| : i = 1,\ldots,m;\ j = 1,\ldots,n\} \tag{B.3}$$

을 선택할 수 있다.

$\mathcal{L}(\mathcal{V},\mathcal{W})$의 원소들 사이의 에르미트 곱 또한 정의해두면 편리하다. 행렬 사이의 힐베르트-슈미트 내적과[2.1] 같은 방식으로, $\mathcal{L}(\mathcal{V},\mathcal{W})$의 에르미트 곱은 $\mathcal{V}$와 $\mathcal{W}$의 에르미트 곱을 이용하여

$$\langle\hat{A},\hat{B}\rangle := \operatorname{Tr}\hat{A}^\dagger\hat{B} = \sum_j \langle v_j, \hat{A}^\dagger\hat{B}v_j\rangle_{\mathcal{V}} = \sum_j \langle\hat{A}v_j, \hat{B}v_j\rangle_{\mathcal{W}} \tag{B.4}$$

[2.1] 수학 분야에서 이는 종종 프로베니우스 내적(Frobenius inner product)이라고 불린다.

로 정의할 수 있다. 이는 힐베르트-슈미트 내적(Hilbert-Schmidt inner product) 또는 프로베니우스 내적(Frobenius inner product)이라 불린다. 이 에르미트 곱에 대해 기저 (B.3)은 직교맞춤이다.

$\mathcal{V}$에 작용하는 모든 선형 연산자들의 벡터공간 $\mathcal{L}(\mathcal{V})$에 힐베르트-슈미트 내적 (B.4)를 정의하고 나면, 표준 기저 (B.3) 외에도 널리 쓰이는 기저가 하나 더 있다. 이 기저는 항등연산자 $\hat{I}$를 기저의 한 원소로 삼는다. 그러면, 이 기저의 다른 원소들은 대각합이 영이어야 한다. 예를 들어, $\mathcal{S}$를 이차원 힐베르트 공간이라 하면, $\mathcal{L}(\mathcal{S})$ 내에는 네 개의 파울리 연산자들로 이루어진 기저 $\{\hat{I} \equiv \hat{S}^0, \hat{S}^x, \hat{S}^y, \hat{S}^z\}$가 그 조건을 만족한다. 당연히, 항등연산자가 아닌 세 개의 파울리 연산자($\mu = x, y, z$)들은 $\mathrm{Tr}\,\hat{S}^\mu = 0$을 만족하여 대각합이 영이다. 임의의 연산자 $\hat{A} \in \mathcal{L}(\mathcal{S})$는 네 개의 파울리 연산자를 이용해

$$\hat{A} = \hat{S}^0\alpha_0 + \hat{S}^x\alpha_x + \hat{S}^y\alpha_y + \hat{S}^z\alpha_z \quad (\alpha_\mu \in \mathbb{C}) \tag{B.5}$$

로 전개된다. 전개 계수는 기저들의 직교성과 힐베르트-슈미트 내적을 이용하여

$$\alpha_\mu = \frac{1}{2}\,\mathrm{Tr}\,\hat{S}^\mu \hat{A} \tag{B.6}$$

로 구할 수 있다(파울리 연산자들은 모두 에르미트임을 이용하였다). 예제 2.2에서 파울리 연산자들의 행렬표현을 이용하여 위 식들을 이미 확인하였다.

예 2.3 두 큐비트들로 이루어진 계에 해당하는 힐베르트 공간 $\mathcal{S} \otimes \mathcal{S}$를 고려해보자. 파울리 연산자들의 곱들로 이루어진 집합

$$\{\hat{S}_1^\mu \otimes \hat{S}_2^\nu\} \tag{B.7}$$

이 $\mathcal{L}(\mathcal{S} \otimes \mathcal{S})$의 직교 기저를 이룸을 증명하라.

Solution: Consider an arbitrary 4×4 matrix.

```
In[ ]:= mat = RandomInteger[{-3, 3}, {4, 4}];
        mat // MatrixForm
```

Out[ ]//MatrixForm=

$$\begin{pmatrix} -2 & -1 & -1 & 1 \\ 1 & 0 & 1 & -1 \\ 2 & 2 & 0 & 2 \\ -2 & -3 & 0 & -3 \end{pmatrix}$$

This converts the matrix into an operator expression in terms of the products of the Pauli operators, which are represented by `Pauli[μ,ν,...]`.

```
In[ ]:= op = Elaborate@ExpressionFor[mat]
```

Out[ ]=

$$-\frac{5}{4}\sigma^0\otimes\sigma^0+\frac{\sigma^0\otimes\sigma^x}{2}+\frac{\sigma^0\otimes\sigma^z}{4}-\frac{3\,\sigma^x\otimes\sigma^0}{4}+\frac{\sigma^x\otimes\sigma^x}{2}+i\,\sigma^x\otimes\sigma^y+\frac{5\,\sigma^x\otimes\sigma^z}{4}-\frac{1}{4}i\,\sigma^y\otimes\sigma^0+\frac{1}{2}i\,\sigma^y\otimes\sigma^x+\sigma^y\otimes\sigma^y-\frac{5}{4}i\,\sigma^y\otimes\sigma^z+\frac{\sigma^z\otimes\sigma^0}{4}-\frac{\sigma^z\otimes\sigma^x}{2}-i\,\sigma^z\otimes\sigma^y-\frac{5\,\sigma^z\otimes\sigma^z}{4}$$

This converts the operator expression back into the original matrix.

In[ ]:=

```
new = Matrix[op];
new // MatrixForm
```

Out[ ]//MatrixForm=

$$\begin{pmatrix} -2 & -1 & -1 & 1 \\ 1 & 0 & 1 & -1 \\ 2 & 2 & 0 & 2 \\ -2 & -3 & 0 & -3 \end{pmatrix}$$

In the above demonstration, we have used the Pauli operators for *unlabelled* qubits. One could use the Pauli operators for qubits with labels. Let us consider a system of two qubits, which are denoted by the symbol S and the flavor indices.

In[ ]:=

```
Let[Qubit, S]
```

This converts the matrix into an operator expression in terms of the Pauli operators on the labelled qubits. Here S[1,μ] corresponds to Pauli[μ,0] acting on the first qubit and S[2,μ] to Pauli[0,μ] on the second qubit.

In[ ]:=

```
op = ExpressionFor[mat, S[{1, 2}, None]]
Elaborate[op]
```

Out[ ]=

$$-\frac{5}{4}-\frac{5}{4}S_1^z S_2^z-\frac{3}{2}S_1^z S_2^+ +\frac{1}{2}S_1^z S_2^- + S_1^+ S_2^+ + S_1^+ S_2^- +\frac{5}{2}S_1^- S_2^z+2\,S_1^- S_2^+ -2\,S_1^- S_2^- +\frac{S_1^z}{4}-S_1^+ -\frac{S_1^-}{2}+\frac{S_2^z}{4}+\frac{S_2^+}{2}+\frac{S_2^-}{2}$$

Out[ ]=

$$-\frac{5}{4}+\frac{1}{2}S_1^x S_2^x+i\,S_1^x S_2^y+\frac{5}{4}S_1^x S_2^z+\frac{1}{2}i\,S_1^y S_2^x+S_1^y S_2^y-\frac{5}{4}i\,S_1^y S_2^z-\frac{1}{2}S_1^z S_2^x-i\,S_1^z S_2^y-\frac{5}{4}S_1^z S_2^z-\frac{3\,S_1^x}{4}-\frac{i\,S_1^y}{4}+\frac{S_1^z}{4}+\frac{S_2^x}{2}+\frac{S_2^z}{4}$$

The operator expression can be converted back to a matrix by using Matrix.

In[ ]:=

```
new = Matrix[op];
new // MatrixForm
```

Out[ ]//MatrixForm=

$$\begin{pmatrix} -2 & -1 & -1 & 1 \\ 1 & 0 & 1 & -1 \\ 2 & 2 & 0 & 2 \\ -2 & -3 & 0 & -3 \end{pmatrix}$$

B.2 초연산자

벡터공간에 작용하는 연산자들도 벡터로 간주할 수 있으므로, 벡터공간 $\mathcal{V}$에 작용하는 연산자들로부터 벡터공간 $\mathcal{W}$에 작용하는 연산자들로의 선형 사상 $\mathscr{F} : \mathcal{L}(\mathcal{V}) \to \mathcal{L}(\mathcal{W})$를 생각해볼 수 있을 것이다. 벡터들 사이에 정의되는 사상과 구별하기 위하여, 연산자에 대한 사상을 초사상(supermap)이라고 부른다. 물리적으로 보면, 입력되는 연산자가 혼합상태, 즉 밀도연산자일 때 초사상이 의미가 깊다.

많은 경우, $\mathcal{V} = \mathcal{W}$로 입력과 출력 공간이 동일하다. 이런 경우, $\mathscr{F}$는 연산자, 즉 연산자에 작용하는 연산자이므로, 이를 $\mathcal{V}$에 작용하는 초연산자(superoperator)라고 부른다. 초연산자는 열린 양자계, 즉 주위를 둘러싼 다른 계와 상호작용하는 계의 시간에 따른 변화를 수학적으로 기술하는데 유용하다.

B.2.1 행렬표현

초사상을 어떻게 특징지을 수 있을까? 벡터에 작용하는 선형 사상들은 그 행렬표현을 이용하여 특징지었음을 떠올려보자. 벡터공간 $\mathcal{V}$와 $\mathcal{W}$의 기저를 각각 $\{|v_j\rangle\}$와 $\{|w_i\rangle\}$라 하면, 선형 사상 $\hat{L} : \mathcal{V} \to \mathcal{W}$는

$$\hat{L}\,|v_j\rangle = \sum_i |w_i\rangle\, L_{ij} \tag{B.8}$$

로 완벽하게 기술된다.

초사상 $\mathscr{F} : \mathcal{L}(\mathcal{V}) \to \mathcal{L}(\mathcal{W})$은 관련 벡터공간 $\mathcal{L}(\mathcal{V})$와 $\mathcal{L}(\mathcal{W})$가 추가적인 대수학적 구조를 가지고 있어서, 여러 가지 수준에서 각기 다른 방법으로 이를 특징지을 수 있다. 초사상을 특징지을 수 있는 직접적인 방법 중 하나는 위의 행렬표현과 유사한 방법을 취하는 것이다. $|v_k\rangle\langle v_l|$과 $|w_i\rangle\langle w_j|$와 같은 꼴의 선형 사상들이 각각 $\mathcal{L}(\mathcal{V})$와 $\mathcal{L}(\mathcal{W})$의 표준 기저를 형성함을 떠올려보자. 각 $|v_k\rangle\langle v_l|$에 대해, $\mathscr{F}(|v_k\rangle\langle v_l|)$는 $\mathcal{L}(\mathcal{W})$안의 원소가 되므로 표준 기저 $\{|w_i\rangle\langle w_j|\}$를 이용하여

$$\mathscr{F}(|v_k\rangle\langle v_l|) = \sum_{ij} |w_i\rangle\langle w_j|\, C_{ik;jl}\,, \quad C_{ik;jl} \in \mathbb{C} \tag{B.9}$$

와 같이 전개할 수 있다[식 (B.3) 참조]. 여기서, (ik)와 (jl)를 집단 첨수들로 삼아서 정의한 행렬 C($C_{ik;jl}$의 첨수들의 순서에 유의하라)를 초사상 $\mathscr{F}$에 연관된 최 행렬(Choi matrix)이라고 부른다. 이 행렬은 초사상 $\mathscr{F}$를 완벽하게 특징짓는다. 그러면 임의의 선형 연산자 $\mathscr{F}$에 대한 $\hat{\rho} := \sum_{kl} |v_k\rangle\langle v_l|\,\rho_{kl} \in \mathcal{L}(\mathcal{V})$의 상(image)은

$$\hat{\sigma} := \mathscr{F}(\hat{\rho}) = \sum_{kl} \mathscr{F}(|v_k\rangle\langle v_l|)\rho_{kl} = \sum_{ij}\sum_{kl} |w_i\rangle\langle w_j|\, C_{ik;jl}\,\rho_{kl} \tag{B.10}$$

로 주어진다. 이는 $\hat{\sigma}$와 $\hat{\rho}$의 (표준 텐서곱 기저에 대한) 행렬원소들이 최 행렬을 통해

$$\sigma_{ij} = \sum_{kl} C_{ik;jl}\, \rho_{kl} \tag{B.11}$$

과 같은 관계식을 만족함을 의미한다.

We consider supermaps transforming operators of the form

In[ ]:=
```
Let[Complex, ρ]
rho = ρ@{0, 1, 2, 3}.S[Full]
```

Out[ ]=

$S^0 \rho_0 + S^x \rho_1 + S^y \rho_2 + S^z \rho_3$

Here is a supermap, specified by a set of three Kraus elements.

In[ ]:=
```
ops = {2 S[4], S[5], S[6]};
spr = Supermap[ops]
```

Out[ ]=

$\text{Supermap}[\{2\, S^+, S^-, S^H\}]$

Under the supermap, the operator `rho` transforms as follows.

In[ ]:=
```
new = spr[rho] // Elaborate
```

Out[ ]=

$-S^y \rho_2 + \frac{1}{2}(7\rho_0 - 3\rho_3) + S^z\left(\frac{3\rho_0}{2} + \rho_1 - \frac{5\rho_3}{2}\right) + S^x \rho_3$

This gives the Choi matrix corresponding to the supermap.

In[ ]:=
```
tsr = ChoiMatrix[spr];
Dimensions@tsr
```

Out[ ]=

{2, 2, 2, 2}

The Choi matrix provides a matrix representation of the supermap. This is illustrated by the transformation of the elements of the matrix representation of the operator `rho`.

In[ ]:=
```
new2 = TensorContract[TensorProduct[tsr, Matrix@rho], {{2, 5}, {4, 6}}];
new2 // Simplify // MatrixForm
```

Out[ ]//MatrixForm=

$$\begin{pmatrix} 5\rho_0 + \rho_1 - 4\rho_3 & i\,\rho_2 + \rho_3 \\ -i\,\rho_2 + \rho_3 & 2\rho_0 - \rho_1 + \rho_3 \end{pmatrix}$$

In[ ]:=
```
new - ExpressionFor[new2, S] // Elaborate
```

Out[ ]=

0

몇 가지 예들을 들어보자. 먼저, 가장 간단한 형태의 초사상

$$\mathscr{F}(\hat{\rho}) = \hat{A}\hat{\rho}\hat{B}^\dagger \tag{B.12}$$

를 고려해보자. 여기서 $\hat{A}, \hat{B} \in \mathcal{L}(\mathcal{V}, \mathcal{W})$이다. 그러면 $\mathscr{F}$의 최 행렬은

$$C_{ij;kl} = A_{ij}B^*_{kl} \tag{B.13}$$

로 주어진다. 다음으로

$$\mathscr{F}(\hat{\rho}) = -i[\hat{H}, \hat{\rho}] \tag{B.14}$$

형태의 초사상을 고려해보자. 이는 린드블라드 방정식 중 결맞음을 유지하는 부분이다(5.4절 참조). 식 (B.13)의 결과에 $\hat{A} = \hat{I}$나 $\hat{B} = \hat{I}$를 대입하면 초사상 (B.14)에 대한 최 행렬이

$$C_{ij;kl} = -i(H_{ij}\delta_{kl} - \delta_{ij}H^*_{kl}) \tag{B.15}$$

로 주어짐을 바로 알 수 있다.

B.2.2 연산자합 표현

초사상을 특징짓는 또 다른 방법으로 소위 연산자합 표현(operator-sum representation)이 있다. 이 방법은 양자정보이론이나 양자통계역학을 포함한 여러 물리 분야들에서 매우 유용하게 사용된다. 등식 $\rho_{kl} = \langle v_k|\hat{\rho}|v_l\rangle$을 식 (B.10)에 다시 대입하면,

$$\mathscr{F}(\hat{\rho}) = \sum_{ij}\sum_{kl} |w_i\rangle \langle v_k|\hat{\rho}|v_l\rangle \langle w_j| C_{ik;jl} \tag{B.16}$$

을 얻는다. 이때, $\hat{E}_{ik} := |w_i\rangle\langle v_k|$가 $\mathcal{V}$에서 $\mathcal{W}$로의 선형 사상, 즉 $\hat{E}_{ik} \in \mathcal{L}(\mathcal{V}, \mathcal{W})$이라는 점에 주목하자. 마찬가지로, $|v_l\rangle\langle w_j| \in \mathcal{L}(\mathcal{W}, \mathcal{V})$가 되고, 이 사상은 $\hat{E}^\dagger_{jl}$와 동일하다. 따라서,

$$\mathscr{F}(\hat{\rho}) = \sum_{ij}\sum_{kl} \hat{E}_{ik}\hat{\rho}\hat{E}^\dagger_{jl}C_{ik;jl} \tag{B.17$'$}$$

이다. 집단 첨수를 $\mu \equiv (ik)$와 $\nu \equiv (jl)$로 표기하면, 초사상 $\mathscr{F}$는 연산자합 표현

$$\mathscr{F}(\hat{\rho}) = \sum_{\mu=1}^{MN}\sum_{\nu=1}^{MN} \hat{E}_\mu\hat{\rho}\hat{E}^\dagger_\nu C_{\mu\nu} \tag{B.17}$$

로 나타낼 수 있다. 여기서 $M := \dim \mathcal{V}$, $N := \dim \mathcal{W}$이다. 연산자들의 관계를 그림으로 묘사하면 다음과 같다.

$$\begin{array}{ccc} \mathcal{V} & \xleftarrow{\hat{E}_\nu^\dagger} & \mathcal{W} \\ \downarrow \hat{\rho} & & \downarrow \mathscr{F}(\hat{\rho}) \\ \mathcal{V} & \xrightarrow{\hat{E}_\mu} & \mathcal{W} \end{array} . \tag{B.18}$$

식 (B.17)과 (B.17′)에서는 $\mathcal{L}(\mathcal{V}, \mathcal{W})$의 기저로 표준 기저 $\{\hat{E}_\mu\}$를 선택하였다. 하지만, 임의의 기저를 선택해도 되고, 다음의 정리와 같이 일반화할 수 있다.

정리 2.2 $\mathcal{V}$와 $\mathcal{W}$를 벡터공간이라 하자. $\mathscr{F} : \mathcal{L}(\mathcal{V}) \to \mathcal{L}(\mathcal{W})$가 초사상이면,

$$\mathscr{F}(\hat{\rho}) = \sum_{\mu=1}^{MN} \sum_{\nu=1}^{MN} \hat{F}_\mu \hat{\rho} \hat{F}_\nu^\dagger C_{\mu\nu} , \quad C_{\mu\nu} \in \mathbb{C} \tag{B.19}$$

를 만족시키는 $\hat{F}_\mu \in \mathcal{L}(\mathcal{V}, \mathcal{W})$가 반드시 존재한다.

Consider a supermap specified by a set of operator and a matrix of coefficients.

```
In[ ]:= ops = {I, S[1], S[2], S[3]}

Out[ ]= {i, Sˣ, Sʸ, Sᶻ}
```

```
In[ ]:= Let[Complex, c]
        cc = Array[c, {4, 4}];
        cc // MatrixForm
```

Out[ ]//MatrixForm=

$$\begin{pmatrix} c_{1,1} & c_{1,2} & c_{1,3} & c_{1,4} \\ c_{2,1} & c_{2,2} & c_{2,3} & c_{2,4} \\ c_{3,1} & c_{3,2} & c_{3,3} & c_{3,4} \\ c_{4,1} & c_{4,2} & c_{4,3} & c_{4,4} \end{pmatrix}$$

Here is the supermap. It represents a map from operators to other operators.

```
In[ ]:= spr = Supermap[ops, cc]
```

Out[ ]= Supermap$[\{i, S^x, S^y, S^z\}, \{\{c_{1,1}, c_{1,2}, c_{1,3}, c_{1,4}\}, \{c_{2,1}, c_{2,2}, c_{2,3}, c_{2,4}\}, \{c_{3,1}, c_{3,2}, c_{3,3}, c_{3,4}\}, \{c_{4,1}, c_{4,2}, c_{4,3}, c_{4,4}\}\}]$

```
In[ ]:= Let[Complex, ρ]
        rho = ρ[{0, 1, 2, 3}].S[Full]
```

Out[ ]= $S^0 \rho_0 + S^x \rho_1 + S^y \rho_2 + S^z \rho_3$

This is the result acting the supermap on the above operator.

```
In[ ]:= new = spr[rho]
```

Out[ ]=

```
c2,2 ρ0 + c3,3 ρ0 + c4,4 ρ0 + c1,1 S0 ρ0 + i c1,2 ρ1 - i c2,1 ρ1 - i c3,4 ρ1 + i c4,3 ρ1 +
 i c1,3 ρ2 + i c2,4 ρ2 - i c3,1 ρ2 - i c4,2 ρ2 + i c1,4 ρ3 - i c2,3 ρ3 + i c3,2 ρ3 - i c4,1 ρ3 +
 Sx (i c1,2 ρ0 - i c2,1 ρ0 + i c3,4 ρ0 - i c4,3 ρ0 + c1,1 ρ1 + c2,2 ρ1 - c3,3 ρ1 - c4,4 ρ1 -
    c1,4 ρ2 + c2,3 ρ2 + c3,2 ρ2 - c4,1 ρ2 + c1,3 ρ3 + c2,4 ρ3 + c3,1 ρ3 + c4,2 ρ3) +
 Sy (i c1,3 ρ0 - i c2,4 ρ0 - i c3,1 ρ0 + i c4,2 ρ0 + c1,4 ρ1 + c2,3 ρ1 + c3,2 ρ1 + c4,1 ρ1 +
    c1,1 ρ2 - c2,2 ρ2 + c3,3 ρ2 - c4,4 ρ2 - c1,2 ρ3 - c2,1 ρ3 + c3,4 ρ3 + c4,3 ρ3) +
 Sz (i c1,4 ρ0 + i c2,3 ρ0 - i c3,2 ρ0 - i c4,1 ρ0 - c1,3 ρ1 + c2,4 ρ1 - c3,1 ρ1 + c4,2 ρ1 +
    c1,2 ρ2 + c2,1 ρ2 + c3,4 ρ2 + c4,3 ρ2 + c1,1 ρ3 - c2,2 ρ3 - c3,3 ρ3 + c4,4 ρ3)
```

물리적으로, 일반적인 연산자보다 밀도연산자를 변환시키고 싶은 경우가 자주 발생한다. 이 경우, 초사상은 밀도연산자의 속성들을 보존해야 한다. 밀도연산자는 에르미트 연산자이고, 특히 양연산자이다(정의 1.19 참조). 에르미트 특성을 보존하는 조건을 적용하면, 표현 (B.17)을 더 간단하게 만들 수 있다.

정리 2.3 $\mathcal{V}$와 $\mathcal{W}$를 에르미트 곱이 정의된 벡터공간이라 하자. 초사상 $\mathscr{F} : \mathcal{L}(\mathcal{V}) \to \mathcal{L}(\mathcal{W})$가 있다. 모든 에르미트 연산자 $\hat{\rho} \in \mathcal{L}(\mathcal{V})$에 대해 $\mathscr{F}(\hat{\rho})$가 에르미트이면,

$$\mathscr{F}(\hat{\rho}) = \sum_{\mu=1}^{MN} \epsilon_\mu \hat{F}_\mu \hat{\rho} \hat{F}_\mu^\dagger \tag{B.20}$$

를 만족하는 $\hat{F}_\mu \in \mathcal{L}(\mathcal{V}, \mathcal{W})$가 존재한다. 여기서 $\epsilon_\mu = \pm 1$이고, 선형 사상들 $\hat{F}_\mu$는 서로 직교한다. 즉, $\mu \neq \nu$에 대해 $\mathrm{Tr}\, \hat{F}_\mu^\dagger \hat{F}_\nu = 0$이다.

Consider a supermap specified by a set of operator and a vector of coefficients.

In[ ]:=
```
ops = {I, S[1], S[2], S[3]}
```

Out[ ]=
```
{i, Sx, Sy, Sz}
```

In[ ]:=
```
Let[Real, c]
cc = Array[c, 4];
cc // MatrixForm
```

Out[ ]//MatrixForm=

$$\begin{pmatrix} c_1 \\ c_2 \\ c_3 \\ c_4 \end{pmatrix}$$

Here is the supermap. It represents a map from operators to other operators.

In[ ]:=
```
spr = Supermap[ops, cc]
```

Out[ ]=
```
Supermap[{i, Sx, Sy, Sz}, {c1, c2, c3, c4}]
```

In[ ]:=
```
Let[Complex, ρ]
rho = ρ[{0, 1, 2, 3}].S[Full]
```

Out[ ]=
```
S0 ρ0 + Sx ρ1 + Sy ρ2 + Sz ρ3
```

This is the result acting the supermap on the above operator.

```
In[ ]:= new = spr[rho]

Out[ ]=
(c2 + c3 + c4) ρ0 + c1 S0 ρ0 + (c1 + c2 - c3 - c4) Sx ρ1 +
 (c1 - c2 + c3 - c4) Sy ρ2 + (c1 - c2 - c3 + c4) Sz ρ3
```

표현 (B.20)에서 모든 수치 인자들은 연산자 $\hat{F}_\mu$에 흡수하였고, 이 과정에서 나올 수 있는 부호만 ϵ_μ에 남겨놓았다. 그럼, 다음과 같은 질문이 바로 떠오를 것이다. 어떤 조건에서 초사상은 모든 μ에 대해 $\epsilon_\mu = 1$이 될까? 양부호를 유지하는 조건이면 이를 충분히 보장할까? 안타깝게도 양부호 보존 조건만으로는 위 표현을 특별히 더 단순하게 할 수 없고, 좀더 강한 조건이 요구된다.

정의 2.4 (완전히 양인 초사상) $\mathcal{V}$와 $\mathcal{W}$를 벡터공간이라 하고, $\mathscr{F} : \mathcal{L}(\mathcal{V}) \to \mathcal{L}(\mathcal{W})$는 초사상이라 하자. 임의의 벡터공간 $\mathcal{E}$에 대해 $\mathscr{F} \otimes \mathscr{I} : \mathcal{L}(\mathcal{V} \otimes \mathcal{E}) \to \mathcal{L}(\mathcal{W} \otimes \mathcal{E})$가 양이면,[2.2] $\mathscr{F}$를 완전히 양인 초사상(completely positive supermap)이라고 한다. 여기서, $\mathscr{I}$는 $\mathcal{L}(\mathcal{E})$에 작용하는 항등 초연산자이다.

물리적으로, 벡터공간 $\mathcal{E}$는 '주변계'와 밀접한 관련이 있다(5.2절 참조). $\mathscr{F} \otimes \mathscr{I}$는 '계'를 기술하는 벡터공간 $\mathcal{V}$에는 실질적으로 작용하지만, 주변계를 기술하는 $\mathcal{E}$에는 아무런 작용을 하지 않는다. $\mathscr{F}$가 물리적인 의미를 갖기 위해서는 $\mathscr{F} \otimes \mathscr{I}$가 $\mathcal{V} \otimes \mathcal{E}$에 작용하는 밀도연산자 $\hat{\rho}$의 속성들, 특히 양부호를 보존해야한다. 계와 주변계 사이의 상호작용 때문에 $\hat{\rho}$가 이미 상당한 정도의 얽힘을 내포하고 있을 수 있음을 유의하여야 한다.

완전히 양이지 않은 초사상의 중요한 예로 자리바꿈(transposition)이 있다. $\mathcal{V}$에 작용하는 연산자 $\hat{A} = \sum_{ij} |v_i\rangle A_{ij} \langle v_j|$의 자리바꿈 $\hat{A}^T$는 A의 행렬 자리바꿈을 이용해 다음과 같이 정의된다.

$$\hat{A}^T := \sum_{ij} |v_i\rangle A_{ji} \langle v_j| = \sum_{ij} |i\rangle A^T_{ij} |v_j\rangle . \tag{B.21}$$

따라서, 대응되는 초연산자 $\mathscr{F}$는

$$\mathscr{F}(|v_i\rangle \langle v_j|) := |v_j\rangle \langle v_i| \tag{B.22}$$

로 주어진다. $\mathcal{V} \otimes \mathcal{E}$ 내 얽힌 상태로 $|\Phi\rangle = |0\rangle \otimes |0\rangle + |1\rangle \otimes |1\rangle$을 살펴보자. 분명히,

$$|\Phi\rangle \langle\Phi| = |00\rangle \langle 00| + |00\rangle \langle 11| + |11\rangle \langle 00| + |11\rangle \langle 11| \tag{B.23}$$

[2.2] 사실, 여기서 '양'임은 '양부호를 유지함'을 의미한다.

은 양임을 알 수 있다(정의 1.19 참조). 이제

$$(\mathscr{F} \otimes \mathscr{I})(|\Phi\rangle\langle\Phi|) = |00\rangle\langle 00| + |10\rangle\langle 01| + |01\rangle\langle 10| + |11\rangle\langle 11| \tag{B.24}$$

를 살펴보자. 초연산자 $\mathscr{F} \otimes \mathscr{I}$는 부분자리바꿈(partial transposition)에 해당된다(더 자세한 내용은 부록 B.4에서 논의한다). 텐서곱 기저에 대한 행렬표현

$$(\mathscr{F} \otimes \mathscr{I})(|\Phi\rangle\langle\Phi|) \doteq \left[\begin{array}{c|cc|c} 1 & & & \\ \hline & 0 & 1 & \\ & 1 & 0 & \\ \hline & & & 1 \end{array}\right] \tag{B.25}$$

은 이 초연산자가 고유값 -1을 가지므로 정리 1.20에 따라 양이 될 수 없음을 밝혀준다. 따라서, 자리바꿈은 완전히 양인 초사상이 되지 못한다.

식 (B.19) 또는 (B.20)의 연산자합 표현은 완전히 양인 초사상의 경우 더 간단한 꼴로 바꾸는 게 가능하다. 다음 예는 이에 대한 동기를 부여해준다.

예제 2.4 임의의 선형 사상 $\hat{F}_\mu \in \mathcal{L}(\mathcal{V}, \mathcal{W})$에 대해

$$\mathscr{F}(\hat{\rho}) := \sum_\mu \hat{F}_\mu \hat{\rho} \hat{F}_\mu^\dagger \tag{B.26}$$

로 정의된 초사상 $\mathscr{F} : \mathcal{L}(\mathcal{V}) \to \mathcal{L}(\mathcal{W})$는 완전히 양이다.

식 (B.26)의 선형 사상 $\hat{F}_\mu$의 선택에는 제약사항이 거의 없다는 점에 주목하자. 이들은 서로 직교할 필요도 없고, 즉 $\operatorname{Tr} \hat{F}_\mu^\dagger \hat{F}_\nu \neq 0$이어도 되고, 벡터공간 $\mathcal{L}(\mathcal{V}, \mathcal{W})$를 전개할 필요도 없다. 다음 정리는 모든 완전히 양인 초사상이 위와 같은 형태 (B.26)으로 표현될 수 있음을 확인해준다. 실제로, 주어진 초사상에 대해 이를 표현할 수 있는 더 간결하고 정재된 선형 사상들을 항상 찾을 수 있다.

정리 2.5 (크라우스 표현 정리) $\mathcal{V}$와 $\mathcal{W}$는 벡터공간이고 $\mathscr{F} : \mathcal{L}(\mathcal{V}) \to \mathcal{L}(\mathcal{W})$는 초사상이라고 할 때, 다음 명제들은 서로 동치이다.

(a) $\mathscr{F}$는 완전히 양인 초사상이다.

(b) 임의의 $\hat{\rho} \in \mathcal{L}(\mathcal{V})$에 대해 $\mathscr{F}(\hat{\rho})$는

$$\mathscr{F}(\hat{\rho}) = \sum_{\mu=0}^{m-1} \hat{F}_\mu \hat{\rho} \hat{F}_\mu^\dagger \tag{B.27}$$

로 쓸 수 있다. 여기서 $m \le (\dim\mathcal{V})(\dim\mathcal{W})$이고, $\hat{F}_\mu : \mathcal{V} \to \mathcal{W}$는 서로 직교하는 선형 사상들이다. 즉, 모든 $\mu \ne \nu$에 대해 $\mathrm{Tr}\,\hat{F}_\mu^\dagger \hat{F}_\nu = 0$이다.

(c) 임의의 $\hat{\rho} \in \mathcal{L}(\mathcal{V})$에 대해 $\mathscr{F}(\hat{\rho})$는 다음과 같은 형태의 유한한 합으로 쓸 수 있다.

$$\mathscr{F}(\hat{\rho}) = \sum_\mu \hat{F}_\mu \hat{\rho} \hat{F}_\mu^\dagger . \tag{B.28}$$

여기서 $\hat{F}_\mu : \mathcal{V} \to \mathcal{W}$는 임의의 선형 사상들이다.

식 (B.27)과 (B.28)은 완전히 양인 초사상 $\mathscr{F}$의 크라우스 연산자합 표현(Kraus operator-sum representation) 또는 간단히 크라우스 표현(Kraus representation)이라고 부른다. 선형 사상 $\hat{F}_\mu$는 크라우스 원소(Kraus element) 또는 크라우스 사상(Kraus map)[2.3]이라고 부른다. 식 (B.27)의 직교하는 크라우스 원소들은 합이 최소 개수의 항들의 합으로 쓰여진다는 점에서 가장 최적화되어있다.

A completely positive supermap can be specified by a set of Kraus elements.

```
In[ ]:= ops = { S[4], S[5], S[3]}
Out[ ]= {S⁺, S⁻, Sᶻ}
```

Here is the supermap. It represents a map from operators to other operators.

```
In[ ]:= spr = Supermap[ops]
Out[ ]= Supermap[{S⁺, S⁻, Sᶻ}]
```

```
In[ ]:= Let[Complex, ρ]
        rho = ρ[{0, 1, 2, 3}].S[Full]
Out[ ]= S⁰ ρ₀ + Sˣ ρ₁ + Sʸ ρ₂ + Sᶻ ρ₃
```

This is the result acting the supermap on the above operator.

```
In[ ]:= new = spr[rho]
Out[ ]= 2 ρ₀ - Sˣ ρ₁ - Sʸ ρ₂
```

형태 (B.27) 또는 (B.28)로 표현된 초사상은 반드시 완전히 양이다. 식 (B.17′)으로부터 시작하여 그 역도 증명할 수 있다.

[2.3] $\mathcal{V} = \mathcal{W}$이면 크라우스 연산자(Kraus operator)라고도 불린다.

예제 2.5 표현 (B.17′)을 이용하고

$$|\Phi\rangle := \sum_j |v_j\rangle \otimes |v_j\rangle \in \mathcal{V} \otimes \mathcal{V} \tag{B.29}$$

에 대해 $(\mathscr{F} \otimes \mathscr{I})(|\Phi\rangle\langle\Phi|)$가 양연산자라는 조건을 적용하여, 완전히 양인 초사상을 크라우스 표현 형태 (B.27)로 쓸 수 있음을 증명하라.

B.2.3 최 동형사상

상대적으로 덜 알려졌지만, 초사상을 특징짓는 꽤 흥미로운 방법으로 최 동형사상(Choi isomorphism)을[2.4] 이용하는 방법이 있다.

초사상에 대한 최 동형사상을 논의하기 전에, 먼저 선형 사상에 대한 동일한 동형사상을 살펴보자. $\hat{A} : \mathcal{V} \to \mathcal{W}$를 선형 사상이라 하자. 선형 사상은 $n \times m$ 행렬 A를 통해

$$\hat{A} = \sum_{kj} |w_k\rangle A_{kj} \langle v_j| \tag{B.30}$$

와 같이 완벽하게 특징지을 수 있다. 여기서 $\{|v_j\rangle\}$와 $\{|w_k\rangle\}$는 각각 $\mathcal{V}$와 $\mathcal{W}$의 기저이다. 이제 동일한 행렬로 텐서곱 공간 $\mathcal{W} \otimes \mathcal{V}$ 내의 벡터

$$|A\rangle := \sum_{kj} |w_k\rangle \otimes |v_j\rangle A_{kj} \tag{B.31}$$

를 정의해보자. 대응관계 $\hat{A} \leftrightarrow |A\rangle$는 $\mathcal{L}(\mathcal{V}, \mathcal{W})$와 $\mathcal{W} \otimes \mathcal{V}$ 사이의 동형사상이다. 이 동형사상은 최 동형사상이라 불리고, $|A\rangle$는 선형 사상 $\hat{A}$에 대응하는 최 벡터(Choi vector)라고 불린다. 얼핏 보면 이 동형사상은 거의 자명하지만, 여러 재미있는 결과들을 준다. 이를 보기 위해, 텐서곱 공간 $\mathcal{V} \otimes \mathcal{V}$에서 최대로 얽힌 상태

$$|\Phi\rangle := \sum_k |v_k\rangle \otimes |v_k\rangle \in \mathcal{V} \otimes \mathcal{V} \tag{B.32}$$

를 고려해보자. 먼저, 선형 사상 $\hat{A}$의 최 벡터는 $|A\rangle$는

$$|A\rangle = (\hat{A} \otimes \hat{I})\, |\Phi\rangle \tag{B.33}$$

[2.4] 최 동형사상은 자미올코우스키(Jamiolkowski), 최-자미올코우스키, 자미올코우스키-최 동형사상 등으로도 알려져있다. 사실, 최 동형사상과 자미올로스키 동형사상 사이에는 미묘한 차이가 있다. 참고 문헌 Jiang et al. (2013)을 참조하라.

로 주어진다. 이는 다음과 같은 양자회로로 묘사된다.

$$|A\rangle = |\Phi\rangle \left\{ \begin{array}{l} \text{—}\boxed{\hat{A}}\text{—} \\ \text{————} \end{array} \right. \tag{B.34}$$

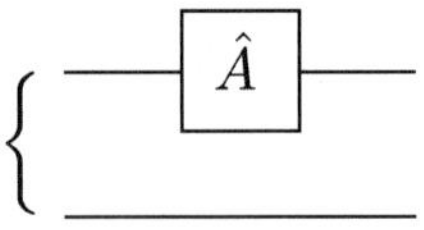

이 동형사상은 $\mathcal{L}(\mathcal{V},\mathcal{W})$와 $\mathcal{W}\otimes\mathcal{V}$의 에르미트 곱을 보존한다. 즉, 모든 선형 사상 $\hat{A}$와 $\hat{B}$에 대해 $\langle\hat{A},\hat{B}\rangle = \mathrm{Tr}\,\hat{A}^\dagger\hat{B} = \langle A|B\rangle$이다. 또한, 임의의 양자상태 $|\psi\rangle = \sum_j |v_j\rangle\,\psi_j \in \mathcal{V}$에 대해, 그 양자상태의 켤레 상태를

$$|\psi^*\rangle := \sum_j |v_j\rangle\,\psi_j^* \tag{B.35}$$

로 정의하자. 그러면,

$$\hat{A}\,|\psi\rangle = \langle\psi^*|\,(\hat{A}\otimes\hat{I})\,|\Phi\rangle = \langle\psi^*|A\rangle \tag{B.36}$$

가 성립한다. 여기서 우변의 에르미트 곱은 $\mathcal{V}$에만 부분적으로 적용되고, 나머지 부분은 $\mathcal{W}$에 속하는 벡터로 남아있다. 양자회로모형에서 이는 다음과 같이 그려진다.

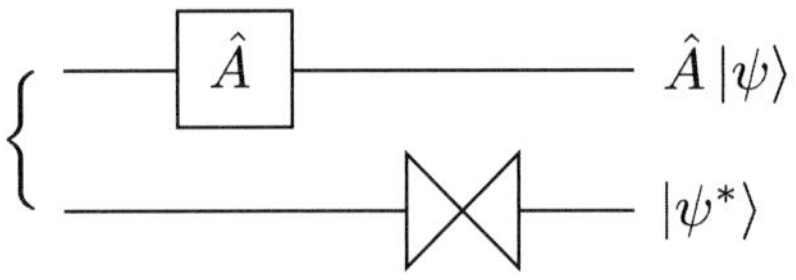

$$|\Phi\rangle \left\{ \begin{array}{l} \text{—}\boxed{\hat{A}}\text{————— } \hat{A}\,|\psi\rangle \\ \text{—————}\bowtie\text{— } |\psi^*\rangle \end{array} \right. \tag{B.37}$$

양자회로요소 —⋈—는 출구에 지정된 상태로의 투영을 나타낸다. 재미있게도, $|\psi^*\rangle$로의 투영은 연산 $\hat{A}$ 이전에 수행되든지 또는 그 이후에 수행되든지 상관없이 똑같은 결과를 준다. 이런 결과는 어떠한 물리 원리도 위반하지 않는데, 이는 $\mathcal{V}\otimes\mathcal{V}$의 두 부분이 공간 꼴로 (spacelike) 나뉘어져있기 때문이다.

이제 초사상과 연산자 사이의 최 동형사상을 알아보자. 다시 식 (B.32)의 최대로 얽힌 상태를 잡아, $|\Phi\rangle\langle\Phi|$에 확장된 초사상 $\mathscr{F}\otimes\mathcal{I} : \mathcal{L}(\mathcal{V}\otimes\mathcal{V}) \to \mathcal{L}(\mathcal{W}\otimes\mathcal{V})$를 가해보자. 그러면,

$$\begin{aligned} \hat{C}_{\mathscr{F}} := (\mathscr{F}\otimes\mathscr{I})(|\Phi\rangle\langle\Phi|) &= \sum_{kl} \mathscr{F}(|v_k\rangle\langle v_l|)\otimes|v_k\rangle\langle v_l| \\ &= \sum_{ij}\sum_{kl} |w_i v_k\rangle\langle w_j v_l|\,C_{ik;jl} \end{aligned} \tag{B.38}$$

을 얻는다. 여기서 C는 $\mathscr{F}$의 최 행렬이다(식 (B.9) 참조). 양자회로모형에서 이는

$$\hat{C}_{\mathscr{F}} = |\Phi\rangle \left\{ \begin{array}{l} \text{—}\boxed{\mathscr{F}}\text{—} \\ \text{————} \end{array} \right. \tag{B.39}$$

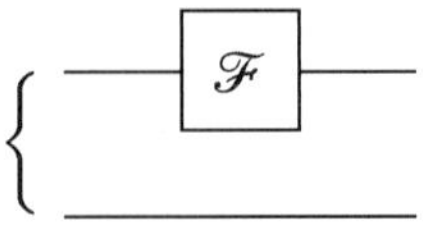

로 기술된다. 분명히, $\hat{C}_{\mathscr{F}}$는 $\mathcal{W}\otimes\mathcal{V}$에 작용하는 (초연산자가 아니라) 연산자이고, 최 행렬 C는 정확히 이 연산자의 표준 텐서곱 기저에 대한 행렬표현이다. 따라서, $\hat{C}_{\mathscr{F}}$는 $\mathscr{F}$에 해당

하는 최 연산자(Choi operator)라고 불린다. 식 (B.38)에 의한 대응관계 $\mathscr{F} \leftrightarrow \hat{C}_{\mathscr{F}}$는 일대일이고 따라서 동형사상이다.[2.5] 임의의 상태 $|\psi\rangle \in \mathcal{V}$로 정의된 순수상태에 초사상 $\mathscr{F}$를 가하여 얻은 결과 $\mathscr{F}(|\psi\rangle\langle\psi|)$는 켤레 상태를 이용하여 다음과 같이 구할 수 있다[식 (B.36) 참조].

$$\mathscr{F}(|\psi\rangle\langle\psi|) = \langle\psi^*|\,\hat{C}_{\mathscr{F}}\,|\psi^*\rangle\ . \tag{B.40}$$

이를 혼합상태로 일반화하면, 임의의 혼합상태 $\hat{\rho} = \sum_{ij} |v_i\rangle\langle v_j|\,\rho_{ij}$에 대해

$$\mathscr{F}(\hat{\rho}) = \operatorname*{Tr}_{\mathcal{V}} \hat{\rho}^* \hat{C}_{\mathscr{F}} \tag{B.41}$$

로 구할 수 있다. 여기서 $\hat{\rho}^* := \sum_{ij} |v_i\rangle\langle v_j|\,\rho_{ij}^*$이다. 이 과정은 양자회로

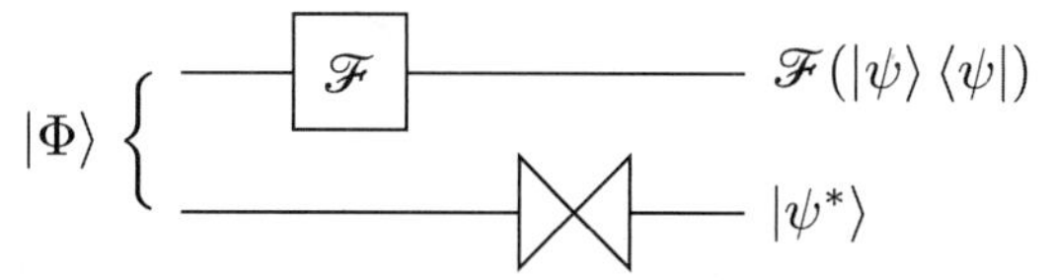

$$|\Phi\rangle \left\{ \begin{array}{l} \text{—}\boxed{\mathscr{F}}\text{——} \ \mathscr{F}(|\psi\rangle\langle\psi|) \\ \text{———}\bowtie\text{—} \ |\psi^*\rangle \end{array} \right. \tag{B.42}$$

로 기술된다. 또한, 관계식 (B.41)에서 각 항들을 행렬로 표현하면, $\hat{\rho}$와 $\hat{\sigma} := \mathscr{F}(\hat{\rho})$의 행렬 원소들 사이의 선형 변환 규칙 (B.11)을 다시 확인할 수 있다. 변환 규칙 (B.11)은 최 동형사상의 또 다른 예시이다.

최 연산자는 양자 게이트 원격이동(quantum gate teleportation) 규약을 구성할 때 중요한 역할을 하며, 크라우스 표현 정리를 증명하는데 흥미로운 방법을 제공한다(5.2절 참조).

B.3 부분대각합

텐서곱(tensor product)(부록 A.6 참조)은 벡터와 연산자를 확장한다. 부분대각합(partial trace)은 결과적으로 보면 이에 대한 역 과정을 해당하면, 어떤 텐서곱 공간에 작용하는 연산자를 그 텐세곱 공간의 부분공간에 작용하는 연산자로 축소한다.

텐서곱 공간 $\mathcal{V} \otimes \mathcal{W}$에 작용하는 연산자를 $\hat{T}$라고 하자. 공간 $\mathcal{W}$에 대한 부분대각합은

$$\operatorname*{Tr}_{\mathcal{W}} \hat{T} := \sum_{ijk} |v_i\rangle\langle v_i w_j|\,\hat{T}\,|v_k w_j\rangle\langle v_k| \tag{B.43}$$

로 정의된다. 여기서 $\{|v_i\rangle\}$와 $\{|w_j\rangle\}$는 각각 $\mathcal{V}$와 $\mathcal{W}$의 기저이다. $\mathcal{V}$에 대한 부분대각합도 비슷하게 정의할 수 있다. 이 과정은 벡터공간 $\mathcal{W}$를 대각합을 통해 없앤다고 말하며 계산 결과로 얻은 연산자는 $\hat{T}$의 환산연산자(reduced operator)라고 부른다. 이 환산연산자는

[2.5] 여기선 연관관계 $\mathscr{F} \mapsto \hat{C}_{\mathscr{F}}$만을 정의하였다. 연산자 $\hat{C} \in \mathcal{L}(\mathcal{W} \otimes \mathcal{V})$가 주어졌을 때, 대응하는 초사상 $\mathscr{F}_{\hat{C}}$, 즉 역방향으로의 연관관계 $\hat{C} \to \mathscr{F}_{\hat{C}}$ 또한 구할 수 있다. Størmer (2013)를 참조하라.

$\mathcal{V}$에 작용한다. 식 (B.43)은 종종 간단하게

$$\operatorname*{Tr}_{\mathcal{W}} \hat{T} = \sum_j \langle w_j | \hat{T} | w_j \rangle \tag{B.44}$$

로 쓰기도 한다. 단, 이 식의 오른편에 있는 에르미트 곱은 $\mathcal{W}$에만 부분적으로 적용됨을 유의해야 한다. 계산결과는 복소수가 아니라 $\mathcal{V}$에 가해지는 연산자로 남아있다.

$\hat{T}$의 텐서곱 공간에 대한 행렬표현 $T_{ij;kl}$을 알고 있으면, 즉

$$\hat{T} |v_k w_l\rangle = \sum_{ij} |v_i w_j\rangle T_{ij;kl} \tag{B.45}$$

로 주어지면, 기저 $\{|v_i\rangle\}$에 대한 환산연산자 $\hat{A} := \mathrm{Tr}_{\mathcal{W}} \hat{T}$의 행렬표현은

$$A_{ik} = \sum_j T_{ij;kj} \tag{B.46}$$

로 구할 수 있다. 앞에서 특정 기저를 선택하고 이에 대해 부분대각합을 정의했으나 부분대각합의 정의는 기저 선택에 의존하지 않는다.

Consider an operator A on a three-qubit Hilbert space. Suppose that an 8×8 matrix A is its matrix representation.

```
In[ ]:= A = ThePauli[1, 0, 0] + ThePauli[0, 2, 0] + ThePauli[2, 0, 2] + ThePauli[3, 0, 3];
        A // MatrixForm
```

Out[ ]//MatrixForm=

$$\begin{pmatrix} 1 & 0 & -i & 0 & 1 & -1 & 0 & 0 \\ 0 & -1 & 0 & -i & 1 & 1 & 0 & 0 \\ i & 0 & 1 & 0 & 0 & 0 & 1 & -1 \\ 0 & i & 0 & -1 & 0 & 0 & 1 & 1 \\ 1 & 1 & 0 & 0 & -1 & 0 & -i & 0 \\ -1 & 1 & 0 & 0 & 0 & 1 & 0 & -i \\ 0 & 0 & 1 & 1 & i & 0 & -1 & 0 \\ 0 & 0 & -1 & 1 & 0 & i & 0 & 1 \end{pmatrix}$$

This is the reduced matrix after tracing out the second and third qubits.

```
In[ ]:= A1 = PartialTrace[A, {2, 3}];
        A1 // MatrixForm
```

Out[ ]//MatrixForm=

$$\begin{pmatrix} 0 & 4 \\ 4 & 0 \end{pmatrix}$$

This traces out the second qubit.

```
In[ ]:= A13 = PartialTrace[A, {2}];
        A13 // MatrixForm
```

Out[ ]//MatrixForm=

$$\begin{pmatrix} 2 & 0 & 2 & -2 \\ 0 & -2 & 2 & 2 \\ 2 & 2 & -2 & 0 \\ -2 & 2 & 0 & 2 \end{pmatrix}$$

Consider again an operator on a system of three *labelled* qubits.

```
In[]:= op = S[1, 1] + S[2, 2] + S[1, 2] ** S[3, 2] + S[1, 3] ** S[3, 3]
```

Out[]=

$S_1^y S_3^y + S_1^z S_3^z + S_1^x + S_2^y$

In a tensor-product form of the Pauli operators, it reads as follows.

```
In[]:= PauliForm[op]
```

Out[]=

I ⊗ Y ⊗ I + X ⊗ I ⊗ I + Y ⊗ I ⊗ Y + Z ⊗ I ⊗ Z

This is the reduced operator after tracing out the second and third qubits. It acts on the first qubit.

```
In[]:= A1 = PartialTrace[op, S@{2, 3}] // Elaborate
```

Out[]=

$4\, S_1^x$

This is the reduced operator after tracing out the second qubit. It acts on the first and third qubit.

```
In[]:= A13 = PartialTrace[op, S[2]] // Elaborate
```

Out[]=

$2\, S_1^y S_3^y + 2\, S_1^z S_3^z + 2\, S_1^x$

부분대각합은 완전히 양인 초사상(completely positive supermap)이다(정의 2.4 참조). 정리 2.5에 따라 연산자합 표현을 구성해서 이를 쉽게 증명할 수 있다. 부분대각합의 정의 (B.43)으로부터 크라우스 원소들

$$\hat{F}_j := \sum_i |v_i\rangle \langle v_i w_j| \tag{B.47}$$

를 정할 수 있다. 그러면,

$$\operatorname*{Tr}_{\mathcal{W}} \hat{T} = \sum_j \hat{F}_j \hat{T} \hat{F}_j^\dagger \tag{B.48}$$

임을 바로 알 수 있다.

B.4 부분자리바꿈

이 부록을 다소 특이한 수학 도구인 부분자리바꿈(partial transposition)으로 마무리하려 한다. 이름에서 알 수 있듯이, 이는 하위 계에 해당하는 연산자의 행렬표현 부분에 대해 행렬자리바꿈을 수행하는 것이다. 이 과정을 통해 얻게 되는 행렬은 그 행렬에 해당하는

새로운 연산자를 정의한다. 대략적으로 말하면,[2.6] 이런 부분 변환은 하위 계에 대해서만 시간뒤집기 변환을 수행한 것에 해당한다.

페레스(Peres, 1996)와 호로데키 가족(Horodecki et al., 1996)이 밝힌 복합 양자계의 혼합상태의 분리가능성 검사에 대한 획기적인 연구 덕분에 부분자리바꿈은 상당한 주목을 받아왔다. 그 이후로 부분자리바꿈은 다양한 얽힘 특성들 측면에서 복합 계의 텐서곱 공간의 구조를 연구하는 데 널리 사용되고 있다.

텐서곱 공간 $\mathcal{V}\otimes\mathcal{W}$에 작용하는 연산자 $\hat{A}$의 표준 텐서곱 기저 $\{|v_i w_j\rangle \equiv |v_i\rangle \otimes |w_j\rangle\}$에 대한 행렬표현이

$$\hat{A} = \sum_{ij;kl} |v_i w_j\rangle \langle v_k w_l| \, A_{ij;kl} \tag{B.49}$$

로 주어진다고 하자. $\hat{A}$의 부분공간 $\mathcal{V}$에 대한 부분자리바꿈 $\hat{A}^{T_\mathcal{V}}$는 다음과 같이 정의된다.

$$\hat{A}^{T_\mathcal{V}} := \sum_{ij;kl} |v_i w_j\rangle \langle v_k w_l| \, A_{kj;il} \,. \tag{B.50}$$

또는 이와 동등하게,

$$\langle v_i w_j| \, \hat{A}^{T_\mathcal{V}} \, |v_k w_l\rangle = \langle v_k w_j| \, \hat{A} \, |v_i w_l\rangle \tag{B.51}$$

로 정의한다. 부분공간 $\mathcal{W}$에 대한 부분자리바꿈도 유사한 방식으로 정의할 수 있다. 기저가 정해진 경우에는, 부분자리바꿈은 행렬표현만으로 완벽하게 정의된다. 위에 나온 경우에 대해서는

$$A^{T_\mathcal{V}}_{ij;kl} = A_{kj;il} \tag{B.52}$$

이다. 예를 들어, 두 큐비트에 작용하는 선형 연산자의 행렬표현이

$$\hat{A} \doteq \left[\begin{array}{cc|cc} A_{0,0;0,0} & A_{0,0;0,1} & A_{0,0;1,0} & A_{0,0;1,1} \\ A_{0,1;0,0} & A_{0,1;0,1} & A_{0,1;1,0} & A_{0,1;1,1} \\ \hline A_{1,0;0,0} & A_{1,0;0,1} & A_{1,0;1,0} & A_{1,0;1,1} \\ A_{1,1;0,0} & A_{1,1;0,1} & A_{1,1;1,0} & A_{1,1;1,1} \end{array}\right] \tag{B.53}$$

[2.6] 엄밀히 말하면 위 문장은 옳지 않다. 왜냐하면 시간뒤집기와 같은 반유니테리 변환은 계의 일부분에만 적용할 수 없기 때문이다.

인 경우를 생각해보자. 그러면, 이 연산자의 부분자리바꿈에 해당하는 행렬표현들은

$$\hat{A}^{T_\mathcal{V}} \doteq \left[\begin{array}{cc|cc} A_{0,0;0,0} & A_{0,0;0,1} & A_{1,0;0,0} & A_{1,0;0,1} \\ A_{0,1;0,0} & A_{0,1;0,1} & A_{1,1;0,0} & A_{1,1;0,1} \\ \hline A_{0,0;1,0} & A_{0,0;1,1} & A_{1,0;1,0} & A_{1,0;1,1} \\ A_{0,1;1,0} & A_{0,1;1,1} & A_{1,1;1,0} & A_{1,1;1,1} \end{array}\right] \tag{B.54}$$

$$\hat{A}^{T_\mathcal{W}} \doteq \left[\begin{array}{cc|cc} A_{0,0;0,0} & A_{0,1;0,0} & A_{0,0;1,0} & A_{0,1;1,0} \\ A_{0,0;0,1} & A_{0,1;0,1} & A_{0,0;1,1} & A_{0,1;1,1} \\ \hline A_{1,0;0,0} & A_{1,1;0,0} & A_{1,0;1,0} & A_{1,1;1,0} \\ A_{1,0;0,1} & A_{1,1;0,1} & A_{1,0;1,1} & A_{1,1;1,1} \end{array}\right] \tag{B.55}$$

이 된다. 부분자리바꿈은 기저 선택에 따라 그 결과가 달라질 수 있음을 명심해야 한다.

Consider an operator on two qubits.

```
In[ ]:= op = S[1, 1] ** S[2, 2] + 3 I S[1, 2] ** S[2, 3]
```

Out[ ]=

$S_1^x S_2^y + 3\,i\,S_1^y S_2^z$

Here is the partial transpose with respect to the second qubit.

```
In[ ]:= new = PartialTranspose[op, S[2]] // Elaborate
```

Out[ ]=

$-S_1^x S_2^y + 3\,i\,S_1^y S_2^z$

Here is the partial transposition with respect to the both qubits.

```
In[ ]:= new = PartialTranspose[op, S@{1, 2}] // Elaborate
```

Out[ ]=

$-S_1^x S_2^y - 3\,i\,S_1^y S_2^z$

It must coincide with the (overall) transposition. It is indeed the case as one can see below.

```
In[ ]:= ExpressionFor[Transpose@Matrix[op], S@{1, 2}] // Elaborate
```

Out[ ]=

$-S_1^x S_2^y - 3\,i\,S_1^y S_2^z$

Consider again the above demonstration, now in terms of matrix representations.

```
In[ ]:= mat = ThePauli[1, 2] + 3 * I * ThePauli[2, 3];
mat // MatrixForm
```

Out[ ]//MatrixForm=

$$\begin{pmatrix} 0 & 0 & 3 & -i \\ 0 & 0 & i & -3 \\ -3 & -i & 0 & 0 \\ i & 3 & 0 & 0 \end{pmatrix}$$

Here is the partial transpose with respect to the second qubit.

```
In[ ]:= new = PartialTranspose[mat, {2}];
        new // MatrixForm
```

```
Out[ ]//MatrixForm=
 ( 0   0   3   i  )
 ( 0   0  -i  -3  )
 (-3   i   0   0  )
 (-i   3   0   0  )
```

Here is the partial transposition with respect to the both qubits. It must coincide with the (overall) transposition. It is indeed the case as one can see below.

```
In[ ]:= new = PartialTranspose[mat, {1, 2}];
        new // MatrixForm
```

```
Out[ ]//MatrixForm=
 ( 0   0  -3   i )
 ( 0   0  -i   3 )
 ( 3   i   0   0 )
 (-i  -3   0   0 )
```

부분자리바꿈의 주목할만한 속성 중 하나는 양연산자의 부분자리바꿈이 반드시 양연산자(정의 1.19 참조)가 되지는 않는다는 점이다. 예를 들어, $\mathcal{V} \otimes \mathcal{W}$내의 얽힌 상태 $|\Phi\rangle = |0\rangle \otimes |0\rangle + |1\rangle \otimes |1\rangle$과 이에 해당하는 밀도연산자

$$\hat{A} := |\Phi\rangle\langle\Phi| = |00\rangle\langle 00| + |00\rangle\langle 11| + |11\rangle\langle 00| + |11\rangle\langle 11| \tag{B.56}$$

을 고려해보자. 분명히, $\hat{A}$는 양연산자이다[식 (A.54)와 (A.55) 참조]. 하지만, 부분자리바꿈 $\hat{A}^{T_\mathcal{V}}$는

$$\hat{A}^{T_\mathcal{V}} = |00\rangle\langle 00| + |10\rangle\langle 01| + |01\rangle\langle 10| + |11\rangle\langle 11| \tag{B.57}$$

이고 행렬표현

$$\hat{A}^{T_\mathcal{V}} \doteq \left[\begin{array}{c|cc|c} 1 & & & \\ \hline & 0 & 1 & \\ & 1 & 0 & \\ \hline & & & 1 \end{array}\right] \tag{B.58}$$

에서 알 수 있듯이 음의 고유값 -1을 갖는다. 정리 1.20에 의하면 $\hat{A}^{T_\mathcal{V}}$는 양연산자가 될 수 없다. 한편, 부분자리바꿈은 아래와 같은 형태를 갖는 연산자의 양부호를 보존한다.

$$\hat{A} = \sum_j p_j \hat{\rho}_j \otimes \hat{\sigma}_j \,. \tag{B.59}$$

여기서 $\hat{\rho}_j$와 $\hat{\sigma}_j$는 각각 $\mathcal{V}$와 $\mathcal{W}$에 작용하는 양연산자들이고, p_j는 음수가 아니어야 한다. 식 (B.59)의 연산자는 양연산자들의 곱의 볼록선형 결합이다. 이런 연산자들은 분리가능한 혼합상태를 나타낸다(1.1.2절 참조). 따라서, 부분자리바꿈은 어떤 혼합상태가 분리가능한 상태이기 위한 필요조건을 표현하고자 할 때 편리하다. 안타깝게도, 이 조건은 분리가능

성에 대한 충분조건은 아니다. 즉, 어떤 얽힌 상태들의 부분자리바꿈은 양연산자가 되기도 한다.

자리바꿈을 초사상으로 간주하면, 부분자리바꿈은 이 초사상이 완전히 양인 초사상인지 등을 조사할 때 자연스럽게 나타난다. $\mathcal{V}$에 작용하는 연산자 $\hat{A} = \sum_{ij} |v_i\rangle A_{ij} \langle v_j|$의 자리바꿈 $\hat{A}^T$는 A의 행렬자리바꿈를 이용하여 다음과 같이 정의된다.

$$\hat{A}^T := \sum_{ij} |v_i\rangle A_{ji} \langle v_j| = \sum_{ij} |i\rangle A^T_{ij} |v_j\rangle . \tag{B.60}$$

그러면 자리바꿈에 대한 초연산자 $\mathscr{F}$는

$$\mathscr{F}(|v_i\rangle \langle v_j|) := |v_j\rangle \langle v_i| \tag{B.61}$$

로 주어진다. 확장된 초연산자 $\mathscr{F} \otimes \mathscr{I}$는 부분자리바꿈에 해당한다. 위에서 보였듯이, 부분자리바꿈은 연산자의 양부호를 보존하지 않는다. 따라서, 자리바꿈은 완전히 양인 초사상이 아니다(정의 2.4 참조).

부록 C

군이론

군이론(group theory)은 군(group)이라 불리는 대수학적 구조에 대한 연구이다. 군이론은 정수론과 기하학 및 대수 방정식 이론의 아이디어를 통합하는 추상적 개념으로 등장했다. 이는 추상대수학의 핵심이다.

군이란 개념은 대칭성을 물리적으로 그려내는 데 적합하다. 따라서, 군이론은 물리 문제가 품고 있는 대칭성을 탐구하여 활용하기에 편리한 이론적 도구를 제공한다. 결정학은 물리학에서 처음으로 군이론을 광범위하게 사용한 분야이다. 양자역학의 도래와 함께 군이론은 응집물질물리에서 고에너지물리에 이르기까지 다양한 영역에서 물리 이론의 핵심적인 위치를 차지해왔다.

양자정보 및 관련 분야에서 군이론의 효용은 대칭성과 관련된 문제에만 국한되지 않는다. 군이론은 다자간 양자상태나 양자연산의 대수학적 구조에 대한 연구를 용이하게 한다. 예를 들어, 군이론은 양자 알고리즘을 개발하고, 양자 오류정정 코드를 만들고, 양자 암호 시스템을 분석하기 위한 우아하고 효율적인 대수학적 도구를 설계하는데 편리하다.

이 부록에서는 군에 대한 기본 개념과 정리들을 간략하게 소개한다. 군이론에 대한 더 상세한 설명을 원한다면 참고 문헌 Cornwell (1984)이나 그 축약판 참고 문헌 Cornwell (1997)을 포함한 많은 교재가 있으며, 특히 물리학자들을 위한 참고 문헌 Wigner (1959)도 있다.

C.1 개념

수학적으로 군은 특정한 공리들을 따라야 하는 대수학적 개체들의 집합이다. 이 이론의 전개과정은 원소들 자체의 특성에 의존하지 않지만, 물리적으로 응용하려 할 때 이러한 원소들은 대체로 일종의 변환들이다. 개체 간의 곱셈은 군의 구조를 결정하는 핵심이다. 이는 물리적으로 변환들의 합성, 즉 연속적인 적용에 해당한다.

정의 3.1 (군) 원소들의 집합 $\mathcal{G}$가 다음 네 개의 군 공리들을 만족하면 군이라 한다.

(a) $\mathcal{G}$에 속하는 원소의 각 쌍 (G_1, G_2)에 또 다른 원소 G_3을 대응시키는 연산, 즉 '곱셈'이 존재한다. 이때, G_3을 G_1과 G_2의 곱이라 부르고, $G_3 = G_1G_2$라고 표현한다.

(b) $\mathcal{G}$에 속하는 임의의 세 원소 G_1, G_2, G_3에 대해

$$(G_1G_2)G_3 = G_1(G_2G_3) \tag{C.1}$$

이다. 즉, 곱셈은 결합법칙이 성립한다.

(c) $\mathcal{G}$의 모든 원소 G에 대해

$$GE = EG = G \tag{C.2}$$

를 만족하는 항등원 $E \in \mathcal{G}$가 존재한다.

(d) 모든 원소 $G \in \mathcal{G}$에 대해,

$$GG^{-1} = G^{-1}G = E \tag{C.3}$$

를 만족하는 역원 $G^{-1} \in \mathcal{G}$가 존재한다.

군 $\mathcal{G}$의 원소들의 개수를 $\mathcal{G}$의 차수(order)라 하며, $|\mathcal{G}|$로 표기한다. 군의 차수는 유한하거나, 셀 수 있을 정도로 무한하거나, 또는 셀 수 없을 정도로 무한할 수 있다. 유한한 차수의 군을 유한군이라 부른다.

양자정보에서 가장 자주 나타나는 군 중 하나는 파울리군(Pauli group)이다. 단일 큐비트에 작용하는 파울리군은 파울리 연산자들, 즉 I, X, Y, Z로 이루어져 있다. 명시적으로 쓰면, 파울리군은

$$\mathcal{P}(1) = \{\pm I, \pm iI, \pm X, \pm iX, \pm Y, \pm iY, \pm Z, \pm iZ\} \tag{C.4}$$

이다. 파울리 연산자들에 위상인자 ± 1과 $\pm i$가 추가되어 있는데, 이는 두 파울리 연산자들의 곱셈 결과가 또 다른 파울리 연산자에 이 위상인자 중 하나가 곱해진 꼴이기 때문이다.

As an example, consider the Pauli group on a single qubit.

```
In[•]:= grp = PauliGroup[S[1]]
```

Out[ ]=

```
PauliGroup[{S1}]
```

In[ ]:=

```
elm = GroupElements@grp;
elm // PauliForm
```

Out[ ]=

```
{I, X, Y, Z, -I, -X, -Y, -Z, i I, i X, i Y, i Z, -i I, -i X, -i Y, -i Z}
```

This shows a part of the group multiplication table in terms of the index of the elements in the group.

In[ ]:=

```
tbl = GroupMultiplicationTable@grp;
TableForm[tbl[[ ;; 8, ;; 8]], TableHeadings → Automatic]
```

Out[ ]//TableForm=

	1	2	3	4	5	6	7	8
1	1	2	3	4	5	6	7	8
2	2	1	12	15	6	5	16	11
3	3	16	1	10	7	12	5	14
4	4	11	14	1	8	15	10	5
5	5	6	7	8	1	2	3	4
6	6	5	16	11	2	1	12	15
7	7	12	5	14	3	16	1	10
8	8	15	10	5	4	11	14	1

The group multiplication table can be displayed explicitly in terms of the group elements themselves.

In[ ]:=

```
mat = Map[Part[elm, #] &, tbl, {2}];
TableForm[PauliForm@mat[[ ;; 8, ;; 8]],
 TableHeadings → PauliForm@{elm, elm}, TableAlignments → Right]
```

Out[ ]//TableForm=

	I	X	Y	Z	-I	-X	-Y	-Z
I	I	X	Y	Z	-I	-X	-Y	-Z
X	X	I	i Z	-i Y	-X	-I	-i Z	i Y
Y	Y	-i Z	I	i X	-Y	i Z	-I	-i X
Z	Z	i Y	-i X	I	-Z	-i Y	i X	-I
-I	-I	-X	-Y	-Z	I	X	Y	Z
-X	-X	-I	-i Z	i Y	X	I	i Z	-i Y
-Y	-Y	i Z	-I	-i X	Y	-i Z	I	i X
-Z	-Z	-i Y	i X	-I	Z	i Y	-i X	I

정의 3.2 (생성원) $\mathcal{G}$를 군이라 하자. $\mathcal{G}$의 일부 원소들 $G_1, G_2, \cdots, G_k$를 선택해보자. $\mathcal{G}$의 모든 원소들을 이들의 곱으로 표현할 수 있으면, 이들이 군을 생성한다고 하고,

$$\mathcal{G} = \langle\{G_1, G_2, \cdots, G_k\}\rangle \tag{C.5}$$

라고 표기한다. 원소들 $G_1, G_2, \cdots, G_k$를 $\mathcal{G}$의 생성원이라 한다.

생성원들을 사용하면 군에 대한 기술을 매우 간단하게 할 수 있다. 파울리군 (C.4)를 예로 들어보자. 이 군에는 모두 16개의 원소가 있으나, 세 개의 원소만으로 생성할 수 있다.

$$\mathcal{P}(1) = \langle\{X, Y, Z\}\rangle. \tag{C.6}$$

두 큐비트에 대한 파울리군 $\mathcal{P}(2)$, 즉

$$\mathcal{P}(2) = \{\pm I \otimes I, \pm iI \otimes I, \pm X \otimes I, \pm iX \otimes I, \pm X \otimes X, \pm iX \otimes X, \cdots\} \tag{C.7}$$

를 살펴보면 생성원을 이용한 기술이 얼마나 간단한지 더 명백해진다. $\mathcal{P}(2)$에는 64개의 원소들이 있지만, 이 군은 단 6 개의 원소로 생성할 수 있다.

$$\mathcal{P}(2) = \langle\{X \otimes I, Y \otimes I, Z \otimes I, I \otimes X, I \otimes Y, I \otimes Z\}\rangle. \tag{C.8}$$

군 $\mathcal{G}$가 주어졌을 때, 생성원들의 집합은 유일하게 결정되지 않는다. 예를 들어, X, Y, Z와 마찬가지로 iI, X, Z도 단일 큐비트에 대한 파울리군을 생성할 수 있다. 즉, $\mathcal{P}(1) = \langle\{X, Y, Z\}\rangle = \langle\{iI, X, Z\}\rangle$이다.

정리 3.3 $\mathcal{G}$를 유한군이라 하자. 그럼, $\log_2 |\mathcal{G}|$ 개의 원소들을 택하여 $\mathcal{G}$를 생성할 수 있다.

The description of a group can be drastically simplified by using generators.

```
In[ ]:= gnr = GroupGenerators@grp;
        PauliForm[gnr]

Out[ ]= {X, Y, Z}
```

For another example, consider the Pauli group on two qubits.

```
In[ ]:= elm = GroupElements@PauliGroup[S@{1, 2}];
        PauliForm[elm]

Out[ ]= {I⊗I, I⊗X, I⊗Y, I⊗Z, X⊗I, X⊗X, X⊗Y, X⊗Z, Y⊗I, Y⊗X, Y⊗Y, Y⊗Z,
         Z⊗I, Z⊗X, Z⊗Y, Z⊗Z, -(I⊗I), -(I⊗X), -(I⊗Y), -(I⊗Z), -(X⊗I),
         -(X⊗X), -(X⊗Y), -(X⊗Z), -(Y⊗I), -(Y⊗X), -(Y⊗Y), -(Y⊗Z), -(Z⊗I),
         -(Z⊗X), -(Z⊗Y), -(Z⊗Z), i I⊗I, i I⊗X, i I⊗Y, i I⊗Z, i X⊗I, i X⊗X,
         i X⊗Y, i X⊗Z, i Y⊗I, i Y⊗X, i Y⊗Y, i Y⊗Z, i Z⊗I, i Z⊗X, i Z⊗Y, i Z⊗Z,
         -i I⊗I, -i I⊗X, -i I⊗Y, -i I⊗Z, -i X⊗I, -i X⊗X, -i X⊗Y, -i X⊗Z,
         -i Y⊗I, -i Y⊗X, -i Y⊗Y, -i Y⊗Z, -i Z⊗I, -i Z⊗X, -i Z⊗Y, -i Z⊗Z}
```

It has 64 elements. That is, the order of the Pauli group on two qubits is 64.

```
In[ ]:= Length[elm]

Out[ ]= 64
```

```
In[ ]:= GroupOrder@PauliGroup[S@{1, 2}]

Out[ ]= 64
```

The Pauli group on two qubits can be generated by just 6 elements.

```
In[ ]:= gnr = GroupGenerators@PauliGroup[S@{1, 2}];
        PauliForm[gnr]

Out[ ]= {X⊗I, Y⊗I, Z⊗I, I⊗X, I⊗Y, I⊗Z}
```

정의 3.4 (아벨군) 군의 모든 원소들이 서로 교환가능하면, 군은 아벨(Abelian)이라 한다.

아벨군의 특별한 예로 순환군(cyclic group)이 있다. 순환군 $\mathcal{G}$의 원소들은 원소들 중 하나를 연속적으로 거듭제곱하여 구할 수 있다. 즉,

$$\mathcal{G} = \{G, G^2, G^3, \cdots, G^n = E\} \tag{C.9}$$

이다. 여기서 n은 정수이다. 따라서, 이 군은 하나의 원소로 생성된다. 즉, $\mathcal{G} = \langle\{G\}\rangle$. 순환군은 어떤 원소도 그 군을 생성할 수 있다. 순환군의 흔한 예 중 하나는, 법(modulo) n에 대한 덧셈을 군 곱셈으로 삼는

$$\mathbb{Z}_n := \{0, 1, 2, \cdots, n-1\} \tag{C.10}$$

이다. 특히, $\mathbb{Z}_2$는 여러 분야에서 매우 자주 나타난다.

정리 3.5 (재배열정리) $\mathcal{G}$를 군이라 하자. $\mathcal{G}$에 속하는 임의의 원소 G에 대해, 집합 $G\mathcal{G} := \{GG' \mid G' \in \mathcal{G}\}$는 $\mathcal{G}$의 모든 원소를 오직 한 번만 포함한다. 이것은 비슷한 방법으로 만든 집합 $\mathcal{G}G := \{G'G \mid G' \in \mathcal{G}\}$에 대해서도 성립한다.

정의 3.6 (군 준동형사상) ϕ가 군 $\mathcal{G}$에서 다른 군 $\mathcal{G}'$으로의 사상이라 하자. 모든 $G_1, G_2 \in \mathcal{G}$에 대해

$$\phi(G_1)\phi(G_2) = \phi(G_1G_2) \tag{C.11}$$

를 만족하면, ϕ는 준동형사상(homomorphism)이라고 한다. ϕ가 일대일 사상이면, 이는 동형사상(isomorphism)이라 불린다. $\mathcal{G}$에서 $\mathcal{G}'$으로의 동형사상이 존재하면, $\mathcal{G}$와 $\mathcal{G}'$은 서로에 대해 동형이라고 하고, $\mathcal{G} \simeq \mathcal{G}'$으로 표기한다.

C.2 류

군 $\mathcal{G}$의 류(class)는 특정한 속성을 가진 $\mathcal{G}$의 부분집합이다. 그 특정 속성에 따라 류는 군의 표현론(representation theory)에서 중요한 역할을 하게 된다.

정의 3.7 (켤레 원소와 류) $\mathcal{G}$를 군이라 하자. $\mathcal{G}$에 속하는 두 원소 G와G'에 대해

$$G' = HGH^{-1} \tag{C.12}$$

원소 H가 $\mathcal{G}$에 존재하면, G는 G'의 켤레(conjugate)라고 한다. G'이 G의 켤레이면, 당연히 G 또한 G'의 켤레이다. 따라서, 서로 켤레인 원소들로 이루어진 집합을 고려해볼 수 있다. 군 $\mathcal{G}$의 류는 $\mathcal{G}$의 서로 켤레인 원소들로 이루어진 집합이다.

각 류는 그 류에 속하는 임의의 원소 G에 의해 완벽하게 결정된다. 즉, G가 주어지면, 곱들의 집합

$$\mathcal{G}G\mathcal{G}^{-1} := \{HGH^{-1} \mid H \in \mathcal{G}\} \tag{C.13}$$

로 G를 포함하는 류 전체를 구할 수 있다.

정리 3.8 류는 다음 속성들을 가진다

(a) 군 $\mathcal{G}$의 모든 원소는 $\mathcal{G}$의 류들 중 하나에 속한다.

(b) $\mathcal{G}$의 원소가 $\mathcal{G}$의 두 개의 다른 류에 동시에 속할 수 없다.

(c) $\mathcal{G}$의 항등원 E는 홀로 류를 이룬다.

식 (C.12)에 정의된 군 원소 사이의 켤레 관계는 양자역학에 적용할 때 물리적으로 함축적인 의미를 갖는다. 예를 들어, $\mathcal{G}$가 회전들로 구성된 군인 경우, $\mathcal{G}$의 어떤 류도 참회전(proper rotations)과 이상회전(improper rotations)을 동시에 포함할 수 없다. 더욱이, 참회전에 대한 각 류는 동일한 각도만큼의 회전만을 포함한다. 마찬가지로, 이상회전에 대한 류의 원소들의 참회전 부분은 모두 같은 각도 만큼의 회전을 나타낸다.

C.3 불변 부분군

불변 부분군 개념은 보통 몫군(quotient group)을 구성하기 위한 잉여류(coset)의 개념과 함께 도입된다. 또한, 곧 드러나겠지만, 앞서 정의한 류의 개념과도 밀접한 관련이 있다. 따라서, 불변 부분군도 표현론에서 중요한 역할을 한다.

정의 3.9 (부분군) $\mathcal{G}$를 군이라 하고, $\mathcal{H} \subset \mathcal{G}$라 하자. $\mathcal{H}$ 자체가 (원소들 사이에 $\mathcal{G}$의 곱셈과 동일한 연산이 정의된) 군이면, $\mathcal{H}$를 군 $\mathcal{G}$의 부분군(subgroup)이라 한다.

정의 3.10 (불변 부분군) 군 $\mathcal{G}$의 부분군 $\mathcal{H}$를 고려하자. $\mathcal{H}$에 속하는 모든 H와 $\mathcal{G}$에 속하는 모든 G에 대해

$$GHG^{-1} \in \mathcal{H} \tag{C.14}$$

이면, 부분군 $\mathcal{H}$는 불변이라고 한다. 많은 경우, 속성 (C.14)는 축약된 표현 $\mathcal{G}\mathcal{H}\mathcal{G}^{-1} := \{GHG^{-1} \mid H \in \mathcal{H}, G \in \mathcal{G}\}$를 사용하여, 좀더 간결한 형태

$$\mathcal{G}\mathcal{H}\mathcal{G}^{-1} = \mathcal{H} \tag{C.15}$$

로 쓰기도 한다.

불변 부분군은 때때로 정규부분군(normal subgroups) 또는 정규인자(normal divisors)라고 불리기도 한다. 그 이유는 불변 부분군의 정의 (C.14)가 식 (C.12)와 같은 형태이기 때문이다. 다음 정리를 보면 류와 불변 부분군 사이의 관계가 더 명확해진다.

정리 3.11 군 $\mathcal{G}$의 부분군 $\mathcal{H}$는 $\mathcal{G}$의 류들을 통째로 포함할 때만 불변이다.

특별한 종류의 불변 부분군으로 군의 중심이 있다. 이 개념은 몫군의 개념과 밀접하게 관련되어 있다.

정의 3.12 (군의 중심) 군 $\mathcal{G}$의 중심 $\mathcal{Z}$는 $\mathcal{G}$의 모든 원소들과 교환가능한 모든 원소들로 이루어진 부분군이다.

$\mathcal{Z}$는 $\mathcal{G}$의 아벨 불변 부분군이다. 또한, $\mathcal{Z}$의 모든 부분군은 $\mathcal{G}$의 아벨 불변 부분군이 되고 $\mathcal{G}$의 중심 불변 부분군이라 불린다.

C.4 잉여류와 몫군

군의 부분군은 (집합으로서의) 군을 잉여류라 불리는 서로소인 부분집합들로 나눌 때 편리하게 쓸 수 있다. C.2절에서 보았듯이, 켤레 류들도 마찬가지로 군을 나눌 때 쓸 수 있다. 하지만 켤레 류들과 달리, 군의 잉여류들은 모두 같은 크기이다.

정의 3.13 (잉여류) $\mathcal{H}$를 군 $\mathcal{G}$의 부분군이라 하자(꼭 불변 부분군일 필요는 없다). $\mathcal{G}$에 속하는 특정 원소 G에 대해(G가 부분군 $\mathcal{H}$의 원소일 수도 아닐 수도 있다), 집합 $\mathcal{H}G := \{HG : H \in \mathcal{H}\}$는 G에 대한 $\mathcal{H}$의 우잉여류(right coset)라고 한다. 마찬가지로, 집합 $G\mathcal{H} := \{GH : H \in \mathcal{H}\}$는 G에 대한 $\mathcal{H}$의 좌잉여류(left coset)라고 한다.

잉여류의 속성은 다음 정리들로 요약할 수 있다.

정리 3.14 $\mathcal{H}$를 군 $\mathcal{G}$의 부분군이라 하자.

(a) $G \in \mathcal{H}$이면, $\mathcal{H}G = \mathcal{H}$이다.

(b) $G' \in \mathcal{H}G$이면, $\mathcal{H}G' = \mathcal{H}G$이다.

(c) $G \notin \mathcal{H}$이면, $\mathcal{H}G$는 $\mathcal{G}$의 부분군이 아니다.

(d) $\mathcal{G}$의 각 원소는 우잉여류에 포함되며, 꼭 그 우잉여류 하나에만 포함된다.

(e) $\mathcal{H}$의 두 우잉여류는 서로 동일하거나 서로소이다.

(f) $H \neq H'$이면 $\mathcal{H}G$의 임의의 두 원소 HG와 $H'G$는 다르다. 특히, $\mathcal{H}$가 차수 $|\mathcal{H}|$의 유한부분군이면, $\mathcal{H}G$는 $|\mathcal{H}|$개의 서로 다른 원소들을 가지고 있다.

(g) $\mathcal{G}$가 차수가 $|\mathcal{G}|$인 유한군이고 $\mathcal{H}$의 차수가 $|\mathcal{H}|$이면, 서로 다른 우잉여류의 개수는 $|\mathcal{G}|/|\mathcal{H}|$이다.

위 명제들은 우잉여류에 대해서 서술되어 있다. 하지만, 모든 명제들은 좌잉여류에 대해서도 똑같이 적용된다.

정리 3.15 (잉여류와 불변 부분군) 군 $\mathcal{G}$의 부분군 $\mathcal{H}$가 불변부분군일 때만, $\mathcal{H}$의 우잉여류와 좌잉여류가 동일하다. 즉, $\mathcal{G}$에 속하는 모든 원소 G에 대해

$$\mathcal{H}G = G\mathcal{H} \tag{C.16}$$

이다.

정리 3.14의 속성 (b)는 특히 중요하다. 이 성질은 잉여류의 어떤 원소로부터 시작해도 똑같은 잉여류가 만들어진다는 것을 뜻한다. 따라서, 잉여류의 모든 원소들은 동등하기 때문에 잉여류의 임의의 구성원을 잉여류 대표로 삼아 잉여류를 이름짓거나 이로부터 잉여류를 구성할 수 있다. 따라서, 부분군 $\mathcal{H}$의 각 우잉여류의 내부 구조를 무시하고, 각 잉여류를 서로 다른 우잉여류들로 이루어진 집합의 한 원소로 간주하면 편리할 경우가 많다. 실제로, 잉여류들의 이러한 집합은 다음 정리에 명시된 것처럼 적절하게 정의된 곱셈을 가진 군을 형성한다.

정리 3.16 (몫군 $\mathcal{G}/\mathcal{H}$) 군 $\mathcal{G}$의 불변 부분군 $\mathcal{H}$의 우잉여류들의 집합은 $\mathcal{G}$에 속하는 모든 원소 G_1과 G_2에 대해

$$G_1\mathcal{H} \cdot G_2\mathcal{H} = (G_1G_2)\mathcal{H} \tag{C.17}$$

로 정의된 곱셈을 가진 군을 이룬다. 이 군은 몫군(quotient group) 또는 인자군(factor group)이라 부르고, $\mathcal{G}/\mathcal{H}$라 표기한다. 또한 $\mathcal{G}$가 유한하면,[3.1]

$$|\mathcal{G}/\mathcal{H}| = |\mathcal{G}|/|\mathcal{H}| \tag{C.18}$$

이다.

[3.1] 이는 정리 3.14 (g)의 결과이다.

몫군이란 개념의 핵심 아이디어는 $\mathcal{G}$의 두 원소 G와 G'에 대해 $G = G'H$를 만족하는 원소 H(또는 $G = H'G'$를 만족하는 H')가 $\mathcal{H}$에 존재하는 한, 이 두 원소를 동등하게 취급할 수 있다는 점이다.

부분군 $\mathcal{H}$가 불변 부분군이 아니면, 식 (C.17)이 군 곱셈에 대한 의미있고 일관적인 정의가 되지 못함을 유의하라. 먼저, 식 (C.17)이 의미있는 정의가 되는지 알아보아야 한다. 이는 식의 왼편에 있는 각 잉여류를 나타내기 위해 다른 잉여류 대표를 선택하더라도 식의 오른편에 있는 잉여류는 변하지 않음을 확인하면 된다. G_1'과 G_2'가 각각 $\mathcal{H}G_1$과 $\mathcal{H}G_2$의 잉여류 대표여서 $G_1' \in \mathcal{H}G_1$이고 $G_2' \in \mathcal{H}G_2$라고 하자. 그러면 $\mathcal{H}(G_1'G_2') = \mathcal{H}(G_1G_2)$임을 보여야 한다. $G_1' \in \mathcal{H}G_1$이고 $G_2' \in \mathcal{H}G_2$이므로, $G_1' = H_1G_1$이고 $G_2' = H_2G_2$인 H_1과 H_2가 $\mathcal{H}$에 존재한다. 또한 $\mathcal{H}$가 불변이므로, $G_1\mathcal{H} = \mathcal{H}G_1$이고, $G_1H_2 = H_2'G_1$을 만족하는 H_2'가 $\mathcal{H}$에 존재한다. 따라서,

$$\mathcal{H}G_1' \cdot \mathcal{H}G_2' = \mathcal{H}(H_1G_1H_2G_2) = \mathcal{H}(H_1H_2'G_1G_2) = \mathcal{H}(G_1G_2) \tag{C.19}$$

이다.

예를 들어, 식 (C.4)에서 이미 논의했던 단일 큐비트에 작용하는 파울리군

$$\mathcal{G} = \{\pm I, \pm iI, \pm X, \pm iX, \pm Y, \pm iY, \pm Z, \pm iZ\} \tag{C.20}$$

를 다시 고려해보자. $\mathcal{Z} = \{I, -I, iI, -iI\}$는 $\mathcal{G}$의 불변 부분군이다. 사실, $\mathcal{Z}$는 $\mathcal{G}$의 중심이다(정의 3.12 참조). 몫군 $\mathcal{G}/\mathcal{Z}$는

$$\mathcal{G}/\mathcal{Z} = \{\mathcal{Z}, X\mathcal{Z}, Y\mathcal{Z}, Z\mathcal{Z}\} \tag{C.21}$$

로 주어진다. 몫군 $\mathcal{G}/\mathcal{Z}$에서 원소 X, $-X$, iX, $-iX$는 구별되지 않기 때문에 동등하게 간주된다. 마찬가지로, 원소 Y, $-Y$, iY, $-iY$도 동등하다. 이렇게 일부 원소들을 동등하다고 보는 것은 가령 원소 사이의 명시적 곱셈에는 관심없고 이들의 교환관계만 살펴보고자 할 때 편리하다.

C.5 곱군

둘 또는 그 이상의 집합들이 주어졌을 때, 이들 집합에서 취한 원소들의 순서쌍들로 새로운 집합을 구성할 수 있다. 유사한 방식으로, 둘 또는 그 이상의 군들이 주어졌을 때, 이 군들의 군곱셈을 이어받아 새로운 군을 만들 수 있다.

정의 3.17 $\mathcal{G}$와 $\mathcal{G}'$을 군이라 하자. 직접곱군(direct product group) 또는 단순하게 곱군(product group) $\mathcal{G} \times \mathcal{G}'$은 다음과 같이 정의된다.

(a) 군 $\mathcal{G} \times \mathcal{G}'$의 바탕이 되는 집합은 $\mathcal{G}$와 $\mathcal{G}'$에서 취한 원소들의 순서쌍들로 이루어져 있다. 즉,

$$\mathcal{G} \times \mathcal{G}' := \{(G, G') \mid G \in \mathcal{G}, G' \in \mathcal{G}'\} \tag{C.22}$$

이다.

(b) 모든 $G_1, G_2 \in \mathcal{G}$와 $G_1', G_2' \in \mathcal{G}'$에 대해 군곱셈은

$$(G_1, G_1')(G_2, G_2') = (G_1 G_2, G_1' G_2') \tag{C.23}$$

로 정의된다.

위 곱셈을 반복하면, 둘 이상의 군들의 직접곱으로도 쉽게 확장할 수 있다.

가장 간단한 예는 순환군들(식 (C.10) 참조)의 직접곱 $\mathbb{Z}_{n_1} \times \mathbb{Z}_{n_2} \times \cdots \times \mathbb{Z}_{n_k}$이다. 이 직접곱으로 얻은 군은 아벨군이다(정의 3.4 참조). 실제로, 임의의 아벨군은 적절한 $n_1, n_2, \ldots, n_k$에 대해 $\mathbb{Z}_{n_1} \times \mathbb{Z}_{n_2} \times \cdots \times \mathbb{Z}_{n_k}$와 동형임을 보일 수 있다. 흥미롭게도, $\mathbb{Z}_{n_1} \times \mathbb{Z}_{n_2} \times \cdots \times \mathbb{Z}_{n_k}$는 체 $\mathbb{Z}_2$에 대한 벡터공간으로도 간주할 수 있다. 이 사실은 파울리군(6.3.1절 참조)의 구조를 연구하는데 여러 가지 편리한 방법을 제공한다.

부록 D

매쓰매티카 응용프로그램 Q3

Q3는 양자정보처리, 양자 다체계, 그리고 양자 스핀계를 연구하는 데 도움이 되는 매쓰매티카(Mathematica) 응용프로그램이다. 이 프로그램은 위와 같은 양자물리 분야에서 기호 계산과 수치 시늉내기를 수행하기 위한 다양한 도구와 유틸리티를 제공한다.

이 책의 영어 원본이 출판될 당시 Q3는 원래 Quisso, Fock, Wigner 등 각기 다른 수준에 적용되는 몇 가지 독립적인 패키지들로 구성되어 있었고, 이들은 또 Pauli 등 다른 하위 패키지에 기반을 두고 있었다. 그러나 Q3는 이제 이러한 패키지가 유기적으로 통합된 형태로 운용되므로, 이 패키지들을 구별할 필요가 없어졌다.

Q3는 깃허브 저장소(GitHub repository)를 통해 배포된다.

```
https://github.com/quantum-mob/Q3App
```

D.1 설치하기

Q3는 두 가지 방법으로 설치할 수 있다. 하나는 최근에 Wolfram Research에서 제공한 paclet system을 이용하는 방법이다. 이 방법은 완전히 자동적일 뿐만 아니라 이후에 업데이트를 하기에도 편리하다. 그러나 이 기능은 매쓰매티카 12.2와 그 이후 버전에서만 지원된다. 자신의 매쓰매티카가 이와 호환된다면, 다음 코드를 복사하여 매쓰매티카 노트북(Notebook)에서 실행하면 된다.

```
Module[
  { ps },
  ps = PacletSiteRegister[
    "https://github.com/quantum-mob/PacletServer/raw/main",
    "Quantum Mob Paclet Server"
```

```
    ];
    PacletSiteUpdate[ps];
    PacletInstall["Q3"]
  ]
```

또 다른 방법은 전통적인 방법으로, 파일들을 적당한 폴더에 내려받아 복사하는 것이다. 다음 주소에 있는 설치 안내문을 참고하면 자세한 내용을 알 수 있다.

```
https://github.com/quantum-mob/Q3App/blob/main/INSTALL.md
```

D.2 바로 시작하기

프로그램이 설치되면, Wolfram Language Documentation Center(매쓰매티카의 도움말 창)의 검색 창에

"Q3" 또는 "Q3/guide/Q3"

를 입력하여 이 프로그램에 대한 자세한 기술적 정보를 얻을 수 있다.

응용프로그램을 설치한 후 처음으로 Wolfram Language Documentation Center에 키워드를 검색하는 순간, 매쓰매티카는 새 문서 파일에 대한 검색 색인을 구축한다. 이는 컴퓨터의 성능에 따라 수 초를 소요할 수 있다. 이 작업은 (프로그램을 업데이트할 때마다) 한 번만 발생한다.

부록 E

예제들의 통합 모음

QuantumWorkbook은 이 책에 나온 예제들를 담고 있는 매쓰매티카 노트북 파일들의 모음으로, 모두 Wolfram Language로 쓰여졌다. 독자는 이 예제들을 바탕으로 자신만의 예제를 만들어 보거나, 이 예제들을 수정해가며 새로운 아이디어를 실험해볼 수 있을 것이다.

QuantumWorkbook은 깃허브(GitHub) 저장소를 통해 배포된다.

`https://github.com/quantum-mob/QuantumWorkbook`

E.1 설치하기

다음 코드를 복사하여 매쓰매티카 노트북에서 이를 실행하라.

```
Module[
  { ps },
  ps = PacletSiteRegister[
    "https://github.com/quantum-mob/PacletServer/raw/main",
    "Quantum Mob Paclet Server"
   ];
  PacletSiteUpdate[ps];
  PacletInstall["Q3"];
  PacletInstall["QuantumWorkbook"]
 ]
```

위 코드는 QuantumWorkbook과 함께, 독자의 편의를 위해 주 응용프로그램인 Q3도 함께 설치한다.

이 패키지는 오류 수정과 성능 향상을 위해 지속적으로 변경될 수 있다. 가끔씩 업데이트를 확인해보고 싶다면 매쓰매티카 노트북에서 다음을 실행하면 된다.

```
QuantumWorkbookCheckUpdate[]
```

업데이트가 있는 경우, 다음 함수를 이용하여 이를 설치할 수 있다.

```
QuantumWorkbookUpdate[]
```

E.2 바로 시작하기

일단 QuantumWorkbook을 설치하고 나면, 매쓰매티카의 도움말(Wolfram Language Documentation Center)의 검색 창에

```
"QuantumWorkbook"
```

을 입력하라. 그러면 QuantumWorkbook의 목차가 표시된다.

부록 F

연습문제 해답

F.1 양자역학의 기본 가정

F.2 양자계산 둘러보기

연습문제 2.4 먼저

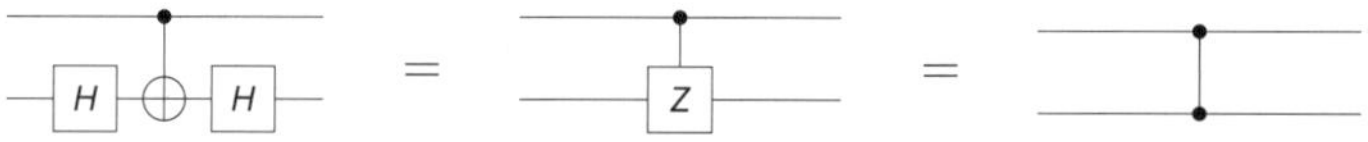

,

임을 유의하자. 제어 Z 연산은 제어레지스터와 대상레지스터의 역할에 있어서 '대칭적'이다. 그래서 양자회로의 해당 원소를 두 개의 점으로 표기하는 것이다. 그럼, 이로부터

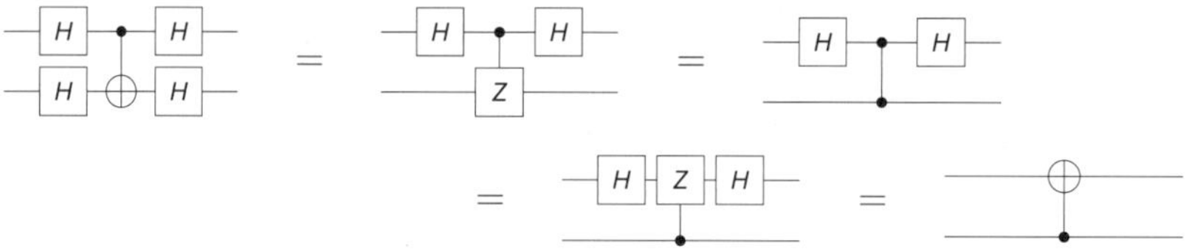

(F.1)

임을 보일 수 있다.

연습문제 2.7

The eigenstates of U are the same as those of the Pauli X operator.

```
In[ ]:= U = Rotation[ϕ, S[1, 1]] // Elaborate
```

Out[ ]=

$$\mathrm{Cos}\left[\frac{\phi}{2}\right] - i\, S_1^x\, \mathrm{Sin}\left[\frac{\phi}{2}\right]$$

To see it, take an eigenstate of the Pauli X operator on qubit `S[1,None]` belonging to the eigenvalue 1.

In[ ]:=
```
vec = S[1, 6] ** Ket[];
vec // LogicalForm
```

Out[ ]=

$$\frac{|0_{S_1}\rangle}{\sqrt{2}} + \frac{|1_{S_1}\rangle}{\sqrt{2}}$$

This confirms that the vector is indeed the intended eigenstate.

In[ ]:=
```
U ** vec // LogicalForm // TrigToExp // Simplify
```

Out[ ]=

$$\frac{e^{-\frac{i\phi}{2}}\left(|0_{S_1}\rangle + |1_{S_1}\rangle\right)}{\sqrt{2}}$$

This checks for the other eigenstate belonging to the eigenvalue -1.

In[ ]:=
```
vec = S[1, 6] ** Ket[S[1] → 1];
vec // LogicalForm
```

Out[ ]=

$$\frac{|0_{S_1}\rangle}{\sqrt{2}} - \frac{|1_{S_1}\rangle}{\sqrt{2}}$$

In[ ]:=
```
U ** vec // LogicalForm // TrigToExp // Simplify
```

Out[ ]=

$$\frac{e^{\frac{i\phi}{2}}\left(|0_{S_1}\rangle - |1_{S_1}\rangle\right)}{\sqrt{2}}$$

The ancillary qubit takes a relative phase shift depending on in which eigenstate the native qubit is.

In[ ]:=
```
Let[Real, ϕ];
qc = QuantumCircuit[LogicalForm[Ket[], S@{1, 2}], S[1, 6], "Separator",
  S[2, 6], ControlledU[S[2], Rotation[ϕ, S[1, 1]], "Label" → "U"]]
```

Out[ ]=

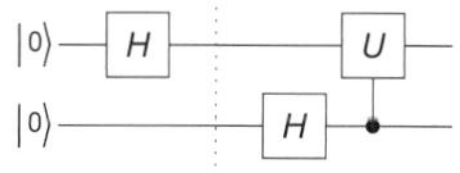

|0⟩ H U
|0⟩ H

In[ ]:=
```
out = ExpressionFor[qc] // TrigToExp;
KetFactor@out
```

Out[ ]=

$$\frac{1}{2}\, e^{-\frac{i\phi}{2}}\left(|0_{S_1}\rangle + |1_{S_1}\rangle\right) \otimes \left(e^{\frac{i\phi}{2}}\,|0_{S_2}\rangle + |1_{S_2}\rangle\right)$$

Make a basis change to detect it.

In[ ]:=
```
qc = QuantumCircuit[LogicalForm[Ket[], S@{1, 2}], S[1, 6], "Separator",
  S[2, 6], ControlledU[S[2], Rotation[ϕ, S[1, 1]], "Label" → "U"],
  "Separator", Rotation[ϕ / 2, S[2, 3]], S[2, 6], Measurement[S[2, 3]]]
```

Out[ ]=

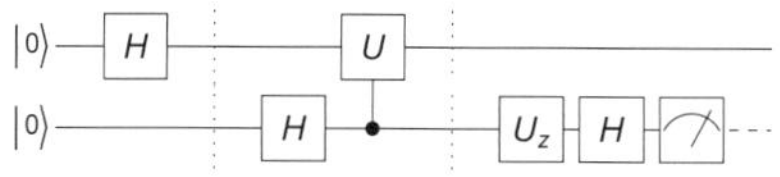

|0⟩ H U
|0⟩ H U_z H

Finally, check the result.

```
In[ ]:= out = ExpressionFor[qc] // TrigToExp;
LogicalForm[KetFactor@out, S@{1, 2}]
```

Out[ ]=

$$\frac{e^{-\frac{i\phi}{4}}\left(\left|0_{S_1}0_{S_2}\right\rangle + \left|1_{S_1}0_{S_2}\right\rangle\right)}{\sqrt{2}}$$

연습문제 2.8

This constructs the desired quantum circuit model.

```
In[ ]:= qc = QuantumCircuit[LogicalForm[Ket[], S@{1, 2, 3}],
  S[{1, 2, 3}, 6], ControlledU[S[2], Rotation[ϕ, S[1, 1]], "Label" → "U"],
  ControlledU[S[3], Rotation[2 ϕ, S[1, 1]], "Label" → "U²"],
  "Separator", {Rotation[0, S[2, 3]], Rotation[Pi / 2, S[3, 3]]}, S[3, 6]]
```

Out[ ]=

```
In[ ]:= out = ExpressionFor[qc] // TrigToExp // Simplify;
KetFactor@out /. ϕ → Pi / 2
```

Out[ ]=

$$\frac{\left(\frac{1}{4}+\frac{i}{4}\right) e^{-\frac{3 i \pi}{4}}\left(\left|0_{S_1}\right\rangle + \left|1_{S_1}\right\rangle\right) \otimes \left(e^{\frac{i\pi}{4}}\left|0_{S_2}\right\rangle + \left|1_{S_2}\right\rangle\right) \otimes \left(2\left|0_{S_3}\right\rangle\right)}{\sqrt{2}}$$

연습문제 2.10 명제 (2.10a)가 성립한다고 해보자. 그러면

$$\hat{A}\hat{B} = \hat{I}, \quad \hat{A}\hat{X}\hat{B} = \hat{U} \tag{F.2}$$

이다. 위의 첫째 조건은 $\hat{B} = \hat{A}^\dagger$임을 의미한다. 이제 하다마드 게이트 $\hat{H}$를 정의하고 $\hat{W} = \hat{A}\hat{H}$로 놓자. 그러면,

$$\hat{W}\hat{Z}\hat{W}^\dagger = \hat{A}\hat{X}\hat{A}^\dagger = \hat{U} \tag{F.3}$$

이 되어 명제 (2.10b)가 성립한다. 또한,

$$\operatorname{Tr}\hat{U} = \operatorname{Tr}\hat{W}\hat{Z}\hat{W}^\dagger = \operatorname{Tr}\hat{Z} = 0\,, \tag{F.4}$$

$$\det\hat{U} = \det\hat{W}\hat{Z}\hat{W}^\dagger = \det\hat{Z} = -1 \tag{F.5}$$

이므로, 명제 (2.10c)도 성립한다.

다음으로, 어떤 유니테리 연산자 $\hat{W}$가 있어서 $\hat{U} = \hat{W}\hat{Z}\hat{W}^\dagger$가 된다고 해보자. $\hat{A} = \hat{W}\hat{H}$, $\hat{B} = \hat{A}^\dagger$로 정의하자. 그러면 식 (F.2)가 만족된다. 즉, 명제 (2.10a)가 성립한다. 또한, 위에서 증명한대로 명제 (2.10c)도 성립한다.

마지막으로, 명제 (2.10c)가 성립한다고 해보자. 조건 $\mathrm{Tr}\,\hat{U} = 0$은

$$\hat{U} = u_x\hat{X} + u_y\hat{Y} + u_z\hat{Z} \quad (u_x, u_y, u_z \in \mathbb{C}) \tag{F.6}$$

임을 의미한다. $\hat{U}$에 대한 유니테리 조건에 의해 u_μ의 위상들은 모두 동일하고 $\sum_\mu |u_\mu|^2 = 1$이 된다. 따라서, 어떤 $\phi \in \mathbb{R}$과 어떤 유니테리 연산자 $\hat{W}$가 존재하여

$$\hat{U} = e^{i\phi}\hat{W}\hat{Z}\hat{W}^\dagger \tag{F.7}$$

로 쓸 수 있다. 조건 $\det\hat{U} = -1$은 $\phi = n\pi$, $n \in \mathbb{Z}$로 ϕ의 값을 제한한다. $e^{i\phi} = -1$(홀수 n)인 경우 $\hat{W}$를 $\hat{W}' = \hat{W}\hat{X}$로 재정의할 수 있다. 따라서, $e^{i\phi} = \pm 1$ 중 어느 경우든 명제 (2.10b)가 성립한다. 위에서 이미 보였듯이 명제 (2.10b)가 성립하면 (2.10a)도 성립한다. 이로 증명이 완결된다.

F.3 양자컴퓨터 구현하기

연습문제 3.3

$$|\Omega\rangle := \frac{|1\rangle\,\Omega_1 + |2\rangle\,\Omega_2}{\Omega} \tag{F.8}$$

를 정의하자. 여기서 $\Omega := \sqrt{\Omega_1^2 + \Omega_2^2}$이다. 그러면 해밀토니안을 다음과 같이 쓸 수 있다.

$$\hat{H} = \epsilon\,|\epsilon\rangle\,\langle\epsilon| - \frac{1}{2}\Omega\left(|\Omega\rangle\,\langle\epsilon| + |\epsilon\rangle\,\langle\Omega|\right). \tag{F.9}$$

(a) 해밀토니안 (F.9)의 두 고유상태에 대한 식은 본문에 나온 식(3.3.1절 참조)과 동일하다. 해밀토니안은 $|\epsilon\rangle$과 $|\Omega\rangle$만 포함한다. 따라서, 한 상태가 더 존재해야 한다. 바로 이 상태가 이 계의 어두운 상태이다. 이를 $|D\rangle$로 표기한다. 이 어두운 상태는 밝은 상태 $|\Omega\rangle$와, 그리고 $|\epsilon\rangle$과도 직교해야 한다. 따라서, 어두운 상태를

$$|D\rangle = \frac{|1\rangle\,\Omega_2^* - |2\rangle\,\Omega_1^*}{\Omega} \tag{F.10}$$

로 짜맞출 수 있다. 직접 계산해보면 이 상태가 $|\Omega\rangle$와 그리고 자명하게 $|\epsilon\rangle$과 직교함을 확인해볼 수 있다. 문제에서 제안한 매개변수들을 이용하여 $|D\rangle$를 다시 쓰면

$$|D\rangle = \frac{|1\rangle\sin(\theta/2)e^{-\phi/2} - |2\rangle\cos(\theta/2)e^{i\phi/2}}{\Omega} \tag{F.11}$$

가 된다.

(b) 아벨 게이지 포텐셜은

$$A^\phi := \langle D|\,\frac{\partial}{\partial\phi}\,|D\rangle = \frac{i\cos\theta}{2} \tag{F.12}$$

로 주어진다. 아벨이기 때문에, 관습적으로 베리 위상을 $\gamma := -i\int_0^{2\pi} d\phi\, A^\phi = -2\pi i A^\phi = \pi\cos\theta$로 정의한다.

(c) θ는 고정하고 ϕ가 0부터 2π까지 변하는 경로에 대해 아벨 기하학적 위상은

$$U(\mathcal{C}) = e^{-i\gamma} = e^{-i\pi\cos\theta} \tag{F.13}$$

로 구해진다.

연습문제 3.4 직접 계산해보는 것으로 충분하다. 여기서 양자회로를

(F.14)

와 같은 형태로 살짝 바꾼다. 그러면, 양자회로 (3.69)에 대해 이미 알려진 출력결과 (3.70)을 이용한다. 이 문제의 경우, $\hat{U}_z$는 자명하여 $\hat{U}_z = \hat{I}$이고, 입력상태는 $\hat{H}|\psi\rangle$이다. 따라서, 둘째 큐비트의 출력상태는

$$\frac{|0\rangle\otimes(\hat{H}\hat{H}|\psi\rangle) + |1\rangle\otimes(\hat{H}\hat{Z}\hat{H}|\psi\rangle)}{\sqrt{2}} \tag{F.15}$$

가 된다. $\hat{H}^2 = \hat{I}$와 $\hat{H}\hat{Z}\hat{H} = \hat{X}$임을 이용하면, 기대한 바와 같이, 출력상태

$$\frac{|0\rangle\otimes|\psi\rangle + |1\rangle\otimes(\hat{X}|\psi\rangle)}{\sqrt{2}} \tag{F.16}$$

를 얻는다.

Here is a quantum circuit model to implement the Pauli X gate based on measurement.

```
In[ ]:= qc = QuantumCircuit[ProductState[S[1] → {c[0], c[1]}, "Label" → Ket["ψ"]],
          LogicalForm[Ket[], S@{2}], S[{1, 2}, 6], CZ[S[1], S[2]], S[1, 6]]
```

Out[ ]=

```
In[ ]:= out = Elaborate[qc];
        KetFactor[out, S[1]]
```

Out[ ]=

$$|0_{S_1}\rangle\otimes\left(\frac{c_0|\_\rangle}{\sqrt{2}} + \frac{c_1|1_{S_2}\rangle}{\sqrt{2}}\right) + |1_{S_1}\rangle\otimes\left(\frac{c_1|\_\rangle}{\sqrt{2}} + \frac{c_0|1_{S_2}\rangle}{\sqrt{2}}\right)$$

We go further to post-process the output state on the second qubit.

```
In[ ]:= qc1 = QuantumCircuit[qc, Measurement[S[1, 3]], ControlledU[S[1], S[2, 1]]]
```

Out[ ]=

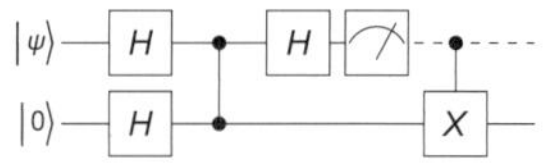

|ψ⟩ H H X
|0⟩ H

In[ ]:=
```
new = Elaborate[qc1] /. {Conjugate[c[0]] × c[0] + Conjugate[c[1]] × c[1] → 1};
LogicalForm[KetFactor[new, S[1]], S@{1, 2}]
```

Out[ ]=

$|0_{S_1}\rangle \otimes (c_0 |0_{S_2}\rangle + c_1 |1_{S_2}\rangle)$

연습문제 3.6 $\hat{U}$를 유한차원 벡터공간 $\mathcal{V}$에 가해지는 유니테리 연산자라고 하자. 그러면, $\mathcal{V}$에 작용하는 임의의 선형 연산자 $\hat{A}$에 대해

$$\hat{U}\exp(\hat{A})\hat{U}^\dagger = \exp(\hat{U}\hat{A}\hat{U}^\dagger) \tag{F.17}$$

가 성립한다.

(a) $\hat{X}$는 유니테리이자 에르미트이다. 또한, $\hat{X}\hat{Z}\hat{X} = -\hat{Z}$이다. 따라서, 이를 이용하면

$$\hat{X}\exp(-i\hat{Z}\phi/2)\hat{X} = \exp(-i\hat{X}\hat{Z}\hat{X}\phi/2) = \exp(+i\hat{Z}\phi/2) = \hat{U}_z(-\phi) \tag{F.18}$$

임을 보일 수 있다.

(b) 비슷하게 $\hat{H}$는 유니테리이자 에르미트이다. 또한 $\hat{H}\hat{Z}\hat{H} = \hat{X}$를 만족한다. 따라서,

$$\hat{H}\exp(-i\hat{Z}\phi/2)\hat{H} = \exp(-i\hat{H}\hat{Z}\hat{H}\phi/2) = \exp(-i\hat{X}\phi/2) = \hat{U}_x(\phi) \tag{F.19}$$

가 된다.

F.4 양자 알고리즘

연습문제 4.1

Here is a particular classical oracle.

In[ ]:=
```
f[0, 0] = 0
f[0, 1] = 0
f[1, 0] = 1
f[1, 1] = 0
```

Out[ ]=
```
0
```

Out[ ]=
```
0
```

Out[ ]=
```
1
```

Out[ ]=
```
0
```

In[ ]:=
```
cc = {1, 2};
tt = {3};
ct = Join[cc, tt];
qc = QuantumCircuit[
  LogicalForm[Ket[S[tt] → 1], S[ct]],
  S[ct, 6],
  Oracle[f, S@cc, S@tt],
  S[tt, 6]
 ]
out = ExpressionFor[qc];
KetFactor[out, S[tt]] // LogicalForm
```

Out[ ]=

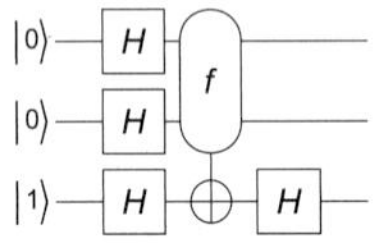

Out[ ]=

$$\left|1_{S_3}\right\rangle \otimes \left(\frac{1}{2}\left(\left|0_{S_1}0_{S_2}\right\rangle + \left|0_{S_1}1_{S_2}\right\rangle - \left|1_{S_1}0_{S_2}\right\rangle + \left|1_{S_1}1_{S_2}\right\rangle\right)\right)$$

In[ ]:=
```
bb = f @@@ IntegerDigits[Range[0, 2^2], 2, 2]
```

Out[ ]=
```
{0, 0, 1, 0, 0}
```

Here is a particular classical oracle.

In[ ]:=
```
f[0, 0] = {0, 1}
f[0, 1] = {1, 0}
f[1, 0] = {0, 1}
f[1, 1] = {1, 1}
```

Out[ ]=
```
{0, 1}
```

Out[ ]=
```
{1, 0}
```

Out[ ]=
```
{0, 1}
```

Out[ ]=
```
{1, 1}
```

In[ ]:=
```
cc = {1, 2};
tt = {3, 4};
ct = Join[cc, tt];
qc = QuantumCircuit[
  LogicalForm[Ket[S[tt] → 1], S[ct]],
  S[ct, 6],
  Oracle[f, S@cc, S@tt],
  S[tt, 6]
 ]
out = ExpressionFor[qc];
KetFactor[out, S[tt]] // LogicalForm
```

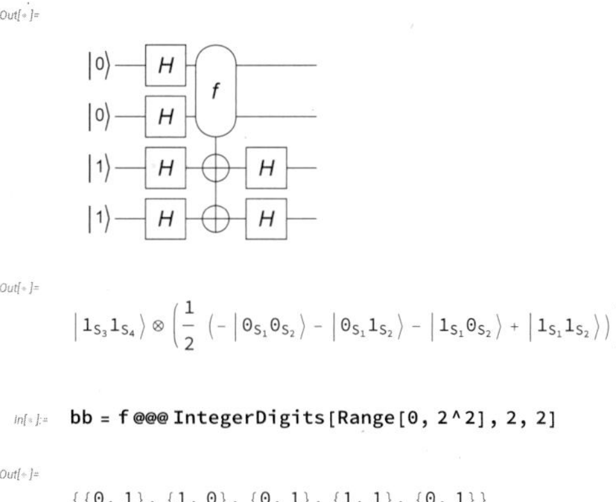

F.5 양자잡음과 결깨짐

연습문제 5.2 양자회로

$|\Phi\rangle$ $\mathscr{F}$ $\mathscr{F}(\hat{\rho})$ $|\Phi\rangle$ $\hat{\rho}$ (F.20)

를 분석해보자. $|\Phi\rangle := \frac{1}{\sqrt{d}}\sum_j |v_j\rangle \otimes |v_j\rangle$로 투영하기 직전의 상태는

$$\hat{R} = \frac{1}{d}\sum_{ij} \mathscr{F}(|v_i\rangle\langle v_j|) \otimes |v_i\rangle\langle v_j| \otimes \hat{\rho} \tag{F.21}$$

이다. 여기서 d는 각 양자레지스터의 차원이다. $|\Phi\rangle$로 투영하면, 첫째 레지스터의 상태는

$$\begin{aligned}
\hat{R}' &= \frac{1}{d}\sum_{ij} \mathscr{F}(|v_i\rangle\langle v_j|)\,\mathrm{Tr}(|v_i\rangle\langle v_j| \otimes \hat{\rho})\,|\Phi\rangle\langle\Phi| \\
&= \frac{1}{d}\sum_{ij} \mathscr{F}(|v_i\rangle\langle v_j|)\frac{1}{d}\sum_{kl}(|v_i\rangle\langle v_j| \otimes \hat{\rho})(|v_k\rangle\langle v_l| \otimes |v_k\rangle\langle v_l|) \\
&= \frac{1}{d^2}\sum_{ij} \mathscr{F}(|v_i\rangle\langle v_j|)\,\langle v_i|\,\hat{\rho}\,|v_j\rangle
\end{aligned} \tag{F.22}$$

가 된다. 초사상 $\mathscr{F}$의 선형성을 이용하면,

$$\hat{R}' = \frac{1}{d^2}\mathscr{F}\left(\textstyle\sum_{ij} |v_i\rangle\langle v_i|\,\hat{\rho}\,|v_j\rangle\langle v_j|\right) = \frac{1}{d^2}\mathscr{F}(\hat{\rho}) \tag{F.23}$$

임을 보일 수 있다. 인자 $1/d^2$은 이 규약의 성공확률을 의미한다.

연습문제 5.10 먼저 식 (5.245)를 증명한다. $\hat{A}$의 특이값분해

$$\hat{A} = \sum_j |u_j\rangle\, a_j\, \langle v_j| \quad (a_j \geq 0) \tag{F.24}$$

을 이용하여

$$\|\hat{A}\|_{\mathrm{HS}}^2 = \sum_j a_j^2 \tag{F.25}$$

와

$$\|\hat{A}^\dagger \hat{A}\|_{\mathrm{HS}}^2 = \sum_j a_j^4 \leq \left(\sum_j a_j^2\right)^2 = \|\hat{A}\|_{\mathrm{HS}}^2 \tag{F.26}$$

를 보일 수 있고, 따라서, 부등식 (5.245)가 증명된다.

다음으로 식 (5.244)를 증명한다.

$$\|\hat{A}\hat{B}\|_{\mathrm{HS}}^2 = \mathrm{Tr}\, \hat{B}^\dagger \hat{A}^\dagger \hat{A}\hat{B} = \mathrm{Tr}\, \hat{A}^\dagger \hat{A}\hat{B}\hat{B}^\dagger = \langle \hat{A}^\dagger \hat{A}, \hat{B}\hat{B}^\dagger \rangle \tag{F.27}$$

이므로, 코시-슈바르츠 부등식과 식 (5.245)를 이용하여

$$\|\hat{A}\hat{B}\|_{\mathrm{HS}}^2 = \langle \hat{A}^\dagger \hat{A}, \hat{B}\hat{B}^\dagger \rangle \leq \|\hat{A}^\dagger \hat{A}\|_{\mathrm{HS}} \|\hat{B}\hat{B}^\dagger\|_{\mathrm{HS}} \leq \|\hat{A}\|_{\mathrm{HS}}^2 \|\hat{B}\|_{\mathrm{HS}}^2 \tag{F.28}$$

가 됨을 보일 수 있다.

연습문제 5.11 먼저

$$\mathrm{Tr}\, \hat{G} = \sum_\mu \mathrm{Tr}\, \hat{F}_\mu \hat{F}_\mu^\dagger = \sum_\mu \mathrm{Tr}\, \hat{F}_\mu^\dagger \hat{F}_\mu = \mathrm{Tr}\, \hat{I} = \dim \mathcal{V} \tag{F.29}$$

임을 보이자. 그러면, 식 (5.168)로부터

$$|\,\mathrm{Tr}\, \hat{G}| = \dim \mathcal{V} \leq \|\hat{G}\|_{\mathrm{tr}} \tag{F.30}$$

이 된다. 한편 식 (5.183)을 이용하면,

$$\|\hat{G} = \mathscr{F}(\hat{I})\|_{\mathrm{tr}} \leq \|\hat{I}\|_{\mathrm{tr}} = \dim \mathcal{V} \tag{F.31}$$

가 된다.

연습문제 5.12 다음과 같은 꼴의 $\hat{A}$의 특이값분해(정리 1.22와 식 (A.67) 참조)를 고려해 보자.

$$\hat{A} = \sum_j |u_j\rangle\, a_j\, \langle v_j| \,. \tag{F.32}$$

여기서 $a_j \geq 0$은 $\hat{A}$의 특이값들이고, $\langle u_i|u_j\rangle = \delta_{ij}$, $\langle v_i|v_j\rangle = \delta_{ij}$ 이다.

(a) 그러면,

$$\begin{aligned}\sum_m \left|\langle m|\hat{A}|m\rangle\right|^2 &= \sum_{mj} |\langle m|u_j\rangle|^2 a_j^2 |\langle v_j|m\rangle|^2 \\ &\leq \sum_{mj} |\langle m|u_j\rangle|^2 a_j^2 \\ &= \sum_j a_j^2 \\ &= \|\hat{A}\|^2\end{aligned} \tag{F.33}$$

이다. 여기서 $|u_i\rangle$와 $|v_j\rangle$가 규격화되어있음과 $|\langle m|u_j\rangle|^2 \leq 1$,그리고 $|\langle m|v_j\rangle|^2 \leq 1$ 임을 이용하였다.

한편

$$\begin{aligned}\sum_m \left|\langle m|\hat{A}|m\rangle\right| &= \sum_{mj} |\langle m|u_j\rangle\, a_j\, \langle v_j|m\rangle| \\ &= \sum_{mj} a_j\, |\langle m|u_j\rangle|\, |\langle v_j|m\rangle| \\ &\leq \frac{1}{2}\sum_{mj} a_j \left(|\langle m|u_j\rangle|^2 + |\langle v_j|m\rangle|^2\right)\end{aligned} \tag{F.34}$$

임을 주목해보자. 위 과정에서 임의의 실수 x와 y에 대해 부등식

$$xy \leq \frac{x^2+y^2}{2} \tag{F.35}$$

이 성립함을 이용하였다.

$$\sum_m |\langle m|u_j\rangle|^2 = \sum_m \langle u_j|m\rangle \langle m|u_j\rangle = \langle u_j|u_j\rangle = 1 \tag{F.36}$$

이고 비슷하게

$$\sum_m |\langle m|v_j\rangle|^2 = 1 \tag{F.37}$$

임을 이용하면,

$$\sum_m |\langle m|\hat{A}|m\rangle| \leq \sum_j a_j = \|\hat{A}\|_{\mathrm{tr}} \tag{F.38}$$

이 됨을 증명할 수 있다.

(b) $\hat{A}$의 특이값분해 (F.32)에 더하여, $\hat{E}_m$을 다음과 같이 스펙트럼분해하자.

$$\hat{E}_m = \sum_k |\epsilon_{mk}\rangle\, \epsilon_{mk}\, \langle\epsilon_{mk}| \,. \tag{F.39}$$

여기서

$$0 \le \epsilon_{mk} \le 1 \tag{F.40}$$

인데, 이는 POVM 원소들이 닫힘 관계식

$$\sum_m \hat{E}_m = \hat{I} \tag{F.41}$$

를 만족하기 때문이다. 따라서, 다음을 증명할 수 있다.

$$\begin{aligned}
\sum_m (\mathrm{Tr}\,\hat{E}_m\hat{A})^2 &= \sum_{mkj} \epsilon_{mk}^2\, |\langle\epsilon_{mk}|u_j\rangle|^2\, a_j^2\, |\langle v_j|\epsilon_{mk}\rangle|^2 \\
&\le \sum_{mkj} \epsilon_{mk}\, |\langle\epsilon_{mk}|u_j\rangle|^2\, a_j^2 \\
&= \sum_j \sum_{mk} \langle u_j|\epsilon_{mk}\rangle\, \epsilon_{mk}\, \langle\epsilon_{mk}|u_j\rangle\, a_j^2 \\
&= \sum_j \sum_m \langle u_j|\, \hat{E}_m\, |u_j\rangle\, a_j^2 \\
&= \sum_j a_j^2 \\
&= \|\hat{A}\|^2.
\end{aligned} \tag{F.42}$$

한편,

$$\begin{aligned}
\sum_m \left|\mathrm{Tr}\,\hat{E}_m\hat{A}\right| &= \sum_{mkj} |\epsilon_{mk}\, \langle\epsilon_{mk}|u_j\rangle\, a_j\, \langle v_j|\epsilon_{mk}\rangle| \\
&= \sum_{mkj} a_j\epsilon_{mk}\, |\langle\epsilon_{mk}|u_j\rangle|\, |\langle v_j|\epsilon_{mk}\rangle| \\
&\le \frac{1}{2}\sum_{mkj} a_j\epsilon_{mk}\left(|\langle\epsilon_{mk}|u_j\rangle|^2 + |\langle v_j|\epsilon_{mk}\rangle|^2\right)
\end{aligned} \tag{F.43}$$

임을 보일 수 있다. 위 과정에서 다시 부등식 (F.35)를 이용하였다.

$$\begin{aligned}
\sum_{mk} \epsilon_{mk}\, |\langle\epsilon_{mk}|u_j\rangle|^2 &= \sum_{mk} \langle u_j\epsilon_{mk}\rangle\, \epsilon_{mk}\, \langle\epsilon_{mk}|u_j\rangle \\
&= \sum_m \langle u_j|\, \hat{E}_m\, |u_j\rangle = \langle u_j|u_j\rangle = 1
\end{aligned} \tag{F.44}$$

이고, 비슷하게

$$\sum_{mk} \epsilon_{mk} \left|\langle \epsilon_{mk}|v_j\rangle\right|^2 = 1 \tag{F.45}$$

임을 이용하면, 최종적으로

$$\sum_m \left|\mathrm{Tr}\, \hat{E}_m \hat{A}\right| \le \sum_j a_j = \|\hat{A}\|_{\mathrm{tr}} \tag{F.46}$$

을 얻는다.

연습문제 5.7 $\hat{A}$의 극분해

$$\hat{A} = V\sqrt{\hat{A}^\dagger \hat{A}} \tag{F.47}$$

를 고려해보자. 그러면,

$$|\,\mathrm{Tr}\,\hat{A}\hat{U}| = \left|\,\mathrm{Tr}\,\hat{U}\hat{V}\sqrt{\hat{A}^\dagger \hat{A}}\right| \tag{F.48}$$

가 된다. 유니테리 연산자 $\hat{W} := \hat{U}\hat{V}$를 정의하고, 이를

$$\hat{W} = \sum_j |w_j\rangle\, e^{i\phi_j}\, \langle w_j| \tag{F.49}$$

로 스펙트럼분해해보자. 이를 식 (F.48)에 대입하면,

$$\begin{aligned} |\,\mathrm{Tr}\,\hat{A}\hat{U}| &= \left|\sum_j \langle w_j|\sqrt{\hat{A}^\dagger\hat{A}}\,|w_j\rangle\, e^{i\phi_j}\right| \\ &\le \sum_j \left|\langle w_j|\sqrt{\hat{A}^\dagger\hat{A}}\,|w_j\rangle\, e^{i\phi_j}\right| \\ &= \mathrm{Tr}\,\sqrt{\hat{A}^\dagger\hat{A}} \\ &= \|\hat{A}\|_{\mathrm{tr}} \end{aligned} \tag{F.50}$$

이 됨을 보일 수 있다.

F.6 양자 오류정정 코드

연습문제 6.3 $|\hat{G}_1\rangle, |\hat{G}_2\rangle, \cdots, |\hat{G}_k\rangle$를 생성원 $\hat{G}_1, \hat{G}_2, \cdots, \hat{G}_k$의 고테스만 벡터라 하자. 생성원들은 서로 독립이므로 고테스만 벡터들도 서로 선형독립이다. $\langle\hat{G}_1|, \langle\hat{G}_2|, \cdots, \langle\hat{G}_k|$

의 행들로부터 행렬 M을

$$M = \begin{bmatrix} \langle\hat{G}_1| \\ \langle\hat{G}_2| \\ \vdots \\ \langle\hat{G}_k| \end{bmatrix} = \begin{bmatrix} M_{11} & M_{12} & \cdots & M_{1n} \\ & \vdots & & \\ M_{k1} & M_{k2} & \cdots & M_{kn} \end{bmatrix} \tag{F.51}$$

과 같이 만들어보자. 생성원들 중 하나와, 예를 들어, $\hat{G}_1$과는 반교환법칙이 성립하지만, 다른 생성원들과는 교환법칙이 성립하는 연산자 $\hat{G}$를 찾는다고 하자. 정의에 따라 M의 행들은 서로 선형독립이므로, 방정식

$$\begin{bmatrix} M_{11} & M_{12} & \cdots & M_{1n} \\ & \vdots & & \\ M_{k1} & M_{k2} & \cdots & M_{kn} \end{bmatrix} \begin{bmatrix} y_1 \\ y_2 \\ y_3 \\ \vdots \\ y_n \end{bmatrix} = \begin{bmatrix} 1 \\ 0 \\ 0 \\ \vdots \\ 0 \end{bmatrix} \tag{F.52}$$

은 적어도 하나의 해를 가진다. 고테스만 벡터를 $\langle\hat{G}| := (y_1, y_2, y_3, \cdots, y_n)\hat{J}$로 정의하자. 여기서 고테스만 벡터공간에 작용하는 연산자 $\hat{J}$는 식 (6.45)로 정의된다. 그러면,

$$\begin{bmatrix} M_{11} & M_{12} & \cdots & M_{1n} \\ & \vdots & & \\ M_{k1} & M_{k2} & \cdots & M_{kn} \end{bmatrix} \hat{J}\,|\hat{G}\rangle = \begin{bmatrix} 1 \\ 0 \\ 0 \\ \vdots \\ 0 \end{bmatrix} \tag{F.53}$$

이다. 즉,

$$\langle\hat{G}_1|\hat{G}\rangle = 1\,, \quad \langle\hat{G}_2|\hat{G}\rangle = 0\,, \quad \cdots, \quad \langle\hat{G}_k|\hat{G}\rangle = 0 \tag{F.54}$$

이다. 따라서, 고테스만 벡터 $|\hat{G}\rangle$에 대응하는 연산자 $\hat{G}$는 $\hat{G}_1$과는 반교환법칙이 성립하지만 $\hat{G}_2, \cdots, \hat{G}_k$들과는 교환법칙이 성립한다.

연습문제 6.5 연습문제 2.4를 참조하라.

연습문제 6.6

$$\hat{Z}' := \hat{U}(\hat{Z} \otimes \hat{J})\hat{U}^\dagger\,, \quad \hat{X}' := \hat{U}(\hat{X} \otimes \hat{J})\hat{U}^\dagger \tag{F.55}$$

로 정의하자. 이 연산자들은 반교환법칙이 성립한다. 따라서, 최소한 하나의 큐비트가 존재해서 이에 대해 $\hat{Z}'$과 $\hat{X}'$은 반교환법칙이 성립한다. 큐비트들을 재배열하여 특정 큐비트가 첫째 자리에 오도록 한다. 이제 $\hat{Z}'$과 $\hat{X}'$은

$$\hat{Z}' = \hat{P} \otimes \hat{A}, \quad \hat{X}' = \hat{Q} \otimes \hat{B} \tag{F.56}$$

꼴이 되고, 여기서 $\{\hat{P}, \hat{Q}\} = 0$이다. 그러면, $\mathcal{C}(1)$에 있는 단일 큐비트 연산으로 첫째 큐비트에 켤레화를 가하여

$$\hat{P} \to \hat{X}, \quad \hat{Q} \to \hat{Z} \tag{F.57}$$

가 되도록 한다.

연습문제 6.7 $\hat{P}$를 n 큐비트 파울리군 $\mathcal{P}(n)$의 원소 중 하나라고 하자. 그러면,

$$\begin{aligned}
\hat{P}\hat{V}|y\rangle &= \sum_x \hat{P}|x\rangle \left(\left(\langle 0| \otimes \langle x|\right)\hat{U}\left(|0\rangle \otimes |y\rangle\right)\right) \\
&= \sum_x \hat{P}|x\rangle \left(\left(\langle 0| \otimes \langle x|\hat{P}^\dagger\right)(\hat{I} \otimes \hat{P})\hat{U}\left(|0\rangle \otimes |y\rangle\right)\right) \\
&= \sum_x |x\rangle \left(\left(\langle 0| \otimes \langle x|\right)(\hat{I} \otimes \hat{P})\hat{U}\left(|0\rangle \otimes |y\rangle\right)\right)
\end{aligned}$$

로 쓸 수 있다. 여기서 $\hat{P}$가 가역가능(invertible)함을 사용하여 변수를 $\hat{P}|x\rangle \to |x\rangle$로 바꾸었다. 이제 $\hat{U}$가 클리포드군의 원소이고 $\hat{I} \otimes \hat{P} \in \mathcal{P}(n+1)$이므로, $(\hat{I} \otimes \hat{P})\hat{U} = \hat{U}\hat{P}'$이 되는 $\hat{P}' \in \mathcal{P}(n+1)$이 존재한다. 따라서,

$$\hat{P}\hat{V}|y\rangle = \sum_x |x\rangle \left(\left(\langle 0| \otimes \langle x|\right)\hat{U}\hat{P}'\left(|0\rangle \otimes |y\rangle\right)\right)$$

가 된다. (i) 어떤 $\hat{P}' \in \mathcal{P}(n)$에 대해 $\hat{P}' = \hat{Z} \otimes \hat{P}'$ 또는 $\hat{P} = \hat{I} \otimes \hat{P}'$이라 해보자. 그러면, 모든 $|y\rangle$에 대해

$$\begin{aligned}
\hat{P}\hat{V}|y\rangle &= \sum_x |x\rangle \left(\left(\langle 0| \otimes \langle x|\right)\hat{U}\left(|0\rangle \otimes \hat{P}'|y\rangle\right)\right) \\
&= \hat{V}\hat{P}'|y\rangle
\end{aligned}$$

이다. 따라서, $\hat{V} \in \mathcal{C}(n)$이다. (ii) 다음으로 $\hat{P}' = \hat{X} \otimes \hat{P}'$이라 해보자. ($\hat{P}' = \hat{Y} \otimes \hat{P}'$인 경우는 논거 (i)과 (ii)를 결합하여 증명할 수 있다.) 그러면, 어떤 $\hat{P}'' \in \mathcal{P}(n)$에 대해

$$\hat{U}(\hat{X} \otimes \hat{J})\hat{U}^\dagger = \hat{Z} \otimes \hat{P}'', \quad \hat{J} := \hat{I}^{\otimes n} \tag{F.58}$$

임을 이용하여

$$\hat{P}\hat{V}\,|y\rangle = \sum_x |x\rangle\,(\langle 0|\otimes\langle x|)(\hat{Z}\otimes\hat{W})\hat{U}(|0\rangle\otimes\hat{P}'\,|y\rangle)$$

가 됨을 보일 수 있다. 이는 임의의 $\hat{P}\in\mathcal{P}(n)$에 대해 어떤 $\hat{P}',\hat{P}''\in\mathcal{P}(n)$이 존재하여

$$\hat{P}''\hat{P}\hat{V} = \hat{V}\hat{P}' \tag{F.59}$$

이 됨을 의미한다. $\hat{P}''$이 가역가능하므로 $\hat{P}''\hat{P}$는 전체 $\mathcal{P}(n)$을 덮을 수 있다. 따라서, 식 (F.59)는 문제의 명제를 증명한다.

연습문제 6.10 먼저 양자회로

(F.60)

를 고려해보자. 여기서 상태 $|x'\rangle$ $(x=0,1)$은

$$|0'\rangle \equiv |+\rangle := \frac{|0\rangle+|1\rangle}{\sqrt{2}}, \quad |1'\rangle \equiv |-\rangle := \frac{|0\rangle-|1\rangle}{\sqrt{2}} \tag{F.61}$$

로 정의된다. $\hat{H}^2=\hat{I}$이기 때문에 이는 다음 양자회로와 동등하다.

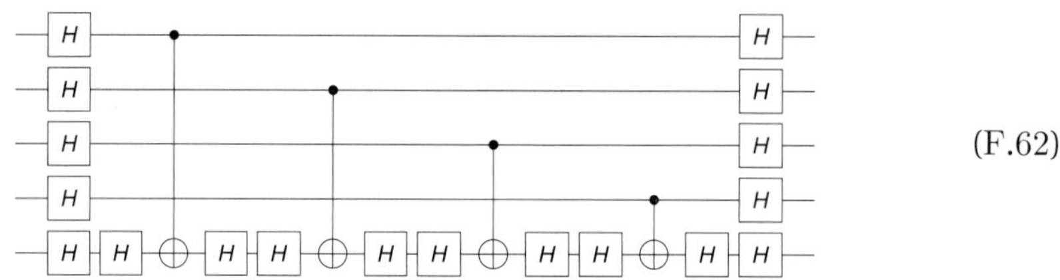

(F.62)

식 (2.44)의 항등식을 사용하면 위 회로는

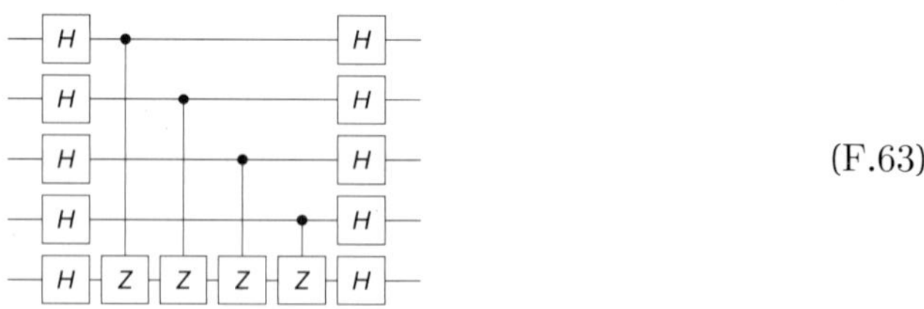

(F.63)

가 된다. CZ 게이트는 제어큐비트와 대상큐비트에 대해 대칭적이므로, 위 양자회로는

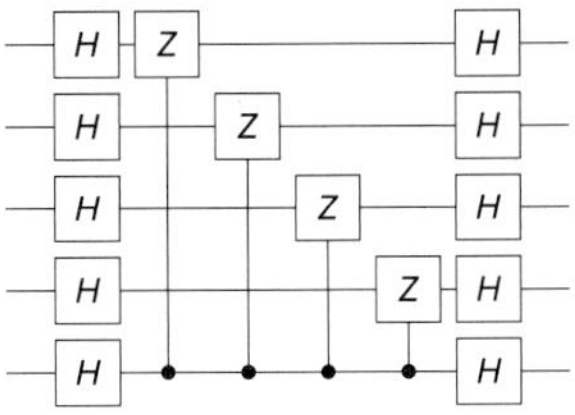

(F.64)

와 동등하다. 마지막으로, 항등식 (2.44)를 다시 사용하면 다음의 양자회로를 얻는다.

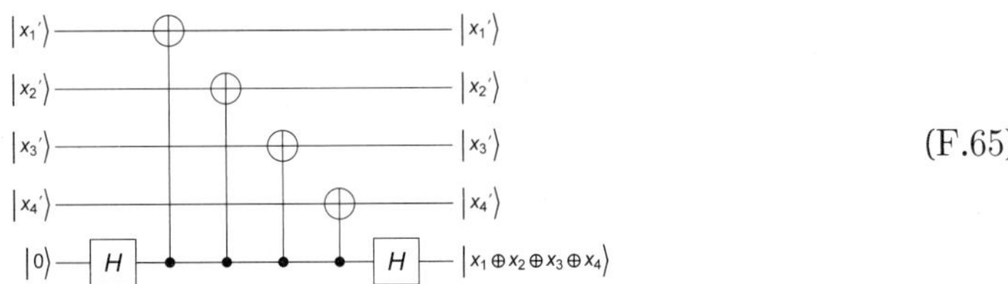

(F.65)

F.7 양자정보이론

연습문제 7.2 큰 n에 대해 N_{typical}은 매우 큰 수이므로, 다음과 같이 로그함수를 이용하여 다루는 것이 더 편리하다.

$$\log N_{\text{typical}} \approx \log n! - \log (np)! - \log (n-np)!. \tag{F.66}$$

스털링 근사(Stirling's approximation), $\log x! \approx x \log x - x$를 이용하면

$$\log N_{\text{typical}} \approx n\left[-p\log p - (1-p)\log(1-p)\right] = nH(\{p, 1-p\}) \tag{F.67}$$

가 됨을 증명할 수 있다.

연습문제 7.3 $\hat{A}$와 $\hat{B}$를 다음과 같이 스펙트럼분해하자.

$$\hat{A} = \sum_i |\alpha_i\rangle\, a_i\, \langle\alpha_i|\,, \quad \hat{B} = \sum_j |\beta_j\rangle\, b_j\, \langle\beta_j| \tag{F.68}$$

이후에 사용하기 위해

$$P_{ij} := |\langle\alpha_i|\beta_j\rangle|^2 \tag{F.69}$$

을 정의한다. P_{ij}가 이중확률적(doubly stochastic)임을 즉,

$$0 \le P_{ij} \le 1\,, \quad \sum_i P_{ij} = \sum_j P_{ij} = 1 \tag{F.70}$$

임을 유의하자. $f(x)$가 볼록(convex)이므로, 부등식

$$\sum_i f(a_i)P_{ij} \ge f(\textstyle\sum_i a_i P_{ij}) \ge f(b_j) + f'(b_j)\left(\displaystyle\sum_i a_i P_{ij} - b_j\right) \tag{F.71}$$

이 성립한다. 첫째 부등식은 볼록함수의 정의로부터 성립하고, 둘째 부등식은 식 (7.95)에서 나온다.

$$\sum_j \sum_i f(a_i)P_{ij} = \sum_i f(a_i) \sum_j P_{ij} = \sum_i f(a_i) = \mathrm{Tr}\, f(\hat{A})\,, \tag{F.72}$$

$$\sum_j f'(b_j) \sum_{ij} a_i P_{ij} = \sum_{ij} f'(b_j) \langle \beta_j | \alpha_i \rangle\, a_i\, \langle \alpha_i | \beta_j \rangle = \mathrm{Tr}\, f'(\hat{B})\hat{A} \tag{F.73}$$

이므로, 식 (F.71)의 양변을 j에 대해 합하면 문제의 부등식을 증명할 수 있다.

연습문제 7.5 $\hat{\rho} = \hat{\rho}_{AB}$와 $\hat{\sigma} = \hat{\rho}_A \otimes \hat{\rho}_B$로 놓고, 클라인 부등식(Klein's inequality) (7.52)를 적용하자. 그러면,

$$\begin{aligned} S(\hat{\rho}_{AB}) &\le -\,\mathrm{Tr}\, \hat{\rho} \log \hat{\sigma} \\ &= -\,\mathrm{Tr}\, \hat{\rho}_{AB}\, (\log \hat{\rho}_A + \log \hat{\rho}_B) \\ &= -\,\mathrm{Tr}\, \hat{\rho}_A \log \hat{\rho}_A - \mathrm{Tr}\, \hat{\rho}_B \log \hat{\rho}_B \\ &= S(\hat{\rho}_A) + S(\hat{\rho}_B) \end{aligned} \tag{F.74}$$

가 된다.

참고 문헌

Aaronson, S. & D. Gottesman, Physical Review A **70 (5)** (2004). "Improved simulation of stabilizer circuits". DOI: `10.1103/physreva.70.052328` arXiv:`quant-ph/0406196`

Alicea, J., Y. Oreg, G. Refael, F. von Oppen, & M. P. A. Fisher, Nat Phys **7 (5)**, 412 (2011). "Non-Abelian statistics and topological quantum information processing in 1D wire networks". DOI: `10.1038/nphys1915`

Aspect, A., P. Grangier, & G. Roger, Phys. Rev. Lett. **47 (7)**, 460 (1981). "Experimental Tests of Realistic Local Theories via Bell's Theorem".

Barenco, A., C. H. Bennett, R. Cleve, et al., Physical Review A **52 (5)**, 3457 (1995). "Elementary gates for quantum computation". DOI: `10.1103/physreva.52.3457` arXiv:`quant-ph/9503016`

Bell, J. S., Rev. Mod. Phys. **38 (3)**, 447 (1966). "On the Problem of Hidden Variables in Quantum Mechanics".

Bennett, C. H., D. P. DiVincenzo, J. A. Smolin, & W. K. Wootters, Phys. Rev. A **54 (5)**, 3824 (1996). "Mixed-state entanglement and quantum error correction". DOI: `10.1103/PhysRevA.54.3824` arXiv:`quant-ph/9604024`

Bennett, C. H. & S. J. Wiesner, Phys. Rev. Lett. **69 (20)**, 2881 (1992). "Communication via one- and two-particle operators on Einstein-Podolsky-Rosen states".

Bergou, J. A., U. Herzog, & M. Hillery, "Discrimination of Quantum States," in Paris & Rehacek (2004), Chap. 11, pp. 417–465. DOI: `10.1007/978-3-540-44481-7_11`

Bernstein, E. & U. Vazirani, "Quantum Complexity Theory," in Proceedings of the 25th Annual ACM Symposium on the Theory of Computing (ACM Press, New York, 1993), pp. 11–20.

Bernstein, E. & U. Vazirani, SIAM Journal on Computing **26 (5)**, 1411 (1997). "Quantum Complexity Theory". DOI: `10.1137/s0097539796300921`

Berry, M. V., Proc. R. Soc. London A **392**, 45 (1984). "Quantal Phase Factors Accompanying Adiabatic Changes".

Blum, K., Density Matrix Theory and Applications, Vol. 64 of Springer Series on Atomic, Optical, and Plasma Physics (Springer Berlin Heidelberg, 2012), 3rd ed., ISBN 978-3-642-20560-6.

Bohr, N., "Discussion with Albert Einstein on Epistemological Problems in Atomic Physics," in Albert Einstein, Philosopher-Scientist, edited by Schilpp, P. A. (Harper, Evanston, 1949), Vol. VII of The Library of Living Philosophers, pp. 200–241, 1st ed.

Born, M., Z. Phys. **37 (12)**, 863 (1926). "Zur Quantenmechanik der Stoßvorgänge". DOI: `10.1007/BF01397477`

Bouwmeester, D., J.-W. Pan, M. Daniell, H. Weinfurter, & A. Zeilinger, Phys. Rev. Lett. **82 (7)**, 1345 (1999). "Observation of Three-Photon Greenberger-Horne-Zeilinger Entanglement". DOI: `10.1103/PhysRevLett.82.1345`

Bravyi, S. B. & A. Y. Kitaev, arXiv:`quant-ph/9811052` (1998). "Quantum codes on a lattice with boundary".

Breuer, H.-P. & F. Petruccione, The Theory of Open Quantum Systems (Oxford University Press, New York, 2002).

Browne, D. & H. Briegel, "One-Way Quantum Computation," in Quantum Information: From Foundations to Quantum Technology Applications, edited by Bruß, D. & G. Leuchs (Wiley, 2016), pp. 449–473, 2nd ed. DOI: `10.1002/9783527805785.ch21` arXiv:`quant-ph/0603226`

Calderbank, A. R. & P. W. Shor, Phys. Rev. A **54 (2)**, 1098 (1996). "Good quantum error-correcting codes exist".

Caves, C. M., Phys. Rev. D **23 (8)**, 1693 (1981). "Quantum-mechanical noise in an interferometer". DOI: 10.1103/PhysRevD.23.1693

Chefles, A., "Quantum States: Discrimination and Classical Information Transmission.A Review of Experimental Progress," in Paris & Rehacek (2004), Chap. 12, pp. 467–511. DOI: 10.1007/978-3-540-44481-7_12

Chiaverini, J., J. Brittond, D. Leibfriede, et al., Science **308 (5724)**, 997 (2005). "Implementation of the Semiclassical Quantum Fourier Transform in a Scalable System". DOI: 10.1126/science.1110335

Choi, M.-S., J. Phys.: Condens. Matt. **15 (46)**, 7823 (2003). "Geometric Quantum Computation in Solid-State Qubits". arXiv:quant-ph/0111019

Clauser, J. F., M. A. Horne, A. Shimony, & R. A. Holt, Phys. Rev. Lett. **23**, 880 (1969). "Proposed Experiment to Test Local Hidden-Variable Theories".

Cleve, R., A. Ekert, C. Macchiavello, & M. Mosca, Proceedings of the Royal Society A **454 (1969)**, 339 (1998). "Quantum algorithms revisited". DOI: 10.1098/rspa.1998.0164 arXiv:quant-ph/9708016

Cleve, R. & D. Gottesman, Physical Review A **56 (1)**, 76 (1997). "Efficient computations of encodings for quantum error correction". DOI: 10.1103/physreva.56.76 arXiv:quant-ph/9607030

Cornwell, J. F., Group Theory in Physics, Vol. I (Academic Press, Orlando, 1984).

Cornwell, J. F., Group Theory in Physics: An Introduction (Academic Press, San Diego, 1997).

Crease, R. P., Physics World **15 (9)**, 19 (2002). "The most beautiful experiment". DOI: 10.1088/2058-7058/15/9/22

Das, A., Y. Ronen, Y. Most, Y. Oreg, M. Heiblum, & H. Shtrikman, Nat Phys **8 (12)**, 887 (2012). "Zero-bias peaks and splitting in an Al-InAs nanowire topological superconductor as a signature of Majorana fermions".

Deng, M. T., C. L. Yu, G. Y. Huang, M. Larsson, P. Caroff, & H. Q. Xu, Nano Letters **12 (12)**, 6414 (2012). "Anomalous Zero-Bias Conductance Peak in a Nb–InSb Nanowire–Nb Hybrid Device".

Dennis, E., A. Kitaev, A. Landahl, & J. Preskill, Journal of Mathematical Physics **43 (9)**, 4452 (2002). "Topological quantum memory". DOI: 10.1063/1.1499754 arXiv:quant-ph/0110143

Deutsch, D., Proc. R. Soc. London A **400**, 97 (1985). "Quantum theory, the Church-Turing principle and the universal quantum computer". DOI: 10.1098/rspa.1985.0070

Deutsch, D. & R. Jozsa, Proceedings of the Royal Society A: Mathematical, Physical and Engineering Sciences **439 (1907)**, 553 (1992). "Rapid Solution of Problems by Quantum Computation". DOI: 10.1098/rspa.1992.0167

Dirac, P. A. M., The Principles of Quantum Mechanics (Oxford University Press, Oxford, 1958), 4th ed.

Dum, R., A. S. Parkins, P. Zoller, & C. W. Gardiner, Phys. Rev. A **46 (7)**, 4382 (1992). "Monte Carlo simulation of master equations in quantum optics for vacuum, thermal, and squeezed reservoirs".

Einstein, A., B. Podolsky, & N. Rosen, Phys. Rev. **47**, 777 (1935). "Can Quantum-Mechanical Description of Physical Reality Be Considered Complete?" DOI: 10.1103/PhysRev.47.777

Feynman, R., R. B. Leighton, & M. L. Sands, The Feynman Lectures on Physics, Vol. III (Addison-Wesley, Redwood City, 1963), 1st ed.

Fowler, A. G., M. Mariantoni, J. M. Martinis, & A. N. Cleland, Physical Review A **86 (3)**, 032324 (2012). "Surface codes: Towards practical large-scale quantum computation". DOI: 10.1103/physreva.86.032324 arXiv:1208.0928

Freedman, M. H., Foundations of Computational Mathematics **1 (2)**, 183 (2001). "Quantum Computation and the Localization of Modular Functors". DOI: 10.1007/s102080010006

Giovannetti, V., S. Lloyd, & L. Maccone, Physical Review Letters **96 (1)**, 010401 (2006). "Quantum Metrology". DOI: 10.1103/PhysRevLett.96.010401 arXiv:quant-ph/0509179

Gisin, N., Helv. Phys. Acta **62**, 363 (1989). "Stochastic quantum dynamics and relativity". DOI: 10.5169/seals-116034

Goldstein, S., Phys. Rev. Lett. **72 (13)**, 1951 (1994). "Nonlocality without inequalities for almost all entangled states for two particles".

Gottesman, D., Phys. Rev. A **54 (3)**, 1862 (1996). "Class of quantum error-correcting codes saturating the quantum Hamming bound". DOI: `10.1103/physreva.54.1862` arXiv:`quant-ph/9604038`

Gottesman, D., Stabilizer Codes and Quantum Error Correction, Ph.D. thesis, California Institute of Technology, Pasadena, California (1997). arXiv:`quant-ph/9705052`

Gottesman, D., Phys. Rev. A **57 (1)**, 127 (1998). "Theory of fault-tolerant quantum computation". DOI: `10.1103/PhysRevA.57.127` arXiv:`quant-ph/9702029`

Gottesman, D., "The Heisenberg Representation of Quantum Computers," in Group22 : proceedings of XXII International Colloquium on Group Theoretical Methods in Physics : Hobart, July 13-17, 1998, edited by Corney, S. P., R. Delbourgo, & P. D. Jarvis (International Press, Cambridge, MA, 1999), ISBN 978-1571460547. arXiv:`quant-ph/9807006`

Greenberger, D. M., M. A. Horne, A. Shimony, & A. Zeilinger, Ame. J. Phys. **58**, 1131 (1990). "Bell's theorem without inequalities". DOI: `10.1119/1.16243`

Greenberger, D. M., M. A. Horne, & A. Zeilinger, "Going beyond Bell's theorem," in Bell's Theorem, Quantum Theory, and Conceptions of the Universe, edited by Kafatos, M. (Kluwer Academic, Dordrecht, The Netherlands, 1989). arXiv:`0712.0921`

Griffiths, R. B. & C.-S. Niu, Physical Review Letters **76 (17)**, 3228 (1996). "Semiclassical Fourier Transform for Quantum Computation". DOI: `10.1103/physrevlett.76.3228` arXiv:`quant-ph/9511007`

Grover, L. K., "A fast quantum mechanical algorithm for database search," in Proceedings of the 28th Annual ACM Symposium on the Theory of Computing (ACM Press, New York, 1996), p. 212. arXiv:`quant-ph/9605043`

Grover, L. K., Phys. Rev. Lett. **79 (2)**, 325 (1997). "Quantum Mechanics Helps in Searching for a Needle in a Haystack".

Hardy, L., Phys. Rev. Lett. **68 (20)**, 2981 (1992). "Quantum Mechanics, Local Realistic Theories, and Lorentz-Invariant Realistic Theories".

Hardy, L., Phys. Rev. Lett. **71**, 1665 (1993). "Nonlocality for two particles without inequalities for almost all entangled states".

Higgins, B. L., D. W. Berry, S. D. Bartlett, H. M. Wiseman, & G. J. Pryde, Nature **450 (7168)**, 393 (2007). "Entanglement-free Heisenberg-limited phase estimation". DOI: 10.1038/nature06257 arXiv:0709.2996

Horodecki, M., P. Horodecki, & R. Horodecki, Phys. Lett. A **223 (1)**, 1 (1996). "Separability of mixed states: necessary and sufficient conditions". DOI: 10.1016/0375-9601(95)00930-2

Horodecki, R., P. Horodecki, M. Horodecki, & K. Horodecki, Rev. Mod. Phys. **81 (2)**, 865 (2009). "Quantum entanglement". DOI: 10.1103/RevModPhys.81.865

Hughston, L. P., R. Jozsa, & W. K. Wootters, Physics Letters A **183 (1)**, 14 (1993). "A complete classification of quantum ensembles having a given density matrix". DOI: 10.1016/0375-9601(93)90880-9

Jiang, M., S. Luo, & S. Fu, Physical Review A **87 (2)** (2013). "Channel-state duality". DOI: 10.1103/physreva.87.022310

Jönsson, C., Z. Physik **161**, 454 (1961). "Electron Diffraction at Multiple Slits". DOI: 10.1007/BF01342460

Kitaev, A. Y., Electronic Colloquium on Computational Complexity **3**, 3 (1996). "Quantum measurements and the Abelian Stabilizer Problem". arXiv:quant-ph/9511026

Kitaev, A. Y., Russian Mathematical Surveys **52 (6)**, 1191 (1997). "Quantum computations: algorithms and error correction". DOI: 10.1070/RM1997v052n06ABEH002155

Kitaev, A. Y., Physics-Uspekhi **44 (10S)**, 131 (2001). "Unpaired Majorana fermions in quantum wires". DOI: 10.1070/1063-7869/44/10S/S29 arXiv:cond-mat/0010440

Kitaev, A. Y., Ann. Phys. **303 (1)**, 2 (2003). "Fault-tolerant quantum computation by anyons". DOI: 10.1016/S0003-4916(02)00018-0 arXiv:quant-ph/9707021

Laflamme, R., C. Miquel, J. P. Paz, & W. H. Zurek, Physical Review Letters **77 (1)**, 198 (1996). "Perfect Quantum Error Correcting Code". DOI: 10.1103/physrevlett.77.198 arXiv:quant-ph/9602019

Landauer, R., Physics Today **44 (5)**, 23 (1991). "Information is Physical". DOI: 10.1063/1.881299

Lang, S., Introduction to Linear Algebra, Undergraduate Texts in Mathematics (Springer New York, New York, 1986), 2nd ed., ISBN 9781461210702. DOI: 10.1007/978-1-4612-1070-2

Lang, S., Linear Algebra (Springer, Berlin, 1987), 3rd ed., ISBN 978-1-4757-1949-9. DOI: 10.1007/978-1-4757-1949-9

Loss, D. & D. P. DiVincenzo, Phys. Rev. A **57 (1)**, 120 (1998). "Quantum comutation with quantum dots".

Lundeen, J. S., B. Sutherland, A. Patel, C. Stewart, & C. Bamber, Nature **474 (7350)**, 188 (2011). "Direct measurement of the quantum wavefunction". DOI: 10.1038/nature10120

Mourik, V., K. Zuo, S. M. Frolov, S. R. Plissard, E. P. A. M. Bakkers, & L. P. Kouwenhoven, Science **336 (6084)**, 1003 (2012). "Signatures of Majorana Fermions in Hybrid Superconductor-Semiconductor Nanowire Devices".

Nadj-Perge, S., I. K. Drozdov, J. Li, et al., Science **346 (6209)**, 602 (2014). "Observation of Majorana fermions in ferromagnetic atomic chains on a superconductor". DOI: 10.1126/science.1259327

Nakazato, H., Y. Hida, K. Yuasa, B. Militello, A. Napoli, & A. Messina, Physical Review A **74 (6)**, 062113 (2006). "Solution of the Lindblad equation in the Kraus representation". DOI: 10.1103/physreva.74.062113 arXiv:quant-ph/0606193

Nielsen, M. & I. L. Chuang, Quantum computation and quantum information (Cambridge University Press, New York, 2011), 10th anniversary ed., ISBN 978-1107002173. DOI: 10.1017/CBO9780511976667

Ozawa, M., Physics Letters A **268 (3)**, 158 (2000). "Entanglement measures and the Hilbert–Schmidt distance". DOI: 10.1016/s0375-9601(00)00171-7

Pan, J.-W., D. Bouwmeester, M. Daniell, H. Weinfurter, & A. Zeilinger, Nature **403**, 515 (2000). "Experimental test of quantum nonlocality in three-photon Greenberger-Horne-Zeilinger entanglement". DOI: 10.1038/35000514

Paris, M. & J. Rehacek, eds., Quantum State Estimation, Vol. 649 of Lecture Notes in Physics (Springer Berlin Heidelberg, Berlin, 2004), ISBN 9783540444817. DOI: 10.1007/b98673

Peres, A., Phys. Rev. Lett. **77 (8)**, 1413 (1996). "Separability Criterion for Density Matrices". DOI: 10.1103/PhysRevLett.77.1413 arXiv:quant-ph/9604005

Pérez-García, D., M. M. Wolf, D. Petz, & M. B. Ruskai, Journal of Mathematical Physics **47 (8)**, 083506 (2006). "Contractivity of positive and trace-preserving maps under Lp norms". DOI: 10.1063/1.2218675 arXiv:math-ph/0601063

Plenio, M. B. & P. L. Knight, Rev. Mod. Phys. **70 (1)**, 101 (1998). "The quantum-jump approach to dissipative dynamics in quantum optics".

Plenio, M. B. & S. Virmani, Quant Inf Comput **7 (1&2)**, 1 (2007). "An introduction to entanglement measures". arXiv:quant-ph/0504163

Preskill, J., "Lecture Notes on Quantum Information and Computation," unpublished (1998).

Raussendorf, R. & H. J. Briegel, Phys. Rev. Lett. **86 (22)**, 5188 (2001). "A One-Way Quantum Computer".

Raussendorf, R., D. Browne, & H. Briegel, Journal of Modern Optics **49 (8)**, 1299 (2002). "The one-way quantum computer–a non-network model of quantum computation". DOI: 10.1080/09500340110107487 arXiv:quant-ph/0108118

Raussendorf, R., D. E. Browne, & H. J. Briegel, Phys. Rev. A **68 (2)**, 022312 (2003). "Measurement-based quantum computation on cluster states". DOI: 10.1103/PhysRevA.68.022312 arXiv:quant-ph/0301052

Schwinger, J., Proceedings of the National Academy of Sciences **45 (10)**, 1542 (1959). "The Algebra Of Microscopic Measurement". DOI: 10.1073/pnas.45.10.1542

Shor, P. W., "Algorithms for Quantum Computation: Discrete Logarithms and Factoring," in Proceedings of the 35th Annual Symposium on Foundations of Computer Science (IEEE Computer Society, Washington, DC, USA, 1994), SFCS '94, pp. 124–134. DOI: 10.1109/SFCS.1994.365700

Shor, P. W., SIAM Journal on Computing **26 (5)**, 1484 (1997). "Polynomial-Time Algorithms for Prime Factorization and Discrete Logarithms on a Quantum Computer". arXiv:quant-ph/9508027

Simon, D. R., SIAM Journal on Computing **26 (5)**, 1474 (1997). "On the Power of Quantum Computation". DOI: 10.1137/s0097539796298637

Sjöqvist, E., D. M. Tong, L. Mauritz Andersson, B. Hessmo, M. Johansson, & K. Singh, New Journal of Physics **14 (10)**, 103035 (2012). "Non-adiabatic holonomic quantum computation". DOI: 10.1088/1367-2630/14/10/103035 arXiv:1107.5127

Smolin, J. A. & D. P. DiVincenzo, Phys. Rev. A **53 (4)**, 2855 (1996). "Five two-bit quantum gates are sufficient to implement the quantum Fredkin gate". DOI: 10.1103/PhysRevA.53.2855

Steane, A. M., Phys. Rev. Lett. **77 (5)**, 793 (1996). "Error Correcting Codes in Quantum Theory".

Størmer, E., Positive Linear Maps of Operator Algebras (Springer, Berlin, 2013), ISBN 9783642343698. DOI: 10.1007/978-3-642-34369-8

Tonomura, A., J. Endo, T. Matsuda, T. Kawasaki, & H. Ezawa, Ame. J. Phys. **57 (2)**, 117 (1989). "Demonstration of single-electron buildup of an interference pattern". DOI: 10.1119/1.16104

Vallone, G. & D. Dequal, Physical Review Letters **116 (4)**, 040502 (2016). "Strong Measurements Give a Better Direct Measurement of the Quantum Wave Function". DOI: 10.1103/physrevlett.116.040502 arXiv:1504.06551

Vedral, V., A. Barenco, & A. Ekert, Physical Review A **54 (1)**, 147 (1996). "Quantum networks for elementary arithmetic operations". DOI: 10.1103/physreva.54.147 arXiv:quant-ph/9511018

Vedral, V., M. B. Plenio, M. A. Rippin, & P. L. Knight, Physical Review Letters **78 (12)**, 2275 (1997). "Quantifying Entanglement". DOI: 10.1103/physrevlett.78.2275

Wang, C., J. Harrington, & J. Preskill, Annals of Physics **303 (1)**, 31 (2003). "Confinement-Higgs transition in a disordered gauge theory and the accuracy threshold for quantum memory". DOI: 10.1016/s0003-4916(02)00019-2

Wehrl, A., Reviews of Modern Physics **50 (2)**, 221 (1978). "General properties of entropy". DOI: 10.1103/revmodphys.50.221

Weyl, H., The theory of groups and quantum mechanics (Dover, London, 1931).

Wigner, E. P., Group Theory and its Application to the Quantum Mechanics of Atomic Spectra (Academic Press, New York, 1959), english translation ed.

Wilmut, I., A. E. Schnieke, J. McWhir, A. J. Kind, & K. H. S. Campbell, Nature **385 (6619)**, 810 (1997). "Viable offspring derived from fetal and adult mammalian cells". DOI: 10.1038/385810a0

Wooters, W. K. & W. H. Zurek, Nature **299**, 802 (1982). "A single quantum cannot be cloned".

Zanardi, P. & M. Rasetti, Phys. Lett. A **264 (2-3)**, 94 (1999). "Holonomic quantum computation". DOI: 10.1016/S0375-9601(99)00803-8 arXiv:quant-ph/9904011

Zurek, W. H., Phys. Today **44 (10)**, 36 (1991). "Decoherence and the transition from quantum to classical". DOI: 10.1063/1.881293

Zurek, W. H., Nature **404**, 130 (2000). "Quantum cloning: Schrodinger's sheep". DOI: 10.1038/35004684

Zurek, W. H., Los Alamos Science **27**, 2 (2002). "Decoherence and the Transition from Quantum to Classical: Revisited". DOI: 10.1007/978-3-7643-7808-0_1

찾아보기

homepage http://www.chungbum.co.kr

저자 Mahn-Soo Choi

역자 이민철, 최만수

발행자 연규산

주소 서울 성북구 화랑로 32다길 6-18

전화 02-971-5385

팩스 02-977-8967

등록 1991년 08월 13일 No. 5-282

출판일 2023년 03월 15일

ISBN 978-89-88247-77-8